Becker/Sauter

Theorie der Elektrizität

Band 1 Einführung in die Maxwellsche Theorie
Elektronentheorie. Relativitätstheorie

Herausgegeben und neubearbeitet von
Dr. phil. Dr. techn. e. h. Fritz SAUTER
em. o. Professor an der Universität Köln

21., völlig neubearbeitete Auflage 1973
Mit 59 Abbildungen und 81 Übungsaufgaben mit Lösungen

B. G. Teubner Stuttgart

ISBN 978-3-322-96790-9 ISBN 978-3-322-96789-3 (eBook)
DOI 10.1007/978-3-322-96789-3

Softcover reprint of the hardcover 21st edition 1973
Satz: Schmitt u. Köhler, Würzburg

Umschlaggestaltung: W. Koch, Stuttgart

Vorwort

Im Jahr 1894 erschien die „Einführung in die Maxwellsche Theorie" von August Föppel, zehn Jahre später die von Max Abraham völlig umgearbeitete 2. Auflage, und zwar als erster Band der „Theorie der Elektrizität", dem ein Jahr später ein zweiter Band über die Elektronentheorie folgte. Nach Abrahams Tod übernahm Richard Becker die Weiterführung des Werkes; und zwar erschien 1930 die 8. Auflage des ersten Bandes und 1933 die 6. Auflage des zweiten Bandes. Nach Beckers Tod übernahm ich als sein langjähriger Mitarbeiter die weitere Herausgabe des Werkes mit der bereits von Becker geplanten Erweiterung auf drei Bände; und zwar erschien 1957 die weitgehend überarbeitete 16. Auflage des ersten Bandes, 1963 die noch von Becker selbst begonnene und von seinen letzten Assistenten Günther Leibfried und Wilhelm Brenig fertiggestellte 8. Auflage des zweiten Bandes und schließlich 1969 der völlig neu konzipierte dritte Band.

In der nunmehr vorliegenden 21. Auflage wurde der erste Band erneut gründlich überarbeitet bzw. zum größten Teil neu geschrieben. So wurden bei der Darstellung der Energieverhältnisse im elektromagnetischen Feld (im 3. Kapitel) u.a. die thermodynamischen Gegebenheiten eingehender als bisher diskutiert. Ferner wurde bei der Behandlung der Magnetfelder (im 5. Kapitel) die Induktion als die primäre magnetische Feldgröße stärker in den Vordergrund gestellt, da sich die magnetische Feldstärke ganz allgemein, aber auch speziell aus elektronentheoretischen Überlegungen heraus, als abgeleitete Größe erweist. Überhaupt wurde die Elektronentheorie in größerem Umfang als bisher herangezogen, beispielsweise in den Abschnitten des 8. Kapitels über die Ausbreitung ebener elektromagnetischer Wellen in der Materie, wobei neben den meist nur diskutierten Transversalwellen auch die Longitudinalwellen behandelt werden, die ja bei den Metallen als Plasmawellen in Erscheinung treten.

Ausführlicher als bisher behandelt wurden auch die Multipole und ihre Abstrahlung in großer Entfernung, was ohne Verwendung von Kugelfunktionen möglich ist. Doch wurden diese Funktionen stärker als bisher zur Behandlung elektrostatischer Probleme herangezogen, wie überhaupt auch auf Methoden der Potentialtheorie, wie etwa die Benutzung der konformen Abbildung und die Verwendung krummliniger Koordinaten, ausführlicher als bisher eingegangen wurde.

Eine ganz wesentliche Änderung hat die Darstellung der Vektor- und Tensorrechnung erfahren. Während der gewöhnliche Formalismus mit seiner Darstellung in kartesischen Komponenten aus historischen Gründen bisher im Einleitungskapitel gebracht wurde, steht er jetzt, da wohl den meisten Lesern des Buches hinreichend bekannt, in wesentlich gekürzter Form gleichsam als Anhang am Schluß des Werkes. Doch wurde dieses 13. Kapitel um die Darstellung des kovarianten Vektor- und Tensorkalküls mit seinen ko- und kontravarianten Komponenten erweitert. Dieser Kalkül ist zunächst im dreidimensionalen Raum bei der Lösung potentialtheoretischer Probleme mit krummlinigen Koordinaten nützlich. Darüber hinaus erschien es aber auch zweckmäßig, das System der Maxwell-Gleichungen in diesem Formalismus darzustellen (Abschnitt 7.2) und damit bereits hier die Basis zu schaffen, aus der heraus sich diese Gleichungen leicht auf das vierdimensionale Raum-Zeit-Kontinuum der speziellen Relativitätstheorie übertragen lassen. Und diese Übertragung ist erforderlich, wenn man im Vierdimensionalen die Einführung der imaginären Einheit bei der vierten (Zeit-) Koordinate vermeiden will. In diesem Sinn wurde das bisherige Kapitel über die spezielle Relativitätstheorie umgeschrieben, um damit auch mit der i-freien Darstellung der allgemeinen Relativitätstheorie in Einklang zu kommen.

Schließlich wurde, entsprechend einem von vielen Seiten an mich herangetragenen Wunsch, nunmehr statt des in den bisherigen Auflagen verwendeten Gaußschen CGS-Systems, das Internationale Einheiten-System (Système International d'Unités, abgekürzt SI) benutzt, das aus dem Giorgisches MKSA-System hervorgegangen ist. Dafür sind jetzt die wichtigsten Formeln in Gaußscher Schreibweise jeweils in den Anmerkungen zu den einzelnen Abschnitten zusammengestellt. Ich habe diese Änderung hauptsächlich deshalb vorgenommen, um dem Großteil der Leser dieses Bandes, die im allgemeinen zunächst Vorlesungen über Experimentalphysik gehört haben und dabei meist mit dem Internationalen Einheitensystem vertraut gemacht wurden, das Einarbeiten in die Theorie der elektrischen und magnetischen Erscheinungen zu erleichtern. Ich hoffe, daß durch diese Anmerkungen sowie durch die Formelzusammenstellung im 14. Kapitel dem Leser der Übergang zu dem in der theoretisch-physikalischen Fachliteratur vorwiegend benutzten Gaußschen Maßsystem erleichtert wird.

Dem Verlag B. G. Teubner gebührt für den raschen Druck und die gute Ausstattung des Bandes meine Anerkennung. Ferner möchte ich auch an dieser Stelle meiner Frau Katja Sauter für ihre unermüdliche Hilfe bei der Herstellung des Manuskripts herzlichst danken.

Garmisch-Partenkirchen, im Juni 1973 F. Sauter

Inhalt

Einleitung

Die ersten Ansätze für eine Theorie der elektrischen und magnetischen Erscheinungen gründeten sich auf die Vorstellung von Fernwirkungen zwischen elektrisierten, magnetisierten oder von elektrischen Strömen durchflossenen Körpern. In diesem Sinn wurden auch zunächst die Untersuchungen von Charles Auguste de Coulomb über die Kraftwirkung zwischen zwei kleinen elektrisch geladenen Körpern interpretiert. Dieser Fernwirkungstheorie stellte Michael Faraday die Vorstellung gegenüber, daß alle elektrischen und magnetischen Einwirkungen eines Körpers auf einen von ihm getrennten anderen Körper durch das im Raum zwischen ihnen befindliche elektrische bzw. magnetische Feld bedingt sind. Nach dieser Feldwirkungstheorie erzeugt jede elektrische Ladung im ganzen sie umgebenden Raum ein elektrisches Feld, und die Coulomb-Kraft zwischen zwei Ladungen besteht in der Einwirkung des Feldes der ersten Ladung auf die zweite bzw. des Feldes der zweiten Ladung auf die erste.

Obschon seine Art, die Erscheinungen aufzufassen und zu beschreiben, im Grunde eine mathematische war, konnte Faraday seiner Auffassung doch nicht eine nach allen Seiten erschöpfende und widerspruchsfreie Form geben, die sie zum Rang einer Theorie erhoben hätte. Dies gelang erst James Clerk Maxwell, indem er die Ideen Faradays in strenge mathematische Formen brachte und damit ein Lehrgebäude schuf, das als Maxwellsche Theorie auch heute noch in weitem Umfang in Theorie und Praxis einschließlich der Elektrotechnik verbindlich ist.

Maxwell selbst formuliert seine Gleichungen in kartesischen Koordinaten und verwendete nur nebenbei die Quaternionentheorie. Die Übersicht über den Zusammenhang aller Formeln wird aber wesentlich erleichtert durch die Verwendung der Vektorrechnung. Diese Rechenmethode erscheint wie geschaffen für die Aufgabe, die Faradayschen Ideen möglichst getreu wiederzugeben. Die Mühe, die es kostet, sich mit dieser Methode vertraut zu machen, wird durch die sich daraus ergebenden Vorteile reichlich aufgewogen[1]).

Wie erwähnt, erweist sich die Maxwellsche Theorie in großem Maße als eine durch das Experiment in vollem Umfang bestätigte Beschreibung der elektrischen und magnetischen Vorgänge und Erscheinungen. Hiervon wird im vorliegenden 1. Band ausführlich die Rede sein. Die obige Einschränkung bezieht sich auf alle diejenigen Vorgänge und Erscheinungen, bei denen Quanteneffekte eine wesentliche Rolle spielen, wie etwa bei den elektrischen und magnetischen Eigenschaften in den einzelnen Atomen oder Molekülen und bei ihrer Wechselwirkung mit hochfrequenter elektromagnetischer Strahlung, bei denen die Maxwellsche Theorie nicht oder nur in beschränktem Umfang anwendbar bleibt. Von diesen Quanteneffekten handelt vornehmlich der II. Band dieses Lehrbuches.

---

1) Für diejenigen Leser dieses Buches, die mit der Vektorrechnung und der später ebenfalls benötigten Tensorrechnung nicht hinreichend vertraut sind, wird in einem Anhang eine kurze Übersicht über die wichtigsten Grundbegriffe und -formeln dieser Methoden gegeben.

Doch braucht man oft die Quantenstruktur der Atome und Moleküle nicht weiter zu beachten und kann dann diese Gebilde nur durch ihre festen oder allenfalls durch äußere Felder schwach beeinflußbaren elektrischen und magnetischen Eigenschaften beschreiben.

Liegen nur wenige isolierte Gebilde dieser Art in dem sonst leeren Raum verteilt, so läßt sich das elektromagnetische Feld voll und ganz aus der Maxwellschen Theorie in ihrer ursprünglichen Form, die nur isolierte Ladungen und Magneten im Vakuum berücksichtigt, berechnen. Aber dann hat Maxwell seine Theorie durch Einführung von drei Materialgrößen, nämlich der Dielektrizitätskonstante, der Permeabilität und der elektrischen Leitfähigkeit, auch auf den Fall der Feldberechnung beim Vorhandensein kompakter Materie anwendbar gemacht, wobei freilich völlig offen blieb, wie diese drei Größen mit der Struktur der Materie zusammenhängen und ob diese Größen überhaupt als Konstanten im üblichen Sinn angesehen werden können.

Hier führten nun Untersuchungen von Hendrik Antoon Lorentz weiter. Nach seinen Vorstellungen, heute allgemein als Elektronentheorie bezeichnet, läßt sich das elektromagnetische Feld im zwischenatomaren Raum aus der Maxwellschen Theorie in ihrer ursprünglichen Form berechnen, führt aber dabei naturgemäß auf räumlich und eventuell auch zeitlich sehr schnell veränderliche Felder. Doch kommt es nicht auf die Kenntnis des genauen Verlaufes dieser Felder an, sondern einerseits auf ihren Wert am Ort der einzelnen Atome oder Moleküle, also auf die für deren Beeinflussung wirksamen Feldstärken, andererseits auf ihre räumlichen und zeitlichen Mittelwerte, genommen über Bereiche, in denen sich der makroskopische Zustand der Materie noch nicht wesentlich ändert. Und da nach Lorentz diese mittleren Feldstärken in angebbarem Zusammenhang mit den Maxwellschen Feldgrößen in der Materie stehen, folgt daraus die Berechenbarkeit der drei Maxwellschen Materialgrößen. Eine ausführliche Darstellung dieser Verhältnisse wird im III. Band dieses Lehrbuches gegeben. Doch erscheint es für ein wirkliches Verständnis der Maxwellschen Theorie unvermeidlich, bestimmte Vorstellungen und Ergebnisse der Elektronentheorie bereits im I. Band zu bringen.

Ferner enthält der I. Band als besondere Konsequenz seiner Theorie die schon von Maxwell erkannte und dann durch Heinrich Hertz experimentell bestätigte Erkenntnis, daß das Licht als elektromagnetischer Wellenvorgang angesehen werden kann, und daß der gemessene Wert c_0 der Ausbreitungsgeschwindigkeit des Lichtes allein aus elektrischen und magnetischen Messungen gefunden werden kann. Damit aufs engste verknüpft ist die Grundforderung der speziellen Relativitätstheorie, daß die Lichtgeschwindigkeit im Vakuum eine wirkliche Konstante, also unabhängig von Bewegungszustand der Lichtquelle und der Meßapparatur ist. Tatsächlich erweist sich die Maxwellsche Theorie als relativistisch invariant, d.h. als invariant gegenüber der dort abzuleitenden Lorentz-Transformation von einem Bezugssystem zu einem dagegen mit konstanter Geschwindigkeit bewegten System, und führt daher in jedem Bezugssystem zum gleichen Wert c_0 der Vakuumlichtgeschwindigkeit, während eine Galilei-Transformation den Wert dieser Geschwindigkeit ändern würde.

Schließlich wird, gleichsam als Krönung solcher und ähnlicher Betrachtungen, auch gezeigt, daß es nicht nur formal zweckmäßig ist, wenn man von den drei räumlichen Koordinaten und der Zeit als gesonderter Veränderlichen übergeht zu einem vierdimensionalen Raum-Zeit-Kontinuum mit der Zeit t bzw. der Größe c_0t als vierter Koordinate.

Denn während man sonst in der Maxwellschen Theorie mit vier Differentialgleichungen zu rechnen hat, nämlich mit zwei vektoriellen (Oerstedsches Gesetz und Induktionsgesetz) und zwei skalaren (elektrischer und magnetischer Kraftflußsatz), lassen sich in der vierdimensionalen Schreibweise das Oerstedsche Gesetz und der elektrische Kraftflußsatz zu einem ersten Vierergesetz, das Induktionsgesetz und der magnetische Kraftflußsatz zu einem zweiten Vierer-Gesetz zusammenfassen und erweisen sich so als jeweils innerlich zusammengehörig und damit aus der gleichen physikalischen Situation heraus stammend.

1. Die elektrische Ladung und das elektrostatische Feld im Vakuum

1.1. Die elektrische Ladung und das elektrische Elementarquantum

Reibt man eine Siegellackstange mit einem Katzenfell, so werden diese beiden Körper in einen eigentümlichen Zustand versetzt, der sich dadurch kundgibt, daß leichte, in ihrer Nähe befindliche Teilchen in Bewegung geraten. Man sagt, jene Körper sind durch die Reibung „elektrisch“ geworden, sie tragen eine elektrische Ladung. Erfahrungsgemäß haften die Ladungen nicht fest an der Siegellackstange und am Katzenfell, sondern können durch Berührung auf andere Körper übertragen werden. Die Entstehung des geladenen Zustandes ist nicht an den Vorgang der Reibung gebunden; man kann ein Metallstück z. B. auch durch vorübergehende Berührung mit einem Pol eines galvanischen Elements aufladen.

Zwei geladene Körper üben aufeinander eine Kraftwirkung aus. Diese Kraft kann man zur Messung der Ladung benutzen, z. B. vermittels eines Elektrometers. Aus den Erfahrungen, die man bei solchen Messungen, im besonderen bei der gleichzeitigen Übertragung verschiedener Ladungen auf ein solches Instrument gewonnen hat, ist auf die Existenz von Ladungen verschiedenen Vorzeichens zu schließen, die sich bei Überlagerung algebraisch addieren. Man hat willkürlich der auf dem geriebenen Katzenfell sitzenden Ladung das positive Vorzeichen und der Ladung auf der Siegellackstange das negative Vorzeichen gegeben.

Für die elektrische Ladungen gilt der Erhaltungssatz: Die Gesamtladung eines abgeschlossenen Systems ist stets konstant. Elektrische Ladung kann also weder erzeugt noch vernichtet werden, es sei denn, daß gleichzeitig eine gleich große Ladungsmenge des entgegengesetzten Vorzeichens entsteht bzw. verschwindet. Beim Reiben der Siegellackstange mit dem Katzenfell entsteht auf letzterem genau soviel positive Ladung wie auf der Siegellackstange negative. Bei der Ladungsübertragung durch Berührung von einem Körper auf einen anderen ist die algebraische Summe der Ladungen beider Körper vor und nach der Berührung stets dieselbe.

Für einen tieferen Einblick in die elektrischen und magnetischen Vorgänge in der Materie sowie für ein Verständnis der Erscheinungen an geladenen Teilchenstrahlen ist entscheidend die aus zahlreichen Versuchen verschiedenster Art gewonnene Erkenntnis, daß, ebenso wie die Materie, auch die elektrische Ladung atomistische Struktur besitzt, und daß es eine kleinste, nicht mehr teilbare Ladungsmenge gibt. Diese kleinste Ladungsmenge nennt man das elektrische Elementarquantum. Wir werden es im folgenden stets mit e_0 bezeichnen, und es gilt[1])

$$e_0 = 1{,}602 \cdot 10^{-19} \quad \text{Coulomb (C)}. \tag{1.1.1}$$

Den ersten Hinweis auf die Existenz dieses Elementarquantums gab das Faradaysche Gesetz der Elektrolyse: Beim Stromdurchgang durch eine wässrige Lösung eines Salzes, z. B. von Silbernitrat, scheidet sich an der Kathode fortlaufend Silber ab. Dabei ist die Menge des abgeschiedenen Silbers jeweils proportional der durch den Elektrolyten hindurch transportierten Elektrizitätsmenge; und zwar tritt nach Faraday bei der elektrolytischen Abscheidung gerade eines Mols eines einwertigen Elektrolyten insgesamt die Elektrizitätsmenge 96487 C durch die Lösung hindurch („Faraday-Konstante F" von der Dimension C/mol). Da die Anzahl der Atome bzw. Ionen im Mol gleich $6{,}022 \cdot 10^{23}$ ist („Avogadro-Konstante", oft auch „Loschmidt-Konstante" L genannt, von der Dimension mol^{-1}), kann man aus dem Faradayschen Ergebnis schließen, daß, zum mindesten bei der Elektrolyse, die Elektrizität ebenso wie die Materie in atomare Einheiten unterteilt ist und daß jedes positiv-einwertige Ion beim Auftreffen auf die Kathode die Ladung $e_0 = F/L$, also genau den oben angegebenen Wert, überträgt. Dieser Tatbestand wurde zum ersten Mal 1881 klar hervorgehoben von G. J. Stoney und von H. v. Helmholtz. Neben dieser e_0-Bestimmung aus der Elektrolyse sind im Lauf der Zeit zahlreiche Methoden zur mehr oder minder direkten Messung des Elementarquantums entwickelt worden, wie etwa die Tröpfchenmethode von R. A. Millikan oder die von E. Regener angegebene Methode der e_0-Bestimmung mit Hilfe von α-Strahlen. Wegen der Einzelheiten hierzu muß auf die einschlägigen Lehrbücher der Experimentalphysik verwiesen werden.

Gerade die Beobachtung an geladenen Strahlen lassen neben dem atomistischen Charakter der Elektrizität auch den ihrer Träger fast unmittelbar erkennen. Dies gilt für die eben erwähnten α-Strahlen, die beim radioaktiven Zerfall entstehen können und die aus positiv geladenen Heliumatomen, also aus He-Ionen bestehen, wobei jedes α-Teilchen die Ladung $2\,e_0$ trägt. Dies gilt aber auch für die künstlich erzeugten Ionenstrahlen, die man beim Anlegen eines elektrischen Feldes an ein Glasgefäß erhält, das mit dem zu untersuchenden Gas bei geringem Druck gefüllt ist. Durch dieses Feld werden die im Gas stets vorhandenen bzw. durch Zusammenstöße immer wieder neu erzeugten Ionen gegen die eine der beiden Elektroden beschleunigt. Durch Kanäle in der Elektrode kann man diese Strahlen in den Untersuchungsraum austreten lassen und spricht dann nach dem Entdecker dieser Strahlen (E. Goldstein) von Kanalstrahlen. Sie sind wie beim Stromtransport durch Elektrolyte mit einem Materialtransport verbunden, kenntlich durch einen Materieniederschlag auf dem Auffangschirm.

Im Gegensatz dazu fließt in einem hochevakuierten Glasgefäß mit zwei Elektroden, deren eine, und zwar die Kathode, hoch erhitzt ist, beim Anlegen einer Spannung ein Strom, der beliebig lang aufrecht erhalten werden kann, ohne daß an der Kathode oder Anode die geringste chemische Änderung erfolgt. Die nähere Untersuchung dieser von der Kathode ausgehenden Elektrizität, der Kathodenstrahlen, wird ermöglicht durch die Ablenkbarkeit im elektrischen und magnetischen Feld (vgl. die Abschnitte 1.2 und 5.1). Es stellt sich dabei heraus, daß hier der Strom getragen wird durch Teilchen mit der

---

[1]) Wegen der hier und im folgenden verwendeten Einheiten vgl. die Ausführungen in den Abschnitten 1.2ff. sowie im 14. Kapitel.

Ladung $-e_0$ und mit einer Masse, die rund 1840 mal kleiner ist als die Masse des leichtesten Atoms, des Wasserstoffatoms. Man nennt diese Gebilde Elektronen. Solche Elektronen treten übrigens auch in den natürlichen radioaktiven β-Strahlen auf sowie bei einem Teil von künstlich radioaktiv gemachten Substanzen, während andere künstliche β-Strahler Teilchen von der gleichen Masse wie die der Elektronen aussenden, aber von der Ladung $+e_0$. Man nennt diese Teilchen Positronen; doch werden wir sie, da sie in der gewöhnlichen Elektrodynamik wegen ihrer extrem kurzen Lebensdauer beim Auftreffen auf Materie keine Rolle spielen, im folgenden außer acht lassen.

Eine umso größere Rolle spielen die Elektronen in der gesamten Atomphysik: Nach E. Rutherford besteht jedes Atom aus einem schweren Atomkern, in dem fast die ganze Masse des Atoms vereinigt ist, und aus einer bestimmten Zahl von Elektronen, welche diesen Atomkern umkreisen. Die Zahl Z dieser Elektronen nennt man die Ordnungszahl des Atoms, da von dieser Zahl ganz wesentlich das physikalische und chemische Verhalten des Atoms abhängt. Sie ist identisch mit der Nummer, die dem Atom im Periodischen System der Elemente beim Durchnummerieren, angefangen beim Wasserstoff mit $Z = 1$, zukommt. Da das Atom als Ganzes elektrisch neutral ist, muß der Kern eines Atoms der Ordnungszahl Z die Kernladung $Z e_0$ besitzen, um die Ladung $-Z e_0$ der Z Elektronen der Atomhülle zu kompensieren. So hat der Heliumkern, entsprechend der Ordnungszahl 2 des He, die Ladung $2e_0$, in Übereinstimmung mit den oben erwähnten Versuchen von Regener.

Da eine ausführliche Darlegung der Atomphysik im II. Band gegeben wird, wollen wir uns hier mit diesen kurzen Andeutungen über den Aufbau der Atome begnügen. Immerhin versetzen sie uns in die Lage, bereits in diesem I. Band einen Einblick in das elektrische und magnetische Verhalten einzelner Atome sowie der aus ihnen aufgebauten zusammenhängenden Materie zu gewinnen.

Um nun wieder zurück zu den Eingangsbetrachtungen dieses Abschnittes zu kommen, sei zunächst darauf hingewiesen, daß es vielfach genügt, mit der Gesamtladung eines isolierten Körpers zu rechnen. Oft aber wird es notwendig sein, genauere Kenntnisse über die Verteilung dieser Gesamtladung auf das Innere des Körpers bzw. auf seine Oberfläche zu besitzen. Wegen der atomistischen Struktur der Elektrizität ist der Erwerb einer solchen Kenntnis im Grunde eine Aufgabe der sogenannten Elektronentheorie, die bereits in der Einleitung erwähnt worden war und die sich mit den Feldern und ihren Wirkungen im Inneren der Materie beschäftigt. Ihr Hauptanliegen bei der Frage der Ladungsverteilung in der Materie bzw. an ihrer Oberfläche ist die Entwicklung entsprechender Mittelwertsbetrachtungen.

So ist es nach Lorentz zweckmäßig und zugleich naheliegend, alle Ladungen e_j, die sich innerhalb einer kleinen Kugel vom Volumen δv um den Punkt mit dem Ortsvektor $\boldsymbol{r}_j$ als Mittelpunkt befinden, zusammenzufassen zu einer Gesamtladung δQ in der Form

$$\delta Q \equiv \delta v\, \varrho(\boldsymbol{r}) = \sum e_j \quad (\boldsymbol{r}_j \text{ in } \delta v). \tag{1.1.2}$$

Dabei soll δv einerseits so groß gewählt sein, daß in diesem Volumen eine größere Zahl von Ladungsträgern enthalten ist, aber andererseits noch so klein sein, daß sich $\varrho(\boldsymbol{r})$ beim Übergang von dem betrachteten Volumen zu einem unmittelbar benachbarten gleich großen Volumen höchstens um einen relativ kleinen Betrag ändert. In diesem Fall nennt man $\varrho(\boldsymbol{r})$ die elektrische Raumladungsdichte. Ihre Definition entspricht völlig der üblichen Definition der Massendichte in der Materie, wenn man statt der Ladungen e_j die Massen m_j der einzelnen Materiebestandteile einführt.

Vom Standpunkt der Elektronentheorie ist die durch (1.1.2) definierte Ladungsdichte $\varrho(\boldsymbol{r})$ ein Mittelwert und müßte daher eigentlich als $\overline{\varrho(\boldsymbol{r})}$ geschrieben werden; doch wird später der Mittelungsstrich im allgemeinen weggelassen. Im Grunde hätten wir vor der Durchführung der Mittelung mit einer wirklichen Ladungsdichte $\varrho(\boldsymbol{r})$ zu rechnen, die sich in der Form

$$\varrho(\boldsymbol{r}) = \sum e_j \, \delta(\boldsymbol{r} - \boldsymbol{r}_j) \tag{1.1.3}$$

anschreiben läßt, wobei die Summe über alle Ladungen im ganzen Raum zu erstrecken ist. Dabei bedeutet $\delta(\boldsymbol{r} - \boldsymbol{r}_j)$ die sogenannte dreidimensionale Diracsche Deltafunktion; sie ist definiert als singuläre Funktion, die überall im Raum verschwindet außer an der Stelle $\boldsymbol{r} = \boldsymbol{r}_j$, wo sie derart gegen Unendlich geht, daß das über den ganzen Raum erstreckte Integral gleich 1 wird[1]):

$$\int \delta(\boldsymbol{r} - \boldsymbol{r}_j) \, \mathrm{d}v = 1 \tag{1.1.4}$$

Aus der Darstellung (1.1.3) der wahren Ladungsdichte erhalten wir unmittelbar die mittlere Ladungsdichte der Elektronentheorie durch Integration über das Volumen δv:

$$\int_{\delta v} \varrho(\boldsymbol{r}) \, \mathrm{d}v = \sum_{(\boldsymbol{r}_j \text{ in } \delta v)} e_j \equiv \overline{\varrho(\boldsymbol{r})} \, \delta v,$$

in Übereinstimmung mit der Definitionsgleichung (1.1.2).

In ähnlicher Weise können wir im Fall, daß sich die einzelnen Ladungsträger im wesentlichen an der Oberfläche eines Körpers befinden, ein Fall, der, wie später gezeigt wird, bei einem geladenen Metall realisiert ist, von einer elektrischen Flächenladungsdichte $\sigma(\boldsymbol{r})$ sprechen. Diese wird definiert durch die Beziehung

$$\delta f \, \sigma(\boldsymbol{r}) = \sum e_j\,, \tag{1.1.5}$$

wobei jetzt die Summe über alle Ladungsträger zu erstrecken ist, die sich in einem flachen dosenförmigen Kreiszylinder mit der Basisfläche δf um den Punkt $\boldsymbol{r}$ an der Oberfläche und einer entsprechend kleinen Höhe im Innern des Metalls befinden. Um diese Vorstellung zu präzisieren, wird es meist genügen, den Durchmesser von δf, wie auch den von δv in (1.1.2), von der Größenordnung einiger μ, d.h. einiger 10^{-6} m, zu wählen, während man an den Metalloberflächen mit nicht kompensierten Ladungsträgern bis zu einer Tiefe von maximal etwa $10^{-2}\,\mu$, d.h. von etwa 100 Å zu rechnen hat.

1.2. Die elektrische Feldstärke und das elektrische Potential

Elektrische Ladungen üben auf einander Kraftwirkungen aus. Man kann diese Kraftwirkungen in ihrer Abhängigkeit von der Größe der Ladungen und von ihren gegenseitigen Entfernungen zum ausschließlichen Gegenstand der Untersuchung machen, wie

---

[1]) Als Beispiel für die eindimensionale δ-Funktion kann man den Grenzwert

$$\delta(x - x_j) = \lim_{a\to 0} \frac{1}{a\sqrt{\pi}} \exp\left\{-(x - x_j)^2/a^2\right\} \quad \text{mit} \quad \int_{-\infty}^{+\infty} \delta(x - x_j)\, \mathrm{d}x = 1,$$

für die dreidimensionale δ-Funktion den Grenzwert

$$\delta(\boldsymbol{r} - \boldsymbol{r}_j) = \lim_{a\to 0} \left(\frac{1}{a\sqrt{\pi}}\right)^3 \exp\left\{-(\boldsymbol{r} - \boldsymbol{r}_j)^2/a^2\right\} \quad \text{mit} \quad \int \delta(\boldsymbol{r} - \boldsymbol{r}_j)\, \mathrm{d}v = 1$$

betrachten. Oft ist es zweckmäßig, mit dieser oder einer anderen entsprechenden Darstellung der δ-Funktion zu rechnen, aber zunächst den Grenzübergang nicht auszuführen, also zunächst mit einer stetigen $\varrho(\boldsymbol{r})$-Funktion zu rechnen und erst später den Limes zu ermitteln.

es die vor Faraday und Maxwell übliche Fernwirkungstheorie getan hat. Man kann aber auch, darüber hinausgehend, im Sinne von Faraday und Maxwell von einem elektrischen Kraftfeld in der Umgebung jedes elektrisch geladenen Körpers sprechen, das, ebenso wie das Schwerefeld der Erde, auch an solchen Punkten als bestehend angenommen wird, an denen keine Ladungen vorhanden sind, auf die es wirken könnte. Die Untersuchung dieses Kraftfeldes, das als primäre Ursache der Kraftwirkung angesehen wird, ist Gegenstand der Feldwirkungstheorie.

Die Faraday-Maxwellsche Feldauffassung wird nahegelegt und gestützt durch folgende Erfahrungstatsache: Die Kraft $\boldsymbol{K}(\boldsymbol{r})$, die eine kleine, am Ort $\boldsymbol{r}$ befindliche Probeladung, etwa ein mit Goldblatt überzogenes, aufgeladenes Hollundermarkkügelchen, in einem System aus verschiedenen, irgendwie verteilten geladenen Körpern erfährt, ist direkt proportional der Ladung e des Probekörpers. Man kann daher stets schreiben

$$\boldsymbol{K} = e\,\boldsymbol{E}\,, \tag{1.2.1}$$

wobei $\boldsymbol{E} = \boldsymbol{E}(\boldsymbol{r})$ eine nur vom betrachteten elektrischen System, nicht aber vom Probekörper abhängige Funktion des Ortes ist. Man nennt diese Größe $\boldsymbol{E}$ die elektrische Feldstärke. Es ist für die Maxwellsche Theorie charakteristisch, daß sie diesem Vektorfeld $\boldsymbol{E}$ eine unmittelbare, von der Existenz einer Probenladung unabhängige Realität zuschreibt und es zum eigentlichen Gegenstand der Untersuchung macht.

Der Ausdruck (1.2.1) für die Kraft auf eine Probeladung im elektrischen Feld ist nicht unbeschränkt gültig. Er hört auf, genau zu gelten, sobald der Probekörper zu nahe an einen geladenen oder ungeladenen Körper herangebracht wird, und zwar um so eher, je größer die Probeladung ist. Auch wird er ungenau, wenn die Feldstärke zu stark mit dem Ort veränderlich ist, und zwar umso mehr, je größer die Abmessungen des Probekörpers sind. Wir werden später die Gründe für diese Abweichungen erkennen und unseren Ausdruck (1.2.1) für die Kraft entsprechend vervollständigen (vgl. Abschnitt 1.7). Fürs erste müssen wir uns daher eines hinreichend kleinen und hinreichend schwach geladenen Probekörpers bedienen, wenn wir auf Grund der Beziehung (1.2.1) die elektrische Feldstärke ermitteln wollen.

Wird die Ladung e durch die Kraft $\boldsymbol{K}$ um die Strecke $\mathrm{d}\boldsymbol{r}$ verschoben, so leistet dabei das Feld nach den Grundregeln der Mechanik die Arbeit $\boldsymbol{K}\,\mathrm{d}\boldsymbol{r} = e\,\boldsymbol{E}\,\mathrm{d}\boldsymbol{r}$. Bei der Verschiebung der Ladung von einem Punkt 1 bis zu einem Punkt 2 ist die Arbeit gleich dem Linienintegral

$$A_{12} = \int_1^2 \boldsymbol{K}\,\mathrm{d}\boldsymbol{r} = e\int_1^2 \boldsymbol{E}\,\mathrm{d}\boldsymbol{r}\,. \tag{1.2.2}$$

Für ein elektrostatisches Feld muß diese Arbeit, ebenso wie für statische Kraftfelder der Mechanik, unabhängig sein von der Gestalt des von 1 nach 2 führenden Weges; insbesondere muß sie für einen geschlossenen Weg verschwinden:

$$\oint \boldsymbol{K}\,\mathrm{d}\boldsymbol{r} = e\oint \boldsymbol{E}\,\mathrm{d}\boldsymbol{r} = 0\,. \tag{1.2.3}$$

In der Mechanik wird aus dieser speziellen Aussage des Energiesatzes gefolgert, daß sich ein statisches Kraftfeld als (negativer) Gradient einer Ortsfunktion, der potentiellen Energie, darstellen lassen muß. In gleicher Weise können wir schließen, daß sich auch für jedes elektrostatische Feld die elektrische Feldstärke in der Form

$$\boldsymbol{E} = -\operatorname{grad}\varphi \equiv -\nabla\varphi \tag{1.2.4}$$

darstellen lassen muß[1]). Man nennt diese skalare Ortsfunktion φ das **elektrostatische Potential** und das durch die Ladung e geteilte Arbeitsintegral, also die Größe

$$A_{12}/e = V_{12} = \int_1^2 \boldsymbol{E}\,\mathrm{d}\boldsymbol{r} = \varphi_1 - \varphi_2\,, \tag{1.2.5}$$

die **Potentialdifferenz** oder auch die **Spannung** zwischen den Punkten 1 und 2.

Wir vermerken zunächst, daß die Beziehung (1.2.3) oder auch (1.2.4) eine wesentliche Aussage über die Feldstärke $\boldsymbol{E}$ im elektrostatischen Feld enthält: Als Gradient der Potentialfunktion φ muß sie **wirbelfrei** sein:

$$\oint \boldsymbol{E}\,\mathrm{d}\boldsymbol{r} = 0 \quad \text{bzw.} \quad \operatorname{rot} \boldsymbol{E} = 0\,. \tag{1.2.6}$$

Diese Beziehungen stellen in ihrer Integral- und Differentialform die erste der vier **Maxwell-Gleichungen** für das elektromagnetische Feld dar in der Spezialisierung auf den statischen Fall. Die allgemeine Form dieser Beziehungen werden wir in Abschnitt 5.3 kennenlernen.

Wir vermerken ferner, daß $e\,V_{12} = e\,(\varphi_1 - \varphi_2)$ gleich der Arbeit ist, die das Feld bei der Bewegung des kleinen Probekörpers der Ladung e vom Punkt 1 nach Punkt 2 leistet und damit auch gleich ist der Abnahme an potentieller Energie dieser Ladung e im elektrostatischen Feld. (Man beachte, daß die Arbeit, die man gegen das Feld leisten muß, um die Ladung e von 1 nach 2 zu bringen, gleich $-\,e\,V_{12} = e\,(\varphi_2 - \varphi_1)$ ist!) Bewegt sich die Ladung allein unter der Kraftwirkung des Feldes, gilt also für den Probekörper (mit der Masse m) die Bewegungsgleichung[2])

$$m\frac{\mathrm{d}\boldsymbol{v}}{\mathrm{d}t} = e\,\boldsymbol{E}\,, \tag{1.2.7}$$

so wird diese Arbeit wegen des Energiesatzes gleich der Zunahme der kinetischen Energie des Körpers:

$$\left(\frac{m\,v^2}{2}\right)_2 - \left(\frac{m\,v^2}{2}\right)_1 = e\int_1^2 \boldsymbol{E}\,\boldsymbol{v}\,\mathrm{d}t = e\int_1^2 \boldsymbol{E}\,\mathrm{d}\boldsymbol{r} = e\,(\varphi_1 - \varphi_2)\,. \tag{1.2.8}$$

Daher gibt man die kinetische Energie, die irgendwelche geladenen, anfangs ruhenden Teilchen (in Kathodenstrahlen oder Ionenstrahlen) beim Durchfallen einer bestimmten Strecke im elektrischen Feld erhalten, meist unmittelbar durch das Produkt aus Ladung und durchfallender Spannung an.

Ist $\boldsymbol{E} = \boldsymbol{E}(\boldsymbol{r})$ bekannt, so kann man die Bewegung geladener Teilchen in diesem Feld durch Integration der Gleichung (1.2.7) ermitteln. So bewegen sich geladene Teilchen in einem räumlich und zeitlich konstanten $\boldsymbol{E}$-Feld wie Massenpunkte im konstanten Schwerefeld der Erde auf Wurfparabeln. Durch zweimalige zeitliche Integration von (1.2.7) erhalten wir

$$\boldsymbol{v} = \boldsymbol{v}_0 + e\,\boldsymbol{E}\,t/m\,, \qquad \boldsymbol{r} = \boldsymbol{r}_0 + \boldsymbol{v}_0\,t + e\,\boldsymbol{E}\,t^2/2m\,, \tag{1.2.9}$$

[1]) Wie schon einleitend bemerkt, möge sich ein Leser, der mit der Vektoralgebra und -analysis nicht hinreichend vertraut ist, hierüber an Hand des 13. Kapitels oder aus entsprechender Spezialliteratur informieren.

[2]) Wegen der Verhältnisse bei hohen Geschwindigkeiten (in der Nähe der Lichtgeschwindigkeit) sei auf das 12. Kapitel, im besonderen auf Abschnitt 12.1 über die **relativistische Mechanik** verwiesen.

wenn $\boldsymbol{r}_0$ und $\boldsymbol{v}_0$ die Anfangslage und -geschwindigkeit bedeuten. Denken wir uns jetzt die z-Achse eines kartesischen Koordinatensystems in die Feldrichtung und seine x-z-Ebene parallel zu $\boldsymbol{v}_0$ gelegt, so gilt

$$x = x_0 + v_{0x}\, t\,, \qquad y = y_0\,, \qquad z = z_0 + v_{0z}\, t + e\, E\, t^2/2m\,. \tag{1.2.10}$$

Eliminieren wir hier die Zeit, so erhalten wir bei positivem e als Bahnkurve eine nach der positiven z-Richtung offene Parabel.

Schließlich sei noch eine Bemerkung über die im folgenden verwendeten Einheiten eingefügt. Wie schon im Vorwort erwähnt, werden im wesentlichen die (auch durch Gesetz der Bundesrepublik Deutschland festgelegten) Basiseinheiten des Internationalen Einheitensystems (abgekürzt SI-Einheiten) benutzt. Es sind dies die vier Grundeinheiten Meter (m) für die Länge, Kilogramm (kg) für die Masse, Sekunde (s) für die Zeit und Ampere (A) für die elektrische Stromstärke, bzw. daraus abgeleitet Coulomb (C) für die elektrische Ladung, definiert durch 1 C = 1 As. Dazu gehört als Einheit der Energie bzw. der Arbeit 1 kg m^2/s^2 = 1 Joule (J) = 1 Wattsekunde (Ws). Daraus folgt dann nach (1.2.5) als Einheit der Spannung V das Volt, definiert durch

$$1\ \mathrm{V} = 1\ \mathrm{Ws/C} = 1\ \mathrm{W/A}\,. \tag{1.2.11}$$

Während das Ampere durch eine bestimmte Meßvorschrift (s. Abschnitt 5.4) festgelegt ist, wird das Volt erst durch die Beziehung (1.2.11) bestimmt. Ist aber auch diese Einheit festgelegt, so kann man dann etwa als Einheit der elektrischen Feldstärke 1 V/m angeben und die Energie eines geladenen Elektrons der Ladung $-e_0$, das aus dem Ruhezustand heraus eine Beschleunigungsstrecke mit der Potentialdifferenz V_{12} = 1 Volt durchlaufen hat, als

$$|e_0\, V_{12}| = 1{,}602 \cdot 10^{-19}\ \mathrm{CV} = 1{,}602 \cdot 10^{-19}\ \mathrm{Ws}$$

schreiben.

Neben diesen SI-Einheiten wird, besonders im theoretisch-physikalischen Schrifttum, teils aus historischen, teils aus erst später erkennbaren Gründen, gern und vielfach das sogenannte cgs-System mit den drei Grundeinheiten Centimeter (cm), Gramm (g) und Sekunde (s) benutzt, während eine Ladungseinheit als eine aus diesen drei Einheiten abgeleitete, erst durch das Coulomb-Gesetz (vgl. Abschnitt 1.3) festgelegte Größe definiert wird. Natürlich ist es für die Gewinnung konkreter Ergebnisse aus der Theorie völlig unwesentlich, ob man mit vier oder nur mit drei Grundeinheiten rechnet. Aber leider bewirken die verschiedenen Definitionen der Einheit der Stromstärke bzw. der Ladung, daß ein beträchtlicher Teil der Formeln in den beiden Einheitensystemen verschiedene Gestalt besitzt, so daß es zweckmäßig erscheint, jeweils im Text die Formeln bei Verwendung von SI-Einheiten anzugeben und dann bei Bedarf die geänderten Formeln im Anhang anzuführen. Darüber hinaus soll eine Umrechnungstabelle auf S. 299 f den Übergang von dem einen zum anderen Einheitensystem erleichtern.

1.3. Das Coulombsche Gesetz

Im Abschnitt 1.2 haben wir uns mit der Kraftwirkung eines elektrischen Feldes auf Ladungen beschäftigt. Nunmehr wollen wir die felderzeugende Wirkung von Ladungen betrachten.

Eines der wichtigsten Ergebnisse der messenden Elektrizitätslehre vor Faraday war das Coulombsche Gesetz: Die Kraft, die zwei ruhende Körper 1 und 2, deren Ausdehnung klein ist gegenüber ihrem Abstand, auf einander in einem sonst leeren Raum ausüben, hat die Richtung ihrer Verbindungslinie und ist umgekehrt proportional dem Quadrat ihres Abstandes r. Da wir nach Belieben jeden der beiden Körper als Probekörper im Sinne des Abschnitts 1.2 ansehen dürfen, ist also

$$K = f\frac{e_1 e_2}{r^2}. \tag{1.3.1}$$

Und zwar wirkt K bei gleichem Vorzeichen von e_1 und e_2 im Sinne einer Abstoßung, bei entgegengesetztem Vorzeichen als Anziehung.

Der Faktor f ist eine Naturkonstante, die nicht von der Beschaffenheit der Körper, ihrer Ladung und ihrem Ort abhängt. Ihr Zahlenwert ist wesentlich durch die Wahl der verwendeten Einheiten bedingt. Im SI-System, in dem die Kraft in N (Newton) = Ws/m = kg m/s² gemessen wird, f also die Dimension (Ws/m) m²/C² = Vm/As besitzt, erweist sich f nach dem Experiment als angenähert gleich $9 \cdot 10^9$ Vm/As. Im allgemeinen wird hier mit der durch $f = 1/4\,\pi\,\varepsilon_0$ definierten Größe ε_0 gerechnet, gegeben durch

$$\varepsilon_0 = 8{,}8543 \cdot 10^{-12}\,\frac{\mathrm{As}}{\mathrm{Vm}} \approx \frac{1}{4\pi \cdot 9 \cdot 10^9}\,\frac{\mathrm{As}}{\mathrm{Vm}}. \tag{1.3.2}$$

Man bezeichnet sie meist als elektrische Feldkonstante oder als Influenzkonstante, manchmal auch (mißverständlich) als Dielektrizitätskonstante des Vakuums. Dann besitzt das Coulombsche Gesetz die Form

$$K = \frac{e_1 e_2}{4\pi\,\varepsilon_0\, r^2}, \tag{1.3.3}$$

oder in Vektorform geschrieben mit $\boldsymbol{K}_{12} = -\boldsymbol{K}_{21}$ als Kraftwirkung der ersten Ladung auf die zweite und mit dem zugehörigen Abstandsvektor $\boldsymbol{r}_{12} = -\boldsymbol{r}_{21}$

$$\boldsymbol{K}_{12} = \frac{e_1 e_2\, \boldsymbol{r}_{12}}{4\pi\,\varepsilon_0\, r_{12}^3}. \tag{1.3.4}$$

In der physikalischen Literatur wird aber oft statt des in (1.3.3) bzw. (1.3.4) verwendeten Ladungsbegriffes ein anderer Ladungsbegriff benutzt, der zwar zu dem obigen proportional ist, aber so definiert wird, daß das Coulombsche Gesetz die einfachere Form

$$K = \frac{e_1^* e_2^*}{r^2} \tag{1.3.5}$$

ohne den Faktor f erhält. Damit wird die Ladung in diesem neuen Maßsystem, dem Gaußschen System, nicht als dimensionell neue Größe wie im SI-System betrachtet, sondern auf die drei Grundeinheiten der Länge, der Masse und der Zeit zurückgeführt, und zwar im Sinne des cgs-Systems. Demnach wird die Einheit der neuen Ladung, die wir zur Unterscheidung von der bisher betrachteten Ladung e des SI-Systems mit e^* bezeichnet haben, durch die Bestimmung festgelegt, daß ein kleiner, die Gaußsche Einheitsladung tragender Körper im Abstand 1 cm auf einen zweiten gleichgeladenen Körper die Kraft $K = 1$ dyn $= 1$ g cm/s² ausübt. Dann ist mit (1.2.1) auch über die Einheit der Feldstärke verfügt.

Da K und r beim Übergang vom SI-System mit seinen 4 Grundeinheiten zum Gaußschen System mit seinen 3 Grundeinheiten in ihrer physikalischen Bedeutung nicht geändert werden, auch wenn beispielsweise r im einen System in m und im anderen System in cm gemessen wird, folgt aus dem Vergleich von (1.3.5) mit (1.3.3) unmittelbar, daß die beiden Größen e^* und e durch die Beziehung

$$e^{*2} = e^2/4\pi\,\varepsilon_0\,, \qquad \text{d.h.} \qquad e^* = e/\sqrt{4\pi\,\varepsilon_0} \tag{1.3.6}$$

miteinander verknüpft sind. Wir können geradezu e^{*2} als Abkürzung für die im Coulomb-Gesetz auftretende Kombinationsgröße $e^2/4\pi\,\varepsilon_0$ ansehen und mit ihr überall dort weiterrechnen, wo es, wie meist in der Atomphysik, nur auf das Coulombsche Gesetz ankommt. Wir dürfen aber nie vergessen, daß die beiden dimensionell völlig verschiedenen Größen e^* und e unglücklicherweise die gleiche Bezeichnung „Ladung" tragen.

Offenbar ermöglicht die Beziehung (1.3.6) die Umrechnung von dem einen Einheitensystem zum anderen. Mit dem ε_0-Wert (1.3.2) kommen wir beispielsweise für $e = 1$ C zum Gaußschen „Ladungs"-Wert

$$e^* \approx 1\,\text{C} \cdot \sqrt{9 \cdot 10^9\ \text{Vm/As}} = \sqrt{9 \cdot 10^9\ \text{Vm As}} = \sqrt{9 \cdot 10^9\ \text{Wsm}} = 3 \cdot 10^9\ \sqrt{\text{erg cm}};$$

daher besitzt das Elementarquantum $e_0 = 1{,}602 \cdot 10^{-19}$ C den entsprechenden Gaußschen Wert

$$e_0^* = 4{,}80 \cdot 10^{-10}\ \sqrt{\text{erg cm}} = 4{,}80 \cdot 10^{-10} \quad \text{Gaußsche cgs-Einheiten.}$$

Wir werden später im Text durchweg mit den SI-Größen rechnen, werden aber fallweise am Schluß der einzelnen Abschnitte als Anmerkungen die wichtigsten der abgeleiteten Formeln auf das Gaußsche System umschreiben. Wie wir dabei sehen werden, kann man dieses Umschreiben jederzeit konsequent durch bestimmte, auf S. 299 f zusammengestellte Beziehungen zwischen den gleichbenannten Größen in den beiden Systemen durchführen.

Nach dieser Einschaltung über die Maßsysteme kehren wir wieder zur Betrachtung des Coulombschen Gesetzes zurück, und zwar in der durch (1.3.4) gegebenen Form. In der Ausdrucksweise von Faraday und Maxwell können wir das Ergebnis der Coulombschen Messungen in folgender Weise beschreiben: Eine ruhende punktförmige Elektrizitätsmenge e erzeugt in der Umgebung ein elektrisches Feld $\boldsymbol{E}$, das nach Größe und Richtung gegeben ist durch

$$\boldsymbol{E} = \frac{e\,\boldsymbol{r}}{4\pi\,\varepsilon_0\, r^3}\,. \tag{1.3.7}$$

Dabei ist $\boldsymbol{r}$ der Vektor, der von der im Nullpunkt angenommenen Ladung zum Aufpunkt führt. Dieses Coulomb-Feld ist nach Abschnitt 1.2 wirbelfrei und läßt sich daher nach (1.2.4) als negativer Gradient des Coulomb-Potentials

$$\varphi = \frac{e}{4\pi\,\varepsilon_0\, r} \tag{1.3.8}$$

darstellen, wie man leicht mit grad $r = \boldsymbol{r}/r$ bestätigt. Eine hierbei allenfalls auftretende Integrationskonstante kann weggelassen werden, wenn wir das Potential so normieren, daß es im Unendlichen verschwindet. Die Flächen $\varphi = \text{const}$ sind hier also konzentrische Kugeln um die Ladung als Mittelpunkt. Das elektrische Feld steht als Gradient jeweils senkrecht auf der durch den Aufpunkt gehenden Äquipotentialfläche, hat also entsprechend (1.3.7) jeweils die Richtung des Radiusvektors $\boldsymbol{r}$, während sein Betrag durch $E = e/4\pi\,\varepsilon_0\, r^2$ gegeben ist.

Die Formeln (1.3.7) und (1.3.8) gelten übrigens in guter Näherung auch für eine bewegte Ladung, sofern deren Geschwindigkeit v klein gegenüber der Lichtgeschwindigkeit c_0 ist. Wegen des Falles, daß v in die Größenordnung von c_0 kommt, vgl. Abschnitt 9.1.

Bei gleichzeitigem Vorhandensein mehrerer Ladungen $e_1, e_2, \ldots, e_h$ an den Orten $\boldsymbol{r}_1, \boldsymbol{r}_2, \ldots, \boldsymbol{r}_h$ überlagern sich erfahrungsgemäß deren Feldbeiträge wie ihre Kraftwirkungen auf eine Probeladung nach dem Gesetz der Vektoraddition. Daher gilt für dieses Ladungssystem

$$\boldsymbol{E}(\boldsymbol{r}) = \frac{1}{4\pi\varepsilon_0} \sum_{j=1}^{h} e_j \frac{\boldsymbol{r} - \boldsymbol{r}_j}{|\boldsymbol{r} - \boldsymbol{r}_j|^3}, \qquad \varphi(\boldsymbol{r}) = \frac{1}{4\pi\varepsilon_0} \sum_{j=1}^{h} \frac{e_j}{|\boldsymbol{r} - \boldsymbol{r}_j|}. \tag{1.3.9}$$

Haben wir mit soviel dicht beisammenliegenden Punktladungen zu rechnen, daß es zweckmäßig ist, die innerhalb eines Volumenelements δv befindlichen Ladungen im Sinne von (1.1.2) zu einer Gesamtladung δQ zusammenzufassen, wobei ϱ als (mittlere) elektrische Raumladungsdichte bezeichnet wird, so können wir in (1.3.9) von den Summen zu den Integralen übergehen und erhalten so

$$\boldsymbol{E}(\boldsymbol{r}) = \frac{1}{4\pi\varepsilon_0} \iiint \varrho(\boldsymbol{r}')\,\mathrm{d}v' \frac{\boldsymbol{r} - \boldsymbol{r}'}{|\boldsymbol{r} - \boldsymbol{r}'|^3}, \qquad \varphi(\boldsymbol{r}) = \frac{1}{4\pi\varepsilon_0} \iiint \frac{\varrho(\boldsymbol{r}')\,\mathrm{d}v'}{|\boldsymbol{r} - \boldsymbol{r}'|}. \tag{1.3.10}$$

Fassen wir übrigens in diesen Formeln $\varrho(\boldsymbol{r})$ nicht als mittlere Ladungsdichte, sondern als wahre Ladungsdichte nach (1.1.3) auf, so lassen sich die Integrale sofort ausführen und ergeben unmittelbar die Formeln (1.3.9).

Für Ladungen, die auf einer Fläche dicht beisammenliegen und dort im Sinne von (1.1.5) eine Flächenladungsdichte σ darstellen, gilt entsprechend

$$\boldsymbol{E}(\boldsymbol{r}) = \frac{1}{4\pi\varepsilon_0} \iint \sigma(\boldsymbol{r}')\,\mathrm{d}f' \frac{\boldsymbol{r} - \boldsymbol{r}'}{|\boldsymbol{r} - \boldsymbol{r}'|^3}, \qquad \varphi(\boldsymbol{r}) = \frac{1}{4\pi\varepsilon_0} \iint \frac{\sigma(\boldsymbol{r}')\,\mathrm{d}f'}{|\boldsymbol{r} - \boldsymbol{r}'|}. \tag{1.3.11}$$

Beispielsweise folgt aus dieser $\boldsymbol{E}$-Formel für eine homogen mit der Flächenladung σ belegte Ebene, die wir zur x-y-Ebene wählen wollen, daß (aus Symmetriegründen) E_x und E_y verschwinden, daß also $\boldsymbol{E}$ nur ein von Null verschiedenes E_z besitzt, d.h. senkrecht auf der Ebene steht. Und zwar gilt für einen Raumpunkt mit den Aufpunktkoordinaten $(0, 0, z)$ und den Quellpunktkoordinaten $(x' = r' \cos\psi', y' = r' \sin\psi', z' = 0)$

$$E_z = \frac{\sigma}{4\pi\varepsilon_0} \iint_{-\infty}^{+\infty} \frac{z\,\mathrm{d}x'\,\mathrm{d}y'}{\sqrt{z^2 + x'^2 + y'^2}^3} = \frac{\sigma z}{4\pi\varepsilon_0} \int_0^{\infty}\int_0^{2\pi} \frac{r'\,\mathrm{d}r'\,\mathrm{d}\psi'}{\sqrt{z^2 + r'^2}^3} = \frac{\sigma z}{2\varepsilon_0 |z|}. \tag{1.3.12}$$

Also wird $E_z = +\sigma/2\varepsilon_0$ für $z > 0$ und $E_z = -\sigma/2\varepsilon_0$ für $z < 0$, entsprechend einem (bei positivem σ) nach beiden Seiten von der geladenen Ebene weggerichteten Feld. Durch eine analoge Rechnung finden wir für das Potential

$$\varphi = -\sigma |z|/2\varepsilon_0 + \text{const}, \tag{1.3.13}$$

wobei die an sich unwesentliche Konstante hier formal den Wert ∞ annimmt. Der Grund hierfür liegt darin, daß wir zwar beim Coulomb-Potential einer Punktladung in (1.3.8) die Konstante so festgelegt haben, daß φ im Unendlichen verschwindet, daß wir es aber hier mit einer unendlich großen Ladung zu tun haben, die noch dazu bis ins Unendliche reicht.

Bei zwei parallelen Ebenen mit den konstanten Flächenladungen $+\sigma$ und $-\sigma$ verstärken sich die von diesen Ladungen herrührenden Felder im Bereich zwischen den beiden Flächen zum Betrag $E = \sigma/\varepsilon_0$, während sie sich außerhalb gegenseitig wegheben. Ähnlich liegen die Verhältnisse beim Plattenkondensator. Nur treten dort wegen der endlichen Plattengröße an dessen Rändern Feldstörungen auf, die allerdings oft vernachlässigt werden können, sofern der Plattenabstand d sehr klein gegen die Lineardimension der Platten ist. In diesem Fall können wir für die Gesamtladung auf den Platten $Q = \sigma F$ setzen, während die Spannung zwischen den beiden Platten durch $V = \varphi_1 - \varphi_2 = \sigma d/\varepsilon_0$ gegeben wird. Damit erweist sich Q als proportional zu V, und zwar gilt für den Quotienten Q/V der Wert

$$C \equiv Q/V = \varepsilon_0 F/d\,. \tag{1.3.14}$$

Dieser Quotient wird Kapazität genannt. Er hat die Dimension As/V, die man als Farad (F) bezeichnet.

Anmerkung. Im Gaußschen Maßsystem treten an die Stelle der Formeln (1.3.7) bis (1.3.13) ähnlich gebaute Beziehungen mit den gesternten Ladungsgrößen anstatt der ungesternten und ohne den Faktor $4\pi\,\varepsilon_0$ im Nenner. Daraus folgt als Ersatz für die Kapazität C eines Plattenkondensators nach (1.3.14) die Größe $C^* = F/4\pi\,d$ von der Dimension einer Länge.

Übrigens folgt aus der Definitionsgleichung (1.2.1) für die elektrische Feldstärke, also aus $K = e\,E = e^*\,E^*$, wegen (1.3.6)

$$E^* = E\,\sqrt{4\pi\,\varepsilon_0} \qquad \text{und damit} \qquad V^* = V\,\sqrt{4\pi\,\varepsilon_0} \tag{1.3.15}$$

Also entspricht einer Feldstärke $E = 1$ V/m im SI-System mit dem in (1.3.2) angegebenen Näherungswert von ε_0 eine Gaußsche Feldstärke

$$E^* \approx 1\,\frac{\text{V}}{\text{m}} \cdot \sqrt{\frac{1}{9\cdot 10^9}\,\frac{\text{As}}{\text{Vm}}} = \sqrt{\frac{1}{9\cdot 10^9}\,\frac{\text{Ws}}{\text{m}^3}} = \frac{1}{3\cdot 10^4}\sqrt{\frac{\text{erg}}{\text{cm}^3}}\,.$$

Der Zahlenwert von E^* ist also etwa um den Faktor 1/30000 kleiner als der von E. Analog gilt für eine Spannung $V = 1$ V

$$V^* \approx 1\,\text{V} \cdot \sqrt{\frac{1}{9\cdot 10^9}\,\frac{\text{As}}{\text{Vm}}} = \sqrt{\frac{1}{9\cdot 10^9}\,\frac{\text{Ws}}{\text{m}}} = \frac{1}{300}\sqrt{\frac{\text{erg}}{\text{cm}}}\,,$$

entsprechend einer Verkleinerung des Zahlenwertes von V um den Faktor 1/300 beim Übergang zur Spannungsgröße V^*.

Es sei bereits hier darauf hingewiesen, daß in diesen Beziehungen bei Benutzung des genauen Meßwerts von ε_0 in (1.3.2) an die Stelle des runden Zahlenwerts 3 der Wert 2,99793 tritt, der auch im Zahlenwert für die Vakuum-Lichtgeschwindigkeit

$$c_0 = 2{,}99793 \cdot 10^8\ \text{m/s} \tag{1.3.16}$$

erscheint. Auf den Grund für diese überraschende Tatsache wird später eingegangen werden.

1.4. Der elektrische Kraftfluß

Wenn auch Feldstärke und Potential bei vorgegebener Ladungsverteilung mit einer der Formeln (1.3.9), (1.3.10) und (1.3.11) jederzeit berechnet werden können, ist für die praktische Durchrechnung bestimmter Probleme mitunter ein weiterer, aus ihnen folgender Zusammenhang zwischen Feld und felderzeugender Ladung, nämlich der sogenannte elektrische Kraftflußsatz, von besonderem Vorteil. Darüber hinaus gibt dieser Satz die zweite der Maxwell-Gleichungen für das elektromagnetische Feld.

Hierzu betrachten wir das Flächenintegral

$$\Phi = \iint_F u_n \, \mathrm{d}f, \tag{1.4.1}$$

in dem $\mathrm{d}f$ ein Element der Fläche F mit der durch den Einheitsvektor $\boldsymbol{n}$ gegebenen Normalenrichtung und u_n die Komponente des Vektors $\boldsymbol{u}(\boldsymbol{r})$ auf diese Richtung bedeutet. Das Integral Φ wird als Fluß der Größe $\boldsymbol{u}$ durch die Fläche F bezeichnet. Diese Bezeichnung ist aus der Hydrodynamik entnommen, wo Φ für den Fall $\boldsymbol{u} = \varrho \boldsymbol{v}$ mit ϱ = Massendichte und $\boldsymbol{v}$ = Strömungsgeschwindigkeit die Flüssigkeitsmenge darstellt, die in der Zeiteinheit durch F nach der durch die Richtung von $\boldsymbol{n}$ festgelegten Seite hindurchtritt. Denn im Zeitelement $\mathrm{d}t$ schiebt sich durch $\mathrm{d}f$ die Flüssigkeitsmenge $\varrho\, v_n \, \mathrm{d}t \, \mathrm{d}f$ hindurch, welche sich zur Zeit t in einem kleinen schiefen Zylinder der Basis $\mathrm{d}f$, der Achsenrichtung in Richtung von $\boldsymbol{v}$ und der Höhe $v_n \, \mathrm{d}t$ befindet.

Im folgenden werden wir uns vorwiegend mit dem Fluß des elektrischen Feldes, oft als elektrischer Kraftfluß bezeichnet, durch eine geschlossene Fläche F beschäftigen, gegeben durch

$$\Phi_{el} = \oiint E_n \, \mathrm{d}f. \tag{1.4.2}$$

Wir legen dabei ein für allemal fest, daß in diesem Fall unter $\boldsymbol{n}$ jeweils die vom umschlossenen Bereich V nach außen weisende Normale verstanden werden soll.

Für den Fall des Coulomb-Feldes (1.3.7) läßt sich dieser Kraftfluß durch eine um die Ladung e als Mittelpunkt gelegte Kugelfläche sofort angeben:

$$\oiint E_n \, \mathrm{d}f = 4\pi r^2 E = e/\varepsilon_0 \, .$$

Zum gleichen Wert kommen wir aber auch für eine beliebige, die Ladung umschließende Fläche. Denn dann gilt

$$\oiint E_n \, \mathrm{d}f = \frac{1}{4\pi\varepsilon_0} \oiint \frac{e}{r^2} \cos(\boldsymbol{r}, \boldsymbol{n}) \, \mathrm{d}f = \frac{1}{4\pi\varepsilon_0} \oiint \frac{e}{r^2} r^2 \, \mathrm{d}\Omega = \frac{e}{\varepsilon_0};$$

dabei ist $\mathrm{d}\Omega$ das räumliche Winkelelement, unter dem man das Flächenelement $\mathrm{d}f$ von der Ladung aus sieht, also $r^2 \, \mathrm{d}\Omega = \mathrm{d}f \cos(\boldsymbol{r}, \boldsymbol{n})$. Umschließt aber die Fläche die Ladung nicht, liegt also die Ladung außerhalb der geschlossenen Fläche, so verschwindet das Integral. Denn dann schneidet der von der Ladung aus gezogene, zum Raumwinkelelement $\mathrm{d}\Omega$ gehörige Kegel die Fläche entweder überhaupt nicht oder zweimal oder viermal und so fort, wobei für jedes Paar von Flächenelementen wegen des unterschiedlichen Vorzeichens von $\cos(\boldsymbol{r}, \boldsymbol{n})$ gilt $(E_n \, \mathrm{d}f)_1 = -(E_n \, \mathrm{d}f)_2 = e \, \mathrm{d}\Omega/4\pi\varepsilon_0$, so daß sich deren Beiträge zum Integral gegenseitig wegheben. Also gilt für den gesamten Fluß, der von der Punktladung e herrührt,

$$\oiint E_n \, \mathrm{d}f = e/\varepsilon_0 \qquad \text{oder} \qquad = 0 \, , \tag{1.4.3}$$

je nachdem ob die Ladung innerhalb oder außerhalb der geschlossenen Fläche liegt.

Übertragen auf den Fall eines Systems von Punktladungen mit dem durch (1.3.9) gegebenen Feld gilt der Kraftflußsatz in der Form

$$\oiint E_n \, \mathrm{d}f = \sum_{(e_j \text{ in } V)} e_j/\varepsilon_0 \, , \tag{1.4.4}$$

wobei die e_j-Summe nur über die innerhalb der geschlossenen Fläche (vom Volumen V) befindlichen Ladungen zu erstrecken ist. Liegen sehr viele Punktladungen so dicht beisammen, daß es wieder, wie beim Übergang von (1.3.9) nach (1.3.10), zweckmäßig ist, mit einer (mittleren) Ladungsdichte ϱ zu rechnen, so lautet der Kraftflußsatz

$$\oiint E_n \, df = \iiint \varrho \, dv/\varepsilon_0 \,, \tag{1.4.5}$$

wobei über das von der Fläche F umschlossene Volumen V zu integrieren ist. Formen wir nun hier das linke Integral mit Hilfe des Gaußschen Satzes (vgl. 13. Kapitel, speziell (13.2.28)), nämlich

$$\oiint E_n \, df = \iiint \operatorname{div} \boldsymbol{E} \, dv \qquad \text{bzw.} \qquad \operatorname{div} \boldsymbol{E} = \lim_{V \to 0} \frac{1}{V} \oiint E_n \, df \tag{1.4.6}$$

um, so erhalten wir die Differentialform des Kraftflußsatzes

$$\operatorname{div} \boldsymbol{E} = \varrho/\varepsilon_0 \,. \tag{1.4.7}$$

Es ist dies die auf den Fall von Raumladungen im Vakuum spezialisierte zweite Maxwellsche Gleichung des elektromagnetischen Feldes. Ihre allgemeine Form werden wir im Abschnitt 2.3 kennenlernen.

Eine besondere Betrachtung erfordert der Fall, daß man die wahre Ladungsdichte ϱ in der Form (1.1.3) ansetzt. Dann folgt aus (1.4.7) formal, daß div $\boldsymbol{E}$ überall verschwindet, also quellenfrei ist, außer an den Stellen $\boldsymbol{r}_j$, wo div $\boldsymbol{E}$ unendlich groß wird. Nun könnte man gegen diese Argumentation einwenden, daß der Gaußsche Integralsatz (1.4.6) nur auf solche Gebiete angewandt werden darf, in denen die in ihm auftretenden Integranden endlich bleiben. Man müßte daher für den Fall, daß diese an irgendwelchen Stellen innerhalb V unendlich werden, also an allen Orten $\boldsymbol{r}_j$ der Punktladungen, diese mitsamt einer eventuell infinitesimal kleinen Umgebung aus dem Integrationsbereich ausschließen und den Integralsatz auf den Löcher-enthaltenden Restbereich V_0 anwenden. Dann hat aber dieser Bereich V_0 neben seiner äußeren Oberfläche mit dem Gesamtfluß $\oiint E_n \, df$ im Inneren auch Oberflächen mit Flächennormalen, die jedoch in das Innere des betreffenden Loches weisen. Der Flußbeitrag des j-ten Loches ist nach (1.4.3) wegen der anderen Normalenrichtung gleich $-e_j/\varepsilon_0$. Daher kann man den Kraftflußsatz auch in der Form

$$\oiint E_n \, df - \sum_{(e_j \text{ in } V)} e_j/\varepsilon_0 = \iiint_{V_0} \operatorname{div} \boldsymbol{E} \, dv$$

anschreiben. Da aber beim Ladungsansatz (1.1.3) im ganzen V_0-Bereich div $\boldsymbol{E} = 0$ gilt, kommt man hieraus wieder zur Formel (1.4.4) zurück, oder bei entsprechender Umdefinition des Begriffes Divergenz im Gaußschen Integralsatz zur Beziehung

$$\operatorname{div} \boldsymbol{E} = \sum e_j \, \delta(\boldsymbol{r} - \boldsymbol{r}_j)/\varepsilon_0 \tag{1.4.8}$$

Man kann aber die vorstehenden Überlegungen dadurch umgehen, daß man die Deltafunktionen nicht als unendlich hohe und unendlich schmale Zackenfunktionen ansieht, sondern ihre Höhe und Breite gerade noch als endlich und sie dabei als stetige Funktion mit der Bedingung (1.1.4) betrachtet. Dann kann man den Gaußschen Integralsatz ohne Bedenken anwenden, sofern nur alle sonst noch im Integranden auftretenden Funktionen als so langsam veränderlich gegenüber den Deltafunktionen angesehen werden können, daß man die Beziehung (1.4.5) ohne jede weitere Korrektur anwenden kann.

Für den Fall, daß wir mit einer flächenhaft verteilten Ladung $\sigma(\boldsymbol{r})$ zu rechnen haben, ist es angezeigt, den Kraftflußsatz auf eine geschlossene Fläche von der Gestalt einer flachen Dose anzuwenden, deren Höhe klein ist gegen die Dimensionen der beiden Deckflächen, die parallel zu der die Ladung tragenden Fläche liegen. Dabei soll das innerhalb der Dose befindliche Stück dieser Fläche der Größe f selbst so klein sein, daß es angenähert als eben betrachtet werden kann. Dann geben bei der Anwendung des Kraftflußsatzes nur die beiden Deckflächen Beiträge, nämlich $(E_n)_1 f$ und $-(E_n)_2 f$, wobei sich die Indizes 1 und 2 auf die Bereiche ober- und unterhalb des Flächenstückes f beziehen und die Normale $\boldsymbol{n}$ beidemal nach der Seite der Fläche mit dem Index 1 weist. Daneben geben die Seitenwände der Dose wegen der geringen Höhe nur einen vernachlässigbar kleinen Beitrag, der überdies im Limes verschwindender Dosenhöhe ganz verschwindet. Der Kraftflußsatz führt also hier zu einem Sprung der Normalkomponente von $\boldsymbol{E}$ vom Betrag

$$(E_n)_1 - (E_n)_2 = \sigma/\varepsilon_0 \,. \tag{1.4.9}$$

Man spricht hier auch von der Flächendivergenz.

Ersichtlich stimmt das Ergebnis (1.4.9) mit dem erst durch Integration gewonnenen Resultat (1.3.12) bei einer geladenen Ebene überein. Daß sich hier die Integration als unnötig erweist, liegt in der Symmetrie der Anordnung, nach welcher in diesem Fall das Feld senkrecht zur Ebene stehen und auf beiden Seiten der Ebene entgegengesetzt gleiche Werte besitzen muß. Analog muß bei einer kugelsymmetrischen Ladungsverteilung das Feld jeweils die Richtung des Radiusvektors haben. Dann folgt aus dem Kraftflußsatz bei Anwendung auf eine konzentrische Kugelfläche vom Radius r

$$4\pi r^2 E(r) = Q(r)/\varepsilon_0 \,, \qquad \text{d.h.} \qquad E(r) = Q(r)/4\pi\varepsilon_0 r^2 \,, \tag{1.4.10}$$

wobei $Q(r)$ die gesamte Ladung innerhalb dieser Kugelfläche bedeutet. Beispielsweise gilt in dem Fall einer allein auf einer Kugelfläche vom Radius a sitzenden Gesamtladung e ersichtlich $Q = 0, E = 0$ für $r < a$ und $Q = e$, $E = e/4\pi\varepsilon_0 r^2$ für $r > a$. Auch hier ergibt sich der Sprung der Feldstärke an der Flächenladung in Übereinstimmung mit (1.4.9).

Bei unsymmetrischen Ladungsverteilungen muß man entweder wirklich die Integrale von Abschnitt 1.3 auswerten; oder aber man kann bei vorgegebenem $\varrho(r)$ mit dem Kraftflußsatz in der differentiellen Form (1.4.7) rechnen, muß aber dann zu dieser einen Bedingungsgleichung zwischen den drei Komponenten von $\boldsymbol{E}$ noch zwei weitere Gleichungen hinzunehmen, die aus den drei Gleichungen von rot $\boldsymbol{E} = 0$ wegen der Nebenbedingung div rot $\boldsymbol{E} = 0$ folgen. Einfacher wird hier die Betrachtung durch Berücksichtigung von (1.2.4), wodurch man von (1.4.7) zu einer Differentialgleichung, nämlich der Poisson-Gleichung

$$\operatorname{div}\operatorname{grad}\varphi \equiv \Delta\varphi = -\varrho/\varepsilon_0 \tag{1.4.11}$$

für die eine Feldgröße φ kommt. Ihre Lösung mit $\varphi \to 0$ für $|\boldsymbol{r}| \to \infty$ ist natürlich (1.3.10).

Anmerkung. Im Gaußschen System lautet der Kraftflußsatz nach (1.4.4) und (1.4.5)

$$\oiint E_n^* \, \mathrm{d}f = 4\pi \text{ mal eingeschlossene Ladung.}$$

Daraus folgt statt (1.4.7) bzw. (1.4.11) das Differentialgesetz

$$\operatorname{div}\boldsymbol{E}^* = 4\pi\varrho^*, \quad \Delta\varphi^* = -4\pi\varrho^*.$$

1.5. Die Verteilung der Elektrizität auf Leitern

Bei den Problemstellungen der Elektrostatik liegt die Sache meist nicht so einfach, daß die Ladungsverteilung gegeben ist und das Potential aus (1.3.9), (1.3.10) oder (1.3.11) ermittelt werden kann. Die Verteilung der Elektrizität auf Metallkörpern ist selbst durch besondere Bedingungen bestimmt, wie nunmehr gezeigt werden soll.

Metalle besitzen die Eigenschaft, allein durch ihre gleichzeitige Berührung mit zwei verschieden geladenen Körpern eine bestimmte Ladungsmenge des einen Körpers dem anderen zuzuführen. Man nennt Körper, denen diese Eigenschaft zukommt, Elektrizitätsleiter, solche, denen sie fehlt, Isolatoren. Diese Körperklassen sind nicht immer streng zu trennen.

Die Entscheidung, ob ein Körper als Leiter oder als Isolator zu bezeichnen ist, hängt auf das engste zusammen mit der Zeitdauer der Beobachtung. Bringt man den Körper in ein elektrostatisches Feld, so entsteht zunächst auf jeden Fall auch im Innern des Körpers ein Feld, und dieses Feld hat auf jeden Fall einen elektrischen Strom zur Folge. Dieser Strom hat die Tendenz, auf der Oberfläche des Körpers eine Ladungsverteilung zu erzeugen, die in seinem Innern das äußere Feld gerade kompensiert. Wenn dieser Zustand erreicht ist, haben wir wieder einen elektrostatischen Zustand vor uns, bei dem im Innern des Körpers überall das Feld Null herrscht. Nun sind zwei Extremfälle möglich: Entweder ist die Zeit, die bis zum Erreichen dieses Endzustandes verstreicht, klein gegen die Beobachtungsdauer (etwa 10^{-6} s); dann werden wir im Innern des Körpers praktisch stets das Feld Null finden und ihn als Leiter bezeichnen. Oder aber die Zeit ist sehr groß (Tage oder Monate), dann ist jener Strom so klein, daß er während der üblichen Beobachtungsdauer noch keinen merklichen Einfluß auf unsere Messungen erlangt; in diesem Fall sprechen wir von einem Isolator. Die reine Elektrostatik kennt nur idealisierte Körper, nämlich solche, bei denen jene Zeit unendlich kurz ist, und solche, bei denen sie unendlich lang ist. Dem ersten Fall entsprechen angenähert die Metalle und bis zu einem gewissen Maß auch gute Halbleiter, während man zum zweiten angenähert außer den guten Isolatoren wie Glas und Porzellan auch unter Umständen schlechte Halbleiter rechnen kann.

Demnach sind gute Leiter im Sinn der Elektrostatik dadurch gekennzeichnet, daß in ihrem Innern überall das Feld $\boldsymbol{E}$ gleich Null ist. Oder mit anderen Worten: Das elektrostatische Potential φ ist im Innern eines Leiters konstant.

Das elektrostatische Feld, das von verschiedenen geladenen Leiterstücken in einem sonst ladungs- und materiefreien Raum erzeugt wird, ist also folgendermaßen zu beschreiben: Im ganzen Außenraum gilt

$$\operatorname{div} \boldsymbol{E} = -\operatorname{div}\operatorname{grad}\varphi \equiv -\Delta\varphi = 0\,. \tag{1.5.1}$$

Im Innern des von den Leitern eingenommenen Raumes besteht kein Feld; daher hat dort, wie auch auf der Oberfläche eines jeden Leiters, das Potential φ einen bestimmten konstanten Wert:

$$\boldsymbol{E} = 0\,, \qquad \varphi = \varphi_i = \text{const} \qquad \text{im und auf dem } i\text{-ten Leiter.} \tag{1.5.2}$$

Daher befinden sich im Innern der Leiter auch keine Ladungen, wohl aber an den Leiteroberflächen. Von diesen Flächenladungen der Dichte $\sigma(\boldsymbol{r})$ geht ein elektrischer Kraftfluß aus, wobei

$$E_n = \sigma/\varepsilon_0 \tag{1.5.3}$$

gilt, wenn $\boldsymbol{n}$ die nach außen weisende Normale ist. Dann trägt der i-te Leiter die Gesamtladung

$$e_i = \oint\!\!\oint_{F_i} \sigma\,\mathrm{d}f = \varepsilon_0 \oint\!\!\oint_{F_i} E_n\,\mathrm{d}f = -\,\varepsilon_0 \oint\!\!\oint_{F_i} \frac{\partial\varphi}{\partial\boldsymbol{n}}\,\mathrm{d}f. \tag{1.5.4}$$

Nun kennt man im allgemeinen zunächst weder das Feld $\boldsymbol{E}$, aus dem man die Ladungsverteilung auf den Leiteroberflächen nach (1.5.3) berechnen könnte, noch diese Verteilung selber, aus der sich das Feld nach (1.3.11) berechnen ließe. Vielmehr besteht eben das Grundproblem der Elektrostatik bei Anwesenheit von Leitern darin, die Laplacesche Gleichung (1.5.1) mit den Nebenbedingungen (1.5.2) so zu lösen, daß entweder die Potentiale φ_i der einzelnen Leiter oder deren Gesamtladungen e_i mit vorgegebenen Werten übereinstimmen. Dabei kann man für einen Leiter jeweils nur φ_i oder e_i vorgeben; der andere der beiden Werte folgt dann aus der Lösung des Problems.

Daß diese Lösung durch die obigen Angaben eindeutig bestimmt ist, folgt aus dem Greenschen Satz, der aus dem Gaußschen Satz (1.4.6) dadurch hervorgeht, daß man dort $\boldsymbol{E}$ durch $\varphi \boldsymbol{E} = -\varphi \operatorname{grad} \varphi$ ersetzt. Daher gilt für den Raum zwischen den Leiteroberflächen F_i wegen $\operatorname{div} \boldsymbol{E} = 0$ in diesem Raum

$$\sum_i \oiint_{F_i} \varphi E_n \, \mathrm{d}f = -\iiint \operatorname{div}(\varphi \boldsymbol{E}) \, \mathrm{d}v = \iiint \boldsymbol{E}^2 \, \mathrm{d}v \,. \tag{1.5.5}$$

Angenommen, $\boldsymbol{E}^{(1)}, \varphi^{(1)}$ und $\boldsymbol{E}^{(2)}, \varphi^{(2)}$ wären zwei Lösungen des Problems; dann gilt für $\boldsymbol{E} = \boldsymbol{E}^{(1)} - \boldsymbol{E}^{(2)}$, $\varphi = \varphi^{(1)} - \varphi^{(2)}$ auf der Fläche F_i entweder $\varphi = 0$ wegen der vorgegebenen φ_i-Werte oder zwar $\varphi \neq 0$, aber konstant, und dazu $\oiint E_n \, \mathrm{d}f = 0$ wegen der vorgegebenen e_i-Werte. Somit ist die linke Seite von (1.5.5) stets gleich Null; und damit dies auch für die rechte Seite gilt, muß im ganzen Raum zwischen den Leitern $\boldsymbol{E} = 0$, also $\boldsymbol{E}^{(1)} = \boldsymbol{E}^{(2)}$ sein.

Vom Standpunkt der Elektronentheorie aus gesehen sitzt natürlich die Gesamtladung eines Leiters nicht genau auf seiner Oberfläche. Denn erstens ist es für jede atomistische Theorie der Materie genau genommen unklar, was man als Oberfläche eines Festkörpers anzusehen hat, auch wenn es oft zweckmäßig ist, mit einer glatten Fläche als Begrenzung des Körpers zu rechnen. Und zweitens werden, falls der Körper ein geladener Leiter ist, die freibeweglichen Ladungsträger (Elektronen) nicht auf einer solchen Fläche sitzen, sondern über eine dünne Schicht von einigen 10 Å Dicke am Leiterrand verteilt sein, so daß man dort eher von einer ins Leiterinnere sehr schnell abfallenden mittleren Raumladungsdichte ϱ sprechen kann, die dann für bestimmte Rechnungen formal gleich $\sigma \, \delta(s)$ gesetzt werden kann; dabei bedeutet dann σ die Flächenladungsdichte und $\delta(s)$ eine eindimensionale Deltafunktion einer von der Oberfläche ins Leiterinnere gezählten Längengröße. Ersetzt man beispielsweise in (1.3.10) die Größe ϱ durch $\sigma \, \delta(s)$ und führt die s-Integration aus, so kommt man sofort zur Formel (1.3.11).

1.6. Beispiele zur Potentialtheorie

Über die Methoden zur Lösung des Grundproblems der Elektrostatik, zusammengefaßt unter der Bezeichnung Potentialtheorie, existiert eine umfangreiche Literatur. Hier müssen wir uns darauf beschränken, einige typische Beispiele herauszugreifen.

a) Der Kugelkondensator. Der einfachste Fall eines lösbaren Problems ist eine geladene metallische Kugel; ihre Ladung sei e und ihr Radius a. Aus Symmetriegründen liegt es nahe, eine gleichmäßige Verteilung der Ladung anzunehmen, also

$$\sigma = \frac{e}{4\pi a^2}$$

zu setzen. Das Potential des dadurch bedingten Feldes, das, ebenfalls aus Symmetriegründen, rein radial gerichtet ist, folgt hier einfach aus dem Kraftflußsatz (1.4.3):

$$E(r) = \frac{e}{4\pi \varepsilon_0 r^2} = -\frac{\mathrm{d}\varphi(r)}{\mathrm{d}r}, \quad \text{also} \quad \varphi(r) = \frac{e}{4\pi \varepsilon_0 r} + k \,, \tag{1.6.1}$$

mit einer vorerst noch offenen Integrationskonstante k, die aber willkürlich gleich Null gesetzt werden kann. Natürlich hätten wir $\varphi(r)$ auch aus der Laplace-Gleichung (1.5.1) bestimmen können, welche in räumlichen Polarkoordinaten für eine nur von r abhängige Funktion φ die einfache Form

$$\frac{d^2\varphi}{dr^2} + \frac{2}{r}\frac{d\varphi}{dr} \equiv \frac{1}{r}\frac{d^2(r\varphi)}{dr^2} = 0 \tag{1.6.2}$$

annimmt, mit der allgemeinen Lösung

$$\varphi(r) = \frac{A}{r} + B, \quad \text{also auch} \quad E(r) = \frac{A}{r^2}. \tag{1.6.3}$$

Hier müssen wir nachträglich die Konstante A aus dem Kraftflußsatz zu $A = e/4\pi\varepsilon_0$ bestimmen, während die Konstante B unbestimmt bleibt.

Mündet der von der Kugel ausgehende Kraftfluß auf einer konzentrischen metallischen Hohlkugel vom inneren Radius $b > a$, so befindet sich die Kompensationsladung $-e$ gleichförmig auf dieser zweiten Kugel verteilt mit einer Flächendichte

$$\sigma = -\frac{e}{4\pi b^2}.$$

Die Spannung V zwischen den beiden Kugeln wird dann wegen (1.6.1) gegeben durch

$$V = \varphi(a) - \varphi(b) = \frac{e}{4\pi\varepsilon_0}\left(\frac{1}{a} - \frac{1}{b}\right) = \frac{e(b-a)}{4\pi\varepsilon_0 a b}.$$

Daraus ergibt sich für die Kapazität C dieses Kugelkondensators der Wert

$$C = \frac{e}{V} = \frac{4\pi\varepsilon_0 a b}{b-a}. \tag{1.6.4}$$

Durch Verkleinerung des Abstandes $b - a = d$ der beiden Kugeln kann man sehr große Kapazitäten erzielen. Im besonderen folgt für den Fall $d \ll a$ aus (1.6.4) in guter Näherung

$$C = \frac{4\pi\varepsilon_0 a^2}{d} = \frac{\varepsilon_0 F}{d}, \tag{1.6.5}$$

wobei $F = 4\pi a^2$ die Fläche des Kondensators ist. Ersichtlich stimmt dieser Kapazitätswert (1.6.5) mit dem Wert (1.3.14) überein, den wir oben für den Plattenkondensator gefunden haben. Dies ist nicht verwunderlich, da es im Fall $d \ll a$ nicht wesentlich auf die Krümmung der Kondensatorflächen ankommen kann, und da wir bei der Ableitung von (1.3.14) die bei einem Plattenkondensator stets vorhandenen Randeffekte vernachlässigt haben.

Ist umgekehrt der Abstand zwischen den beiden Kondensatorflächen sehr groß, gilt im besonderen $b \gg a$, so geht (1.6.4) angenähert in

$$C = 4\pi\varepsilon_0 a \tag{1.6.6}$$

über. In diesem Fall fällt b überhaupt aus der Formel heraus, die mithin auch für den Fall einer isolierten geladenen Metallkugel gilt. Dann endet der Kraftfluß, der von der Kugel ausgeht, an den als weit entfernt angenommenen Laboratoriumswänden. Wir können in diesem Fall auch sagen, die Metallkugel besitzt praktisch gegen das Unendliche die durch (1.6.6) gegebene Kapazität.

b) Das gestreckte Rotationsellipsoid. Wir wollen jetzt ein leitendes gestrecktes Rotationsellipsoid der Gesamtladung e betrachten. Wie sieht sein Feld aus, und welchen Wert hat seine Kapazität? Zunächst wollen wir diese Aufgabe mit einer eigentümlichen, nur für diese Leiterform durchführbaren Methode lösen: Wir denken uns die Verbindungslinie der Brennpunkte des Ellipsoids der Länge $2c$ gleichförmig mit elektrischen Ladungen vom Gesamtbetrag e besetzt.

Wir zeigen zunächst, daß die Äquipotentialflächen des zugehörigen wirbelfreien Feldes konfokale Rotationsellipsoide sind. Das von den Ladungen erzeugte Potential wird, ähnlich wie in (1.3.10) und (1.3.11), gegeben durch

$$\varphi = \frac{e}{8\pi\varepsilon_0 c}\int_{-c}^{+c}\frac{d\zeta}{r} = \frac{e}{8\pi\varepsilon_0 c}\int_{-c}^{+c}\frac{d\zeta}{\sqrt{x^2+y^2+(z-\zeta)^2}}, \tag{1.6.7}$$

wobei ζ den Abstand des Integrationspunktes auf der z-Achse vom Mittelpunkt der Strecke $2c$ zwischen den beiden Brennpunkten und r den Abstand des Aufpunktes von diesem Quellpunkt angibt. Hier läßt sich die ζ-Integration unmittelbar ausführen, und wir erhalten

$$\varphi = -\frac{e}{8\pi\varepsilon_0 c}\left[\ln(z-\zeta+r)\right]_{\zeta=-c}^{\zeta=+c} = \frac{e}{8\pi\varepsilon_0 c}\ln\frac{z+c+r_1}{z-c+r_2}, \tag{1.6.8}$$

wobei r_1 und r_2 die Entfernungen des Aufpunktes von den durch $\zeta = -c$ und $\zeta = +c$ gekennzeichneten Endpunkten der ladungstragenden Linie sind (Abb. 1.1).

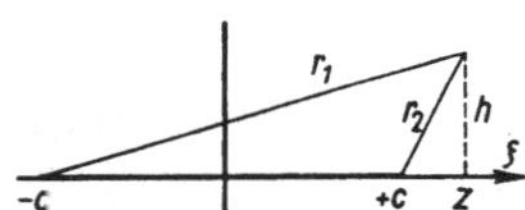

Abb. 1.1 Zur Berechnung des Potentials einer geladenen Strecke der Länge $2c$

Zur Diskussion von (1.6.8) führen wir elliptische Koordinaten u, v und α ein, definiert durch

$$\left.\begin{aligned} r_1 + r_2 &= 2u\,, \\ r_1 - r_2 &= 2v\,, \\ y/x &= \tan\alpha\,. \end{aligned}\right\} \tag{1.6.9}$$

Dabei gilt, wie aus Abb. 1.1 unmittelbar ersehen werden kann,

$$r_1^2 = (z+c)^2 + h^2\,, \qquad r_2^2 = (z-c)^2 + h^2\,, \qquad \text{mit} \quad h^2 = x^2 + y^2\,.$$

Aus diesen Gleichungen folgt

$$r_1 = u + v\,, \qquad r_2 = u - v\,, \qquad c\,z = u\,v\,.$$

Führen wir diese Ausdrücke in (1.6.8) ein, so fällt v durch Kürzen des Ausdrucks im Logarithmus mit $v + c$ heraus, und wir erhalten

$$\varphi = \frac{e}{8\pi\varepsilon_0 c}\ln\frac{u+c}{u-c} = \varphi(u)\,. \tag{1.6.10}$$

Das Potential ist also konstant auf den Flächen $u = \text{const}$. Es sind dies gestreckte Rotationsellipsoide mit den Endpunkten der geladenen Strecke als Brennpunkten. In sehr großer Entfernung $u \gg c$ wird

$$\frac{u+c}{u-c} \approx 1 + \frac{2c}{u}\,, \qquad \ln\frac{u+c}{u-c} \approx \frac{2c}{u}\,.$$

In diesem Grenzfall wird u praktisch gleich der Entfernung vom Ursprung, φ geht also asymptotisch in das Potential einer Punktladung e über.

Denken wir uns irgendeines der Ellipsoide der Schar als leitend, so genügt das Feld in dem von dieser Fläche einerseits, von einer unendlich fernen Kugelfläche um den Nullpunkt andererseits begrenzten Raum allen Bedingungen des elektrostatischen Problems: Das Feld ist hier wirbelfrei und quellenfrei; der gesamte, aus dem Ellipsoid austretende Kraftfluß ist gleich e/ε_0; und endlich sind die beiden das Feld begrenzenden Flächen Äquipotentialflächen. Da nach Abschnitt 1.5 diese Bedingungen das elektrostatische Feld eindeutig bestimmen, ist φ das Potential des gesuchten Feldes.

Die große Halbachse a des als leitend angesehenen Ellipsoids ist gleich dem Wert von u auf dessen Oberfläche. Also wird auf diesem Ellipsoid $\varphi_1 = \varphi(a)$. Auf der unendlich fernen Kugelfläche wird $\varphi_2 = 0$. Damit haben wir für die gesuchte Kapazität C des gestreckten Rotationsellipsoids mit der großen Halbachse a und der Exzentrizität c, sowie der kleinen Halbachse $b = \sqrt{a^2 - c^2}$

$$\frac{1}{C} = \frac{\varphi_1 - \varphi_2}{e} = \frac{1}{8\pi\,\varepsilon_0\, c} \ln \frac{a+c}{a-c} = \frac{1}{4\pi\,\varepsilon_0 \sqrt{a^2 - b^2}} \ln \frac{a + \sqrt{a^2 - b^2}}{b}. \tag{1.6.11}$$

Für sehr lang gestreckte Ellipsoide, d.h. für kleine Werte des Quotienten b/a, folgt

$$\frac{1}{C} = \frac{1}{4\pi\,\varepsilon_0\, a} \ln \frac{2a}{b}.$$

Dieser Ausdruck gibt zugleich näherungsweise auch die Kapazität eines geraden Drahtes von der Länge $2a$ und dem Durchmesser $2b$.

Für denjenigen Leser, den der dem geschilderten Verfahren zugrunde liegende Kunstgriff stört, sei das ganze Problem noch auf einem anderen, systematischer erscheinenden Weg durchgerechnet. Dieses Verfahren besteht in der direkten Lösung der Laplace-Gleichung $\Delta\varphi = 0$ für den ladungsfreien Außenraum unter Verwendung spezieller, dem vorgegebenen Problem angepaßter Koordinaten. Hier sind es die durch (1.6.9) definierten Koordinaten des gestreckten Rotationsellipsoides. Dann wird die Oberfläche des Leiters wie oben gegeben durch $u = a =$ halbe große Achse. Da nun das Potential $\varphi(u, v, \alpha)$ auf dieser Fläche konstant sein muß, darf hier $\varphi(a, v, \alpha)$ nicht mehr von v und α abhängen. Also liegt es nahe, eine Lösung der Laplace-Gleichung zu suchen, die im ganzen Außenraum nicht von v und α abhängt. Es gilt also, eine spezielle Lösung $\varphi = \varphi(u)$ zu finden. Dazu ist allerdings die nicht ganz triviale Umformung der Laplace-Gleichung auf die Koordinaten u, v und α erforderlich.

Hierzu bestätigt man leicht die mit (1.6.9) übereinstimmenden Transformationsformeln

$$\begin{aligned} x &= \frac{1}{c}\sqrt{(u^2 - c^2)(c^2 - v^2)}\cos\alpha, \\ y &= \frac{1}{c}\sqrt{(u^2 - c^2)(c^2 - v^2)}\sin\alpha, \qquad z = \frac{u\,v}{c}. \end{aligned} \tag{1.6.12}$$

Daraus folgt für das Linienelement

$$\begin{aligned} ds^2 &\equiv dx^2 + dy^2 + dz^2 \\ &= (u^2 - v^2)\left\{\frac{du^2}{u^2 - c^2} + \frac{dv^2}{c^2 - v^2}\right\} + \frac{(u^2 - c^2)(c^2 - v^2)}{c^2}\, d\alpha^2 \end{aligned} \tag{1.6.13}$$

und für den Laplace-Operator bzw. für die Laplace-Gleichung (vgl. Abschnitt 13.2)

$$\Delta\varphi = \frac{1}{u^2 - v^2}\left\{\frac{\partial}{\partial u}\left((u^2 - c^2)\frac{\partial\varphi}{\partial u}\right) + \frac{\partial}{\partial v}\left((c^2 - v^2)\frac{\partial\varphi}{\partial v}\right)\right\} + \frac{c^2}{(u^2 - c^2)(c^2 - v^2)}\frac{\partial^2\varphi}{\partial\alpha^2} = 0\,. \tag{1.6.14}$$

Gesucht wird nun eine nur von u abhängige Lösung dieser Gleichung. Sie lautet (wegen $u > c$) mit den beiden Integrationskonstanten A und B

$$\varphi(u) = A \ln\frac{u+c}{u-c} + B\,. \tag{1.6.15}$$

Da in großer Entfernung vom Ellipsoid u nach (1.6.9) angenähert gleich dem Abstand $r = \sqrt{x^2 + y^2 + z^2}$ vom Ursprung ist[1]), wird dort der Logarithmus in (1.6.15) angenähert gleich $2c/r$, so daß φ dort mit $A = e/8\pi\,\varepsilon_0\,c$ und $B = 0$ in das Coulomb-Potential einer Kugel mit der Ladung e übergeht. Dann ist aber die Lösung (1.6.15) identisch mit der in (1.6.10) auf anderem Weg gefundenen Lösung.

Daß e hier tatäschlich die Gesamtladung des Ellipsoids bedeutet, folgt übrigens nicht nur aus dem Kraftflußsatz, angewandt auf eine Kugelfläche um den Körper mit $r \gg a$. Wir können sie auch direkt aus der Ladungsverteilung auf der Oberfläche des Ellipsoids berechnen, nämlich aus $\sigma = \varepsilon_0\,(E_n)_{u=a}$. Hierbei gilt offenbar wegen (1.6.13) mit dem Wegelement $\mathrm{d}s$ in Richtung der Normale $\boldsymbol{n}$

$$(E_n)_{u=a} = -\left(\frac{\partial\varphi}{\partial u}\frac{\partial u}{\partial s}\right)_{u=a} = \left(\frac{e}{4\pi\,\varepsilon_0\,(u^2 - c^2)}\sqrt{\frac{u^2 - c^2}{u^2 - v^2}}\right)_{u=a} = \frac{e}{4\pi\,\varepsilon_0\,b\,\sqrt{a^2 - v^2}}\,. \tag{1.6.16}$$

Also ist die Feldstärke und damit auch die Flächenladung am größten an den Polen des Ellipsoids ($v = \pm\, c$) und am kleinsten an seinem Äquator ($v = 0$), in Übereinstimmung mit der bekannten Tatsache, daß die Feldstärke an der Oberfläche eines geladenen Metallkörpers mit zunehmender Krümmung derselben anwächst (Spitzenwirkung!).

Die Gesamtladung ergibt sich nun aus dem aus (1.6.16) folgenden σ-Wert

$$\sigma = \frac{e}{4\pi\,b\,\sqrt{a^2 - v^2}}$$

durch Integration über die ganze Oberfläche. Sind $\mathrm{d}s_v$ und $\mathrm{d}s_\alpha$ die senkrecht aufeinander stehenden Linienelemente auf dieser Fläche in Richtung der Normalenvektoren auf den Koordinatenflächen $v = \text{const}$ (Rotationshyperboloide) und $\alpha = \text{const}$ (Ebenen durch die Rotationsachse), so gilt nach (1.6.13)

$$\mathrm{d}s_v = \sqrt{\frac{a^2 - v^2}{c^2 - v^2}}\,\mathrm{d}v\,, \qquad \mathrm{d}s_\alpha = \frac{b}{c}\sqrt{c^2 - v^2}\,\mathrm{d}\alpha$$

sowie $\quad \mathrm{d}f = |\mathrm{d}\boldsymbol{s}_v \times \mathrm{d}\boldsymbol{s}_\alpha| = \dfrac{b}{c}\sqrt{a^2 - v^2}\,\mathrm{d}v\,\mathrm{d}\alpha\,.$

---

[1]) Man betrachte den Grenzfall $c \to 0$, d. h. den Übergang vom Ellipsoid zur Kugel, entsprechend dem Übergang von den elliptischen Koordinaten zu den räumlichen Polarkoordinaten r, ϑ, α!

Daher wird tatsächlich

$$\oiint \sigma\, \mathrm{d}f = \int_{-c}^{+c} \mathrm{d}v \int_{0}^{2\pi} \mathrm{d}\alpha \frac{e}{4\pi b \sqrt{a^2 - v^2}} \frac{b}{c} \sqrt{a^2 - v^2} = \frac{e}{2c} \int_{-c}^{+c} \mathrm{d}v = e$$

gleich der Gesamtladung des Ellipsoids.

c) Die Methode der konformen Abbildung. Ein sehr nützliches Verfahren zur Lösung des elektrostatischen Grundproblems speziell für den Fall rein zylindrisch geformter geladener Metallflächen im sonst ladungsfreien Raum ist die Methode der konformen Abbildung. Hier kommt es, wenn wir die dritte Koordinatenachse in die Richtung der Mantellinie der Zylinder legen, auf die Bestimmung etwa der Potentialfunktion $\varphi(x, y)$ an, die der zweidimensionalen Laplace-Gleichung $\Delta\varphi = 0$ zu genügen hat.

Hier gilt nun folgender Satz der Funktionentheorie. Zerlegt man eine analytische Funktion $f(z)$ der komplexen Veränderlichen $z = x + \mathrm{i}y$ in ihren Real- und Imaginärteil nach der Formel

$$f(z) \equiv f(x + \mathrm{i}y) = \varphi(x, y) + \mathrm{i}\psi(x, y), \tag{1.6.17}$$

so genügen die (reellen) Funktionen φ und ψ den Gleichungen

$$\Delta\varphi(x, y) \equiv \frac{\partial^2\varphi}{\partial x^2} + \frac{\partial^2\varphi}{\partial y^2} = 0, \qquad \Delta\psi(x, y) \equiv \frac{\partial^2\psi}{\partial x^2} + \frac{\partial^2\psi}{\partial y^2} = 0. \tag{1.6.18}$$

Zum Beweis dieses Satzes differenzieren wir die Beziehung (1.6.17) einmal partiell nach x und einmal nach y:

$$\frac{\partial f}{\partial x} = \frac{\mathrm{d}f}{\mathrm{d}z} = \frac{\partial\varphi}{\partial x} + \mathrm{i}\frac{\partial\psi}{\partial x}, \qquad \frac{\partial f}{\partial y} = \mathrm{i}\frac{\mathrm{d}f}{\mathrm{d}z} = \frac{\partial\varphi}{\partial y} + \mathrm{i}\frac{\partial\psi}{\partial y};$$

Vergleich der beiden Gleichungen ergibt unmittelbar die Cauchy-Riemannschen Beziehungen

$$\frac{\partial\varphi}{\partial x} = \frac{\partial\psi}{\partial y}, \qquad \frac{\partial\varphi}{\partial y} = -\frac{\partial\psi}{\partial x}, \tag{1.6.19}$$

woraus durch Elimination von φ bzw. ψ sofort die Gleichungen (1.6.18) folgen.

Wir können daher $\varphi(x, y)$ als die Potentialfunktion eines elektrostatischen Problems ansehen, sofern nur die Funktion $f(z)$ so geschickt gewählt ist, daß z.B. zwei spezielle Äquipotentialflächen $\varphi(x, y) = \varphi_1$ und $\varphi(x, y) = \varphi_2$ mit zwei Flächen eines Zylinderkondensators zusammenfallen; dann liegt an diesem Kondensator die Spannung $V = \varphi_1 - \varphi_2$. Ferner geben in diesem Fall die Flächen $\psi(x, y) = \text{const}$ diejenigen Flächen an, deren Tangentialrichtung in der x-y-Ebene in jedem Punkt mit der Richtung des elektrischen Feldes, gegeben durch die Richtung von $-\operatorname{grad}\varphi$, übereinstimmt; denn die Normalen dieser Feldflächen, deren Richtungen durch $\operatorname{grad}\psi$ festgelegt sind, stehen stets senkrecht auf den jeweiligen Richtungen von $\operatorname{grad}\varphi$, da nach den Gleichungen (1.6.19) $\operatorname{grad}\varphi \cdot \operatorname{grad}\psi = 0$ gilt.

Als Beispiel betrachten wir einen Zylinderkondensator, bestehend aus zwei leitenden koaxialen Kreiszylindern mit den Radien r_1 und $r_2 > r_1$ und einer dagegen sehr großen Länge L. Auf dem inneren Zylinder sitze die Gesamtladung $e = L\,q$, wobei q eine Größe von der Dimension Ladung durch Länge bedeutet, die wir im folgenden als spezifische Ladung bezeichnen wollen. Dann folgt aus dem Kraftflußsatz als Betrag der rein radial gerichteten Feldstärke E im Raum zwischen den beiden Zylindern der Wert $E(r) = q/2\pi\varepsilon_0 r$ mit $r = \sqrt{x^2+y^2}$. Dazu gehört ein Potential

$$\varphi(r) = \varphi_1 - \frac{q}{2\pi\varepsilon_0}\ln\frac{r}{r_1}, \quad \text{also auch} \quad \varphi_2 = \varphi_1 - \frac{q}{2\pi\varepsilon_0}\ln\frac{r_2}{r_1}, \tag{1.6.20}$$

woraus als Spannung und als Kapazität die Werte

$$V = \varphi_1 - \varphi_2 = \frac{q}{2\pi\varepsilon_0}\ln\frac{r_2}{r_1} \quad \text{und} \quad C = \frac{e}{V} = \frac{2\pi\varepsilon_0 L}{\ln(r_2/r_1)} \tag{1.6.21}$$

folgen. Mit (1.6.20) ergibt sich aus den Cauchy-Riemannschen Gleichungen (1.6.19) unmittelbar

$$\frac{\partial\psi}{\partial x} = \frac{q}{2\pi\varepsilon_0}\frac{y}{x^2+y^2}, \qquad \frac{\partial\psi}{\partial y} = -\frac{q}{2\pi\varepsilon_0}\frac{x}{x^2+y^2},$$

also $$\psi = -\frac{q}{2\pi\varepsilon_0}\arctan\frac{y}{x} + \text{const};$$

die Feldflächen $\psi = \text{const}$ sind also Ebenen, die durch die bei $x = 0$, $y = 0$ liegende Achse des Zylinderkondensators gehen. Schließlich folgt dann für die Funktion $f(z)$ nach (1.6.17) der Ausdruck

$$f(z) = -\frac{q}{2\pi\varepsilon_0}\ln\frac{z}{z_1} + \text{const} \quad \text{mit} \quad z = x + \mathrm{i}y = r\exp\left\{\mathrm{i}\arctan\frac{y}{x}\right\}. \tag{1.6.22}$$

Wir betrachten nun eine konforme, d. h. winkeltreue Abbildung[1]) der Punkte (x, y) in der z-Ebene auf die Punkte (ξ, η) in der ζ-Ebene und umgekehrt, gegeben durch

$$z \equiv x + \mathrm{i}y = F(\zeta) \equiv F(\xi + \mathrm{i}\eta). \tag{1.6.23}$$

Nun sei in der z-Ebene eine Anordnung A von Leitern (besser gesagt, von Querschnitten zylindrischer Leiter) gegeben und hierfür das Potentialproblem gelöst, d. h. eine Potentialfunktion $\varphi(x, y)$ gefunden, die an bestimmten Linien von A konstant wird und der Laplace-Gleichung genügt. φ sei der reelle Teil der Funktion $f(z) = \varphi + \mathrm{i}\psi$. Ferner sei in der ζ-Ebene eine Anordnung B gegeben und für sie die Lösung des Potentialproblems gesucht. Läßt sich jetzt eine Funktion $z = F(\zeta)$ angeben, die die z-Ebene so auf die ζ-Ebene abbildet, daß hierbei die Figur A in die Figur B übergeht, so ist der reelle Teil von $f(F(\zeta))$

---

[1]) Man erkennt die Winkeltreue der Abbildung, wenn man in der z-Ebene vom Punkt (x, y) zu einem Nachbarpunkt $(x + s\cos\alpha, y + s\sin\alpha)$, d. h. von z nach $z + s\,\mathrm{e}^{\mathrm{i}\alpha}$ übergeht, wobei man dann entsprechend in der ζ-Ebene von ζ nach $\zeta + \sigma\,\mathrm{e}^{\mathrm{i}\beta}$ kommt. Für diesen Übergang gilt nach (1.6.23)

$$\delta z \equiv s\,\mathrm{e}^{\mathrm{i}\alpha} = \frac{\mathrm{d}F}{\delta\zeta}\delta\zeta \equiv \frac{\mathrm{d}F}{\mathrm{d}\zeta}\sigma\,\mathrm{e}^{\mathrm{i}\beta}.$$

Aus dieser Beziehung ist unmittelbar ersichtlich, daß bei einer Vergrößerung des Winkels α um ε auch der Winkel β genau um ε anwächst, daß also bei der Abbildung ein Winkel in der z-Ebene in einen gleich großen Winkel in der ζ-Ebene übergeht.

die gesuchte Potentialfunktion $\Phi(\xi, \eta)$ für die Anordnung B. Denn $\Phi(\xi, \eta)$ genügt natürlich wie die Funktion $\varphi(x, y)$ der Laplace-Gleichung und ist definitionsgemäß auf den gewünschten Linien von B konstant.

Bei dieser Abbildung von A auf B ändern sich übrigens die Kapazitäten nicht. Denn erstens werden durch die Abbildung die Potentialwerte auf den Zylinderflächen nicht geändert. Zweitens gilt wegen der Cauchy-Riemann-Beziehungen, angewandt auf $f(z) = \varphi + \mathrm{i}\,\psi$, für das im Kraftflußsatz auftretende Flächenintegral, umgewandelt in ein Linienintegral über eine Kontur in der x-y-Ebene (mit dem Linienelement $\mathrm{d}s$),

$$\oint\!\!\oint \frac{\partial \varphi}{\partial n}\,\mathrm{d}s \equiv \oint\!\!\oint \left(\frac{\partial \varphi}{\partial x}\,\mathrm{d}y - \frac{\partial \varphi}{\partial y}\,\mathrm{d}x\right) = \oint\!\!\oint \left(\frac{\partial \psi}{\partial y}\,\mathrm{d}y + \frac{\partial \psi}{\partial x}\,\mathrm{d}x\right) = \oint\!\!\oint \mathrm{d}\psi\,;$$

und dieser Wert des Umlaufintegrals, der proportional der eingeschlossenen Ladung ist, bleibt ebenfalls durch die Transformation unberührt.

Als Beispiel betrachten wir in Hinblick auf den oben betrachteten Zylinderkondensator die Abbildung

$$z = r_1\,\mathrm{e}^{-\mathrm{i}\zeta/a}, \qquad \text{d.h.} \quad x + \mathrm{i}y \equiv r\,\mathrm{e}^{\mathrm{i}\alpha} = r_1\,\mathrm{e}^{\eta/a}\,\mathrm{e}^{-\mathrm{i}\xi/a}, \tag{1.6.24}$$

mit reellem positivem a. Hierdurch wird (vgl. Abb. 1.2)

der Kreis $r = r_1$
auf die Gerade $\eta = 0$,
der Kreis $r = r_2$
auf die Gerade $\eta = a \ln (r_2/r_1)$

abgebildet, und zwar so, daß

dem Azimut $\alpha = 0$
der ξ-Wert $\xi = 0$,
dem Azimut $\alpha = 2\pi$
der ξ-Wert $\xi = -2\pi a$

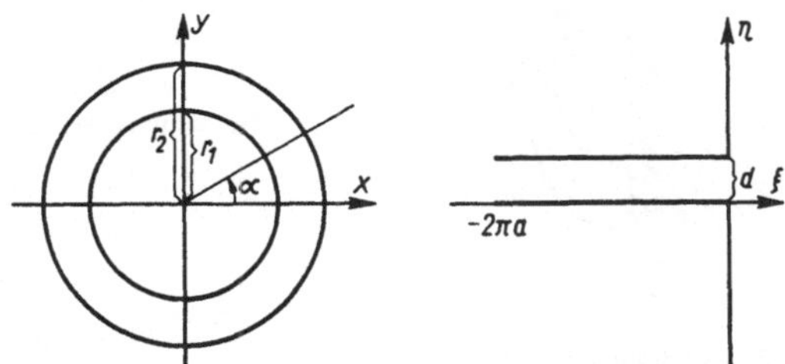

Abb. 1.2 Zur konformen Abbildung eines Zylinderkondensators auf einen Plattenkondensator

entspricht. Durch diese Abbildung geht also der Kreisring in der z-Ebene, gegeben durch $r_1 \leq r \leq r_2$, in einen rechteckigen Streifen der Höhe $d = a \ln (r_2/r_1)$ und der Breite $b = 2\pi\,a$ über, d.h. der kreisförmige Zylinderkondensator der Länge L in einen seitlich begrenzten Plattenkondensator der Fläche $F = 2\pi\,a\,L$. Unter Berücksichtigung dieser Werte für F und d erweist sich die durch (1.6.5) gegebene Kapazität $C = \varepsilon_0\,F/d$ des Plattenkondensators identisch mit der durch (1.6.21) gegebenen des Zylinderkondensators. Speziell für die Potentialverteilung in der ζ-Ebene ergibt sich (unter Verwendung der Abkürzung Re für Realteil) wegen (1.6.22), (1.6.24) und (1.6.21)

$$\begin{aligned} \Phi(\xi, \eta) &= \mathrm{Re}\,\{f(F(\zeta))\} \\ &= \mathrm{Re}\left\{\frac{\mathrm{i}q}{2\pi\,\varepsilon_0}\,\frac{\zeta}{a} + \text{const}\right\} = -\frac{q\,\eta}{2\pi\,\varepsilon_0\,a} + \text{const}' = -\frac{V\eta}{a} + \text{const}', \end{aligned}$$

entsprechend der homogenen Feldstärke $E = V/d$ im Plattenkondensator.

Wegen eines weiteren, nicht so trival erscheinenden Beispiels zur Methode der konformen Abbildung vgl. die Aufgabe 10 auf S. 41.

1.7. Influenzladungen

a) Eine Punktladung gegenüber einer leitenden Ebene. Bringen wir eine Punktladung e, deren elektrisches Feld sich im unendlich ausgedehnten Raum aus dem Potential $\varphi = e/4\pi\,\varepsilon_0\,r$ ableitet, an eine ebene unendlich ausgedehnte Leiteroberfläche heran, so wird durch diese Leiterfläche das Feld der Punktladung wesentlich gestört. Denn das angegebene Potential genügt offenbar keineswegs der Bedingung, auf dieser Fläche konstant zu sein. Wir können indessen ein Feld erhalten, für das diese Ebene Äquipotentialfläche ist, indem wir dem Punkt A, in dem sich die Ladung im Abstand a von der Fläche befindet, den spiegelbildlich ihm entsprechenden Punkt B zuordnen und uns in diesem Bildpunkt die entgegengesetzte Ladung $-e$ befindlich denken (Abb. 1.3). Ist r' der Abstand eines Aufpunktes vom Bildpunkt, so stellt

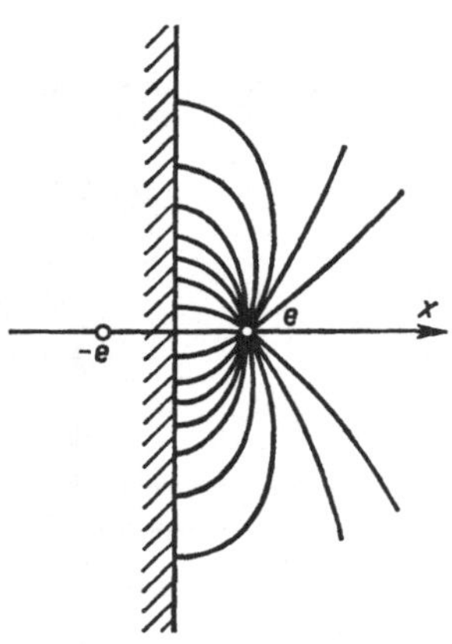

Abb. 1.3 Verlauf der Feldlinien bei einer Punktladung gegenüber einer leitenden Ebene

$$\varphi = \frac{e}{4\pi\,\varepsilon_0\,r} - \frac{e}{4\pi\,\varepsilon_0\,r'} \tag{1.7.1}$$

das Potential des Gesamtfeldes in dem betrachteten Halbraum dar. Dieses ist gleich Null auf der Grenzfläche, da hier $r = r'$ ist. Das wirbelfreie Feld ist auf derjenigen Seite der Ebene, in der der Punkt A liegt, quellenfrei, mit Ausnahme des Punktes A selbst; von diesem geht der Kraftfluß e/ε_0 aus.
Auf der Begrenzungsebene beträgt die senkrecht von ihr wegweisende elektrische Feldstärke

$$\begin{aligned} E &= -\frac{\partial\varphi}{\partial x} = -\frac{e}{4\pi\,\varepsilon_0}\left(\frac{\partial(1/r)}{\partial x} - \frac{\partial(1/r')}{\partial x}\right)_{x=0} \\ &= -\frac{e\,a}{2\pi\,\varepsilon_0\,r^3}. \end{aligned} \tag{1.7.2}$$

Die ihr proportionale Flächendichte der Ladung ist

$$\sigma = \varepsilon_0\,E = -\frac{e\,a}{2\pi\,r^3}.$$

Ihr Betrag hat sein Maximum am Durchstoßpunkt der Geraden AB durch die Ebene, also bei $r = a$, und fällt von da nach außen ab. Als gesamte Ladung der Ebene erhalten wir (durch Einführung von Polarkoordinaten (ϱ, α) in der Ebene)

$$\iint \sigma\,\mathrm{d}f = -\frac{e\,a}{2\pi}\int\limits_0^\infty\int\limits_0^{2\pi}\frac{\varrho\,\mathrm{d}\varrho\,\mathrm{d}\alpha}{(\varrho^2 + a^2)^{3/2}} = e\,a\left[\frac{1}{(\varrho^2 + a^2)^{1/2}}\right]_{\varrho=0}^{\varrho=\infty} = -e.$$

Mithin endigt der ganze vom Punkt A ausgehende Kraftfluß auf der ebenen Oberfläche des Leiters.

Die Feldstärke, die diese Oberflächenladung im Außenraum und somit auch am Ort der Ladung e erzeugt, ist identisch mit derjenigen, die von der Bildladung $-e$ hervorgerufen wird. Auf e wirkt somit die auf die Leiteroberfläche hin gerichtete Bildkraft $e^2/16\pi\,\varepsilon_0\,a^2$. Die zugehörige potentielle Energie der Ladung vor der Metallfläche ist gleich $-e^2/16\pi\,\varepsilon_0\,a$.

Die Erscheinung, daß ein elektrisch geladener Körper auf der Oberfläche eines benachbarten, ursprünglich ungeladenen Leiters Ladungen entgegengesetzten Vorzeichens hervorruft, bezeichnet man als elektrische Influenz. Diese Erscheinung ist als Folge des Umstandes aufzufassen, daß das Feld in das Innere des Leiters nicht eindringen kann. Ist der Leiter von endlicher Ausdehnung und ohne leitende Verbindung mit anderen Körpern, so muß, da seine Ladung im Ganzen gleich Null bleibt, der Kraftfluß, der auf der der influenzierenden Ladung zugewandten Seite mündet, auf der anderen Seite wiederum den Leiter verlassen. In dem oben behandelten Fall eines unendlich ausgedehnten, das Feld nach der einen Seite hin abschließenden Leiters ist die Ladung $+ e$, die gleichzeitig mit der influenzierten Ladung $- e$ bei Annäherung der influenzierenden Ladung entsteht, ins Unendliche abgeleitet zu denken.

Wird in die Nähe eines geladenen Leiters zur Untersuchung seines Feldes eine elektrische Probeladung gebracht, so tritt zu der ursprünglichen Kraftwirkung des Leiters auf die Probeladung noch die Kraftwirkung der durch die Probeladung auf dem Leiter erzeugten Influenzladungen. Die Gesamtkraft auf die Probeladung wird hier also kein genaues Maß für die ursprünglich herrschende Feldstärke sein, und zwar umso weniger, je größer die Ladung des Probekörpers ist, und je mehr er sich der Oberfläche des Leiters nähert. In unmittelbarer Nähe der Leiteroberfläche ist die im Abschnitt 1.2 gegebene Ermittlung des Vektors $\boldsymbol{E}$ mit einem Probekörper nur dann richtig, wenn man dessen Ladung beliebig klein machen kann. Streng genommen bestimmt erst der bei fortgesetzter Verkleinerung der Ladung des Probekörpers erreichte Grenzwert des Quotienten von Kraft und Ladung den Vektor $\boldsymbol{E}$.

Übrigens versagt die obige Betrachtung über das Zustandekommen der Bildkraft bei kleinen Entfernungen a der Probeladung von der Grenzfläche vollständig, wie aus ihrem Unendlichwerden für $a \to 0$ unmittelbar ersichtlich ist. Der Grund hierfür ist in der atomistischen Struktur der Materie und der elektrischen Ladungsträger zu suchen. Denn einerseits erscheint etwa für ein heranfliegendes Ion oder Elektron die Leiteroberfläche keineswegs mehr als glatte Fläche, sobald dieses Teilchen ihr näher als etwa 100 Å kommt. Andererseits besteht das Auftreten einer Influenzladung in dem Heranziehen bzw. Wegdrücken der freien Ladungsträger des Leiters (Elektronen) durch den Einfluß der herangebrachten Ladung e. Und dieser Anhäufungs- bzw. Verdrängungseffekt erstreckt sich bei starker Annäherung dieser Ladung nicht nur auf eine extrem dünne Schicht an der Oberfläche, sondern auch in merkliche Tiefe, so daß die Bildkraft selbst beim Auftreffen eines Ions auf eine Leiteroberfläche durchaus endlich bleibt. Das Gleiche gilt in diesem Fall auch für die zugehörige potentielle Energie des Ions (Adhäsionsenergie).

b) Eine Punktladung vor einer leitenden Kugel. Zur Behandlung der Influenzladung auf einer leitenden Kugel betrachten wir zunächst folgende Aufgabe: Gegeben seien zwei Ladungen e und $-e'$ in bestimmtem Abstand, wobei $e > e' > 0$ gelten möge. Gefragt ist nach der Fläche, auf der das Potential

$$\varphi = \frac{1}{4\pi\,\varepsilon_0}\left(\frac{e}{r} - \frac{e'}{r'}\right) \tag{1.7.3}$$

den Wert Null besitzt.

Wir wählen als Nullpunkt eines Polarkoordinatensystems (R, ϑ, α) einen Punkt auf der Verlängerung der Verbindungslinie $e \leftrightarrow -e'$ außerhalb von $-e'$ und bezeichnen seine Abstände von den beiden Ladungen mit s und s'. Dann ist (Abb. 1.4)

$$r^2 = R^2 + s^2 - 2\,R\,s\cos\vartheta\,, \qquad r'^2 = R^2 + s'^2 - 2\,R\,s'\cos\vartheta\,.$$

Das Potential (1.7.3) ist also gleich Null, wenn

$$\frac{e^2}{e'^2} = \frac{r^2}{r'^2} = \frac{s}{s'} \frac{R^2/s + s - 2\,R\cos\vartheta}{R^2/s' + s' - 2\,R\cos\vartheta}.$$

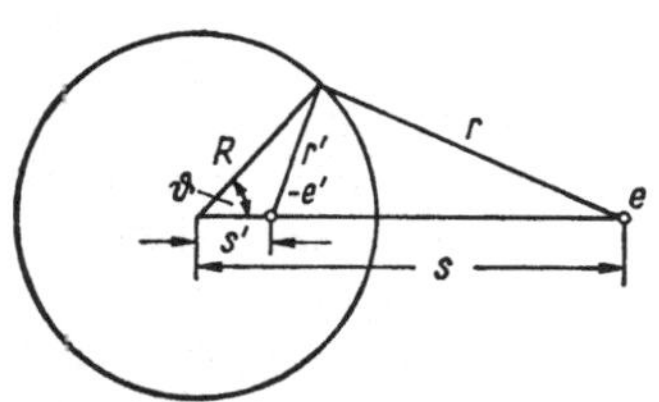

Abb. 1.4 Der Ort des Nullpotentials für zwei Ladungen von entgegengesetztem Vorzeichen

Diese Bedingung ist offenbar für alle ϑ erfüllt, wenn

$$\frac{e^2}{e'^2} = \frac{s}{s'} \quad \text{und} \quad R^2 = s\,s'$$

gilt. Das Potential ist gleich Null auf einer Kugel, deren Zentrum die Verbindungslinie der beiden Punktladungen außen im Verhältnis der Quadrate der Ladungen teilt, wobei sich die Ladungen in konjugierten Punkten befinden.

Wir betrachten jetzt eine Ladung e im Abstand s vom Zentrum einer leitenden Kugel vom Radius R. Die Kugel sei zunächst (durch leitende Verbindung mit der Erde) auf dem Potential Null gehalten. Ein Blick auf Abb. 1.4 gestattet uns, unmittelbar die Lösung hinzuschreiben: Denken wir uns nämlich die Kugel beseitigt und statt dessen im Abstand $s' = R^2/s$ von ihrem Mittelpunkt eine Punktladung

$$-e' = -e\sqrt{s'/s} = -e\,R/s$$

angebracht, so erzeugt diese zusammen mit der gegebenen Punktladung ein Feld, dessen Potential gerade am Ort der ursprünglich gegebenen Kugelfläche den Wert Null besitzt und außerhalb derselben nur die eine Quelle aufweist. Das Potential außerhalb der geerdeten Kugel ist also genau durch (1.7.3) gegeben.

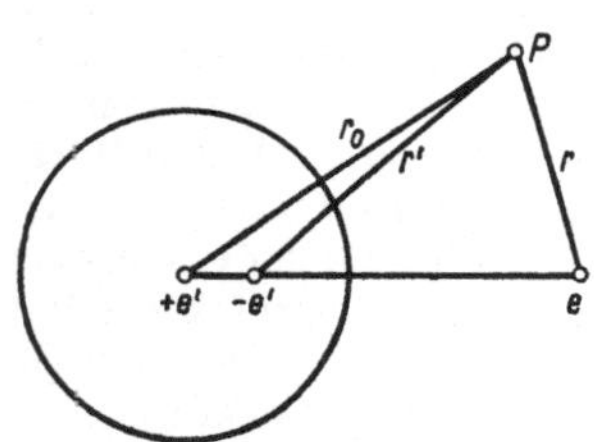

Abb. 1.5 Eine Punktladung gegenüber einer isolierten Metallkugel

Wenn aber die Kugel isoliert ist und vor Annäherung der Punktladung ungeladen war, so bleibt sie natürlich auch weiterhin ungeladen. Zur Beschreibung ihres Feldes haben wir also in ihrem Innern noch eine Ladung $+e'$ in solcher Weise angebracht zu denken, daß die Konstanz des Potentials auf der Oberfläche dadurch nicht gestört wird, also im Zentrum der Kugel (Abb. 1.5). Das Potential der Anordnung Punktladung e und isolierte Kugel wird somit

$$\varphi = \frac{1}{4\pi\varepsilon_0}\left(\frac{e}{r} - \frac{e'}{r'} + \frac{e'}{r_0}\right), \tag{1.7.4}$$

wobei r_0 den Abstand des Aufpunktes vom Mittelpunkt bedeutet. Auf der Kugeloberfläche herrscht jetzt das Potential $\varphi = e'/4\pi\varepsilon_0 R = e/4\pi\varepsilon_0 s$, also dasselbe, das bei Abwesenheit der Kugel an der Stelle ihres Mittelpunktes vorhanden wäre.

Die Kraft, mit der Ladung e von der elektrisch isolierten Kugel infolge der Influenzladungen angezogen wird, ist gleich

$$K = \frac{e\,e'}{4\pi\varepsilon_0}\left(\frac{1}{(s-s')^2} - \frac{1}{s^2}\right) = \frac{e^2 R}{4\pi\varepsilon_0 s^3}\left(\left(\frac{s^2}{s^2 - R^2}\right)^2 - 1\right). \tag{1.7.5}$$

Ist der Abstand $s - R = x$ der Ladung von der Kugelfläche klein gegenüber dem Kugelradius R, so wird die Kraft angenähert $e^2/16\pi\varepsilon_0 x^2$, also gleich der Bildkraft an einer ebenen Metalloberfläche. Ist jedoch s groß gegenüber R, so finden wir die Anziehungskraft $e^2 R^3/2\pi\varepsilon_0 s^5$, entsprechend einer potentiellen Energie $-e^2 R^3/8\pi\varepsilon_0 s^4$ der Punktladung.

Es ist interessant, die Punktladung e ins Unendliche rücken zu lassen und sie dabei so zu verstärken, daß das von ihr am Ort der Kugel erzeugte Feld $E = e/4\pi\varepsilon_0 s^2$ einen endlichen Wert E_0 behält. Bei diesem Prozeß rückt der Bildpunkt $-e'$ natürlich ins Zentrum der Kugel, jedoch in solcher Weise, daß $e' s' = e R^3/s^2$ den endlichen Wert $4\pi\varepsilon_0 R^3 E_0$ annimmt. Wir erhalten also bei der isolierten Metallkugel eine Doppelquelle oder, wie man sagt (vgl. hierzu Abschnitt 1.8), einen elektrischen Dipol im Zentrum der Kugel, dessen „Moment" vektoriell gegeben ist durch

$$\boldsymbol{p} = 4\pi\varepsilon_0 R^3 \boldsymbol{E}_0 . \tag{1.7.6}$$

Das Feld der unendlich fernen und unendlich starken Punktladung ist in der Umgebung der Kugel natürlich homogen. Durch dieses homogene Feld $\boldsymbol{E}_0$ wird eine leitende isolierte Kugel vom Radius R durch Influenz in solcher Weise „polarisiert", daß ihre Oberflächenladung nach außen wirkt wie ein im Zentrum der Kugel gedachter Dipol vom Moment $4\pi\varepsilon_0 R^3 \boldsymbol{E}_0$.

c) Nochmalige Behandlung des Problems b). Die Legendreschen Kugelfunktionen[1]**.** Wir betrachten wieder den Fall einer isolierten Metallkugel vom Radius R und einer Ladung e am Ort $\boldsymbol{s}$ im Außenraum. Wir wollen jetzt versuchen, das Feld dieser Anordnung durch Lösung der entsprechenden Poisson-Gleichung

$$\Delta\varphi = -\frac{e}{4\pi\varepsilon_0}\,\delta(\boldsymbol{r}-\boldsymbol{s}) \tag{1.7.7}$$

zu bestimmen.

Die Symmetrie der Anordnung legt es nahe, mit räumlichen Polarkoordinaten (r, ϑ, α) zu rechnen mit dem Ursprung im Kugelmittelpunkt und der Polarachse in Richtung des Vektors $\boldsymbol{s}$. Dann kann φ nur von r und ϑ, nicht aber von α abhängen. Ferner muß φ auf der Kugelfläche (und im Innern der Kugel) konstant sein, also $\varphi(R, \vartheta) = \varphi_0 = \text{const}$, während es im Unendlichen verschwinden soll.

Zur Vorbereitung denken wir uns zunächst die Metallkugel weg. Dann führt die Gleichung (1.7.7) auf das Coulomb-Potential

$$\varphi = \frac{e}{4\pi\varepsilon_0 |\boldsymbol{r}-\boldsymbol{s}|} = \frac{e}{4\pi\varepsilon_0 \sqrt{r^2 - 2rs\cos\vartheta + s^2}} . \tag{1.7.8}$$

Hier läßt sich die Wurzel im Nenner sicherlich in eine Potenzreihe entwickeln, und zwar nach steigenden Potenzen von r/s im Fall $r < s$ und nach steigenden Potenzen von s/r im Fall $r > s$:

$$\left.\begin{aligned} \varphi &= \frac{e}{4\pi\varepsilon_0 s}\sum_{l=0}^{\infty}\left(\frac{r}{s}\right)^l P_l(\cos\vartheta) \quad \text{für} \quad r < s , \\ \varphi &= \frac{e}{4\pi\varepsilon_0 r}\sum_{l=0}^{\infty}\left(\frac{s}{r}\right)^l P_l(\cos\vartheta) \quad \text{für} \quad r > s . \end{aligned}\right\} \tag{1.7.9}$$

[1]) Wegen einer eingehenderen Betrachtung der Kugelfunktion, als es hier möglich ist, vgl. die einschlägige Lehrbuchliteratur, z.B. A. Sommerfeld, Vorlesungen über Theoretische Physik, Bd. VI (Partielle Differentialgleichungen der Physik).

Dabei sind die hier eingeführten Größen P_l (cos ϑ) Polynome in cos ϑ vom Grad l, die durch ihre „erzeugende Funktion“

$$\frac{1}{\sqrt{1-2t\zeta+t^2}}=\sum_{l=0}^{\infty} t^l P_l(\zeta) \tag{1.7.10}$$

definiert sind. Man nennt sie Legendresche Polynome oder auch gewöhnliche Kugelfunktionen. Wie man aus der Reihenentwicklung ihrer erzeugenden Funktion nach Potenzen von t ablesen kann, lauten ihre ersten paar Werte (vgl. Abb. 1.6)

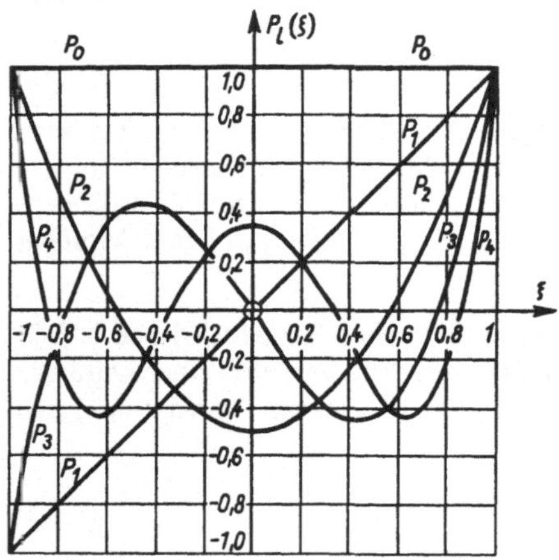

Abb. 1.6: Die ersten fünf gewöhnlichen Kugelfunktionen

$$\left.\begin{aligned} &P_0(\zeta)=1\,, \quad P_1(\zeta)=\zeta\,,\\ &P_2(\zeta)=\frac{1}{2}(3\zeta^2-1)\,,\\ &P_3(\zeta)=\frac{1}{2}(5\zeta^3-3\zeta)\,. \end{aligned}\right\} \tag{1.7.11}$$

Aus (1.7.10) können wir auch unmittelbar ersehen:

$$\left.\begin{aligned} P_l(1)&=1\,,\\ P_l(-1)&=(-1)^l\,,\\ P_l(-\zeta)&=(-1)^l P_l(\zeta)\,. \end{aligned}\right\} \tag{1.7.12}$$

Die $P_l(\zeta)$ sind somit gerade oder ungerade Funktionen in ζ, je nachdem ob l gerade oder ungerade ist. Ferner sind die P_l-Polynome mit verschiedenen l voneinander linear unabhängig und außerdem zueinander orthogonal, d.h., es gilt

$$\int_{-1}^{+1} P_l(\zeta)\,P_k(\zeta)\,\mathrm{d}\zeta=0 \quad \text{für} \quad l \neq k\,. \tag{1.7.13}$$

Letzteres folgt unmittelbar aus der durch Ausführung der ζ-Integration resultierenden Beziehung

$$\int_{-1}^{+1}\frac{\mathrm{d}\zeta}{\sqrt{1-2s\zeta+s^2}\,\sqrt{1-2t\zeta+t^2}}=\frac{1}{\sqrt{st}}\ln\frac{1+\sqrt{st}}{1-\sqrt{st}}.$$

Setzen wir hier nämlich links für die Wurzelausdrücke die entsprechenden Reihenentwicklungen nach (1.7.10) ein, so erhalten wir aus dem Integral links nur bei Gültigkeit von (1.7.13) eine Funktion, die allein vom Produkt st abhängt, wie es die obige Formel verlangt. Daraus folgt weiter

$$\sum_{l=0}^{\infty}(st)^l\int_{-1}^{+1}P_l(\zeta)\,P_l(\zeta)\,\mathrm{d}\zeta=\frac{1}{\sqrt{st}}\ln\frac{1+\sqrt{st}}{1-\sqrt{st}}=2\sum_{l=0}^{\infty}\frac{(st)^l}{2l+1},$$

woraus sich unmittelbar das Normierungsintegral

$$\int_{-1}^{+1} P_l^2(\zeta)\,\mathrm{d}\zeta = \frac{2}{2l+1} \tag{1.7.14}$$

ergibt.

Ferner ist das System der $P_l(\zeta)$ mit $l = 0, 1, 2, \ldots$ „vollständig“[1]), d.h. es läßt sich jede im Bereich $-1 \leq \zeta \leq +1$ reguläre Funktion $f(\zeta)$ in eine Reihe nach Legendreschen Polynomen entwickeln in der Form

$$f(\zeta) = \sum_{l=0}^{\infty} a_l\, P_l(\zeta)\,; \tag{1.7.15}$$

dann folgt für die Koeffizienten a_l der $P_l(\zeta)$ wegen ihrer Orthogonalität nach (1.7.13) und ihrer Normierung nach (1.7.14)

$$a_l = \frac{2l+1}{2} \int_{-1}^{+1} f(\zeta)\, P_l(\zeta)\,\mathrm{d}\zeta\,. \tag{1.7.16}$$

Schließlich können wir die Differentialgleichung für die $P_l(\zeta)$ unmittelbar aus der Gleichung (1.7.7) für die Potentialfunktion φ in einer der beiden Reihendarstellungen (1.7.9) gewinnen. Wegen

$$\Delta\varphi \equiv \frac{1}{r}\,\frac{\partial^2 (r\,\varphi)}{\partial r^2} + \frac{1}{r^2 \sin\vartheta}\,\frac{\partial}{\partial\vartheta}\left(\sin\vartheta\,\frac{\partial\varphi}{\partial\vartheta}\right) = 0 \quad \text{für} \quad r \neq s \tag{1.7.17}$$

finden wir in beiden Fällen

$$\frac{1}{\sin\vartheta}\,\frac{\mathrm{d}}{\mathrm{d}\vartheta}\left(\sin\vartheta\,\frac{\mathrm{d}\,P_l(\cos\vartheta)}{\mathrm{d}\vartheta}\right) \equiv \frac{\mathrm{d}}{\mathrm{d}\zeta}\left((1-\zeta^2)\,\frac{\mathrm{d}\,P_l(\zeta)}{\mathrm{d}\zeta}\right) = -\,l\,(l+1)\,P_l(\zeta)\,. \tag{1.7.18}$$

Die eine Lösung dieser Differentialgleichung zweiter Ordnung ist (bei ganzzahligem l) die eben betrachtete gewöhnliche Kugelfunktion $P_l(\zeta)$; die andere Lösung, die sogenannte Kugelfunktion zweiter Art, wird an den singulären Stellen der Differentialgleichung, also bei $\zeta = +1$ und $\zeta = -1$, logarithmisch unendlich und ist daher aus physikalischen Gründen nicht brauchbar.

Anders liegen die Verhältnisse bei der Differentialgleichung (1.7.17), deren allgemeine, physikalisch brauchbare Lösung als Kugelfunktionsreihe in der Form

$$\varphi(r, \vartheta) = \sum_{l=0}^{\infty} (b_l\, r^l + c_l\, r^{-l-1})\, P_l(\cos\vartheta) \tag{1.7.19}$$

angeschrieben werden kann, mit zwei Sätzen von Integrationskonstanten b_l und c_l für $l = 0, 1, 2, \ldots$. Bei ihrer Bestimmung kommt es nun entscheidend auf die aus der

---

[1]) Der Beweis für die Vollständigkeit des Systems der $P_l(\zeta)$ kann hier der Kürzer halber nicht gebracht werden.

physikalischen Problemstellung folgenden Randbedingungen an. Reicht der Integrationsbereich bis ins Unendliche, wo $\varphi(\infty, \vartheta) = 0$ sein soll, so müssen alle $b_l = 0$ sein; reicht er bis zum Koordinatenursprung und soll dort keine Punktladung liegen, so daß $\varphi(0, \vartheta)$ endlich sein muß, so müssen alle $c_l = 0$ sein. Bei den Reihen (1.7.9) für das Coulomb-Potential (1.7.8) sind diese Bedingungen offenbar erfüllt. Für $r = s$ gehen sie natürlich ineinander über, divergieren aber dann bei $\vartheta = 0$, also am Ort der Punktladung.

Nach dieser Einschaltung über die gewöhnlichen Kugelfunktionen und ihre Differentialgleichung können wir nun das eingangs gestellte Problem der Influenzladungen an einer Metallkugel durch eine herangebrachte Punktladung e leicht lösen. Dazu zerlegen wir die in (1.7.7) auftretende Potentialfunktion φ in zwei Anteile $\varphi_1 + \varphi_2$. Der Anteil φ_1 soll das reine Coulomb-Feld der Punktladung nach (1.7.8) mit den Reihenentwicklungen (1.7.9) darstellen. Der Anteil φ_2 soll das von den Influenzladungen auf der Metallkugel herrührende Feld beschreiben und daher durch eine Reihe der Form (1.7.19) mit allen $b_l = 0$ gegeben sein. Setzen wir einfachheitshalber $c_l = e\, s^l\, \gamma_l / 4\pi\, \varepsilon_0$, so wird

$$\left.\begin{aligned} \varphi &= \frac{e}{4\pi\,\varepsilon_0\, s} \sum_0^\infty \left[\left(\frac{r}{s}\right)^l + \gamma_l \left(\frac{s}{l}\right)^{l+1}\right] P_l(\cos\vartheta) \quad \text{für} \quad R \leq r < s, \\ \varphi &= \frac{e}{4\pi\,\varepsilon_0\, s} \sum_0^\infty \left(\frac{s}{r}\right)^{l+1} (1 + \gamma_l)\, P_l(\cos\vartheta) \quad \text{für} \quad r > s. \end{aligned}\right\} \tag{1.7.20}$$

Nun ist noch die Randbedingung $\varphi = \text{const}$ für $r = R$ zu erfüllen. Dazu muß offenbar $\gamma_l = -(R/s)^{2l+1}$ sein für alle $l > 0$, während $\gamma_0 = -R/s + 4\pi\,\varepsilon_0\, R\, \varphi_0/e$ wird; dabei bedeutet φ_0 den durch die Versuchsanordnung noch nachträglich zu bestimmenden Potentialwert auf der Kugel. Also folgt aus (1.7.20) für $R \leq r < s$

$$\varphi = \frac{e}{4\pi\,\varepsilon_0\, s} \sum_0^\infty \left[\left(\frac{r}{s}\right)^l - \frac{R}{r}\left(\frac{R^2}{r\,s}\right)^l\right] P_l(\cos\vartheta) + \varphi_0 \frac{R}{r}, \tag{1.7.21}$$

oder durch Berücksichtigung der Summenformel (1.7.10)

$$\varphi = \frac{e}{4\pi\,\varepsilon_0 \sqrt{r^2 - 2\,r\,s\cos\vartheta + s^2}} - \frac{e\,R/s}{4\pi\,\varepsilon_0 \sqrt{r^2 - 2r\,\dfrac{R^2}{s}\cos\vartheta + \dfrac{R^4}{s^2}}} + \varphi_0 \frac{R}{r}. \tag{1.7.22}$$

Hier gibt der erste Anteil genau das Coulomb-Potential der Punktladung e, der zweite Anteil genau das Coulomb-Potential einer Ladung $-e\,R/s$ im Abstand $s' = R^2/s$ vom Ursprung und der dritte Anteil das Potential einer Kugel, welche auf ihrer Oberfläche das Potential φ_0 besitzt. Und zwar gilt bei geerdeter Kugel $\varphi_0 = 0$, bei isolierter, insgesamt ungeladener Kugel $\varphi_0 = e/4\pi\,\varepsilon_0\, s$, wie unmittelbar aus dem Kraftflußsatz folgt. Mit (1.7.21) wird ja

$$\oint\!\!\oint E_r\, \mathrm{d}f = -\oint\!\!\oint \left(\frac{\partial\varphi}{\partial r}\right)_{r=R} R^2\, \mathrm{d}\Omega = -\frac{e\,R}{\varepsilon_0\, s} + 4\pi\, R\, \varphi_0,$$

letzteres wegen $\oint\!\!\oint P_l\, \mathrm{d}\Omega = 2\pi \int\limits_{-1}^{+1} P_l\, \mathrm{d}\zeta = 0$ nach (1.7.13) für $l > 0, k = 0$! Wir erhalten also mit (1.7.22) genau das bereits im Abschnitt 1.7b gefundene Resultat. Nur schien es im Hinblick auf spätere ähnliche Betrachtungen angezeigt, das Problem systematisch unter Verwendung der Kugelfunktionen durchzurechnen.

1.8. Das elektrische Feld in großer Entfernung von den felderzeugenden Ladungen. Die Multipolfelder

Im Abschnitt 1.3 hatten wir das von einer vorgegebenen Ladungsverteilung erzeugte Potential berechnet und dabei Beziehungen der Form (1.3.9) bzw. (1.3.10) gefunden[1]):

$$\varphi(\boldsymbol{r}) = \frac{1}{4\pi\varepsilon_0}\sum_j \frac{e_j}{|\boldsymbol{r}-\boldsymbol{r}_j|} \quad \text{bzw.} \quad \varphi(\boldsymbol{r}) = \frac{1}{4\pi\varepsilon_0}\int \frac{\varrho(\boldsymbol{r}')}{|\boldsymbol{r}-\boldsymbol{r}'|}\,\mathrm{d}v'. \tag{1.8.1}$$

Wir betrachten nun speziell ein ganz im Endlichen liegendes Ladungssystem und fragen nach dem Potential- und Feldverlauf in Entfernungen, die groß sind gegenüber den gegenseitigen Abständen der einzelnen Ladungselemente. Dazu legen wir den Ursprung des Koordinatensystems in die Gegend des Ladungssystems, so daß $|\boldsymbol{r}|$ stets groß gegen $|\boldsymbol{r}_j|$ bzw. $|\boldsymbol{r}'|$ ist, und entwickeln $1/|\boldsymbol{r}-\boldsymbol{r}_j|$ bzw. $1/|\boldsymbol{r}-\boldsymbol{r}'|$ in eine Reihe nach aufsteigenden Potenzen der Komponenten von $\boldsymbol{r}_j$ bzw. $\boldsymbol{r}'$. Wegen

$$\frac{1}{\sqrt{1-\xi}} = 1 + \frac{1}{2}\xi + \frac{3}{8}\xi^2 + \frac{5}{16}\xi^3 + \cdots$$

erhalten wir so nach entsprechender Umordnung der Reihenglieder

$$\begin{aligned}\frac{1}{|\boldsymbol{r}-\boldsymbol{r}'|} &= \frac{1}{r}\,\frac{1}{\sqrt{1-\dfrac{2\,\boldsymbol{r}\boldsymbol{r}'}{r^2}+\dfrac{r'^2}{r^2}}} \\ &= \frac{1}{r} + \frac{\boldsymbol{r}\boldsymbol{r}'}{r^3} + \frac{3\,(\boldsymbol{r}\boldsymbol{r}')^2 - r^2 r'^2}{2r^5} + \frac{5\,(\boldsymbol{r}\boldsymbol{r}')^3 - 3\,(\boldsymbol{r}\boldsymbol{r}')\,r^2 r'^2}{2r^7} + \cdots,\end{aligned} \tag{1.8.2}$$

und analog für $1/|\boldsymbol{r}-\boldsymbol{r}_j|$. Ersichtlich fällt das erste Glied der Reihe nach außen mit $1/r$, das zweite mit $1/r^2$ usf. ab. Diese r-Abhängigkeiten übertragen sich auch auf die nach (1.8.1) zu berechnenden Potentiale, die wir in der Form

$$\varphi(\boldsymbol{r}) = \varphi_0(\boldsymbol{r}) + \varphi_1(\boldsymbol{r}) + \varphi_2(\boldsymbol{r}) + \varphi_3(\boldsymbol{r}) + \cdots \tag{1.8.3}$$

anschreiben; dabei fassen wir in $\varphi_n(\boldsymbol{r})$ alle von der Entwicklung (1.8.2) herrührenden Glieder der Potentialausdrücke zusammen, die nach außen mit $1/r^{n+1}$ abfallen.

Wir wollen die Größen φ_0, φ_1 und φ_2 nunmehr einzeln berechnen und diskutieren.

a) Das Coulomb-Feld. Als erstes Glied der Entwicklung (1.8.3) erhalten wir aus (1.8.1) und (1.8.2) unmittelbar

$$\varphi_0(\boldsymbol{r}) = \frac{1}{4\pi\varepsilon_0 r}\sum_j e_j \quad \text{bzw.} \quad \varphi_0(\boldsymbol{r}) = \frac{1}{4\pi\varepsilon_0 r}\int \varrho(\boldsymbol{r}')\,\mathrm{d}v'. \tag{1.8.4}$$

In erster Näherung wirkt also die Ladungsverteilung in großer Entfernung so, als ob sie aus einer einzigen, im Ursprung befindlichen Punktladung der Stärke $\sum_j e_j$ bzw. $\int \varrho(\boldsymbol{r})\,\mathrm{d}v$ besteht.

b) Das Dipolfeld. Verschwindet die Gesamtladung des Systems, so beginnt die Reihe (1.8.3) mit dem Glied φ_1. Dieses läßt sich darstellen als

$$\varphi_1(\boldsymbol{r}) = \frac{\boldsymbol{r}\boldsymbol{p}}{4\pi\varepsilon_0 r^3} = \frac{x\,p_x + y\,p_y + z\,p_z}{4\pi\varepsilon_0 r^3}, \tag{1.8.5}$$

[1]) Wir werden hier und im folgenden Volumintegrale zur Abkürzung meist nur mit einem Integralzeichen schreiben.

wobei der Vektor $\boldsymbol{p}$ mit seinen Komponenten p_x, p_y, p_z nach (1.8.3) und (1.8.2) gegeben wird durch

$$\boldsymbol{p} = \sum_j \boldsymbol{r}_j e_j \quad \text{bzw.} \quad \boldsymbol{p} = \int \boldsymbol{r}\, \varrho(\boldsymbol{r})\, dv\,. \tag{1.8.6}$$

Das zugehörige Feld ergibt sich zu

$$\boldsymbol{E}_1(\boldsymbol{r}) = -\operatorname{grad} \varphi_1(\boldsymbol{r}) = \frac{1}{4\pi\varepsilon_0}\left\{-\frac{\boldsymbol{p}}{r^3} + \frac{3(\boldsymbol{p}\,\boldsymbol{r})\,\boldsymbol{r}}{r^5}\right\}. \tag{1.8.7}$$

Um dieses Feld zu veranschaulichen, sind in Abb. 1.7 für einen horizontal liegenden Vektor $\boldsymbol{p}$ die Feldlinien und die Linien konstanten Potentials dargestellt, letztere mit Zahlenangaben in willkürlichem Maßstab.

Man nennt ein solches Feld ein Dipolfeld. Denn die einfachste Ladungsverteilung, die für große Entfernungen zu diesem Feld führt, besteht aus zwei Punktladungen (Polen) gleicher Stärke, aber entgegengesetzten Vorzeichens. Diese Ladungsanordnung nennt man einen (physikalischen) „Dipol". Ist $\boldsymbol{a}$ der Vektor, der von der negativen Ladung $-e$ zur positiven $+e$ führt, so wird die durch (1.8.6) definierte Größe $\boldsymbol{p}$, das „Dipolmoment", gleich

$$\boldsymbol{p} = e(\boldsymbol{r}_+ - \boldsymbol{r}_-) = e\,\boldsymbol{a}\,. \tag{1.8.8}$$

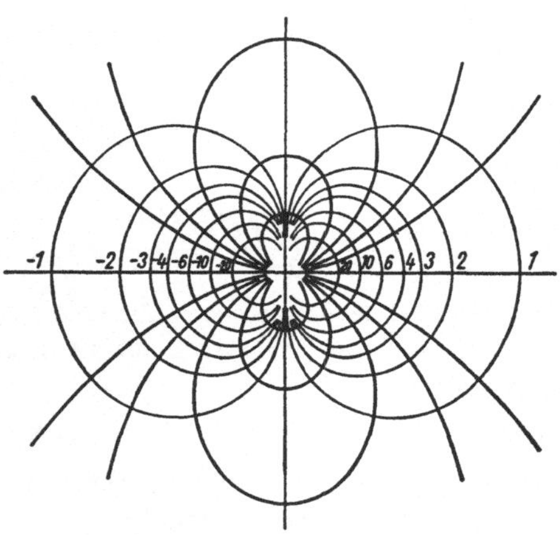

Abb. 1.7 Feldlinien (stark ausgezogen) und Äquipotentiallinien (schwach ausgezogen) für einen horizontal liegenden Dipol

Das Feld eines physikalischen Dipols mit endlichem Dipolabstand $\boldsymbol{a}$ stimmt, wie aus seiner Ableitung hervorgeht, nur für große Abstände, d.h. für $r \gg a$, mit dem Feld (1.8.7) überein. Lassen wir aber nun so, wie es am Schluß von Abschnitt 1.7b der Fall war, gleichzeitig e gegen Unendlich und $\boldsymbol{a}$ gegen Null streben derart, daß $e\,\boldsymbol{a}$ den konstanten Wert $\boldsymbol{p}$ behält, so kommen wir zu einem Ladungssystem, das man einen idealen (oder mathematischen) Dipol nennt und dessen Feld bis $r = 0$ mit dem Dipolfeld (1.8.7) identisch ist.

Zur Vermeidung von Mißverständnissen sei noch darauf hingewiesen, daß nach den Formeln (1.8.1) bis (1.8.3) auch eine einzelne, nicht im Ursprung befindliche Punktladung formal zu einem Dipolanteil des Feldes führt. Wie man aber aus (1.8.6) unmittelbar ersieht, läßt sich im Fall nicht verschwindender Gesamtladung jederzeit das Dipolmoment des Ladungssystems durch eine Verschiebung des Nullpunktes um $\sum \boldsymbol{r}_j e_j / \sum e_j$ zum Verschwinden bringen. Dann wird eben das Feld $\varphi_0(\boldsymbol{r})$ in (1.8.3) derart abgeändert, daß das Feld $\varphi_1(\boldsymbol{r})$ wegkompensiert wird. Im Fall $\sum e_j = 0$, d.h. bei verschwindender Gesamtladung, ist eine solche Kompensation nicht möglich.

Wir wollen wegen seiner Wichtigkeit das Feld eines idealen Dipols nochmals auf einem etwas anderen Weg ableiten (Abb. 1.8). Wir gehen aus von einem physikalischen Dipol mit endlichem Polabstand $\boldsymbol{a}$. Die Punktladung $+e$ erzeugt für sich allein im Aufpunkt P das Potential $\varphi_+ = e/4\pi\varepsilon_0 r$. Der Potentialbeitrag der Punktladung $-e$ in P ist bis auf das Vorzeichen der gleiche wie der der Ladung $+e$ im Punkt P', der gegen P um die Strecke $\boldsymbol{a}$ verschoben ist. Für das gesamte Potential in P gilt also

$$\varphi(P) = \varphi_+(P) + \varphi_-(P) = \varphi_+(P) - \varphi_+(P').$$

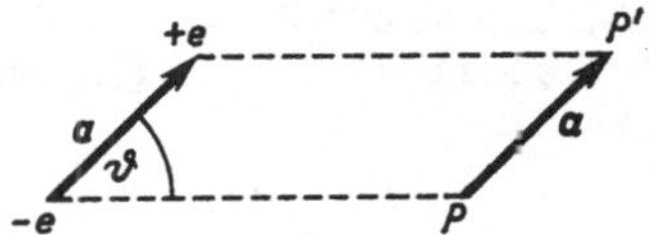

Abb. 1.8 Zur Definition des Dipols

Dies ist aber nach der Definition des Gradienten für hinreichend kleines $\boldsymbol{a}$

$$\varphi(\boldsymbol{r}) \approx -\boldsymbol{a}\,\text{grad}\,\varphi_+(\boldsymbol{r}) = -\frac{\boldsymbol{a}\,e}{4\pi\varepsilon_0}\,\text{grad}\,\frac{1}{r} = \frac{\boldsymbol{p}\,\boldsymbol{r}}{4\pi\varepsilon_0 r^3}, \tag{1.8.9}$$

wobei wieder $e\boldsymbol{a} = \boldsymbol{p}$ gesetzt wurde. Diese Formel gilt im Limes $\boldsymbol{a} \to 0$, $e \to \infty$ mit $\lim e\boldsymbol{a} = \boldsymbol{p}$ exakt für alle $\boldsymbol{r}$; dann stimmt sie genau mit (1.8.5) überein.

c) Das Quadrupolfeld. Verschwinden die Gesamtladung und das Dipolmoment des Ladungssystems, so beginnt die Entwicklung (1.8.3) mit dem Glied φ_2. Dieses besitzt wegen (1.8.1) und (1.8.2) die Form

$$\begin{aligned}\varphi_2(\boldsymbol{r}) = \frac{1}{4\pi\varepsilon_0 r^5}\Big\{&\frac{3x^2 - r^2}{2} Q_{xx} + \frac{3y^2 - r^2}{2} Q_{yy} + \frac{3z^2 - r^2}{2} Q_{zz} \\ &+ 3xy\,Q_{xy} + 3yz\,Q_{yz} + 3zx\,Q_{zx}\Big\},\end{aligned} \tag{1.8.10}$$

mit den Abkürzungen

$$\left.\begin{aligned} Q_{xx} &= \sum x_j^2 e_j \quad \text{bzw.} \quad Q_{xx} = \int x^2 \varrho(\boldsymbol{r})\,\mathrm{d}v, \\ Q_{xy} &= \sum x_j y_j e_j \quad \text{bzw.} \quad Q_{xy} = \int x y \varrho(\boldsymbol{r})\,\mathrm{d}v, \end{aligned}\right\} \tag{1.8.11}$$

und so fort. Diese sechs Q-Größen bilden entsprechend ihrer Struktur die Komponenten eines symmetrischen Tensors zweiter Stufe, übrigens ebenso wie die sechs P-Größen

$$\left.\begin{aligned} P_{xx} &= \frac{3x^2 - r^2}{2}, \quad P_{yy} = \frac{3y^2 - r^2}{2}, \quad P_{zz} = \frac{3z^2 - r^2}{2}, \\ P_{xy} &= \frac{3xy}{2}, \quad P_{yz} = \frac{3yz}{2}, \quad P_{zx} = \frac{3zx}{2}. \end{aligned}\right\} \tag{1.8.12}$$

Daß letztere auch wirklich Komponenten eines (symmetrischen) Tensors zweiter Stufe sind, folgt aus der Tatsache, daß φ_2 ein Skalar ist, da sich ja die Beziehung (1.8.10) mit (1.8.12) auch in der Form

$$\varphi_2 = \frac{1}{4\pi\varepsilon_0 r^5}\{P_{xx}Q_{xx} + P_{yy}Q_{yy} + P_{zz}Q_{zz} + 2P_{xy}Q_{xy} + 2P_{yz}Q_{yz} + 2P_{zx}Q_{zx}\}$$

schreiben läßt.

Nun läßt sich (vgl. Abschnitt 13.3) jeder symmetrischer Tensor auf Hauptachsen transformieren, d.h. man kann ein Koordinatensystem so legen, daß alle Komponenten mit zwei verschiedenen Indizes verschwinden. Darüber hinaus haben wir aber noch eine weitere Willkür in der Wahl des Komponentenschemas (1.8.11): Wie aus (1.8.10) unmittelbar ersichtlich ist, ändert sich $\varphi_2(\boldsymbol{r})$ nicht, wenn wir zu jeder der drei Größen Q_{xx},

Q_{yy}, Q_{zz} die gleiche Konstante C hinzuaddieren. Ist daher beispielsweise $Q_{xx} < Q_{yy} < Q_{zz}$, so können wir $C = -Q_{yy}$ wählen, worauf der Q-Tensor im Hauptachsensystem die Gestalt

$$\begin{pmatrix} Q_{xx} - Q_{yy} & 0 & 0 \\ 0 & 0 & 0 \\ 0 & 0 & Q_{zz} - Q_{yy} \end{pmatrix} \equiv \begin{pmatrix} Q'_{xx} & 0 & 0 \\ 0 & 0 & 0 \\ 0 & 0 & Q'_{zz} \end{pmatrix} \tag{1.8.13}$$

mit $Q'_{xx} < 0$, $Q'_{zz} > 0$ erhält.

Im allgemeinen normiert man aber die Diagonalglieder des Q-Tensors nicht nach (1.8.13), sondern man geht mit $C = -(Q_{xx} + Q_{yy} + Q_{zz})/3$, also durch Subtraktion eines Drittels der **Spur** des Tensors in den Diagonalgliedern zum zugehörigen **Deviator** mit verschwindender Spur über (vgl. Abschnitt 13.3). Für die Komponenten des so reduzierten Tensors erhalten wir damit in der Hauptdiagonale

$$\left.\begin{aligned} Q'_{xx} &= \frac{1}{3}\sum(2x_j^2 - y_j^2 - z_j^2) \quad \text{bzw.} \quad Q'_{xx} = \frac{1}{3}\int(2x^2 - y^2 - z^2)\,\varrho\,dv\,, \\ Q'_{yy} &= \frac{1}{3}\sum(2y_j^2 - z_j^2 - x_j^2) \quad \text{bzw.} \quad Q'_{yy} = \frac{1}{3}\int(2y^2 - z^2 - x^2)\,\varrho\,dv\,, \\ Q'_{zz} &= \frac{1}{3}\sum(2z_j^2 - x_j^2 - y_j^2) \quad \text{bzw.} \quad Q'_{zz} = \frac{1}{3}\int(2z^2 - x^2 - y^2)\,\varrho\,dv\,, \end{aligned}\right\} \tag{1.8.14}$$

während die übrigen Komponenten ungeändert bleiben und im Hauptachsensystem $= 0$ werden. Der Vorteil dieser Normierung besteht darin, daß dann für eine kugelsymmetrische Ladungsverteilung $\varrho = \varrho(r)$ alle Q'-Komponenten wegen $\int x^2 \varrho\, dv = \int y^2 \varrho\, dv = \int z^2 \varrho\, dv$ verschwinden, ebenso auch φ_2. Bei dieser Normierung kann man daher die Q'-Komponenten als Maß für die Größe der Abweichung des Ladungssystems von der Kugelsymmetrie ansehen.

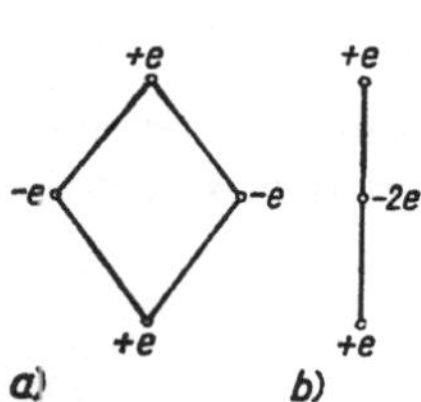

Abb. 1.9 a) Allgemeiner Quadrupol, b) Gestreckter Quadrupol

Man nennt das durch den Q-Tensor beschriebene Feld ein **Quadrupolfeld**. Denn als einfachste Ladungsverteilung mit verschwindender Gesamtladung und verschwindendem Dipolmoment, welche ein solches Feld erzeugt, erscheint eine Anordnung aus zwei gleich großen, aber entgegengerichteten physikalischen Dipolen, also aus vier Polen in bestimmter relativer Lage. So gibt beispielsweise die rautenförmige Anordnung der Abb. 1.9a) in der x-z-Ebene, bei der die beiden negativen Ladungen den Abstand $2a$ und die beiden positiven Ladungen den Abstand $2c$ haben, genau die durch (1.8.13) mit $Q'_{xx} = -2a^2 e$ und $Q'_{zz} = +2c^2 e$ gegebenen Quadrupolkomponenten. Als wichtiger Spezialfall stellt sich der **gestreckte Quadrupol** der Abb. 1.9b) dar, bei dem der Rhombus zu einer Strecke zusammenklappt, die dann an ihren Enden die Ladungen $+e$ und in der Mitte die Ladung $-2e$ trägt und daher bei entsprechender Lage des Koordinatensystems durch eine einzige Größe beschrieben werden kann.

Als Beispiel betrachten wir ein homogen geladenes Rotationsellipsoid mit seiner Achse in der z-Achse. Dann ist diese Achse naturgemäß Hauptsache des Momententensors, so daß $Q'_{xy} = Q'_{yz} = Q'_{zx} = 0$ wird. Bezeichnen wir ferner die drei reduzierten Hauptquadrupolmomente mit $Q'_{xx} = Q^{\mathrm{I}}$, $Q'_{yy} = Q^{\mathrm{II}}$ und $Q'_{zz} = Q^{\mathrm{III}}$, so gilt wegen der Rotationssymmetrie $Q^{\mathrm{I}} = Q^{\mathrm{II}}$ und bei verschwindender Spur der Komponentenmatrix $Q^{\mathrm{III}} = -2Q^{\mathrm{I}} = -2Q^{\mathrm{II}}$. Der Quadrupol einer rotationssymmetrischen Ladungsverteilung wird also, wie auch beim gestreckten Quadrupol (Abb. 1.9b), durch eine einzige Größe dargestellt. In Anlehnung an die Verhältnisse beim gestreckten Quadrupol, dessen Moment nach (1.8.11) durch $Q_{zz} = 2a^2e \equiv Q$, dessen reduziertes Moment nach (1.8.14) durch $Q'_{zz} = Q^{\mathrm{III}} = 4a^2e/3 = 2Q/3$ gegeben ist, bezeichnet man allgemein als Quadrupolmoment der rotationssymmetrischen Ladungsverteilung die Größe [1])

$$Q = \frac{3}{2} Q'_{zz} = \frac{1}{2} \int (2z^2 - x^2 - y^2)\,\varrho\,\mathrm{d}v = \int r^2 \varrho \frac{3\cos^2\eta - 1}{2}\,\mathrm{d}v\,; \qquad (1.8.15)$$

dabei bedeutet η den Winkel zwischen dem Fahrstrahl nach dv und der z-Achse. Daraus folgt für das homogen geladene Rotationsellipsoid mit den Halbachsen a und c (mit $x^2 + y^2 = \zeta^2$)

$$Q = \frac{\varrho_0}{2} \int_{-c}^{+c} \mathrm{d}z \int_0^{a\sqrt{1-(z/c)^2}} 2\pi\,\zeta\,\mathrm{d}\zeta\,(2z^2 - \zeta^2) = \frac{4\pi}{15} \varrho_0\, a^2\, c\,(c^2 - a^2) = \frac{e}{5}(c^2 - a^2)\,,$$

wenn e die Gesamtladung $4\pi\,\varrho_0\, a^2c/3$ des Ellipsoids bedeutet. Somit ist Q positiv für ein gestrecktes Rotationsellipsoid ($c > a$) und negativ für ein abgeplattetes ($c < a$).

Schließlich folgt für das Potential des zum rotationssymmetrischen Quadrupol gehörigen Feldes wegen (1.8.10)

$$\varphi_2(r) = \frac{Q}{4\pi\varepsilon_0} \frac{3z^2 - r^2}{2r^5} = \frac{Q}{4\pi\varepsilon_0 r^3} \frac{3\cos^2\vartheta - 1}{2} = \frac{Q\,P_2(\cos\vartheta)}{4\pi\varepsilon_0 r^3}\,, \qquad (1.8.16)$$

wobei ϑ den Winkel zwischen dem Fahrstrahl zum Aufpunkt und der Quadrupolachse bedeutet. Den zugehörigen Verlauf der Feld- und Potentiallinien zeigt Abb. 1.10.

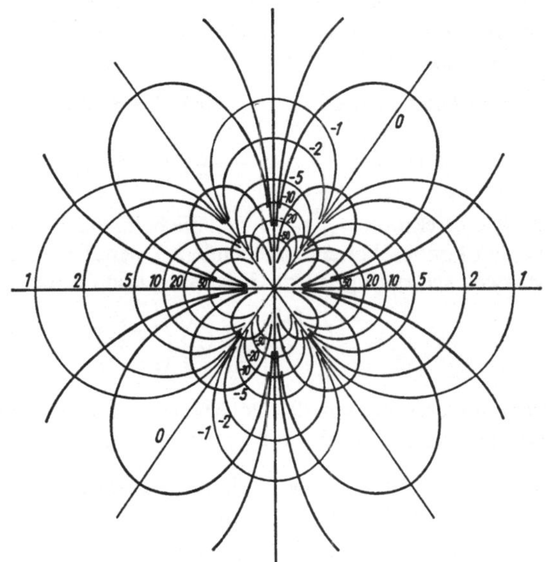

Abb. 1.10 Feldlinien (stark ausgezogen) und Äquipotentiallinien (schwach ausgezogen) für einen horizontal liegenden gestreckten Quadrupol

[1]) In der Atomphysik wird oft die Größe Q/e_0 oder gar die Größe $2\,Q/e_0$ von der Dimension einer Fläche als Quadrupolmoment bezeichnet (mit e_0 = Elementarladung).

Wir kehren wieder zurück zum allgemeinen Fall eines Quadrupols, dessen Feld in großer Entfernung übereinstimmt mit dem Feld einer Anordnung aus vier Ladungen, die nach Abb. 1.9a) aus zwei gleich großen, entgegengesetzt ausgerichteten und gegeneinander versetzten physikalischen Dipolen besteht. Daher können wir auch jetzt, ähnlich wie beim Dipol in Abschnitt 1.8b, vom realen Quadrupol mit endlichen Ladungen und Abständen zum idealen Quadrupol übergehen, indem wir alle Abstände im gleichen Verhältnis gegen Null und alle Ladungen umgekehrt dazu im Quadrat gegen Unendlich gehen lassen derart, daß alle Q-Komponenten konstant bleiben; dann stellt (1.8.10) das Potential des Quadrupolfeldes streng für alle $\boldsymbol{r}$-Werte dar, nicht nur angenähert für großes $\boldsymbol{r}$.

d) Das allgemeine Multipolfeld. In (1.8.9) sind wir dadurch vom Coulomb-Potential (= Monopolpotential) zum Potential eines idealen Dipols gekommen, daß wir vom Coulomb-Potential ein dagegen um den Vektor $\boldsymbol{a}$ verschobenes Potential abgezogen und dann einen entsprechenden Grenzübergang durchgeführt haben. In analoger Weise können wir im Sinn der Ladungsanordnung Abb. 1.9a) zum Potential eines idealen Quadrupols kommen, indem wir vom Dipolpotential (1.8.9) das dagegen um die Strecke $\boldsymbol{b}$ verschobene Dipolpotential abziehen und dann den entsprechenden Grenzübergang durchführen:

$$\varphi_2(\boldsymbol{r}) = (-\boldsymbol{a}\nabla)(-\boldsymbol{b}\nabla)\frac{e}{4\pi\varepsilon_0 r} = \frac{e}{4\pi\varepsilon_0}\frac{3(\boldsymbol{a}\boldsymbol{r})(\boldsymbol{b}\boldsymbol{r}) - (\boldsymbol{a}\boldsymbol{b})r^2}{r^5}. \tag{1.8.17}$$

Beispielsweise erhalten wir daraus für den gestreckten Quadrupol mit $\boldsymbol{a} = \boldsymbol{b}$ parallel zur z-Achse genau die Formel (1.8.10) mit der einzigen von Null verschiedenen Quadrupolkomponente $Q_{zz} = 2a^2e$, bei der noch nachträglich $a \to 0$ und $e \to \infty$ bei endlich bleibendem Q_{zz} gesetzt werden kann.

Entsprechend können wir nun auch das Potential $\varphi_l(\boldsymbol{r})$ eines 2^l-Pol angeben:

$$\varphi_l(\boldsymbol{r}) = (-\boldsymbol{a}_1\nabla)(-\boldsymbol{a}_2\nabla)\cdots(-\boldsymbol{a}_l\nabla)\frac{e}{4\pi\varepsilon_0 r} = \frac{e\,a_1 a_2 \cdots a_l\, l!}{4\pi\varepsilon_0 r^{l+1}}\,Y_l, \tag{1.8.18}$$

mit den l Vektoren $\boldsymbol{a}_1, \boldsymbol{a}_2, \ldots, \boldsymbol{a}_l$, die beim idealen Multipol nachträglich zu Null gemacht werden können bei entsprechendem Unendlichwerden von e. Die hier auftretende, von Maxwell selbst eingeführte dimensionslose Größe

$$Y_l = \frac{(-1)^l r^{l+1}}{l!}\left(\frac{\boldsymbol{a}_1}{a_1}\nabla\right)\left(\frac{\boldsymbol{a}_2}{a_2}\nabla\right)\cdots\left(\frac{\boldsymbol{a}_l}{a_l}\nabla\right)\frac{1}{r} \tag{1.8.19}$$

hängt offenbar nur von den Polarwinkeln und von den Richtungen der Vektoren $\boldsymbol{a}_i$ ab und wird als Maxwellsche Kugelfunktion l-ter Ordnung bezeichnet.

Offenbar kann man diese Y_l linear zusammensetzen aus den Ableitungen nach den drei Koordinatenrichtungen. Anstelle von (1.8.19) kann man daher auch die Funktionen

$$Y_l = \frac{(-1)^l r^{l+1}}{l!}\frac{\partial^\alpha}{\partial x^\alpha}\frac{\partial^\beta}{\partial y^\beta}\frac{\partial^\gamma}{\partial z^\gamma}\frac{1}{r} \quad \text{mit} \quad \alpha + \beta + \gamma = l \tag{1.8.20}$$

betrachten. Doch sind diese $(l+1)(l+2)/2$ Funktionen für $l \geq 2$ nicht voneinander unabhängig. Wegen

$$\Delta\frac{1}{r} \equiv \left(\frac{\partial^2}{\partial x^2} + \frac{\partial^2}{\partial y^2} + \frac{\partial^2}{\partial z^2}\right)\frac{1}{r} = 0 \tag{1.8.21}$$

für $r > 0$ kann man etwa alle z-Ableitungen höherer als erster Ordnung auf z-Ableitungen einer um 2 niedrigeren Ordnung zurückführen, so daß man, um aus (1.8.20) ein vollständiges, linear unabhängiges System der Y_l zu gewinnen, sich auf $\gamma = 0$ und $\gamma = 1$ beschränken kann. Im ersten Fall muß $\alpha + \beta = l$ sein, was in $(l + 1)$-facher Weise möglich ist, im zweiten Fall muß $\alpha + \beta = l - 1$ sein, wofür es l Möglichkeiten gibt. Insgesamt gibt es also $2l + 1$ linear unabhängige Kugelfunktionen l-ter Ordnung vom Maxwellschen Typus.

Von diesen $2l + 1$ Kugelfunktionen l-ter Ordnung nach (1.8.20) ist uns eine, nämlich die für $\alpha = \beta = 0, \gamma = l$, bereits im Abschnitt 1.7c begegnet, und zwar als gewöhnliche Legendresche Kugelfunktion $P_l(\cos\vartheta)$. Wir erkennen dies sofort, wenn wir mit diesen speziellen Y_l-Funktionen die Summe $\sum\limits_{l=0}^{\infty} t^l Y_l$ bilden und sie mit der Summe in (1.7.10) vergleichen:

$$\sum_{l=0}^{\infty} t^l Y_l = r \sum_{l=0}^{\infty} \frac{(-t\,r)^l}{l!} \frac{\partial^l}{\partial z^l}\left(\frac{1}{\sqrt{x^2+y^2+z^2}}\right)$$
$$= \frac{r}{\sqrt{x^2+y^2+(z-t\,r)^2}} = \frac{1}{\sqrt{1-2t\,(z/r)+t^2}} = \sum_{l=0}^{\infty} t^l P_l(z/r)\,.$$

Dabei haben wir $r = \sqrt{x^2 + y^2 + z^2}$ benutzt und die Summe nach Taylor ausgewertet.

Die übrigen $2l$ Maxwellschen Kugelfunktionen l-ter Ordnung nach (1.8.20) enthalten natürlich neben dem Polarwinkel ϑ auch das Azimut α. Daher können wir das Potential eines 2^l-Pols, das außerhalb des die Ladungen enthaltenden Bereiches der Laplace-Gleichung

$$\Delta\varphi \equiv \frac{1}{r}\frac{\partial^2}{\partial r^2}(r\,\varphi) + \frac{1}{r^2}\left\{\frac{1}{\sin\vartheta}\frac{\partial}{\partial\vartheta}\left(\sin\vartheta\,\frac{\partial\varphi}{\partial\vartheta}\right) + \frac{1}{\sin^2\vartheta}\frac{\partial^2\varphi}{\partial\alpha^2}\right\} = 0 \tag{1.8.22}$$

genügt, in der Form

$$\varphi_l(r,\vartheta,\alpha) = \frac{1}{r^{l+1}} \sum_{m=-l}^{+l} c_m\, P_l^m(\cos\vartheta)\, e^{\mathrm{i}m\alpha} \tag{1.8.23}$$

ansetzen. Denn erstens muß dort die r-Abhängigkeit wieder durch r^{-l-1} gegeben sein. Zweitens muß sich dort die α-Abhängigkeit durch eine Exponentialfunktion $e^{\mathrm{i}m\alpha}$ darstellen lassen mit ganzzahligem m (wegen der Eindeutigkeitsforderung für die Lösungen von (1.8.22)). Und drittens kann der Index m dem Betrag nach nicht größer als l werden, wie aus (1.8.20) unmittelbar abzulesen ist, wo bestenfalls Glieder mit $(\cos\alpha)^l$ oder $(\sin\alpha)^l$ oder $\cos l\,\alpha$ oder dgl. auftreten können.

Dann müssen die verbleibenden ϑ-Funktionen der Differentialgleichung

$$\begin{aligned}\frac{1}{\sin\vartheta}\frac{\mathrm{d}}{\mathrm{d}\vartheta}\left(\sin\vartheta\,\frac{\mathrm{d}P_l^m(\cos\vartheta)}{\mathrm{d}\vartheta}\right) &\equiv \frac{\mathrm{d}}{\mathrm{d}\zeta}\left((1-\zeta^2)\frac{\mathrm{d}P_l^m(\zeta)}{\mathrm{d}\zeta}\right)\\ &= -\left[l\,(l+1) - \frac{m^2}{1-\zeta^2}\right] P_l^m(\zeta)\end{aligned} \tag{1.8.24}$$

genügen. Ihre im ganzen Bereich $-1 \leq \zeta \leq +1$ reguläre Lösung nennt man zugeordnete Kugelfunktion. Sie läßt sich, was hier nicht mehr gezeigt werden soll, in der Form

$$P_l^m(\zeta) = (-1)^m \frac{(1-\zeta^2)^{m/2}}{2^l\, l!} \frac{\mathrm{d}^{l+m}(\zeta^2-1)^l}{\mathrm{d}\zeta^{l+m}} \tag{1.8.25}$$

darstellen; dabei gilt, wie man aus dieser Darstellung nachrechnen kann,

$$P_l^{-m}(\zeta) = (-1)^m \frac{(l-m)!}{(l+m)!} P_l^m(\zeta)\,. \tag{1.8.26}$$

Speziell für $m = 0$ kommen wir von den $P_l^m(\zeta)$ zu den im Abschnitt 1.7c behandelten gewöhnlichen Kugelfunktionen $P_l^0(\zeta) \equiv P_l(\zeta)$ zurück, deren explizite Darstellung nach (1.8.25) zu den in (1.7.11) angegebenen Werten führt, aber auch direkt die Relation (1.7.10) erfüllt.

Es versteht sich übrigens von selbst, daß wir aus den in (1.8.23) enthaltenen $2l+1$ Funktionen $P_l^m(\cos\vartheta)\,\mathrm{e}^{\mathrm{i}m\alpha}$ durch entsprechende Linearkombinationen die $2l+1$ Maxwellschen Kugelfunktionen (1.8.20) darstellen können.

Aufgaben zum 1. Kapitel

1. Mit welcher Kraft K ziehen sich das Proton und das Elektron im Wasserstoffatom bei einer mittleren Entfernung von 0,53 Å (= Bohrscher Radius) an?

2. Für eine kugelsymmetrische Ladungsverteilung $\varrho(r)$ mit der Gesamtladung e bestimme man (aus dem Kraftflußsatz oder durch Lösung der Poisson-Gleichung) die r-Abhängigkeit der Feldstärke $E(r)$ und des Potentials $\varphi(r)$, und zwar

a) für eine allgemeine Verteilung $\varrho(r)$,
b) für eine homogen geladene Kugel vom Radius a,
c) für eine Metallkugel vom Radius a.

Man zeichne den Verlauf von $E(r)$ und $\varphi(r)$ für die Fälle b) und c).

3. Wie groß ist die Kraft K zwischen einer Metallkugel vom Radius R und der Ladung Q und einem kleinen Körper der Ladung e im Abstand $s > R$ vom Kugelmittelpunkt? Können sich Kugel und Körperchen unter diesen Umständen anziehen, auch wenn Q und e das gleiche Vorzeichen haben?

4. Welche Ladung kann man einer Metallkugel von 10 cm Durchmesser höchstens zuführen, wenn die Durchbruchsfestigkeit der Luft $2 \cdot 10^6$ V/m ist?

5. Mit welchem Krümmungsradius muß man die Ecken eines auf 10 kV aufgeladenen Leiters mindestens abrunden, wenn die Durchbruchfestigkeit der Luft $2 \cdot 10^6$ V/m ist? Man setze das Potentialgefälle an der Oberfläche der abgerundeten Ecken näherungsweise gleich dem an einer Kugel.

6. Wie groß ist die Flächendichte σ der elektrischen Ladung auf der Erdoberfläche an einer Stelle, an der das Potentialgefälle 250 V/m beträgt? Anmerkung: Die elektrische Feldstärke an der Erdoberfläche ist starken, wetterbedingten Schwankungen unterworfen; sie nimmt mit zunehmender Höhe über dem Erdboden rasch ab und beträgt etwa in 10 km Höhe nur mehr wenige V/m.

7. Die Spannung in einem Zählrohr (= Zylinderkondensator) zwischen dem Innendraht von 0,05 mm Durchmesser und der ihn im Abstand von 1 cm umgebenden Anode sei 100 V. Wie groß ist die Feldstärke an der Drahtoberfläche?

8. Zwei Kondensatoren mit dem Kapazitäten 0,5 μF und 0,2 μF werden in Reihe geschaltet und an 220 V Gleichspannung angeschlossen. Welche Ladung sitzt dann auf ihren Belegungen, und wie groß sind die Spannungen an den Kondensatoren?

9. Gegeben sei eine Kondensator-Anordnung, bestehend aus zwei parallelen kreiszylinderischen Drähten der Länge L mit gleichen Radien a und mit ihrem Achsenabstand d. Man berechne die Feldverteilung für diese Anordnung (unter Vernachlässigung der Feldverzerrung an den Drahtenden), ferner ihre Kapazität durch Lösung der zweidimensionalen Laplace-Gleichung mit Bipolarkoordinaten. Diese sind definiert durch

$$x = \frac{c \sinh u}{\cosh u - \cos v}, \quad y = \frac{c \sin v}{\cosh u - \cos v} \quad \text{mit} \quad -\infty < u < +\infty, 0 \leq v \leq 2\pi.$$

Dabei sind offenbar die Linien $u = u_0$ Kreise mit den Mittelpunkten auf der x-Achse, die Linien $v = v_0$ orthogonal dazu stehende Kreise mit den Mittelpunkten auf der y-Achse. Zur Transformation der Laplace-Gleichung auf die neuen Koordinaten gehe man vor wie im Abschnitt 1.6.b.

10. Man behandle die vorhergehende Aufgabe mit der im Abschnitt 1.6c geschilderten Methode der konformen Abbildung. Dazu betrachte man die Abbildung $\zeta = R^2/z$, durch die ein Kreis K_z in der (komplexen) z-Ebene in einem Kreis K_ζ in der ζ-Ebene übergeht, außer wenn K_z durch den Mittelpunkt $z \equiv x + iy = 0$ des Abbildungskreises $x^2 + y^2 = R^2$ geht; in diesem Fall artet K_ζ in eine Gerade aus. Transformiert man mit dieser Abbildung zwei konzentrische Kreise mit den Radien r_1 und $r_2 > r_1$ und dem Abstand p ihres Mittelpunktes vom Zentrum des Abbildungskreises, so kann man durch geeignete Wahl von p und R erreichen, daß diese zwei konzentrischen Kreise in der z-Ebene in zwei getrennte, gleich große Kreise vom Radius a in der ζ-Ebene übergehen. Dann resultiert als ihr Mittelpunktabstand d ein bestimmter Ausdruck, der nur von a und vom Verhältnis r_2/r_1 abhängt.

Da nun bei der konformen Abbildung Kapazitäten nicht geändert werden, muß die Kapazität eines Zylinderkondensators der Länge L mit den beiden Radien r_1 und r_2 nach (1.6.21) identisch sein mit der Kapazität der Anordnung der vorstehenden Aufgabe, sofern man r_2/r_1 durch a und d ausdrückt.

2. Elektrostatik der Dielektrika

2.1. Der Plattenkondensator mit dielektrischer Zwischenschicht

Wir haben uns bisher auf die Behandlung des elektrischen Feldes im Vakuum beschränkt. Wenn wir dabei gelegentlich vom Feld in der Luft gesprochen haben, so liegt darin eine eine kleine Ungenauigkeit, die jedoch, wie wir sogleich sehen werden, in den meisten Fällen belanglos ist. Wir stellen also jetzt ausdrücklich fest, daß sich die Formeln des vorigen Kapitels auf das Vakuum beziehen sowie auf isolierte Ladungen oder auf Metalle, die vom Vakuum umgeben sind.

Faraday machte nun die grundlegende Entdeckung, daß sich die Kapazität eines Kondensator ändert, wenn der Raum zwischen seinen Belegungen mit einem Isolator, wie etwa Glas oder Schwefel oder Petroleum, ausgefüllt wird. Und zwar erhöht sich die Kapazität durch alle bekannten Stoffe. Der (dimensionslose) Faktor ε, um den dabei C vergrößert wird, erweist sich bei den meisten Materialien als eine der Füllsubstanz eigentümliche Materialkonstante. Man nennt ihn die relative Dielektrizitätskonstante des betreffenden Stoffes, abgekürzt DK, oder auch seine Dielektrizitätszahl. Es gilt also jetzt statt (1.3.14) für den Plattenkondensator

$$C = \varepsilon\, \varepsilon_0\, F/d\,. \tag{2.1.1}$$

Zahlenwerte von ε bei 20 °C und Normaldruck sind z. B.

Luft	1,0005,	Glas	5–8,
Petroleum	2,1,	Alkohol	26,
Porzellan	6,	Wasser	81.

Im Vakuum hat ε definitionsgemäß den Wert 1. (Man vergesse aber nicht, daß die oft als Dielektrizitätskonstante des Vakuums bezeichnete elektrische Feldkonstante ε_0 nach (1.3.2) eine universelle Naturkonstante der Größe $8{,}8543 \cdot 10^{-12}$ As/Vm ist.)

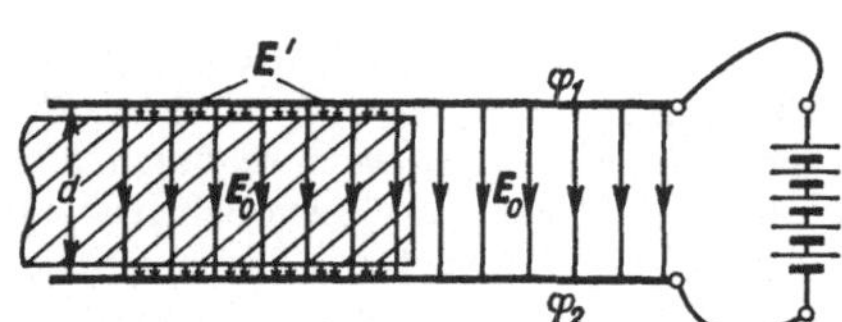

Abb. 2.1: Einschieben eines Dielektrikums in einen Plattenkondensator

Wir wollen uns zunächst anhand der Vorgänge beim Plattenkondensator (Abb. 2.1) ein klares Bild vom Wesen der Faradayschen Entdeckung machen: Die beiden im Abstand d befindlichen Belegungen des zunächst leeren Kondensators der Fläche F seien (etwa mit Hilfe eines galvanischen Elements) auf der konstanten Potentialdifferenz $V = \varphi_1 - \varphi_2$ gehalten. Im Vakuum herrscht dann zwischen den Platten überall das konstante, in Abb. 2.1 von oben nach unten gerichtete Feld $E_0 = V/d$ und entsprechend auf der oberen Platte eine Flächendichte $\sigma_0 = \varepsilon_0\, E_0 = \varepsilon_0\, V/d$ der elektrischen Ladung.

Schieben wir jetzt in den Kondensator eine Isolierplatte der Dicke d und der Dielektrizitätskonstante ε, so haben wir in demjenigen Teil des Kondensators, der von der Substanz ausgefüllt wird, zwar nach wie vor die gleiche Feldstärke E, da das Linienintegral $\int_1^2 \boldsymbol{E}\, d\boldsymbol{r}$, erstreckt von der einen Kondensatorbelegung zur anderen, den vorgegebenen Wert $V = E_0\, d$ behält. Mit der Kapazität hat sich aber durch das vollständige Einschieben der Isolatorplatte auch die Flächenladungsdichte um den Faktor ε auf

$$\sigma = \varepsilon\, \sigma_0 \tag{2.1.2}$$

erhöht. Demnach muß das galvanische Element während des Hineinschiebens der Platte für jede zusätzlich vom Isolator bedeckte Fläche f die Elektrizitätsmenge

$$f\,\sigma_P = f(\sigma - \sigma_0) = f\,\sigma_0\,(\varepsilon - 1) = f\,\varepsilon_0\,(\varepsilon - 1)\,E_0 \tag{2.1.3}$$

nachliefern. Daß es dies wirklich tut, kann man leicht mit Hilfe eines zwischengeschalteten Amperemeters nachweisen.

Für das Gelingen des Versuches ist es nun keineswegs nötig, daß sich die Isolatorplatte und die Belegungen des Kondensators berühren. Er verläuft vielmehr in ganz gleicher Weise, wenn wir einen engen Spalt zwischen Kondensatorplatte und Isolatorplatte bestehen lassen, sofern nur die Breite dieses Spaltes klein ist gegenüber dem Plattenabstand d. Dann muß aber im Spalt die elektrische Feldstärke den Wert

$$E' = \sigma/\varepsilon_0 = \varepsilon\, \sigma_0/\varepsilon_0 = \varepsilon\, E_0 \tag{2.1.4}$$

besitzen; denn die Kondensatorplatte grenzt ja jetzt an das Vakuum. Gehen wir nun vom Spalt in den Isolator hinein, so erfährt die Feldstärke einen Sprung von εE_0 auf E_0. Ein Sprung in der Normalkomponente der Feldstärke ist aber stets gleichbedeutend mit dem Vorhandensein einer Oberflächenladung. Und zwar ergibt sich für die Dichte der auf der oberen Seite der Isolatorplatte sitzenden Flächenladung der Wert

$$\varepsilon_0 (E_0 - E') = - \varepsilon_0 (\varepsilon - 1) E_0 = - \sigma_P , \tag{2.1.5}$$

also bis auf das Vorzeichen genau der gleiche Wert wie in (2.1.3). Somit enden die Kraftlinien, die von der Überschuß-Ladungsdichte $\sigma - \sigma_0 = \sigma_P$ auf der oberen Kondensatorplatte ausgehen, genau auf der oberen Seite der eingeschobenen Isolierplatte.

Anmerkung. Auch im Gaußschen System wird die Dielektrizitätskonstante dadurch definiert, daß sich die Kapazität eines Kondensator durch Einschieben eines Dielektrikums um den Faktor ε erhöht. Demnach wird die Kapazität eines mit einem Isolator angefüllten Plattenkondensators gegeben durch

$$C^* = \varepsilon F/4\pi d,$$

und die Ladungsdichte σ^* der auf dem Isolator entstehenden Flächenladung ist mit dem Feld E_0^* im Isolator verknüpft durch

$$\sigma_p^* = \sigma^* - \sigma_0^* = (\varepsilon - 1) \sigma_0^* = (\varepsilon - 1) E_0^*/4\pi.$$

2.2. Die elektrische Polarisation

Die im Abschnitt 2.1 beschriebene Eigenschaft des im ganzen ungeladenen Isolators, ein an ihn angelegtes Feld zu beeinflussen, nennen wir Polarisierbarkeit. Wir sprechen von einem durch das Feld polarisierten Isolator. Um diese Eigenschaft zu verstehen, gehen wir davon aus, daß jeder materielle Körper positive und negative Ladungen enthält, und zwar von jeder Sorte gleich viele, wenn er elektrisch neutral ist. Während nun beim Leiter wenigstens eine der beiden Sorten frei beweglich ist (Elektronen beim Metall, Ionen beim Elektrolyten), sind beim Isolator beide Sorten quasielastisch an feste Lagen gebunden. Unter der Einwirkung eines elektrischen Feldes verschieben sich die Ladungen ein wenig (die positiven in Richtung des Feldes, die negativen entgegengesetzt dazu), und zwar um eine der Stärke des Feldes proportionale Strecke. Diese gegenseitige Verschiebung der Ladungen nennen wir Polarisation und messen sie durch einen Vektor $\boldsymbol{P}$, für den wir zwei verschiedene, aber durchaus gleichwertige Definitionen geben können.

Bei der ersten Definition von $\boldsymbol{P}$ gehen wir aus von der Vorstellung der sich bei der Polarisierung im Isolator verschiebenden Ladungen und sehen $P_n \, \mathrm{d}f$ als die Elektrizitätsmenge an, die durch ein Flächenelement $\mathrm{d}f$ in Richtung der Normale $\boldsymbol{n}$ hindurchtritt, wenn der Isolator durch Einschalten des Feldes aus dem unpolarisierten Zustand in den polarisierten gebracht wird.

Aus dieser Definition von $\boldsymbol{P}$ folgt unmittelbar, daß ein polarisierter Isolator an seiner Oberfläche eine Flächenladung der Dichte

$$\sigma_P = P_n \tag{2.2.1}$$

trägt. Betrachten wir nämlich einen flachen Zylinder vom Querschnitt $\mathrm{d}f$, dessen eine Basisfläche ganz außerhalb des Isolators, die andere ganz in ihm liegt, so tritt bei der

Polarisierung des Isolators in diesen Zylinder die Ladung $P_n\, df$ ein.In gleicher Weise finden wir als Ladung, die bei der Polarisierung in ein abgegrenztes Volumen im Innern des Isolators eintritt, den Wert

$$e_P = -\oint\!\!\oint P_n\, df,$$

wobei das Integral über die Begrenzungsfläche des Volumens zu erstrecken ist und $\boldsymbol{n}$ die äußere Normale darstellt. Nach dem Gaußschen Satz läßt sich dieser Ausdruck als

$$e_P = -\iiint \operatorname{div} \boldsymbol{P}\, dv$$

schreiben, entsprechend einer durch eine (inhomogene) Polarisation bedingten Raumladungsdichte

$$\varrho_P = -\operatorname{div} \boldsymbol{P}. \tag{2.2.2}$$

Zur zweiten Definition von $\boldsymbol{P}$ kommen wir aus der Vorstellung, daß beim Polarisieren des Isolators infolge der dabei auftretenden Ladungsverschiebungen jedes Atom zum Träger eines elektrischen Dipols wird. Da sich die elektrischen Felder dieser atomaren Dipole ebenso wie ihre Potentiale additiv zusammensetzen, erscheint es sinnvoll, alle in einem Volumen dv enthaltenen Dipole zu einem einzigen Dipol vom Moment $\boldsymbol{P}\, dv$ zusammen zu fassen und damit die Summe über die Felder bzw. Potentiale aller Dipole im Isolator überzuführen in ein Integral über die Feld- bzw. Potentialbeträge der Dipolmomente $\boldsymbol{P}\, dv$.

Daß dieses Verfahren sinnvoll ist, folgt übrigens auch aus der Elektronentheorie (vgl. III. Band, A I), wo sich $\boldsymbol{P} dv$ als das Produkt aus der Zahl $dN = n\, dv$ der Dipole in dv und einem nach den Methoden der Elektronentheorie zu bildenden Mittelwert $\bar{\boldsymbol{p}}$ über die Momente aller in dv enthaltenen Dipole ergibt, wonach also $\boldsymbol{P} = n\,\bar{\boldsymbol{p}}$ gilt.

Wir haben jetzt noch zu zeigen, daß die beiden Definitionen von $\boldsymbol{P}$ durchaus gleichwertig sind. Da nach Abschnitt 1.8 b das Potential eines am Ort $\boldsymbol{r}'$ befindlichen Dipols $\boldsymbol{p}$ am Aufpunkt $\boldsymbol{r}$ durch

$$\varphi(\boldsymbol{r}) = \frac{\boldsymbol{p}}{4\pi\varepsilon_0}\,\frac{\boldsymbol{r}-\boldsymbol{r}'}{|\boldsymbol{r}-\boldsymbol{r}'|^3} = \frac{\boldsymbol{p}}{4\pi\varepsilon_0}\operatorname{grad}'\frac{1}{|\boldsymbol{r}-\boldsymbol{r}'|}$$

gegeben ist, folgt aus der zweiten Definition für das Potential φ_P, das vom polarisierten Körper am Ort $\boldsymbol{r}$ hergerufen wird,

$$\varphi_P(\boldsymbol{r}) = \frac{1}{4\pi\varepsilon_0}\iiint \boldsymbol{P}(\boldsymbol{r}')\, dv' \operatorname{grad}'\frac{1}{|\boldsymbol{r}-\boldsymbol{r}'|}. \tag{2.2.3}$$

Wegen $\operatorname{div}'\dfrac{\boldsymbol{P}(\boldsymbol{r}')}{|\boldsymbol{r}-\boldsymbol{r}'|} = \dfrac{1}{|\boldsymbol{r}-\boldsymbol{r}'|}\operatorname{div}'\boldsymbol{P}(\boldsymbol{r}') + \boldsymbol{P}(\boldsymbol{r}')\operatorname{grad}'\dfrac{1}{|\boldsymbol{r}-\boldsymbol{r}'|}$

gewinnen wir hieraus unter Benutzung des Gaußschen Satzes

$$\varphi_P(\boldsymbol{r}) = \frac{1}{4\pi\varepsilon_0}\oint\!\!\oint \frac{P_n(\boldsymbol{r}')}{|\boldsymbol{r}-\boldsymbol{r}'|}\, df' - \frac{1}{4\pi\varepsilon_0}\iiint \frac{\operatorname{div}'\boldsymbol{P}(\boldsymbol{r}')}{|\boldsymbol{r}-\boldsymbol{r}'|}\, dv'. \tag{2.2.4}$$

Diese Beziehung besagt aber genau, daß der Isolator eine Oberflächenladung der Dichte $\sigma_P = P_n$ und eine räumlich verteilte Ladung der Dichte $\varrho_P = -\operatorname{div}\boldsymbol{P}$ trägt, in Übereinstimmung mit den aus der ersten $\boldsymbol{P}$-Definition folgenden Formeln (2.2.1) und (2.2.2).

Nun haben wir noch den Zusammenhang zwischen der im Abschnitt 2.1 eigeführten Dielektrizitätskonstante ε und der jetzt definierten Polarisation $\boldsymbol{P}$ aufzufinden. Dazu betrachten wir nochmals den Fall des Plattenkondensators mit der eingeschobenen Isolatorplatte. Hier haben wir es offenbar mit einer homogenen Polarisation des Isolators zu tun, bei der der Vektor $\boldsymbol{P}$ von oben nach unten weist und seinem Betrag nach gegeben ist durch die Dichte σ_P der an der Oberfläche der Platte auftretenden Polarisationsladung. Wegen (2.1.5) gilt hier also

$$P = \sigma_P = (\varepsilon - 1)\,\varepsilon_0\,E_0\,,$$

wobei E_0 den Betrag der Feldstärke im Innern des Isolators bedeutet. Übertragen wir dies auf den allgemeinen Fall eines beliebig geformten Isolators mit der im allgemeinen ortsabhängigen Feldstärke $\boldsymbol{E}$ in seinem Innern, so kommen wir zur Beziehung

$$\boldsymbol{P} = (\varepsilon - 1)\,\varepsilon_0\,\boldsymbol{E} \qquad (2.2.5)$$

als Zusammenhang zwischen den Vektoren $\boldsymbol{P}$ und $\boldsymbol{E}$, vermittelt durch die Dielektrizitätskonstante ε. Die Größe

$$\varepsilon - 1 = \chi \qquad (2.2.6)$$

wird als elektrische Suszeptibilität des Materials bezeichnet.

Es sei aber bereits hier bemerkt, daß der einfache Zusammenhang (2.2.5) zwischen der Polarisation $\boldsymbol{P}$ und der sie erzeugenden Feldstärke $\boldsymbol{E}$ keineswegs für alle Dielektrika gültig ist. So stimmt beispielsweise in Einkristallen die Richtung von $\boldsymbol{P}$ im allgemeinen nicht mit der von $\boldsymbol{E}$ überein; vielmehr hat man hier statt mit den skalaren Größen ε und χ mit Tensoren $\boldsymbol{\varepsilon}$ und $\boldsymbol{\chi}$ zu rechnen, also in Komponentendarstellung mit den Beziehungen

$$P_x = \varepsilon_0\,(\chi_{xx}\,E_x + \chi_{xy}\,E_y + \chi_{xz}\,E_z)\,, \qquad P_y = \cdots, \; P_z = \cdots, \qquad (2.2.7)$$

wobei immerhin noch ein linearer Zusammenhang zwischen den Komponenten von $\boldsymbol{P}$ und denen von $\boldsymbol{E}$ bestehen bleibt.

Es gibt aber auch Substanzen (z.B. Seignette-Salz, Bariumtitanat), bei denen die Komponenten von $\boldsymbol{P}$ in nichtlinearer Weise von den $\boldsymbol{E}$-Komponenten und darüber hinaus auch noch von der Vorbehandlung des Materials abhängen, ähnlich wie auch bei Ferromagneten kein einfacher und eindeutiger Zusammenhang zwischen der Magnetisierung und der sie erzeugenden magnetischen Feldstärke besteht (vgl. hierzu den Abschnitt B I des III. Bandes). Im folgenden werden wir uns aber, sofern nichts anderes vermerkt wird, stets auf den einfachen Fall der Gültigkeit von (2.2.5) beschränken.

Der hierdurch gegebene lineare Zusammenhang zwischen $\boldsymbol{P}$ und $\boldsymbol{E}$ läßt sich aus dem Verhalten der einzelnen Atome bzw. Moleküle der Materie im elektrischen Feld verstehen. Man hat dabei zu unterscheiden zwischen dem Fall, daß die einzelnen Materiebausteine im unpolarisierten Zustand kein Dipolmoment besitzen, und dem Fall, daß sie auch schon im feldfreien Zustand ein permanentes Dipolmoment tragen, wie etwa die Moleküle HCl, HBr und HJ.

Im ersten Fall erzeugt ein am Ort des Atoms wirksames Feld der Feldstärke $\boldsymbol{F}$ in diesem Atom einen elektischen Dipol, dessen Moment bei nicht zu starker Feldstärke proportional zu $\boldsymbol{F}$ ist:

$$\boldsymbol{p} = \alpha\,\boldsymbol{F}. \qquad (2.2.8)$$

Man nennt α die Polarisierbarkeit. Ihr Wert läßt sich aus modellmäßigen Vorstellungen über das atomare Geschehen („Atommodell“) rechnerisch ermitteln. Dabei erhält man aus allen bisher entwickelten Atommodellen annähernd den gleichen Wert

$$\alpha \approx 4\pi\,\varepsilon_0\,a^3, \qquad (2.2.9)$$

wenn a der Radius des Atoms ist. Hier gilt nach (1.7.6) sogar das Gleichheitszeichen, wenn man entsprechend einem noch vor dem Entstehen der Elektronen- und Quantentheorie von Mosotti gemachten Vorschlag annimmt, daß sich die einzelnen Atome wie vollkommen leitende Kugeln verhalten. Sieht man in analoger Weise Moleküle als länglich gestreckte leitende Gebilde an (z. B. Rotationsellipsoide), so kommt man damit auch zu einer von der Molekülorientierung abhängigen Anisotropie von α, woraus sich u. U. für χ ein tensorielles Verhalten entsprechend (2.2.7) ergibt.

Im zweiten Fall, wenn also die einzelnen Moleküle bereits im unpolarisierten Zustand ein permanentes Dipolmoment p_0 besitzen, tritt zu dem stets in der eben geschilderten Weise influenzierten Dipolmoment im $\boldsymbol{F}$-Feld noch eine partielle Ausrichtung der Dipole in die jeweilige Feldrichtung hinzu. Denn dieses Feld sucht zwar die Dipole in seine Richtung hineinzudrehen; doch steht dieser orientierenden Wirkung des Feldes die desorientierende Wirkung der Temperaturbewegung in der Materie und damit die dauernd ganz unregelmäßig schwankende Wechselwirkung der einzelnen Moleküle entgegen. Damit wird die Berechnung des Mittelwertes $\bar{\boldsymbol{p}}$ von $\boldsymbol{p}$ zu einem Problem der statistischen Mechanik. Man erhält dann (vgl. III. Band, Abschnitt B I) im Fall völlig frei drehbarer Dipole, z. B. bei „Dipolgasen", für nicht zu große Feldstärken

$$\bar{\boldsymbol{p}} = \frac{p_0^2}{3kT}\boldsymbol{F}, \quad \text{d. h.} \quad \alpha = \frac{p_0^2}{3kT}, \tag{2.2.10}$$

wobei k die Boltzmannsche Konstante ($k = 1{,}37 \cdot 10^{-23}$ Ws/grad) und T die absolute Temperatur bedeuten.

Um aus den vorstehenden Betrachtungen über die atomaren Dipolmomente die makrophysikalische Suszeptibilität χ zu gewinnen, müssen wir noch den Zusammenhang bzw. Unterschied zwischen der oben eingeführten „wirksamen" Feldstärke $\boldsymbol{F}$ und der makrophysikalischen Feldstärke $\boldsymbol{E}$ kennen. Wir kommen damit zu folgendem entscheidenden Problem der Elektronentheorie: Zwischen den einzelnen geladenen Bausteinen der Materie besteht sicherlich ein räumlich und zeitlich äußerst schnell veränderliches elektromagnetisches Feld. Seine elektrische Feldstärke möge $\boldsymbol{e} \equiv \boldsymbol{e}(\boldsymbol{r}, t)$ heißen. In der Nähe der j-ten Punktladung e_j wird sie unendlich wie $e_j(\boldsymbol{r} - \boldsymbol{r}_j)/4\pi\,\varepsilon_0\,|\boldsymbol{r} - \boldsymbol{r}_j|^3$. Das an dieser Punktladung angreifende Feld $\boldsymbol{f}_j$ erhalten wir daher aus $\boldsymbol{e}$ durch Abzug des hierzu keinen Betrag liefernden Eigenfeldes:

$$\boldsymbol{f}_j = \lim_{\boldsymbol{r}\to\boldsymbol{r}_j}\left(\boldsymbol{e}(\boldsymbol{r}, t) - \frac{e_j}{4\pi\,\varepsilon_0}\frac{\boldsymbol{r} - \boldsymbol{r}_j}{|\boldsymbol{r} - \boldsymbol{r}_j|^3}\right).$$

Die oben eingeführte wirksame Feldstärke $\boldsymbol{F}$ ergibt sich aus dem so gebildeten $\boldsymbol{f}_j$ durch zeitliche Mitteilung über die Lagen der übrigen felderzeugenden Ladungen. Im Gegensatz dazu erhalten wir die makroskopische Feldstärke $\boldsymbol{E}$ unmittelbar durch eine raumzeitliche Mittelung über die atomare Feldstärke $\boldsymbol{e}$. Daher wird $\boldsymbol{F}$ mit $\boldsymbol{E}$ nur in verdünnten Gasen übereinstimmen, bei denen die einzelnen Ladungen beliebige Raumlagen einnehmen können. Im allgemeinen wird sich aber $\boldsymbol{F}$ von $\boldsymbol{E}$ unterscheiden. Beispielsweise gilt, wie im III. Band, § 19, gezeigt wird, für Flüssigkeiten ohne permanentes Dipolmoment und für kubische Kristalle

$$\boldsymbol{F} = \boldsymbol{E} + \boldsymbol{P}/3\,\varepsilon_0. \tag{2.2.11}$$

In diesem Fall ist bei N Atomen der Polarisierbarkeit α im Volumen V, also bei einer Teilchendichte $n = N/V$, wegen (2.2.8)

$$\boldsymbol{P} = n\,\alpha\,\boldsymbol{F}, \qquad \text{also} \qquad (1 - n\,\alpha/3\,\varepsilon_0)\,\boldsymbol{F} = \boldsymbol{E}. \tag{2.2.12}$$

Daher folgt aus (2.2.5)

$$\varepsilon - 1 = \chi = \frac{n\,\alpha}{\varepsilon_0 - n\,\alpha/3}, \quad \text{d. h.} \quad \frac{\varepsilon - 1}{\varepsilon + 2} = \frac{n\,\alpha}{3\,\varepsilon_0}. \tag{2.2.13}$$

Dies ist die für nichtpolare Flüssigkeiten experimentell gut bestätigte Formel von Clausius und Mosotti. Nach ihr ist nicht $\varepsilon - 1$, sondern der Quotient $(\varepsilon - 1)/(\varepsilon + 2)$ proportional der Dichte der Materie. Nur für geringe Dichten, d. h. für $n\,\alpha \ll \varepsilon_0$, wir angenähert

$$\varepsilon - 1 = \chi \approx n\,\alpha/\varepsilon_0. \qquad (2.2\,14)$$

Anmerkung. Während beim Übergang zum Gaußschen System die Formeln (2.2.1) und (2.2.2) für die Polarisationsladungen formal ungeändert bleiben, gilt statt (2.2.5) jetzt

$$P^* = \frac{\varepsilon - 1}{4\pi} E^* = \chi^* E^*.$$

Die Suszeptibilität χ^* wird zwar auch jetzt als dimensionslose Materialkonstante eingeführt, ist aber um den Faktor $1/4\pi$ kleiner als das durch (2.2.6) definierte χ. Infolge der neuen χ^*-Definition gilt also $\chi = 4\pi\,\chi^*$.

Erwähnt sei hier noch, daß an die Stelle der Beziehung (2.2.11) für die wirksame Feldstärke im Gaußschen System die Beziehung

$$F^* = E^* + 4\pi\,P^*/3$$

tritt.

2.3. Die elektrostatischen Grundgleichungen in Isolatoren. Der Maxwellsche Verschiebungsvektor

Die Ausführungen der beiden letzten Abschnitte ermöglichen uns nunmehr die Formulierung der elektrostatischen Grundgleichungen für den Fall, daß sich im betrachteten Raum neben Metallkörpern noch Dielektrika befinden. Zunächst gilt nach wie vor

$$\operatorname{rot} E = 0\,, \quad \text{d.h.} \quad E = -\operatorname{grad}\varphi\,. \qquad (2.3.1)$$

Denn beim Herumführen einer Ladung auf einer geschlossenen Kurve kann auch jetzt insgesamt keine Arbeit geleistet werden. Daher muß allgemein an der Grenzfläche zweier Medien die Tangentialkomponente von E stetig bleiben. Anderenfalls würden wir beim Entlangführen einer Probeladung längs der Grenzfläche zu verschiedenen Arbeitsbeträgen gelangen, je nachdem ob der Weg im ersten oder im zweiten Medium verläuft. Es sei hier daran erinnert, daß im elektrostatischen Fall die Tangentialkomponente von E an Metalloberflächen insofern stetig bleibt, als sie dann sowohl im Metall wie auch außerhalb verschwindet.

Im Gegensatz zu (2.3.1) ist die zweite Grundgleichung der Elektrostatik, nämlich der Kraftflußsatz, wegen der Möglichkeit des Auftretens von Polarisationsladungen ϱ_P und σ_P neben den bisher betrachteten „wahren" Ladungen ϱ und σ abzuändern. Und zwar gilt jetzt im Innern der Materie statt (1.4.7)

$$\operatorname{div} E = (\varrho + \varrho_P)/\varepsilon_0 = (\varrho - \operatorname{div} P)/\varepsilon_0\,, \qquad (2.3.2)$$

während an der Grenzfläche zweier Medien 1 und 2 wegen (1.4.9) und (2.2.1)

$$(E_n)_1 - (E_n)_2 = (\sigma + \sigma_P)/\varepsilon_0 = (\sigma - (P_n)_1 + (P_n)_2)/\varepsilon_0 \qquad (2.3.3)$$

wird; dabei weist die Normale n der Grenzfläche vom Medium 2 in das Medium 1, weshalb die von letzterem herrührende Polarisationsladung mit dem Minuszeichen einzusetzen ist.

Der Unterschied zwischen wahren Ladungen und Polarisationsladungen besteht darin, daß erstere abgeleitet werden können, letztere aber fest an die Materie gebunden sind. Schiebt man beispielsweise in ein vorgegebenes, relativ homogenes elektrostatisches Feld zwei aufeinander gelegte Metallplättchen senkrecht zu den Feldlinien ein, so entstehen auf den Plättchen Influenzladungen, die auch dann auf diesen sitzen bleiben, wenn man die Plättchen im Feld trennt und einzeln herausführt. Bei zwei aufeinander gelegten Glasplättchen treten zwar im Feld ebenfalls Oberflächenladungen in Form von Polarisationsladungen auf, diese verschwinden aber beim Herausführen der Glasplättchen aus dem Feld, gleichgültig ob man vorher die Plättchen getrennt hat oder nicht.

In den Gleichungen (2.3.2) und (2.3.3) treten $\boldsymbol{E}$ und $\boldsymbol{P}$ nur in der Verbindung $\varepsilon_0 \boldsymbol{E} + \boldsymbol{P}$ auf. Wir führen für diesen neuen Vektor

$$\boldsymbol{D} = \varepsilon_0 \boldsymbol{E} + \boldsymbol{P} \tag{2.3.4}$$

die besondere Bezeichnung „elektrische Verschiebung“ (displacement bei Maxwell) ein. Für ihn gilt im Innern des Isolators

$$\operatorname{div} \boldsymbol{D} = \varrho \tag{2.3.5}$$

und an der Grenze zwischen zwei Medien

$$(D_n)_1 - (D_n)_2 = \sigma\,. \tag{2.3.6}$$

Die Quellen von $\boldsymbol{D}$ sind also die wahren Ladungen, während die Quellen von $\boldsymbol{E}$ durch die Summe von wahren Ladungen und Polarisationsladungen, in der älteren Literatur zusammengefaßt als „freie“ Ladungen, gegeben werden.

Das Besondere bei der Einführung des Verschiebungsvektors $\boldsymbol{D}$ anstelle des Vektors $\boldsymbol{E}$ der elektrischen Feldstärke besteht darin, daß sich der elektrische Kraftflußsatz in der Differentialform (2.3.5) und (2.3.6) bzw. in der entsprechenden Integralform

$$\oint\!\!\!\oint_F D_n \,\mathrm{d}f = Q = \text{Gesamtladung in dem von } F \text{ eingeschlossenen Volumen,} \tag{2.3.7}$$

also ohne Kenntnis der Struktur der Materie bzw. ihrer Polarisierbarkeit formulieren läßt.

Während im Vakuum eine Messung von $\boldsymbol{E}$ wegen $\boldsymbol{D} = \varepsilon_0 \boldsymbol{E}$ unmittelbar auch $\boldsymbol{D}$ gibt, müssen in der Materie $\boldsymbol{E}$ und $\boldsymbol{D}$ gesondert bestimmt werden. Im Gasraum und meist auch in Flüssigkeiten folgt $\boldsymbol{E}$ aus der Kraftwirkung auf eine Probeladung. Zur $\boldsymbol{D}$-Messung kann man in diesem Fall zwei kleine, zunächst aufeinander liegende Metallplättchen der Größe f in das Feld einbringen und sie dort so orientieren, daß die sich auf ihnen ausbildenden Influenzladungen $+q$ und $-q$, meßbar mit einem Galvanometer nach Trennung der Plättchen im Feld, maximal werden; dann steht $\boldsymbol{D}$ senkrecht auf den Plättchen, ist vom negativ geladenen zum positiv geladenen gerichtet und hat den Betrag $D = q/f$. In fester Materie hat man zur $\boldsymbol{E}$-Messung einen Kanal in $\boldsymbol{E}$-Richtung zu bohren und kann dann wegen der Stetigkeit der Tangentialkomponente von $\boldsymbol{E}$ an der Wand der Bohrung $\boldsymbol{E}$ aus seinen Meßwert im Kanal bestimmen. Entsprechend hat man in einen festen Isolator einen Spalt senkrecht zu den $\boldsymbol{D}$-Linien zu schneiden und kann dann $\boldsymbol{D}$ wegen (2.3.6) im Spalt messen, sofern sich an den Spaltflächen keine wahren Oberflächenladungen ausbilden.

Die so bestimmten Vektoren $\boldsymbol{E}$ und $\boldsymbol{D}$ und damit auch $\boldsymbol{P}$ sind in einem normalen Dielektrikum zueinander proportional, so daß man nach (2.2.5) und (2.3.4)

$$\boldsymbol{D} = \varepsilon\, \varepsilon_0 \boldsymbol{E} \tag{2.3.8}$$

schreiben kann, mit der relativen Dielektrizitätskonstante ε, die noch eine Funktion des Ortes sein kann. Manchmal wird $\boldsymbol{D}$ sogleich durch (2.3.8) definiert; doch ist diese Definition wegen der Ausführungen im Abschnitt 2.2 viel spezieller als die allgemeingültige Definition (2.3.4). Wie bemerkt, werden wir uns aber im Folgenden meist auf den einfachen Spezialfall der Gültigkeit von (2.3.8) beschränken.

In diesem Fall haben die an der Grenze zweier ungeladener Isolatoren gültigen Randbedingungen (Stetigkeit der Tangentialkomponente von $\boldsymbol{E}$ und der Normalkomponente von $\boldsymbol{D}$) ein eigentümliches Brechungsgesetz der Feldlinien zur Folge: Sind α_1 und α_2 die Winkel zwischen den Feldlinien und der Normale zu beiden Seiten der Grenzfläche, so folgt aus

$$E_1 \sin\alpha_1 = E_2 \sin\alpha_2\,, \qquad D_1 \cos\alpha_1 = D_2 \cos\alpha_2$$

in Verbindung mit (2.3.8) sofort

$$\tan\alpha_1 : \tan\alpha_2 = \varepsilon_1 : \varepsilon_2\,.$$

Beim Übetritt aus einem Isolator mit größerem ε in einen mit kleinerem ε werden also die Feldlinien zum Lot hin gebrochen.

Anmerkung. Im Gaußschen System, in dem (2.3.2) als

$$\operatorname{div} \boldsymbol{E}^* = 4\pi\,(\varrho^* + \varrho_P^*) = 4\pi\,(\varrho^* - \operatorname{div} \boldsymbol{P}^*)$$

angeschrieben wird, definiert man den Verschiebungsvektor $\boldsymbol{D}^*$ durch

$$\boldsymbol{D}^* = \boldsymbol{E}^* + 4\pi\,\boldsymbol{P}^* \quad \text{bzw. speziell durch} \quad \boldsymbol{D}^* = \varepsilon\,\boldsymbol{E}^*.$$

Daher gilt für $\boldsymbol{D}^*$ im Innern der Materie

$$\operatorname{div} \boldsymbol{D}^* = 4\pi\,\varrho^*$$

und an einer Grenzfläche

$$(D_n^*)_1 - (D_n^*)_2 = 4\pi\,\sigma^*.$$

Während $\boldsymbol{E}$ und $\boldsymbol{D}$ im SI-System verschiedene Dimensionen besitzen, – die Kraftgröße $\boldsymbol{E}$ wird in V/m, die Ladungsgröße $\boldsymbol{D}$ in As/m^2 gemessen, – sind im Gaußschen System $\boldsymbol{E}^*$ und $\boldsymbol{D}^*$ dimensionsgleich und im Vakuum sogar identisch, und zwar ebenso wie $\boldsymbol{E}$ und $\boldsymbol{D}/\varepsilon_0$. Die Einführung des Verschiebungsvektors $\boldsymbol{D}$ und seines Gegenstückes $\boldsymbol{D}^*$ ist daher im Grunde erst für die Behandlung der Elektrodynamik in der Materie erforderlich.

Aus der unterschiedlichen Definition dieser Vektoren in den beiden Maßsystemen folgt zusammen mit den Beziehungen (1.3.15)

$$\boldsymbol{E}^* = \sqrt{4\pi\,\varepsilon_0}\,\boldsymbol{E}, \quad \boldsymbol{D}^* = \sqrt{4\pi/\varepsilon_0}\,\boldsymbol{D}, \quad \boldsymbol{P}^* = \sqrt{1/4\pi\,\varepsilon_0}\,\boldsymbol{P}. \tag{2.3.9}$$

2.4. Beispiele zur Elektrostatik der Dielektrika

a) Eine Punktladung gegenüber einem dielektrischen Halbraum. Wir denken uns eine Ladung e im Punkt A im Abstand a von der ebenen Oberfläche eines Dielektrikums und fragen nach der Veränderung, die sein Coulomb-Feld durch die Anwesenheit des Dielektrikums erfährt. Die Aufgabe entspricht der im Abschnitt 1.7a für die leitende Ebene gelösten. Damals brauchten wir nur das Feld im Luftraum zu betrachten, da jenseits der leitenden Ebene überhaupt kein Feld besteht. Jetzt müssen wir auch das Feld innerhalb des Isolators berücksichtigen. Dort sei die relative Dielektrizitätskonstante gleich ε_2, diejenige im Luftraum sei ε_1.

Wir versuchen auch dieses Problem nach der Methode der elektrischen Bilder zu lösen. Es sei B der Spiegelpunkt zu A bezüglich der Oberfläche des Dielektrikums, und es seien r und r' die Abstände eines Aufpunktes von A und B. Wir setzen für das Potential im Luftraum

$$\varphi_1 = \frac{1}{4\pi\varepsilon_0\varepsilon_1}\left(\frac{e}{r} - \frac{e'}{r'}\right), \tag{2.4.1}$$

entsprechend dem Feld der wahren Ladung e in A in der fingierten Ladung $-e'$ in B. Dieser Ansatz genügt der Grundbedingung, daß Quellen der elektrischen Verschiebung innerhalb des Luftraums nur in A vorhanden sind; denn der Bildpunkt B liegt ja außerhalb des Luftraums. Das Feld innerhalb des Dielektrikums versuchen wir durch den Ansatz

$$\varphi_2 = \frac{1}{4\pi\varepsilon_0\varepsilon_2}\frac{e''}{r} \tag{2.4.2}$$

darzustellen. Das Feld im Isolator soll also so beschaffen sein, als ob der Isolator unendlich ausgedehnt sei und als ob sich in A die Ladung e'' befinde. Dieser Ansatz genügt der Bedingung, daß innerhalb des Dielektrikums keine Quellen oder Senken der elektrischen Verschiebung vorhanden sind.

Wir haben nun noch zu zeigen, daß das gesuchte Feld wirklich durch diese Ansätze dargestellt wird, indem wir nachweisen, daß die Stetigkeitsforderungen an der Begrenzungsebene des Dielektrikums, d.h. für $r = r'$, durch geeignete Verfügung über die bisher noch unbestimmten Ladungsgrößen e' und e'' zu erfüllen sind. Einerseits soll die Tangentialkomponente von $\boldsymbol{E}$ beim Durchgang durch die Grenzfläche stetig bleiben und ebenso wegen $\boldsymbol{E} = -\operatorname{grad}\varphi$ auch φ; also muß $\varphi_1 = \varphi_2$ für $r = r'$ gelten, d.h.

$$(e - e')/\varepsilon_1 = e''/\varepsilon_2 .$$

Andererseits muß die Normalkomponente von $\boldsymbol{D}$ stetig bleiben, woraus wegen

$$(D_{n_1})_{r=r'} = \frac{(e + e')\,a}{4\pi r^3}, \qquad (D_{n_2})_{r=r'} = \frac{e''\,a}{4\pi r^3}$$

mit $\boldsymbol{n}$ als Einheitsvektor vom Luftraum in den Isolator

$$e + e' = e''$$

folgt. Also gilt

$$e' = e\,\frac{\varepsilon_2 - \varepsilon_1}{\varepsilon_2 + \varepsilon_1}, \qquad e'' = e\,\frac{2\,\varepsilon_2}{\varepsilon_2 + \varepsilon_1}. \tag{2.4.3}$$

Hierdurch ist das Feld im Luftraum und im Isolator eindeutig und widerspruchsfrei bestimmt. Die Feldlinien verlaufen innerhalb des Dielektrikums so, daß sie radial von A auszugehen scheinen, während sich das Feld im Luftraum durch Überlagerung zweier von dem Quellpunkt A und der Senke bei B herrührender Felder darstellen läßt. Schließlich ergibt sich für die auf die Grenzfläche hin gerichtete Bildkraft der Wert $e\,e'/16\pi\varepsilon_0\varepsilon_1 a^2$.

Ersetzen wir das Dielektrikum durch einen Leiter, so haben wir nach Abschnitt 1.7a zur Bestimmung des Feldes im Luftraum dem Bildpunkt die Ladung $-e$ zu geben. Die störende Wirkung des Dielektrikums auf dieses Feld ist also, verglichen mit der störenden Wirkung des Leiters, zu messen durch

$$e' : e = (\varepsilon_2 - \varepsilon_1) : (\varepsilon_2 + \varepsilon_1) .$$

Das Dielektrikum übt also stets einen geringeren Einfluß aus als der Leiter. Im Grenzfall, daß die Dielektrizitätskonstante ε_2 des Isolators sehr groß gegen die der Luft ist, wird $e' \approx e$; der Leiter beeinflußt also das Feld im Luftraum ebenso wie ein Isolator von sehr großer Dielektrizitätskonstante.

Innerhalb des Dielektrikums mit ε_2 erscheint die Feldstärke gegenüber dem Fall $\varepsilon_2 = \varepsilon_1$ um den Faktor

$$(e''/\varepsilon_2) : (e/\varepsilon_1) = 2\,\varepsilon_1 : (\varepsilon_2 + \varepsilon_1)$$

geschwächt. Im Grenzfall $\varepsilon_2/\varepsilon_1 \to \infty$ ist die elektrische Feldstärke im Innern des Isolators Null, genau wie im Innern eines Leiters.

b) Eine dielektrische Kugel im homogenen elektrischen Feld. Eine Kugel vom Radius a und der Dielektrizitätskonstante ε_2 sei eingebettet in ein homogenes, den ganzen übrigen Raum ausfüllendes Dielektrikum der Dielektrizitätskonstante ε_1. In diesem soll vor dem Einbringen der Kugel ein homogenes Feld $\boldsymbol{E}_0$ in Richtung der positiven z-Achse geherrscht haben. Wie wird dieses Feld durch das Einbringen der Kugel modifiziert? Zur Beantwortung dieser Frage bestimmen wir ein Potential φ von folgenden Eigenschaften:

1. φ genügt der Laplace-Gleichung $\Delta\varphi = 0$.
2. Im Endlichen bleibt φ überall regulär.
3. In großer Entfernung von der Kugel ($\lim r \to \infty$) muß φ in $-E_0\,z$ übergehen.
4. φ selbst und damit auch die Tangentialkomponente von $\operatorname{grad}\varphi = -\boldsymbol{E}$ verhalten sich beim Durchgang durch die Kugelfläche stetig.
5. An der Oberfläche der Kugel erleidet die Normalkomponente von $\operatorname{grad}\varphi$ einen solchen Sprung, daß $\varepsilon\,\partial\varphi/\partial r$ auf beiden Seiten den gleichen Wert hat.

Wegen der 1. Bedingung und der Rotationssymmetrie der Anordnung um die z-Achse können wir für φ wie in (1.7.19) den Ansatz machen (mit $z = r\cos\vartheta$):

$$\left.\begin{aligned}\varphi(r,\vartheta) &= \sum_{l=0}^{\infty}\left(b_l^{(1)}\left(\frac{r}{a}\right)^l + c_l^{(1)}\left(\frac{a}{r}\right)^{l+1}\right)P_l(\cos\vartheta) \quad \text{für} \quad r \le a\,,\\ \varphi(r,\vartheta) &= \sum_{l=0}^{\infty}\left(b_l^{(2)}\left(\frac{r}{a}\right)^l + c_l^{(2)}\left(\frac{a}{r}\right)^{l+1}\right)P_l(\cos\vartheta) \quad \text{für} \quad r \ge a\,.\end{aligned}\right\} \tag{2.4.4}$$

Wegen der 2. Bedingung müssen bei $r = 0$ alle $c_l^{(1)} = 0$ sein. Aus der 3. Bedingung folgt $b_l^{(2)} = 0$ mit Ausnahme von $b_1^{(2)}$, das gleich $-E_0\,a$ wird. Dann ergibt sich aus der 4. und 5. Bedingung auch das Verschwinden aller übrigen Koeffizienten mit Ausnahme von $b_1^{(1)}$ und $c_1^{(2)}$, so daß vom ganzen Ansatz (2.4.4) nur die Glieder mit $P_1(\cos\vartheta) = \cos\vartheta = z/r$ übrig bleiben. Wir können daher diesen Ansatz vereinfacht in der Form

$$\left.\begin{aligned}\varphi &= -E_i\,r\cos\vartheta &&= -E_i\,r \quad &&\text{für} \quad r \le a\,,\\ \varphi &= -E_0\,r\,(1 - k/r^3)\cos\vartheta &&= -E_0\,r\,(1 - k/r^3) \quad &&\text{für} \quad r \ge a\end{aligned}\right\} \tag{2.4.5}$$

schreiben. Demnach herrscht im Innern der Kugel ein homogenes Feld der Stärke $\boldsymbol{E}_i$ in z-Richtung, die Kugel ist also homogen nach dieser Richtung polarisiert. Auf den Außenraum dagegen wirkt die Kugel so, als ob sich in ihrem Zentrum ein Dipol vom Moment $\boldsymbol{p} = 4\pi\,\varepsilon_0\,\varepsilon_1\,\boldsymbol{E}_0\,k$ befindet, dessen Feld sich dem Außenfeld überlagert.

Die noch offenen Größen E_i und k bestimmen sich aus den beiden Stetigkeitsforderungen an der Kugelfläche (4. und 5. Bedingung):

$$E_i = E_0 (1 - k/a^3) \quad \text{und} \quad \varepsilon_2 E_i = \varepsilon_1 E_0 (1 + 2k/a^3),$$

also auch

$$E_i = \frac{3\varepsilon_1}{2\varepsilon_1 + \varepsilon_2} E_0, \qquad k = \frac{\varepsilon_2 - \varepsilon_1}{\varepsilon_2 + 2\varepsilon_1} a^3. \tag{2.4.6}$$

Im Spezialfall einer dielektrischen Kugel im Vakuum, also für $\varepsilon_1 = 1$, $\varepsilon_2 = \varepsilon = 1 + \chi > 1$ wird die Felstärke im Innern gegenüber der des homogenen Feldes in großer Entfernung um den Faktor $3/(\varepsilon + 2) = 1/(1 + \chi/3)$ geschwächt, die entsprechende Verschiebung $\boldsymbol{D}$ gegenüber $\boldsymbol{D}_0$ um den Faktor $3\varepsilon/(\varepsilon + 2)$ verstärkt. (Zusammendrängung der Feldlinien im Kugelinnern als Folge des Kraftflußsatzes!) Die Kugel besitzt die homogene Polarisation

$$\boldsymbol{P} = (\varepsilon - 1)\varepsilon_0 \boldsymbol{E}_i = \frac{3(\varepsilon - 1)}{\varepsilon + 2}\varepsilon_0 \boldsymbol{E}_0 = \varepsilon_0 \boldsymbol{E}_0 \Big/ \left(\frac{1}{\chi} + \frac{1}{3}\right) \tag{2.4.7}$$

und wirkt nach außen als Dipol vom Moment

$$\boldsymbol{p} = \frac{4\pi a^3}{3}\boldsymbol{P} = 4\pi a^3 \frac{\varepsilon - 1}{\varepsilon + 2}\varepsilon_0 \boldsymbol{E}_0, \tag{2.4.8}$$

entsprechend dem oben angegebenen Wert mit $k = a^3 (\varepsilon - 1)/(\varepsilon + 2)$.

Ein Vergleich mit den Betrachtungen über die leitende Kugel (Abschnitt 1.7b) zeigt, daß diese sich wie eine Isolatorkugel von extrem großer Dielektrizitätskonstante ($\varepsilon \to \infty$) verhält.

c) Das homogen polarisierte Ellipsoid. Der Entelektrisierungsfaktor. Bringen wir einen Körper der Dielektrizitätskonstante $\varepsilon = 1 + \chi$ in ein homogenes elektrisches Feld $\boldsymbol{E}_0$, so erhalten wir im allgemeinen, wie wir eben am Beispiel der Kugel gesehen haben, nicht die Polarisation $\boldsymbol{P} = \chi\varepsilon_0 \boldsymbol{E}_0$, sondern $\boldsymbol{P} = \chi\varepsilon_0 \boldsymbol{E}_i$. Denn gerade die Polarisation hat zur Folge, daß das im Innern des Körpers herrschende Feld $\boldsymbol{E}_i$ wesentlich von $\boldsymbol{E}_0$ verschieden ist. Und zwar wird bei beliebiger Gestalt des zu polarisierenden Körpes das von $\boldsymbol{P}$ erzeugte Zusatzfeld $\boldsymbol{E}' = \boldsymbol{E}_i - \boldsymbol{E}_0$ innerhalb des Materials eine komplizierte Funktion des Ortes sein, so daß im allgemeinen ein homogenes $\boldsymbol{E}_0$ keineswegs ein homogenes $\boldsymbol{P}$ bewirken wird. Ein homogenes $\boldsymbol{P}$ entsteht nur dann, wenn der Körper die Gestalt eines Ellipsoids hat.

Für drei spezielle Fälle können wir die Richtigkeit dieser Behauptung direkt einsehen, nämlich für einen sehr langen Draht, für die Kugel und für eine ebenen Platte. Den langen Draht können wir als ein äußerst langgestrecktes Rotationsellipsoid ansehen; hat die Drahtachse die Richtung des äußeren Feldes $\boldsymbol{E}_0$, so ist wegen der Stetigkeit der Tangentialkomponente von $\boldsymbol{E}$ auch im Drahtinnern $\boldsymbol{E}_i = \boldsymbol{E}_0$; wir erhalten also beim längs polarisierten Draht

$$\boldsymbol{P} = \chi\varepsilon_0 \boldsymbol{E}_i = \chi\varepsilon_0 \boldsymbol{E}_0, \qquad \boldsymbol{E}' = \boldsymbol{E}_i - \boldsymbol{E}_0 = 0. \tag{2.4.9}$$

Für die Kugel folgt aus (2.4.7)

$$\boldsymbol{P} = \chi\varepsilon_0 \boldsymbol{E}_i = \varepsilon_0 \boldsymbol{E}_0 \Big/ \left(\frac{1}{\chi} + \frac{1}{3}\right), \qquad \boldsymbol{E}' = \boldsymbol{E}_i - \boldsymbol{E}_0 = -\boldsymbol{P}/3\varepsilon_0. \tag{2.4.10}$$

Für die Platte, die wir als seitlich äußerst ausgedehntes abgeplattetes Rotationsellipsoid endlicher Dicke ansehen können, hat beim Anlegen des Feldes $\boldsymbol{E}_0$ senkrecht zur Plattenebene die elektrische Verschiebung wegen der Stetigkeit ihrer Normalkomponente im Platteninnern den gleichen Wert wie außerhalb; somit wird hier $\boldsymbol{E}_i = \boldsymbol{E}_0/\varepsilon$ und damit

$$\boldsymbol{P} = \chi\, \varepsilon_0\, \boldsymbol{E}_i = \varepsilon_0\, \boldsymbol{E}_0 \Big/ \left(\frac{1}{\chi} + 1\right), \qquad \boldsymbol{E}' = \boldsymbol{E}_i - \boldsymbol{E}_0 = -\, \boldsymbol{P}/\varepsilon_0 . \tag{2.4.11}$$

Man nennt den Zahlenfaktor von $-\, \boldsymbol{P}/\varepsilon_0$ in diesen $\boldsymbol{E}'$-Formeln, der nur von der Gestalt des Körpers abhängt, den „Entelektrisierungsfaktor". Er ist, wie wir eben gesehen haben, gleich Null beim Draht, gleich 1/3 bei der Kugel und 1 bei der Platte.

Für den allgemeinen Fall eines dreiachsigen Ellipsoides werden wir nun folgendes beweisen: Wird ein solches Ellipsoid in ein homogenes Feld $\boldsymbol{E}_0$ gebracht, so wird es homogen polarisiert. Sind dabei P_x, P_y, P_z die Komponenten von $\boldsymbol{P}$ nach den Richtungen der drei Hauptachsen, so erzeugt diese Polarisation im Innern des Ellipsoids ein homogenes Zusatzfeld $\boldsymbol{E}' = \boldsymbol{E}_i - \boldsymbol{E}_0$, dessen Komponenten durch

$$E_x' = -\, A\, P_x/\varepsilon_0 , \qquad E_y' = -\, B\, P_y/\varepsilon_0 , \qquad E_z' = -\, C\, P_z/\varepsilon_0 \tag{2.4.12}$$

gegeben sind. Die drei Zahlen A, B, C heißen die Entelektrisierungsfaktoren des Ellipsoids. Sind sie bekannt, so folgt die zu einem äußeren Feld $\boldsymbol{E}_0$ gehörige Polarisation aus der Gleichung $\boldsymbol{P} = \chi\, \varepsilon_0\, \boldsymbol{E} = \chi\, \varepsilon_0\, (\boldsymbol{E}_0 + \boldsymbol{E}')$ zu

$$P_x = \varepsilon_0\, E_{0x} \Big/ \left(\frac{1}{\chi} + A\right), \quad P_y = \varepsilon_0\, E_{0y} \Big/ \left(\frac{1}{\chi} + B\right), \quad P_z = \varepsilon_0\, E_{0z} \Big/ \left(\frac{1}{\chi} + C\right). \tag{2.4.13}$$

Die Berechnung der Entelektrisierungsfaktoren ist die wesentliche Aufgabe der folgenden Ausführungen.

Zur Lösung dieser Aufgabe gehen wir so vor, daß wir die Polarisation $\boldsymbol{P}$ entstanden denken durch die infinitesimale Verschiebung zweier gleicher Ellipsoide mit den entgegengesetzten Ladungsdichten $+\, \varrho$ und $-\, \varrho$. Wir bestimmen also zunächst das Potential φ eines mit der konstanten Dichte ϱ aufgeladenen Ellipsoides, dessen Oberfläche durch die Gleichung

$$\frac{x^2}{a^2} + \frac{y^2}{b^2} + \frac{z^2}{c^2} = 1 \tag{2.4.14}$$

gegeben ist. Für dieses Potential gelten verschiedene Formeln für eine Stelle innerhalb des Ellipsoids ($\varphi = \varphi_i$, $\Delta\varphi_i = -\, \varrho/\varepsilon_0$) und außerhalb ($\varphi = \varphi_a$, $\Delta\varphi_a = 0$). Wir wollen zeigen, daß dieses Problem durch den von Dirichlet herrührenden Ansatz

$$\left.\begin{aligned} \varphi_i &= \frac{a\, b\, c\, \varrho}{4\, \varepsilon_0} \int\limits_0^\infty \left(1 - \frac{x^2}{a^2 + \lambda} - \frac{y^2}{b^2 + \lambda} - \frac{z^2}{c^2 + \lambda}\right) \frac{\mathrm{d}\lambda}{D\,(\lambda)}, \\ \varphi_a &= \frac{a\, b\, c\, \varrho}{4\, \varepsilon_0} \int\limits_u^\infty \left(1 - \frac{x^2}{a^2 + \lambda} - \frac{y^2}{b^2 + \lambda} - \frac{z^2}{c^2 + \lambda}\right) \frac{\mathrm{d}\lambda}{D\,(\lambda)} \end{aligned}\right\} \tag{2.4.15}$$

gelöst wird. Dabei steht $D\,(\lambda)$ als Abkürzung für

$$D(\lambda) = \sqrt{(a^2 + \lambda)\,(b^2 + \lambda)\,(c^2 + \lambda)}\,, \tag{2.4.16}$$

und die untere Integrationsgrenze $u \equiv u(x, y, z)$ ist definiert als die größte, im ganzen Außenraum positive Wurzel der Gleichung

$$\frac{x^2}{a^2+u} + \frac{y^2}{b^2+u} + \frac{z^2}{c^2+u} = 1 . \tag{2.4.17}$$

Aus dieser Definition folgt zunächst, daß φ_i und φ_a einschließlich ihrer ersten Ableitungen für $u = 0$, d.h. auf der Fläche (2.4.14), stetig ineinander übergehen. Die Stetigkeit der ersten Ableitungen erkennt man aus

$$\frac{\partial \varphi_i}{\partial x} = -\frac{a\,b\,c\,\varrho}{2\,\varepsilon_0}\int_0^\infty \frac{x\,\mathrm{d}\lambda}{(a^2+\lambda)\,D(\lambda)}, \quad \frac{\partial \varphi_a}{\partial x} = -\frac{a\,b\,c\,\varrho}{2\,\varepsilon_0}\int_u^\infty \frac{x\,\mathrm{d}\lambda}{(a^2+\lambda)\,D(\lambda)}, \tag{2.4.18}$$

da ja die Ableitung von φ_a nach der unteren Integrationsgrenze u wegen (2.4.17) keinen Beitrag liefert.

Nun haben wir noch zu zeigen, daß die beiden φ-Formeln (2.4.15) auch die entsprechenden Poisson- bzw. Laplace-Gleichungen erfüllen. Daß dies für φ_i gilt, erkennen wir aus der ersten Formel (2.4.18) und der Beziehung (2.4.16)

$$\begin{aligned} \Delta\varphi_i &= -\frac{a\,b\,c\,\varrho}{2\,\varepsilon_0}\int_0^\infty \left(\frac{1}{a^2+\lambda} + \frac{1}{b^2+\lambda} + \frac{1}{c^2+\lambda}\right)\frac{\mathrm{d}\lambda}{D(\lambda)} \\ &= -\frac{a\,b\,c\,\varrho}{\varepsilon_0}\int_0^\infty \frac{\mathrm{d}\ln D(\lambda)}{\mathrm{d}\lambda}\,\frac{\mathrm{d}\lambda}{D(\lambda)} = -\frac{a\,b\,c\,\varrho}{\varepsilon_0\,D(0)} = -\frac{\varrho}{\varepsilon_0} . \end{aligned}$$

In der entsprechenden Beziehung für φ_a treten aber noch Glieder von der Differentiation nach der unteren Grenze hinzu:

$$\Delta\varphi_a = -\frac{a\,b\,c\,\varrho}{\varepsilon_0\,D(u)}\left\{1 - \frac{1}{2}\left(\frac{x}{a^2+u}\frac{\partial u}{\partial x} + \frac{y}{b^2+u}\frac{\partial u}{\partial y} + \frac{z}{c^2+u}\frac{\partial u}{\partial z}\right)\right\} .$$

Daß hier der Ausdruck in der geschweiften Klammer verschwindet, daß also $\Delta\varphi_a = 0$ wird, erkennen wir durch Einsetzen der aus (2.4.17) folgenden Ableitungen von u nach den Koordinaten:

$$\frac{\partial u}{\partial x} = \frac{2x}{a^2+u}\bigg/\left(\frac{x^2}{(a^2+u)^2} + \frac{y^2}{(b^2+u)^2} + \frac{z^2}{(c^2+u)^2}\right) .$$

Somit geben die Beziehungen (2.4.15) tatsächlich das Potential des homogen geladenen Ellipsoids im Innern- und Außenraum.

Wir überzeugen uns noch, daß φ_a für g r o ß e E n t f e r n u n g e n vom Ellipsoid proportional $1/r$ gegen Null geht. Dort wird nach (2.4.17) die untere Grenze u angenähert gleich r^2. Dann können wir im Integranden von φ_a überall die Größen a^2, b^2, c^2 neben λ vernachlässigen und erhalten

$$\varphi_a \approx \frac{a\,b\,c\,\varrho}{4\,\varepsilon_0}\int_{r^2}^\infty \left(1 - \frac{r^2}{\lambda}\right)\frac{\mathrm{d}\lambda}{\lambda^{3/2}} = \frac{a\,b\,c\,\varrho}{3\,\varepsilon_0\,r} = \frac{Q}{4\pi\,\varepsilon_0\,r} \quad \text{mit} \quad Q = \frac{4\pi\,a\,b\,c\,\varrho}{3} .$$

φ_a geht also, wie es sein muß, für große r in das Coulombsche Potential der gesamten, im Ursprung vereinigt gedachten Ladung über.

Für ein dreiachsiges Ellipsoid hat man nach (2.4.15) mit elliptischen Integralen zu rechnen. Für ein Rotationsellipsoid lassen sich die Integrale elementar, wenn auch etwas mühsam, auswerten. Für den Fall der Kugel kommt man zur leicht lösbaren Aufgabe 2b des 1. Kapitel von S. 40.

Vom Potential (2.4.15) des homogen geladenen Ellipsoids kommen wir nun zum Potential φ' des polarisierten Ellipsoids, wenn wir zunächst das Ellipsoid der Ladungsdichte ϱ mit einem anderen von der Ladungsdichte $-\varrho$ zur Deckung bringen und dann das positiv geladene Ellipsoid um die kleine Strecke $\delta \boldsymbol{r} \equiv \{\delta x, \delta y, \delta z\}$ verschieben. Dieser Prozeß ist gleichbedeutend mit der Herstellung einer homogenen Polarisation $\boldsymbol{P} = \varrho\, \delta \boldsymbol{r}$. Das Potential φ' ergibt sich also als Differenz von zwei Potentialen (2.4.15):

$$\varphi'(\boldsymbol{r}) = \varphi(\boldsymbol{r} - \delta \boldsymbol{r}) - \varphi(\boldsymbol{r}) \to -\delta \boldsymbol{r} \operatorname{grad} \varphi(\boldsymbol{r})\,.$$

Im Inneren des Ellipsoids finden wir somit aus der ersten Formel (2.4.15)

$$\varphi'(\boldsymbol{r}) = (x\, A\, P_x + y\, B\, P_y + z\, C\, P_z)/\varepsilon_0\,, \tag{2.4.19}$$

wobei die Zahlen A, B, C gegeben werden durch

$$A = \frac{a\,b\,c}{2} \int_0^\infty \frac{\mathrm{d}\lambda}{(a^2+\lambda)\, D(\lambda)}, \quad B = \frac{a\,b\,c}{2} \int_0^\infty \frac{\mathrm{d}\lambda}{(b^2+\lambda)\, D(\lambda)}, \quad C = \frac{a\,b\,c}{2} \int_0^\infty \frac{\mathrm{d}\lambda}{(c^2+\lambda)\, D(\lambda)}. \tag{2.4.20}$$

Als negativer Gradient von φ' folgt nun in der Tat das in (2.4.12) angegebene entelektrisierende Feld $\boldsymbol{E}'$. In (2.4.20) stehen also die Entelektrisierungsfaktoren für die drei Hauptachsenrichtungen des Ellipsoids (2.4.14).

Aus (2.4.20) ersehen wir, daß stets

$$\begin{aligned} A + B + C &= \frac{a\,b\,c}{2} \int_0^\infty \left(\frac{1}{a^2+\lambda} + \frac{1}{b^2+\lambda} + \frac{1}{c^2+\lambda} \right) \frac{\mathrm{d}\lambda}{D(\lambda)} \\ &= a\,b\,c \int_0^\infty \frac{\mathrm{d} \ln D(\lambda)}{\mathrm{d}\lambda} \frac{\mathrm{d}\lambda}{D(\lambda)} = \frac{a\,b\,c}{D(0)} = 1 \end{aligned} \tag{2.4.21}$$

gilt. Diese Beziehung gestattet, in einigen Fällen die Entelektrisierungsfaktoren aus Symmetriegründen direkt anzugeben, nämlich

für den langen Draht ∥ z-Richtung	$A = B = 1/2, \quad C = 0,$
für die Kugel	$A = B = C = 1/3,$
für die Platte ⊥ z-Richtung	$A = B = 0, \quad C = 1.$

Für andere Formen muß man die Integrale (2.4.20) wirklich auswerten.

Wir wollen als Beispiel diese Auswertung für den praktisch wichtigen Fall eines gestreckten Rotationsellipsoids durchführen (mit $a = b < c$). Hier wird

$$C = \frac{a^2 c}{2} \int_0^\infty \frac{\mathrm{d}\lambda}{(a^2+\lambda)(c^2+\lambda)^{3/2}} \quad \text{und} \quad A = B = \frac{1-C}{2}\,.$$

Mit der Substitution

$$\lambda = \xi^2 (c^2 - a^2) - c^2$$

und nach Einführung des Dimensionsverhältnisses $\delta = c/a$ wird daraus

$$C = \frac{\delta}{(\delta^2 - 1)^{3/2}} \int\limits_{\delta/\sqrt{\delta^2-1}}^{\infty} \frac{d\xi}{(\xi^2 - 1)\,\xi^2} = \frac{1}{\delta^2 - 1}\left(\frac{\delta}{2\sqrt{\delta^2 - 1}} \ln \frac{\delta + \sqrt{\delta^2 - 1}}{\delta - \sqrt{\delta^2 - 1}} - 1\right).$$

Für $\delta = 1$ liefert diese Formel natürlich den Wert 1/3 für die Kugel. Für ein fast kugelförmiges Ellipsoid, d.h. für kleines $\delta^2 - 1$, erhalten wir durch Entwicklung

$$C = \frac{1}{3}\left(1 - \frac{2}{5}(\delta^2 - 1) + \cdots\right).$$

Für ein sehr lang gestrecktes Ellipsoid wird wegen $\delta \gg 1$

$$C = \frac{1}{\delta^2}(\ln 2\delta - 1) + \cdots,$$

C geht also für $\delta \to \infty$ gegen Null, entsprechend dem oben für den langen Draht gefundenen Wert.

Anmerkung. Bei der Umschreibung der Formeln des Abschnitts 2.4 in das Gaußsche System haben wir nur die ungesternten Feldgrößen durch die gesternten und ε_0 durch $1/4\pi$ zu ersetzen; außerdem wird wegen des Übergangs von den sogenannten rationalen Einheiten zu nicht rationalen Einheiten durch Mitnahme eines Faktors 4π bzw. $1/4\pi$ in der Definition der (dimensionslosen) Suszeptibilität $\chi = 4\pi\,\chi^*$ und in der Definition der Entelektrisierungsfaktoren $A^* = 4\pi\,A$, $B^* = 4\pi\,B$, $C^* = 4\pi\,C$. Daher wird der Entelektrisierungsfaktor einer Kugel oft ohne Angabe des verwendeten Maßsystems mit $4\pi/3$ angegeben.

Aufgaben zum 2. Kapitel

1. In einen Plattenkondensator mit dem Plattenabstand d wird eine Glasplatte der Dicke $\delta < d$ und der Dielektrizitätskonstante ε eingeschoben. Um welchen Faktor ändert sich dadurch seine Kapazität?

2. Wie würde sich das elektrische Feld der Erde mit der Höhe ändern, wenn in der Atmosphäre keine wahren Ladungen (Ionen und Elektronen) vorhanden wären, wenn man also nur die Abnahme der Dielektrizitätskonstante der Luft mit der Höhe zu berücksichtigen hätte? Der Einfachheit halber betrachte man die Erdoberfläche als eben und setze die Dielektrizitätskonstante als $\varepsilon(z) = \varepsilon(0) - bz$ an. Welches Vorzeichen haben dann die Polarisationsladungen wegen der negativen Ladung der Erde?

3. In einem sonst homogenen Isolator der Dielektrizitätskonstante ε befindet sich ein kugelförmiger Hohlraum vom Radius a. In welcher Weise wird ein in diesem Isolator wirkendes, sonst homogenes elektrisches Feld der Feldstärke $\boldsymbol{E}_0$ durch die Anwesenheit dieses Hohlraums gestört?

4. Bringt man in den Mittelpunkt des Hohlraums der vorstehenden Aufgabe noch zusätzlich einen Dipol vom Moment $\boldsymbol{p}_0$ in Richtung des äußeres Feldes, so hat man sowohl im Isolator wie im Hohlraum mit der Überlagerung eines Dipolfeldes über ein homogenes Feld zu rechnen. Wie groß muß $\boldsymbol{p}_0$ gewählt werden, damit im Außenraum (Isolator) nur das homogene Feld $\boldsymbol{E}_0$ bestehen bleibt? Wie groß ist dann der homogene Feldanteil im Innern des Hohlraumes?

3. Kraftwirkungen und Energieverhältnisse im elektrostatischen Feld

3.1. Systeme von Punktladungen im Vakuum

Die in einem System von Punktladungen im Vakuum auftretenden Kräfte und Drehmomente lassen sich zwar bei bekannter Feldstärke $\boldsymbol{E}(\boldsymbol{r})$ unmittelbar aus deren Bedeutung als Kraft durch Ladung ableiten. Doch ist es hier wie in der Mechanik oft zweckdienlicher und anschaulicher, diese Kraftwirkungen auf dem Weg über die in dem System enthaltene Energie zu ermitteln.

Wir betrachten ein System von Punktladungen $e_1, e_2, \ldots, e_h$, die sich im Vakuum an den Stellen $\boldsymbol{r}_1, \boldsymbol{r}_2, \ldots, \boldsymbol{r}_h$ befinden, und fragen nach der in diesem System aufgespeicherten elektrischen Energie. Wir bestimmen diese aus der Arbeit, die erforderlich ist, um die Ladungen einzeln aus unendlich großer Entfernung an die vorbestimmten Plätze zu bringen. Wir schaffen zuerst die Ladung e_1 an ihre richtige Stelle; dabei ist noch keine Arbeit zu leisten, da die übrigen Ladungen wegen ihrer Entfernung noch keine Kraftwirkung auf e_1 ausüben. Jetzt bringen wir die Ladung e_2 an ihren Platz im Abstand $|\boldsymbol{r}_2 - \boldsymbol{r}_1| = r_{12}$ von e_1; dabei ist gegen die Coulomb-Kraft die Arbeit $e_1\, e_2/4\pi\,\varepsilon_0\, r_{12}$ zu leisten. Jetzt führen wir e_3 heran und haben dabei die Energie $(e_1\, e_3/r_{13} + e_2\, e_3/r_{23})/4\pi\,\varepsilon_0$ aufzuwenden. Wenn wir so fortfahren, bis alle Ladungen an ihrem Platz sind, finden wir insgesamt die Aufladearbeit

$$A = \frac{1}{4\pi\,\varepsilon_0}\left(\frac{e_1\, e_2}{r_{12}} + \frac{e_1\, e_3}{r_{13}} + \frac{e_2\, e_3}{r_{23}} + \cdots\right) = \frac{1}{4\pi\,\varepsilon_0} \sum_{1 \le j < k \le h}\sum \frac{e_j\, e_k}{r_{jk}}. \tag{3.1.1}$$

Dieser Energiebetrag muß irgendwie im System aufgespeichert sein. Wenn auch die Frage nach einer Lokalisierung aus der Elektrostatik heraus nicht beantwortbar ist, so macht sich die Fernwirkungstheorie hierüber doch wesentlich andere Vorstellungen als Maxwells Feldtheorie. Erstere nimmt an, daß die Aufladearbeit als potentiale Energie an den einzelnen Ladungen haftet. Letztere sieht als Träger der elektrischen Energie das Feld an und behauptet, daß jedes Volumenelement $\mathrm{d}v$ des leeren Raumes, in dem ein elektrisches Feld vorhanden ist, die Energie $u\,\mathrm{d}v$ enthält, wobei die Energiedichte u durch

$$u = \frac{1}{2}\boldsymbol{E}\boldsymbol{D} = \frac{\varepsilon_0}{2}\boldsymbol{E}^2 \tag{3.1.2}$$

gegeben ist. Demnach soll ein ausgedehnter Raumbereich die Energie

$$U = \frac{1}{2}\int \boldsymbol{E}\boldsymbol{D}\,\mathrm{d}v = \frac{\varepsilon_0}{2}\int \boldsymbol{E}^2\,\mathrm{d}v \tag{3.1.3}$$

enthalten. Wir rechtfertigen diese Behauptung durch den Beweis, daß die Arbeit, die bei der oben beschriebenen gegenseitigen Annäherung der h Punktladungen aufgewendet werden muß, identisch ist mit der bei diesem Vorgang auftretenden Vermehrung der Feldenergie U.

Zu diesem Zweck bezeichnen wir mit $\boldsymbol{E}_1, \boldsymbol{E}_2, \ldots, \boldsymbol{E}_h$ die in einem beliebigen Aufpunkt von den Ladungen $e_1, e_2, \ldots, e_h$ hervorgerufenen Feldstärken. Dann gilt

$$\boldsymbol{E} = \boldsymbol{E}_1 + \boldsymbol{E}_2 + \cdots \boldsymbol{E}_h$$

und $$\boldsymbol{E}^2 = \{\boldsymbol{E}_1^2 + \boldsymbol{E}_2^2 + \cdots + \boldsymbol{E}_h^2\} + 2\,\{\boldsymbol{E}_1\,\boldsymbol{E}_2 + \boldsymbol{E}_1\,\boldsymbol{E}_3 + \cdots + \boldsymbol{E}_{h-1}\,\boldsymbol{E}_h\}.$$

Bilden wir damit nach (3.1.3) die Feldenergie U, so sehen wir, daß sich die von den Quadraten E_j^2 gelieferten Beiträge $U_j = \varepsilon_0 \int E_j^2 \, dv/2$ bei der gegenseitigen Annäherung der Ladungen überhaupt nicht ändern; U_j ist ja die der Ladung e_j für sich allein zukommende Energie. (Sie entspricht dem elektrischen Anteil der Arbeit, die aufzuwenden wäre, um die Ladung e_j aus einer unendlich verdünnten Ladungswolke zusammenzuballen; für eine wirkliche Punktladung wäre sie sogar unendlich groß.) Wir brauchen daher hier nur die Beiträge der gemischten Glieder $\boldsymbol{E}_1 \boldsymbol{E}_2$ usf. zu betrachten. Legen wir vorübergehend den Nullpunkt eines Polarkoordinatensystems in die Ladung e_1 und die Polarachse in die Richtung von $\boldsymbol{r}_2 - \boldsymbol{r}_1 = \boldsymbol{r}_{12}$, so haben wir

$$\boldsymbol{E}_1 = \frac{e_1}{4\pi\varepsilon_0} \frac{\boldsymbol{r}}{r^3}, \qquad \boldsymbol{E}_2 = \frac{e_2}{4\pi\varepsilon_0} \frac{\boldsymbol{r} - \boldsymbol{r}_{12}}{|\boldsymbol{r} - \boldsymbol{r}_{12}|^3},$$

$$\boldsymbol{E}_1 \boldsymbol{E}_2 = \frac{e_1 e_2}{16\pi^2 \varepsilon_0^2} \frac{r - r_{12}\cos\vartheta}{r^2 \sqrt{r^2 - 2r\, r_{12}\cos\vartheta + r_{12}^2}^{\,3}}$$

Damit wird durch unmittelbare Auswertung der r-Integration

$$\varepsilon_0 \int \boldsymbol{E}_1 \boldsymbol{E}_2 \, dv = \frac{e_1 e_2}{16\pi^2 \varepsilon_0} \iint d\Omega \int_0^\infty \frac{(r - r_{12}\cos\vartheta)\, dr}{\sqrt{r^2 - 2r\, r_{12}\cos\vartheta + r_{12}^2}^{\,3}}$$

$$= \frac{e_1 e_2}{16\pi^2 \varepsilon_0} \iint \frac{d\Omega}{r_{12}} = \frac{e_1 e_2}{4\pi\varepsilon_0 r_{12}}.$$

Daher ist

$$U - (U_1 + U_2 + \cdots + U_h) = \frac{1}{4\pi\varepsilon_0} \left(\frac{e_1 e_2}{r_{12}} + \frac{e_1 e_3}{r_{13}} + \cdots \right)$$

tatsächlich gleich der Aufladungsarbeit A nach (3.1.1).

Während die Darstellung (3.1.3) bzw. eine ihr entsprechende, für Metalle und in bestimmtem Sinn auch für Dielektrika gültige Formel ihre Tragfähigkeit und Brauchbarkeit erst in den folgenden Abschnitten bei der Behandlung von Feldern erweisen wird, die auch von kontinuierlichen Ladungsverteilungen ausgehen können, ist die Darstellung (3.1.1) vor allem bei Systemen von Punktladungen zweckmäßig. Wir zeigen letzteres an zwei Beispielen:

a) Der Dipol im elektrostatischen Feld. Wir fragen nach der Arbeit, die erforderlich ist, um einen Dipol mit festem Moment $\boldsymbol{p}$ an einen bestimmten Ort und in eine bestimmte Lage im elektrostatischen Feld $\boldsymbol{E}$ zu bringen. Um diese Frage mit Hilfe der Formel (3.1.1) beantworten zu können, setzen wir $e_1 = e$ und $e_2 = -e$, sowie $\boldsymbol{r}_1 = \boldsymbol{r} + \boldsymbol{s}$ und $\boldsymbol{r}_2 = \boldsymbol{r}$ mit $e\,\boldsymbol{s} = \boldsymbol{p}$; ferner denken wir uns das $\boldsymbol{E}$-Feld erzeugt durch geeignet angebrachte Punktladungen $e_3, e_4, \ldots, e_h$:

$$\boldsymbol{E}(\boldsymbol{r}) = -\operatorname{grad} \varphi(\boldsymbol{r}) \quad \text{mit} \quad \varphi(\boldsymbol{r}) = \frac{1}{4\pi\varepsilon_0} \sum_{k=3}^{h} \frac{e_k}{|\boldsymbol{r} - \boldsymbol{r}_k|}.$$

Da jetzt der Abstand r_{12} nicht geändert wird, ist die zum Hereinbringen des Dipols erforderliche Arbeit

$$A = \frac{e_1}{4\pi\varepsilon_0} \sum_{k=3}^{h} \frac{e_k}{|\boldsymbol{r}_1 - \boldsymbol{r}_k|} + \frac{e_2}{4\pi\varepsilon_0} \sum_{k=3}^{h} \frac{e_k}{|\boldsymbol{r}_2 - \boldsymbol{r}_k|} = e\,\{\varphi(\boldsymbol{r} + \boldsymbol{s}) - \varphi(\boldsymbol{r})\},$$

also bei hinreichend kleinem Dipolabstand s

$$A = e\,\boldsymbol{s}\ \mathrm{grad}\ \varphi(\boldsymbol{r}) = -\boldsymbol{p}\,\boldsymbol{E}\,.$$

Wir gewinnen somit einen Energiebetrag $-p\,E$, wenn wir den Dipol parallel zum Feld anordnen, und wir müssen die Arbeit $p\,E$ aufwenden, um den Dipol entgegen dem Feld zu orientieren. Die Einbringarbeit und damit auch die potentielle Energie U des Dipols im Feld hängen also vom Winkel zwischen Dipol- und Feldrichtung ab:

$$U = -\boldsymbol{p}\,\boldsymbol{E} = -p\,E\cos\vartheta\,. \tag{3.1.4}$$

Es muß daher ein Drehmoment vom Betrag

$$N = -\frac{\partial U}{\partial\vartheta} = -p\,E\sin\vartheta$$

bestehen, gegen das wir bei Vergrößerung von ϑ Arbeit leisten müssen. In der Tat ergibt sich aus der Dipolvorstellung für dieses Drehmoment elementar (Abb. 3.1)

$$\boldsymbol{N} = e\,\boldsymbol{s}\times\boldsymbol{E} = \boldsymbol{p}\times\boldsymbol{E}\,. \tag{3.1.5}$$

Ferner kommt im inhomogenen $\boldsymbol{E}$-Feld noch eine Kraftwirkung

$$\begin{aligned}\boldsymbol{K} &= e\,\{\boldsymbol{E}(\boldsymbol{r}+\boldsymbol{s}) - \boldsymbol{E}(\boldsymbol{r})\}\\ &= p_x\frac{\partial\boldsymbol{E}}{\partial x} + p_y\frac{\partial\boldsymbol{E}}{\partial y} + p_z\frac{\partial\boldsymbol{E}}{\partial z} = (\boldsymbol{p}\,\nabla)\,\boldsymbol{E}\end{aligned} \tag{3.1.6}$$

hinzu, entsprechend der Ortsabhängigkeit der potentiellen Energie:

$$\boldsymbol{K} = -\,\mathrm{grad}\ U = \mathrm{grad}\,(\boldsymbol{p}\,\boldsymbol{E})\,. \tag{3.1.7}$$

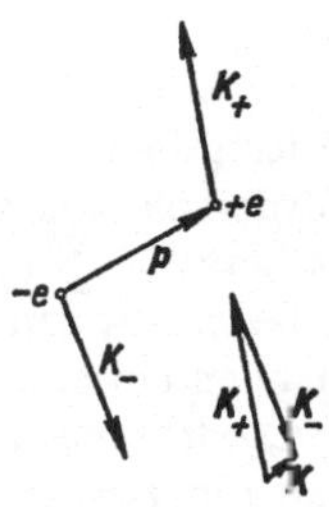

Abb. 3.1 Kraftwirkung auf einen Dipol im inhomogenen Feld

Wegen $\quad \nabla(\boldsymbol{p}\,\boldsymbol{E}) - (\boldsymbol{p}\,\nabla)\,\boldsymbol{E} = \boldsymbol{p}\times(\nabla\times\boldsymbol{E}) = \boldsymbol{p}\times\mathrm{rot}\,\boldsymbol{E} = 0$

stimmen diese beiden $\boldsymbol{K}$-Ausdrücke im elektrostatischen Feld (wegen rot $\boldsymbol{E} = 0$) tatsächlich überein.

Eine besondere Betrachtung erfordert der Fall, daß der Dipol erst im Feld erzeugt wird. Gilt

$$\boldsymbol{p} = \alpha\,\boldsymbol{E} \tag{3.1.8}$$

mit feldunabhängiger Polarisierbarkeit α, so wird die Kraft auf den Dipol im inhomogenen Feld nach (3.1.6)

$$\boldsymbol{K} = (\alpha\,\boldsymbol{E}\,\nabla)\,\boldsymbol{E} = \frac{\alpha}{2}\,\mathrm{grad}\,(E^2)\,, \tag{3.1.9}$$

letzteres wegen rot $\boldsymbol{E} = 0$ und

$$\boldsymbol{E}\,\nabla\,E_x = E_x\frac{\partial E_x}{\partial x} + E_y\frac{\partial E_x}{\partial y} + E_z\frac{\partial E_x}{\partial z} = E_x\frac{\partial E_x}{\partial x} + E_y\frac{\partial E_y}{\partial x} + E_z\frac{\partial E_z}{\partial x} = \frac{1}{2}\frac{\partial E^2}{\partial x}\,.$$

Im Fall des erst durch das Feld erzeugten Dipols leitet sich somit die Kraft nicht aus der potentiellen Energie (3.1.4) ab, sondern aus der Energie

$$U' = -\frac{\alpha\,E^2}{2} = -\frac{\boldsymbol{p}\,\boldsymbol{E}}{2}\,. \tag{3.1.10}$$

Der Unterschied $U' - U = \boldsymbol{p}\,\boldsymbol{E}/2$ wird dadurch bedingt, daß nunmehr Energie zur Erzeugung des Dipols aufgewendet werden muß; und zwar erfolgt die Ladungstrennung im Dipol gegen eine rücktreibende Kraft allenfalls nichtelektrischen Ursprungs, welche eben zu einer positiven potentiellen Energie vom Betrag $\boldsymbol{p}\,\boldsymbol{E}/2$ führt.

b) Der Quadrupol im elektrostatischen Feld. In ähnlicher Weise wie beim Dipol vom festen Moment $\boldsymbol{p}$ erhalten wir allgemein für die Einstellenergie einer Gruppe nahe beieinander liegender Ladungen in einem vorgegebenen Feld $\boldsymbol{E} = -\operatorname{grad}\varphi$ den Wert

$$A = \sum e_j\,\varphi(\boldsymbol{r}_j),$$

oder durch Entwicklung von $\varphi(\boldsymbol{r})$ nach den Koordinaten der Ladungen e_j

$$\left.\begin{aligned} A = e\,\varphi_{r=0} &+ \boldsymbol{p}\,(\operatorname{grad}\varphi)_0 + \\ &+ \frac{1}{2}\left\{Q_{xx}\left(\frac{\partial^2\varphi}{\partial x^2}\right)_0 + Q_{yy}\left(\frac{\partial^2\varphi}{\partial y^2}\right)_0 + Q_{zz}\left(\frac{\partial^2\varphi}{\partial z^2}\right)_0\right\} + \\ &+ \left\{Q_{xy}\left(\frac{\partial^2\varphi}{\partial x\,\partial y}\right)_0 + Q_{xz}\left(\frac{\partial^2\varphi}{\partial x\,\partial z}\right)_0 + Q_{yz}\left(\frac{\partial^2\varphi}{\partial y\,\partial z}\right)_0\right\} + \cdots. \end{aligned}\right\} \tag{3.1.11}$$

Hier geben die ersten beiden Glieder auf der rechten Seite die Energiebeträge, die erforderlich sind zum Hereinbringen der Gruppe von Punktladungen, die eine Gesamtladung $e = \sum e_j$ und ein resultierendes Dipolmoment $\boldsymbol{p} = \sum e_j\,\boldsymbol{r}_j$ besitzen. Die nächsten Glieder mit den zweiten Ableitungen des Potentials geben den Arbeitsbetrag beim Vorhandensein eines Quadrupolmomentes mit den durch (1.8.11) gegebenen Q-Komponenten, oder wegen $\Delta\varphi = (\Delta\varphi)_0 = 0$ auch mit den durch (1.8.14) gegebenen Komponenten des reduzierten Quadrupolmoments. Wir werden im folgenden mit diesem Q'_{jk}-Größen rechnen.

Zur Vereinfachung der Diskussion betrachten wir den Spezialfall, daß sowohl die das Quadrupolmoment erzeugende Ladungsverteilung wie auch das Potentialfeld rotationssymmetrisch sind. Wir wählen die Symmetrieachse des Feldes zur z-Achse unseres Koordinatensystems, so daß in (3.1.11) die drei gemischten zweiten Ableitungen von φ verschwinden, und daß wegen $\Delta\varphi = 0$

$$\left(\frac{\partial^2\varphi}{\partial x^2}\right)_0 = \left(\frac{\partial^2\varphi}{\partial y^2}\right)_0 = -\frac{1}{2}\left(\frac{\partial^2\varphi}{\partial z^2}\right)_0$$

gilt. Damit vereinfacht sich das Quadrupolglied in der potentiellen Energie zum Ausdruck

$$U = \frac{1}{4}\left(\frac{\partial^2\varphi}{\partial z^2}\right)_0 \{2\,Q'_{zz} - Q'_{xx} - Q'_{yy}\} = \frac{3}{4}\left(\frac{\partial^2\varphi}{\partial z^2}\right)_0 Q'_{zz}, \tag{3.1.12}$$

da ja die Spur $Q'_{xx} + Q'_{yy} + Q'_{zz}$ für das reduzierte Quadrupolmoment verschwindet. Die Symmetrieachse der Ladungsverteilung und damit die dritte Hauptachse des Q-Tensors möge ferner mit der z-Achse den Winkel ϑ einschließen; ihre Richtung werde durch den Einheitsvektor $\boldsymbol{a}^{\mathrm{III}}$ gegeben, die der beiden anderen, senkrecht dazustehenden Hauptachsen durch die Einheitsvektoren $\boldsymbol{a}^{\mathrm{I}}$ und $\boldsymbol{a}^{\mathrm{II}}$. Für die drei Haupt-Quadrupolmomente gilt, wie in den zu (1.8.15) führenden Überlegungen gezeigt wurde, $Q^{\mathrm{I}} = Q^{\mathrm{II}} = -Q/3$, $Q^{\mathrm{III}} = 2\,Q/3$, mit dem durch (1.8.15) gegebenen Q-Wert für einen rotationssymmetrischen Quadrupol.

Wir haben nun noch das in (3.1.12) eingehende Q'_{zz} durch Q und den Winkel ϑ auszudrücken. Mit dem Einheitsvektor $\boldsymbol{z}$ in der z-Richtung gilt (vgl. Abschnitt 13.3)

$$Q'_{zz} = Q^{\mathrm{I}} (\boldsymbol{z}\,\boldsymbol{a}^{\mathrm{I}})^2 + Q^{\mathrm{II}} (\boldsymbol{z}\,\boldsymbol{a}^{\mathrm{II}})^2 + Q^{\mathrm{III}} (\boldsymbol{z}\,\boldsymbol{a}^{\mathrm{III}})^2 .$$

Damit erhalten wir wegen $Q^{\mathrm{I}} + Q^{\mathrm{II}} + Q^{\mathrm{III}} = 0$, $(\boldsymbol{z}\boldsymbol{a}^{\mathrm{I}})^2 + (\boldsymbol{z}\boldsymbol{a}^{\mathrm{II}})^2 + (\boldsymbol{z}\boldsymbol{a}^{\mathrm{III}})^2 = 1$ und $\boldsymbol{z}\boldsymbol{a}^{\mathrm{III}} = \cos\vartheta$ nach kurzer Umformung

$$U = \frac{Q}{2} \left(\frac{\partial^2 \varphi}{\partial z^2} \right)_0 \frac{3\cos^2\vartheta - 1}{2}. \tag{3.1.13}$$

Mithin wird auch hier, wie beim Feld eines rotationssymmetrischen Quadrupols nach (1.8.16), die Winkelabhängigkeit durch die Kugelfunktion $P_2(\cos\vartheta)$ gegeben.

Aus (3.1.13) ersieht man, daß ein Quadrupol im homogenen elektrischen Feld weder eine Kraft noch ein Drehmoment erfährt. Im inhomogenen Feld tritt in erster Näherung ein Drehmoment

$$N = \frac{\partial U}{\partial \vartheta} = \frac{3Q}{4} \left(\frac{\partial^2 \varphi}{\partial z^2} \right)_0 \sin 2\vartheta \tag{3.1.14}$$

auf. Ist der Feldgradient $(\partial E_z/\partial z)_0 = -(\partial^2\varphi/\partial z^2)_0$ positiv, so sucht N den Quadrupol entweder in die Feldrichtung ($\vartheta = 0$) oder entgegen dazu ($\vartheta = \pi$) zu orientieren; ist der Feldgradient negativ, so hat der Quadrupol sein Energieminimum bei $\vartheta = \pi/2$, wenn er also senkrecht zum Feld steht. Man kann sich dieses Verhalten leicht am Beispiel eines gestreckten Quadrupols im Sinn der Abb. 3.1 klarmachen.

Anmerkung. Im Gaußschen System lautet die Dichte der elektrischen Feldenergie im Fall des Vakuums

$$u = \frac{1}{8\pi} E^* D^* = \frac{1}{8\pi} E^{*2}. \tag{3.1.15}$$

In den Formeln (3.1.4), (3.1.5), (3.1.10) und (3.1.13) sind für den Übergang zum Gaußschen System auf den rechten Seiten bei den elektrischen Größen jeweils nur die Sternchen (*) anzufügen.

3.2. Die Feldenergie bei Anwesenheit von Leitern. Der Satz von Thomson

Als Nächstes betrachten wir den Fall, daß im Raum außer isolierten Ladungen auch geladene Leiter vorhanden sind, und wollen untersuchen, ob sich auch jetzt im Sinn von Maxwell eine Energiedichte des elektrischen Feldes angeben läßt derart, daß sich die Aufladearbeit für das System in seiner gesamten Feldenergie wiederfindet.

Zur Einführung betrachten wir zunächst den einfachen Fall eines Plattenkondensators bekannter Kapazität $C = \varepsilon_0 F/d$ und fragen nach der Arbeit, die wir bei seinem Aufladen zu leisten haben. Wir denken uns dieses Aufladen so durchgeführt, daß wir so lange kleine Ladungselemente de' von der negativen zur positiven Platte überführen, bis die Endladung $e = CV$ erreicht ist. Besteht bereits die Aufladung $e' = CV'$, so haben wir beim Überführen eines weiteren Ladungselementes de' die Arbeit $V'\,de'$ zu leisten, so daß wir für die gesamte Aufladearbeit den Wert

$$A = \int_0^e \frac{e'\,de'}{C} = \frac{e^2}{2C} = \frac{eV}{2} = \frac{CV^2}{2} \tag{3.2.1}$$

erhalten. Wegen $V = E\,d$ und $e = F\sigma = F\,D$ können wir dafür auch schreiben

$$A = \frac{e\,V}{2} = \frac{F\,d}{2} E\,D\,.$$

Da E und D, wenn man von geringfügigen Randeffekten absieht, innerhalb des Plattenkondensators konstant sind und außerhalb verschwinden, und da $F\,d$ das Volumen des Raumes zwischen den beiden Platten darstellt, erscheint es im vorliegenden Beispiel sinnvoll, von einer Energiedichte des elektrischen Feldes

$$u = \frac{1}{2} E\,D = \frac{\varepsilon_0}{2} E^2 \tag{3.2.2}$$

zu sprechen, in Übereinstimmung mit der Beziehung (3.1.2).

Achtung: Es liegt nahe, diese Überlegungen auch für einen mit einem Dielektrikum angefüllten Kondensator durchzuführen, indem man nur überall in den Beziehungen $C = \varepsilon_0\,F/d$ und $\boldsymbol{D} = \varepsilon_0\,\boldsymbol{E}$ rechts den Faktor ε hinzufügt. Warum dies nicht ohne weiteres möglich ist, wird im Abschnitt 3.3 eingehend dargelegt.

Wir wollen jetzt die Feldenergie für den Fall einer beliebigen statischen Anordnung von Leitern und allenfalls isolierten Ladungen ableiten. Wir denken uns dazu eine kleine Ladungsmenge δe von einer ersten Metallfläche, die sich auf dem Potential φ_1 befindet, auf eine zweite Metallfläche mit dem Potential φ_2 übertagen. Die dazu benötigte Arbeit ist dann wegen $\delta e_1 = -\,\delta e$, $\delta e_2 = +\,\delta e$ gegeben durch

$$\delta A = \delta e_1\,\varphi_1 + \delta e_2\,\varphi_2 = \delta e\,(\varphi_2 - \varphi_1)\,. \tag{3.2.3}$$

Wir versuchen jetzt, diesen Ausdruck in ein Volumintegral über den ganzen Feldbereich umzuformen. Dazu führen wir die Änderung $\delta\boldsymbol{D}$ ein, welche die elektrische Verschiebung durch den Ladungstransport erfährt. Nach dem Kraftflußsatz gilt

$$\delta e_1 = \oint\!\!\oint_{F_1} \delta D_n\,\mathrm{d}f\,, \qquad \delta e_2 = \oint\!\!\oint_{F_2} \delta D_n\,\mathrm{d}f\,,$$

wobei F_1 und F_2 die Oberflächen der betrachteten Leiter und $\boldsymbol{n}$ ihre äußere Normale bedeuten. Da für alle übrigen, allenfalls noch vorhandenen Metallflächen sowie für die unendlich ferne Fläche $\oint\!\!\oint \delta D_n\,\mathrm{d}f = 0$ gilt, können wir, wenn wir noch alle Normalenrichtungen umgedreht denken,

$$\delta A = -\oint\!\!\oint \varphi\,\delta D_n\,\mathrm{d}f$$

schreiben; dabei ist jetzt über alle metallischen Begrenzungen des das Feld enthaltenden Raumes einschließlich der unendlich fernen Fläche zu integrieren, und $\boldsymbol{n}$ bedeutet nunmehr die äußere Normale dieses Raumes. Wenden wir nun auf diesen Ausdruck den Gaußschen Integralsatz an, so erhalten wir das Volumintegral

$$\delta A = -\int \operatorname{div}(\varphi\,\delta\boldsymbol{D})\,\mathrm{d}v = -\int \delta\boldsymbol{D}\,\operatorname{grad}\varphi\,\mathrm{d}v - \int \varphi\,\operatorname{div}(\delta\boldsymbol{D})\,\mathrm{d}v\,,$$

erstreckt über den ganzen felderfüllten Bereich. Da sich die allenfalls vorhandenen isolierten Ladungen voraussetzungsgemäß nicht verändert oder verschoben haben ($\operatorname{div}\delta\boldsymbol{D} = \delta\varrho = 0$), wird schließlich

$$\delta A = \int \boldsymbol{E}\,\delta\boldsymbol{D}\,\mathrm{d}v\,. \tag{3.2.4}$$

Der kleine Arbeitsbetrag δA, den wir zur Übertragung der Ladung δe vom ersten auf den zweiten Leiter benötigt haben, findet sich somit vollständig wieder in einer Änderung der Energiedichte des elektrischen Feldes:

$$\delta A = \int \delta u \, \mathrm{d}v \quad \text{mit} \quad \delta u = \boldsymbol{E}\,\delta \boldsymbol{D}. \tag{3.2.5}$$

Denken wir uns nun das ganze Feld schrittweise durch kleine Ladungsübertragungen aufgebaut, so kommen wir zur Energiedichte

$$u = \int_0^{\boldsymbol{D}} \boldsymbol{E}\,\mathrm{d}\boldsymbol{D}, \tag{3.2.6}$$

wobei im Integral $\boldsymbol{E}$ als Funktion des jeweiligen $\boldsymbol{D}$-Vektors anzusehen ist. Im Vakuum wird wegen $\boldsymbol{D} = \varepsilon_0 \boldsymbol{E}$ offenbar

$$u = \frac{D^2}{2\varepsilon_0} = \frac{E\,D}{2} = \frac{\varepsilon_0 E^2}{2}, \tag{3.2.7}$$

in Übereinstimmung mit der Formel (3.2.2). Also läßt sich auch hier tatsächlich die Aufladearbeit quantitativ als Vermehrung der elektrischen Feldenergie deuten.

Hier sei im Anschluß an Thomson noch auf eine bemerkenswerte Minimaleigenschaft der Feldenergie hingewiesen. Wenn sich die Ladungen in einem elektrostatischen Feld unter der Wirkung der Feldstärke bewegen, nimmt die Energie des Feldes um den Betrag der dabei gewinnbaren Arbeit ab. Im Spezialfall von Metallen werden sich also die auf ihnen sitzenden Ladungen so lange verschieben, bis die Feldenergie ein Minimum erreicht hat. Da, wie wir wissen, im Gleichgewichtszustand das Potential in einem Leiter konstant ist und da die ganze Ladung auf seiner Oberfläche sitzt, erwarten wir, daß dieser Ladungsverteilung tatsächlich ein Minimum der Feldenergie entspricht.

Um die Richtigkeit dieser Erwartung zu zeigen, betrachten wir neben dem elektrostatischen Feld $\boldsymbol{E}$ und $\boldsymbol{D}$ einer bestimmten Anordnung noch ein zweites Feld $\boldsymbol{E}'$ und $\boldsymbol{D}'$, welches ebenso wie das erste im Außenraum den Grundgleichungen

$$\operatorname{rot} \boldsymbol{E} = 0, \quad \operatorname{div} \boldsymbol{D} = \varrho, \quad \boldsymbol{D} = \varepsilon_0 \boldsymbol{E} \quad \text{und} \quad \operatorname{rot} \boldsymbol{E}' = 0, \quad \operatorname{div} \boldsymbol{D}' = \varrho, \quad \boldsymbol{D}' = \varepsilon_0 \boldsymbol{E}'$$

genügen soll, für das aber $\boldsymbol{E}'$ und $\boldsymbol{D}'$ im Innern der Metalle nicht verschwinden. Wir beweisen, daß dann $U < U'$ wird, wenn

$$U = \frac{1}{2} \int \boldsymbol{E}\,\boldsymbol{D}\,\mathrm{d}v \quad \text{und} \quad U' = \frac{1}{2} \int \boldsymbol{E}'\,\boldsymbol{D}'\,\mathrm{d}v$$

die Energien der beiden Felder bedeuten. Zum Beweis setzen wir

$$\boldsymbol{E}' = \boldsymbol{E} + \boldsymbol{E}'', \boldsymbol{D}' = \boldsymbol{D} + \boldsymbol{D}''$$

und bilden

$$U' - U = \frac{1}{2} \int (\boldsymbol{E}\,\boldsymbol{D}'' + \boldsymbol{E}''\,\boldsymbol{D})\,\mathrm{d}v + \frac{1}{2} \int \boldsymbol{E}''\,\boldsymbol{D}''\,\mathrm{d}v.$$

Hier verschwindet, da $\boldsymbol{E}$ und $\boldsymbol{D}$ in den Metallen $= 0$ sind, das nur über den Raum zwischen den Metallen zu erstreckende erste Integral; denn erstens gilt dort

$$\boldsymbol{E}\,\boldsymbol{D}'' = \boldsymbol{E}''\,\boldsymbol{D} = -\boldsymbol{D}'' \operatorname{grad} \varphi = -\operatorname{div}(\varphi \boldsymbol{D}'') + \varphi \operatorname{div} \boldsymbol{D}'',$$

wobei $\operatorname{div} \boldsymbol{D}'' = 0$ wird, und zweitens führt die Anwendung des Gaußschen Satzes auf $\int \operatorname{div}(\varphi \boldsymbol{D}'')\,\mathrm{d}v = \oint\!\!\oint \varphi D_n''\,\mathrm{d}f$ und damit wegen der Konstanz von φ auf den Metallflächen und wegen $\oint\!\!\oint D_n''\,\mathrm{d}f = 0$ ebenfalls auf einen verschwindenden Beitrag. Somit gilt nach Thomson

$$U' - U = \frac{1}{2} \int \boldsymbol{E}''\,\boldsymbol{D}''\,\mathrm{d}v > 0,$$

sobald nur an irgendeiner Stelle des Raumes $\boldsymbol{E}'$ von $\boldsymbol{E}$ verschieden ist.

Der Thomsonsche Satz leitet also das Feld, das der Gleichgewichtsverteilung der Elektrizität entspricht, aus einem Minimalprinzip ab. Dieses Minimalprinzip entspricht ganz der Gleichgewichtsbedingung, die für einen schweren Körper im Schwerkraftfeld gilt; dieser Körper befindet sich im Gleichgewicht, und zwar im stabilen Gleichgewicht, wenn die potentielle Energie der Schwerkraft in der betreffenden Lage des Körpers ihren kleinsten Wert annimmt. Ebenso sehen wir hier, daß das Gleichgewicht der Elektrizität, die sich auf der Oberfläche eines festgehaltenen Leiters befindet, durch ein Minimum der elektrischen Energie gekennzeichnet ist. Die elektrische Energie spielt demnach hier dieselbe Rolle wie die potentielle Energie in der gewöhnlichen Mechanik.

Wir haben oben gesehen, daß sich die Arbeit, die man beim Aufladen eines aus Metallkörpern bestehenden Systems oder beim Verschieben der in ihm enthaltenen Ladungen leisten muß, vollständig in seiner Feldenergie wiederfindet. In gleicher Weise führt auch die Arbeit, die wir beim Verschieben von Metallen im elektrischen Feld leisten müssen, zu einer äquivalenten Veränderung der Feldenergie. Kennt man daher diese Energie für jede Anordnung des Systems, so kann man aus ihr rückwärts auf die an den einzelnen Körpern angreifenden Kräfte bzw. Drehmomente schließen. Dies möge am Beispiel der Spannungswaage (Abb. 3.2) gezeigt werden.

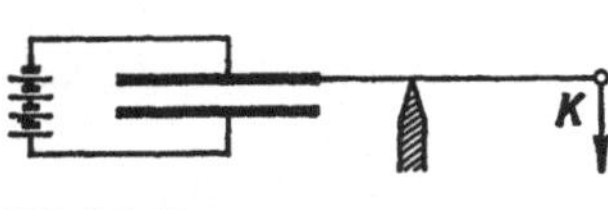

Abb. 3.2: Spannungswaage

Bekanntlich läßt sich die Spannung an einem Plattenkondensator messen, indem man durch Wägung die Kraft bestimmt, mit der die eine Platte des Kondensators die andere anzieht. Diese Kraft kann für einen Kondensator im Vakuum unmittelbar angegeben werden: Da das Feld, welches die eine Platte am Ort der anderen erzeugt, gleich $E/2$ ist, wenn E das Feld im Kondensator bedeutet, gilt

$$K = e\,E/2\,. \tag{3.2.8}$$

Dieser Wert läßt sich aber auch leicht aus dem Energiesatz ableiten: Die gesamte Feldenergie im Kondensator beträgt $U = \varepsilon_0\,E^2\,Fd/2$, wächst also proportional dem Plattenabstand d, wenn man die Platten bei konstanter Aufladung e und damit konstantem Feld $E = D/\varepsilon_0 = e/\varepsilon_0\,F$ auseinanderzieht. Bei der Vergrößerung von d um den kleinen Betrag δ wird also die Feldenergie um $\varepsilon_0\,E^2\,F\,\delta/2 = e\,E\,\delta/2$ vergrößert. Dieser Energiebetrag wird zugeführt durch die Arbeit $K\,\delta$, die man beim Auseinanderziehen der Platten gegen deren gegenseitige Anziehung zu leisten hat. Ein Vergleich der beiden Energiebeträge führt unmittelbar auf die Formel (3.2.8).

Wie sieht nun aber diese Energiebilanz aus für den Fall, daß wir bei der Spannungswaage nicht die Ladungen auf den Platten festhalten, sondern die am Kondensator liegende Spannung V, etwa durch Verbindung der beiden Platten mit den beiden Polen eines Akkumulators? Es besteht sicherlich kein Zweifel darüber, daß sich in diesem Fall die beiden Platten mit der gleichen Kraft K anziehen wie im Fall konstanter Aufladung e und daß wir zur Vergrößerung des Plattenabstandes um $\delta \ll d$ die gleiche mechanische Arbeit $K\,\delta$ zu leisten haben. Andererseits nimmt jetzt die Feldenergie U des Kondensators bei der Abstandsvergrößerung ab; denn wegen $V = E\,d$ kann man jetzt die oben angegebene Feldenergie auch in der Form $U = \varepsilon_0\,V^2\,F/2d$ anschreiben, so daß sie sich bei der Abstandsvergrößerung jetzt um $\delta U = -\,\varepsilon_0\,V^2\,F\,\delta/2d^2$ ändert. Wo bleiben also die beiden Energiebeträge $K\,\delta$ der mechanischen Arbeit und $\varepsilon_0\,V^2\,F\,\delta/2d^2$ der frei werdenden Feldenergie?

Die Antwort auf diese Frage ergibt sich aus der Feststellung, daß bei der Abstandsvergrößerung um δ die Kapazität des Kondensators abnimmt, und zwar gilt $\delta C = -\varepsilon_0 F\delta/d^2$. Daher verändert sich dabei auch die Ladung e um $\delta e = +V\delta C = -\varepsilon_0 VF\delta/d^2$, und um diesen Ladungsbetrag $|\delta e|$ wird der Akkumulator zusätzlich aufgeladen, entsprechend einem Energiezuwachs um $|\delta e|\ V = \varepsilon_0 V^2 F\delta/d^2$. Damit erhalten wir die gesamte Energiebilanz in der Form

$$K\delta + \varepsilon_0 V^2 F\delta/2d^2 = \varepsilon_0 V^2 F\delta/d^2,$$

woraus sich mit $V = Ed$ und $E = e/\varepsilon_0 F$ wieder genau der Kraftwert (3.2.8) ergibt.

Anmerkung. Im Gaußschen System tritt an die Stelle von (3.2.6) die Formel

$$U = \frac{1}{4\pi}\int_0^{D^*} \boldsymbol{E}^*\,\mathrm{d}\boldsymbol{D}^*,$$

woraus für das Vakuum wegen $\boldsymbol{D}^* = \boldsymbol{E}^*$ die Formel $u = \boldsymbol{E}^{*2}/8\pi$ folgt.

3.3. Die Feldenergie eines elektrostatischen Systems bei Anwesenheit von Isolatoren

Wir gehen nun über zur Betrachtung der Energieverhältnisse für den Fall, daß in dem betrachteten System außer einzelnen Ladungen und eventuell aufgeladenen Metallkörpern noch Isolatoren vorhanden sind. Zunächst könnte man denken, daß sich hierbei gegenüber den Ausführungen der vorhergegangenen Abschnitte nicht viel ändert, indem man nur an bestimmten Formeln der Abschnitte 3.1 und 3.2 die relative Dielektrizitätskonstante ε einzufügen hätte. In der Tat bleibt die Beziehung (3.2.4) für die differentielle Aufladearbeit bei einer kleinen Feldänderung einschließlich ihrer Begründung von Formel (3.2.3) ab unverändert gültig. Denn bei dieser Ableitung wurde nirgends die Verknüpfungsgleichung zwischen $\boldsymbol{D}$ und $\boldsymbol{E}$ benutzt; und bei den dort durchgeführten Umformungen brauchten wir auch nicht auf die Begrenzungsflächen der Dielektrika als Unstetigkeitsflächen zu achten, da wir bei den Isolatoren, im Gegensatz zu den Metallen, jede solche Unstetigkeitsfläche durch einen stetigen Übergang von dem einen Medium zum anderen ersetzt denken können. Es gilt also für die differentielle Aufladearbeit des Systems nach wie vor

$$\delta A = \int \boldsymbol{E}\,\delta\boldsymbol{D}\,\mathrm{d}v, \tag{3.3.1}$$

unabhängig davon, wie das System aus Metallen und Isolatoren aufgebaut ist.

Nicht allgemein gültig ist dagegen beispielsweise die Formel (3.2.1) für den Fall eines mit einem Dielektrikum gefüllten Plattenkondensators. Sie bleibt nur solange richtig, als sich die Dielektrizitätskonstante während des Aufladevorgangs nicht ändert. Da aber ε stets eine Funktion der Dichte und oft auch eine Funktion der Temperatur ist, kommt man nur dann zur Formel (3.2.1), wenn man bei der Aufladung des Kondensators dafür sorgt, daß sowohl die Dichte des Isolators wie auch seine Temperatur konstant bleiben. Ersteres ist leicht möglich, allenfalls durch entsprechende Änderung des Druckes zur Kompensation einer eventuell auftretenden Elektrostriktion. Letzteres ist bei temperaturabhängigem ε dann durch entsprechende Wärmezu- oder -abfuhr zu erreichen; denn ohne eine solche Vorsichtsmaßnahme würde sich in diesem Fall die Temperatur der Füllsubstanz beim Aufladen des Kondensators ändern. Und dieser Energiebetrag tritt dann in der Energiebilanz zu der nach (3.2.1) berechneten Aufladearbeit bei konstant gehaltenem ε hinzu, so daß man nicht unmittelbar aus der Aufladearbeit A auf den Energieinhalt des aufgeladenen Kondensators schließen kann, sondern erst nach Hinzufügen der vorerst noch nicht bekannten, beim Aufladeprozeß zugeführten Wärmemenge Q.

Natürlich kann man die Berechnung von Q vermeiden, wenn man den Kondensator adiabatisch, also ohne Wärmezu- oder -abfuhr auflädet. Dafür muß man dann aber die bei der Aufladung auftretende Temperaturänderung rechnerisch ermitteln, um aus (3.3.1) Aufschluß über die gesamte Aufladearbeit und über die dadurch bedingte Änderung der gesamten Energie des Kondensators zu erhalten.

Wir wollen diese Verhältnisse etwas genauer betrachten: Nach dem ersten Hauptsatz der Thermodynamik (= Energieerhaltungssatz) gilt für ein materiell abgeschlossenes System

$$\mathrm{d}U = \mathrm{d}A + \mathrm{d}Q\,. \tag{3.3.2}$$

Hier bedeutet $\mathrm{d}U$ die Änderung der gesamten Systemenergie im Sinn der Thermodynamik bei einer kleinen Zustandsänderung; $\mathrm{d}A$ ist die hierbei geleistete Arbeit, bestehend aus der Aufladearbeit $\mathrm{d}A_{el}$ nach (3.3.1) und eventuell einer zusätzlich vorhandenen mechanischen Arbeit $\mathrm{d}A_{mech}$ (z.B. Kompressionsarbeit oder Verschiebungsarbeit in einem elektrischen Feld); und schließlich bedeutet $\mathrm{d}Q$ die hierbei dem System zugeführte Wärmemenge.

Erfolgt die Zustandsänderung reversibel, liegt also nicht ein Vorgang vor, der durch eine Hysteresisschleife wie bei Ferromagneten (s. Abschnitt 5.6) zu beschreiben wäre, so vergrößert die Wärmezufuhr $\mathrm{d}Q$ nach dem zweiten Hauptsatz der Thermodynamik die Entropie S des Systems um

$$\mathrm{d}S = \mathrm{d}Q/T\,. \tag{3.3.3}$$

Wegen $\mathrm{d}(T\,S) = T\,\mathrm{d}S + S\,\mathrm{d}T$ läßt sich daher (3.3.2) auch in der Form

$$\mathrm{d}F \equiv \mathrm{d}\,(U - T\,S) = \mathrm{d}A - S\,\mathrm{d}T \tag{3.3.4}$$

anschreiben, mit der freien Energie $F = U - TS$ als neuer Zustandsfunktion. Daher gilt für einen Aufladeprozeß ohne mechanische Arbeitsleistung ($\mathrm{d}A_{mech} = 0$)

$$\mathrm{d}A_{el} = \mathrm{d}U \text{ bei isentropen Prozessen } (\mathrm{d}S = 0) \text{ nach (3.3.2),}$$
$$\mathrm{d}A_{el} = \mathrm{d}F \text{ bei isothermen Prozessen } (\mathrm{d}T = 0) \text{ nach (3.3.4).}$$

In diesem Sinn spielt die freie Energie F bei isothermen Prozessen die gleiche Rolle wie die innere Energie U bei isentropen Prozessen. Und man hat es bei den allgemeinen isotherm-reversiblen Prozessen eben nicht mit einer gewöhnlichen Energiebilanz zu tun, sondern mit einer Bilanz der freien Energie in der allgemeinen Form

$$\mathrm{d}F = \mathrm{d}A_{el} + \mathrm{d}A_{mech}\,. \tag{3.3.5}$$

Damit ist der Begriff der elektrischen Feldenergie und seine Anwendbarkeit vom Standpunkt der Thermodynamik aus völlig klargestellt.

Als Anwendungsbeispiel betrachten wir einen Kondensator, der mit einem Isolator der Dielektrizitätskonstante $\varepsilon = \varepsilon\,(T)$ bei festgehaltenem Volumen gefüllt ist. Dabei gilt als Zusammenhang zwischen der angelegten Spannung V und seiner Aufladung e die Beziehung

$$e = C\,V = C_0\,\varepsilon\,(T)\,V\,. \tag{3.3.6}$$

Zur Erhöhung der Aufladung um de müssen wir die Arbeit $dA = V\,de$ leisten. Dabei ändern sich bei reversibler Prozeßführung die Gesamtenergie U und die freie Energie F um

$$dU = T\,dS + V\,de \qquad \text{und} \qquad dF = -S\,dT + V\,de\,. \tag{3.3.7}$$

Wählen wir als unabhängige Variablen zur Beschreibung des Aufladevorganges T und e, so können wir die zweite Gleichung (3.3.7) bei festgehaltener Temperatur sofort integrieren:

$$F(T, e) = F(T, 0) + \left(\int_0^e V\,de\right)_T = F(T, 0) + \frac{V e}{2}\,, \tag{3.3.8}$$

letzteres unter Berücksichtigung von (3.3.6). Ferner gilt

$$S(T, e) = -\frac{\partial F(T, e)}{\partial T} = S(T, 0) - \left(\int_0^e \left(\frac{\partial V}{dT}\right)_e de\right)_T = S(T, 0) + \frac{V e}{2\varepsilon}\frac{d\varepsilon}{dT} \tag{3.3.9}$$

und damit

$$\begin{aligned} U(T, e) = F + TS &= U(T, 0) - T^2 \left(\int_0^e \left(\frac{\partial (V/T)}{\partial T}\right)_e de\right)_T \\ &= U(T, 0) + \frac{V e}{2\varepsilon}\frac{d(\varepsilon T)}{dT}\,. \end{aligned} \tag{3.3.10}$$

Daraus ist unmittelbar ersichtlich, daß sich der elektrostatische Anteil $U(T, e) - U(T, 0)$ der inneren Energie von der durch $F(T, e) - F(T, 0) = A(T, e)$ gegebenen isothermen Aufladearbeit um $(Ve/2\varepsilon)\,T\,d\varepsilon/dT$ unterscheidet, und daß dieser Anteil genau die zur isothermen Aufladung des Kondensators erforderliche Wärmemenge

$$Q(T, e) = T\{S(T, e) - S(T, 0)\} = \frac{V e T}{2\varepsilon}\frac{d\varepsilon}{dT} \tag{3.3.11}$$

darstellt.

Gilt speziell $\varepsilon = 1 + \chi = 1 + \alpha + \beta/T$ mit den beiden positiven Konstanten α und β, so folgt aus (3.3.10) unmittelbar

$$U(T, e) - U(T, 0) = \frac{Ve(1 + \alpha)}{2\varepsilon} = \frac{C_0 V^2 (1 + \alpha)}{2}\,,$$

während die Aufladearbeit $A(T, e)$ und damit die Differenz der freien Energien im aufgeladenen und im ungeladenen Zustand durch

$$F(T, e) - F(T, 0) = A(T, e) = \frac{C V^2}{2} = \frac{C_0 V^2 (1 + \alpha + \beta/T)}{2}$$

gegeben ist. Also wird in diesem Fall ein Teil der Aufladearbeit in Form von Wärme an den Thermostaten abgegeben. Würde man den Kondensator während des Aufladungsprozesses nicht kühlen, so würde sich seine Temperatur erhöhen. Dabei würde sich die Größe dieser Erwärmung bei Kenntnis von $S(T, 0)$, also der Temperaturabhängigkeit der Entropie des ungeladenen Kondensators, aus $S(T, e) = \text{const}$ mit dem Entropiewert nach (3.3.9) ergeben.

Eine ähnliche Betrachtung wie im Fall des Kondensators können wir nun auch im allgemeinen Fall einer beliebigen elektrostatischen Anordnung durchführen. Nur müssen wir jetzt wegen des im allgemeinen nicht mehr homogenen Feldes statt mit den auf das ganze System bezogenen Größen U, S, F usf. mit den zugehörigen Dichten u, s, f usf. rechnen. Dann gilt für eine kleine reversible Zustandsänderung statt (3.3.2) und (3.3.3.) die Beziehung

$$du = T\,ds + \boldsymbol{E}\,d\boldsymbol{D} + \mu\,d\sigma\,. \tag{3.3.12}$$

Dabei gibt das erste Glied rechts die der Volumeneinheit zugeführte Wärmemenge $dq = T\,ds$. Das zweite Glied enthält die bekannte, bei der Zustandsänderung geleistete Arbeit. Schließlich bedeutet das dritte Glied mit dem Differential $d\sigma$ der Massendichte, die wir hier und im folgenden zur Unterscheidung von der elektrischen Ladungsdichte ϱ mit σ bezeichnen wollen, die Energieänderung infolge einer Massenänderung in der Volumeneinheit (z.B. infolge einer Ausdehnung oder Kompression der Materie). Der dabei auftretende Faktor μ wird als thermochemisches Potential bezeichnet. Es ist speziell bei Flüssigkeiten und Gasen mit den übrigen thermodynamischen Größen einschließlich des hydrostatischen Druckes p durch die Relation

$$u = T\,s + \mu\,\sigma - p \tag{3.3.13}$$

verknüpft; bei Festkörpern wird diese Relation wegen des Auftretens von Zug- und Schubspannungen erheblich komplizierter und soll daher hier nicht gebracht werden.

Zur Begründung der beiden Formeln (3.3.12) und (3.3.13) für den Fall von Flüssigkeiten und Gasen gehen wir aus von der üblichen Formulierung des zweiten Hauptsatzes der Thermodynamik für reversible Prozessführung:

$$dU = T\,dS - p\,dV + V\boldsymbol{E}\,d\boldsymbol{D} + \mu\,d\Sigma. \tag{3.3.14}$$

Dabei haben wir zu den Gliedern für die zugeführte Wärme $dQ = T\,dS$, der geleisteten Volumenarbeit $dA_{mech} = -p\,dV$ und elektrischen Arbeit $dA_{el} = V\boldsymbol{E}\,d\boldsymbol{D}$, letzteres für den Fall eines homogenen Feldes, noch ein Glied mit dem thermochemischen Potential hinzugefügt, das bei Änderung der Gesamtmasse Σ des Systems um $d\Sigma$ wichtig wird. Dabei kann vorübergehend U als Funktion der Veränderlichen S, V, $\boldsymbol{D}$ und Σ aufgefaßt werden. Wegen der Mengenproportionalität von U, S, V und Σ gilt bei Vermehrung dieser vier „Quantitätsgrößen" um den Faktor λ die Beziehung

$$\lambda\,U(S, V, \boldsymbol{D}, \Sigma) = U(\lambda\,S, \lambda\,V, \boldsymbol{D}, \lambda\,\Sigma),$$

woraus durch Differentiation nach λ und nachträglichen Übergang zu $\lambda = 1$

$$U = S\frac{\partial U}{\partial S} + V\frac{\partial U}{\partial V} + \Sigma\,\frac{\partial U}{\partial \Sigma}$$

folgt. Führen wir hier die aus (3.3.14) folgenden partiellen Differentialquotienten ein, nämlich $\partial U/\partial S = T$, $\partial U/\partial V = -p$, $\partial U/\partial\Sigma = \mu$, so erhalten wir die als Duhem-Gibbs-Gleichung bekannte Beziehung

$$U = TS - pV + \mu\,\Sigma. \tag{3.3.15}$$

Durch Übergang zu den Dichten vermittels $U = uV$, $S = sV$, $\Sigma = \sigma\,V$ in (3.3.14) und (3.3.15) ergeben sich unmittelbar die Relationen (3.3.12) und (3.3.13).

Aus (3.3.12) folgt jetzt für die Dichte f der freien Energie die Differentialbeziehung

$$df \equiv d\,(u - T\,s) = -\,s\,dT + \boldsymbol{E}\,d\boldsymbol{D} + \mu\,d\sigma \tag{3.3.16}$$

und daraus durch Integration bei festgehaltenem T und σ die der Formel (3.3.8) entsprechende Integralbeziehung

$$f(T, \sigma, \boldsymbol{D}) = f(T, \sigma, 0) + \int_0^{\boldsymbol{D}} \boldsymbol{E}\,d\boldsymbol{D}\,. \tag{3.3.17}$$

Aus ihr lassen sich bei Gültigkeit von $D = \varepsilon(T, \sigma)\, \varepsilon_0 E$ sofort $s = -\partial f/\partial T$ und $\mu = \partial f/\partial \sigma$ gewinnen. Mit diesen Werten finden wir für die Dichte $u = f + Ts$ der inneren Energie den Ausdruck

$$u(T, \sigma, D) = u(T, \sigma, 0) + \int_0^D \left(E - T\frac{\partial E}{\partial T}\right) dD = u(T, \sigma, 0) + \frac{E\,D}{2\,\varepsilon}\,\frac{\partial(\varepsilon\,T)}{\partial T}, \tag{3.3.18}$$

sowie für den Druck $p = Ts + \mu\,\sigma - u = \mu\,\sigma - f$ nach (3.3.13) die Beziehung

$$p(T, \sigma, D) = p(T, \sigma, 0) - \int_0^D \left(E - \sigma\frac{\partial E}{\partial \sigma}\right) dD = p(T, \sigma, 0) - \frac{E\,D}{2\,\varepsilon}\,\frac{\partial(\varepsilon\,\sigma)}{\partial \sigma}. \tag{3.3.19}$$

Aus diesen Beziehungen können wir einerseits ähnlich, wie wir es beim Kondensator getan haben, die bei der Polarisation eines Dielektrikums auftretende Wärmeentwicklung gewinnen bzw. Aufschluß über die bei adiabatisch-reversibler Prozeßführung auftretende Temperaturänderung erhalten. Andererseits zeigt die Formel (3.3.19), daß auch der hydrostatische Druck durch Anlegen eines elektrischen Feldes verändert wird und damit eine Volumenänderung bewirken kann, die man Elektrostriktion nennt. Auf diese Erscheinung bei Flüssigkeiten und Gasen werden wir im Abschnitt 3.6 näher eingehen, während die Verhältnisse in Festkörpern in dem wichtigen Fall der entsprechend verlaufenden Magnetostriktion im § 42 des III. Bandes behandelt werden sollen.

Die oben erwähnte Wärmeentwicklung bei der Polarisation eines Dielektrikums wirkt sich auch auf seine spezifische Wärme aus. Wir können ein Dielektrikum (bei konstant gehaltenem Volumen) entweder bei konstant gehaltenem D (d.h. im Kondensator bei konstanter Plattenladung) oder aber bei konstant gehaltenem E (d.h. bei konstant gehaltener Kondensatorspannung) erwärmen. Die entsprechenden spezifischen Wärmen seien γ_D und γ_E. Erstere ergibt sich unmittelbar aus (3.3.12)

$$\gamma_D = T\left(\frac{\partial s}{\partial T}\right)_D = \left(\frac{\partial u}{\partial T}\right)_D. \tag{3.3.20}$$

Für letztere gilt zunächst, wenn wir $u = u(T, D(E, T))$ setzen,

$$\gamma_E = T\left(\frac{\partial s}{\partial T}\right)_E = \left(\frac{\partial u}{\partial T}\right)_E - E\left(\frac{\partial D}{\partial T}\right)_E = \left(\frac{\partial u}{\partial T}\right)_D + \left(\left(\frac{\partial u}{\partial D}\right)_T - E\right)\left(\frac{\partial D}{\partial T}\right)_E.$$

Den letzten Klammerausdruck können wir noch umformen, wenn wir aus (3.3.12)

$$\left(\frac{\partial s}{\partial T}\right)_D = \frac{1}{T}\left(\frac{\partial u}{\partial T}\right)_D \quad \text{und} \quad \left(\frac{\partial s}{\partial D}\right)_T = \frac{1}{T}\left(\left(\frac{\partial u}{\partial D}\right)_T - E\right)$$

ableiten und jetzt die Integrabilitätsbedingung

$$\frac{\partial^2 s}{\partial T \partial D} = \frac{1}{T}\,\frac{\partial^2 u}{\partial T \partial D} = \frac{1}{T}\left(\frac{\partial^2 u}{\partial D\,\partial T} - \frac{\partial E}{\partial T}\right) - \frac{1}{T^2}\left(\frac{\partial u}{\partial D} - E\right)$$

benutzen; dann gilt

$$\left(\frac{\partial u}{\partial D}\right)_T = E - T\left(\frac{\partial E}{\partial T}\right)_D$$

und damit

$$\gamma_E = \left(\frac{\partial u}{\partial T}\right)_D - T\left(\frac{\partial E}{\partial T}\right)_D\left(\frac{\partial D}{\partial T}\right)_E. \tag{3.3.21}$$

Also ergibt sich für die Differenz der beiden spezifischen Wärmen

$$\gamma_E - \gamma_D = -T\left(\frac{\partial E}{\partial T}\right)_D \left(\frac{\partial D}{\partial T}\right)_E . \tag{3.3.22}$$

Dies läßt sich für $D = \varepsilon(T)\,\varepsilon_0\,E$ in der Form

$$\gamma_E - \gamma_D = T\,\frac{ED}{\varepsilon^2}\left(\frac{\mathrm{d}\varepsilon}{\mathrm{d}T}\right)^2 \tag{3.3.23}$$

schreiben. Zur Erwärmung bei konstanter Feldstärke wird somit mehr Energie benötigt als zur Erwärmung bei konstanter dielektrischer Verschiebung.

Bei normal polarisierbaren Substanzen ist der Unterschied zwischen γ_E und γ_D belanglos. Er wird aber bedeutungsvoll bei anomalen Substanzen, wie bei dem im Abschnitt 2.2 erwähnten Seignette-Salz und beim Bariumtitanat, die in elektrischer Hinsicht ein ähnliches Verhalten zeigen wie etwa Eisen in magnetischer Hinsicht, und zwar besonders in der Nähe der Umwandlungstemperaturen (Curie-Punkte).

Wir beschließen diese Betrachtungen über die Energieverhältnisse in elektrostatischen Systemen bei Anwesenheit von Isolatoren mit zwei Beispielen, in denen sich die Gesamtkraft auf einen solchen Körper bzw. das auf ihn ausgeübte Drehmoment nicht mehr unmittelbar aus den angreifenden Feldern berechnen lassen, wohl aber aus energetischen Betrachtungen.

1. Kraft auf ein Dielektrikum im Plattenkondensator. Wir betrachten einen Plattenkondensator der Länge l, der Breite b und des Plattenabstandes d. In diesen Kondensator werde nun von der einen Seite her in Längsrichtung ein den Zwischenraum ausfüllender Isolator der Dielektrizitätskonstante ε eingeführt. Gefragt wird jetzt nach der Kraft, mit der dieser Körper in den Kondensator hineingezogen wird.

Zu ihrer Berechnung gehen wir aus von der Vorstellung, daß das Einführen des Isolators isotherm-reversibel erfolgt, daß also die hierfür zuständige thermodynamische Funktion die freie Energie F ist. Wurde die Stirnfläche des Isolators bereits um die Strecke x in den Kondensator eingeschoben, so wird der gesamte feldabhängige Anteil der freien Energie gegeben durch

$$F_{el} = \int \frac{ED}{2}\,\mathrm{d}v = \frac{\varepsilon_0 E^2 b d}{2}\{\varepsilon x + (l - x)\}. \tag{3.3.24}$$

Wird beim weiteren Hineinschieben um δx die Kondensatorspannung V und damit auch die Feldstärke E, etwa durch Anschluß an eine Batterie, konstant gehalten, so vergrößert sich dabei F_{el} um

$$\delta F_{el} = (\varepsilon - 1)\,\varepsilon_0\,E^2\,b\,d\,\delta x/2\,.$$

Da sich hierbei auch die Aufladung des Kondensators

$$e = \varepsilon_0\,E\,b\,\{\varepsilon x + (l - x)\} \quad \text{um} \quad \delta e = (\varepsilon - 1)\,\varepsilon_0\,E\,b\,\delta x$$

ändert, leistet in diesem Fall die Batterie die Arbeit

$$\delta A_{el} = V\delta e = (\varepsilon - 1)\,\varepsilon_0\,E^2\,b\,d\,\delta x\,.$$

Ersichtlich wird von diesem Energiebetrag nur die Hälfte zur Erhöhung der Feldenergie benötigt. Die andere Hälfte findet sich wieder in der Arbeit $K\,\delta x$, die das Feld beim Verschieben des Isolators um die Strecke δx in den Kondensator hinein gegen die den Isolator im Gleichgewicht haltende äußere Kraft (z. B. Feder) leistet. Daher wird

$$K = (\varepsilon - 1)\,\varepsilon_0\,E^2\,b\,d/2\,, \tag{3.3.25}$$

wobei die mechanische Arbeit δA_{mech} auch aus (3.3.5) wegen der entgegengesetzten Richtungen von δx und K als $-K\,\delta x$ einzusetzen ist.

Ersetzt man den festen Isolator durch eine dielektrische Flüssigkeit, die in den Kondensator hineingezogen wird (Steighöhenmethode zur Bestimmung von ε), so wird der durch (3.3.25) gegebenen Kraftwirkung durch die Schwerkraft das Gleichgewicht gehalten.

2. Drehmoment auf ein dielektrisches Ellipsoid im homogenen Feld. Wir betrachten jetzt ein dielektrisches Ellipsoid, das in einem homogenen Feld $\boldsymbol{E}_0$ drehbar um seinen Mittelpunkt aufgehängt ist, und fragen nach seiner Gleichgewichtslage. Dabei wollen wir ε als praktisch temperaturunabhängig annehmen, so daß der elektrische Anteil der freien Energie gleich dem der inneren Energie ist; und diesen wollen wir im folgenden mit U bezeichnen.

Auch diese Frage läßt sich leicht auf dem Weg über die Feldenergie U beantworten. Hierzu ziehen wir von dem tatsächlichen U-Wert für das System mit dem Ellipsoid die Feldenergie U_0 für das System vor dem Einbringen des Ellipsoids ab:

$$U - U_0 = \frac{1}{2}\int (\boldsymbol{E}\,\boldsymbol{D} - \boldsymbol{E}_0\,\boldsymbol{D}_0)\,\mathrm{d}v\,. \tag{3.3.26}$$

Wir formen nun diesen Ausdruck vermittels der beiden Beziehungen

$$\int \boldsymbol{E}\,(\boldsymbol{D} - \boldsymbol{D}_0)\,\mathrm{d}v = 0 \qquad \text{und} \qquad \int \boldsymbol{E}_0\,(\boldsymbol{D} - \boldsymbol{D}_0)\,\mathrm{d}v = 0 \tag{3.3.27}$$

um, deren Richtigkeit wir für die erste Gleichung zeigen: Mit $\boldsymbol{E} = -\operatorname{grad}\varphi$ wird aus dem ersten Integral bei Anwendung des Gaußschen Integralsatzes auf den ganzen Raum zwischen eventuell vorhandenen Metallflächen

$$\int \boldsymbol{E}\,(\boldsymbol{D} - \boldsymbol{D}_0)\,\mathrm{d}v = -\oint\!\!\oint \varphi\,(D_n - D_{0n})\,\mathrm{d}f + \int \varphi\,(\operatorname{div}\boldsymbol{D} - \operatorname{div}\boldsymbol{D}_0)\,\mathrm{d}v\,,$$

da Unstetigkeiten zwischen zwei Isolatoren wegen der Stetigkeit von D_n keinen Beitrag liefern (und überdies auch durch kontinuierliche Übergänge ersetzt werden können). Hier verschwindet das erste Integral rechts, da φ auf Metallflächen konstant ist und dort $\oint\!\!\oint D_n\,\mathrm{d}f = \oint\!\!\oint D_{0n}\,\mathrm{d}f$ gilt, sofern sich deren Gesamtladungen nicht ändern; und das zweite Integral rechts verschwindet, da $\boldsymbol{D}$ und $\boldsymbol{D}_0$ im Raum die gleichen Quellen besitzen. Mit (3.3.27) läßt sich (3.3.26) umschreiben in

$$U - U_0 = \frac{1}{2}\int (\boldsymbol{E}\,\boldsymbol{D}_0 - \boldsymbol{E}_0\,\boldsymbol{D})\,\mathrm{d}v\,.$$

Hier verschwindet nun der Integrand für alle Stellen außerhalb des Ellipsoids, da dort überall zwischen $\boldsymbol{D}$ und $\boldsymbol{E}$ der gleiche Zusammenhang besteht wie zwischen $\boldsymbol{D}_0$ und $\boldsymbol{E}_0$. Innerhalb des Ellipsoids gilt aber $\boldsymbol{D}_0 = \varepsilon_0\,\boldsymbol{E}_0$ und $\boldsymbol{D} = \varepsilon\,\varepsilon_0\,\boldsymbol{E}$, so daß

$$U - U_0 = -\frac{(\varepsilon - 1)\,\varepsilon_0}{2}\int \boldsymbol{E}\,\boldsymbol{E}_0\,\mathrm{d}v \tag{3.3.28}$$

wird, wobei das Integral nur mehr über das Ellipsoid zu erstrecken ist.

Dieser vorerst noch für jede beliebige Form des Isolators gültige Ausdruck vereinfacht sich speziell für ein Ellipsoid dadurch, daß bei seinem Einbringen in ein homogenes Feld $\boldsymbol{E}_0$ das Feld $\boldsymbol{E}$ in seinem Innern nach den Ausführungen im Abschnitt 2.4c homogen wird. Und zwar gilt für $\boldsymbol{E} = \boldsymbol{E}_0 + \boldsymbol{E}'$ mit (2.4.12) und (2.4.13)

$$E_x = E_{0x}/(1 + \chi A)\,, \quad E_y = E_{0y}/(1 + \chi B)\,, \quad E_z = E_{0z}/(1 + \chi C)\,, \tag{3.3.29}$$

wenn die Koordinatenachsen mit den Hauptachsen des Ellipsoids zusammenfallen und A, B, C die durch (2.4.20) gegebenen Entelektrisierungsfaktoren bedeuten. Somit wird

$$U - U_0 = -\frac{2\pi(\varepsilon - 1)\,\varepsilon_0\, a\, b\, c}{3}\left(\frac{E_{0x}^2}{1+\chi A} + \frac{E_{0y}^2}{1+\chi B} + \frac{E_{0z}^2}{1+\chi C}\right). \qquad (3.3.30)$$

Aus dieser Formel ersehen wir zunächst, daß es wegen $\varepsilon > 1$ energetisch günstiger ist, wenn sich das Ellipsoid im Feld befindet; es wird also in das Feld hineingezogen. Da ferner nach (2.4.20) im Fall $a \geq b \geq c$ für die Entelektrisierungsfaktoren $A \leq B \leq C$ gilt, ist es wegen $\chi > 0$ energetisch am günstigsten, wenn sich das Ellipsoid mit seiner längsten Achse in die Feldrichtung stellt.

Fragen wir nach dem Drehmoment, das ein Ellipsoid erfährt, dessen längste Achse mit dem Feld den Winkel ϑ einschließt und dessen mittlere Achse senkrecht zum Feld festgehalten wird, so haben wir in (3.3.30) offenbar $E_{0x} = E_0 \cos\vartheta$, $E_{0y} = 0$, $E_{0z} = E_0 \sin\vartheta$ zu setzen. Dann gilt für das Drehmoment um die mittlere Achse (wegen $\chi = \varepsilon - 1$)

$$N = -\frac{\partial U}{\partial \vartheta} = -\frac{2\pi(\varepsilon - 1)^2\,\varepsilon_0\, a\, b\, c\, E_0^2}{3}\,\frac{(C - A)\sin 2\vartheta}{(1+\chi A)(1+\chi C)}. \qquad (3.3.31)$$

Wir finden also zwei Gleichgewichtslagen bei $\vartheta = 0$ und $\vartheta = \pi/2$, von denen die erste (bzw. die damit identische bei $\vartheta = \pi$) stabil, die zweite labil ist.

Gäbe es eine Substanz mit $\varepsilon < 1$, so würde ein aus ihr gefertigtes Ellipsoid zwar aus dem Feld herausgedrückt werden, sich aber, wenn es im Feld drehbar festgehalten wird, wiederum mit seiner längsten Achse in die Feldrichtung einstellen.

3.4. Die elektrische Kraftdichte in einem polarisierten Dielektrikum

Wir wollen nun allgemein die Kraftwirkungen in einem Isolator untersuchen und fragen dabei im besonderen nach der Kraft $\boldsymbol{k}\,\mathrm{d}v$, die das Feld auf ein Volumenelement $\mathrm{d}v$ des Dielektrikums ausübt. Man könnte hierbei zunächst daran denken, die Kraftdichte $\boldsymbol{k}$ entweder in der Form

$$\boldsymbol{k} = (\varrho + \varrho_P)\,\boldsymbol{E} = (\varrho - \operatorname{div}\boldsymbol{P})\,\boldsymbol{E} = \varepsilon_0\,\boldsymbol{E}\operatorname{div}\boldsymbol{E}$$

anzusetzen, indem man von der im Volumenelement enthaltenen Gesamtladung $(\varrho + \varrho_p)\,\mathrm{d}v$ einschließlich der Polarisationsladung nach (2.2.2) ausgeht, oder in der Form

$$\boldsymbol{k} = \varrho\,\boldsymbol{E} + (\boldsymbol{P}\,\nabla)\,\boldsymbol{E}$$

anzuschreiben, indem man das Dipolmoment $\boldsymbol{P}\,\mathrm{d}v$ dieses Elementes betrachtet und für die Kraftwirkung des Feldes auf dieses Moment die Formel (3.1.6) heranzieht. Zwar führen beide Ausdrücke zur gleichen Gesamtkraft auf den Isolator, wenn man beim ersten Ausdruck noch die Kraftwirkung auf die Polarisationsladung $P_n\,\mathrm{d}f$ eines Elementes $\mathrm{d}f$ der Oberfläche hinzunimmt und über die ganze Oberfläche integriert. Doch ist in beiden Ansätzen nicht berücksichtigt, daß man bei Kraftwirkungen in der Materie nicht mit der mittleren Feldstärke $\boldsymbol{E}$ rechnen muß, sondern, wie im Abschnitt 2.2 erwähnt wurde, mit der wirksamen Feldstärke $\boldsymbol{F}$. Und überdies darf man bei solchen Produktgrößen zweiten Grades nicht vergessen, daß der Mittelwert eines Produkts zweier Feldfunktionen im allgemeinen nicht gleich dem Produkt ihrer Mittelwerte ist.

Um den richtigen Wert der makroskopischen Kraftdichte $\boldsymbol{k}$ zu gewinnen, ziehen wir, ähnlich wie in den vorhergehenden Abschnitten, den Energiesatz heran. Dazu denken wir uns die im Feld befindliche Materie irgendwie bewegt, und zwar sei $\boldsymbol{s}(\boldsymbol{r})$ die durchweg als klein angenommene Verschiebung des an der Stelle $\boldsymbol{r}$ befindlichen Materieelements. Nun ist offenbar $\boldsymbol{s}\,\boldsymbol{k}\,\mathrm{d}v$ die von der Kraftdichte $\boldsymbol{k}$ bei dieser Verschiebung vom Feld am Volumenelement $\mathrm{d}v$ geleistete Arbeit. Dann verlangt der Energiesatz, daß die im ganzen Raum vom Feld an der Materie geleistete Arbeit gleich der Abnahme der gesamten freien Feldenergie F ist:

$$\int \boldsymbol{s}\,\boldsymbol{k}\,\mathrm{d}v = -\,\delta F = -\,\delta\left(\int \mathrm{d}v \int_0^{D} \boldsymbol{E}\,\mathrm{d}\boldsymbol{D}\right). \tag{3.4.1}$$

Gelingt es nun, den Ausdruck auf der rechten Seite dieser Gleichung auf die Form $\int \boldsymbol{s}\,\tilde{\boldsymbol{k}}\,\mathrm{d}v$ zu bringen, mit einer von $\boldsymbol{s}$ unabhängigen Funktion $\tilde{\boldsymbol{k}}$ der elektrischen Feldgrößen, so können wir durch Vergleich der Integranden in (3.4.1) wegen der völlig willkürlich wählbaren Verschiebungsfunktion $\boldsymbol{s}$ unmittelbar auf $\boldsymbol{k} = \tilde{\boldsymbol{k}}$ schließen.

Hierbei wollen wir der Kürze halber nur Isolatoren betrachten, für die $\boldsymbol{D} = \varepsilon\,\varepsilon_0\,\boldsymbol{E}$ gilt mit einer skalaren, feldunabhängigen Dielektrizitätskonstante $\varepsilon\,(\boldsymbol{r})$, die eine eindeutige Funktion der Massendichte $\sigma(\boldsymbol{r})$ ist. Außerdem wollen wir die Möglichkeit offenlassen, daß das Dielektrikum aufgeladen ist, also eine wahre Ladungsdichte $\varrho(\boldsymbol{r})$ trägt.

Für die erwähnte Umformung von δF schreiben wir zunächst

$$\delta F = \delta \int \frac{D^2}{2\varepsilon\,\varepsilon_0}\,\mathrm{d}v = \int \frac{\boldsymbol{D}\,\delta \boldsymbol{D}}{\varepsilon\,\varepsilon_0}\,\mathrm{d}v - \int \frac{D^2\,\delta\varepsilon}{2\varepsilon^2\,\varepsilon_0}\,\mathrm{d}v = \int \boldsymbol{E}\,\delta \boldsymbol{D}\,\mathrm{d}v - \frac{\varepsilon_0}{2}\int E^2\,\delta\varepsilon\,\mathrm{d}v\,. \tag{3.4.2}$$

Wegen $\boldsymbol{E} = -\operatorname{grad}\varphi$ und $\operatorname{div}\boldsymbol{D} = \varrho$ läßt sich der Integrand des ersten Integrals rechts folgendermaßen umformen:

$$\boldsymbol{E}\,\delta \boldsymbol{D} = -\operatorname{div}(\varphi\,\delta \boldsymbol{D}) + \varphi \operatorname{div}\delta \boldsymbol{D} = -\operatorname{div}(\varphi\,\delta \boldsymbol{D}) + \varphi\,\delta\varrho\,.$$

Da das Volumenintegral über $\operatorname{div}(\varphi\,\delta\boldsymbol{D})$ nach dem Gaußschen Satz in ein Integral über die unendlich ferne Fläche und über allenfalls vorhandene, festgehaltene Metalloberflächen umgeformt werden kann und daher dort wegen $\delta\boldsymbol{D} = 0$ bzw. wegen $\oint\!\!\oint \varphi\,\delta D_n\,\mathrm{d}f = 0$ verschwindet, während Grenzen zwischen verschiedenen Isolatoren zur Vereinfachung durch stetige Übergänge ersetzt werden können und daher ebenfalls keinen Beitrag liefern, erhalten wir aus (3.4.2)

$$\delta F = \int \varphi\,\delta\varrho\,\mathrm{d}v - \frac{\varepsilon_0}{2}\int E^2\,\delta\varepsilon\,\mathrm{d}v\,. \tag{3.4.3}$$

Wir haben nun die Änderungen von ϱ und ε mit der vorgegebenen Verschiebung $\boldsymbol{s}$ der Materie in Verbindung zu bringen. Bei dieser Bewegung schiebt sich durch ein im Raum festes Flächenelement $\mathrm{d}f$ mit der Normalenrichtung $\boldsymbol{n}$ zusammen mit der Materie die mit ihr fest verbundene Elektrizitätsmenge $\varrho\,s_n\,\mathrm{d}f$ hindurch. Für ein raumfestes Volumen gilt daher die Beziehung

$$\int \delta\varrho\,\mathrm{d}v = -\oint\!\!\oint \varrho\,s_n\,\mathrm{d}f = -\int \operatorname{div}(\varrho\,\boldsymbol{s})\,\mathrm{d}v\,,$$

letzteres wegen des Gaußschen Satzes. Wir erhalten so bei Anwendung auf ein kleines Volumenelement

$$\delta\varrho = -\operatorname{div}(\varrho\,\boldsymbol{s})\,. \tag{3.4.4}$$

Eine analoge Formel gilt für die Änderung der Massendichte σ:

$$\delta \sigma = -\operatorname{div}(\sigma \boldsymbol{s}). \tag{3.4.5}$$

Wegen der oben formulierten Annahme, daß ε eine eindeutige Funktion von σ ist, folgt daraus

$$\delta \varepsilon = \frac{\mathrm{d}\varepsilon}{\mathrm{d}\sigma}\delta \sigma = -\frac{\mathrm{d}\varepsilon}{\mathrm{d}\sigma}\operatorname{div}(\sigma \boldsymbol{s}). \tag{3.4.6}$$

Damit und mit (3.4.4) erhalten wir aus (3.4.3)

$$\delta F = -\int \varphi \operatorname{div}(\varrho \boldsymbol{s})\,\mathrm{d}v + \frac{\varepsilon_0}{2}\int \boldsymbol{E}^2 \frac{\mathrm{d}\varepsilon}{\mathrm{d}\sigma}\operatorname{div}(\sigma \boldsymbol{s})\,\mathrm{d}v.$$

Hier können wir die in den beiden Divergenzen enthaltenen Differentiationen durch partielle Integrationen überwälzen auf die davor stehenden Faktoren, wobei die auftretenden Flächenintegrale wiederum keine Beiträge liefern, und erhalten so

$$\delta F = -\int \left\{\varrho \boldsymbol{E} + \frac{\varepsilon_0 \sigma}{2}\operatorname{grad}\left(\boldsymbol{E}^2 \frac{\mathrm{d}\varepsilon}{\mathrm{d}\sigma}\right)\right\}\boldsymbol{s}\,\mathrm{d}v. \tag{3.4.7}$$

Damit haben wir wirklich einen Ausdruck von der Form des Arbeitsintegrals in (3.4.1) gefunden, aus dem wir unmittelbar die Kraftdichte $\boldsymbol{k}$ entnehmen können:

$$\boldsymbol{k} = \varrho \boldsymbol{E} + \frac{\varepsilon_0 \sigma}{2}\operatorname{grad}\left(\boldsymbol{E}^2 \frac{\mathrm{d}\varepsilon}{\mathrm{d}\sigma}\right). \tag{3.4.8}$$

Wegen $\operatorname{grad} \varepsilon = (\mathrm{d}\varepsilon/\mathrm{d}\sigma) \operatorname{grad} \sigma$ können wir sie auch in der Form

$$\boldsymbol{k} = \varrho \boldsymbol{E} - \frac{\varepsilon_0 \boldsymbol{E}^2}{2}\operatorname{grad} \varepsilon + \frac{\varepsilon_0}{2}\operatorname{grad}\left(\boldsymbol{E}^2 \sigma \frac{\mathrm{d}\varepsilon}{\mathrm{d}\sigma}\right) \tag{3.4.9}$$

schreiben. Wir wollen diese Ausdrücke näher betrachten:

Der erste Anteil von $\boldsymbol{k}$ in (3.4.8) und (3.4.9) gibt die bekannte Kraftwirkung auf die wahren Ladungen.

Der zweite Anteil von $\boldsymbol{k}$ in (3.4.9) ist überall dort wirksam, wo ε örtlich variiert; insbesondere liefert er an der Grenzfläche eines Isolators gegen das Vakuum eine auf der Oberfläche senkrecht stehende Kraft, die diesen in das Vakuum hineinzuziehen strebt. Er ist daher auch verantwortlich für die im ersten Anwendungsbeispiel des Abschnitts 3.3 ermittelte Kraft, mit der ein homogenes Dielektrikum, also z.B. die Isolatorplatte, in einen Plattenkondensator hineingezogen wird. In diesem Fall heben sich die Kraftbeiträge an der Unter- und Oberseite der Platte gegenseitig auf, und es bleibt nur ein Beitrag übrig von der Stirnfläche der Platte im Kondensator. Da hier $\boldsymbol{E}$ parallel zur Grenzfläche steht und daher in der Platte den gleichen Wert hat wie außerhalb, gibt die Volumenintegration über den zweiten $\boldsymbol{k}$-Anteil von (3.4.9) in diesem Fall $(\varepsilon - 1)\,\varepsilon_0\,\boldsymbol{E}^2\,bd/2$, also genau den Wert (3.3.25).

Der dritte Anteil von $\boldsymbol{k}$ in (3.4.9) schließlich führt als Gradient zu keiner resultierenden Gesamtkraft auf das Dielektrikum; denn das mit ihm gebildete Volumenintegral läßt sich in ein Flächenintegral über eine außerhalb des Dielektrikums liegende Fläche umformen, wo σ verschwindet. Wohl aber wird er von entscheidender Bedeutung, wenn wir nach der Form- oder Volumenänderung des Dielektrikums im elektrischen Feld fragen. Wir werden uns mit solchen Fragen im Abschnitt 3.6 beschäftigen.

Zuvor aber wollen wir noch vermittels (3.4.9) die Kraft berechnen, welche infolge der Kraftdichte $\boldsymbol{k}$ auf einen Materiebereich endlicher Größe ausgeübt wird. Wir werden dabei eine bemerkenswerte Eigenschaft der elektrischen Kräfte kennen lernen, die für die Faraday-Maxwellsche Feldtheorie charakteristisch ist.

Anmerkung. Beim Übergang von den SI-Einheiten zu denen des Gaußschen Systems bleiben die vorstehenden Überlegungen und Rechnungen formal ungeändert; nur ist durchweg statt ε_0 der Faktor $1/4\pi$ einzuführen.

3.5. Die Maxwellschen Spannungen

Nach Faraday und Maxwell gibt es keine Fernkräfte; vielmehr werden alle Kraftwirkungen in kontinuierlicher Weise durch das elektromagnetische Feld von einem Körper zum anderen übertragen. Bei einem gespannten elastischen Material ist uns die Vorstellung einer kontinuierlichen (feldmäßigen) Kraftübertragung durchaus geläufig. In ähnlicher Weise erblickte Faraday auch den Sitz der elektromagnetischen Kraftwicklung in einem eigentümlichen Spannungszustand des von elektrischen oder magnetischen Feldern erfüllten Raumes. Denken wir uns ein im elektrostatischen Gleichgewicht befindliches System durch eine beliebige geschlossene Fläche f in zwei Teile 1 und 2 geteilt, so muß nach der Faradayschen Vorstellung die gesamte Kraft, die von 2 auf 1 ausgeübt wird, auf irgendeine Weise durch die Fläche f hindurchtreten. Dabei soll es ganz gleichgültig sein, ob die Fläche teilweise oder auch ganz im leeren Raum verläuft.

Die strenge Durchführung dieses Bildes leistete Maxwell durch den Nachweis, daß die gesamte auf den Teil 1 ausgeübte Kraftwirkung $\boldsymbol{K} = \int \boldsymbol{k}\, \mathrm{d}v$ durch Flächenkräfte dargestellt werden kann, die an der Begrenzung f dieses Teiles angreifen. Bezeichnen wir mit $\boldsymbol{T}_n\, \mathrm{d}f$ eine Kraft, die am Flächenelement $\mathrm{d}f$ dieser Begrenzung mit der äußeren Normale $\boldsymbol{n}$ wirken soll, so ist es tatsächlich möglich, eine nur von den Feldgrößen am Ort von $\mathrm{d}f$ und von ε abhängige $\boldsymbol{T}_n$-Funktion zu finden derart, daß

$$\boldsymbol{K} = \int \boldsymbol{k}\, \mathrm{d}v = \oint\!\!\oint \boldsymbol{T}_n\, \mathrm{d}f \tag{3.5.1}$$

gilt. Die Umformung ist nach dem Satz von Gauß geleistet, sobald es gelingt, die Komponenten von $\boldsymbol{k}$ in der Form einer Divergenz darzustellen:

$$k_x = \frac{\partial T_{xx}}{\partial x} + \frac{\partial T_{xy}}{\partial y} + \frac{\partial T_{xz}}{\mathrm{d}z}, \quad k_y = \cdots, \quad k_z = \cdots. \tag{3.5.2}$$

Denn dann folgt aus (3.5.1) für die x-Komponente von $\boldsymbol{K}$

$$K_x = \int \left(\frac{\partial T_{xx}}{\partial x} + \frac{\partial T_{xy}}{\partial y} + \frac{\partial T_{xz}}{\partial z} \right) \mathrm{d}v = \oint\!\!\oint (T_{xx} n_x + T_{xy} n_y + T_{xz} n_z)\, \mathrm{d}f; \tag{3.5.3}$$

und hier steht in der Klammer des Flächenintegrals genau die x-Komponente des Vektors $\boldsymbol{T}_n$, da wir diesen als Skalarprodukt aus dem Tensor $\mathbf{T}$ mit dem Einheitsvektor $\boldsymbol{n}$ schreiben können (vgl. Abschnitt 13.3).

Um dem Ausdruck (3.4.9) für k_x die Form (3.5.2) zu geben, schreiben wir für den ersten Anteil von k_x

$$\varrho E_x = E_x \operatorname{div} \boldsymbol{D} = \operatorname{div}(E_x \boldsymbol{D}) - \boldsymbol{D} \operatorname{grad} E_x$$

und für den zweiten Anteil

$$-\frac{\varepsilon_0}{2} E^2 \frac{\partial \varepsilon}{\partial x} = -\frac{\varepsilon_0}{2} \frac{\partial}{\partial x} (\varepsilon E^2) + \varepsilon \varepsilon_0 E \frac{\partial E}{\partial x} = -\frac{\varepsilon_0}{2} \frac{\partial}{\partial x} (\varepsilon E^2) + \boldsymbol{D} \operatorname{grad} E_x,$$

wobei wir bei der letzten Umformung die Wirbelfreiheit von E benutzt haben. Da der dritte Anteil von k_x in (3.4.9) bereits als Ableitung nach x angeschrieben ist, können wir die drei Anteile von k_x zusammenfassen als

$$k_x = \varepsilon_0 \left(\frac{\partial}{\partial x} \left\{ \varepsilon E_x^2 - \frac{E^2}{2} \left(\varepsilon - \sigma \frac{\mathrm{d}\varepsilon}{\mathrm{d}\sigma} \right) \right\} + \frac{\partial}{\partial y} \{ \varepsilon E_x E_y \} + \frac{\partial}{\partial z} \{ \varepsilon E_x E_z \} \right). \tag{3.5.4}$$

Daraus folgt für den Maxwellschen Spannungstensor die Komponentenmatrix

$$\mathsf{T} \equiv \varepsilon_0 \begin{bmatrix} \varepsilon E_x^2 - \frac{E^2}{2}\left(\varepsilon - \sigma \frac{\mathrm{d}\varepsilon}{\mathrm{d}\sigma}\right) & \varepsilon E_x E_y & \varepsilon E_x E_z \\ \varepsilon E_x E_y & \varepsilon E_y^2 - \frac{E^2}{2}\left(\varepsilon - \sigma \frac{\mathrm{d}\varepsilon}{\mathrm{d}\sigma}\right) & \varepsilon E_y E_z \\ \varepsilon E_x E_z & \varepsilon E_y E_z & \varepsilon E_z^2 - \frac{E^2}{2}\left(\varepsilon - \sigma \frac{\mathrm{d}\varepsilon}{\mathrm{d}\sigma}\right) \end{bmatrix} \tag{3.5.5}$$

Speziell für ein Flächenstück im Vakuum nimmt diese Matrix die einfache Form

$$\mathsf{T} \equiv \varepsilon_0 \begin{bmatrix} E_x^2 - \frac{E^2}{2} & E_x E_y & E_x E_z \\ E_x E_y & E_y^2 - \frac{E^2}{2} & E_y E_z \\ E_x E_z & E_y E_z & E_z^2 - \frac{E^2}{2} \end{bmatrix} \tag{3.5.6}$$

an.

Speziell für den Fall, daß ε nach (2.2.13) durch $\varepsilon = 1 + n\,\alpha/(\varepsilon_0 - n\,\alpha/3)$ gegeben ist, folgt mit der Teilchendichte $n = \sigma/m$ für den in (3.5.5) auftretenden Faktor $\varepsilon - \sigma\,\mathrm{d}\varepsilon/\mathrm{d}\sigma$ der Wert $1 - (\varepsilon - 1)^2/3$. Hieran erkennt man besonders deutlich, daß sich für nicht zu dichte Gase die beiden Tensoren (3.5.5) und (3.5.6) in den in der Hauptdiagonale hinzutretenden Gliedern mit $\varepsilon_0 E^2/2$ praktisch kaum unterscheiden.

Wir können uns das durch T gegebene Spannungsfeld folgendermaßen anschaulich machen: Wir legen bei einem bestimmten Flächenelement $\mathrm{d}f$ das Koordinatensystem so, daß die n-Richtung mit der positiven z-Richtung zusammenfällt und der E-Vektor in der x-z-Ebene liegt (Abb. 3.3). Bezeichnen wir den Winkel zwischen n und E mit ϑ, so gilt für die Komponenten der Feldstärke

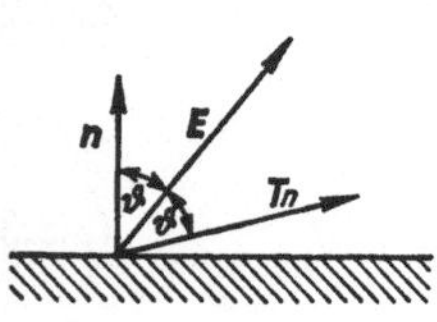

Abb. 3.3
Der Winkel zwischen der Maxwellschen Flächenkraft T_n und der Flächennormale n wird von der Richtung der Feldstärke E halbiert

$$E_x = E \sin\vartheta, \qquad E_y = 0, \qquad E_z = E\cos\vartheta \tag{3.5.7}$$

und für die Komponenten der Flächenkraft T_z nach (3.5.6)

$$T_{zx} = \frac{\varepsilon_0}{2} E^2 \sin 2\vartheta, \qquad T_{zy} = 0, \qquad T_{zz} = \frac{\varepsilon_0}{2} E^2 \cos 2\vartheta. \tag{3.5.8}$$

Somit ist der Betrag der Flächenkraft $\varepsilon_0 E^2/2$ unabhängig von der Orientierung des Flächenelements gegen das Feld. Die Flächenkraft selbst liegt in der von n und E aufgespannten Ebene und schließt, wie in Abb. 3.3 gezeigt, mit dem Vektor E den gleichen Winkel ein wie dieser mit dem Normalenvektor n. Steht E speziell senkrecht auf dem

Flächenelement ($\vartheta = 0$), so gilt dies auch für den T_z-Vektor; wir haben eine reine Zugspannung. Liegt E in der Ebene des Flächenelements, steht T_z wiederum senkrecht auf dem Flächenelement, ist aber jetzt dem n-Vektor entgegengerichtet und wirkt daher als reiner Druck.

Wir illustrieren diesen Tatbestand durch Betrachtung der Kraft, die zwei gleich große Punktladungen aufeinander ausüben für den Fall, daß die beiden Ladungen gleiches Vorzeichen (Abstoßung) oder entgegengesetztes Vorzeichen (Anziehung) haben. Die beiden Ladungen mögen auf der x-Achse bei $x = + a$ und $x = - a$ liegen. Als Teilvolumen 1 unseres Systems betrachten wir den Halbraum $x < 0$, begrenzt durch die y-z-Ebene und eine unendlich ferne Fläche. An letzterer wirkt keine Spannung, da die T_x-Komponenten in großen Abständen vom Nullpunkt mindestens wie $1/r^4$ gegen Null gehen. Es bleibt allein die durch die Symmetrieebene übertragene Kraftwirkung.

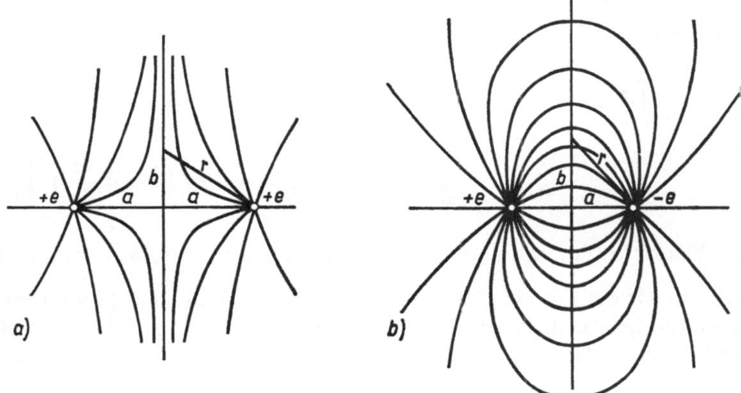

Abb. 3.4 Abstoßung gleicher und Anziehung entgegengesetzt gleicher Punktladungen

Bei gleichen Ladungen ($e_1 = e_2 = e$) ist dort nach Abb. 3.4a) das Feld überall parallel zur Fläche; es geht also von der rechten Ladung eine reine Druckwirkung auf den linken Halbraum und damit auf die linke Ladung aus. Für einen Punkt im Abstand b von der Achse gilt $E = e\, b/2\pi\, \varepsilon_0\, r^3$ und daher $|\, T_x \,| = e^2\, b^2/8\pi^2\, \varepsilon_0\, r^6$. Damit wird wegen $r^2 = a^2 + b^2$ und $\mathrm{d}f = 2\pi\, b\, \mathrm{d}b$

$$K = \int\limits_0^\infty \frac{e^2\, b^2\, \pi\, \mathrm{d}\,(b^2)}{8\pi^2\, \varepsilon_0\, (a^2 + b^2)^3} = \frac{e^2}{16\pi\, \varepsilon_0\, a^2} = \frac{e^2}{4\pi\, \varepsilon_0\, (2a)^2},$$

entsprechend der Coulombschen Abstoßung.

Bei entgegengesetzt gleichen Ladungen ($e_1 = - e_2 = e$) verlaufen nach Abb. 3.4b) die Feldlinien überall senkrecht zur Mittelebene; wir haben also reinen Zug. Und zwar gilt jetzt $E = e\, a/2\pi\, \varepsilon_0\, r^3$ und daher $|\, T_x \,| = e^2\, a^2/8\pi^2\, \varepsilon_0\, r^6$. Somit finden wir wieder die Coulomb-Kraft

$$K = \int\limits_0^\infty \frac{e^2\, a^2\, \pi\, \mathrm{d}\,(b^2)}{8\pi^2\, \varepsilon_0\, (a^2 + b^2)^3} = \frac{e^2}{16\pi\, \varepsilon_0\, a^2},$$

nunmehr aber als Anziehungskraft.

Schließlich möge an einem einfachen Beispiel gezeigt werden, wie wir mit Hilfe der Maxwellschen Spannungen typische Oberflächeneffekte behandeln können. Bei den vorstehenden Ausführungen hatten wir zur Vereinfachung unstetige Übergänge zwischen verschiedenen Medien durch stetige Übergänge ersetzt gedacht. Fragen wir aber etwa speziell nach der Kraftwirkung auf die an einer Grenzfläche sitzenden Ladungen, z.B. an einer Metalloberfläche, ist diese Vereinfachung nicht mehr zulässig. Wir fragen daher jetzt nach der Gesamtkraft auf einen kleinen Volumenbereich von der Gestalt eines flachen Zylinders, dessen Basis- und Deckfläche der Größe $\mathrm{d}f$ unter- und oberhalb der Mediengrenze bzw. Übergangszone liegen und dessen Höhe klein gegen die Linearausdehnung von $\mathrm{d}f$ sein soll. Diese Kraft läßt sich nun nach Maxwell aus den Spannungen an der Basis- und Deckfläche des Zylinders berechnen, während der Beitrag der Mantelfläche als klein von höherer Ordnung vernachlässigt werden kann. Bezeichnen wir die Werte der Feldgrößen an der Basis- und Deckfläche durch die Indizes 1 und 2 und wählen die Richtung des Normalenvektors von 1 nach 2, so erhalten wir als Kraft auf den Zylinder nach (3.5.3) und (3.5.5)

$$\int \boldsymbol{k}\,\mathrm{d}v = \varepsilon_0\,\mathrm{d}f\left\{[\varepsilon_2\,\boldsymbol{E}_2\,(\boldsymbol{E}_2\,\boldsymbol{n}) - \varepsilon_1\,\boldsymbol{E}_1\,(\boldsymbol{E}_1\,\boldsymbol{n})] - \frac{\boldsymbol{n}}{2}\left[E_2^2\left(\varepsilon - \sigma\frac{\mathrm{d}\varepsilon}{\mathrm{d}\sigma}\right)_2 - E_1^2\left(\varepsilon - \sigma\frac{\mathrm{d}\varepsilon}{\mathrm{d}\sigma}\right)_1\right]\right\}. \tag{3.5.9}$$

Der Faktor von $\mathrm{d}f$ kann also als Spannung an der Grenzfläche bezeichnet werden.

Wenden wir die Formel (3.5.9) auf den einfachen Fall eines Metalls im Vakuum an, so haben wir im Metallinnern $\boldsymbol{E}_1 = 0$. Ferner wissen wir, daß das Außenfeld $\boldsymbol{E}_2 = \boldsymbol{E}$ auf der Metalloberfläche senkrecht steht; und es gilt $\varepsilon_2 = 1$. Dann erhalten wir aus (3.5.9)

$$\int \boldsymbol{k}\,\mathrm{d}v = \varepsilon_0\,\mathrm{d}f\{\boldsymbol{E}\,(\boldsymbol{E}\,\boldsymbol{n}) - \boldsymbol{n}\,E^2/2\} = \mathrm{d}f\,\boldsymbol{E}\,\sigma/2\,, \tag{3.5.10}$$

wobei wir die Tatsache benutzt haben, daß die Oberflächenladungsdichte σ durch $\varepsilon_0\,\boldsymbol{E} = \boldsymbol{D} = \sigma\,\boldsymbol{n}$ gegeben ist. Dieses Ergebnis einschießlich des Faktors 1/2 ist im Einklang mit der Formel (3.2.8) für die Kraftwirkung in einem Plattenkondensator. Denn die in (3.5.10) auftretende, bzw. wirksam werdende Feldstärke $\boldsymbol{E}/2$ ist bedingt durch die Feldbeiträge der außerhalb des Metalls liegenden Ladungen (wie auch bei (3.2.8) der Beitrag der anderen Kondensatorplatte). Sie setzt sich mit dem Eigenfeld der Flächenladung σ im Außenraum zum Wert $\boldsymbol{E}$ zusammen und kompensiert sich innerhalb des Metalls mit ihm zum Wert Null.

3.6. Elektrische Kraftwirkungen in homogenen Flüssigkeiten und Gasen

Wir haben im Abschnitt 3.4 die Kraftdichte berechnet, die ein elektrisches Feld im Innern eines Dielektrikums erzeugt. Ihr müssen im Zustand des Gleichgewichtes elastische Kräfte bzw. Spannungen entgegenwirken. In Flüssigkeiten und Gasen gibt es im statischen Fall nur eine Art von elastischen Spannungen, nämlich den allseitig gleichen Druck $p = p\,(T, \sigma)$. Ist dieser mit dem Ort veränderlich, so wirkt auf ein Volumenelement $\mathrm{d}v$ infolge des Druckgefälles die Kraft $-\operatorname{grad} p\,\mathrm{d}v$. Im Gleichgewicht muß diese

Druckkraft entgegengesetzt gleich der im Abschnitt 3.4 berechneten elektrostatischen Kraft $\boldsymbol{k}\,\mathrm{d}v$ sein. In der ungeladenen Flüssigkeit ($\varrho = 0$) lautet somit wegen (3.4.8) die Gleichgewichtsbedingung

$$\sigma \operatorname{grad}\left(\frac{\varepsilon_0 E^2}{2} \frac{\mathrm{d}\varepsilon}{\mathrm{d}\sigma}\right) - \operatorname{grad} p = 0\,. \tag{3.6.1}$$

Wegen der Bedeutung dieser Gleichung und als Bestätigung für die Richtigkeit der $\boldsymbol{k}$-Berechnung im Abschnitt 3.4 wollen wir sie nochmals, und zwar auf einem ganz anderen Weg, ableiten. Den Ausgangspunkt bilden die beiden Beziehungen (3.3.12) und (3.3.13), aus denen durch Elimination der Energiedichte u die Gleichgewichtsbedingung

$$s\,\mathrm{d}T + \sigma\,\mathrm{d}\mu - \mathrm{d}p_D - \boldsymbol{E}\,\mathrm{d}\boldsymbol{D} = 0 \tag{3.6.2}$$

folgt. Hierbei haben wir den hier auftretenden Druck, der ja nach (3.3.19) von den elektrischen Feldgrößen abhängt, mit $p\,(T, \sigma, \boldsymbol{D}) \equiv p_D\,(T, \sigma)$ bezeichnet, während sein feldunabhängiger, in (3.6.1) enthaltener Anteil weiterhin als $p\,(T, \sigma, 0) \equiv p\,(T, \sigma)$ angeschrieben wird. Nun haben nach der Thermodynamik im Gleichgewichtszustand die Temperatur T ebenso wie das thermochemische Potential μ überall innerhalb des Systems die gleichen Werte; daher reduziert sich die Gleichgewichtsbedingung (3.6.2) auf die beiden letzten Glieder. Führen wir nun für p_D seinen Wert aus (3.3.19) ein, so erhalten wir für sie die Beziehung

$$-\,\mathrm{d}p + \mathrm{d}\left(\frac{ED}{2\varepsilon} \frac{\mathrm{d}(\varepsilon\sigma)}{\mathrm{d}\sigma}\right) - \boldsymbol{E}\,\mathrm{d}\boldsymbol{D} = 0\,. \tag{3.6.3}$$

Setzen wir hier im zweiten Glied $\boldsymbol{D} = \varepsilon\,\varepsilon_0\,\boldsymbol{E}$, so wird dieses Glied gleich

$$\mathrm{d}\left(\frac{\varepsilon_0 E^2}{2}\left[\varepsilon + \sigma\frac{\mathrm{d}\varepsilon}{\mathrm{d}\sigma}\right]\right) = \varepsilon\,\varepsilon_0\,\boldsymbol{E}\,\mathrm{d}\boldsymbol{E} + \frac{\varepsilon_0 E^2}{2}\,\mathrm{d}\varepsilon + \frac{\varepsilon_0 E^2}{2}\frac{\mathrm{d}\varepsilon}{\mathrm{d}\sigma}\,\mathrm{d}\sigma + \sigma\,\mathrm{d}\left(\frac{\varepsilon_0 E^2}{2}\frac{\mathrm{d}\varepsilon}{\mathrm{d}\sigma}\right).$$

Wegen $(\mathrm{d}\varepsilon/\mathrm{d}\sigma)\,\mathrm{d}\sigma = \mathrm{d}\varepsilon$ sind hier das zweite und dritte Glied gleich groß und geben zusammen mit dem ersten $\varepsilon_0\,\boldsymbol{E}\,\mathrm{d}\,(\varepsilon\,\boldsymbol{E}) = \boldsymbol{E}\,\mathrm{d}\boldsymbol{D}$, so daß (3.6.3) übergeht in

$$-\,\mathrm{d}p + \sigma\,\mathrm{d}\left(\frac{\varepsilon_0 E^2}{2}\frac{\mathrm{d}\varepsilon}{\mathrm{d}\sigma}\right) = 0\,. \tag{3.6.4}$$

Offenbar stimmt diese Beziehung mit der Formel (3.6.1) inhaltlich völlig überein.

Zur weiteren Auswertung denken wir uns nun σ durch die Zustandsgleichung des Mediums als Funktion von p ausgedrückt. Dann können wir (3.6.1) auch in der Form

$$\operatorname{grad}\left(\frac{\varepsilon_0 E^2}{2}\frac{\mathrm{d}\varepsilon}{\mathrm{d}\sigma} - \int\frac{\mathrm{d}p}{\sigma}\right) = 0$$

anschreiben; also hat der Ausdruck in der Klammer überall im Medium denselben Wert. Vergleichen wir irgend zwei durch die Indizes 1 und 2 gekennzeichnete Stellen, so gilt

$$\int\limits_{p_1}^{p_2}\frac{\mathrm{d}p}{\sigma} = \frac{\varepsilon_0}{2}\left\{E_2^2\left(\frac{\mathrm{d}\varepsilon}{\mathrm{d}\sigma}\right)_2 - E_1^2\left(\frac{\mathrm{d}\varepsilon}{\mathrm{d}\sigma}\right)_1\right\}. \tag{3.6.5}$$

Sind die Beträge E_1 und E_2 der Feldstärken gegeben, so liefert (3.6.5) eine Beziehung zwischen den Drucken p_1 und p_2.

Wir wenden diese Formel zunächst auf ein nicht zu dichtes Gas an. Wir wollen untersuchen, um wieviel sich der Gasdruck $p_2 = p$ im elektrischen Feld $E_2 = E$, etwa zwischen den Platten eines Kondensators, von dem Druck $p_1 = p_0$ im feldfreien Raum ($E_1 = 0$) unterscheidet. Aus der Gasgleichung

$$p = \sigma R T/M = \sigma k T/m$$

(M = Molmasse, m = Masse des einzelnen Gasteilchens, R = molare Gaskonstante, k = Boltzmann-Konstante) folgt für die linke Seite von (3.6.5) im isothermen Fall

$$\int_{p_0}^{p} \frac{\mathrm{d}p}{\sigma} = \frac{k T}{m} \ln \frac{p}{p_0} .$$

Für ein nicht zu dichtes Gas gilt ferner nach (2.2.14)

$$\varepsilon - 1 = \chi = n \alpha/\varepsilon_0 = \sigma \alpha/m \varepsilon_0 , \tag{3.6.6}$$

wobei $n = \sigma/m$ die Dichte der Gasmoleküle und α die Polarisierbarkeit des einzelnen Moleküls bedeuten. Damit erhalten wir aus (3.6.5)

$$\frac{p}{p_0} = \mathrm{e}^{\frac{m \varepsilon_0 E^2}{2kT} \frac{\mathrm{d}\varepsilon}{\mathrm{d}\sigma}} = \mathrm{e}^{\frac{\alpha E^2}{2kT}} . \tag{3.6.7}$$

Wir hätten übrigens diese Beziehung auch auf einem ganz anderen Weg im Anschluß an die Formel (3.1.10) für die elektrische Energie eines durch das Feld $\boldsymbol{E}$ erzeugten Dipols $\boldsymbol{p} = \alpha \boldsymbol{E}$ ableiten können; da dessen Energie gleich $- \alpha E^2/2$ ist, stellt (3.6.7) nichts anderes dar als die bekannte barometrische Höhenformel

$$\frac{p}{p_0} = \mathrm{e}^{-\frac{mgh}{kT}} ,$$

in der nur die potentielle Energie des Gasteilchens im Schwerefeld $m g h$ ersetzt ist durch die entsprechende elektrische Energie $- \alpha E^2/2$.

Die Formel (3.6.7) ermöglicht eine rohe Abschätzung der Größenordnung für die elektrostriktive Druckänderung. Faßt man die Gasmoleküle als kleine leitende Kugeln vom Radius $a \approx 1 \cdot 10^{-10}$ m auf, so kann man angenähert $\alpha \approx 4\pi \varepsilon_0 a^3 \approx (1/9) \cdot 10^{-39}$ As m²/V setzen. In einem Feld von etwa 3.10^7 V/m wird mit $T = 300$ K und $k = 1{,}38 \cdot 10^{-23}$ Ws/grad der Exponent in (3.6.7) ungefähr gleich $1{,}2 \cdot 10^{-5}$. Es handelt sich also stets um sehr geringe und nur bei großer Sorgfalt meßbare Effekte.

Etwas anders haben wir bei Flüssigkeiten vorzugehen. Solange wir ganz in ihrem Innern bleiben, können wir die Gleichung (3.6.5) anwenden, indem wir dort in guter Näherung σ als konstant annehmen. In diesem Fall gilt also, wenn wir wiederum $E_2 = E$ und $E_1 = 0$ wählen,

$$p - p_0 = \frac{\sigma \varepsilon_0 E^2}{2} \frac{\mathrm{d}\varepsilon}{\mathrm{d}\sigma} . \tag{3.6.8}$$

An den Grenzflächen der Flüssigkeit haben wir aber mit einem schnellen Übergang der Dichte σ von ihrem Wert im Innern auf den Wert Null außerhalb zu rechnen. Hier werden wir daher auf die Formel (3.5.9) für die elektrische Kraft auf eine dünne Oberflächenschicht zurückgreifen und ihren durch $\mathrm{d}f$ geteilten Wert dem Druckunterschied zwischen außen und innen gleichsetzen.

Wir betrachten zur Erläuterung die in Abb. 3.5 dargestellte Anordnung. Zwischen den Platten A und B des teilweise in die Flüssigkeit eingetauchten aufgeladenen Kondensators steht diese unter dem durch (3.6.8) gegebenen Druck p', wenn der Druck in ihren feldfreien Bereichen gleich p_0 ist. Für die Stirnfläche der Flüssigkeit im Kondensator, an der $\boldsymbol{E}_1 = \boldsymbol{E}_2 = \boldsymbol{E}$ auf $\boldsymbol{n}$ senkrecht stehen, gilt nach (3.5.9)

$$p' - p = \frac{\varepsilon_0 E^2}{2} \left\{ \varepsilon - 1 - \sigma \frac{d\varepsilon}{d\sigma} \right\}. \quad (3.6.9)$$

Somit besteht zwischen den äußeren Drucken p' und p_0 einerseits, den inneren elektrischen Kräften andererseits nach (3.6.8) und (3.6.9) Gleichgewicht für

$$p' - p_0 = (\varepsilon - 1)\, \varepsilon_0 E^2/2\,. \quad (3.6.10)$$

Dieses Ergebnis ist in Übereinstimmung mit der Beziehung (3.3.25); nur vermittelt unsere jetzige Betrachtung einen tieferen Einblick in das Zustandekommen dieser Kraftwirkung, d.h. in die räumliche Verteilung der Kraftdichte.

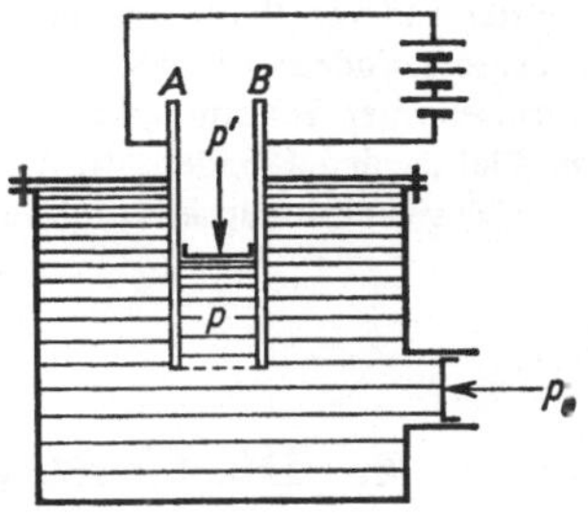

Abb. 3.5
Zur Berechnung der Druckverhältnisse in einer dielektrischen Flüssigkeit, in die ein geladener Kondensator eingetaucht ist

Aufgaben zum 3. Kapitel

1. Welche Kraft erfährt a) ein Dipol vom Moment p, b) ein gestreckter Quadrupol vom Moment Q im Abstand r von einer Punktladung e, wenn sich diese Punktladung auf der Achse des Dipols bzw. Quadrupols befindet?

2. Zwei gleiche Dipole vom Moment p sind drehbar um ihre Schwerpunkte aufgehängt; ihr gegenseitiger Abstand sei a. Wie werden sie sich unter ihrer gegenseitigen Kraftwirkung einstellen, und mit welcher Kraft ziehen sie sich dann an? Man beachte, daß ihre Wechselwirkungsenergie in der stabilen Gleichgewichtslage ein absolutes Minimum besitzt.

3. Wie groß ist die elektrostatische Gesamtenergie einer Metallkugel vom Radius a und mit der Ladung e? Wie groß wird die Energie, wenn an die Stelle der Metallkugel eine gleich große, homogen geladene Kugel (Gesamtladung e) aus einer Isolationssubstanz mit der Dielektrizitätskonstante ε tritt?

4. Eine an einem Blasrohr hängende Seifenblase fällt beim Öffnen des Rohres in sich zusammen infolge der Wirkung der Oberflächenspannung, die 50 erg/cm^2 = 0,05 J/m^2 betragen möge. Ist es möglich, die Blase durch eine starke Aufladung am vollkommenen Zusammenschrumpfen zu hindern? Wenn ja, bei welchem Durchmesser ist die Seifenblase stabil, wenn die Aufladung so groß ist, daß in diesem Fall die Feldstärke an der Blasenfläche gleich der Durchbruchfeldstärke von $2 \cdot 10^6$ V/m wird?

5. a) Mit welcher Kraft ziehen sich die Belegungen eines Plattenkondensators von 0,01 m^2 Fläche und 1 mm Plattenabstand bei 1000 V Spannung an? b) Wie groß ist die Kraft, wenn man den Kondensator nach erfolgter Aufladung auf 1000 V von der Batterie trennt und in Benzol ($\varepsilon = 2{,}24$) taucht? c) Wie groß ist die Kraft, wenn man den Kondensator erst mit Benzol füllt und dann auf 1000 V aufladet?

6. Ein Plattenkondensator werde senkrecht in eine Flüssigkeit, z.B. in Benzol ($\varepsilon = 2{,}24$, Dichte $\sigma = 0{,}88$ g/cm^3) eingetaucht. Um wieviel steigt die Flüssigkeit im Kondensator gegenüber dem Außenraum, wenn im Kondensator ein Feld von $1 \cdot 10^6$ V/m besteht?

7. Mit welcher Kraft ziehen sich die beiden Platten (der Fläche f) eines Plattenkondensators mit den festgehaltenen Ladungen $+e$ und $-e$ an, wenn man ihn in eine Flüssigkeit der Dielektrizitätskonstante ε eintaucht. Man berechne diese Kraft auf drei verschiedene Wegen, und zwar a) direkt aus der Coulomb-Kraft, welche die auf der einen Platte sitzende wahre Ladung zusätzlich der dort an der Flüssigkeitsgrenze vorhandenen Polarisationsladung auf die wahren Ladungen auf der anderen Platte ausübt, b) auf dem Weg über die freie Energie F des eingetauchten Kondensators, indem wir den Plattenabstand x infinitesimal vergrößern ($K = \partial F/\partial x$), c) aus dem Maxwellschen Spannungstensor (3.5.5), genommen für eine ebene Grenzfläche im Kondensator parallel zu den Kondensatorplatten, zusätzlich der durch (3.6.9) gegebenen Druckdifferenz für die Flüssigkeit innerhalb und außerhalb der Kondensators.

4. Die Gesetze des elektrischen Stromes

4.1. Stromstärke und Stromdichte

Von den Gleichungen, die wir zur Beschreibung des elektrostatischen Feldes benutzt haben, werden einige auch bei allgemeinen elektromagnetischen Vorgängen gültig bleiben. Es sind dies der Zusammenhang zwischen der Divergenz von $\boldsymbol{D}$ und der Dichte ϱ der wahren elektrischen Ladungen, nämlich

$$\operatorname{div} \boldsymbol{D} = \varrho\,, \tag{4.1.1}$$

sowie die Verknüpfung zwischen den Vektoren $\boldsymbol{D}$ und $\boldsymbol{E}$. Speziell der Elektrostatik eigentümlich sind die beiden Gleichungen

$$\boldsymbol{E} = -\operatorname{grad}\varphi \qquad \text{und} \qquad \varphi = \text{const} \qquad \text{in Leitern,}$$

also die Wirbelfreiheit von $\boldsymbol{E}$ und das Verschwinden von $\boldsymbol{E}$ im Innern von homogenen Leitern der Elektrizität.

Wir wollen nun die letzte dieser Bedingungen fallen lassen, experimentell etwa dadurch, daß wir die beiden Belegungen eines zur Potentialdifferenz $\varphi_1 - \varphi_2 = V$ geladenen Kondensators durch einen metallischen Draht verbinden. Dann ist unmittelbar nach der Herstellung dieser Verbindung das Potential im Draht sicher nicht konstant, da es ja an seinen Enden die Werte φ_1 und φ_2 besitzt. Also besteht jetzt auch im Innern des Drahtes ein elektrisches Feld. Dieses Feld bewirkt eine Wanderung der frei beweglichen Ladungsträger im Draht (Elektronen), und diese Bewegung hält so lange an, bis sich die Ladungen auf den Kondensatorplatten durch den Draht hindurch ausgeglichen haben, bis also die Aufladungen und das Feld des Kondensators verschwunden sind.

Während dieses Ausgleiches fließt im Draht ein (zeitlich veränderlicher) elektrischer Strom der Stärke I, d.h. es tritt im Zeitelement $\mathrm{d}t$ durch den Drahtquerschnitt die Elektrizitätsmenge $I\,\mathrm{d}t$ hindurch. Entsprechend dieser Definition der S t r o m s t ä r k e gilt für die zeitliche Abnahme der Kondensatorladung e die Beziehung

$$I = -\,\mathrm{d}e/\mathrm{d}t\,. \tag{4.1.2}$$

Daß während der zeitlichen Änderung von e im Draht wirklich etwas vor sich geht, kann man daran merken, daß in ihm eine Wärmeentwicklung stattfindet und daß in seiner Umgebung ein Magnetfeld existiert.

Das Auftreten des Magnetfeldes bedingt eine Komplikation des Vorganges, die wir in voller Allgemeinheit erst in späteren Kapiteln behandeln werden. Solange die Stromstärke I konstant ist, ändert sich das von ihr erzeugte Magnetfeld nicht. Daher können wir die Gesetze des stationären, d.h. zeitlich konstanten Stroms bis zu einem gewissen Grad behandeln, ohne auf das begleitende Magnetfeld Rücksicht zu nehmen. Der Bedingung des stationären Stromes können wir uns in unserem Beispiel allerdings nur annähern, indem wir den Widerstand des Drahtes und die Kapazität des Kondensators möglichst groß wählen. Die Realisierung eines vollkommen stationären Stromes gelingt freilich erst, wenn wir durch Vorrichtungen, die der Elektrostatik fremd sind, die Spannung des Kondensators künstlich konstant halten (z.B. galvanische Elemente, Akkumulatoren oder Thermoelemente). Wir werden auf sie in den nächsten Abschnitten zurückkommen.

Neben der Stromstärke I führen wir die *Stromdichte* $\boldsymbol{g}$ ein. Sie ist definiert als ein Vektor, dessen Richtung mit der Richtung des Elektrizitätstransports im Leiter übereinstimmt und dessen Betrag dadurch festgelegt ist, daß $g_n \, \mathrm{d}f \, \mathrm{d}t$ die Elektrizitätsmenge bedeutet, die im Zeitelement $\mathrm{d}t$ durch das Flächenelement $\mathrm{d}f$ nach der durch den Normalenvektor $\boldsymbol{n}$ gegebenen Seite hindurchtritt. Demnach gilt

$$I = \int g_n \, \mathrm{d}f , \tag{4.1.3}$$

integriert über den Querschnitt des Leiters.

Erfahrungsgemäß kann elektrische Ladung weder erzeugt noch vernichtet werden. Daher kann sich eine elektrische Aufladung zeitlich nur beim Fließen eines Stromes ändern. Hier gilt die *Kontinuitätsgleichung* der Ladung

$$\frac{\mathrm{d}}{\mathrm{d}t}\left(\iiint\limits_V \varrho \, \mathrm{d}v\right) = - \oint\!\!\oint\limits_F g_n \, \mathrm{d}f ; \tag{4.1.4}$$

dabei ist das Volumintegral über den ganzen, von der Fläche F umschlossenen Bereich V zu erstrecken. Formen wir das Flächenintegral vermittels des Gaußschen Satzes in ein Volumintegral um, so kommen wir von der Integralform (4.1.4) der Kontinuitätsgleichung zu ihrer Differentialform

$$\frac{\partial \varrho}{\partial t} = - \operatorname{div} \boldsymbol{g} , \tag{4.1.5}$$

die wir bereits in der Form (3.4.4) bei der Ableitung der Kraftdichte im elektrostatischen Feld benutzt haben.

Im besonderen folgt aus der Kontinuitätsgleichung für zeitlich unveränderliche Ladungsdichten $\operatorname{div} \boldsymbol{g} = 0$. Ferner muß in diesem Fall durch jeden Querschnitt eines Drahtes die gleiche Stromstärke fließen. Und schließlich gilt in diesem Fall bei Stromverzweigungen (vgl. Abb. 4.1) der *Kirchhoffsche Satz*

$$I = I_1 + I_2 .$$

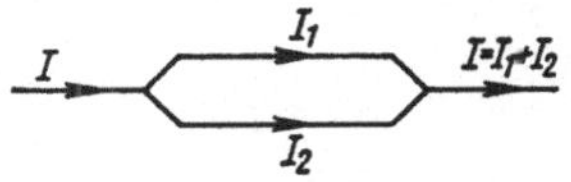

Letzterer gilt auch bei nichtstationären Verhältnissen, sofern die Verzweigungsstelle so klein dimensioniert ist, daß an ihr keine merklichen Aufladungen auftreten können.

Abb. 4.1 Das Kirchhoffsche Gesetz bei Stromverzweigungen

Bisher haben wir nur die Bewegung von *wahren Ladungen* betrachtet. Daneben können aber nach Abschnitt 2.2 auch *Polarisationsladungen* auftreten, gegeben durch $\varrho_P = - \operatorname{div} \boldsymbol{P}$ im Innern und $\sigma_P = P_n$ an der Oberfläche eines Dielektrikums.

Da $P_n\,df$ definiert war als diejenige Ladung, die beim Polarisieren des Mediums insgesamt durch df in Richtung von $\boldsymbol{n}$ hindurchtritt, liegt es nahe, bei stetiger Änderung des Polarisationszustandes in Analogie zur wahren Stromdichte $\boldsymbol{g}$ eine Dichte des Polarisationsstromes

$$\boldsymbol{g}_P = \frac{\partial \boldsymbol{P}}{\partial t} \tag{4.1.6}$$

einzuführen. Ersichtlich erfüllt diese Stromdichte $\boldsymbol{g}_P$ zusammen mit der Ladungsdichte ϱ_P ebenfalls eine Kontinuitätsgleichung:

$$\frac{\partial \varrho_P}{\partial t} = -\operatorname{div} \boldsymbol{g}_P\,. \tag{4.1.7}$$

Aus der Gleichung (4.1.5) können wir noch eine für den weiteren Ausbau der Maxwellschen Theorie grundlegend wichtige Folgerung ziehen. Differenzieren wir (4.1.1) nach der Zeit, so finden wir in Verbindung mit (4.1.5)

$$\operatorname{div} \frac{\partial \boldsymbol{D}}{\partial t} = \frac{\partial}{\partial t}(\operatorname{div} \boldsymbol{D}) = \frac{\partial \varrho}{\partial t} = -\operatorname{div} \boldsymbol{g}\,.$$

Also ist die Größe

$$\boldsymbol{c} = \boldsymbol{g} + \frac{\partial \boldsymbol{D}}{\partial t} = \boldsymbol{g} + \boldsymbol{g}_P + \varepsilon_0 \frac{\partial \boldsymbol{E}}{\partial t}, \tag{4.1.8}$$

letzteres wegen $\boldsymbol{D} = \varepsilon_0 \boldsymbol{E} + \boldsymbol{P}$, divergenzfrei; für sie gilt stets $\operatorname{div} \boldsymbol{c} = 0$ im Innern und c_n stetig an den Grenflächen. Der Leitungsstrom $\boldsymbol{g}$ wird somit durch den „Verschiebungsstrom" $\partial \boldsymbol{D}/\partial t$ zum quellenfreien Gesamtstrom $\boldsymbol{c}$ ergänzt.

Eine einfache Illustration dieses Vorgehens bietet hier wieder der durch einen Draht kurzgeschlossene Plattenkondensator: Der im Draht fließende Leitungsstrom der Stärke I endet auf den Belegungen des Kondensators. Da sich aber beim Entladungsvorgang im Kondensator die elektrische Verschiebung $D = \sigma$ mit der Flächendichte $\sigma = e/F$ zeitlich ändert, besteht im Raum zwischen den Kondensatorplatten ein Verschiebungsstrom von der Gesamtstärke

$$F \frac{\mathrm{d}D}{\mathrm{d}t} = F \frac{\mathrm{d}\sigma}{\mathrm{d}t} = \frac{\mathrm{d}e}{\mathrm{d}t}\,.$$

Und zwar fließt dieser Strom bei Abnahme der Ladung e von der negativen zur positiven Platte, bildet aber zusammen mit dem in umgekehrter Richtung fließenden Entladungsstrom I einen geschlossenen quellenfreien Stromkreis.

Anmerkung. Im Gaußschen System behalten die Kontinuitätsgleichungen (4.1.5) und (4.1.7) ihre Form bei. Lediglich der Ausdruck (4.1.8) für den Gesamtstrom ist abzuändern:

$$\boldsymbol{c}^* = \boldsymbol{g}^* + \frac{1}{4\pi}\frac{\partial \boldsymbol{D}^*}{\partial t} = \boldsymbol{g}^* + \boldsymbol{g}_P^* + \frac{1}{4\pi}\frac{\partial \boldsymbol{E}^*}{\partial t}\,.$$

Ferner folgt beispielsweise aus (4.1.2) in Verbindung mit (1.3.6) die Umrechnung von I nach I^*:

$$I^* = I/\sqrt{4\pi\,\varepsilon_0}. \tag{4.1.9}$$

Also entspricht einer Stromstärke $I = 1\,\mathrm{A}$ im Gaußschen System eine Stromstärke

$$I^* \approx 1\,\mathrm{A} \cdot \sqrt{9 \cdot 10^9\ \mathrm{Vm/As}} = \sqrt{9 \cdot 10^9\ \mathrm{Wm/s}} = 3 \cdot 10^9 \sqrt{\mathrm{erg\ cm/s^2}}.$$

Wegen des Zahlenfaktors 3 vgl. die Anmerkung zu Abschnitt 1.3!

4.2. Das Ohmsche Gesetz

Nach Georg Simon Ohm ist für alle homogenen festen und flüssigen Elektrizitätsleiter die Stärke I des durch sie hindurchfließenden stationären Stromes proportional der an den Leiter angelegten Spannung V:

$$I = V/R\,. \tag{4.2.1}$$

Die Proportionalitätskonstante R heißt der Widerstand des Leiters. Er hängt nur von dem Material und seinen Abmessungen ab[1]). Beispielsweise gilt für einen zylindrischen Draht von der Länge l und vom Querschnitt q

$$R = l/q\,\sigma\,, \tag{4.2.2}$$

wobei nun die Größe σ nur noch vom Drahtmaterial abhängt. Man nennt σ die Leitfähigkeit und $\varrho = 1/\sigma$ den spezifischen Widerstand. Wenden wir (4.2.1) und (4.2.2) auf den zylindrischen Draht an, so finden wir wegen $I = q\,g$ und $V = l\,E$ die Beziehung

$$g = \sigma\,E\,. \tag{4.2.3}$$

Da die Stromdichte $\mathbf{g}$ in homogenen, isotropen Substanzen stets die Richtung von $\mathbf{E}$ hat, können wir für solche Substanzen das Ohmsche Gesetz in Vektorform als

$$\mathbf{g} = \sigma\,\mathbf{E} \tag{4.2.4}$$

anschreiben.

Im Gegensatz hierzu hängt bei anisotropen Festkörpern (z.B. bei Kristallen oder elastisch verspannten Medien) die Leitfähigkeit im allgemeinen noch von der Richtung des Stromdurchgangs ab. Dann ist σ kein Skalar, sondern ein Tensor, und (4.2.4) ist als Tensorgleichung zu lesen, wobei die Vektoren $\mathbf{g}$ und $\mathbf{E}$ im allgemeinen nicht mehr parallel gerichtet sind; vielmehr gilt jetzt, ähnlich wie bei der Suszeptibilität χ in (2.2.7),

$$g_x = \sigma_{xx}\,E_x + \sigma_{xy}\,E_y + \sigma_{xz}\,E_z, \quad g_y = \cdots, \quad g_z = \cdots. \tag{4.2.5}$$

Wir werden uns aber im folgenden auf isotrope Substanzen beschränken.

Aus der Formel (4.2.4) können wir wieder auf die Integralformel (4.2.1) des Ohmschen Gesetzes zurückschließen, und zwar für beliebige Anordnungen und Formen der Leiter. Denn wegen des linearen Zusammenhanges von Stromdichte und Feldstärke führt eine Vergrößerung von $\mathbf{E}$ um einen Faktor α zur gleichen Vergrößerung nicht nur von $\mathbf{g}$, sondern auch von V und I, wodurch die Proportionalität dieser beiden Größen gegeben ist.

Übrig bleibt hierbei das Problem, den Widerstand R auch für andere Leiterformen als bei (4.2.2) zu bestimmen. Bei dem hier vor allem interessierenden Fall stationärer Ströme können wir das $\mathbf{E}$-Feld nach den Gesetzen der Elektrostatik berechnen. Nur

---

1) Wegen der recht verwickelten Verhältnisse beim Stromdurchgang durch inhomogene Leitersysteme (z.B. Gleichrichter), sowie durch Gase muß auf die entsprechenden Ausführungen im III. Band, Abschnitt D, verwiesen werden.

Auch bei Widerstandsmessungen an festen und flüssigen Leitern können wegen der meist starken Temperaturabhängigkeit des Widerstandes und wegen der beim Stromdurchgang stets entstehenden Jouleschen Wärme scheinbar verwickelte Verhältnisse auftreten, sofern man nicht sorgfältig die Temperatur der Leiter konstant hält.

gilt jetzt nicht mehr in den Leitern $\varphi = \text{const}$; vielmehr haben wir jetzt ja gerade das Feld in den Leitern zu bestimmen. Im stationären Fall ist dieses Feld im Leiter überall wirbelfrei, und es muß wegen der Kontinuitätsgleichung (4.1.5) sowie wegen der vorausgesetzten Stationarität überall im Leiterinnern

$$\operatorname{div} \boldsymbol{g} = \operatorname{div} (\sigma \boldsymbol{E}) = 0$$

gelten, während an den Grenzflächen der Leiter $g_n = \sigma E_n$ stetig sein muß. Insbesondere müssen an Grenzflächen gegen Isolatoren und damit auch gegen das Vakuum g_n und E_n verschwinden; die Feldstärke muß also an solchen Grenzflächen rein tangential stehen. Andernfalls würden durch eine endliche g_n-Komponente elektrische Ladungen so lange an die Oberfläche herangebracht werden, bis infolge des durch diese Flächenladungen erzeugten Zusatzfeldes die Normalkomponente des Gesamtfeldes verschwindet. Solche Oberflächenladungen sind beispielsweise der Grund dafür, daß in allen dünnen, irgendwie verbogenen stromdurchflossenen Drähten das $\boldsymbol{E}$-Feld im Draht stets die Richtung der Drahtachse hat.

Wegen der großen Schwierigkeiten bei der Lösung des geschilderten elektrostatischen Problems ist eine geschlossene Berechnung des Widerstandes nur für einige wenige einfache Anordnungen möglich. Wir führen eine solche Berechnung für drei Beispiele durch:

1. Dünner Draht mit langsam veränderlichem Querschnitt q: Hier hat das $\boldsymbol{E}$-Feld jeweils angenähert die Richtung der Drahtachse und ist wegen $\operatorname{rot} \boldsymbol{E} = 0$ oder $\boldsymbol{E} = -\operatorname{grad} \varphi$ stets angenähert konstant über den Drahtquerschnitt. Das gleiche gilt von der Stromdichte g, so daß wir in guter Näherung $I = q\,g = q\,\sigma\,E$ setzen können. Da ferner bei einem stationären Strom I für jeden Drahtquerschnitt den gleichen Wert hat, bekommen wir für das Linienintegral über die Feldstärke, genommen etwa entlang der Drahtachse,

$$V = \int \boldsymbol{E}\, \mathrm{d}\boldsymbol{r} = \int E\, \mathrm{d}s = I \int \mathrm{d}s/q\,\sigma\,. \tag{4.2.6}$$

Damit erhalten wir für den Widerstand gemäß (4.2.1) den Wert

$$R = \int \mathrm{d}s/q\,\sigma\,. \tag{4.2.7}$$

Für einen geraden zylindrischen Draht stimmt diese Formel ersichtlich mit (4.2.2) überein.

2. Hohlkabel: Wir betrachten dieses Kabel als bestehend aus zwei koaxialen, sehr gut leitenden Metallzylindern mit den Radien a_1 und $a_2 > a_1$, zwischen denen sich eine Isolierschicht von zwar sehr geringer, aber doch stets endlicher Leitfähigkeit befindet. Um den Widerstand dieser Isolationsschicht auf der Kabellänge l zu bestimmen, vernachlässigen wir den Ohmschen Spannungsabfall in den Metallzylindern neben dem unvergleichlich viel größeren in der Isolation. Dann besteht im Hohlkabel die gleiche Feldverteilung wie in einem Zylinderkondensator. Für das Radialfeld gilt also

$$E = V/r \ln(a_2/a_1)\,, \qquad V = \int_1^2 \boldsymbol{E}\, \mathrm{d}\boldsymbol{r}\,,$$

und somit für die Stromstärke durch die Isolationsschicht

$$I = 2\pi\, r\, l\, g = 2\pi\, r\, l\, \sigma\, E = 2\pi\, l\, \sigma\, V/\ln(a_2/a_1)\,.$$

Also wird der gesuchte Widerstand

$$R = \ln(a_2/a_1)/2\pi\, l\, \sigma\,.$$

3. Erdung: Wird der Strom durch eine gut isolierte Leitung einer Metallkugel vom Radius a zugeführt, von der er in das umgebende, als unendlich ausgedehnt anzusehende Medium der Leitfähigkeit σ abfließen kann, so haben wir in der Umgebung der Metallkugel mit dem Coulomb-Feld

$$E = V a/r^2, \qquad V = \int_a^\infty E \, \mathrm{d}r$$

zu rechnen. Dann wird

$$I = 4\pi r^2 \sigma E = 4\pi a \sigma V,$$

so daß wir in diesem Fall als „Erdungswiderstand"

$$R = 1/4\pi a \sigma$$

erhalten.

Wir wollen uns jetzt noch kurz mit der Frage nach dem Grund für die Gültigkeit des Ohmschen Gesetzes beschäftigen. In jeder mehr oder minder gut leitenden Materie sind (nach P. Drude) einigermaßen freie atomare Ladungsträger vorhanden (z. B. Elektronen in Metallen, Ionen in Elektrolyten), die sich im feldfreien Zustand in völlig ungeregelter Bewegung befinden. Durch ein angelegtes elektrisches Feld erfahren sie je nach dem Vorzeichen ihrer Ladung eine zusätzliche Bewegungskomponente in Feldrichtung oder entgegengesetzt dazu. Diese zusätzliche Bewegung würde dabei dauernd beschleunigt verlaufen, wenn die Teilchen nicht fortwährend mit anderen Materiebestandteilen zusammenstoßen und dabei an diese ihre im Feld gewonnene Energie wieder abgeben würden. Wir können diesen Vorgang formal so behandeln, als ob sich die Ladungsträger in einem zähen Medium mit großem Reibungswiderstand bewegen und daher eine der wirkenden Kraft $e\boldsymbol{E}$ proportionale Geschwindigkeit

$$\boldsymbol{v} = B e \boldsymbol{E} \tag{4.2.8}$$

besitzen. Der dabei eingeführte Faktor B wird Beweglichkeit genannt[1]). Da die Stromdichte $\boldsymbol{g}$ sicherlich proportional zu dieser Geschwindigkeit ist, folgt hieraus bereits die in (4.2.4) enthaltene Proportionalität von $\boldsymbol{g}$ mit $\boldsymbol{E}$.

Der Zusammenhang zwischen der Leitfähigkeit σ und der Beweglichkeit B ergibt sich in folgender Weise: Um die Stromdichte $\boldsymbol{g}$ zu finden, betrachten wir alle Ladungsträger einer bestimmten Sorte, die während der Zeit $\mathrm{d}t$ durch ein senkrecht zur Feldrichtung aufgestelltes Flächenelement $\mathrm{d}f$ hindurchtreten. Es sind dies alle jene Teilchen, die sich zu Beginn des Zeitelements in einem Zylinder der Basis $\mathrm{d}f$ und der Höhe $v\,\mathrm{d}t$ befinden, also insgesamt $n v \,\mathrm{d}f \,\mathrm{d}t$, wenn n die räumliche Dichte dieser Ladungsträger bedeutet. Sie transportieren während der Zeit $\mathrm{d}t$ durch $\mathrm{d}f$ die Ladung $n e v \,\mathrm{d}f\,\mathrm{d}t$ hindurch. Diese Ladung wiederum ist entsprechend der Definition der Stromdichte g gleich $g\,\mathrm{d}f\,\mathrm{d}t$. Somit folgt für $\boldsymbol{g}$ der Ausdruck

$$\boldsymbol{g} = n e \boldsymbol{v} \tag{4.2.9}$$

und damit wegen $\boldsymbol{v} = B e \boldsymbol{E}$ für σ die Beziehung

$$\sigma = n e^2 B, \tag{4.2.10}$$

---

1) In der Halbleiterphysik bezeichnet man als Beweglichkeit das Produkt aus der Größe B und dem Betrag der Ladung des bewegten Teilchens, also $\mu = |e| B$. Siehe hierzu Band III, Abschnitt D III.

aus der man übrigens bei Kenntnis von σ und n rückwärts den Wert von B ermitteln kann[1]). Liegen wie bei den Elektrolyten Ladungsträger verschiedener Sorten vor, so hat man nachträglich in (4.2.9) und (4.2.10) rechts über alle Sorten zu summieren.

Wegen der expliziten Berechnung von σ oder B, wie auch wegen weiterer eingehender Betrachtungen zur Theorie der elektrischen Leitfähigkeit, muß auf das Kapitel D im III. Band verwiesen werden. Hier sei nur noch auf zwei Korrekturen hingewiesen, die an der Beziehung (4.2.4) im Fall zeitlich oder räumlich veränderlicher Verhältnisse anzubringen sind und damit zu einem erweiterten Ohmschen Gesetz führen.

Bei zeitlich veränderlichen Feldern ist zu berücksichtigen, daß die Ladungsträger wegen ihrer Massenträgheit dem Feld nur verzögert folgen können, entsprechend der aus der Mechanik bekannten Bewegungsgleichung

$$m \frac{\mathrm{d}\boldsymbol{v}}{\mathrm{d}t} = e\,\boldsymbol{E} - \frac{\boldsymbol{v}}{B}. \tag{4.2.11}$$

Angewandt auf die Gesamtheit der Teilchen gibt dies wegen (4.2.9) und (4.2.10)

$$\tau \frac{\partial \boldsymbol{g}}{\partial t} + \boldsymbol{g} = \sigma \boldsymbol{E}; \tag{4.2.12}$$

dabei wurde zur Abkürzung

$$B\,m = \tau \tag{4.2.13}$$

gesetzt. Diese Größe von der Dimension einer Zeit wird oft als „Stoßzeit" bezeichnet[2]). Damit ergibt sich für die durch (4.2.10) gegebene Gleichstrom-Leitfähigkeit σ der Wert

$$\sigma = \frac{n\,e^2\,\tau}{m}. \tag{4.2.14}$$

Für Wechselstrom werden wir im Abschnitt 8.2 einen anderen, von der Frequenz ω abhängigen Wert finden, der freilich für $\omega = 0$ genau in den Wert (4.2.14) übergeht und für niedrige Frequenzen ($\omega \ll 1/\tau$) praktisch mit ihm übereinstimmt. Mit weiteren ebenfalls durch die Massenträgheit der Ladungsträger in der Materie bedingten Effekten werden wir uns im Abschnitt 4.4 beschäftigen.

Haben wir mit einer räumlich veränderlichen Dichteverteilung der Ladungsträger in der Materie zu rechnen, wie es oft bei Elektrolyten und Halbleitern, manchmal auch, und zwar bei hohen Frequenzen, in Metallen der Fall sein kann, so haben wir zum Ohmschen Gesetz in der Form (4.2.4) oder allenfalls auch (4.2.12) auf der rechten Seite noch ein weiteres Korrekturglied hinzuzufügen, das durch die Diffusion der Ladungs-

---

[1]) Trotz des großen Unterschieds in den Leitfähigkeiten zwischen metallischen Leitern und Halbleitern erweisen sich die Beweglichkeiten dieser beiden Substanzarten im allgemeinen als etwa von der gleichen Größenordnung. Der Unterschied ist dadurch bedingt, daß bei den Metallen die Elektronendichte n konstant, d.h. temperaturunabhängigkeit ist und mit der Ionendichte größenordnungsmäßig übereinstimmt, während bei den Halbleitern n einige Zehnerpotenzen kleiner ist und stark mit der Temperatur anwächst.

[2]) Bei den Metallen und auch bei den Halbleitern ergibt sich τ bei Zimmertemperaturen als von der Größenordnung 10^{-12} bis 10^{-14} s. Für Kupfer gilt beispielsweise $\tau = 2{,}4 \cdot 10^{-14}$ s für 20°C.

träger bedingt ist. Und zwar tritt hier bei nicht zu hohen Wechselstromfrequenzen ein Teilchenstrom der Dichte $-D\,\mathrm{grad}\,n$ hinzu, mit D = Diffusionskonstante. Damit geht (4.2.4) über in

$$g = \sigma E - e D\,\mathrm{grad}\,n\,. \tag{4.2.15}$$

Einige Beispiele für die praktische Bedeutung dieser Beziehung werden im Abschnitt 4.3 gegeben. Wegen der wesentlich komplizierteren Verhältnisse bei hohen Frequenzen muß auf das Kapitel E im III. Band verwiesen werden.

Anmerkung. Im Gaußschen System ist das Ohmsche Gesetz in der Form $I^* = V^*/R^*$ bzw. $g^* = \sigma^* E^*$ zu schreiben. Dementsprechend ist der Widerstand R^* im Gaußschen System mit dem Widerstand R im SI-System verknüpft durch

$$R^* = \frac{V^*}{V}\frac{I}{I^*}R = 4\pi\,\varepsilon_0\,R, \tag{4.2.16}$$

letzteres wegen (1.3.15) und (4.1.9). Also entspricht einem Widerstand von 1 Ohm (Ω) = 1 V/A ein Gaußscher Wert

$$R^* \approx 1\,\frac{\mathrm{V}}{\mathrm{A}}\cdot\frac{1}{9\cdot 10^9}\,\frac{\mathrm{As}}{\mathrm{Vm}} = \frac{1}{9\cdot 10^{11}}\,\frac{\mathrm{s}}{\mathrm{cm}}\,.$$

Hier hat also der reziproke Widerstand im Gaußschen System die Dimension einer Geschwindigkeit. Analog gilt für die Leitfähigkeit $\sigma^* = \sigma/4\pi\,\varepsilon_0$, und einer Leitfähigkeit von $\sigma = 1\,\Omega^{-1}\,\mathrm{m}^{-1} = 1$ A/Vm entspricht im Gaußschen System die Größe $\sigma^* \approx 9\cdot 10^9\,\mathrm{s}^{-1}$; die Leitfähigkeit σ^* hat also die Dimension einer reziproken Zeit.

4.3. Eingeprägte Kräfte. Die galvanische Kette

Wie wir eben gesehen haben, kann in einem Leiter zu der elektrischen Feldstärke noch die Diffusion als weitere stromtreibende Kraft hinzutreten. Außer der Diffusion gibt es aber noch andere, ebenfalls nichtelektrische Ursachen, die stromerzeugend oder -treibend wirken können. Wir nennen solche Kräfte nichtelektrischen Ursprungs „eingeprägte Kräfte". Schreiben wir sie formal als Produkt $e\,E^{(e)}$ aus der jeweiligen Trägerladung und einer hierdurch definierten „eingeprägten Feldstärke", so können wir ihnen beispielsweise im Ohmschen Gesetz durch die Beziehung

$$g = \sigma\,(E + E^{(e)}) \tag{4.3.1}$$

Rechnung tragen. Dabei gilt beispielsweise im Fall der Diffusion wegen (4.2.15)

$$E^{(e)} = -\frac{e D}{\sigma}\,\mathrm{grad}\,n = -\frac{m D}{n e \tau}\,\mathrm{grad}\,n\,, \tag{4.3.2}$$

letzteres wegen (4.2.14). Um die Einführung der Größe $E^{(e)}$ besser verständlich zu machen, wollen wir einige Beispiele betrachten.

In der verdünnten wässerigen Lösung eines starken Elektrolyten[1]), z.B. HCl, möge ein Konzentrationsgefälle bestehen. Ein elektrisches Feld sei zunächst nicht vorhanden. Dann wird ein Diffusionsvorgang einsetzen, der die Konzentrationsunterschiede aus-

[1]) Als starken Elektrolyten bezeichnet man eine Lösung, in der die Moleküle des gelösten Stoffes praktisch völlig dissoziiert, d.h. in Ionen zerfallen sind. Im Gegensatz dazu ist bei schwachen Elektrolyten der Dissoziationsgrad relativ gering, wächst aber mit der Temperatur an.

zugleichen bestrebt ist. Nun ist der Elektrolyt praktisch vollkommen dissoziiert in H^+- und Cl^--Ionen, die unabhängig voneinander diffundieren. Wegen der viel größeren Beweglichkeit der H^+-Ionen als der der Cl^--Ionen werden mehr H^+-Ionen als Cl^--Ionen nach den Stellen geringerer Konzentration wandern, so daß ein elektrischer Strom in Richtung des Konzentrationsgefälles entsteht. Wir erkennen so die Diffusionsbewegung als Ursache für eine eingeprägte Kraft und damit für ein endliches $\boldsymbol{E}^{(e)}$. Dieser Strom bewirkt nun eine positive Aufladung der verdünnten und eine negative der konzentrierten Stellen der Lösungen und damit ein elektrisches Feld von solcher Richtung, daß die weitere Diffusion der H^+-Ionen gehemmt und diejenige der Cl-Ionen beschleunigt wird.

Zwischen den Vektoren $\boldsymbol{E}$ und $\boldsymbol{E}^{(e)}$ besteht folgender fundamentaler Unterschied: Zwar lassen sich beide Feldstärken in gleicher Weise als Gradienten von Potentialen φ und $\varphi^{(e)}$ darstellen. Während sich aber das $\boldsymbol{E}$-Feld nach den Gesetzen der Elektrostatik auch in den Außenraum fortsetzt und der Beziehung $\oint \boldsymbol{E}\,\mathrm{d}\boldsymbol{r} = 0$ für jede beliebige geschlossene Kurve genügt, ist $\boldsymbol{E}^{(e)}$ definitionsgemäß nur im Innern des Elektrolyten vorhanden, und es gilt $\oint \boldsymbol{E}^{(e)}\,\mathrm{d}\boldsymbol{r} = 0$ nur für Kurven, die ganz im Innern des Elektrolyten verlaufen. Enthält der Integrationsweg im Integral $\oint \boldsymbol{E}^{(e)}\,\mathrm{d}\boldsymbol{r}$ auch Kurvenstücke außerhalb des Elektrolyten, wo ja $\boldsymbol{E}^{(e)} = 0$ ist, so hat man im allgemeinen mit Beiträgen

$$\int_1^2 \boldsymbol{E}^{(e)}\,\mathrm{d}\boldsymbol{r} = \varphi_1^{(e)} - \varphi_2^{(e)} = V^{(e)} \neq 0 \tag{4.3.3}$$

zu rechnen, wobei sich die Indizes 1 und 2 auf den Eintritts- und Austrittspunkt des Integrationswegs in den Elektrolyten und aus ihm heraus beziehen.

Wir wollen diese Überlegungen durch eine formelmäßige Betrachtung ergänzen: Es seien n^+ die Dichte der H^+-Ionen und n^- die Dichte der Cl^--Ionen und als Funktionen des Ortes gegeben. Es seien ferner D^+ und D^- die Diffusionskonstanten, B^+ und B^- die Beweglichkeiten und $+e$ und $-e$ die Ladungen der beiden Ionensorten. Dann führt die Bewegung der H^+-Ionen zu einer elektrischen Stromdichte $\boldsymbol{g}^+$ und die der Cl^--Ionen zu einer Dichte $\boldsymbol{g}^-$, wegen (4.2.15) mit (4.2.10) gegeben durch

$$\boldsymbol{g}^+ = e\{-D^+ \operatorname{grad} n^+ + n^+ B^+ e\boldsymbol{E}\}, \quad \boldsymbol{g}^- = -e\{-D^- \operatorname{grad} n^- - n^- B^- e\boldsymbol{E}\}. \tag{4.3.4}$$

Somit gilt für die gesamte Stromdichte

$$\boldsymbol{g} = \boldsymbol{g}^+ + \boldsymbol{g}^- = -e(D^+ \operatorname{grad} n^+ - D^- \operatorname{grad} n^-) + e^2(n^+ B^+ + n^- B^-)\boldsymbol{E}. \tag{4.3.5}$$

Wir können diese Beziehung in der Form (4.3.1) schreiben, wenn wir die (örtlich veränderliche) Leitfähigkeit

$$\sigma = e^2(B^+ n^+ + B^- n^-) \tag{4.3.6}$$

einführen und eine eingeprägte Feldstärke $\boldsymbol{E}^{(e)}$ durch die Beziehung

$$e\boldsymbol{E}^{(e)} = -(D^+ \operatorname{grad} n^+ - D^- \operatorname{grad} n^-)/(B^+ n^+ + B^- n^-) \tag{4.3.7}$$

definieren. Ein Gleichgewichtszustand wird erreicht, wenn sowohl $\boldsymbol{g}^+$ wie auch $\boldsymbol{g}^-$ verschwinden:

$$D^+ \operatorname{grad} n^+ = n^+ B^+ e\boldsymbol{E}, \quad D^- \operatorname{grad} n^- = -n^- B^- e\boldsymbol{E}.$$

Diese Gleichungen für n^+ und n^- lassen sich wegen $\boldsymbol{E} = -\operatorname{grad}\varphi$ unmittelbar integrieren und ergeben

$$n^+ = \mathrm{const}\cdot \mathrm{e}^{-B^+ e\varphi/D^+}, \quad n^- = \mathrm{const}\cdot \mathrm{e}^{+B^- e\varphi/D^-}. \tag{4.3.8}$$

Da hier die Exponenten nach der statistischen Mechanik (vgl. die barometrische Höhenformel!) gleich sein müssen dem negativen Quotienten aus der potentiellen Energie $\pm e\,\varphi$ des Teilchen im E-Feld und dem Produkt kT (mit k = Boltzmann-Konstante = $1{,}38 \cdot 10^{-23}$ Joule/grad, T = absolute Temperatur), kann man aus (4.3.8) auf die Einsteinsche Beziehung

$$D^+/B^+ = D^-/B^- = kT \tag{4.3.9}$$

schließen. Damit erhalten wir aus (4.3.7) für $E^{(e)}$ die Formel

$$e\,E^{(e)} = -\,kT\,(B^+ \operatorname{grad} n^+ - B^- \operatorname{grad} n^-)/(B^+ n^+ + B^- n^-). \tag{4.3.10}$$

Gilt wie beim HCl-Elektrolyten $B^+ \gg B^-$ und besteht überall angenähert elektrische Neutralität ($|n^+ - n^-| \ll n^+ \approx n$), so vereinfacht sich (4.3.10) zu

$$e\,E^{(e)} = -\,kT\,(\operatorname{grad} n)/n, \text{ also } e\,\varphi^{(e)} = kT \ln n + \text{const.}$$

Zwischen zwei Punkten des Elektrolyten mit den Konzentrationen n_1 und n_2 haben wir somit nach (4.3.3) eine eingeprägte Spannung

$$e\,V^{(e)} = e\int_1^2 E^{(e)}\,d\boldsymbol{r} = e\,(\varphi_1^{(e)} - \varphi_2^{(e)}) = kT \ln (n_1/n_2).$$

Die Größenordnung dieser Spannung ergibt sich aus einem willkürlich gewählten Zahlenbeispiel: Mit $n_1/n_2 = 2$, $T = 300\,°\text{K}$, $e = e_0 = 1{,}60 \cdot 10^{-19}$ C finden wir $V^{(e)} \approx 0{,}018$ V.

Ein anderes Beispiel für das Auftreten einer eingeprägten Spannung liefert die Berührung zwischen einem Metall und einem Elektrolyten. Tauchen wir etwa einen Kupferstab in eine verdünnte Kupfersulfatlösung, so geht zunächst eine geringe Menge Kupfer in Form von Cu^{++}-Ionen in die Lösung. Es fließt also infolge der Lösungstension des Kupfers ein elektrischer Strom vom Kupfer in den Elektrolyten. Dieser Strom kommt dadurch zum Stillstand, daß die durch ihn bewirkte negative Aufladung des Kupferstabes und die positive der Lösung ein gegen den Stab gerichtetes Feld erzeugen. Im Gleichgewicht kompensiert seine Feldstärke $\boldsymbol{E}$ gerade die durch die Lösungstension bedingte eingeprägte Feldstärke $\boldsymbol{E}^{(e)}$. Dann haben wir wegen $\boldsymbol{E} + \boldsymbol{E}^{(e)} = 0$ zwischen dem Kupferstab (1) und der Lösung (2) als Folge der eingeprägten Spannung eine ihr entgegengesetzt gleiche elektrische Spannung

$$V_{12} = \int_1^2 \boldsymbol{E}\,d\boldsymbol{r} = -\int_1^2 \boldsymbol{E}^{(e)}\,d\boldsymbol{r} = -\,V_{12}^{(e)}. \tag{4.3.11}$$

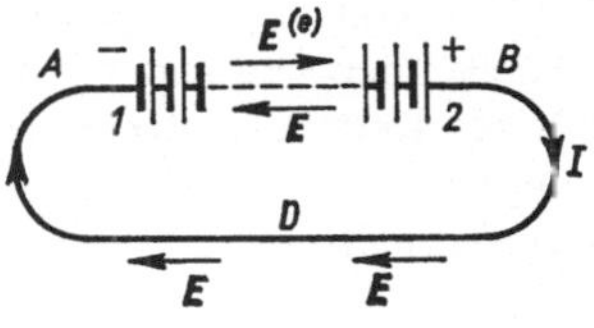

Abb. 4.2 Galvanische Kette *AB* mit Schließungsdraht

In der Regel ist die Übergangszone im Elektrolyten, in der $E^{(e)}$ merklich von Null verschieden ist, so dünn, daß man mit einem gewissen Recht von einem Potentialsprung an der Grenze Metall-Elektrolyt sprechen kann. Auf ihm beruht im wesentlichen die Wirksamkeit der galvanischen Elemente.

Ähnliche Potentialsprünge bestehen an den Berührungsstellen zweier verschiedener Metalle. Dort bewirkt der verschiedene Charakter der Elektronenbewegung in den Metallen zunächst einen Strom, der wiederum erst nach Herstellung einer bestimmten Potentialdifferenz zwischen den Metallen zum Stillstand kommt. Eine ausführlichere Behandlung dieser Vorgänge wird im III. Band, § 15, gegeben werden.

Schließlich betrachten wir hier noch eine sogenannte galvanische Kette, d.h. eine Anzahl verschiedener, hintereinander geschalteter Leiter (Metalle, Halbleiter und Elektrolyten), die in sich selbst und an ihren Grenzen irgendwelche eingeprägten Spannungen enthalten mögen (Abb. 4.2). Anfang (1) und Ende (2) der Kette sollen jedoch aus dem gleichen Metall bestehen. Dann besteht zwischen diesen Enden im Fall der Stromlosigkeit eine elektrische Potentialdifferenz, die wie in (4.3.11) entgegengesetzt gleich ist dem Linienintegral über alle eingeprägten Feldstärken, wobei der Integrationsweg überall innerhalb der Kette liegen muß.

Bringen wir jetzt aber die beiden Enden der Kette miteinander in Berührung (etwa durch den Schließungsdraht *BDA*), wird ein Gleichgewicht unmöglich. Denn das auf dem Weg *ABDA* genommene Linienintegral $\oint \boldsymbol{E}^{(e)}\,\mathrm{d}\boldsymbol{r}$ ist von Null verschieden, da im homogenen Schließungsdraht überall $\boldsymbol{E}^{(e)} = 0$ ist, während $\oint \boldsymbol{E}\,\mathrm{d}\boldsymbol{r} = 0$ gilt wegen der Wirbelfreiheit der elektrostatischen Feldstärke. Es muß daher insgesamt ein elektrischer Strom fließen.

Bilden wir jetzt speziell für einen durchweg relativ dünnen Leiterkreis das Umlaufintegral über die durch σ dividierte Gleichung (4.3.1), so erhalten wir, in Analogie zu (4.2.6), die Beziehung

$$I \oint \mathrm{d}s/q\,\sigma = \oint (\boldsymbol{E} + \boldsymbol{E}^{(e)})\,\mathrm{d}\boldsymbol{r} = \oint \boldsymbol{E}^{(e)}\,\mathrm{d}\boldsymbol{r} = \int_1^2 \boldsymbol{E}^{(e)}\,\mathrm{d}\boldsymbol{r} = V^{(e)}\,.$$

Da der Faktor von I nach (4.2.7) gleich dem Widerstand R des ganzen Stromkreises ist, erhalten wir schließlich

$$I\,R = V^{(e)} \tag{4.3.12}$$

Das Produkt aus Stromstärke und Widerstand des ganzen geschlossenen Kreises ist gleich dem Linienintegral über alle eingeprägten Feldstärken[1]). Aus diesem Grund pflegt man die Größe $V^{(e)}$ (in nicht ganz glücklicher Weise) als elektromotorische Kraft (EMK) des Kreises zu definieren. Sie ist mit dem Linienintegral der offenen Kette zwischen A und B nur dann identisch, wenn Anfangs- und Endglied der Kette aus dem gleichen Material im gleichen Zustand (Temperatur!) bestehen, da andernfalls beim Schließen der Kette noch Kontakt- bzw. Thermospannungen auftreten können. Sie kann sich bei Ketten, in denen Diffusionsvorgänge wesentlich sind, auch bei festgehaltener Temperatur im Lauf der Zeit durch Konzentrationsänderungen merklich vergrößern oder verkleinern.

4.4. Trägheitseffekte der Metallelektronen

Ein weiteres, sehr instruktives Beispiel eingeprägter Kräfte vermitteln Versuche, bei denen die Massenträgheit der Leitungselektronen in Erscheinung tritt. Der erste Versuch dieser Art stammt von K.V. Nichols. Der Grundgedanke dabei ist der folgende: Wenn man eine Metallscheibe in Rotation um ihre Achse versetzt, so müssen die Elektronen, dem Zug der Zentrifugalkraft folgend, an den Rand der Scheibe fliegen; diese wird sich daher negativ, die Scheibenmitte positiv aufladen. Gleichgewicht tritt erst dann ein, wenn das durch die Aufladung entstehende Feld gerade die Wirkung der Zentrifugalkraft auf die Elektronen kompensiert. Die Zentrifugalkraft wirkt hier also wie eine (wegen $e = -e_0$) radial nach innen gerichtete eingeprägte Feldstärke vom Betrag

$$E^{(e)} = m\,r\,\omega^2/e = -\,m\,r\,\omega^2/e_0\,, \tag{4.4.1}$$

[1]) Die Beziehung (4.3.12) gilt natürlich auch für räumlich ausgedehntere Bestandteile in der Kette. Nur muß man dann für jedes Kettenglied seinen Widerstand in der im Abschnitt 4.2 geschilderten Weise ermitteln und dann die Widerstände aller Kettenbestandteile zusammenaddieren.

wenn ω die Winkelgeschwindigkeit der Scheibe und m und $-e_0$ Masse und Ladung der Elektronen bedeuten. Durch Integration von $E^{(e)}$ über r von der Scheibenmitte ($r = 0$) bis zum Scheibenrand ($r = R$) finden wir als eingeprägte Spannung (EMK)

$$\int_0^R E^{(e)} \, \mathrm{d}r = V^{(e)} = -m R^2 \omega^2 / 2 e_0 \,. \tag{4.4.2}$$

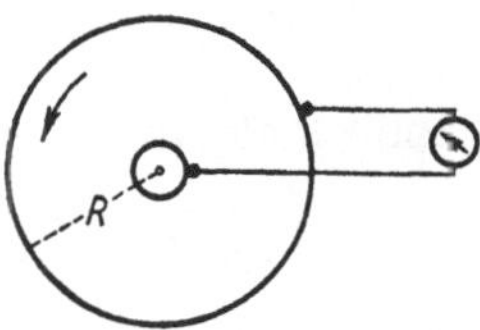

Abb. 4.3 Elektronenzentrifuge nach Nichols

Um einen Begriff von der Größenordnung dieses Effektes zu geben, setzen wir die Werte $R = 0{,}1$ m und $\omega = 100\,\mathrm{s}^{-1}$ aus dem Versuch von Nichols ein; mit $e_0 = 1{,}6 \cdot 10^{-19}$ C und $m = 0{,}9 \cdot 10^{-27}$ g finden wir $|V^{(e)}| = 3 \cdot 10^{-10}$ V. Da eine statische Messung dieses Effektes wegen seiner Kleinheit nicht in Frage kommt, hat Nichols am Scheibenrand und an der Achse Schleifkontakte angebracht und sie miteinander über ein Galvanometer möglichst kleinen inneren Widerstands verbunden (Abb. 4.3), um den dann erwarteten Ausgleichsstrom zwischen der positiven Aufladung in der Scheibenmitte und der negativen am Scheibenrand nachzuweisen. Doch konnte Nichols das Fließen dieses Stromes nicht mit Sicherheit feststellen, da sich über den erwarteten Effekt infolge von Thermokräften an den Schleifkontakten und ähnlichen Einflüssen Störeffekte überlagern, die wegen ihrer Unregelmäßigkeit und Unkontrollierbarkeit eine Sicherstellung des erwarteten Effektes nicht erlaubten.

Im Gegensatz dazu führten Versuche von R.C. Tolman und Mitarbeitern zu einem positiven Ergebnis. Die erste Versuchsreihe basierte auf der Vorstellung, daß bei plötzlicher Bremsung eines bewegten Metallstücks die ursprünglich mit dem Metall mitbewegten Leitungselektronen infolge ihres Impulses noch ein Stück im Metall weiterlaufen, bis sie durch entstehende Gegenfelder infolge von Aufladungen an den Rändern und wegen des Ohmschen Widerstands, den sie bei der Bewegung durch das Metallgitter erleiden, ebenfalls abgebremst werden. Diese vorübergehende Relativbewegung der Elektronen gegen das Gitter muß sich als kurzer Stromstoß äußern.

Zu ihrem Nachweis wurde eine Drahtspule verwandt, deren Enden über die Achse mit einem ballistischen Galvanometer verbunden waren (Abb. 4.4). Beim plötzlichen Anhalten der zunächst um die Achse rotierenden Spule konnte in der Tat ein meßbarer Ausschlag am Galvanometer festgestellt und so die beim Abbremsprozeß im ganzen durch den Drahtquerschnitt hindurchtretende Elektrizitätsmenge gemessen werden.

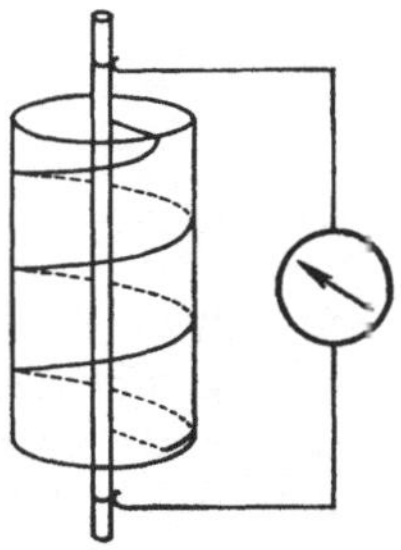

Abb. 4.4 Nachweis der Massenträgheit der Leitungselektronen nach Tolman

Um die Größe dieses Stromstoßes rechnerisch zu erfassen, betrachten wir ein Stück des Drahtes, das sich momentan mit der Geschwindigkeit $v_0(t)$ bewegt. Dann gilt für die (mittlere) Bewegung eines Elektrons in diesem Drahtstück in Erweiterung von (4.2.11) die Beziehung

$$m \frac{\mathrm{d}\boldsymbol{v}}{\mathrm{d}t} = e \boldsymbol{E} - \frac{\boldsymbol{v} - \boldsymbol{v}_0}{B}\,, \tag{4.4.3}$$

da es ja beim Reibungswiderstand nur auf die Relativgeschwindigkeit zwischen dem Elektron und dem Drahtstück ankommt. Aus dem gleichen Grund wird die Stromdichte $\boldsymbol{g}$ statt durch (4.2.9) durch

$$\boldsymbol{g} = n e (\boldsymbol{v} - \boldsymbol{v}_0) \tag{4.4.4}$$

gegeben. Führen wir nun in (4.4.3) den aus (4.4.4) folgenden Wert für $\boldsymbol{v}$ ein, so erhalten wir wegen (4.2.10) und (4.2.13) für $\boldsymbol{g}$ anstatt (4.2.12) die Beziehung

$$\tau \frac{\partial \boldsymbol{g}}{\partial t} + \boldsymbol{g} = \sigma \boldsymbol{E} - n e \tau \frac{\partial \boldsymbol{v}_0}{\partial t} = \sigma(\boldsymbol{E} + \boldsymbol{E}^{(e)}), \tag{4.4.5}$$

wenn wir als Abkürzung eine eingeprägte Feldstärke $\boldsymbol{E}^{(e)}$ durch

$$e \boldsymbol{E}^{(e)} = -m \frac{\partial \boldsymbol{v}_0}{\partial t} \tag{4.4.6}$$

definieren. Wir können also auch hier die für die Relativbewegung der Elektronen verantwortliche, rein mechanische Ursache durch eine fiktive elektrische vollwertig ersetzen. Daß übrigens in der Formel (4.4.6) die Theorie des Nicholsschen Versuchs enthalten ist, ergibt sich aus der Tatsache, daß für $\partial \boldsymbol{v}_0/\partial t$ in der rotierenden Scheibe die Zentripetalbeschleunigung $-\omega^2 \boldsymbol{r}$ einzusetzen ist; man gewinnt auf diese Weise erneut die Beziehung (4.4.1).

Integrieren wir nun die Gleichung (4.4.5) nach Division durch σ über den ganzen Stromkreis, so erhalten wir wegen $\oint \boldsymbol{E}\, \mathrm{d}\boldsymbol{r} = 0$ und $e = -e_0$

$$\left(\tau \frac{\mathrm{d}I}{\mathrm{d}t} + I\right) R = \oint \boldsymbol{E}^{(e)}\, \mathrm{d}\boldsymbol{r} = \frac{m\, l}{e_0} \frac{\mathrm{d}v_0}{\mathrm{d}t}; \tag{4.4.7}$$

dabei bedeutet l die Länge der Drahtspule. Über den zeitlichen Verlauf der Bremsung brauchen wir nichts Näheres zu wissen, wenn uns nicht der zeitliche Verlauf des Stromes, sondern nur dessen Zeitintegral über die ganze Dauer des Bremsvorgangs, also die gesamte während des Prozesses durch den Querschnitt hindurch tretende Elektrizitätsmenge $\int I\, \mathrm{d}t$ interessiert. Für sie erhalten wir durch Zeitintegration von (4.4.7) über die ganze Bremszeit von t_1 bis t_2 wegen $\int_{t_1}^{t_2} (\mathrm{d}I/\mathrm{d}t)\, \mathrm{d}t = I(2) - I(1) = 0$ und $\int_{t_1}^{t_2} (\mathrm{d}v/\mathrm{d}t)\, \mathrm{d}t = -v(t_1) = -v_0$ den Wert

$$\int_{t_1}^{t_2} I\, \mathrm{d}t = -\frac{m\, l\, v_0}{e_0 R}, \tag{4.4.8}$$

wenn sich die Spule vor dem Prozeß mit der Geschwindigkeit v_0 bewegt und nach der Bremsung ruht. Durch ballistische Messungen des Integralwerts kann man auf diese Weise, da alle übrigen Daten bekannt sind, den Quotienten e_0/m, also die spezifische Ladung der Leitungselektronen, bestimmen. Bei den Versuchen ergaben sich hierfür Werte, deren Abweichungen von den üblichen, auf anderen Wegen gemessenen innerhalb der Fehlergrenze von etwa 10% lagen.

Entsprechende Ergebnisse zeigten weitere Versuche von Tolman und Mitarbeitern, bei denen ein Hohlzylinder aus Kupferblech zu Drehschwingungen um seine Achse gezwungen wurde. Hier führten die Elektronen infolge ihrer Massenträgheit wegen (4.4.7) eine gegen die Metallbewegung in der Phase um fast 90° verschobene Schwingung aus. Der so entstehende Wechselstrom ließ sich mit Hilfe einer Induktionsspule messen. Auch hier war das Ergebnis hinsichtlich der Übereinstimmung zwischen Theorie und Experiment befriedigend.

4.5. Die Joulesche Wärme

Wie im Abschnitt 4.2 angedeutet wurde, verlieren Ladungsträger bei ihrer Bewegung durch einen Leiter dauernd Energie, sei es infolge von Zusammenstößen mit den übrigen Bausteinen der Materie, sei es durch einen (solche Prozesse summarisch erfassenden) Reibungswiderstand. Diese Energie findet sich wieder als Joulesche Erwärmung des stromdurchflossenen Leiters.

Wir veranschaulichen diese Aussage zunächst am Beispiel der Entladung eines Kondensators der Kapazität C über einen Widerstand R. Diese Entladung wird, sofern sie nicht zu schnell erfolgt, bestimmt durch die Gleichungen

$$e = C\,V \quad \text{und} \quad -\frac{de}{dt} = I = \frac{V}{R}, \tag{4.5.1}$$

mit der Lösung

$$\frac{V}{V_0} = \frac{e}{e_0} = \frac{I}{I_0} = \mathrm{e}^{-t/RC}. \tag{4.5.2}$$

Somit klingen Spannung, Ladung und Stromstärke exponentiell ab, und zwar umso schneller, je kleiner R und C sind. Beispielsweise gilt für einen Kondensator der Kapazität $1\ \mu\mathrm{F} = 1 \cdot 10^{-6}$ As/V, der über einen Widerstand von $1\ \Omega = 1$ V/A kurzgeschlossen wird, $R\,C = 1 \cdot 10^{-6}$ s. Also entladet sich dieser Kondensator in 10^{-6} Sekunden auf den e-ten Teil[1]). Mit dem Abklingen der Kondensatorladung fällt nun aber auch die elektrische Feldenergie U, die im Fall eines Kondensators ohne Dielektrikum mit der durch (3.2.1) gegebenen Aufladearbeit A übereinstimmt, nach der Beziehung

$$U = \frac{C\,V^2}{2} = \frac{C\,V_0^2}{2}\,\mathrm{e}^{-2t/RC} \tag{4.5.3}$$

ab. Im Zeitelement dt verschwindet also der Anteil

$$-\,dU = \frac{2\,U\,dt}{R\,C} = \frac{V^2\,dt}{R} = I\,V\,dt = I^2\,R\,dt \tag{4.5.4}$$

der Feldenergie durch Umwandlung in Joulesche Wärme. In dieser Zeit durchfällt eben die Ladung $I\,dt$ innerhalb des Leiters die Spannung V und gibt die dabei frei werdende potentielle Energie $I\,V\,dt$ als Wärmeenergie an den Leiter ab.

Eine allgemeine Begründung des Jouleschen Gesetzes für die Wärmeentwicklung in einem Stromsystem werden wir erst im Abschnitt 7.3 aus dem vollständigen System der Maxwell-Gleichungen geben können. Hier begnügen wir uns mit einem weiteren Beispiel, nämlich mit der Wärmeentwicklung in einem stationären Stromkreis, der von einer zeitunabhängigen EMK betrieben wird. Wir gehen dabei aus von der Gleichung (4.3.1). Lösen wir sie nach $\boldsymbol{E}^{(e)}$ auf, multiplizieren sie skalar mit der Stromdichte $\boldsymbol{g}$ und integrieren sie über den ganzen Stromkreis, so erhalten wir die Beziehung

$$\int \boldsymbol{g}\,\boldsymbol{E}^{(e)}\,dv = -\int \boldsymbol{g}\,\boldsymbol{E}\,dv + \int \frac{\boldsymbol{g}^2}{\sigma}\,dv\,. \tag{4.5.5}$$

---

[1]) Da diese Entladungszeit trotz ihrer Kürze noch sehr groß gegen die in (4.2.12) eingeführte Stoßzeit ist, konnte in (4.5.1) statt mit dieser Gleichung mit der einfacheren Beziehung (4.2.4) bzw. mit der damit übereinstimmenden Beziehung (4.2.1) gerechnet werden. Achtung aber bei zu schnell verlaufenden Entladungsvorgängen auf Induktionseffekte (nach dem 6. Kapitel).

Daß sie eine Aussage über die Leistungsbilanz im Stromkreis darstellt, können wir uns in folgender Weise klarmachen: Da $e\,\boldsymbol{E}^{(e)}\,\boldsymbol{v}\,\mathrm{d}t$ die Arbeit darstellt, die von der eingeprägten Kraft $e\,\boldsymbol{E}^{(e)}$ während des Zeitelements $\mathrm{d}t$ am einzelnen, mit der (mittleren) Geschwindigkeit $\boldsymbol{v}$ bewegten Ladungsträger geleistet wird, gibt $n\,\mathrm{d}v\,e\,\boldsymbol{E}^{(e)}\,\boldsymbol{v}\,\mathrm{d}t = \boldsymbol{g}\,\boldsymbol{E}^{(e)}\,\mathrm{d}v\,\mathrm{d}t$ wegen (4.2.9) die Arbeit, die bei den $n\,\mathrm{d}v$ in $\mathrm{d}v$ enthaltenen Ladungsträgern in Rechnung zu setzen ist. Also bedeutet $\mathrm{d}t \int \boldsymbol{g}\,\boldsymbol{E}^{(e)}\,\mathrm{d}v$ die gesamte, während der Zeit $\mathrm{d}t$ von den eingeprägten Kräften dem Stromkreis zugeführte Energie. Hier läßt sich übrigens das Integral wegen $\boldsymbol{E}^{(e)} = -\operatorname{grad}\varphi^{(e)}$ mit Hilfe des Gaußschen Satzes umformen;

$$\int \boldsymbol{g}\,\boldsymbol{E}^{(e)}\,\mathrm{d}v = -\int g_n\,\varphi^{(e)}\,\mathrm{d}f + \int \varphi^{(e)}\operatorname{div}\boldsymbol{g}\,\mathrm{d}v\,. \tag{4.5.6}$$

Dabei verschwindet das letzte Integral rechts wegen unserer Voraussetzung eines stationären Stromkreises ($\operatorname{div}\boldsymbol{g} = -\partial\varrho/\mathrm{d}t = 0$). Das erste Integral rechts, das nur über die Oberfläche des die eingeprägten Kräfte enthaltenden Bereichs zu erstrecken ist, gibt nur an den Ein- und Austrittsstellen des Stromes Beiträge, da ja sonst an der Oberfläche $g_n = 0$ gilt; und zwar erhalten wir $(I\,\varphi^{(e)})_1 - (I\,\varphi^{(e)})_2 = I\,V^{(e)}$, also genau die Leistung der EMK dieser Stromquelle. Somit gilt nach (4.5.6)

$$\int \boldsymbol{g}\,\boldsymbol{E}^{(e)}\,\mathrm{d}v = I\,V^{(e)}\,. \tag{4.5.7}$$

Das energetische Äquivalent der hier gefundenen Energiezufuhr richtet sich nach dem Vorgang, der für das Auftreten von $\boldsymbol{E}^{(e)}$ verantwortlich ist. Bei einer Konzentrationskette erfolgt sie auf Kosten der freien Energie, die der konzentrierteren Lösung gegenüber der verdünnteren zukommt. Bei einem galvanischen Element sind es die mit der Auflösung oder Abscheidung verbundenen chemischen Vorgänge. Bei einem Thermoelement entstammt die Energie den Wärmereservoiren, mittels deren man die Temperaturdifferenz der Lötstellen aufrecht erhält. In jedem Fall wird die Leistung $I\,V^{(e)}$ von Energiequellen aufgebracht, die der eigentlichen Elektrostatik fremd sind, wie ja auch die entwickelte Joulesche Wärme außerhalb derselben steht.

Auf der rechten Seite von (4.5.5) läßt sich das erste Integral wie bei (4.5.6) vermittels des Gaußschen Satzes umformen; doch verschwinden dann für unseren stationären Stromkreis sowohl das Oberflächenintegral (wegen $g_n = 0$ an allen Oberflächen) wie auch das Volumintegral (wegen $\operatorname{div}\boldsymbol{g} = 0$).

Also bleibt auf der rechten Seite von (4.5.5) nur das letzte Glied stehen. Daß es mit der Jouleschen Wärme im Stromkreis zusammenhängt, sieht man sofort, wenn man es für ein kleines Drahtstück der Länge l und des Querschnitts q auswertet; dann gilt

$$\left(\int \frac{g^2}{\sigma}\,\mathrm{d}v\right)_{\mathrm{D}} = \frac{g^2\,q\,l}{\sigma} = \frac{I^2\,l}{\sigma\,q} = I^2\,R_{\mathrm{D}}\,,$$

letzteres wegen (4.2.2) mit R_{D} gleich dem Widerstand dieses Drahtstückes. Für den ganzen Stromkreis finden wir somit wegen (4.5.5) und (4.5.7), sowie wegen der hier gültigen Beziehung (4.3.12)

$$\int \frac{g^2}{\sigma}\,\mathrm{d}v = I\,V^{(e)} = I^2\,R\,, \tag{4.5.8}$$

also wiederum den gleichen Ausdruck für die Joulesche Wärmeleistung wie in (4.5.4). Wir haben aber hier im Gegensatz zur Kondensatorentladung das eigentümliche Ergebnis, daß durch die Vermittlung eines statischen $\boldsymbol{E}$-Feldes dauernd eine Energie nichtelektrischer Natur in eine andere, nämlich in Wärme, umgewandelt wird.

Anmerkung. Im Gaußschen System wird die Joulesche Wärmeleistung durch $I^{*2}R^*$, ihre Dichte durch g^{*2}/σ^* gegeben. Man erhält diese Leistungsgrößen jetzt nicht in Watt bzw. in W/m³, sondern in erg/s bzw. in erg/cm³ s; dabei gilt 1 erg = $1 \cdot 10^{-7}$ Ws.

Aufgaben zum 4. Kapitel

1. An einer Stromquelle mit der eingeprägten Spannung $V^{(e)}$ und dem inneren Widerstand R_i ist ein Stromkreis mit dem Verbraucherwiderstand R_v angeschlossen. Wie groß ist der Ohmsche Spannungsabfall an diesem Widerstand, also die Klemmenspannung am Verbraucher?

2. An einem 220V-Anschluß hängen, parallel geschaltet, n Apparaturen, gekennzeichnet durch die Widerstände $R_1, R_2, \ldots, R_n$. Wie groß ist der Widerstand des ganzen Aggregats, der Gesamtstrom und die Gesamtleistung? Im einzelnen seien angeschaltet 6 Glühlampen für 220 V und 50 W, eine Glühlampe für 8 V und 6 A mit dem zugehörigen Vorwiderstand und ein Motor, der bei der angegebenen Klemmenspannung 1/6 PS leistet mit 1 PS = 735,5 W und den Wirkungsgrad 75% hat. Wie groß sind in diesem Fall die oben gefragten Größen, und wie groß muß der Vorwiderstand der 8 V-Lampe gewählt werden?

3. Es stehen n gleiche Akkumulatoren mit dem inneren Widerstand R_i und der eingeprägten Spannung $V^{(e)}$ zur Verfügung; je k Akkumulatoren werden in Reihe und die so entstandenen n/k Gruppen parallel geschaltet. Wie groß muß k sein, damit man im Belastungswiderstand R die größtmögliche Leistung erhält, und wie groß ist diese Leistung?

4. Wie lang ist der in einer Glühlampe verwendete Wolfram-Glühdraht, wenn die Lampe bei 220 V Gleichstrombetrieb 50 W verbraucht und wenn der Drahtdurchmesser 25 µm beträgt? Der spezifische Widerstand des Wolframs beträgt $5{,}3 \cdot 10^{-8}$ Ωm bei 18 °C und steigt annähernd proportional mit der absoluten Temperatur an. Die Betriebstemperatur des Glühdrahtes sei 2500 K. Wievielmal ist der Strom im Augenblick des Einschaltens (bei einer Drahttemperatur von 18 °C) größer als im stationären Betrieb?

5. Ein elektrischer Kochtopf bringt bei 220 V und 3 A Stromverbrauch 1 Liter Wasser von 18 °C in 11 Minuten zum Kochen. Wie groß ist sein Wirkungsgrad, d. h. der prozentuale Anteil der zugeführten Energie, der zur Erwärmung des Wassers verwendet wird?

6. Die Kapazität C einer Anordnung von zwei beliebig geformten Metallkörpern sei bekannt. Der ganze Raum zwischen den Körpern werde nun mit einem Medium vom spezifischen Widerstand ϱ ausgefüllt; dabei sei ϱ viel größer als der spezifische Widerstand des Metalls, so daß der Spannungsabfall in den Metallelektroden vernachlässigt werden kann. Wie groß ist dann der Widerstand R der Anordnung für den Stromübergang von einem Metallkörper zum anderen? Man ermittle ihn speziell für ein Daniell-Element, bestehend aus zwei koaxialen Kupfer- und Zinkzylindern mit den Radien a und b sowie der Höhe h, indem man diese Anordnung als Zylinderkondensator behandelt und mit ϱ den spezifischen Widerstand der sauren Kupfersulfatlösung bezeichnet.

7. Ein Plattenkondensator ist mit einer Substanz der Dielektrizitätskonstante ε und der Leitfähigkeit σ gefüllt. Er ist zunächst an die Klemmen einer Batterie angeschlossen. Zur Zeit $t = 0$ wird die Verbindung unterbrochen, so daß sich der Kondensator allmählich entlädt. Wie groß ist die Relaxationszeit, also die Zeit, nach der die Ladung bzw. Spannung des Kondensators auf den e-ten Teil gesunken ist?

8. Der Widerstand eines beliebig geformten Leiters zwischen den Klemmen 1 und 2 kann entweder wegen des Ohmschen Gesetzes dargestellt werden durch $R = V/I = \int \boldsymbol{E}\, \mathrm{d}\boldsymbol{r}/I = \int (\boldsymbol{g}/\sigma)\, \mathrm{d}\boldsymbol{r}/I$. Oder man kann ihn wegen des Jouleschen Gesetzes auch in der Form $R = \int (g^2/\sigma)\, \mathrm{d}v/I^2$ anschreiben. Man zeige, daß wegen $\boldsymbol{g} = \sigma \boldsymbol{E} = -\sigma \operatorname{grad} \varphi$ der zweite Ausdruck für R bei Gleichstrombetrieb mit dem ersten übereinstimmt.

5. Das magnetische Feld

5.1. Die Lorentz-Kraft und die magnetische Induktion

Bei der Aufstellung der Gesetze des elektrischen Feldes sind wir ausgegangen von der Kraft

$$\boldsymbol{K} = e\,\boldsymbol{E}\,, \tag{5.1.1}$$

die ein (ruhendes) Teilchen der Ladung e in einem elektrischen Feld erfährt, und haben die elektrische Feldstärke $\boldsymbol{E}$ durch diese Beziehung definiert. Entsprechend gehen wir jetzt bei unseren Betrachtungen über das magnetische Feld von der Kraftwirkung aus, die ein Magnetfeld auf diese Ladung ausübt. Nach H. A. Lorentz erfährt ein Teilchen der Ladung e im Magnetfeld eine Kraft $\boldsymbol{K}$, die proportional seiner Ladung und proportional seiner Geschwindigkeit $\boldsymbol{v}$ ist, aber senkrecht zur Feldrichtung steht. Wir bezeichnen die das Feld charakterisierende Größe wegen ihrer Bedeutung für das Induktionsgesetz (s. Abschnitt 5.3) als die magnetische Induktion $\boldsymbol{B}$ und definieren sie durch die Lorentzsche Beziehung

$$\boldsymbol{K} = e\,\boldsymbol{v} \times \boldsymbol{B}\,. \tag{5.1.2}$$

Dieses Gesetz läßt sich durch Ablenkungsversuche an Elektronenstrahlen und an Ionenstrahlen unmittelbar überprüfen. Die Bewegung eines solchen Teilchens in einem $\boldsymbol{E}$-Feld und einem $\boldsymbol{B}$-Feld wird beschrieben durch die Bewegungsgleichung[1])

$$m\,\frac{\mathrm{d}\boldsymbol{v}}{\mathrm{d}t} = e\,(\boldsymbol{E} + \boldsymbol{v} \times \boldsymbol{B})\,. \tag{5.1.3}$$

Wir bemerken zunächst, daß das Magnetfeld keinen Einfluß auf den Betrag der Geschwindigkeit hat. In der Tat ergibt skalare Multiplikation von (5.1.3) mit $\boldsymbol{v}$

$$\frac{\mathrm{d}}{\mathrm{d}t}\left(\frac{m\,v^2}{2}\right) = e\,\boldsymbol{E}\,\boldsymbol{v}\,; \tag{5.1.4}$$

eine Änderung der kinetischen Energie wird allein durch das elektrische Feld bewirkt. Wenn $\boldsymbol{E}$ von einem statischen Potential φ herrührt, so finden wir für den Energiesatz auch bei Anwesenheit eines beliebigen Magnetfeldes die Beziehung

$$\frac{m\,v^2}{2} + e\,\varphi = \text{const.} \tag{5.1.5}$$

Weiterhin betrachten wir die Wirkung eines konstanten Magnetfeldes $\boldsymbol{B}$ allein. Legen wir es in die Richtung der positiven z-Achse, so erhalten wir aus (5.1.3) als Komponenten der Bewegungsgleichung

$$m\,\frac{\mathrm{d}v_x}{\mathrm{d}t} = e\,B\,v_y\,, \qquad m\,\frac{\mathrm{d}v_y}{\mathrm{d}t} = -\,e\,B\,v_x\,, \qquad m\,\frac{\mathrm{d}v_z}{\mathrm{d}t} = 0\,. \tag{5.1.6}$$

---

[1]) Dabei setzen wir voraus, daß die Teilchengeschwindigkeit v klein gegenüber der Vakuum-Lichtgeschwindigkeit c_0 ist. Andernfalls müßten wir wegen der relativistischen Massenveränderlichkeit bei Annäherung von v an c_0 das Glied $m\,\mathrm{d}\boldsymbol{v}/\mathrm{d}t$ auf der linken Seite von (5.1.3) durch $m\,\mathrm{d}\left(\boldsymbol{v}/\sqrt{1 - v^2/c_0^2}\right)/\mathrm{d}t$ ersetzen. Vgl. hierzu Abschnitt 12.1.

Also wird die in die Richtung von $\boldsymbol{B}$ fallende Komponente der Bewegung durch das Feld überhaupt nicht beeinflußt. Wir brauchen uns daher nur mit der Projektion der Bewegung auf die x-y-Ebene zu beschäftigen. Setzen wir zur Abkürzung

$$\omega = e\,B/m\,, \tag{5.1.7}$$

so lauten die ersten beiden Gleichungen (5.1.6)

$$\frac{\mathrm{d}v_x}{\mathrm{d}t} = \omega\, v_y\,, \qquad \frac{\mathrm{d}v_y}{\mathrm{d}t} = -\,\omega\, v_x\,.$$

Sie besitzen die allgemeine Lösung (mit den Integrationskonstanten v_0 und t_0)

$$v_x = v_0 \cos\omega\,(t - t_0)\,, \qquad v_y = -\,v_0 \sin\omega\,(t - t_0)\,.$$

Nochmalige Integration nach der Zeit ergibt

$$x - x_0 = \frac{v_0}{\omega}\sin\omega\,(t - t_0)\,, \qquad y - y_0 = \frac{v_0}{\omega}\cos\omega\,(t - t_0)\,.$$

Die Projektion der Bahnkurve auf die Ebene senkrecht zu $\boldsymbol{B}$ ist also ein Kreis um den Punkt (x_0, y_0) mit dem Radius

$$R = v_0/\omega = m\,v_0/e\,B\,. \tag{5.1.8}$$

Zusammen mit der Bewegungskomponente in der $\boldsymbol{B}$-Richtung finden wir als allgemeine Bewegung im homogenen Magnetfeld eine Schraubenlinie mit der von v_0 unabhängigen Ganghöhe $h = 2\pi\, v_z/\omega = 2\pi\, m\, v_z/e\,B$. Der Wert (5.1.8) folgt übrigens auch unmittelbar aus der Bemerkung, daß bei der Kreisbewegung die Zentrifugalkraft $m\,v_0^2/R$ gerade durch die Lorentz-Kraft $e\,v_0\,B$ kompensiert wird.

Die Gleichung (5.1.3) ist die theoretische Grundlage für alle Versuche über die Ablenkung von Teilchenstrahlen in vorgegebenen Feldern. Umgekehrt kann man aus diesen Versuchen vermittels (5.1.3) auf das ablenkende Magnetfeld $\boldsymbol{B}$ schließen.

Aus der Lorentzschen Beziehung (5.1.2) können wir nun leicht die Kraftwirkung ermitteln, die ein Magnetfeld auf einen stromdurchflossenen Leiter ausübt. Diese Kraft ist es, die jeden Elektromotor treibt und daher die für die Elektrotechnik wichtigste Kraft darstellt.

Dazu betrachten wir erst ein kleines Volumenelement $\mathrm{d}v$ eines ruhenden Leiters, in dem ein Strom der Stärke I bzw. der Stromdichte $\boldsymbol{g}$ fließen möge. Dann wirkt im Magnetfeld $\boldsymbol{B}$ auf jedes mit der Geschwindigkeit $\boldsymbol{v}_j$ bewegte Teilchen der Ladung e_j die Lorentz-Kraft $e_j\,\boldsymbol{v}_j \times \boldsymbol{B}$, also auf alle in $\mathrm{d}v$ enthaltenen Teilchen die Kraft[1])

$$\boldsymbol{k}\,\mathrm{d}v = \sum_{(\boldsymbol{r}_j \text{ in } \mathrm{d}v)} e_j\,\boldsymbol{v}_j \times \boldsymbol{B} = \boldsymbol{g} \times \boldsymbol{B}\,\mathrm{d}v\,. \tag{5.1.9}$$

Da jedoch die Teilchen im Leiter diese Kraft teils wegen der Reibung zwischen ihnen und dem Gitter des Leiters, teils wegen der sofort auftretenden Aufladungen an seinen Wänden (vermittels elektrostatischer Kräfte) auf das Metallgitter übertragen, kann man weiterhin so rechnen, als ob diese Kraft auf das Leiterstück $\mathrm{d}v$ als Ganzes wirkt. Die Dichte dieser Kraft wird also gegeben durch

$$\boldsymbol{k} = \boldsymbol{g} \times \boldsymbol{B}\,. \tag{5.1.10}$$

---

1) Hier und in den nächsten Formeln bedeutet $\mathrm{d}v$ das betrachtete Volumenelement und nicht etwa das Differential des Betrages einer Teilchengeschwindigkeit $\boldsymbol{v}$.

Liegt speziell ein drahtförmiger Leiter vor vom Querschnitt q, der vom Strom der Stärke I durchflossen wird, so finden wir wegen $\boldsymbol{g}\,\mathrm{d}v = \boldsymbol{g}\,q\,|\mathrm{d}\boldsymbol{r}| = I\,\mathrm{d}\boldsymbol{r}$ als den auf ein Stück der Länge $|\mathrm{d}\boldsymbol{r}|$ dieses Drahtes wirkenden Anteil der Gesamtkraft $\boldsymbol{K}$ den Ausdruck

$$\mathrm{d}\boldsymbol{K} = I\,\mathrm{d}\boldsymbol{r}\times\boldsymbol{B}\,. \tag{5.1.11}$$

Zur Gesamtkraft $\boldsymbol{K}$ kommen wir dann entweder aus (5.1.9) durch Integration über das ganze Volumen des Leiters oder speziell aus (5.1.11) durch Integration über die ganze Länge des stromführenden Drahtes.

Anmerkung. Im Gaußschen Maßsystem werden die Beziehungen (5.1.2) und (5.1.10) in der Form

$$\boldsymbol{K} = e^*\,\boldsymbol{v}\times\boldsymbol{B}^*/c_0 \quad \text{und} \quad \boldsymbol{k} = \boldsymbol{g}^*\times\boldsymbol{B}^*/c_0 \tag{5.1.12}$$

angeschrieben. Dabei bedeutet c_0 eine zunächst noch frei wählbare Größe von der Dimension einer Geschwindigkeit, wodurch die magnetische Induktion $\boldsymbol{B}^*$ die gleiche Dimension erhält wie die elektrische Feldstärke $\boldsymbol{E}^*$. Frei wählbar bleibt diese Größe insofern, als aus den Ablenkungsversuchen jeweils nur der Wert des Quotienten $\boldsymbol{B}^*/c_0$ erschlossen werden kann. Aus später ersichtlichen Gründen wählt man mit Gauß die Konstante c_0 gleich der Lichtgeschwindigkeit im Vakuum:

$$c_0 = 2{,}99793\cdot 10^{10}\ \mathrm{cm/s} \approx 3\cdot 10^{10}\ \mathrm{cm/s}. \tag{5.1.13}$$

Dadurch ist dann auch die Einheit von $\boldsymbol{B}^*$ festgelegt.

Da $\boldsymbol{B}$ nach (5.1.2) in $\mathrm{Vs/m^2}$ zu messen ist, können wir mit (5.1.13) auch den entsprechenden Wert von $\boldsymbol{B}^*$ ermitteln. Offenbar gilt wegen (1.3.6)

$$\boldsymbol{B}^* = \frac{c_0\,e\,\boldsymbol{B}}{e^*} = c_0\sqrt{4\pi\,\varepsilon_0}\,\boldsymbol{B}. \tag{5.1.14}$$

Daher entspricht einem Feld der Induktion $B = 1\ \mathrm{Vs/m^2}$ der Wert

$$B^* = 2{,}9979\cdot 10^8\,\frac{\mathrm{m}}{\mathrm{s}}\sqrt{4\pi\cdot 8{,}854\cdot 10^{-12}\,\frac{\mathrm{As}}{\mathrm{Vm}}}\cdot 1\,\frac{\mathrm{Vs}}{\mathrm{m^2}} = 1\cdot 10^4\sqrt{\frac{\mathrm{erg}}{\mathrm{cm^3}}}\,; \tag{5.1.15}$$

die hierbei auftretende Dimensionsgröße nennt man oft auch „Gauß". Auffallend ist hier, daß der Zahlenfaktor bei der Umrechnung bis auf eine Zehnerpotenz genau den Wert 1 ergibt. Daraus folgt, daß der Wert von ε_0, der in (1.3.2) als Meßgröße eingeführt wurde, genau durch

$$\varepsilon_0 = \frac{10^7}{4\pi\,c_0^2}\,\frac{\mathrm{Am}}{\mathrm{Vs}} \tag{5.1.16}$$

gegeben ist. Den Grund hierfür und im besonderen für den einfachen Zahlenfaktor in (5.1.15) werden wir später (in den Abschnitten 5.4 und 8.1) kennenlernen.

5.2. Der Ringstrom als magnetischer Dipol

Als eine wichtige Anwendung der Beziehung (5.1.11) betrachten wir die Kraftwirkungen, die ein geschlossener starrer Stromkreis mit konstant gehaltener Stromstärke I in einem homogenen Magnetfeld $\boldsymbol{B}$ erfährt. Integration von (5.1.11) über den ganzen Stromkreis führt wegen $\oint \mathrm{d}\boldsymbol{r} = 0$ zu $\boldsymbol{K} = 0$; ein homogenes $\boldsymbol{B}$-Feld übt also auf den Stromkreis keine translatorisch wirkende Kraft $\boldsymbol{K}$ aus. Fragen wir aber nach dem Drehmoment $\boldsymbol{N}$, den dieser Stromkreis im Magnetfeld erfährt, so erhalten wir

$$\boldsymbol{N} = \oint \boldsymbol{r}\times\mathrm{d}\boldsymbol{K} = I\oint \boldsymbol{r}\times(\mathrm{d}\boldsymbol{r}\times\boldsymbol{B})\,, \tag{5.2.1}$$

und dieser Ausdruck besitzt im allgemeinen einen endlichen Wert. Zu seiner Berechnung benützen wir die leicht verifizierbare Beziehung

$$\boldsymbol{r}\times(\mathrm{d}\boldsymbol{r}\times\boldsymbol{B}) = \frac{1}{2}\mathrm{d}\,(\boldsymbol{r}\times(\boldsymbol{r}\times\boldsymbol{B})) + \frac{1}{2}(\boldsymbol{r}\times\mathrm{d}\boldsymbol{r})\times\boldsymbol{B}\,. \tag{5.2.2}$$

Führen wir sie in (5.2.1) ein, so verschwindet der Beitrag des vollständigen Differentials, und wir erhalten den einfachen Ausdruck

$$\boldsymbol{N} = \boldsymbol{m}\times\boldsymbol{B}\,, \tag{5.2.3}$$

wenn wir noch zur Akbürzung

$$\boldsymbol{m} = \frac{I}{2}\oint \boldsymbol{r}\times\mathrm{d}\boldsymbol{r} = I\boldsymbol{f} \tag{5.2.4}$$

setzen; dabei bedeutet $\boldsymbol{f}$ einen Vektor, dessen drei Komponenten mit den drei Projektionen des Integrals $\oint \boldsymbol{r}\times\mathrm{d}\boldsymbol{r}/2$ auf die Koordinatenebenen übereinstimmen: $f_x = \oint (y\,\mathrm{d}z - z\,\mathrm{d}y)/2$ usf. (Man vergleiche dies mit dem Ausdruck für den mechanischen Drehimpuls!)

Zu analogen Verhältnissen kommen wir übrigens auch, wenn wir statt des Stromkreises eine allgemeine, im Endlichen gelegene stationäre Stromverteilung betrachten und dabei auf die Formel (5.1.10) für die Kraftdichte $\boldsymbol{k}$ zurückgreifen. Auch in diesem Fall verschwindet für ein homogenes $\boldsymbol{B}$-Feld die Gesamtkraft $\boldsymbol{K}$:

$$\boldsymbol{K} = \int \boldsymbol{k}\,\mathrm{d}v = \left(\int \boldsymbol{g}\,\mathrm{d}v\right)\times\boldsymbol{B} = 0\,. \tag{5.2.5}$$

Man sieht dies unmittelbar ein, wenn man die Kontinuitätsgleichung $\operatorname{div}\boldsymbol{g} = -\partial\varrho/\partial t = 0$ etwa mit x multipliziert und über den ganzen Raum integriert; dann folgt durch partielle Integration wegen des Verschwindens des Oberflächenintegrals

$$0 = \int x \operatorname{div}\boldsymbol{g}\,\mathrm{d}v = -\int g_x\,\mathrm{d}v\,,$$

womit die obige Behauptung bewiesen ist. Oder man schreibt (5.2.5) um in

$$\boldsymbol{K} = \int (\boldsymbol{g}\,\nabla)(\boldsymbol{r}\times\boldsymbol{B})\,\mathrm{d}v \tag{5.2.6}$$

und integriert partiell, wobei die Oberflächenintegrale verschwinden und wiederum $\boldsymbol{K} = 0$ wegen $\operatorname{div}\boldsymbol{g} = 0$ resultiert.

Nun betrachten wir wieder das Drehmoment $\boldsymbol{N}$ auf das Stromsystem, gegeben durch

$$\boldsymbol{N} = \int \boldsymbol{r}\times(\boldsymbol{g}\times\boldsymbol{B})\,\mathrm{d}v\,. \tag{5.2.7}$$

Hier schreiben wir den Integranden entsprechend der Beziehung (5.2.2) bzw. der zu (5.2.6) führenden Überlegung um in die ebenfalls leicht verifizierbare Gleichung

$$\boldsymbol{r}\times(\boldsymbol{g}\times\boldsymbol{B}) = \frac{1}{2}(\boldsymbol{g}\,\nabla)(\boldsymbol{r}\times(\boldsymbol{r}\times\boldsymbol{B})) + \frac{1}{2}(\boldsymbol{r}\times\boldsymbol{g})\times\boldsymbol{B}\,.$$

Beim Einsetzen in (5.2.7) verschwindet der Beitrag des ersten Gliedes auf der rechten Seite nach partieller Integration wiederum wegen $\operatorname{div}\boldsymbol{g} = 0$. Der Rest führt dann ebenfalls auf die Formel (5.2.3), jetzt aber mit

$$\boldsymbol{m} = \frac{1}{2}\int \boldsymbol{r}\times\boldsymbol{g}\,\mathrm{d}v\,. \tag{5.2.8}$$

Natürlich folgt aus der Spezialisierung dieser Formel auf den Fall eines drahtförmigen Stromkreises wegen $\boldsymbol{g}\, q\, |\mathrm{d}\boldsymbol{r}| = I\, \mathrm{d}\boldsymbol{r}$ wieder die Formel (5.2.4).

Ersichtlich besitzt das von einem homogenen Magnetfeld auf ein stationäres Stromsystem ausgeübte Drehmoment (5.2.3) die gleiche Gestalt wie das Drehmoment, das ein elektrischer Dipol in einem homogenen elektrischen Feld nach (3.1.5) erfährt. In ähnlicher Weise läßt sich (durch Entwicklung von $\boldsymbol{B}(\boldsymbol{r})$ nach Potenzen von $\boldsymbol{r}$ und Abbruch nach den Gliedern erster Ordnung) zeigen, daß in einem inhomogenen Magnetfeld ein räumlich nicht zu sehr ausgedehntes Stromsystem eine translatorisch wirkende Kraft

$$\boldsymbol{K} = (\boldsymbol{m}\, \nabla)\, \boldsymbol{B} = \operatorname{grad}(\boldsymbol{m}\, \boldsymbol{B}), \tag{5.2.9}$$

mit dem $\boldsymbol{m}$-Wert nach (5.2.4) bzw. (5.2.8), erfährt, die genau der Wirkung eines inhomogenen elektrischen Feldes auf einen elektrischen Dipol nach (3.1.6) und (3.1.7) entspricht. Nur muß dabei, so wie dort $\operatorname{rot} \boldsymbol{E} = 0$ vorausgesetzt war, hier $\operatorname{rot} \boldsymbol{B} = 0$ gelten. Daß diese Beziehung für den Fall eines Stromsystems im sonst materiefreien Raum erfüllt ist, werden wir später sehen.

Die Beziehungen (5.2.3) und (5.2.9) legen nahe, den durch (5.2.4) bzw. (5.2.8) gegebenen Vektor $\boldsymbol{m}$ in Analogie zu den im Abschnitt 3.1 dargelegten Verhältnissen als Moment eines magnetischen Dipols zu bezeichnen, auch wenn die im elektrischen Fall mit dem Dipolbegriff verbundene Vorstellung von zwei getrennten Ladungen („Monopolen") mit entgegengesetzten Ladungsvorzeichen auf den magnetischen Fall wegen der Nichtexistenz magnetischer Monopole nicht übertragen werden kann. Hier hat eben an die Stelle der Dipolvorstellung im elektrischen Fall als einer durch einen Pfeil zu charakterisierenden Größe nach Ampère die Vorstellung zu treten, daß die magnetischen Momente durch Ringströme, speziell im atomaren Bereich durch Elektronenumläufe in den einzelnen Materiebausteinen bedingt sind und daher durch einen senkrecht zu $\boldsymbol{m}$ stehenden Kreis mit positivem Umlaufsinn um die $\boldsymbol{m}$-Richtung charakterisiert werden können.

Oder anders ausgedrückt: Der Vektor des elektrischen Dipolmoments $\boldsymbol{p}$ ist ebenso wie der der Geschwindigkeit oder der elektrischen Feldstärke ein polarer Vektor, hingegen der des magnetischen Dipolmoments $\boldsymbol{m}$ so wie der des Drehimpulses oder auch der magnetischen Induktion ein axialer Vektor[1]). So geht beispielsweise bei einer Spiegelung an der x-y-Ebene

$$\begin{aligned} &\text{der Vektor } \boldsymbol{p} = (p_x, p_y, p_z) \text{ in den Vektor } \boldsymbol{p}' = (p_x, p_y, -p_z), \\ &\text{der Vektor } \boldsymbol{m} = (m_x, m_y, m_z) \text{ in den Vektor } \boldsymbol{m}' = (-m_x, -m_y, m_z) \end{aligned} \tag{5.2.10}$$

über (s. Abb. 5.1). Dabei geht die positive Ladung von $\boldsymbol{p}$ in die positive Ladung von $\boldsymbol{p}'$ über. Würde man aber beim Vektor $\boldsymbol{m}$ ebenfalls von einem Dipol sprechen, der aus zwei Monopolen in entsprechendem Abstand besteht, so würde bei der Spiegelung der positive Monopol (= Nordpol) in einen negativen Monopol (= Südpol) übergehen und umgekehrt. Dies ist im wesentlichen auch der Grund, weshalb es in der Maxwellschen Theorie keine magnetischen Monopole als richtige skalare Größen geben kann.

Es sei hier noch auf einen bemerkenswerten Zusammenhang hingewiesen zwischen dem magnetischen Moment $\boldsymbol{m}$ eines Ringstromes nach (5.2.4) und dem Drehimpuls $\boldsymbol{J} = m\, \boldsymbol{r} \times \boldsymbol{v}$ eines in

---

[1]) Vgl. Abschnitt 13.1.

einem Zentralfeld umlaufenden Teilchens der Masse m. Da letzterer nach Newton zeitlich konstant ist, kann man ihn über die Zeit eines Umlaufs integrieren; dies ergibt mit der Umlaufzeit τ

$$J\tau = m \oint \boldsymbol{r} \times \mathrm{d}\boldsymbol{r} = 2mf. \tag{5.2.11}$$

Trägt nun das Teilchen eine Ladung e und läuft es mit der Frequenz $\nu = 1/\tau$ auf einer geschlossenen Bahn um, so wirkt es wie ein Kreisstrom der Stärke $I = e\,\nu = e/\tau$ und erzeugt nach (5.2.4) ein magnetisches Moment der Größe

$$\boldsymbol{m} = e\,f/\tau. \tag{5.2.12}$$

In diesem Fall gilt also, wie man aus diesen beiden Formeln unmittelbar sieht, die wichtige Beziehung

$$\boldsymbol{m} = \boldsymbol{J}\,e/2\,m. \tag{5.2.13}$$

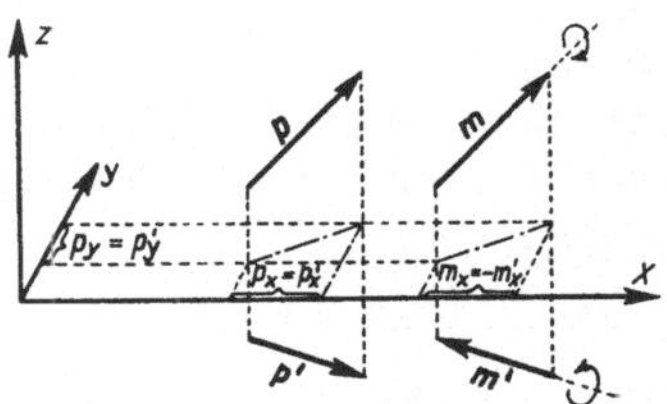

Abb. 5.1
Polarer Vektor $\boldsymbol{p}$ und axialer Vektor $\boldsymbol{m}$ bei Spiegelung an der x-y-Ebene

Im Zentralfeld sind also der Drehimpuls $\boldsymbol{J}$ eines umlaufenden Teilchens und das dabei entstehende magnetische Moment $\boldsymbol{m}$ zueinander proportional, wobei der Proportionalitätsfaktor $e/2\,m$ nur die Ladung und die Masse des Teilchens, sonst aber keine Bestimmungsstücke über die Bahnform und über die Umlaufgeschwindigkeit enthält. Man nennt die Größe $\gamma = e/2\,m$ den gyromagnetischen Faktor.

Da nach der Quantentheorie der Betrag des Drehimpulses eines umlaufenden Teilchens gleich einem ganzzahligen Vielfachen der Quantengröße $h/2\pi$ mit dem Planckschen Wirkungsquantum $h = 6{,}626 \cdot 10^{-27}$ erg s $= 6{,}626 \cdot 10^{-34}$ Ws^2 ist, ergibt sich als Quantenbetrag des magnetischen Moments der Wert $e\,h/4\pi\,m = 0{,}9274 \cdot 10^{-23}$ Am^2, den man als Bohrsches Magneton bezeichnet. Näheres hierzu siehe im III. Band, Abschnitt C I.

Anmerkung. Wegen der anderen Schreibweise (5.1.12) für die Lorentzkraft tritt beim Übergang zum Gaußschen System in vielen Formeln des Abschnitts 5.2 der Faktor c_0 auf, so z. B. in (5.2.4) und (5.2.8):

$$\boldsymbol{m}^* = I^* f/c_0 \qquad \text{bzw.} \qquad \boldsymbol{m}^* = \int \boldsymbol{r} \times \boldsymbol{g}^*\,\mathrm{d}v/2\,c_0. \tag{5.2.14}$$

Daher lautet jetzt auch der gyromagnetische Faktor $\gamma^* = e^*/2m\,c_0$; und das Bohrsche Magneton erhält jetzt den Wert $e^*\,h/4\pi\,m\,c_0 = 0{,}9274 \cdot 10^{-20}$ cgs-Einheiten (Oersted cm^3 $\equiv$ erg Gauß$^{-1}$).

5.3. Das Faradaysche Induktionsgesetz

Faraday machte im Jahr 1831 die fundamentale Entdeckung, daß in einem geschlossenen Drahtring ein elektrischer Strom entsteht, wenn ein in der Nähe befindlicher Magnet bewegt wird oder wenn man den Drahtring in einem Magnetfeld verschiebt. Und zwar gilt in beiden Fällen das Induktionsgesetz in der Form

$$I\,R = -\frac{\mathrm{d}}{\mathrm{d}t}\iint B_n\,\mathrm{d}f = -\frac{\mathrm{d}\Phi}{\mathrm{d}t}. \tag{5.3.1}$$

Es kommt also beidesmal auf die zeitliche Änderung des durch den Drahtring hindurchtretenden Induktionsflusses

$$\Phi = \iint B_n\,\mathrm{d}f \equiv \iint \boldsymbol{B}\,\mathrm{d}\boldsymbol{f} \tag{5.3.2}$$

an; dabei ist der Strom als positiv zu zählen, wenn seine Umlaufrichtung mit der gewählten Normalenrichtung $\boldsymbol{n}$ der Fläche durch den Drahtring nach der Rechtsschraubenregel verknüpft ist[1]).

Da der Induktionsfluß Φ unabhängig von der Lage dieser Fläche sein muß, da sonst das Induktionsgesetz nicht in seiner experimentell bewiesenen Allgemeinheit gültig wäre, können wir von (5.3.2) auf die Quellenfreiheit der magnetischen Induktion $\boldsymbol{B}$ schließen:

$$\operatorname{div} \boldsymbol{B} = 0 . \tag{5.3.3}$$

Diese vierte Maxwell-Gleichung kann auch so formuliert werden, daß der Induktionsfluß durch eine geschlossene Fläche stets verschwindet:

$$\oint\!\!\oint B_n \, \mathrm{d}f = 0 . \tag{5.3.4}$$

Sie bildet das Gegenstück zur Beziehung (2.3.7), nach der der Fluß der elektrischen Verschiebung $\boldsymbol{D}$ durch eine geschlossene Fläche gleich der gesamten von der Fläche eingeschlossenen wahren elektrischen Ladung ist. Da es keine wahren magnetischen Ladungen gibt, kann man eine formale Analogie zwischen den Maxwell-Gesetzen (2.3.5) und (5.3.3) bzw. zwischen (2.3.7) und (5.3.4) feststellen.

Das Induktionsgesetz in der Form (5.3.1) liefert uns eine neue, praktisch bedeutsame Methode zur Ausmessung eines gegebenen Magnetfeldes. Dazu benutzt man eine Probespule von so kleinen Abmessungen, daß das Feld im Bereich der Spule als homogen angesehen werden kann. Diese Spule wird über einen gut verdrillten Draht an ein ballistisches Galvanometer angeschlossen. Solange die Spule in einem zeitlich konstanten Feld $\boldsymbol{B}$ ruht, ist das Galvanometer stromlos. Der anfängliche Induktionsfluß durch die Windungsfläche f der Spule (= Spulenquerschnitt mal Windungszahl) sei $\Phi_0 = (B_n)_0 f$. Ziehen wir jetzt die Spule aus dem Feld heraus an einen feldfreien Ort, so fließt in ihr während dieser Bewegung der durch das Induktionsgesetz gegebene Strom I. Daher ist die gesamte vom ballistischen Galvanometer (bei hinreichend schneller Bewegung der Spule) angezeigte Elektrizitätsmenge

$$e = \int_0^t I \, \mathrm{d}t = -\frac{\Phi_t - \Phi_0}{R} = \frac{\Phi_0}{R} = \frac{(B_n)_0 f}{R} .$$

Der Galvanometerausschlag mißt also direkt die zur Spulenfläche senkrechte Komponente B_n der Induktion an derjenigen Stelle, an der sich die Spule vor dem Herausziehen befand. Man kann den Versuch aber auch so ausführen, daß man die Spule an ihrer Stelle läßt, sie aber dann schnell um eine in der Ebene von f liegende Achse um 180° dreht. Dann wechselt B_n sein Vorzeichen, und man erhält für e das Doppelte des oben angegebenen Betrages.

Wenn es auch beim Induktionsgesetz nur auf die Relativbewegung zwischen dem das Feld erzeugenden Magneten und dem Drahtring ankommt, so muß man doch bei dem Versuch seiner Ausdeutung die beiden Fälle des bewegten Drahtringes im statischen Magnetfeld und des ruhenden Drahtes im zeitlich veränderlichen Magnetfeld unterscheiden.

---

[1]) Für die Größe $-\mathrm{d}\Phi/\mathrm{d}t$ wurde von der Technik der treffende Ausdruck „magnetischer Schwund" geprägt.

Im ersten Fall des **bewegten Drahtrings** können wir das Induktionsgesetz unmittelbar aus der im Abschnitt 5.1 dargelegten Wirkung der **Lorentz-Kraft** heraus ableiten. Bewegen wir nämlich einen zunächst nicht stromdurchflossenen Metalldraht mit der Geschwindigkeit $\boldsymbol{v}$ in einem Magnetfeld, so machen die im Draht enthaltenen Leitungselektronen zwar zunächst diese Drahtbewegung mit, erfahren aber dabei die Lorentz-Kraft $\boldsymbol{K} = e\,\boldsymbol{v}\times\boldsymbol{B}$ und werden sich infolgedessen, falls diese Kraft eine Komponente in Richtung des Drahtes besitzt, in dieser Richtung bewegen. Wir können diese Kraft geradezu als eine Art eingeprägte Kraft ansehen und demnach auch von einer Art eingeprägter Feldstärke

$$\boldsymbol{E}^{(ind)} = \boldsymbol{v}\times\boldsymbol{B}$$

sprechen, die wir wegen ihres Zusammenhangs mit dem Induktionsgesetz durch den Index „*ind*" kennzeichnen wollen. Damit haben wir den Anschluß an die Ausführungen des Abschnitts 4.3, insbesondere an Gleichung (4.3.12), gefunden und können daher für den induzierten Strom die Beziehung

$$I\,R = V^{(ind)} = \oint \boldsymbol{E}^{(ind)}\,\mathrm{d}\boldsymbol{r} = \oint (\boldsymbol{v}\times\boldsymbol{B})\,\mathrm{d}\boldsymbol{r} \tag{5.3.5}$$

anschreiben. Wir haben nun nur noch zu zeigen, daß für den betrachteten Fall diese Beziehung mit dem Induktionsgesetz (5.3.1) übereinstimmt, daß hier also

$$\oint (\boldsymbol{v}\times\boldsymbol{B})\,\mathrm{d}\boldsymbol{r} = -\frac{\mathrm{d}\Phi}{\mathrm{d}t} = -\frac{\mathrm{d}}{\mathrm{d}t}\iint B_n\,\mathrm{d}f \tag{5.3.6}$$

gilt. Dazu betrachten wir die Abb. 5.2, welche die Lagen des Drahtrings zur Zeit t (Index 1) und zur Zeit $t + \mathrm{d}t$ (Index 2) darstellt. Diese beiden Lagen werden verbunden durch die Verschiebungsvektoren $\boldsymbol{v}\,\mathrm{d}t$ der einzelnen Punkte des Drahtrings. Das Vektorprodukt $\mathrm{d}\boldsymbol{r}\times\boldsymbol{v}\,\mathrm{d}t$ hat den Betrag des von $\mathrm{d}\boldsymbol{r}$ und $\boldsymbol{v}\,\mathrm{d}t$ aufgespannten Flächenelements $\mathrm{d}f$ und die Richtung der nach außen weisenden Normale. Wegen des distributiven Gesetzes beim Spatprodukt gilt also

$$\mathrm{d}t \oint (\boldsymbol{v}\times\boldsymbol{B})\,\mathrm{d}\boldsymbol{r} = \oint (\mathrm{d}\boldsymbol{r}\times\boldsymbol{v}\,\mathrm{d}t)\,\boldsymbol{B} = \iint B_n\,\mathrm{d}f,$$

wobei das letzte Flächenintegral über die Mantelfläche des in Abb. 5.2 dargestellten räumlichen Gebildes zu erstrecken ist und somit den Induktionsfluß Φ_M durch diese Mantelfläche darstellt[1]. Da nun aber wegen der Quellenfreiheit von $\boldsymbol{B}$ der gesamte Induktionsfluß aus diesem Gebilde heraus verschwinden muß, wird $\Phi_M + \Phi_1 + \Phi_2 = 0$ oder, wenn man die Normalenrichtungen an den beiden Stirnflächen des Gebildes in Richtung von 1 nach 2 wählt, $\Phi_M = \Phi_1 - \Phi_2 = -\,\mathrm{d}\Phi$. Damit ist aber (5.3.6) bewiesen und das **Induktionsgesetz für bewegte Leiter aus der Lorentz-Kraft abgeleitet.**

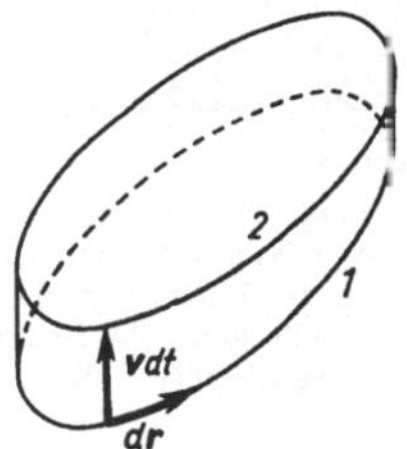

Abb. 5.2
Änderung des Flusses durch eine bewegte Fläche

Nicht aus dem bisherigen ableitbar, weil viel weitergehend, ist das Induktionsgesetz für den Fall eines **ruhenden Leiters im zeitlich sich ändernden Magnetfeld.** Hier kann man nicht von einer stromtreibenden Kraft des $\boldsymbol{B}$-Feldes sprechen, da ja eine ruhende Ladung im Magnetfeld keine Kraft erfährt. Es bleibt hier keine andere Deutungsmöglichkeit für das Induktionsgesetz übrig als die Annahme, daß durch die

[1]) Ersichtlich ist Φ_M und damit auch der induzierte Strom nur dann von Null verschieden, wenn $\boldsymbol{B}$ eine Komponente senkrecht zur Drahtrichtung und zu seiner Bewegungsrichtung besitzt, wenn also „magnetische Feldlinien vom bewegten Draht geschnitten werden".

zeitliche Änderung des Magnetfelds ein nun nicht mehr wirbelfreies elektrisches Feld mit nicht verschwindender Ringspannung $\oint \boldsymbol{E}\, \mathrm{d}\boldsymbol{r}$ entsteht, d.h. „induziert" wird. Dann gilt für den durch diese Ringspannung angetriebenen Strom

$$I R = \oint \boldsymbol{E}\, \mathrm{d}\boldsymbol{r}\,. \tag{5.3.7}$$

Wie ein Vergleich dieser Beziehung mit dem Induktionsgesetz (5.3.2) zeigt, muß in diesem Fall *die elektrische Ringspannung gleich dem magnetischen Schwund* sein:

$$\oint \boldsymbol{E}\, \mathrm{d}\boldsymbol{r} = -\frac{\mathrm{d}}{\mathrm{d}t} \iint B_n\, \mathrm{d}f = -\iint \left(\frac{\partial \boldsymbol{B}}{\partial t}\right)_n \mathrm{d}f\,. \tag{5.3.8}$$

Die Tatsache, daß aus dieser Formel die vom Drahtmaterial abhängige Größe R verschwunden ist, legt eine große und für alles Weitere grundlegende Verallgemeinerung der zunächst nur für den Drahtring angeschriebenen Gleichung (5.3.8) nahe. Wir nehmen jetzt an, daß für die Gültigkeit dieser Gleichung das Vorhandensein des Drahtes überhaupt unwesentlich ist, daß vielmehr die Ringspannung $\oint \boldsymbol{E}\, \mathrm{d}\boldsymbol{r}$ *für jede beliebig verlaufende geschlossene Kurve* durch (5.3.8) richtig wiedergegeben wird.

Vorbehaltlich der späteren Rechtfertigung dieser Hypothese durch Prüfung ihrer Konsequenzen können wir nun durch sie sogleich von der Integralform des Induktionsgesetzes zu seiner differentiellen Form übergehen. Wenn nämlich (5.3.8) für jedes irgendwie gelegene Flächenelement gilt, folgt daraus durch Anwendung des Stokesschen Satzes

$$\operatorname{rot} \boldsymbol{E} = -\frac{\partial \boldsymbol{B}}{\partial t}, \tag{5.3.9}$$

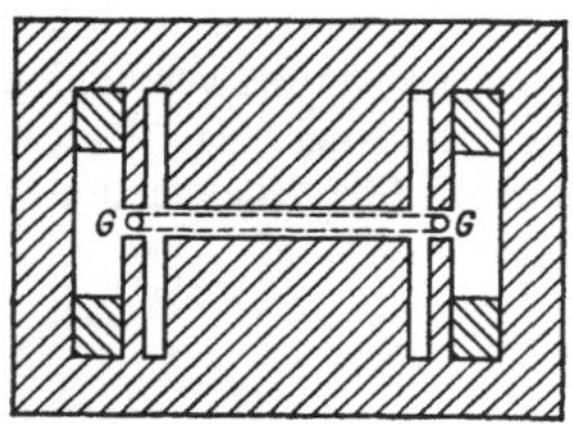

Abb. 5.3
Schematische Darstellung eines Betatrons im Meridianschnitt. G Querschnitt durch das Entladungsgefäß. Ober- und unterhalb von G die Erregerspulen für den magnetischen Fluß

Ein zeitlich veränderliches Magnetfeld induziert also ein elektrisches Feld, das im Gegensatz zu den elektrostatischen Feldern nicht mehr wirbelfrei ist und daher auch nicht mehr als Gradient eines Potentials dargestellt werden kann. Die in der Elektrostatik gültige Gleichung $\operatorname{rot} \boldsymbol{E} = 0$ ist im allgemeinen Fall durch die Gleichung (5.3.9) zu ersetzen.

Als unmittelbaren Beweis für die Richtigkeit der Auffassung, daß überall dort, wo sich $\boldsymbol{B}$ zeitlich ändert, ein elektrisches Feld induziert wird, kann man das Funktionieren des *Betatrons* („Elektronenschleuder") ansehen. Dieser Apparat zur induktiven Erzeugung von Elektronenstrahlen sehr hoher Energie besteht im wesentlichen aus einem hochevakuierten, kreisringförmigen Entladungsgefäß, das in symmetrischer Lage zwischen den Polschuhen eines Elektromagneten angebracht ist (Abb. 5.3). Im Entladungsgefäß befindliche Elektronen werden dann stets auf der vorgegebenen Kreisbahn vom Radius r fliegen, ohne an die Wand des Glasgefäßes zu stoßen, wenn das an ihnen angreifende Führungsfeld $\boldsymbol{B}_f$ jederzeit gerade die vorgeschriebene Zentripetalbeschleunigung erzeugt:

$$\frac{m v^2}{r} = e_0\, v\, B_f, \quad \text{d.h.} \quad m v = e_0\, r\, B_f. \tag{5.3.10}$$

Wächst nun das Feld $\boldsymbol{B}$ zwischen den Polschuhen an, so wird auch im Entladungsgefäß eine Ringspannung induziert, welche die Elektronen zu beschleunigen vermag. Daher gilt

$$\frac{\mathrm{d}m v}{\mathrm{d}t} = -e_0 E = +\frac{e_0}{2\pi r}\frac{\mathrm{d}}{\mathrm{d}t}\iint B_n\, \mathrm{d}f \quad \text{wegen} \quad \oint \boldsymbol{E}\, \mathrm{d}\boldsymbol{r} = 2\pi r E.$$

Integration dieser Gleichung führt bei $v = 0$ und $B = 0$ für $t = 0$ zur Beziehung

$$m v = \frac{e_0}{2\pi r} \iint B_n \, df. \tag{5.3.11}$$

Demnach ist der Elektronenimpuls jeweils gleich dem momentan bestehenden Induktionsfluß durch den Kreisring, noch multipliziert mit $e_0/2\pi r$. Dabei muß als Bahnbedingung wegen (5.3.10) jederzeit die Gleichung

$$B_f = \frac{1}{2\pi r^2} \iint B_n \, df \tag{5.3.12}$$

bestehen. Ist also das Feld fast bis an das Entladungsgefäß heran konstant gleich B, so muß angenähert $B_f = B/2$ gelten.

Durch entsprechende Dimensionierung des Betatrons ist es gelungen, Elektronenergien bis zu etwa 300 MeV zu erzielen. Freilich ist man bei solchen Energien weit in dem Bereich, in dem die relativistische Massenveränderlichkeit berücksichtigt werden muß. Doch bleiben die Formeln (5.3.10) bis (5.3.12) auch dann gültig, sofern man nur durchweg m durch $m/\sqrt{1 - v^2/c_0^2}$ ersetzt. Natürlich sind solche Elektronenenergien nur erreichbar durch entsprechende Gestaltung der Polschuhe beim Führungsfeld von solcher Art, daß in dem dann schwach inhomogenen B_f-Feld die Elektronen eine Fokussierung auf den „Sollkreis" im Entladungsgefäß erfahren.

Anmerkung. Im Gaußschen System haben die vorstehenden Formeln bis auf den Faktor $1/c_0$ durchweg die gleiche Gestalt. Im besonderen lautet das Induktionsgesetz in Integralform

$$I^* R^* = -\frac{1}{c_0} \frac{d}{dt} \iint B_n^* \, df = -\frac{1}{c_0} \frac{d\Phi^*}{dt} \tag{5.3.13}$$

und in Differentialform

$$\operatorname{rot} E^* = -\frac{1}{c_0} \frac{\partial B^*}{\partial t}. \tag{5.3.14}$$

Daher besteht zwischen den Induktionsflüssen Φ und Φ^* wegen (5.1.14) die Beziehung

$$\Phi^* = c_0 \sqrt{4\pi \varepsilon_0} \, \Phi;$$

also entspricht einem Induktionsfluß $\Phi = 1$ Vs $\equiv$ 1 Weber (Wb) wegen (5.1.15) der Wert

$$\Phi^* = 1 \cdot 10^4 \sqrt{\frac{\text{erg}}{\text{cm}^3}} \cdot 10^4 \text{ cm}^2 = 1 \cdot 10^8 \sqrt{\text{erg cm}}; \tag{5.3.15}$$

hier wird die Dimensionsgröße mitunter auch als „Maxwell" bezeichnet.

5.4. Das Magnetfeld von stationären Strömen im Vakuum. Das Oerstedsche Gesetz

Noch vor der Entdeckung des Induktionsgesetzes durch Faraday fand H. Chr. Oersted im Jahr 1820, daß ein elektrischer Strom stets von einem Magnetfeld begleitet ist. Und zwar besteht das Magnetfeld eines geraden stromdurchflossenen Drahtes nach Oersted aus Feldlinien, die in senkrecht zum Draht stehenden Ebenen diesen kreisförmig umschließen, wobei die Feldrichtung in einem solchen Kreis zusammen mit der Stromrichtung eine Rechtsschraube bildet.

Die genaue Ausmessung des Feldes eines beliebig geformten stromdurchflossenen Drahtes in der sonst leeren Umgebung hat nun ergeben, daß jedes den Draht einmal umschließende Linienintegral $\oint \boldsymbol{B}\, d\boldsymbol{r}$ der Stärke des durch die Integrationskurve hindurchtretenden Stromes direkt proportional ist:

$$\oint \boldsymbol{B}\, d\boldsymbol{r} = \mu_0 I . \tag{5.4.1}$$

Dabei bedeutet μ_0 eine universelle Konstante, die sogenannte Induktionskonstante oder magnetische Feldkonstante, manchmal auch mißverständlich als Permabilität des Vakuums bezeichnet, deren Wert bei Kenntnis von $\boldsymbol{B}$ und I nach (5.4.1) bestimmt werden kann;

$$\mu_0 = 1{,}2566 \cdot 10^{-6}\ \mathrm{Vs/Am} . \tag{5.4.2}$$

Sie stellt das magnetische Gegenstück zu der Influenzkonstante oder elektrischen Feldkonstante ε_0 nach (1.3.2) dar.

An dieser Stelle erscheint eine weitere Bemerkung zum System der internationalen Einheiten (SI-Einheiten) angebracht. Bei vorgegebenem Wert der Einheit 1 A folgt aus (5.4.1) der Wert von μ_0 als Meßwert. Tatsächlich wird aber seit 1948 die Einheit 1 A durch internationale Konvention so festgelegt, daß aus (5.4.1) der Wert von μ_0 zu

$$\mu_0 = 4\pi \cdot 10^{-7}\ \mathrm{Vs/Am} \tag{5.4.3}$$

resultiert. Dabei wird 1 A durch die Bestimmung definiert, daß sich zwei parallele, geradlinige, unendlich lange und dünne Drähte, die beide in gleicher Richtung von einem Strom der Stärke 1 A durchflossen werden, im Vakuum und im Abstand 1 m mit der Kraft $2 \cdot 10^{-7}$ m kg/s^2 pro m Drahtlänge anziehen.

Tatsächlich folgt aus (5.4.1) bei Anwendung auf einen Kreisumlauf mit dem Radius r um den ersten Draht $B = \mu_0 I/2\pi r$; und dieses $\boldsymbol{B}$-Feld übt auf den zweiten Draht nach (5.1.11) auf der Länge l die Kraft $K = l I B = l \mu_0 I^2/2\pi r$ aus. Setzen wir nun $K = 2 \cdot 10^{-7}$ m kg/s^2, $I = 1$ A, $l = r = 1$ m, so folgt für μ_0 hieraus wirklich der durch (5.4.3) gegebene Wert.

Im allgemeinen schreibt man die Formel (5.4.1) in anderer Gestalt an, indem man für den Fall des Vakuums eine neue Feldgröße, die magnetische Feldstärke $\boldsymbol{H}$, durch

$$\boldsymbol{B} = \mu_0 \boldsymbol{H} \tag{5.4.4}$$

definiert und dann (5.4.1) durch

$$\oint \boldsymbol{H}\, d\boldsymbol{r} = I \tag{5.4.5}$$

ersetzt. Diese zunächst formale Umschreibung ist dadurch zu rechtfertigen, daß in einer magnetisierbaren Materie, wie im Abschnitt 5.5 gezeigt wird, nicht mehr die Formel (5.4.1), wohl aber die Formel (5.4.5) sich als gültig erweist, wobei dann $\boldsymbol{B} \neq \mu_0 \boldsymbol{H}$ wird. Mit diesem erweiterten Gültigkeitsbereich nennt man (5.4.5) das Oerstedsche Gesetz oder auch das magnetische Durchflutungsgesetz.

Von der Gleichung (5.4.5) können wir, ähnlich wie beim Induktionsgesetz, zu einem Differentialgesetz übergehen, wenn wir annehmen, daß sie auch überall im Innern eines stromdurchflossenen Leiters gilt. Dann fließt durch ein Flächenelement df der Strom $g_n\, df$, und wir erhalten durch Anwendung des Stokeschen Satzes die mit (5.4.5) äquivalente Gleichung

$$\operatorname{rot} \boldsymbol{H} = \boldsymbol{g} . \tag{5.4.6}$$

Das Magnetfeld besitzt also überall dort Wirbel, wo eine endliche Stromdichte besteht. Die beiden Differentialbeziehungen (5.3.3) und (5.4.6), eventuell auch die zugehörigen Integralbeziehungen, reichen in Verbindung mit der Verknüpfungsgleichung (5.4.4) aus, um im Vakuum oder in einer nicht magnetisierbaren Substanz das von vorgegebenen Strömen erzeugte Magnetfeld zu bestimmen. Besonders schnell kommen wir zum Ziel, wenn wir über die Feldverteilung wesentliche Aussagen bereits aus Symmetriegründen machen können, wie z.B. im Fall eines geraden, stromdurchflossenen Drahtes mit kreisförmigem Querschnitt vom Radius a. Hier folgt, wenn wir wie oben als Integrationsweg einen Kreis um die Drahtachse vom Radius r wählen, aus (5.4.5) sofort

$$\left.\begin{aligned} 2\pi r H &= I = \pi a^2 g, \text{ also } H = I/2\pi r = a^2 g/2r \text{ für } r > a, \\ 2\pi r H &= I r^2/a^2 = \pi r^2 g, \text{ also } H = r I/2\pi a^2 = r g/2 \text{ für } r < a. \end{aligned}\right\} \quad (5.4.7)$$

Bei einer sehr langen, geraden, stromdurchflossenen Spule weiß man, daß ein Feld im wesentlichen nur in ihrem Innern besteht und daß es dort parallel zur Spulenachse orientiert ist. Wählen wir hier als Integrationsweg ein schmales Rechteck, von dessen zur Achse parallelen Längsseiten der Länge l die eine innerhalb, die andere außerhalb der Spule liegt, so gilt für dieses Rechteck $\oint \boldsymbol{H} \, d\boldsymbol{r} = H_s l$; dabei bedeutet H_s die magnetische Feldstärke im Innern der Spule, solange das Rechteck nur hinreichend weit von den Enden der Spule entfernt ist. Durch dieses Rechteck fließt nun bei $n\,l$ Spulenwindungen der Strom $n\,l\,I$ hindurch. Damit finden wir für das konstante Spulenfeld

$$H_s = n\,I. \quad (5.4.8)$$

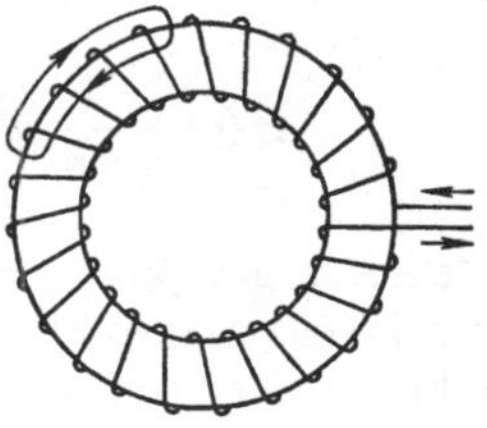

Abb. 5.4
Zur Berechnung des Magnetfeldes in einer Ringspule

Dieses Resultat bleibt im wesentlichen richtig, wenn die Spule so zum Ring gebogen wird, daß ihr Durchmesser klein ist im Vergleich zum Ringdurchmesser. (Vgl. Abb. 5.4, in der links oben der Integrationsweg angedeutet ist.) Ergänzend sei noch die leicht einzusehende Bemerkung hinzugefügt, daß sowohl bei (5.4.7) als auch bei (5.4.8) natürlich der Induktionsfluß durch eine geschlossene Fläche verschwindet, die magnetische Induktion $\boldsymbol{B}$ somit quellenfrei ist.

Liegen nicht so einfache Verhältnisse vor, daß solche Symmetriebetrachtungen möglich sind, so können wir das Magnetfeld eines Stromsystems aus den drei oben angeführten Beziehungen für eine nicht magnetisierbare Materie, nämlich aus

$$\operatorname{div} \boldsymbol{B} = 0, \qquad \operatorname{rot} \boldsymbol{H} = \boldsymbol{g} \qquad \text{und} \qquad \boldsymbol{B} = \mu_0 \boldsymbol{H} \quad (5.4.9)$$

auf folgendem systematischen Weg bestimmen. Die erste dieser drei Gleichungen läßt sich wegen $\operatorname{div} \operatorname{rot} \boldsymbol{A} \equiv 0$ stets durch den Ansatz

$$\boldsymbol{B} = \operatorname{rot} \boldsymbol{A} \quad (5.4.10)$$

lösen, wobei $\boldsymbol{A}$ ein zunächst beliebiges, hinreichend stetiges und differenzierbares Vektorfeld bedeutet. Man nennt $\boldsymbol{A}$ das zur Induktion $\boldsymbol{B}$ gehörige Vektorpotential. Führen wir es wegen $\boldsymbol{B} = \mu_0 \boldsymbol{H}$ in die zweite Gleichung (5.4.9) ein, so erhalten wir (vgl. Abschnitt 13.2)

$$\operatorname{rot} \operatorname{rot} \boldsymbol{A} \equiv \operatorname{grad} \operatorname{div} \boldsymbol{A} - \Delta \boldsymbol{A} = \mu_0 \boldsymbol{g}.$$

Zur Vereinfachung setzen wir nun noch willkürlich

$$\operatorname{div} \boldsymbol{A} = 0, \quad (5.4.11)$$

was stets erlaubt ist, da jedes Vektorfeld erst durch Angabe seiner Wirbel und Quellen bestimmt ist. Damit erhalten wir für $\boldsymbol{A}$ die Bestimmungsgleichung

$$\Delta \boldsymbol{A} = -\mu_0 \boldsymbol{g}\,. \tag{5.4.12}$$

Wegen ihrer Ähnlichkeit mit der Poisson-Gleichung (1.4.11) der Elektrostatik für das skalare Potential φ wird sie, entsprechend der φ-Darstellung (1.3.10), gelöst durch das Integral

$$\boldsymbol{A}(\boldsymbol{r}) = \frac{\mu_0}{4\pi}\int \frac{\boldsymbol{g}(\boldsymbol{r}')\,\mathrm{d}v'}{|\boldsymbol{r}-\boldsymbol{r}'|}\,. \tag{5.4.13}$$

Für die magnetische Feldstärke erhalten wir daraus wegen

$$\operatorname{rot}\frac{\boldsymbol{g}(\boldsymbol{r}')}{|\boldsymbol{r}-\boldsymbol{r}'|} = -\boldsymbol{g}(\boldsymbol{r}')\times\operatorname{grad}\frac{1}{|\boldsymbol{r}-\boldsymbol{r}'|} = \frac{\boldsymbol{g}(\boldsymbol{r}')\times(\boldsymbol{r}-\boldsymbol{r}')}{|\boldsymbol{r}-\boldsymbol{r}'|^3}$$

die als Gesetz von Biot und Savart bezeichnete Beziehung

$$\boldsymbol{H}(\boldsymbol{r}) = \frac{1}{4\pi}\int \frac{\boldsymbol{g}(\boldsymbol{r}')\times(\boldsymbol{r}-\boldsymbol{r}')}{|\boldsymbol{r}-\boldsymbol{r}'|^3}\,\mathrm{d}v'\,. \tag{5.4.14}$$

Demnach gibt jedes einzelne Stromelement $\boldsymbol{g}(\boldsymbol{r}')\,\mathrm{d}v'$ im Aufpunkt $\boldsymbol{r}$ einen Feldbetrag, der jeweils senkrecht auf dem Vektor $\boldsymbol{g}(\boldsymbol{r}')$ der Stromdichte und dem Verbindungsvektor $\boldsymbol{r}-\boldsymbol{r}'$ vom Quellpunkt zum Aufpunkt steht und mit zunehmenden Abstand verkehrt zu dessen Quadrat abnimmt.

Speziell für eine linienförmige Stromverteilung geht die Formel (5.4.13) wegen $\boldsymbol{g}(\boldsymbol{r}')\,\mathrm{d}v' = I\,\mathrm{d}\boldsymbol{r}'$ über in

$$\boldsymbol{A}(\boldsymbol{r}) = \frac{\mu_0 I}{4\pi}\oint \frac{\mathrm{d}\boldsymbol{r}'}{|\boldsymbol{r}-\boldsymbol{r}'|}\,. \tag{5.4.15}$$

Daraus folgt, wie eben, für die magnetische Feldstärke die Beziehung

$$\boldsymbol{H}(\boldsymbol{r}) = \frac{I}{4\pi}\oint \frac{\mathrm{d}\boldsymbol{r}'\times(\boldsymbol{r}-\boldsymbol{r}')}{|\boldsymbol{r}-\boldsymbol{r}'|^3}\,. \tag{5.4.16}$$

Als Beispiel betrachten wir das Feld eines vom Strom I durchflossenen Kreisringes vom Radius a speziell auf seiner durch den Kreismittelpunkt gehenden Symmetrieachse. (Für Punkte außerhalb der Achse führt die Formel (5.4.16) auf elliptische Integrale!) Wählen wir diese Achse zur z-Achse und legen wir die x-y-Ebene in die Kreisringebene, so finden wir aus (5.4.16), daß das Feld auf der Achse natürlich nur eine z-Komponente hat vom Betrag

$$H(z) = \frac{I}{4\pi}\oint \frac{x'\,\mathrm{d}y' - y'\,\mathrm{d}x'}{(z^2+a^2)^{3/2}} = \frac{I a^2}{2(z^2+a^2)^{3/2}}\,. \tag{5.4.17}$$

Speziell für $z = 0$ wird $H = I/2a$, eine Formel, die u.a. die Grundlage für Messungen mit der Tangentenbussole ist, bei denen dieses Feld mit dem Erdfeld verglichen wird.

Die Formel (5.4.16) gestattet eine überaus bemerkenswerte Umformung. Multiplizieren wir sie mit einem konstanten, beliebig wählbaren Vektor $\boldsymbol{V}$ und wenden dann nach entsprechender Vertauschung der Vektoren im Spatprodukt auf das resultierende Linienintegral den Stokesschen Satz an, so erhalten wir

$$\boldsymbol{V}\boldsymbol{H}(\boldsymbol{r}) = \frac{I}{4\pi}\oint \mathrm{d}\boldsymbol{r}'\frac{(\boldsymbol{r}-\boldsymbol{r}')\times\boldsymbol{V}}{|\boldsymbol{r}-\boldsymbol{r}'|^3} = \frac{I}{4\pi}\iint \mathrm{d}\boldsymbol{f}'\,\mathrm{rot}'\frac{(\boldsymbol{r}-\boldsymbol{r}')\times\boldsymbol{V}}{|\boldsymbol{r}-\boldsymbol{r}'|^3} =$$
$$= \frac{I}{4\pi}\iint \mathrm{d}\boldsymbol{f}'\left\{(\boldsymbol{V}\nabla')\frac{\boldsymbol{r}-\boldsymbol{r}'}{|\boldsymbol{r}-\boldsymbol{r}'|^3} - \boldsymbol{V}\left(\nabla'\frac{\boldsymbol{r}-\boldsymbol{r}'}{|\boldsymbol{r}-\boldsymbol{r}'|^3}\right)\right\}.$$

Hier verschwindet für Punkte $\boldsymbol{r}$, die nicht auf dem Kreisring liegen, das letzte Glied rechts wegen $\mathrm{div}\,(\boldsymbol{r}/r^3) = 0$ für $\boldsymbol{r} \neq 0$. Damit erhalten wir, wenn wir hier noch $\nabla' = -\nabla$ berücksichtigen, als Faktor des willkürlich gewählten Vektors $\boldsymbol{V}$ die Beziehung

$$\boldsymbol{H}(\boldsymbol{r}) = -\,\mathrm{grad}\,\varphi(\boldsymbol{r}) \quad \text{mit} \quad \varphi(\boldsymbol{r}) = \frac{I}{4\pi}\iint \mathrm{d}\boldsymbol{f}'\frac{\boldsymbol{r}-\boldsymbol{r}'}{|\boldsymbol{r}-\boldsymbol{r}'|^3}. \tag{5.4.18}$$

Trotz ihrer Ableitung aus einem Vektorpotential nach (5.4.10) läßt sich hier die magnetische Feldstärke als Gradient eines Potentials φ darstellen. Doch besitzt dieses Potential gegenüber der Potentialfunktion der Elektrostatik eine Besonderheit, auf die wir durch folgende Überlegung kommen:

Wenn wir das Feld einer geschlossenen, drahtförmigen Strombahn, gegeben durch die Formel (5.4.16), betrachten, so finden wir nach (5.4.5) für jeden Weg, der die Strombahn nicht umschließt, $\oint \boldsymbol{H}\,\mathrm{d}\boldsymbol{r} = 0$, während für jeden Weg, der einmal um die Strombahn herumführt, $\oint \boldsymbol{H}\,\mathrm{d}\boldsymbol{r} = \pm I$ gilt. Daher haben wir außerhalb des Drahtes ein wirbelfreies Vektorfeld (rot $\boldsymbol{H} = 0$), finden aber beim Umlauf um den Draht einen konstanten Wert von $\oint \boldsymbol{H}\,\mathrm{d}\boldsymbol{r}$, den man in Anlehnung an die Verhältnisse in der Hydromechanik auch hier Zirkulation Z nennt; es gilt also hier $Z = \pm I$.

Wir können daher das Magnetfeld dieses stromführenden Drahtes auch aus einem skalaren Potential φ ableiten, wie wir eben in (5.4.18) gesehen haben. Doch ist dieses Potential φ, im Gegensatz zum elektrostatischen Potential, nicht mehr eindeutig, sondern ändert sich bei jedem vollen Umlauf um den Draht um $\pm I$. Um das Potential eindeutig zu machen, denken wir uns zwischen der Strombahn als Randkurve eine beliebige Fläche gelegt und verlangen nun, daß das Potential beim Durchschreiten dieser Fläche unstetig wird, indem es je nach der Richtung des Durchschreitens um $+I$ oder $-I$ springt.

Legen wir für den Fall eines Kreisstromes, wie bei der Ableitung von (5.4.17), das Koodinatensystem mit seiner x-y-Ebene in die Ebene durch den Kreisring, die wir gleichzeitig zur Unstetigkeitsfläche wählen, so finden wir bei der Auswertung von (5.4.18) oder auch durch Integration von (5.4.17) über die z-Richtung für einen Punkt auf der Achse

$$\varphi(z) = \frac{I}{2}\left(\frac{z}{|z|} - \frac{z}{(z^2+a^2)^{1/2}}\right). \tag{5.4.19}$$

Beim Durchschreiten des Punktes $z = 0$ ändert sich also $\varphi(z)$, wie verlangt, um $\pm I$, während das Feld an dieser Stelle stetig bleibt.

An der Formel (5.4.18) für das skalare magnetische Potential eines Ringstromes fällt seine Ähnlichkeit mit dem elektrostatischen Potential (2.2.3) einer polarisierten Materie auf, in der das Volumenelement $\mathrm{d}v$ ein elektrisches Dipolmoment $\mathrm{d}\boldsymbol{p} = \boldsymbol{P}\,\mathrm{d}v$ trägt. Daher liegt es nahe, (5.4.18) als Folge einer (fiktiven) magnetischen Doppelschicht anzusehen der Art, daß jedes Flächenelement $\mathrm{d}\boldsymbol{f}$ der zwischen dem Drahtring aufgespannten Fläche ein magnetisches Dipolmoment $\mathrm{d}\boldsymbol{m} = I\,\mathrm{d}\boldsymbol{f}$ trägt. Daß diese Deutung nicht abwegig ist, zeigt ein Blick auf die Formel (5.2.4). Ebenfalls zu diesem Bild paßt auch die Tatsache des Sprunges von φ an dieser magnetischen Doppelschicht, wie man sich an dem entsprechenden Bild einer elektrischen Doppelschicht als Kondensator mit infinitesimal kleinem Plattenabstand klar machen kann.

Wir wollen nun noch in Ergänzung zu den Betrachtungen des Abschnitts 5.2 zeigen, daß im Sinne von Ampère tatsächlich jeder stationäre Ringstrom mit beliebiger Stromverteilung $\boldsymbol{g}(\boldsymbol{r})$ in hinreichend großer Entfernung ein magnetisches Feld wie ein Magnet vom Moment (5.2.8), also von

$$\boldsymbol{m} = \frac{1}{2} \int \boldsymbol{r}' \times \boldsymbol{g}(\boldsymbol{r}')\, \mathrm{d}v' \tag{5.4.20}$$

erzeugt. Dazu werten wir die Formel (5.4.13) für das Vektorpotential eines solchen Ringstroms für große Entfernungen ($r \gg r'$) aus. Da hier

$$\frac{1}{|\boldsymbol{r} - \boldsymbol{r}'|} = \frac{1}{r} + \frac{\boldsymbol{r}\,\boldsymbol{r}'}{r^3} + \cdots$$

gilt, erhalten wir zunächst aus (5.4.13)

$$\boldsymbol{A}(\boldsymbol{r}) = \frac{\mu_0}{4\pi r} \int \boldsymbol{g}(\boldsymbol{r}')\, \mathrm{d}v' + \frac{\mu_0}{4\pi r^3} \int (\boldsymbol{r}\,\boldsymbol{r}')\, \boldsymbol{g}(\boldsymbol{r}')\, \mathrm{d}v' + \cdots. \tag{5.4.21}$$

Hier verschwindet für eine stationäre Stromverteilung das erste Integral rechts, wie bei (5.2.5), wegen $\operatorname{div} \boldsymbol{g} = 0$. Beim zweiten Integral formen wir, ähnlich wie bei (5.2.7), den Integranden um:

$$(\boldsymbol{r}\,\boldsymbol{r}')\, \boldsymbol{g} = \frac{1}{2} (\boldsymbol{g}\, \nabla')\, (\boldsymbol{r}'\, (\boldsymbol{r}\,\boldsymbol{r}')) + \frac{1}{2} (\boldsymbol{r} \times (\boldsymbol{g} \times \boldsymbol{r}')).$$

Dann verschwindet hiervon nach Einsetzen in das zweite Glied von (5.4.21) der erste Anteil nach einer partiellen Integration, wiederum wegen $\operatorname{div} \boldsymbol{g} = 0$, während der zweite Anteil zum Ausdruck

$$\boldsymbol{A}(\boldsymbol{r}) = \frac{\mu_0\, \boldsymbol{r}}{8\pi r^3} \times \int (\boldsymbol{g}(\boldsymbol{r}') \times \boldsymbol{r}')\, \mathrm{d}v' = \frac{\mu_0\, \boldsymbol{m} \times \boldsymbol{r}}{4\pi r^3} \tag{5.4.22}$$

führt, mit dem durch (5.4.20) gegebenen magnetischen Dipolmoment des Stromsystems. Für die magnetische Feldstärke erhalten wir daraus durch Rotationsbildung

$$\boldsymbol{H} = \operatorname{rot} \frac{\boldsymbol{A}}{\mu_0} = \frac{1}{4\pi} \left(-\frac{\boldsymbol{m}}{r^3} + \frac{3\, (\boldsymbol{m}\,\boldsymbol{r})\, \boldsymbol{r}}{r^5} \right). \tag{5.4.23}$$

Doch kann man sie auch entsprechend zu (5.4.18) als Gradient eines Potentials darstellen:

$$\boldsymbol{H} = -\operatorname{grad} \varphi \quad \text{mit} \quad \varphi = \frac{1}{4\pi} \frac{\boldsymbol{m}\,\boldsymbol{r}}{r^3}. \tag{5.4.24}$$

Anmerkung. Beim Gaußschen Maßsystem unterscheidet man im Vakuum außer in der Benennung der betreffenden Einheiten (Gauß bei $\boldsymbol{B}^*$, Oersted bei $\boldsymbol{H}^*$) nicht zwischen $\boldsymbol{B}^*$ und $\boldsymbol{H}^*$, sondern setzt $\boldsymbol{B}^* = \boldsymbol{H}^*$ ebenso, wie im Vakuum auch $\boldsymbol{D}^* = \boldsymbol{E}^*$ gilt. (Daher ist es im Grunde inkonsequent und irreführend, wenn man zwischen 1 Gauß und 1 Oersted unterscheidet!) Hat man die Einheit der Induktion $\boldsymbol{B}^*$ durch entsprechende Wahl der Geschwindigkeitsgröße c_0 festgelegt, so kommt es nur auf die Form an, in der man das Oerstedsche Gesetz (5.4.6) anschreibt, um die dann auftretende Konstante bestimmen zu können. Tatsächlich schreibt man dieses Gesetz im Gaußschen System als

$$\operatorname{rot} \boldsymbol{H}^* = \frac{4\pi}{c_0} \boldsymbol{g}^* \tag{5.4.25}$$

an, mit der gleichen Konstante c_0 nach (5.1.13) wie im Induktionsgesetz. Hätte man dort statt c_0 eine andere Größe c_1 eingeführt, wären wir in (5.4.25) statt zu c_0 zu einer anderen Größe c_2 gekommen. Daß diese beiden Konstanten gleich groß angenommen werden, liegt in der Wahl des Gaußschen Maßsystems begründet. Daß sie aber dann gleich der Vakuumlichtgeschwindigkeit c_0 werden, ist eine der ganz großen Entdeckungen der Maxwellschen Theorie. Natürlich ergibt sich diese Erkenntnis auch bei Verwendung der SI-Einheiten; und zwar wird sich später herausstellen, daß für das Produkt $\varepsilon_0\,\mu_0$ aus der elektrischen und der magnetischen Feldkonstante die Beziehung

$$\varepsilon_0\,\mu_0 = 1/c_0^2 \tag{5.4.26}$$

gilt. Beim Gaußschen Maßsystem ist diese Erkenntnis bereits bei der Einheitenwahl vorweggenommen worden, wie man auch aus (5.1.16) und (5.4.3) ersieht.

Für den Zusammenhang der magnetischen Feldstärke im Gaußschen System mit der im SI-System gilt, wie ein Vergleich von (5.4.25) mit (5.4.6) bei Berücksichtigung von (4.1.9) zeigt,

$$H^* = \frac{4\pi}{c_0}\frac{g^*}{g}H = \frac{1}{c_0}\sqrt{\frac{4\pi}{\varepsilon_0}}\,H. \tag{5.4.27}$$

Demnach wird H^* für eine Feldstärke $H = 1$ A/m gleich $4\pi\cdot 10^{-3}\sqrt{\text{erg/cm}^3} \equiv 4\pi\cdot 10^{-3}$ Oersted, wenn hierbei noch der genaue ε_0-Wert nach (5.1.16) eingesetzt wird. Da im Vakuum $B = \mu_0\,H$ gilt, mit $\mu_0 = 4\pi\cdot 10^{-7}$ Vs/Am wegen (5.4.3), wird B für dieses H-Feld von 1 A/m gleich $4\pi\cdot 10^{-7}$ Vs/m², und daher B^* wegen (5.1.15) gleich $4\pi\cdot 10^{-3}$ Gauß, in Übereinstimmung mit $B^* = H^*$.

Führt man übrigens die Beziehung (5.4.26) in die Umrechnungsformeln (5.1.14) und (5.4.27) ein, so erhält man die einfachen Relationen

$$B^* = \sqrt{4\pi/\mu_0}\,B, \quad H^* = \sqrt{4\pi\,\mu_0}\,H. \tag{5.4.28}$$

5.5. Die Magnetisierung

Bisher haben wir das magnetische Feld im Vakuum betrachtet. Nunmehr wollen wir uns mit den Veränderungen im Feldverlauf beschäftigen, die durch das Einbringen von Materie in ein magnetisches Feld entstehen.

Schieben wir in eine gerade, von einem konstant gehaltenen Strom I durchflossene Spule einen diese Spule gerade ausfüllenden Stab einer festen Substanz ein, so ändert sich, wie wir leicht experimentell feststellen können, der Induktionsfluß Φ durch den Querschnitt der Anordnung und damit auch die Induktion $\boldsymbol{B}$ um einen bestimmten Faktor. Diesen Faktor nennt man die (relative) Permeabilität oder auch Permeabilitätszahl des Stabmaterials, seine Abweichung $\varkappa$ vom Wert 1 die magnetische Suszeptibilität[1]):

$$\mu = 1 + \varkappa\,. \tag{5.5.1}$$

Nach den Werten dieser Größen kann man die magnetisierbaren Stoffe im wesentlichen in drei Gruppen einordnen:

1. Diamagnetische Stoffe: Bei ihnen ist μ kleiner als 1, somit $\varkappa$ negativ und im allgemeinen unabhängig von der Temperatur. Beispielsweise wird $\varkappa$ für Wasser $-\,9{,}0\cdot 10^{-6}$, für Gold $-\,34\cdot 10^{-6}$ und für Wismut $-\,152\cdot 10^{-6}$.

---

[1]) Bei Verwendung des Gaußschen Maßsystems setzt man statt (5.5.1)

$$\mu = 1 + 4\pi\varkappa^*. \tag{5.5.1a}$$

Daher findet man oft in den Tabellen für die magnetische Suszeptibilität statt $\varkappa$ den Wert $\varkappa^* = \varkappa/4\pi = (\mu - 1)/4\pi$ angegeben.

2. Paramagnetische Stoffe: Bei ihnen ist μ größer als 1, somit $\varkappa$ positiv und in der Regel umgekehrt proportional der absoluten Temperatur T (Gesetz von Curie). Beispielsweise wird $\varkappa$ bei 20°C für O_2 (flüssig) $3620 \cdot 10^{-6}$, für Aluminium $20 \cdot 10^{-6}$ und für Platin $264 \cdot 10^{-6}$.

3. Ferromagnetische und ähnliche Stoffe: Bei ihnen wird μ wesentlich größer als 1 und vor allem sehr stark feld- und temperaturabhängig. Von diesen Stoffen wird, ebenso wie von den dia- und paramagnetischen Stoffen, im Abschnitt 5.6 ausführlicher die Rede sein.

Um das verschiedenartige magnetische Verhalten dieser Stoffe zu verstehen, müssen wir uns zunächst mit der Frage beschäftigen, warum das Einbringen eines solchen magnetisierbaren Stoffes in eine stromführende Spule überhaupt zu einer Veränderung des Induktionsflusses und damit auch der magnetischen Induktion $\boldsymbol{B}$ gegenüber dem Fall der leeren Spule führen kann. Zur Beantwortung dieser Frage müssen wir die Ampèresche Hypothese heranziehen, nach der die Magnetisierung der Materie stets anzusehen ist als Folge der magnetischen Momente, die durch die Elektronenumläufe in den einzelnen Materiebausteinen unter der Wirkung von äußeren Magnetfeldern bedingt sind.

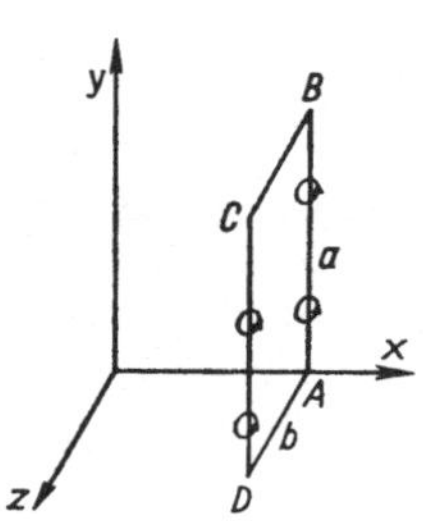

Abb. 5.5
Zur Berechnung des Magnetisierungsstroms

Wir veranschaulichen uns zunächst den Einfluß dieser Ampèreschen Molekularströme auf die magnetische Induktion an Hand eines stark vereinfachten Atommodells: Die einzelnen Atome mögen aus lauter gleichen, ebenen Ringströmen der Fläche f und der Stromstärke i bestehen; die Dichte dieser Atome sei n. Wir fragen nun im Sinn der Gleichung (5.4.1) nach dem Gesamtstrom I, der durch ein Rechteck hindurchtritt, das in der y- und z-Richtung die (kleinen) Seitenlängen a und b besitzt (Abb. 5.5). Zu diesem Gesamtstrom I geben zunächst die freien Leitungselektronen mit der von ihnen getragenen wahren Stromdichte $\boldsymbol{g}$ den Beitrag abg_x. Dann können zu I auch die atomaren Ströme i einen Beitrag liefern, allerdings nur von denjenigen Atomen, deren Fläche f von einer der vier Rechteckseiten durchbohrt wird; denn nur bei diesen Atomen tritt der atomare Ringstrom i gerade einmal durch die Rechteckfläche hindurch.

Um den Beitrag aller getroffenen Atome zu I zu finden, berechnen wir zunächst den Beitrag der Atome, die von der Seite AB der Länge a getroffen werden. Nehmen wir vorerst an, daß die Projektionen f_y der Flächen aller Atome auf die x-z-Ebene gleich groß sind, so werden von der Seite AB alle Atome durchbohrt, deren Mittelpunkte innerhalb eines Zylinders des Querschnitts f_y und der Seite AB als Achse liegen, also $n a f_y$; sie liefern zum Gesamtstrom durch das Rechteck den Beitrag $i n a f_y$. Sind die f_y-Werte verschieden, so haben wir davon den Mittelwert zu nehmen. Ersetzen wir noch das Produkt $i f$ nach (5.2.4) durch das magnetische Dipolmoment $\boldsymbol{m}$ des einzelnen Atoms und führen die „Magnetisierung" $\boldsymbol{M}$ durch die Definitionsgleichung

$$\boldsymbol{M} = n\,\overline{\boldsymbol{m}} \tag{5.5.2}$$

ein, so erhalten wir als Beitrag der Seite AB zum Gesamtstrom I den Betrag $a\,M_y$.

In gleicher Weise finden wir als Beitrag der Seite CD den Wert $-a\,M_y$, wobei aber natürlich der Wert von M_y an der Stelle $z = b$ einzusetzen ist. Damit liefern die beiden parallel zur y-Achse stehenden Rechteckseiten den Beitrag

$$a\,(M_y)_{z=0} - a\,(M_y)_{z=b} \approx -\,a\,b\,\partial M_y/\partial z\,.$$

Entsprechend erhalten wir von den beiden anderen Rechteckseiten

$$-b\,(M_z)_{y=0} + b\,(M_z)_{y=a} \approx + a\,b\,\partial M_z/\partial y\,.$$

Zusammengefaßt finden wir somit als Beitrag der von den Ampèreschen Molekularströmen herrührenden Stromanteile zu I

$$a\,b\,(g_M)_x = a\,b\,(\partial M_z/\partial y - \partial M_y/\partial z) = a\,b\,(\mathrm{rot}\,\boldsymbol{M})_x\,,$$

also allgemein für die durch die Magnetisierung bedingte Stromdichte

$$\boldsymbol{g}_M = \mathrm{rot}\,\boldsymbol{M}\,. \tag{5.5.3}$$

Setzen wir dies in die Gleichung (5.4.1), oder besser in die daraus durch Anwendung des Stokesschen Satzes folgende Differentialbeziehung ein, so erhalten wir die Gleichung

$$\mathrm{rot}\,\boldsymbol{B} = \mu_0\,(\boldsymbol{g} + \boldsymbol{g}_M) = \mu_0\,\boldsymbol{g} + \mu_0\,\mathrm{rot}\,\boldsymbol{M}\,, \tag{5.5.4}$$

oder auch

$$\mathrm{rot}\,(\boldsymbol{B} - \mu_0\,\boldsymbol{M}) = \mu_0\,\boldsymbol{g}\,. \tag{5.5.5}$$

Auf ihre Bedeutung werden wir ausführlich einzugehen haben.

Zuvor wollen wir aber die vorstehende anschauliche Betrachtung durch eine mathematisch strengere, allgemeingültige Ableitung von $\boldsymbol{g}_M$ ergänzen. Wir berechnen das Feld eines magnetisierten Körpers vermittels des Vektorpotentials $\boldsymbol{A}_M$ durch Aufsummieren der Formel (5.4.22) über alle Elementarmagnete in der Materie:

$$\boldsymbol{A}_M(\boldsymbol{r}) = \frac{\mu_0}{4\pi}\sum_j \frac{\boldsymbol{m}_j\times(\boldsymbol{r}-\boldsymbol{r}_j)}{|\boldsymbol{r}-\boldsymbol{r}_j|^3} = \frac{\mu_0}{4\pi}\int \frac{\boldsymbol{M}(\boldsymbol{r}')\times(\boldsymbol{r}-\boldsymbol{r}')}{|\boldsymbol{r}-\boldsymbol{r}'|^3}\,\mathrm{d}v'\,. \tag{5.5.6}$$

Dabei haben wir die in $\mathrm{d}v'$ liegenden Magnete zusammengefaßt zu $\boldsymbol{M}\,\mathrm{d}v'$, mit der im allgemeinen noch von $\boldsymbol{r}'$ abhängigen Magnetisierung $\boldsymbol{M}$. Setzen wir nun $(\boldsymbol{r}-\boldsymbol{r}')/|\boldsymbol{r}-\boldsymbol{r}'|^3 = \nabla'\,(1/|\boldsymbol{r}-\boldsymbol{r}'|)$, wobei ∇' die Gradient-Differentiation nach den Komponenten von $\boldsymbol{r}'$ bedeutet, so können wir die obige Formel umschreiben in

$$\boldsymbol{A}_M(\boldsymbol{r}) = -\frac{\mu_0}{4\pi}\int \nabla'\times\frac{\boldsymbol{M}(\boldsymbol{r}')}{|\boldsymbol{r}-\boldsymbol{r}'|}\,\mathrm{d}v' + \frac{\mu_0}{4\pi}\int\frac{\nabla'\times\boldsymbol{M}(\boldsymbol{r}')}{|\boldsymbol{r}-\boldsymbol{r}'|}\,\mathrm{d}v'\,,$$

oder auch in

$$\boldsymbol{A}_M(\boldsymbol{r}) = +\frac{\mu_0}{4\pi}\int\frac{\boldsymbol{M}(\boldsymbol{r}')\times\boldsymbol{n}}{|\boldsymbol{r}-\boldsymbol{r}'|}\,\mathrm{d}f' + \frac{\mu_0}{4\pi}\int\frac{\mathrm{rot}'\,\boldsymbol{M}(\boldsymbol{r}')}{|\boldsymbol{r}-\boldsymbol{r}'|}\,\mathrm{d}v'\,, \tag{5.5.7}$$

mit dem nach außen gerichteten Normalenvektor $\boldsymbol{n}$ an der Oberfläche des magnetisierten Körpers. Hier liefert das zweite Glied rechts, wie ein Vergleich mit (5.4.13) zeigt, genau den Feldbeitrag der Dichte $\boldsymbol{g}_M$ des M a g n e t i s i e r u n g s s t r o m s nach (5.5.3), während das erste Glied einen entsprechenden Beitrag der Dichte eines Oberflächenstroms, nämlich

$$\boldsymbol{g}_{MO}(\boldsymbol{r}) = \boldsymbol{M}\times\boldsymbol{n} \tag{5.5.8}$$

darstellt.

Das Auftreten des Magnetisierungsvektors $\boldsymbol{M}$ neben der magnetischen Induktion $\boldsymbol{B}$ in (5.5.5), legt es nahe, einen neuen Vektor $\boldsymbol{H}$ in der Materie durch die Beziehung

$$\boldsymbol{B} = \mu_0\,(\boldsymbol{H} + \boldsymbol{M}) \tag{5.5.9}$$

einzuführen, wodurch die Gleichung (5.5.5) mit der Gleichung (5.4.6) identisch wird. Im Abschnitt 5.4 hatten wir diesen Vektor $\boldsymbol{H}$ zunächst für das Vakuum durch die Beziehung (5.4.4) eingeführt, aber bereits erwähnt, daß in der Materie $\boldsymbol{B}$ und $\mu_0 \boldsymbol{H}$ voneinander verschieden sind, und daß dort im Oerstedschen Gesetz $\boldsymbol{H}$ statt $\boldsymbol{B}/\mu_0$ einzusetzen ist. Daß dies sinnvoll ist, geht aus den vorstehenden Ausführungen hervor.

Doch muß hierbei ausdrücklich auf folgende begriffliche Schwierigkeit hingewiesen werden: Wir haben die magnetische Feldstärke $\boldsymbol{H}$ durch die Beziehung (5.5.9) eingeführt bzw. definiert, weil dadurch die Gleichung (5.5.5) die einfachere Form (5.4.6) annimmt; genau so hatte sich ja durch die Einführung des Verschiebungsvektors $\boldsymbol{D}$ vermittels (2.3.4) die Gleichung (2.3.2) in die einfachere Form (2.3.5) bringen lassen. Nun ist aber $\boldsymbol{H}$ in der Materie ebensowenig direkt meßbar wie $\boldsymbol{D}$, im Gegensatz zur elektrischen Feldstärke $\boldsymbol{E}$ und zur magnetischen Induktion $\boldsymbol{B}$, die sich auch in der Materie unmittelbar durch Spannungs- und Induktionsmessungen bestimmen lassen. Vielmehr kann man $\boldsymbol{H}$ und $\boldsymbol{D}$, wenigstens in einer nichtleitenden Materie, nur dadurch indirekt messen, daß man dort geeignete Hohlräume schafft, in diesen die interessierenden Größen $\boldsymbol{H} = \boldsymbol{B}/\mu_0$ und $\boldsymbol{D} = \varepsilon_0 \boldsymbol{E}$ etwa durch Messung der Kraftwirkungen von $\boldsymbol{B}$ und $\boldsymbol{E}$ bestimmt und dann aus den Randbedingungen an den Hohlraumwänden auf deren Werte im Innern der Materie zurückschließt[1]). Dabei kommt als geeigneter Hohlraum für die $\boldsymbol{H}$-Messung (ebenso übrigens auch für eine ebensolche $\boldsymbol{E}$-Messung) ein Kanal in Richtung der Feldlinien in Frage, da beim Übergang aus der Materie in den Kanal wegen (5.4.6) die Tangentialkomponente von $\boldsymbol{H}$, d.h. also $\boldsymbol{H}$ selbst (ebenso wie $\boldsymbol{E}$) stetig bleiben muß. Und entsprechend muß man bei der $\boldsymbol{D}$-Messung (ebenso wie bei dieser Art von $\boldsymbol{B}$-Messung) mit einem Spalt senkrecht zu den Feldlinien arbeiten wegen der dann wichtig werdenden Stetigkeit der Normalkomponente.

Aber im Grunde genommen hat diese Methode der Messung von $\boldsymbol{H}$ ebenso wie die von $\boldsymbol{D}$ den Charakter eines Zirkelschlusses; denn man kann $\boldsymbol{H}$ auf diese Weise nur dann messen, wenn man bereits die aus der Gleichung (5.4.6) folgende Randbedingung kennt, wozu aber erst die Gültigkeit dieser Gleichung experimentell überprüft werden muß; und dies ist doch wieder nur durch Messung von $\boldsymbol{H}$ möglich. Und analog liegen die Verhältnisse bei der $\boldsymbol{D}$-Messung.

Natürlich kann man diese Schwierigkeit dadurch umgehen, daß man entweder $\boldsymbol{H}$ und $\boldsymbol{D}$ überhaupt nicht einführt, sondern mit den Gleichungen (5.5.5) und (2.3.2) in ihrer ursprünglichen Form weiterrechnet. Oder man führt $\boldsymbol{H}$ und $\boldsymbol{D}$ als reine Rechengrößen ein, für welche dann die Gleichungen (5.4.6) und (2.3.5) gelten, ohne daß man aber versucht, diese beiden Gleichungen durch Messung von $\boldsymbol{H}$ und $\boldsymbol{D}$ zu überprüfen.

Nach den vorstehenden Ausführungen sind in der Elektrodynamik die primären Größen offenbar $\boldsymbol{E}$ und $\boldsymbol{B}$, während $\boldsymbol{D}$ und $\boldsymbol{H}$ nur als eine Art von Rechengrößen erscheinen, allein definiert durch

$$\boldsymbol{D} = \varepsilon_0 \boldsymbol{E} + \boldsymbol{P} \quad \text{und} \quad \boldsymbol{H} = \frac{1}{\mu_0} \boldsymbol{B} - \boldsymbol{M}. \tag{5.5.10}$$

Dann lauten die Maxwellgleichungen bei stationären Verhältnissen ($\partial/\partial t = 0$)

$$\left\{\begin{array}{ll} \operatorname{div} \boldsymbol{E} = \dfrac{1}{\varepsilon_0} (\varrho - \operatorname{div} \boldsymbol{P}), & \operatorname{rot} \boldsymbol{E} = 0, \\ \operatorname{div} \boldsymbol{B} = 0, & \operatorname{rot} \boldsymbol{B} = \mu_0 (\boldsymbol{g} + \operatorname{rot} \boldsymbol{M}), \end{array}\right\} \tag{5.5.11}$$

[1]) Achtung: Bei Leitern brauchen wegen der Möglichkeit des Auftretens von Oberflächenladungen und -strömen $\boldsymbol{H}_{tang}$ und $\boldsymbol{D}_{norm}$ nicht stetig zu sein.

wobei die Dichte ϱ der wahren Ladungen durch die Dichte $-\operatorname{div} \boldsymbol{P}$ der Polarisationsladungen und die Dichte $\boldsymbol{g}$ der wahren Ströme durch die Dichte $\operatorname{rot} \boldsymbol{M}$ der Magnetisierungsströme zu ergänzen sind. Im allgemeinen schreibt man aber diese Gleichungen unter Benutzung von (5.5.10) bei Elimination von $\boldsymbol{P}$ und $\boldsymbol{M}$ in der Form

$$\left\{\begin{array}{ll} \operatorname{div} \boldsymbol{D} = \varrho\,, & \operatorname{rot} \boldsymbol{E} = 0\,, \\ \operatorname{div} \boldsymbol{B} = 0\,, & \operatorname{rot} \boldsymbol{H} = \boldsymbol{g}\,. \end{array}\right\} \tag{5.5.12}$$

Und so werden die Gleichungen auch meistens in der Magnetostatik, also beim Fehlen von wahren Strömen, geschrieben. Dabei werden $\boldsymbol{E}$ und $\boldsymbol{H}$ auf der einen Seite, $\boldsymbol{D}$ und $\boldsymbol{B}$ auf der anderen Seite in Parallele gesetzt[1]); und wegen $\operatorname{rot} \boldsymbol{H} = 0$ wird dann auch in Analogie zur Elektrostatik $\boldsymbol{H} = -\operatorname{grad} \varphi$ eingeführt, wodurch man zu einer Poisson-Gleichung für diese Potentialfunktion φ kommt.

Liegt eine diamagnetische oder paramagnetische Substanz vor mit einer feldunabhängigen Permeabilität μ, so kann man

$$\boldsymbol{B} = \mu_0 (\boldsymbol{H} + \boldsymbol{M}) = \mu \mu_0 \boldsymbol{H} \tag{5.5.13}$$

setzen, woraus wegen (5.5.1)

$$\boldsymbol{M} = (\mu - 1) \boldsymbol{H} = \varkappa \boldsymbol{H} \tag{5.5.14}$$

folgt. In diesem Fall vereinfachen sich die beiden magnetischen Feldgleichungen in (5.5.11) oder (5.5.12) zu den beiden Beziehungen

$$\operatorname{div} \boldsymbol{B} = 0\,, \qquad \operatorname{rot} \boldsymbol{B} = \mu \mu_0 \boldsymbol{g}\,, \tag{5.5.15}$$

mit der Lösung

$$\boldsymbol{B} = \operatorname{rot} \boldsymbol{A} \quad \text{mit} \quad \boldsymbol{A}(\boldsymbol{r}) = \frac{\mu \mu_0}{4\pi} \int \frac{\boldsymbol{g}(\boldsymbol{r}')}{|\boldsymbol{r} - \boldsymbol{r}'|} \, dv'\,, \tag{5.5.16}$$

entsprechend der Formel (5.4.13) für den Fall des Vakuums $\mu = 1$. Dabei wird die Dichte des Magnetisierungsstroms gleich

$$\boldsymbol{g}_M = \operatorname{rot} \boldsymbol{M} = \varkappa \operatorname{rot} \boldsymbol{H} = \varkappa \boldsymbol{g}\,,$$

so daß die gesamte Stromdichte $\boldsymbol{g} + \boldsymbol{g}_M = \mu \boldsymbol{g}$ wird.

Wesentlich anders sind die Verhältnisse bei ferromagnetischen Substanzen. Hier ist die Magnetisierung $\boldsymbol{M}$ unterhalb einer bestimmten Temperatur, der Curie-Temperatur (s. Abschnitt 5.6), praktisch unabhängig vom angelegten Feld und nur mehr abhängig von der Temperatur. Hier haben wir also mit einem fest vorgegebenen $\boldsymbol{M}$ zu rechnen und müssen dann aus den beiden $\boldsymbol{B}$-Formeln (5.5.11) das Magnetfeld innerhalb und außerhalb des Magneten bestimmen. Dabei haben wir noch die Randbedingungen zu beachten, nämlich Stetigkeit der Normalkomponente von $\boldsymbol{B}$ und der Tangentialkomponente von $\boldsymbol{B} - \mu_0 \boldsymbol{M} = \mu_0 \boldsymbol{H}$, letzteres freilich nur im Fall des Fehlens wahrer Ströme im Magneten und an seiner Oberfläche, was im folgenden ausdrücklich angenommen werden soll.

---

[1]) Dann wird auch meist $\boldsymbol{M}$ durch $\boldsymbol{M}'/\mu_0$ ersetzt, so daß dann die zweite Gleichung (5.5.10) die Form $\boldsymbol{B} = \mu_0 \boldsymbol{H} + \boldsymbol{M}'$ annimmt und damit $\boldsymbol{M}'$ als Gegenstück von $\boldsymbol{P}$ erscheinen läßt. Mit $\boldsymbol{M}$ wird beispielsweise in den Lehrbüchern von G. Mie, A. Sommerfeld und F. Hund, mit $\boldsymbol{M}'$ im Lehrbuch von R. W. Pohl gerechnet.

Als Beispiel betrachten wir die Verhältnisse bei einer homogen magnetisierten Eisenkugel vom Radius a. Ihre vorgegebene Magnetisierung sei $\boldsymbol{M}$, ihr gesamtes magnetisches Moment daher $\boldsymbol{m} = 4\pi\, a^3\, \boldsymbol{M}/3$. Dann herrscht im Außenraum sicher ein magnetisches Dipolfeld, gegeben durch

$$\boldsymbol{B}_a = \frac{\mu_0}{4\pi}\left(-\frac{\boldsymbol{m}}{r^3} + \frac{3\,(\boldsymbol{m}\,\boldsymbol{r})\,\boldsymbol{r}}{r^5}\right) = \mu_0\,\boldsymbol{H}_a\,, \tag{5.5.17a}$$

während wir im Kugelinnern mit einem konstanten Feld $\boldsymbol{B}_i$ und $\boldsymbol{H}_i$ zu rechnen haben bei $\boldsymbol{B}_i = \mu_0\,(\boldsymbol{H}_i + \boldsymbol{M})$. Aus den Randbedingungen folgt nun

$$\frac{2\mu_0\,\boldsymbol{m}}{4\pi\,a^3} = \boldsymbol{B}_i \quad \text{und} \quad -\frac{\boldsymbol{m}}{4\pi\,a^3} = \boldsymbol{H}_i\,,$$

woraus wir sofort

$$\boldsymbol{B}_i = \frac{2\mu_0\,\boldsymbol{M}}{3} \quad \text{und} \quad \boldsymbol{H}_i = -\frac{\boldsymbol{M}}{3} \tag{5.5.17b}$$

gewinnen. Wir finden also im Kugelinneren eine magnetische Induktion in Richtung der Magnetisierung $\boldsymbol{M}$ und eine magnetische Feldstärke in der Gegenrichtung.

Natürlich kann man die Formeln (5.5.17) auch als Spezialfälle aus den Beziehungen gewinnen, die wir im Abschnitt 2.4c für ein homogen polarisiertes Ellipsoid gefunden haben und die wir jetzt ohne weiteres auf den Fall eines homogen magnetisierten Ellipsoids übertragen können; nur müssen wir $\boldsymbol{P}/\varepsilon_0$ durch die Magnetisierung $\boldsymbol{M}$ ersetzen wegen des Unterschiedes zwischen den beiden Verknüpfungsgleichungen (5.5.10). Also gilt jetzt für das magnetische Potential φ_M statt (2.4.19) die Beziehung

$$\varphi_M = A\,x\,M_x + B\,y\,M_y + C\,z\,M_z\,, \tag{5.5.18}$$

mit den gleichen Werten (2.4.20) für die Faktoren A, B und C. Auch hier besteht also zwischen den Richtungen von $\boldsymbol{H}_i = -\operatorname{grad}\varphi_M$ und $\boldsymbol{M}$ ein stumpfer Winkel; $\boldsymbol{H}_i$ ist also fast der Magnetisierung entgegengerichtet.

Schließlich sei in den Abb. 5.6 der $\boldsymbol{H}$- und der $\boldsymbol{B}$-Verlauf qualitativ für einen homogen magnetisierten Eisenzylinder dargestellt. Während sich im Außenraum die $\boldsymbol{H}$- und die $\boldsymbol{B}$-Linien wegen $\boldsymbol{B} = \mu_0\,\boldsymbol{H}$ decken, unterscheiden sie sich im Magnet grundlegend. An der Mantelfläche gehen die $\boldsymbol{H}$-Linien nur mit einem schwachen Knick durch, im krassen Gegensatz zu den $\boldsymbol{B}$-Linien, die dort wegen $(\boldsymbol{B}_a)_{tang} = (\boldsymbol{B}_i - \mu_0\,\boldsymbol{M})_{tang}$ einen wirbelartigen Verlauf zeigen. Andererseits besitzen an den Stirnflächen die $\boldsymbol{B}$-Linien nur eine kleine Richtungsänderung, während die $\boldsymbol{H}$-Linien dort wegen $(\boldsymbol{H}_a)_{norm} = (\boldsymbol{H}_i + \boldsymbol{M})_{norm}$ Quellen bzw. Senken besitzen.

Anmerkung. Im Gaußschen System lautet die Verknüpfungsgleichung zwischen der Induktion und der magnetischen Feldstärke

$$\boldsymbol{B}^* = \boldsymbol{H}^* + 4\pi\,\boldsymbol{M}^*. \tag{5.5.19}$$

Daher ergibt sich als Zusammenhang zwischen der Permeabilität $\mu^* = \mu$ und der magnetischen Suszeptibilität $\varkappa^*$ statt (5.5.1) die Beziehung

$$\mu = 1 + 4\pi\,\varkappa^* \tag{5.5.20}$$

(s. Anmerkung auf S. 113). Ferner folgt aus dem Oerstedschen Gesetz (5.4.25) als Dichte g_M^* des Magnetisierungsstromes im Gaußschen System

$$g_M^* = c_0 \operatorname{rot} \boldsymbol{M}^*.$$

Schließlich folgt aus (5.4.28) wegen der gegenüber (5.5.9) geänderten Verknüpfungsgleichung (5.5.19)

$$\boldsymbol{M}^* = \sqrt{\mu_0/4\pi}\, \boldsymbol{M}. \tag{5.5.21}$$

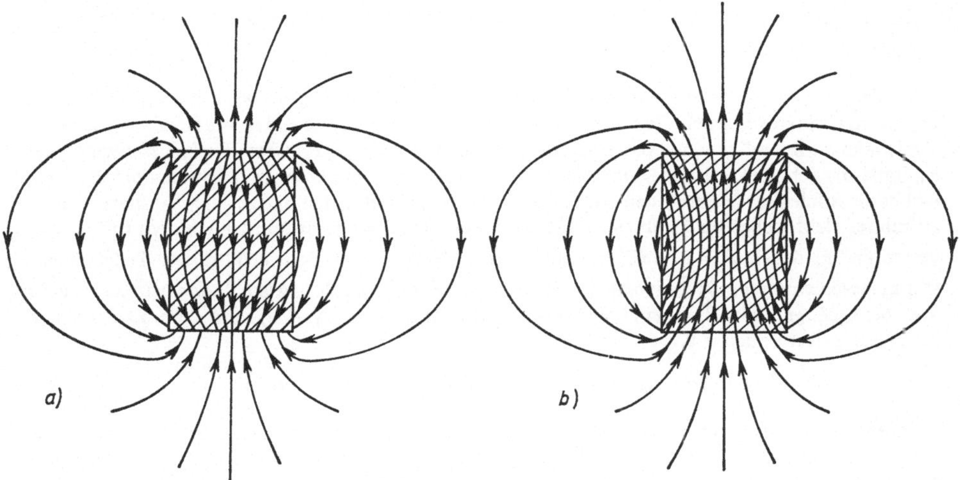

Abb. 5.6 Feld eines permanenten Magneten: a) gibt den H-Verlauf mit Quellen an den Stirnflächen, b) den B-Verlauf mit Wirbeln an der Mantelfläche

5.6. Die magnetisierbaren Substanzen

Zu Beginn des Abschnitts 5.5 war bereits die Rede davon, daß sich die magnetisierbaren Substanzen im wesentlichen in drei Gruppen einteilen lassen. Bei den diamagnetischen Substanzen ist die magnetische Suszeptibilität $\varkappa$ negativ, die Magnetisierung also dem magnetischen Feld entgegengerichtet. Bei den paramagnetischen Substanzen ist $\varkappa$ positiv, die Magnetisierung hat somit (im wesentlichen) die Richtung des Feldes. Zu diesen Substanzen sind oberhalb einer bestimmten Temperatur T, der Curie-Temperatur, auch die ferromagnetischen Substanzen zu zählen, die jedoch unterhalb dieser Temperatur abnorm große Werte der Magnetisierung besitzen. Zu dieser Gruppe gehören bis zu einem gewissen Maß auch die antiferromagnetischen und die ferrimagnetischen Substanzen, die sich ebenfalls nur für Temperaturen unterhalb einer bestimmten kritischen Tempreratur irgendwie anomal verhalten.

Wenn wir uns im folgenden mit den magnetischen Eigenschaften dieser Substanzen beschäftigen, so kann dies hier nur andeutungsweise geschehen. Denn alle diese Eigenschaften lassen sich im Grunde erst aus der Quantentheorie heraus verstehen, wie ja auch schon allein die Existenz stabiler Atome erst durch die Quantentheorie verständlich wird. Es kann sich hier also nur um einen ersten kurzen Überblick über bestimmte

Eigenschaften dieser Stoffe handeln; wegen einer eingehenderen Behandlung muß auf die Darstellungen im II. Band, Abschnitt C, und besonders im III. Band, Abschnitt C, verwiesen werden.

1. Der Diamagnetismus. Daß bei diamagnetischen Substanzen die Magnetisierung, also auch das magnetische Moment der einzelnen Atome und Moleküle dem magnetischen Feld entgegengerichtet ist, kann man qualitativ aus der Vorstellung heraus erklären, daß beim Einschalten eines äußeren Magnetfeldes in den einzelnen Atomen oder Molekülen Ringströme induziert werden, deren magnetisches Moment der Richtung von $\boldsymbol{B}$ entgegengesetzt ist.

Um diese qualitative Betrachtung durch eine einfache modellmäßige in quantitativer Hinsicht zu ergänzen, denken wir an ein Teilchen der Masse m und der Ladung e, das auf einer vorgegebenen Kreisbahn vom Radius a mit vorerst konstanter, aber beliebig wählbarer Winkelgeschwindigkeit ω_0 umläuft. Schalten wir nun senkrecht zu dieser Kreisbahn ein homogenes Spulenfeld $\boldsymbol{B}(t)$ ein, wobei die Spulenachse durch den Mittelpunkt der Kreisbahn gehen möge, so wird hierdurch ein zirkulares elektrisches Feld induziert, das bei dieser speziellen Anordnung nach dem Induktionsgesetz (5.3.9) durch $\boldsymbol{E} = \boldsymbol{r} \times \dot{\boldsymbol{B}}/2$ gegeben wird. Durch dieses Feld erfährt das Teilchen eine Winkelbeschleunigung $\ddot{\varphi}$, gegeben durch $ma\ddot{\varphi} = eE = -ae\dot{B}/2$. Also finden wir zur Zeit t, d.h. beim Magnetfeld $\boldsymbol{B}(t)$, eine Winkelgeschwindigkeit $\dot{\varphi} = \omega_0 + \omega_L$, mit dem als Larmor-Frequenz bezeichneten Wert

$$\omega_L = -e\,B/2m, \quad \text{also in Vektorschreibweise} \quad \boldsymbol{o}_L = -e\,\boldsymbol{B}/2m. \tag{5.6.1}$$

Während ω_0 in unserem primitiven Atommodell positive und negative Werte annehmen kann, ist die Zusatzfrequenz ω_L universell. Und zwar gilt sie nicht nur bei unserem speziellen Modell, sondern bei nicht zu schnell veränderlichen Magnetfeldern für jedes Modell. Denn nach dem sogenannten Larmor-Theorem überlagert sich beim langsamen Einschalten eines Magnetfeldes über die ursprüngliche Elektronenbewegung im Atom eine starre Rotation mit der Kreisfrequenz ω_L um die Feldrichtung. Wegen des Beweises für dieses Theorem muß auf den II. Band, § 35, verwiesen werden.

Diese zusätzliche Larmor-Rotation führt zu einem zusätzlichen magnetischen Moment des Atoms. In unserem speziellen Modell wird dieses Zusatzmoment nach (5.2.4) gegeben durch

$$\boldsymbol{m} = I\boldsymbol{f} = e\,\omega_L \boldsymbol{f}/2\pi = -e^2\,a^2\,\boldsymbol{B}/4m.$$

Bei einem allgemeinen Atommodell tritt hier an die Stelle von a^2 der Mittelwert $\overline{x^2 + y^2}$, wenn $\boldsymbol{B}$ in der z-Richtung liegt, und damit bei kugelsymmetrischer Anordnung der Elektronen $\sum \overline{(x_j^2 + y_j^2)} = 2/3 \sum \overline{r_j^2}$, so daß schließlich

$$\boldsymbol{m} = -e^2\,\boldsymbol{B} \sum \overline{r_j^2}/6m \tag{5.6.2}$$

gilt. Daraus folgt für die magnetische Suszeptibilität $\varkappa$ bei einer Atomdichte n der Ausdruck

$$\varkappa = -n\,\mu_0\,e^2 \sum \overline{r_j^2}/6m.$$

Eine Abschätzung ergibt hierfür einen Wert von etwa 10^{-5} bis 10^{-6}, im Einklang mit den zu Beginn des Abschnitts 5.5 angegebenen Meßwerten.

Offenbar ist der Diamagnetismus eine allgemeine Eigenschaft der Materie und somit bei allen Substanzen vorhanden. Er ist aber im allgemeinen so schwach, daß er praktisch nicht zur Beobachtung gelangt, sobald die betreffende Substanz außerdem noch para- oder ferromagnetisch ist.

2. Der Paramagnetismus. Besitzen die einzelnen Materiebestandteile bereits ein festes magnetisches Moment $|\boldsymbol{m}_0|$, so werden diese Elementarmagnete durch ein äußeres Feld teilweise ausgerichtet, wobei der orientierenden Wirkung des Feldes die ungeordnete und damit desorientierende Temperaturbewegung entgegenwirkt. Daher kann man im Sinn des Gesetzes von Curie, nämlich

$$\varkappa = C/T, \tag{5.6.3}$$

durch das gleiche Feld bei tieferer Temperatur einen höheren Grad von Ordnung erzwingen als bei höherer Temperatur.

Die Verhältnisse liegen hier weitgehend analog denen im elektrischen Fall bei Molekülen mit permanentem elektrischen Dipolmoment im $\boldsymbol{E}$-Feld. Wie dort (vgl. Abschnitt 2.2) folgt auch hier das mittlere magnetische Dipolmoment aus der statistischen Mechanik, und zwar ergibt es sich hier zu

$$\overline{\boldsymbol{m}} = \eta \frac{|\boldsymbol{m}_0|^2}{k\,T} \boldsymbol{B}, \tag{5.6.4}$$

wobei η einen Zahlenfaktor bedeutet, der allerdings nur in Grenzfällen mit dem in (2.2.10) enthaltenen Faktor 1/3 übereinstimmt. Sein Wert folgt aus der durch die Quantentheorie bedingten Richtungsquantelung magnetischer Momente, nach welcher der Winkel zwischen magnetischem Moment und Magnetfeld nicht, wie im elektrischen Fall, alle Werte zwischen 0° und 180° annehmen kann, sondern nur einige wenige. Beispielsweise kann sich das magnetische Moment eines Elektrons (Elektronenspin) nur parallel oder antiparallel zum Magnetfeld einstellen; hier wird dann $\eta = 1$. Wegen der Begründung hierfür siehe z.B. III. Band, § 32, aber auch II. Band, Abschnitt C.

Die Magnetfelder in der Umgebung dia- oder paramagnetischer Körper lassen sich völlig analog berechnen wie die elektrischen Felder in der Nähe polarisierbarer Medien (vgl. Abschnitt 2.4). Auch die Formeln für die Feldenergie und für die Kraftwirkungen im Feld (3. Kapitel) lassen sich unmittelbar auf den magnetischen Fall übertragen. Speziell folgt aus Betrachtungen wie im Abschnitt 3.3, daß paramagnetische Körper in ein Magnetfeld hineingezogen, diamagnetische Körper aus dem Magnetfeld herausgedrückt werden. Doch stellt sich nach (3.3.31) in beiden Fällen ein drehbar angebrachtes Ellipsoid mit seiner längsten Achse in die Feldrichtung.

3. Der Ferromagnetismus. Das magnetische Verhalten der ferromagnetischen Stoffe (Eisen, Kobalt, Nickel, Gadolinium, sowie eine Reihe von Legierungen) ist sehr variabel und in hohem Maß abhängig von oft scheinbar geringfügigen Umständen. Daher müssen wir uns hier mit einer stark schematisierten Kennzeichnung ihrer Eigenschaften begnügen und wegen näherer Einzelheiten auf den III. Band, C II und C III, verweisen.

Das auffälligste Merkmal der Ferromagnetika besteht darin, daß ihre Magnetisierung wesentlich größer ist als die der übrigen Substanzen bei gleicher Feldstärke. Ferner ändert sich $\boldsymbol{M}$ nicht mehr linear mit $\boldsymbol{B}$ bzw. mit $\boldsymbol{H}$, sondern erreicht bei relativ niedrigen, technisch leicht herzustellenden Feldstärken eine Sättigung. Die Sättigungsmagnetisierung M_S, die man auch durch sehr starke Felder nicht merklich überschreiten kann, hat bei den drei wichtigsten ferromagnetischen Stoffen folgende Werte (in 10^6 A/m):

1,74 bei Fe, 1,43 bei Co, 0,51 bei Ni, 1,98 bei Gd.

Statt dieser Werte findet man oft das Produkt $\mu_0\, M_S$ angegeben (in Vs/m^2):

2,19 bei Fe, 1,80 bei Co, 0,64 bei Ni, 2,49 bei Gd.

Diese Sättigungswerte sind nahezu unabhängig vom Bearbeitungszustand und von geringen chemischen Verunreinigungen des Materials. Dagegen ist die Magnetisierungskurve, d.h. die Art des Anstiegs von $\boldsymbol{M}$ mit wachsendem $\boldsymbol{H}$, von der speziellen Vorbehandlung der Probe in allerstärkster Weise abhängig. Man kann hier zwei wesentlich verschiedene extremale Verhaltensarten unterscheiden:

Bei den magnetisch weichen Substanzen ist $\boldsymbol{M}$ wenigstens noch eine eindeutige Funktion von $\boldsymbol{H}$. Diese Funktion hat in typischen Fällen den durch Abb. 5.7 dargestellten Verlauf, nämlich anfangs einen steilen Anstieg von M mit H, weiterhin einen immer flacher werdenden Verlauf, der schließlich (bei Sättigung) praktisch horizontal wird. Wenn die Kurve mit einem fast geradlinigen Anstieg beginnt, kann man noch von einer Anfangssuszeptibilität reden, die man entweder als M/H oder aber als $(\partial M/\partial H)_0$ definieren kann. Ihr Wert liegt für verschiedene Eisensorten etwa zwischen 50 und 1000.

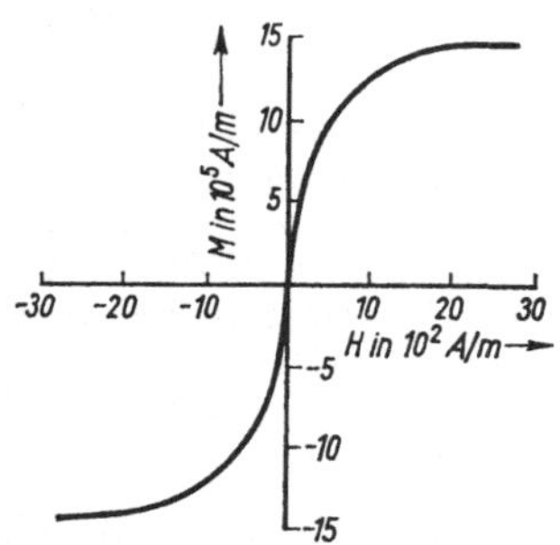

Abb. 5.7 Magnetisierungskurve von magnetisch weichem Eisen

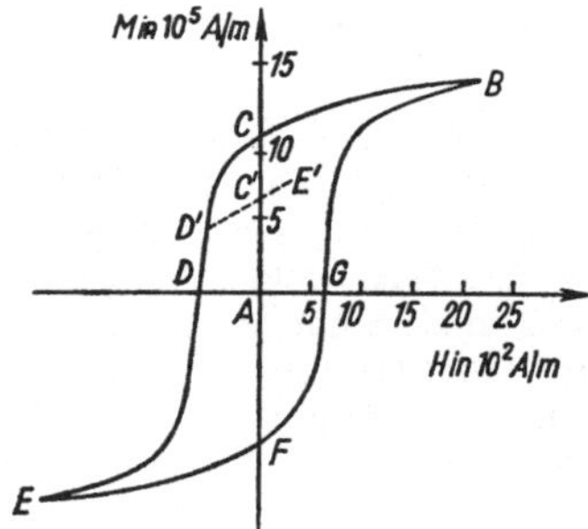

Abb. 5.8 Magnetisierungskurve von magnetisch hartem Stahl

Vollkommen weiche, d.h. absolut reversible Ferromagnetika dürfte es in der Natur kaum geben. Man kann eigentlich nur von „weicheren" oder „härteren" Substanzen reden, entsprechend der geringeren oder größeren Breite der Hysteresis-Schleife (s.u.).

Bei den magnetisch harten Substanzen ist $\boldsymbol{M}$ überhaupt keine eindeutige Funktion von $\boldsymbol{H}$; vielmehr ist die Magnetisierung wesentlich mitbestimmt durch die Feldstärken, denen die Probe vorher ausgesetzt gewesen ist. Der typische Verlauf der Magnetisierungskurve ist in Abb. 5.8 dargestellt. Läßt man auf die zunächst unmagnetische Probe ein wachsendes Feld H einwirken, so durchläuft M ein Kurvenstück AB, das quantitativ von der Kurve einer magnetisch weichen Substanz (Abb. 5.7) nicht wesentlich verschieden ist. Läßt man aber jetzt H wieder abnehmen, so nimmt M zunächst viel langsamer ab, als es vorher zugenommen hat (Kurve $BCDE$). Beim Feld $H = 0$ haben wir noch eine remanente Magnetisierung vom Betrag AC. Erst bei Anwendung der entgegen gerichteten „Koerzitivkraft" AD kann man die Magnetisierung auf den Wert Null bringen. Remanenz und Koerzitivkraft bilden ein Maß für die magnetische Härte der Substanz. Bei großen negativen Werten von H erreicht man bei E wieder die Sättigung. Von da ab durchläuft dann M bei entsprechender Änderung von H die Kurve $EFGB$, womit die "Hysteresisschleife" geschlossen ist. Wenn man das Feld H nun wiederholt von der Sättigung nach der einen Richtung bis zur Sättigung nach der entgegengesetzten Richtung hin und zurück ändert, durchläuft M im wesentlichen stets die gleiche Schleife.

Etwas ganz anderes erhält man dagegen, wenn man nur bis zu einer bestimmten Stelle der Schleife, etwa D' geht und dann H wieder anwachsen läßt. Man bekommt dann bei nicht zu starkem Anwachsen von H fast eine gerade Linie, etwa das Kurvenstück $D'\,C'\,E'$ in Abb. 5.8, das nun fast unverändert auch wieder rückwärts durchlaufen werden kann und dabei insgesamt nach Rayleigh schmale Ellipsen mit der großen Achse in Richtung von $D'\,E'$ bildet. Wenn man bei allen weiteren magnetischen Beanspruchungen des Materials dann zwischen den Grenzen D' und E' bleibt, kann man in diesen Grenzen angenähert von einer reversiblen Magnetisierung sprechen und das Material durch eine magnetische Zustandsgleichung

$$\boldsymbol{M} = \boldsymbol{M}_0 + \varkappa' \boldsymbol{H} \tag{5.6.5}$$

kennzeichnen, wobei $\varkappa'$ jetzt eine effektive Suszeptibilität bedeutet.

Im Innern eines permanenten Magneten bei Abwesenheit von Strömen und anderen Magneten im Außenraum ist das Feld $\boldsymbol{H}$, wie schon im Abschnitt 5.5 ausgeführt wurde, im wesentlichen entgegengesetzt gerichtet zur Magnetisierung. Ein solcher Magnet befindet sich also auf dem Stück CD der Hysteresiskurve, kann also etwa durch den bereits betrachteten Punkt D' dargestellt werden. Doch hängt das Feld im Innern des Magneten noch von seiner Gestalt ab. Speziell im Fall eines Ellipsoids ergibt es sich zu $\boldsymbol{H} = -\operatorname{grad} \varphi_M$, mit dem Wert von φ_M nach (5.5.18). Bringt man nun dieses Ellipsoid in ein äußeres homogenes Feld $\boldsymbol{H}_0$, so sind die Komponenten von $\boldsymbol{H}$ mit denen von $\boldsymbol{H}_0$ und $\boldsymbol{M}$ wegen $\boldsymbol{H} = \boldsymbol{H}_0 - \operatorname{grad} \varphi_M$ durch die Beziehungen

$$H_x = H_{0x} - A\,M_x\,, \quad H_y = H_{0y} - B\,M_y\,, \quad H_z = H_{0z} - C\,M_z \tag{5.6.6}$$

verknüpft. Wegen der Größe von $\boldsymbol{M}$ im Vergleich zu $\boldsymbol{H}_0$ muß man hier auf diese Entmagnetisierung besonders achten.

Alle ferromagnetischen Stoffe zeigen die durch diesen Namen herhorgehobene Eigenschaft nur, solange sich ihre Temperatur unterhalb der als Curie-Punkt bezeichneten und für den betreffenden Stoff charakteristischen Temperatur Θ befindet. Speziell wird Θ gleich

1043 K bei Fe, 1393 K bei Co, 631 K bei Ni, 293 K bei Gd.

Nähern wir uns von unten dem Curiepunkt, so fällt die Sättigungsmagnetisierung erst langsam, dann immer schneller ab und wird Null bei $T = \Theta$. Oberhalb ihres Curiepunktes zeigen alle ferromagnetischen Stoffe einen normalen Paramagnetismus; doch ist dann im Curieschen Gesetz (5.6.3) die absolute Temperatur T nach Curie und Weiss zu ersetzen durch den Abstand $T - \Theta$ vom Curie-Punkt. Heute wird das Curie-Weiss'sche Gesetz in der Form

$$\varkappa = C/(T - T_P) \tag{5.6.7}$$

geschrieben, da sich der paramagnetische Curie-Punkt T_p als etwas über dem ferromagnetischen Curie-Punkt $\Theta \equiv T_c$ liegend erwiesen hat; und zwar wird T_p gleich

1101 K bei Fe, 1411 K bei Co, 649 K bei Ni, 317 K bei Gd.

Zur Deutung des Gesetzes (5.6.7) nahm P. Weiss an, daß auf die einzelnen Elementarmagnete außer der Feldstärke $\boldsymbol{H}$ noch ein inneres Feld nichtmagnetischen Ursprungs wirkt, das proportional der bereits vorhandenen Magnetisierung $\boldsymbol{M}$, also gleich $W\boldsymbol{M}$

ist. Man nennt W den Weiss'schen Faktor des inneren Feldes. Dann ist das resultierende Feld $\boldsymbol{H} + W\boldsymbol{M}$ nach dem Curieschen Gesetz (5.3.6) bestimmend für die Magnetisierung:

$$\boldsymbol{M} = C(\boldsymbol{H} + W\boldsymbol{M})/T, \qquad \text{d.h.} \qquad \boldsymbol{M} = C\boldsymbol{H}/(T - CW). \tag{5.6.8}$$

Damit finden wir die durch (5.6.7) gegebene Suszeptibilität mit dem Wert $T_p = CW$ für den (paramagnetischen) Curie-Punkt.

Aus der Weiss'schen Vorstellung über die Existenz eines zu $\boldsymbol{H}$ hinzutretenden inneren Feldes $W\boldsymbol{M}$ läßt sich auch zeigen (siehe § 35 des III. Bandes), daß es für Temperaturen unterhalb des (ferromagnetischen) Curie-Punktes T_c, wobei allerdings die Differenz $T_p - T_c$ ungeklärt bleibt, bereits zu einer mit abnehmender Temperatur größer werdenden Sättigungsmagnetisierung kommt. Im Grenzfall $T \to 0$ besteht diese in einer völligen Parallelstellung der Elementarmagnete in der Materie. Daher kann man aus $M_S(0)$ die Größe der magnetischen Momente dieser Elementarmagnete bestimmen; beispielsweise ergeben sich als magnetische Momente, gemessen in Bohrschen Magnetonen (vgl. Abschnitt 5.2) die Zahlenwerte

2,22 für Fe, 1,71 für Co, 0,605 für Ni, 7,1 für Gd.

Warum diese Werte nicht ganze Zahlen sind, wie man zunächst vermuten könnte, folgt aus einer hier freilich nicht schilderbaren Theorie dieser Atome im Kristallgitter.

Eine theoretische Begründung der Weiss'schen Hypothese und damit die Deutung des Weiss'schen Faktors gelang W. Heisenberg mit Hilfe der Quantenmechanik. Entscheidend war hierbei die Erkenntnis, daß es sich bei der Wechselwirkung zwischen benachbarten Elementarmagneten um quantenmechanische Austauschkräfte handelt, ähnlich denen, die auch in der Theorie der homöopolaren Moleküle, z.B. beim H_2-Molekül, die Bindung ermöglichen. Vgl. hierzu die ausführliche Darstellung im III. Band, § 37.

Während das paramagnetische Verhalten der Ferromagnetika oberhalb des Curie-Punktes und der Verlauf von $M_S(T)$ unterhalb von T_c erst durch Heisenberg und andere Forscher im Rahmen der Quantenmechanik weitgehend geklärt werden konnten, kann ihr Verhalten im ferromagnetischen Bereich bei kleinen Feldstärken, im besonderen der Verlauf der Hysteresisschleife, auch ohne Quantenmechanik verstanden werden. In diesem Bereich spielen Energien eine Rolle, die in den quantenmechanischen Betrachtungen über Ferromagneten meist außer acht gelassen werden. Bereits Weiss hatte die Vermutung ausgesprochen, daß die Ferromagneten unterhalb des Curie-Punktes auch für kleinere Feldstärken stets spontan bis zur Sättigung magnetisiert sind, daß aber diese Magnetisierung nur innerhalb kleiner Bezirke, den Weiss'schen Bezirken, homogen ist und in verschiedenen Bezirken verschiedene Richtungen besitzt. Die beobachteten Magnetisierungskurven innerhalb des Bereiches der Hysteresisschleife kommen allein durch Ausrichten der spontan magnetisierten Bezirke nach der Richtung des angelegten Feldes zustande, wobei sich nur die Richtungen der verschiedenen M_S-Vektoren, nicht aber ihre Beträge ändern.

Das Auftreten von Weiss'schen Bezirken bei nicht zu großen Magnetfeldstärken ist eine Folge der magnetischen Feldenergie; denn ein einheitlich homogen magnetisierter Eisenstab hat in seiner Umgebung ein wesentlich stärkeres und weiter reichendes Magnetfeld (Dipolfeld!) und damit eine größere magnetische Feldenergie als etwa ein aus zwei Weiss'schen Bezirken mit entgegengesetzter Magnetisierung bestehender gleichgroßer Eisenstab (Quadrupolfeld!).

Die Größe der Weiss'schen Bezirke ergibt sich mithin aus der Forderung, daß die Summe aus der magnetischen Feldenergie und der Austauschenergie, die in den Übergangszonen zwischen magnetisch verschieden orientierten Bezirken enthalten ist, minimal wird.

Ebenfalls rein energetisch bedingt sind die Vorzugslagen, welche die spontanen Magnetisierungen der einzelnen Weiss'schen Bezirke in einem unverzerrten Kristallgitter beim Fehlen äußerer Einflüsse annehmen können; so liegt beispielsweise $\boldsymbol{M}_S$ in diesem Fall bei Fe in Richtung der Würfelkante, bei Ni in Richtung der Raumdiagonale des kubischen Kristallgitters und wird erst durch

Anlegen eines magnetischen Feldes allmählich oder auch sprunghaft („Barkhausen-Sprünge") in die Feldrichtung hineingedreht. Auch wegen der weiteren Einzelheiten betreffend die Gestalt der Hysteresiskurve und ihrer Deutung muß auf den III. Band, Abschnitt C III, verwiesen werden.

Bei den ferromagnetischen Substanzen ist ihr besonderes Verhalten durch eine nicht magnetisch bedingte Tendenz zur Parallelstellung benachbarter Elementarmagnete zu verstehen. Nun gibt es aber auch zahlreiche Substanzen, die eine Tendenz zur Antiparallelstellung benachbarter Elementarmagnete besitzen, wie man aus ihrem magnetischen Verhalten (keine spontane Magnetisierung, Paramagnetismus nach (5.6.8) oberhalb einer bestimmten Temperatur T_N mit negativem W) erschließen kann. Unterhalb der Umwandlungstemperatur T_N, die man als Néel-Punkt bezeichnet, und bei der die Substanz eine Anomalie in der spezifischen Wärme zeigt, ähnlich wie dies auch für die Ferromagnetika beim Curie-Punkt gilt, bleiben diese Substanzen paramagnetisch, jedoch mit einem wesentlich anderen Temperaturgang als nach dem Gesetz von Curie und Weiss. Solche Substanzen nennt man antiferromagnetisch.

Schließlich gibt es noch die ferrimagnetischen Substanzen, die unterhalb eines Umwandlungspunktes T_N eine spontane Magnetisierung wie richtige Ferromagneten zeigen; oberhalb T_N sind sie ebenfalls paramagnetisch, jedoch mit einer wesentlich anderen Temperaturabhängigkeit von $\varkappa$ als bei den Ferromagneten. Wegen ihrer extrem geringen elektrischen Leitfähigkeit sind sie in vielen technischen Anwendungen den metallischen Ferromagneten überlegen.

Zur Illustration des geschilderten paramagnetischen Verhaltens ist in Abb. 5.9 schematisch der Verlauf von $1/\varkappa$ als Funktion von T schematisch für einen Ferromagneten (Kurve a), für einen Antiferromagneten (Kurve b) und für einen Ferriten (Kurve c) dargestellt.

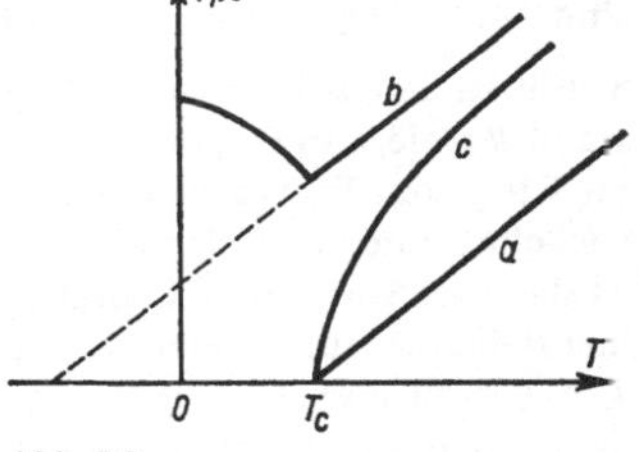

Abb. 5.9
Schematischer Verlauf von $1/\varkappa(T)$ bei a) ferromagnetischen, b) antiferromagnetischen, c) ferrimagnetischen Substanzen

Anmerkung. Im Gaußschen System wird die für den Diamagnetismus wichtige Larmorfrequenz gegeben durch

$$o_L = - e^* B^*/2m\, c_0.$$

Und für das diamagnetische Dipolmoment gilt

$$m^* = - e^{*2} B^* \sum \overline{r_j^2}/6m\, c_0^2.$$

Schließlich sei hier noch vermerkt, daß im Gaußschen System die Magnetisierung M^* in Gauß, nicht in Oersted angegeben wird. So findet man für die Sättigungsmagnetisierung M_S^* bei Ferromagneten die Meßwerte

$$4\pi M_S^* = 21\,900 \text{ G bei Fe}, \quad 18\,000 \text{ G bei Co}, \quad 6\,400 \text{ G bei Ni}, \quad 24\,900 \text{ G bei Gd}$$

angegeben, wobei der Faktor 4π von der Definitionsgleichung $B^* = H^* + 4\pi M^*$ herrührt.

Aufgaben zum 5. Kapitel

1. Man berechne unter Verwendung der Formel (5.4.17) für das Achsenfeld eines Kreisringes das Magnetfeld auf der Achse einer geraden, vom Strom I durchflossenen Spule (Länge l, Radius a, Gesamtzahl der Windungen N) durch Summierung bzw. Integration über alle Windungen. Man diskutiere das Resultat für den Fall $l \gg a$.

2. Nach Helmholtz kann man ein relativ homogenes Magnetfeld dadurch erzeugen, daß man zwei vom gleichen Strom I durchflossene, gleich große Stromringe (bzw. dünne Spulen) koaxial in geeignetem Abstand h übereinander anordnet. Wie groß muß h gewählt werden, damit das

Achsenfeld $H(z)$ als Funktion des Abstands z von der Symmetrieebene der Anordnung bei $z = 0$ einen Flachpunkt hat, d.h. daß dort $\mathrm{d}^2H/\mathrm{d}z^2 = 0$ wird? Wie sieht die Reihenentwicklung von $H(z)$ in der Nähe von $z = 0$ aus?

3. Das magnetische Feld der Erde kann in guter Annäherung als das Feld eines im Erdmittelpunkt befindlichen magnetischen Dipols betrachtet werden. a) Wie groß ist das Moment m dieses Dipols, wenn man als Mittelwert der Horizontalintensität unter der magnetischen Breite von 45° mit $H = 18{,}3$ A/m rechnet? b) Man gebe die Inklination ι als Funktion der magnetischen Breite β an.

4. Eine Eisenkugel vom Radius $a = 5$ cm sei bis zur Sättigung homogen magnetisiert ($M_S = 1{,}74 \cdot 10^6$ A/m). Wie groß ist ihr Dipolmoment? Wie groß sind B und H in der Kugel? Wie groß ist die Flächendivergenz von M und die ihr entsprechende Flächenstromdichte?

5. Ein Eisenring vom Durchmesser $d = 20$ cm und Querschnitt $q = 10\ \mathrm{cm}^2$ ist gleichmäßig mit $N = 600$ Windungen bewickelt. Wie groß ist der Induktionsfluß Φ im Ring, wenn durch die Wicklung ein Strom von 1 A fließt und wenn mit einer effektiven Permeabilität $\mu = 500$ gerechnet werden kann?

6. Was ändert sich bei der vorstehenden Aufgabe, wenn an die Stelle des magnetisch weichen Eisenringes ein magnetisch harter, bis zur Sättigung magnetisierter Ring ($M_S = 1{,}74 \cdot 10^6$ A/m) gesetzt wird.

7. Gegeben seien zwei kleine Magnete mit den Momenten $\boldsymbol{m}_1$ und $\boldsymbol{m}_2$; der Vektor vom ersten zum zweiten sei $\boldsymbol{r}$. Wie groß ist die wechselseitige Energie dieser Dipole, und wie groß ist die zwischen ihnen wirkende Kraft? Wie stellen sich die beiden Magnete ein, wenn sie frei drehbar aufgehängt sind, und wie groß ist dann die Kraft?

8. Ein zu einem Kreisring gebogener Kupferdraht vom Ringradius a und mit dem Drahtwiderstand R rotiert im Erdfeld um eine vertikale Achse mit der Frequenz ω. Wie hängt die Stromstärke im Ring vom Winkel zwischen Ringnormale und Nordrichtung ab? Wie groß ist die dabei entwickelte Joulesche Wärme? Wie groß ist das zum Drehen erforderliche Drehmoment? Wie groß ist die vom Strom im Ringmittelpunkt erzeugte Feldstärke, und um welchen Winkel α wird eine hier stehende, nur um eine vertikaleAchse drehbareMagnetnadel abgelenkt? Speziell sei $a = 10$ cm, $R = 0{,}01\ \Omega$ und $\omega = 10\pi$, entsprechend 5 Umdrehungen pro Sekunde; die Horizontalkomponente H_h der magnetischen Feldstärke des Erdfeldes möge 18,3 A/m sein.

9. Die beiden Schienen eines Eisenbahngleises seien voneinander und vom Erdreich isoliert und über ein Voltmeter miteinander verbunden. Welche Spannung wird angezeigt, wenn ein Zug mit 100 km/h über die Strecke fährt? Der Schienenabstand ist 1,435 m, die Vertikalkomponente des magnetischen Erdfeldes H_v sei 35 A/m.

6. Elektrodynamik quasistationärer Ströme

6.1. Selbstinduktion und wechselseitige Induktion

Die große praktische Bedeutung, welche Anordnungen von (vorwiegend linearen) Stromsystemen in Physik und Technik besitzen, mag es rechtfertigen, wenn wir uns hier in einem besonderen Abschnitt mit solchen Anordnungen beschäftigen. Wir beschränken uns dabei auf quasistationäre Ströme und verstehen darunter Wechselströme so niedriger Frequenz, daß die bisher gewonnenen Gesetze des elektrischen und magnetischen Feldes angewandt werden können. Wegen der Korrekturen, die bei hochfrequenten Wechselströmen an der Gleichung rot $H = g$ anzubringen sind, und die dann mit ihren Folgerungen zur Hochfrequenztechnik und zur elektromagnetischen Lichttheorie führen, sei auf das 7. Kapitel verwiesen.

Die wesentlich neuen Begriffe, mit denen wir uns im folgenden zu beschäftigen haben, sind die Selbstinduktion und die wechselseitige Induktion. Wir betrachten ein System aus n getrennten Stromkreisen, in denen Ströme mit den Stromstärken I_1, $I_2, \ldots, I_n$ fließen mögen. Dann ist in diesem System der Vektor $\boldsymbol{B}$ an jeder Stelle eindeutig durch diese Ströme bestimmt, sofern wir zur Vereinfachung annehmen, daß die Permeabilität μ im ganzen Raum unabhängig von H ist. Und zwar sind die Beiträge der einzelnen Ströme zum resultierenden Vektor $\boldsymbol{B}$ den betreffenden Stromstärken direkt proportional und superponieren sich linear. Daher wird auch der Induktionsfluß $\Phi_j = (\int B_n \, \mathrm{d}f)_j$ durch den j-ten Stromkreis eine lineare Funktion der n Stromstärken, so daß wir ihn in der Form

$$\Phi_j = \sum_{k=1}^{n} L_{jk} I_k \tag{6.1.1}$$

ansetzen können. Die dabei auftretenden Faktoren L_{jk} nennt man die Induktivitätskoeffizienten; und zwar spricht man bei L_{jj} von Selbstinduktivität des j-ten Stromkreises und bei L_{jk} für $j \neq k$ von wechselseitiger Induktivität. Liegt nur ein einzelner Stromkreis vor, so vereinfacht sich (6.1.1) zur Beziehung

$$\Phi = L I, \tag{6.1.2}$$

mit der Selbstinduktivität L. Mit der Berechnung dieser Koeffizienten haben wir uns im folgenden zu beschäftigen.

Besonders einfach gestaltet sich die Berechnung der Selbstinduktivität für eine lange gerade Spule vom Querschnitt q und von der Länge l. Es sei N die Gesamtzahl der Windungen und μ die Permeabilität des Spulenkerns. Dann besteht im Innern der Spule die Feldstärke $H = N I/l$. Daher ist der Induktionsfluß durch N Spulenschleifen $\Phi = \mu \mu_0 N^2 I q/l$, und damit wird nach (6.1.2) die Selbstinduktivität der Spule

$$L = \mu \mu_0 N^2 q/l. \tag{6.1.3}$$

Sie wird in Vs/A, also in Henry (H) gemessen.

Auch für die Koeffizienten L_{jk} der Wechselinduktion erhält man leicht eine einfache Formel, sofern im ganzen vom Magnetfeld erfüllten Gebiet in guter Näherung $\mu = \text{const}$ gesetzt werden kann. $L_{jk} I_k$ ist ja nach (6.1.1) definiert als der Anteil des Induktionsflusses, der von dem im k-ten Kreis fließenden Strom der Stärke I_k durch den j-ten Stromkreis hindurchgesandt wird. Bezeichnen wir mit $\mathrm{d}\boldsymbol{r}_j$ ein Linienelement des j-ten Kreises und mit $\mathrm{d}\boldsymbol{r}_k$ ein solches des k-ten Kreises, so gilt wegen (5.3.2) und (5.5.16)

$$L_{jk} I_k = \iint \boldsymbol{B}_k(\boldsymbol{r}_j) \, \mathrm{d}\boldsymbol{f}_j = \oint \boldsymbol{A}_k(\boldsymbol{r}_j) \, \mathrm{d}\boldsymbol{r}_j = \frac{\mu \mu_0}{4\pi} \oint \mathrm{d}\boldsymbol{r}_j \oint \frac{I_k \, \mathrm{d}\boldsymbol{r}_k}{|\boldsymbol{r}_j - \boldsymbol{r}_k|},$$

wobei hier $\boldsymbol{B}_k(\boldsymbol{r}_j) = \mathrm{rot}_j \, \boldsymbol{A}_k(\boldsymbol{r}_j)$ die vom k-ten Stromkreis am Ort des j-ten Stromkreises erzeugte Induktion bedeutet. Daher wird

$$L_{jk} = \frac{\mu \mu_0}{4\pi} \oint \oint \frac{\mathrm{d}\boldsymbol{r}_j \, \mathrm{d}\boldsymbol{r}_k}{|\boldsymbol{r}_j - \boldsymbol{r}_k|}. \tag{6.1.4}$$

Offenbar gilt dabei die Symmetriebeziehung $L_{jk} = L_{kj}$.

Als Anwendung behandeln wir den praktisch wichtigen Fall zweier paralleler, koaxialer Kreisströme mit den Radien a_j und a_k, sowie mit ihrem senkrechten Abstand h. Zur Auswertung der Formel (6.1.4) für diesen Fall bezeichnen wir das Azimut von $\boldsymbol{r}_j$ mit ψ_j, das von $\boldsymbol{r}_k$ mit ψ_k, sowie den Winkel zwischen diesen beiden Vektoren, der auch gleich dem zwischen den Vektoren $\mathrm{d}\boldsymbol{r}_j$ und $\mathrm{d}\boldsymbol{r}_k$ ist, mit $\psi_j - \psi_k = \vartheta$. Damit folgt aus (6.1.4)

$$\begin{aligned} L_{jk} &= \frac{\mu\mu_0}{4\pi} \iint\limits_0^{2\pi} \frac{a_j a_k \cos\vartheta \, \mathrm{d}\psi_j \, \mathrm{d}\psi_k}{\sqrt{h^2 + a_j^2 + a_k^2 - 2a_j a_k \cos\vartheta}} \\ &= \frac{\mu\mu_0}{2} \int\limits_0^{2\pi} \frac{a_j a_k \cos\vartheta \, \mathrm{d}\vartheta}{\sqrt{h^2 + a_j^2 + a_k^2 - 2a_j a_k \cos\vartheta}}, \end{aligned} \tag{6.1.5}$$

letzteres nach Ersatz der ψ_k-Integration durch die über ϑ und nach Ausführung der ψ_j-Integration. Das verbleibende Integral ist vom Typ der elliptischen Integrale und läßt sich auf die in Tabellen angegebenen vollständigen elliptischen Integrale erster und zweiter Gattung zurückführen. Wir wollen dies hier nicht durchführen, sondern uns nur auf die angenäherte Auswertung von (6.1.5) in zwei interessierenden Grenzfällen beschränken.

Im Grenzfall $h \gg a_j, a_k$, also bei zwei weit entfernten Kreisringen, können wir den Nenner in (6.1.5) in eine Reihe nach fallenden Potenzen von h entwickeln. Bei Beschränkung auf das erste nicht verschwindende Glied (mit $1/h^3$) erhalten wir so nach einfacher Zwischenrechnung

$$L_{jk} = \mu\mu_0 \, \pi a_j^2 a_k^2 / 2h^3. \tag{6.1.6}$$

Etwas umständlicher wird die Berechnung im Grenzfall $h \ll a_j, a_k$. Hier ist es angezeigt, zunächst den kürzesten Abstand beiden Kreisringe durch $b^2 = h^2 + (a_j - a_k)^2$ einzuführen; dadurch geht (6.1.5) über in

$$L_{jk} = \mu\mu_0 \int\limits_0^{\pi} \frac{a_j a_k \cos\vartheta \, \mathrm{d}\vartheta}{\sqrt{b^2 + 4a_j a_k \sin^2(\vartheta/2)}}. \tag{6.1.7}$$

Ersichtlich besitzt hier der Integrand bei $\vartheta = 0$ ein recht steiles Maximum, sofern $b \ll a_j, a_k$ wird, das für $b \to 0$, also für $h \to 0$, $a_j \to a_k$ in nicht integrierbarer Weise unendlich werden würde. Zur Berechnung des Integrals in (6.1.7) zerlegen wir das ϑ-Integral in zwei Teilintegrale von 0 bis ε und von ε bis π, wobei ε so gewählt sei, daß $b/\sqrt{a_j a_k} \ll \varepsilon \ll 1$ gilt. Im ersten Integral ersetzen wir $\sin\vartheta/2$ durch $\vartheta/2$ und $\cos\vartheta$ durch 1 und erhalten

$$\int\limits_0^{\varepsilon} \frac{a_j a_k \, \mathrm{d}\vartheta}{\sqrt{b^2 + a_j a_k \vartheta^2}} = \sqrt{a_j a_k} \ln\left(\frac{\sqrt{a_j a_k \varepsilon^2} + \sqrt{b^2 + a_j a_k \varepsilon^2}}{b}\right) \approx \sqrt{a_j a_k} \ln \frac{2\sqrt{a_j a_k}\,\varepsilon}{b}.$$

Im zweiten Integral können wir b im Nenner vernachlässigen und finden so

$$\int\limits_{\varepsilon}^{\pi} \frac{\sqrt{a_j a_k}}{2} \frac{\cos\vartheta \, \mathrm{d}\vartheta}{\sin\vartheta/2} = \sqrt{a_j a_k}\left[\ln\tan\frac{\vartheta}{4} + 2\cos\frac{\vartheta}{2}\right]_{\varepsilon}^{\pi} \approx -\sqrt{a_j a_k}\left(\ln\frac{\varepsilon}{4} + 2\right).$$

Wir gewinnen so aus (6.1.7) den Wert

$$L_{jk} = \mu\mu_0 \sqrt{a_j a_k}\left(\ln\frac{8\sqrt{a_j a_k}}{b} - 2\right), \tag{6.1.8}$$

wobei der ε-Wert herausgefallen ist.

Zur Berechnung der Selbstinduktivität eines Stromkreises ist die Formel (6.1.4) wegen ihrer Divergenz bei $\boldsymbol{r}_j = \boldsymbol{r}_k$ natürlich nicht geeignet. Hier dürfen wir daher den Draht

nicht mehr als linienförmig annehmen, sondern müssen mit seinem endlichen Querschnitt q rechnen. Tun wir dies aber, so scheint hier zunächst eine Unbestimmtheit darüber zu bestehen, wohin innerhalb des Drahtes wir die Randkurve für die Berechnung des Induktionsflusses Φ nach (5.3.2) oder gar für die Anwendung des Induktionsgesetzes in der Form (5.3.8) zu legen haben.
Wir umgehen diese Schwierigkeit dadurch, daß wir den Draht vom Querschnitt q der Längsrichtung nach zerlegt denken in viele sehr dünne stromführende Fasern von den Querschnitten $\mathrm{d}f_1$, $\mathrm{d}f_2, \ldots$, dann das Induktionsgesetz, das wir wegen $\boldsymbol{B} = \operatorname{rot} \boldsymbol{A}$ nach (5.4.10) auch in der Form

$$\oint \boldsymbol{E}\,\mathrm{d}\boldsymbol{r} = -\frac{\mathrm{d}}{\mathrm{d}t} \oint \boldsymbol{A}\,\mathrm{d}\boldsymbol{r} \tag{6.1.9}$$

anschreiben können, auf jede einzelne Faser anwenden und schließlich über alle Fasern mitteln. Dadurch kommen wir auf der linken Seite, wie in (5.3.7), wieder auf das Produkt $I\,R$ zurück. Auf der rechten Seite erhalten wir mit dem Biot-Savartschen Gesetz in der Form (5.4.13)

$$\overline{\oint \boldsymbol{A}\,\mathrm{d}\boldsymbol{r}} = \frac{\mu\,\mu_0}{4\pi} \int \frac{\mathrm{d}f\,\mathrm{d}\boldsymbol{r}}{q} \int \frac{\boldsymbol{g}(\boldsymbol{r}')\,\mathrm{d}v'}{|\boldsymbol{r} - \boldsymbol{r}'|} = \frac{\mu\,\mu_0\,I}{4\pi} \int \frac{\mathrm{d}f\,\mathrm{d}\boldsymbol{r}}{q} \int \frac{\mathrm{d}f'\,\mathrm{d}\boldsymbol{r}'}{q'\,|\boldsymbol{r} - \boldsymbol{r}'|},$$

letzteres für den Fall, daß die Stromdichte $\boldsymbol{g}$ über den ganzen Drahtquerschnitt in guter Näherung als konstant angenommen werden kann. Damit kommen wir zum Induktionsgesetz in der Form

$$I\,R = -\frac{\mathrm{d}(L\,J)}{\mathrm{d}t},$$

mit dem Wert

$$L = \frac{\mu\,\mu_0}{4} \iint \frac{\mathrm{d}f\,\mathrm{d}f'}{q\,q'}\,\frac{\mathrm{d}\boldsymbol{r}\,\mathrm{d}\boldsymbol{r}'}{|\boldsymbol{r} - \boldsymbol{r}'|} \tag{6.1.10}$$

für die Selbstinduktivität.

Speziell für einen k r e i s f ö r m i g e n D r a h t r i n g vom Kreisradius a und vom Drahtradius $r_0 \ll a$ folgt daraus mit der Formel (6.1.8) für die Wechselinduktivität zweier fast gleich großer koaxialer Stromkreise ($a_1 \approx a_2 \approx a$) mit dem gegenseitigen kleinsten Abstand b

$$L = \iint \frac{\mathrm{d}f_1\,\mathrm{d}f_2}{(r_0^2\,\pi)^2}\,L_{12} = \mu\,\mu_0\,a\,\overline{\left(\ln\frac{8a}{b} - 2\right)};$$

dabei ist über alle b-Werte in der Querschnittsebene zu mitteln. Zur Ausführung dieser Mittelung führen wir in dieser Ebene die Ortsvektoren $\boldsymbol{r}_1$ und $\boldsymbol{r}_2$ der beiden Flächenelemente $\mathrm{d}f_1$ und $\mathrm{d}f_2$, gezählt vom Kreismittelpunkt, ein und setzen daher $b^2 = r_1^2 + r_2^2 - 2r_1\,r_2\cos\varphi$. Somit gilt

$$\overline{\ln b} = \frac{1}{r_0^4\,\pi^2} \iint \mathrm{d}f_1\,\mathrm{d}f_2 \ln b = \frac{2}{r_0^4\,\pi} \iint_0^{r_0} r_1\,r_2\,\mathrm{d}r_1\,\mathrm{d}r_2 \int_0^{2\pi} \mathrm{d}\varphi \ln\sqrt{r_1^2 + r_2^2 - 2r_1\,r_2\cos\varphi}. \tag{6.1.11}$$

Nun gilt für $r_1 > r_2$ wegen $\ln(1 - x) = -\sum_{n=1}^{\infty} x^n/n$ die Reihenentwicklung

$$\begin{aligned}\ln\sqrt{r_1^2 + r_2^2 - 2r_1\,r_2\cos\varphi} &= \ln r_1 + \frac{1}{2}\ln\left(1 - \frac{r_2}{r_1}\,\mathrm{e}^{\mathrm{i}\varphi}\right)\left(1 - \frac{r_2}{r_1}\,\mathrm{e}^{-\mathrm{i}\varphi}\right)\\ &= \ln r_1 - \sum_{n=1}^{\infty}\left(\frac{r_2}{r_1}\right)^n \frac{\cos n\varphi}{n}.\end{aligned}$$

Setzen wir diese Entwicklung und die entsprechende für $r_1 < r_2$ in (6.1.11) ein, so verschwinden die Beiträge der n-Summe bei der φ-Integration. Durch Aufspaltung des r_2-Integrals in die beiden Teilintegrale mit $r_2 < r_1$ und $r_2 > r_1$ erhalten wir schließlich nach kurzer Zwischenrechnung

$$\overline{\ln b} = \frac{4}{r_0^4} \int_0^{r_0} r_1 \, \mathrm{d}r_1 \left\{ \int_0^{r_1} r_2 \, \mathrm{d}r_2 \ln r_1 + \int_{r_1}^{r_0} r_2 \, \mathrm{d}r_2 \ln r_2 \right\}$$

$$= \frac{1}{r_0^2} \int_0^{r_0} r_1 \, \mathrm{d}r_1 \left\{ 2 \ln r_0 - \left(1 - \frac{r_1^2}{r_0^2} \right) \right\} = \ln r_0 - \frac{1}{4} \, .$$

Damit finden wir als Selbstinduktivität des Drahtrings

$$L = \mu\mu_0 \, a \left(\ln \frac{8a}{r_0} - \frac{7}{4} \right). \tag{6.1.12}$$

Beispielsweise wird für einen Drahtring mit $a = 5$ cm, $r_0 = 0{,}05$ cm aus unmagnetischem Material in Luft $L = 3{,}10 \cdot 10^{-7}$ Vs/A $= 3{,}10 \cdot 10^{-7}$ H.

Anmerkung. Da der Stromverlauf in einem einfachen Stromkreis mit Selbstinduktion nach dem Induktionsgesetz durch $I R = \mathrm{d}(I L)/\mathrm{d}t$ gegeben wird und da diese Beziehung im Gaußschen System die gleiche Form besitzt, gilt die Umrechnungsbeziehung

$$L^*/L = R^*/R = 4\pi \, \varepsilon_0, \tag{6.1.13}$$

letzteres wegen (4.2.16). Im besonderen entspricht eine Induktivität von 1 H im Gaußschen System einer solchen von $L^* = 1/9 \cdot 10^{-11}$ Gaußsche Einheiten (s^2/cm).

6.2. Stromkreise mit Widerständen und Induktivitäten. Das Vektordiagramm

Wir betrachten ein System von n geschlossenen Stromkreisen mit den Ohmschen Widerständen R_j, den eingeprägten Kräften $V_j^{(e)}$ und den Induktionsflüssen Φ_j. Dann wird der zeitliche Verlauf der Stromstärken I_j allgemein gegeben durch

$$I_j \, R_j = V_j^{(e)} - \mathrm{d}\Phi_j/\mathrm{d}t \, . \tag{6.2.1}$$

Sind die speziellen Voraussetzungen des Abschnitts 6.1 erfüllt, ist also insbesondere überall μ unabhängig von der Feldstärke, so ist Φ_j nach (6.1.1) eine lineare Funktion der Stromstärken mit den bei ruhenden Stromkreisen zeitlich konstanten Induktivitäten L_{jk}. Dann liefert das Induktionsgesetz die n Gleichungen

$$I_j \, R_j + \sum_{k=1}^{n} L_{jk} \, \mathrm{d}I_k/\mathrm{d}t = V_j^{(e)} \, . \tag{6.2.2}$$

Sind die $V_j^{(e)}$ als Funktionen der Zeit bekannt, so kann man aus diesen n Differentialgleichungen erster Ordnung und aus den Anfangswerten $I_j\,(t = 0)$ den weiteren zeitlichen Ablauf der $I_j(t)$ ermitteln.

Beispielsweise reduziert sich (6.2.2) für einen einzigen Stromkreis ohne eingeprägte Spannung ($V^{(e)} = 0$) zur Gleichung

$$I R + L \, \mathrm{d}I/\mathrm{d}t = 0 \, ,$$

mit der Lösung

$$I = I_0 \, \mathrm{e}^{-t R/L}.$$

Ein zur Zeit $t = 0$ vorhandener Strom I_0 klingt exponentiell ab derart, daß er nach Ablauf der Zeit L/R (Zeitkonstante des Stromkreises) auf den e-ten Teil abgesunken ist. Ist im Stromkreis eine periodische eingeprägte Spannung $V^{(e)} = V_0 \cos \omega t$ wirksam, gilt also

$$I R + L \, \mathrm{d}I/\mathrm{d}t = V_0 \cos \omega t \,, \tag{6.2.3}$$

so können wir die allgemeine Lösung in der Form

$$I = I_0 \cos (\omega t - \varphi) \tag{6.2.4}$$

ansetzen. Denn damit geht (6.2.3) über in

$$\{I_0 (R \cos\varphi + \omega L \sin\varphi) - V_0\} \cos\omega t + I_0 (R \sin\varphi - \omega L \cos\varphi) \sin\omega t = 0 \,,$$

und diese Beziehung kann nur dann für jedes t erfüllt sein, wenn die Faktoren von $\cos \omega t$ und $\sin \omega t$ einzeln verschwinden. Dadurch erhalten wir für I_0 und φ zwei Gleichungen mit den Lösungen

$$I_0 = V_0/\sqrt{R^2 + \omega^2 L^2} \quad \text{und} \quad \tan \varphi = \omega L/R \,. \tag{6.2.5}$$

Man nennt $\sqrt{R^2 + \omega^2 L^2}$ die Impedanz und φ den Phasenwinkel des Stromkreises.

Die Berechnung von Wechselstromgrößen wird kürzer und übersichtlicher bei Verwendung der komplexen Schreibweise und einer graphischen Darstellung. Ersetzen wir den reellen Stromausdruck (6.2.4) durch die „komplexe Stromstärke“

$$I = I_0 \, \mathrm{e}^{\mathrm{i}(\omega t - \varphi)}, \tag{6.2.6}$$

so können wir diese Größe in der komplexen Ebene als Vektor mit den Komponenten

$$\begin{aligned} \mathrm{Re}\,\{I\} &= I_0 \cos (\omega t - \varphi) \,, \\ \mathrm{Im}\,\{I\} &= I_0 \sin (\omega t - \varphi) \end{aligned} \tag{6.2.7}$$

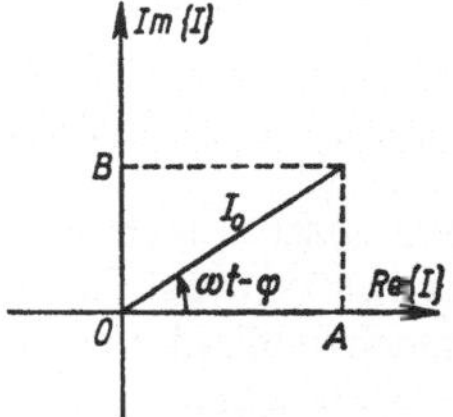

Abb. 6.1
Komplexe Darstellung der Stärke eines Wechselstromes

darstellen (Abb. 6.1). Der Vektor besitzt also die Länge I_0 und schließt mit der reellen Achse den Winkel $\omega t - \varphi$ ein. Im Verlauf einer Periode beschreibt sein Endpunkt einen Kreis um den Nullpunkt derart, daß die Projektion OA des Vektors auf die reelle Achse in jedem Augenblick den reellen Wert der Stromstärke nach (6.2.4) angibt.

Für das Rechnen mit solchen komplexen Vektoren gelten folgende Regeln: Addition zweier Größen $A \, \mathrm{e}^{\mathrm{i}\alpha}$ und $B \, \mathrm{e}^{\mathrm{i}\beta}$ besteht in der geometrischen Addition der entsprechenden Vektoren (Parallelogramm). Multiplikation mit der imaginären Einheit $\mathrm{i} = \mathrm{e}^{\mathrm{i}\pi/2}$ bedeutet Drehung um 90° im positiven Sinn. Differentiation nach t ist bei Vorgängen mit der Kreisfrequenz ω gleichbedeutend mit der Multiplikation mit $\mathrm{i}\,\omega$.

Mit (6.2.6) geht die Wechselstromgleichung (6.2.3) über in die Gleichung

$$R I + \mathrm{i} \, \omega L I = V^{(e)} \,,$$

welche die komplexen Vektoren I und $V^{(e)}$ verknüpft (Abb. 6.2). Für einen beliebigen I-Wert sei zu einer bestimmten Zeit $R I$ gleich der Strecke OA. Der Vektor $L \, \mathrm{d}I/\mathrm{d}t = \mathrm{i} \, \omega L I$ steht dann senkrecht darauf (Strecke OB). Aus beiden ergibt sich $V^{(e)}$ durch geometrische Addition (Strecke OC). Denkt man sich diese ganze Abbildung starr mit der Kreisfrequenz ω um den Nullpunkt rotierend, so liefern die Projektionen von OA und OC auf die reelle Achse in jedem Augenblick die Werte von RI und $V^{(e)}$. Die Ausdrücke (6.2.5) für Impedanz und Phasenwinkel lassen sich aus Abb. 6.2 direkt ablesen. Das im allgemeinen komplexe Verhältnis $V^{(e)}/I$ heißt Scheinwiderstand $\tilde{R}$. Im vorliegenden Fall wird also $\tilde{R} = R + \mathrm{i}\,\omega\,L$. Die Impedanz ist demnach der Betrag von $\tilde{R}$; den Realteil von $\tilde{R}$ nennt man Wirkwiderstand, den Imaginärteil Blindwiderstand.

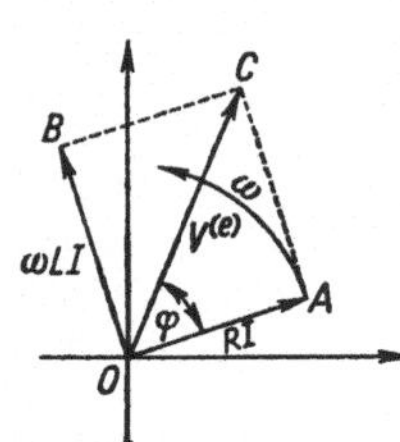

Abb. 6.2
Vektordiagramm für einen Stromkreis mit Selbstinduktivität und Widerstand

Als weiteres Beispiel betrachten wir zwei Stromkreise mit periodischem $V^{(e)}$ in einem der beiden Kreise (Transformator). In diesem Fall lautet (6.2.2)

$$\begin{aligned} R_1\,I_1 + L_{11}\frac{\mathrm{d}I_1}{\mathrm{d}t} + L_{12}\frac{\mathrm{d}I_2}{\mathrm{d}t} &= V^{(e)}, \\ R_2\,I_2 + L_{21}\frac{\mathrm{d}I_1}{\mathrm{d}t} + L_{22}\frac{\mathrm{d}I_2}{\mathrm{d}t} &= 0\,. \end{aligned} \tag{6.2.8}$$

Diese Gleichungen lassen sich analog zu dem eben besprochenen Fall für eine Wechselspannung $V^{(e)} = V_0\,\mathrm{e}^{\mathrm{i}\omega t}$ durch den Ansatz $I_1 = I_{10}\,\mathrm{e}^{i(\omega t - \varphi_1)}$ und $I_2 = I_{20}\,\mathrm{e}^{i(\omega t - \varphi_2)}$ leicht lösen:

$$\frac{I_1}{R_2 + \mathrm{i}\,\omega L_{22}} = \frac{I_2}{-\mathrm{i}\,\omega L_{21}} = \frac{V^{(e)}}{(R_1 + \mathrm{i}\,\omega\,L_{11})(R_2 + \mathrm{i}\,\omega\,L_{22}) + \omega^2\,L_{12}\,L_{21}}. \tag{6.2.9}$$

Wir beschränken uns bei der Diskussion dieser Formeln auf den Fall eines idealen Transformators mit rein Ohmscher Belastung. Dieser ist gekennzeichnet durch verschwindend kleinen Widerstand im Primärkreis ($R_1 \ll \omega\,L_{11}$) und ideal feste Kopplung zwischen Primär- und Sekundärkreis. Diese ist dann vorhanden, wenn sämtliche Induktionslinien, die den einen Stromkreis durchsetzen, auch durch den anderen hindurchgehen. Man erreicht dies mit großer Annäherung dadurch, daß man beide Stromkreise auf denselben geschlossenen Weicheisenkern aufwickelt, in dem fast alle Induktionslinien verlaufen (Abb. 6.3). Bezeichnen wir mit $\Phi_0 = \int B_n\,\mathrm{d}f$ den Induktionsfluß in diesem Eisenkern, mit N_1 und $N_2 \gg N_1$ die gesamten Windungszahlen von Primär- und Sekundärwicklung, so sind $N_1\,\Phi_0$ und $N_2\,\Phi_0$ die Induktionsflüsse durch die beiden Wicklungen. Da bei dieser festen Kopplung

$$L_{11} : L_{12} : L_{22} = N_1^2 : N_1\,N_2 : N_2^2 \tag{6.2.10}$$

gilt, können wir $L_{11} = N_1^2\,L_0$ usf. setzen und erhalten dann als Gesamtfluß etwa durch den ersten Stromkreis

$$N_1\,\Phi_0 = L_{11}\,I_1 + L_{12}\,I_2\,;$$

also gilt zwischen Φ_0 und L_0 die Beziehung

$$\Phi_0 = (N_1\,I_1 + N_2\,I_2)\,L_0\,.$$

Setzen wir diese Beziehungen in (6.2.9) ein, so erhalten wir mit $R_1 \to 0$

$$\frac{\mathrm{i}\,\omega\,N_1^2\,L_0\,R_2\,I_1}{R_2 + \mathrm{i}\,\omega\,N_2^2\,L_0} = -\frac{N_1\,R_2\,I_2}{N_2} = V^{(e)} = \mathrm{i}\,\omega\,N_1\,\Phi_0\,. \tag{6.2.11}$$

Hieraus ersehen wir zunächst, daß der Fluß durch den Eisenkern allein durch die Primärspannung $V^{(e)}$ und nicht etwa auch durch den Belastungswiderstand R_2 bestimmt ist. Für den Transformator entscheidend ist aber die Tatsache, daß sich der Spannungsabfall $I_2 R_2$ am Verbraucherwiderstand um den Faktor $N_2/N_1 \gg 1$ von der eingeprägten Spannung $V^{(e)}$ unterscheidet.

Das Vektordiagramm des idealen Transformators ist in Abb. 6.4 dargestellt: Wir gehen aus vom Vektor Φ_0/L_0 für den durch L_0 geteilten Induktionsfluß durch den Eisenkern. Gegen diesen Vektor um 90° verzögert haben wir den Vektor $N_2 I_2$ und um 90° voreilend den zur Primärspannung $V^{(e)}$ proportionalen Vektor $V^{(e)} N_2^2/N_1 R_2$. Dann folgt

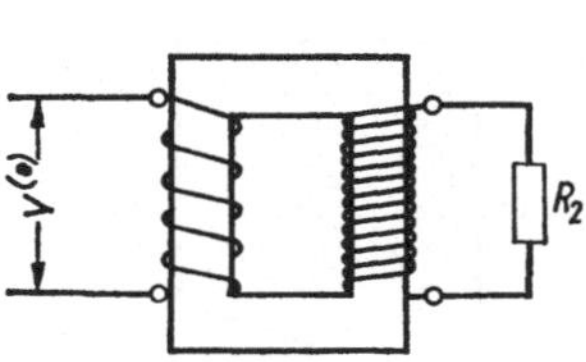

Abb. 6.3 Schema eines Transformators

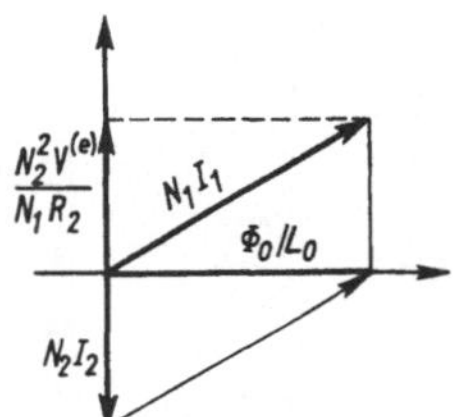

Abb. 6.4 Vektordiagramm des idealen Transformators

der Vektor $N_1 I_1$ als geometrische Differenz $\Phi_0/L_0 - N_2 I_2$. Bei abnehmendem R_2, also zunehmendem I_2 und damit wachsender Belastung des Transformators, dreht sich $N_1 I_1$ aus der Richtung Φ_0/L_0 im positiven Sinn heraus, jedoch so, daß die Projektion von $N_1 L_1$ auf diese Richtung stets gleich Φ_0/L_0 bleibt. Während also in diesem Fall der Wirkwiderstand im Primärkreis anwächst, ist der Blindwiderstand unabhängig von R_2.

6.3. Stromkreis mit Widerstand, Induktivität und Kapazität

Sobald in einen Wechselstromkreis ein Kondensator eingeschaltet ist, hört der Strom auf, quellenfrei zu sein, da ja die Belegungen des Kondensators Quellen bzw. Senken für die Stromlinien darstellen. Damit hört aber auch die für stationäre Ströme aufgestellte und bei der Berechnung der Induktivitäten im Abschnitt 6.1 benutzte Gleichung $\operatorname{rot} \boldsymbol{H} = \boldsymbol{g}$ auf zu gelten, da ihre Divergenz auf $\operatorname{div} \boldsymbol{g} = 0$ führt. Wir werden uns mit der dann notwendigen Korrektur dieser Gleichung ausführlich im Abschnitt 7.1 beschäftigen. Solange jedoch der Abstand der Kondensatorplatten klein ist, können wir von dieser Korrektur absehen, müssen aber dafür bei der Anwendung des Induktionsgesetzes, wie wir sogleich sehen werden, eine praktisch allerdings bedeutungslose Unsicherheit in Kauf nehmen.

Wir betrachten (Abb. 6.5) eine Serienschaltung von Ohmschem Widerstand R, Kapazität C und Selbstinduktivität L unter der Einwirkung einer Wechselspannung $V^{(e)}$, die zwischen den Punkten A und B der Zuleitung gedacht sei. Dann wird der im Kreis fließende Strom I gegeben durch

$$R\,I = \int_1^2 (\boldsymbol{E} + \boldsymbol{E}^{(e)})\,\mathrm{d}\boldsymbol{r} \quad \text{mit} \quad \int_1^2 \boldsymbol{E}^{(e)}\,\mathrm{d}\boldsymbol{r} = V^{(e)},$$

wobei das Linienintegral von der Kondensatorbelegung 1 über $BARL$ zur Belegung 2 gedacht ist. Nun gilt offenbar

$$\int_1^2 \boldsymbol{E}\,\mathrm{d}\boldsymbol{r} = \varphi_1 - \varphi_2 + \oint \boldsymbol{E}^{(ind)}\,\mathrm{d}\boldsymbol{r} = V_{12} - L\frac{\mathrm{d}I}{\mathrm{d}t},$$

wobei $\varphi_1 - \varphi_2 = V_{12}$ die elektrostatische Spannung am Kondensator ist. Denn da beim Induktionsglied der Integrationsweg geschlossen sein muß, ist der Integralbeitrag des Wegstückes zwischen den Kondensatorplatten auf der rechten Seite abzuziehen.

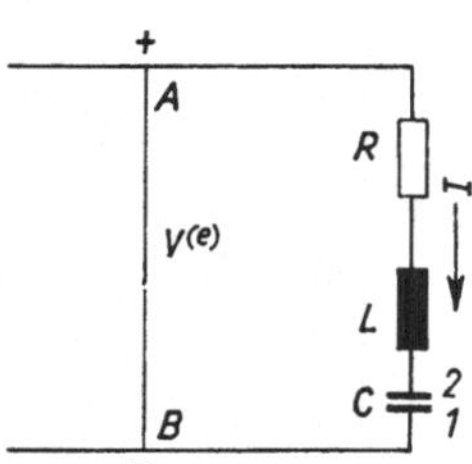

Abb. 6.5
Stromkreis mit Selbstinduktivität, Widerstand und Kapazität

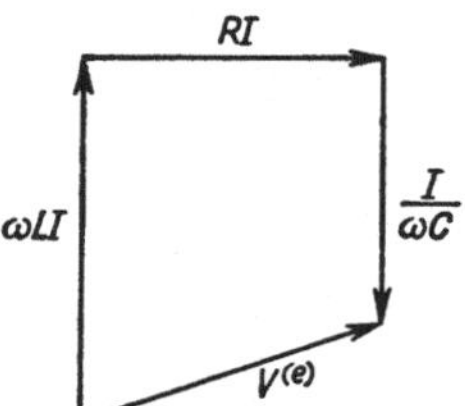

Abb. 6.6
Vektordiagramm zur Anordnung der Abb. 6.5

Dabei ist freilich der umschlossene Integrationsfluß davon abhängig, an welche Stelle innerhalb des Kondensators wir unseren Integrationsweg legen. Indem wir aber oben beim Induktionsglied L als Konstante behandeln, ignorieren wir den Anteil des Magnetfeldes, der sich zwischen den Belegungen des Kondensators befindet.

Wir erhalten also zusammengefaßt

$$R\,I + L\frac{\mathrm{d}I}{\mathrm{d}t} - V_{12} = V^{(e)}. \tag{6.3.1}$$

Weiter ist der Strom I gleich der zeitlichen Änderung der Ladung des Kondensators. Mit der Kapazität C gilt also

$$I = -\,C\frac{\mathrm{d}V_{12}}{\mathrm{d}t}. \tag{6.3.2}$$

Bei einem Wechselstrom mit der Zeitabhängigkeit (6.2.6), also $I \sim V^{(e)} \sim \mathrm{e}^{\mathrm{i}\omega t}$, ist somit

$$R\,I + \mathrm{i}\,\omega\,L\,I - \frac{\mathrm{i}\,I}{\omega\,C} = V^{(e)}. \tag{6.3.3}$$

Damit haben wir den im Vektordiagramm der Abb. 6.6 dargestellten Zusammenhang zwischen I und $V^{(e)}$.

Aus (6.3.3) folgt als Scheinwiderstand unserer Anordnung $\tilde{R} = R + \mathrm{i}\,(\omega\,L - 1/\omega\,C)$, mithin als Impedanz $\sqrt{R^2 + (\omega\,L - 1/\omega\,C)^2}$. Letztere hat ein Minimum für $\omega = 1/\sqrt{L\,C}$, das bei kleinen Werten von R sehr scharf ausgeprägt ist. Besteht daher die angelegte Spannung $V^{(e)}$ aus einer Überlagerung aller möglichen verschiedenen Frequenzen, so wird der Strom I in der Hauptsache nur diejenigen Frequenzen enthalten, die dieser „Eigenfrequenz" nahe benachbart sind. Wir haben hier eine Resonanz zwischen der Frequenz der Spannung und der Frequenz der sogleich zu besprechenden Eigenschwingung des Stromkreises vor uns.

Wenn wir die Punkte A und B der Zuleitung (Abb. 6.5) durch einen dicken Draht verbinden, also kurzschließen, wird $V^{(e)}$ gleich Null. Dann ergeben die beiden Gleichungen (6.3.1) und (6.3.2) nach Elimination von V_{12}

$$L\frac{\mathrm{d}^2 I}{\mathrm{d}t^2} + R\frac{\mathrm{d}I}{\mathrm{d}t} + \frac{I}{C} = 0. \tag{6.3.4}$$

Die allgemeine Lösung dieser Gleichung lautet

$$I = a_1\,\mathrm{e}^{k_1 t} + a_2\,\mathrm{e}^{k_2 t}, \quad \text{mit} \quad k_{1,2} = -\frac{R}{2L} \pm \sqrt{\left(\frac{R}{2L}\right)^2 - \frac{1}{LC}}. \tag{6.3.5}$$

Wir finden also eine periodische Entladung für $R/2L < 1/\sqrt{LC}$ und eine aperiodische für $R/2L > 1/\sqrt{LC}$. Führen wir als Abkürzung

$$\delta = R/2L \quad \text{und} \quad \omega_0 = 1/\sqrt{LC} \tag{6.3.6}$$

ein, so können wir im periodischen Fall

$$I = A\,\mathrm{e}^{-\delta t}\sin\left(\sqrt{\omega_0^2 - \delta^2}\,t + \psi\right),$$

im aperiodischen Fall

$$I = a\,\mathrm{e}^{-(\delta + \sqrt{\delta^2 - \omega_0^2})t} + b\,\mathrm{e}^{-(\delta - \sqrt{\delta^2 - \omega_0^2})t}$$

schreiben.

Schwach gedämpfte Schwingungen sind für die Anwendung von besonderer Bedeutung. Diese liegen dann vor, wenn δ so klein gegen ω_0 ist, daß man δ^2 gegen ω_0^2 vernachlässigen kann. Dann hat man

$$I = A\,\mathrm{e}^{-\delta t}\sin(\omega_0 t + \psi),$$

mit der Schwingungsdauer $T = 2\pi/\omega_0 = 2\pi\sqrt{LC}$ und dem logarithmischen Dekrement $D = \delta T = \pi R\sqrt{C/L}$ als dem Logarithmus des Verhältnisses der Amplituden zweier aufeinander folgender Schwingungen; $1/D$ gibt die Anzahl der Schwingungen an, nach deren Ablauf die Amplitude auf den e-ten Teil gesunken ist.

Als Zahlenbeispiel betrachten wir eine Leidener Flasche vom Radius $r = 5$ cm, der Wandstärke $d = 0{,}2$ cm und der Höhe $h = 20$ cm. Nach der Formel für den Plattenkondensator $C = \varepsilon\,\varepsilon_0\,F/d$ erhalten wir mit $\varepsilon = 5$ (für Glas) und $F = 2\pi r h + \pi r^2$ insgesamt $C = 1{,}56 \cdot 10^{-9}$ F. Als Schließungsdraht wählen wir einen einfachen, zum Kreis gebogenen Kupferdraht von den im Abschnitt 6.1 benutzten Abmessungen und der dort ermittelten Selbstinduktivität $L = 3{,}10 \cdot 10^{-7}$ H. Für den Widerstand R des Drahtes berechnen wir mit den dort angegebenen Drahtdimensionen und mit dem spezifischen Widerstand $\varrho = 1{,}54 \cdot 10^{-8}\,\Omega$ m für Cu als Gleichstromwiderstand den Wert $R = 6{,}2 \cdot 10^{-3}\,\Omega$. Mit diesen Zahlen wird nach (6.3.6)

$$\nu_0 = \omega_0/2\pi = 7{,}2 \cdot 10^6\,\mathrm{s}^{-1} \quad \text{und} \quad \delta = R/2L = 1{,}0 \cdot 10^4\,\mathrm{s}^{-1}.$$

Der Frequenz ν_0 entspricht eine Wellenlänge $\lambda = c_0/\nu_0 = 42$ m; die Anzahl der Schwingungen bis zur Dämpfung auf den e-ten Teil beträgt $\nu_0/\delta = 1/D = 720$.

Erregt man die Schwingungen mit Hilfe der Entladung über eine Funkenstrecke, so hat man allerdings eine wesentlich größere Dämpfung zu erwarten wegen der Vergrößerung von R durch den Widerstand der Funkenstrecke. Aber auch ohne Funkenstrecke haben wir in Wirklichkeit einen wesentlich größeren Wert von R zu erwarten wegen des im Abschnitt 8.5 noch zu behandelnden Skin-Effektes, der bei hohen Frequenzen den Strom an die Oberfläche des Drahtes drängt.

Anmerkung. Wegen $C^*/C = 1/4\pi\,\varepsilon_0$ und $L^*/L = 4\pi\,\varepsilon_0$ gilt für die Eigenfrequenz eines Schwingkreises in den beiden hier betrachteten Maßsystemen in gleicher Weise

$$\omega_0 = 1/\sqrt{LC} = 1/\sqrt{L^*\,C^*}.$$

6.4. Der Energiesatz für ein System von linearen Strömen

Zur Vervollständigung unserer Betrachtungen über die Elektrodynamik von quasistationären Strömen wollen wir uns noch mit den Energieverhältnissen in solchen Systemen beschäftigen. Wir gehen aus von den für ein System von linearen Strömen gültigen Grundgleichungen, die wir entsprechend (6.2.1), (6.3.1) und (6.3.2) in der Form schreiben

$$V_j^{(e)} = R_j\,I_j + \frac{\mathrm{d}\Phi_j}{\mathrm{d}t} - V_j \quad \text{mit} \quad I_j = -\,C_j\frac{\mathrm{d}V_j}{\mathrm{d}t}. \tag{6.4.1}$$

Da $I_j\,V_j^{(e)}$ die Leistung der im j-ten Stromkreis liegenden eingeprägten Spannung an dem in diesem Kreis fließenden Strom ist, erhalten wir die gesamte Energiezufuhr aller eingeprägten Spannungen in dem System während der Zeit $\mathrm{d}t$ durch Multiplikation der ersten Gleichung (6.4.1) mit $I_j\,\mathrm{d}t$ und Summation über alle Stromkreise. Dann tritt zunächst auf der rechten Seite die gesamte, während $\mathrm{d}t$ in allen Kreisen erzeugte Joulesche Wärme $\sum R_j\,I_j^2\,\mathrm{d}t$ auf. Nehmen wir diesen Betrag ebenfalls auf die linke Seite, so erhalten wir als die dem Stromsystem während $\mathrm{d}t$ zugeführte Energie abzüglich der Jouleschen Wärme

$$\mathrm{d}W \equiv \sum I_j\,V_j^{(e)}\,\mathrm{d}t - \sum R_j\,I_j^2\,\mathrm{d}t = \sum I_j\,\mathrm{d}\Phi_j - \sum I_j\,V_j\,\mathrm{d}t\,. \tag{6.4.2}$$

Das letzte Glied rechts ist uns aus der Elektrostatik bekannt:

$$-\sum I_j\,V_j\,\mathrm{d}t = \sum C_j\,V_j\,\mathrm{d}V_j = \mathrm{d}U_{el} \quad \text{mit} \quad U_{el} = \frac{1}{2}\sum C_j\,V_j^2\,. \tag{6.4.3}$$

Ersichtlich bedeutet U_{el} die jeweils in den Kondensatoren des Systems aufgespeicherte elektrische Feldenergie, wobei wir hier der Kürze halber den eventuell vorhandenen Unterschied zwischen innerer Energie und freier Energie außer acht lassen wollen. Ein Teil von W wird also zur Vermehrung dieser Energie verwendet. Daher liegt die Vermutung nahe, daß sich der Rest von W wiederfindet in einer Vermehrung der magnetischen Feldenergie U_m zusätzlich allenfalls einer mechanischen Arbeit $\mathrm{d}A$, die das Feld bei einer Verschiebung von stromführenden Drähten leistet (z. B. beim Elektromotor):

$$\sum I_j\,\mathrm{d}\Phi_j = \mathrm{d}U_m + \mathrm{d}A\,. \tag{6.4.4}$$

Dann schreibt sich der Energiesatz (6.4.2) in der Form

$$\mathrm{d}W = \mathrm{d}\,(U_{el} + U_m) + \mathrm{d}A\,. \tag{6.4.5}$$

Wir haben jetzt also die Größen $\mathrm{d}U_m$ und $\mathrm{d}A$ zu ermitteln.

Denken wir uns zunächst die stromführenden Drähte des Systems festgehalten. Dann wird keine mechanische Arbeit geleistet ($dA = 0$). Ferner bleiben die Induktivitäten L_{jk} des Systems konstant, so daß mit (6.1.1)

$$\sum I_j \, d\Phi_j = \sum\sum L_{jk} I_j \, dI_k = d\left\{\frac{1}{2}\sum\sum L_{jk} I_j I_k\right\}$$

wird. Also folgt in diesem Fall aus (6.4.4)

$$U_m = \frac{1}{2}\sum\sum L_{jk} I_j I_k \,. \tag{6.4.6}$$

Daß diese Größe wirklich die magnetische Feldenergie darstellt, werden wir im Abschnitt 7.2 sehen. Hier möge der Hinweis auf das Beispiel einer geraden Spule genügen, für die wir wegen des Wertes (6.1.3) für ihre Selbstinduktivität und wegen $H = N I/l$ den Ausdruck

$$U_m = \frac{L I^2}{2} = \frac{\mu \mu_0 N^2 q I^2}{2 l} = \frac{\mu \mu_0 H^2 q l}{2} = \frac{H B q l}{2} \tag{6.4.7}$$

finden, der wegen des Spulenvolumens $q\,l$ übereinstimmt mit dem in Analogie zur elektrostatischen Feldenergie erwarteten Ausdruck.

Erwähnt seien hier noch die Energieverhältnisse in einem Schwingkreis von der im Abschnitt 6.3 behandelten Form für den Fall eines kleinen Widerstandes, also kleiner Dämpfung. Hier pendelt wegen (6.4.5) mit $dW = 0$, $dA = 0$ die elektromagnetische Energie zwischen der Kapazität (Kondensator) und der Selbstinduktivität (Spule) periodisch hin und her. Mit $I = I_0 \cos \omega_0 t$ gilt nach (6.4.3) und (6.4.6) unter Berücksichtigung der zweiten Gleichung (6.4.1)

$$U_{el} = \frac{I_0^2}{2\,\omega_0^2\, C} \sin^2 \omega_0 t, \qquad U_m = \frac{L I_0^2}{2} \cos^2 \omega_0 t;$$

also wird hier wegen $\omega_0^2 = 1/L\,C$ in der Tat $U_{el} + U_m = \text{const.}$

Wir gehen nun über zum Fall, daß sich die einzelnen Stromkreise oder Teile der zwischen ihnen befindlichen (nichtferromagnetischen) Materie irgendwie gegeneinander bewegen können. Die augenblickliche Lage der beweglichen Elemente des Systems soll durch gewisse Parameter $a_1, a_2, \ldots, a_s$ gekennzeichnet sein. Ist z.B. ein Drahtstück parallel der x-Achse verschiebbar, so kann a_1 einfach die x-Koordinate eines bestimmten Punktes dieses Drahtstückes sein. Wir definieren nun die zum Parameter a_r gehörige Kraft K_r durch die Festsetzung, daß $K_r\, da_r$ die vom System bei einer Änderung von a_r um da_r geleistete Arbeit sein soll. Ist a_r eine Länge, so wird K_r eine Kraft im gewöhnlichen Sinn; ist a_r ein Winkel, so wird K_r ein Drehmoment. Bei einer durch die Zeitfunktionen $a_1(t), a_2(t), \ldots, a_s(t)$ beschriebenen Lagenänderung des Systems wird demnach vom Feld die Arbeit

$$dA = \sum_{r=1}^{s} K_r \, da_r \tag{6.4.8}$$

geleistet.

Zur Bestimmung von K_r gehen wir aus von dem Energiesatz in der Form (6.4.4), setzen die Werte (6.1.1) für die Φ_j und (6.4.6) für U_m ein und berücksichtigen, daß die L_{jk} Funktionen der $a_r(t)$ sind. Wir finden so

$$dA = \sum_{j=1}^{n} I_j \, d\Phi_j - dU_m = \frac{1}{2}\sum\sum_{j,k=1}^{n} I_j I_k \, dL_{jk} \quad \text{mit} \quad dL_{jk} = \sum_{r=1}^{s} \frac{\partial L_{jk}}{\partial a_r} da_r \,.$$

Wie ein Vergleich mit (6.4.8) zeigt, gilt also

$$K_r = \frac{1}{2} \sum_{j,k=1}^{n}\sum I_j\, I_k \frac{\partial L_{jk}}{\partial a_r} = \frac{\partial U_m}{\partial a_r}, \tag{6.4.9}$$

wobei die Ableitungen nach den a_r bei festgehaltenen Stromstärken I_j zu nehmen sind.

Besondere Beachtung verdient das Vorzeichen in (6.4.9). Wenn nämlich in der gewöhnlichen Mechanik die potentielle Energie als Funktion der Lagekoordinaten gegeben ist, so erhält man bekanntlich die Kräfte durch die negativen Ableitungen der potentiellen Energie nach den betreffenden Koordinaten. Nach (6.4.9) finden wir aber als Kräfte die positiven Ableitungen der magnetischen Energie. Während in der Mechanik die Kräfte in solcher Richtung wirken, daß dabei die potentielle Energie abnimmt, daß also die Arbeitsleistung auf Kosten dieser Energie erfolgt, zeigen die hier betrachteten elektromagnetischen Kräfte das entgegengesetzte Verhalten, indem sie in solcher Richtung wirken, daß dabei die magnetische Feldenergie zunimmt.

Besonders übersichtlich wird dieses Verhalten dann, wenn wir während der Bewegung die Stromstärken konstant halten, etwa durch entsprechende Änderung der eingeprägten Kräfte (Zu- oder Abschalten von Akkumulatoren). Dann ist $\mathrm{d}I_j/\mathrm{d}t = 0$ für alle j, und wir finden aus (6.4.8) und (6.4.9) einfach

$$\mathrm{d}A = \sum_{r=1}^{s} \frac{\partial U_m}{\partial a_r}\,\mathrm{d}a_r = (\mathrm{d}U_m)_{I_j=\mathrm{const}}\,.$$

In diesem Fall nimmt also die Feldenergie genau um den Betrag der geleisteten Arbeit zu. Dabei wird der doppelte Energiegewinn vom Betrag $2\,\mathrm{d}A$ getragen durch die vermehrte Leistung der eingeprägten Spannungen, mit deren Hilfe die Konstanz der Stromstärken erzwungen wird.

Aus (6.4.9) folgt wegen des besprochenen Richtungssinns der mechanischen Kräfte, daß jeder stromführende Draht bestrebt ist, einen möglichst großen Induktionsfluß zu umfassen. Kann sich etwa nur der erste Stromkreis verschieben oder deformieren in einer durch den Parameter $a_1(t)$ gegebenen Weise, während alle übrigen Kreise in Ruhe bleiben, so gilt nach (6.4.9) für die Kraft K_1 auf diesem Stromkreis

$$K_1 = \frac{1}{2} \sum_{k=1}^{n} I_1\, I_k \frac{\partial L_{1k}}{\partial a_1} + \frac{1}{2} \sum_{j=1}^{n} I_j\, I_1 \frac{\partial L_{j1}}{\partial a_1} = I_1 \frac{\partial \Phi_1}{\partial a_1}, \tag{6.4.10}$$

da ja hier nur diejenigen $L_{jk} = L_{kj}$ von a_1 abhängen, bei denen entweder j oder k gleich 1 wird. Die Kraft auf den ersten Stromkreis „in Richtung" der Koordinate a_1 ist also bis auf den Faktor I_1 gleich dem Zuwachs, den der Induktionsfluß Φ_1 bei der Verschiebung des Kreises in Richtung a_1 und bei konstant gehaltenen Stromstärken erfahren würde.

In ähnlicher Weise können wir auch die im Abschnitt 5.1 besprochene Kraft auf einen stromdurchflossenen Leiter ermitteln. Ein Leiterstück $\delta\boldsymbol{r}$ sei etwa mit Hilfe von Gleitkontakten in der Richtung des Einheitsvektors $\boldsymbol{s}$ freibeweglich; seine Verschiebung in dieser Richtung sei durch $a\,\boldsymbol{s}$ gegeben, mit dem variablen Parameter a. Beim Bewegen von $\delta\boldsymbol{r}$ um $a\,\boldsymbol{s}$ wird die Fläche $a\,\boldsymbol{s}\times\delta\,\boldsymbol{r}$ überstrichen. Dadurch vermehrt sich der Induktionsfluß um $a(\boldsymbol{s}\times\delta\,\boldsymbol{r})\,\boldsymbol{B}$. Für die $\boldsymbol{s}$-Komponente der Kraft auf unser Stück $\delta\boldsymbol{r}$ liefert also (6.4.10)

$$\delta\,K_s = I\,(\boldsymbol{s}\times\delta\,\boldsymbol{r})\,\boldsymbol{B} = I\,\boldsymbol{s}\,(\delta\,\boldsymbol{r}\times\boldsymbol{B}),$$

und daher für die Kraft $\boldsymbol{K}$ selbst, in Übereinstimmung mit (5.1.11),

$$\delta\,\boldsymbol{K} = I\,\delta\,\boldsymbol{r}\times\boldsymbol{B}.$$

Bei dieser Ableitung der Kraftwirkung auf stromdurchflossene Drähte vermittels des Energiesatzes haben wir wesentlich das Induktionsgesetz für den Fall bewegter Stromschleifen im Magnetfeld benutzt. Dabei hatten wir im Abschnitt 5.3 gerade diese Form des Induktionsgesetzes aus der Lorentz-Kraft erschlossen. Wir müssen uns daher zur Vermeidung eines Zirkelschlusses darüber klar sein, daß wir entweder das Kraftgesetz (5.1.11) bzw. den Ansatz (5.1.2) für die Lorentz-Kraft oder aber das Induktionsgesetz bei bewegten Stromschleifen als selbständigen Erfahrungssatz an die Spitze stellen müssen; das andere Gesetz läßt sich dann daraus ableiten.

Zum Schluß sei noch eine rechentechnische Bemerkung hinzugefügt. Sämtliche Energieausdrücke dieses Abschnittes sind von zweitem Grad in den Bestimmungsstücken des elektromagnetischen Feldes. Dadurch wird bei Wechselstromverhältnissen und insbesondere im Hinblick auf die im Abschnitt 6.2 geschilderte Verwendung komplexer Vektoren eine Sonderbetrachtung erforderlich.

Für einen Wechselstrom $I = I_0 \cos\omega\,t$ ist naturgemäß der zeitliche Mittelwert $\overline{I} = 0$, während der Mittelwert des Stromquadrats $\overline{I^2} = I_0^2/2$ wird. Daher ist hier z.B. der sekundliche Energieverlust durch Joulesche Wärme $R\,\overline{I^2} = R\,I_0^2/2$. In der Technik gibt man daher oft statt der Stromamplitude I_0 die „effektive" Stromstärke $I_{eff} = I_0/\sqrt{2}$ an; mit ihr wird die Joulesche Wärme gleich $R\,I_{eff}^2$.

Haben wir in einem Stromkreis wie in Abb. 6.2 neben einer eingeprägten Spannung $V^{(e)} = V_0 \cos\omega t$ einen dagegen um den Phasenwinkel φ nachhinkenden Strom $I = I_0 \cos(\omega t - \varphi)$, so wird die Leistung der EMK

$$\overline{V^{(e)}I} = V_0\,I_0\,\overline{\cos(\omega t - \varphi)\cos\omega t} = \frac{1}{2}V_0\,I_0\cos\varphi,$$

letzteres wegen $\cos(\omega t - \varphi) = \cos\omega t\cos\varphi + \sin\omega t\sin\varphi$. Bei dem durch Abb. 6.2 charakterisierten Wechselstromkreis mit Selbstinduktivität und Widerstand muß diese Leistung der EMK natürlich gleich sein dem sekundlichen Verbrauch an Joulescher Wärme. Formelmäßig folgt dies durch Multiplikation der Gleichung (6.2.3) mit I und Mittelung über eine Periode, wobei das induktive Glied $L\,\overline{I\,\mathrm{d}I/\mathrm{d}t}$ bei Wechselstrom verschwindet. In der Wechselstromtechnik nennt man die Größe $\overline{V^{(e)}I} = V_0\,I_0\,(\cos\varphi)/2$ die W i r k l e i s t u n g, dagegen die Größe $\overline{V^{(e)}\,\mathrm{d}I/\mathrm{d}(\omega\,t)} = V_0\,I_0\,(\sin\varphi)/2$ die B l i n d l e i s t u n g, in Übereinstimmung mit der im Abschnitt 6.2 besprochenen Aufspaltung des komplexen Widerstandes $\tilde{R} = R + \mathrm{i}\,\omega\,L$ in den Wirkwiderstand R und den Blindwiderstand $\omega\,L$.

Ist die Stromstärke I nicht als reelle Zeitfunktion gegeben, sondern im Sinn des Vektordiagramms als komplexe Größe, etwa $I = I_0\,\mathrm{e}^{\mathrm{i}\omega t}$, und entsprechend auch die Spannung durch $V = V_0\,\mathrm{e}^{\mathrm{i}\omega t}$, so können wir die vorstehenden Überlegungen unmittelbar auf solche komplexe Darstellungen anwenden. Wir haben dazu nur zu berücksichtigen, daß die reellen Größen für Strom und Spannung gegeben sind durch

$$\mathrm{Re}\{I\} = \frac{1}{2}(I + I^*), \quad \mathrm{Re}\{V\} = \frac{1}{2}(V + V^*);$$

dabei bedeuten die Sternchen den Übergang zur komplex-konjugierten Größe. Damit wird

$$\overline{(\mathrm{Re}\{I\})^2} = \frac{1}{4}\overline{(I^2 + 2II^* + I^{*2})} = \frac{1}{2}\overline{II^*} = \frac{1}{2}I_0 I_0^*,$$

da I^2 und I^{*2} im Zeitmittel wegen ihrer t-Abhängigkeit verschwinden. Analog gilt

$$\overline{\mathrm{Re}\{V\}\,\mathrm{Re}\{I\}} = \frac{1}{4}\overline{(VI + VI^* + V^*I + V^*I^*)} = \frac{1}{4}(V_0 I_0^* + V_0^* I_0).$$

Wir brauchen also bei dieser Methode zur Leistungsberechnung nicht den $\cos\varphi$ besonders zu bestimmen; vielmehr ist hier die Phasenverschiebung zwischen Strom und Spannung bereits automatisch in den komplexen Amplituden V_0 und I_0 enthalten.

Aufgaben zum 6. Kapitel

1. Eine Luftdrosselspule von 0,3 H Selbstinduktivität und 20 Ω Wirkwiderstand wird an eine Wechselspannung von $V_{eff} = 220$ V bei 50 s^{-1} angeschlossen. Welche Wärmemenge wird pro Minute in der Spule entwickelt?

2. Ein Widerstand von 10 Ω, eine Spule mit der Selbstinduktivität 0,5 H und ein Kondensator mit der Kapazität 0,5 μF sind in Reihe geschaltet und an eine sinusförmige Wechselspannung von $V_{eff} = 220$ V bei 50 s^{-1} angeschlossen. Wie groß ist der Effektivwert des Stromes, seine Phasenverschiebung gegenüber der Spannung, die Wirkleistung und die Blindleistung?

3. Bei der „Sternschaltung" eines Dreiphasen-Stromsystems fließen in den drei im Sternpunkt zusammenstoßenden Drähten sinusförmige Wechselströme von gleicher Frequenz und Amplitude, aber von gegeneinander jeweils um 120° verschobener Phase. Man zeige, daß die Summe der im Sternpunkt zusammenfließenden Ströme in jedem Augenblick verschwindet.

4. Drei Spulen sind sternförmig symmetrisch um einen Mittelpunkt angeordnet, in dem sich ihre Achsen schneiden; sie werden von den Strömen eines Dreiphasensystems durchflossen. Jede Spule erzeugt im Mittelpunkt des Sterns eine zeitlich sinusförmig sich ändernde magnetische Feldstärke in Richtung der Spulenachse. Wie sieht das resultierende Magnetfeld im Sternmittelpunkt aus?

5. Eine Drosselspule mit $L = 1$ H und $R = 1$ Ω wird zur Zeit $t = 0$ an eine Batterie mit der konstanten Spannung $V^{(e)}$ angeschlossen. Gesucht ist der zeitliche Verlauf des Stromes. Wie lange dauert es, bis sich der stationäre Strom bis auf 1‰ hergestellt hat?

6. Zwei praktisch widerstandsfreie Spulen mit den Selbstinduktivitäten L_1 und L_2 sind an den gleichen Kondensator der Kapazität C angeschlossen. Wie groß ist die Eigenfrequenz dieser Anordnung und wie verhalten sich die beiden Ströme I_1 und I_2 zueinander?

7. Zwei praktisch widerstandsfreie Schwingkreise mit den Kapazitäten C_1 und C_2, sowie den Selbstinduktivitäten $L_1 \equiv L_{11}$, $L_2 \equiv L_{22}$ werden induktiv über eine Wechselinduktivität L_{12} miteinander gekoppelt. Wie groß ist die Eigenfrequenz der Anordnung? Welche Werte ergeben sich bei den Grenzfällen schwacher und starker Kopplung? Zu welchen Werten kommt man im Fall, daß die beiden Eigenfrequenzen $\omega_1 = 1/\sqrt{L_1 C_1}$ und $\omega_2 = 1/\sqrt{L_2 C_2}$ bei völliger Entkoppelung der beiden Schwingkreise genau oder wenigstens angenähert gleich groß sind?

7. Die allgemeinen Grundgleichungen des elektromagnetischen Feldes

7.1. Die Vervollständigung der Maxwell-Gleichungen

Wir wollen nunmehr die Maxwell-Gleichungen für ruhende Körper in ihrer endgültigen Form zusammenstellen. Dabei bedarf, wie bereits im 6. Kapitel erwähnt, das Oerstedsche Gesetz

$$\operatorname{rot} \boldsymbol{H} = \boldsymbol{g} \tag{7.1.1}$$

für das Magnetfeld einer stationären Stromverteilung noch einer wesentlichen und entscheidenden Ergänzung für den Fall, daß die elektrischen Stromfäden nicht geschlossen sind, sondern etwa auf den Belegungen eines Kondensators münden. An solchen Stellen ist die Divergenz von $\boldsymbol{g}$ nicht gleich Null, während die linke Seite von (7.1.1) wegen div rot $= 0$ stets quellenfrei ist. Wenn man also eine allgemein gültige Gleichung haben will, muß man entweder nach einer ganz neuen Beziehung suchen oder aber die rechte Seite durch Hinzufügen eines weiteren Vektors ebenfalls quellenfrei machen. Maxwell wählte den letzteren, bereits im Abschnitt 4.1 angedeuteten Weg, indem er die Stromdichte $\boldsymbol{g}$ in (7.1.1) durch den in (4.1.8) definierten Vektor

$$\boldsymbol{c} = \boldsymbol{g} + \frac{\partial \boldsymbol{D}}{\partial t} \tag{7.1.2}$$

ersetzte. Damit tritt an die Stelle von (7.1.1) die Gleichung

$$\operatorname{rot} \boldsymbol{H} = \boldsymbol{c} = \boldsymbol{g} + \frac{\partial \boldsymbol{D}}{\partial t}, \tag{7.1.3}$$

die nun wegen

$$\operatorname{div} \boldsymbol{c} = \operatorname{div} \boldsymbol{g} + \frac{\partial \operatorname{div} \boldsymbol{D}}{\partial t} = \operatorname{div} \boldsymbol{g} + \frac{\partial \varrho}{\partial t} = 0$$

auch mathematisch korrekt ist.

Die Einführung des Verschiebungsstromes $\partial \boldsymbol{D}/\partial t$ in die elektromagnetischen Grundgleichungen bildet den Kernpunkt der Maxwellschen Theorie. Dies ist eigentlich die einzige, dafür aber auch entscheidende Stelle, an der sich diese Theorie in ihren Aussagen inhaltlich von der älteren Fernwirkungstheorie unterscheidet. Zwar kann die magnetfelderzeugende Wirkung des in (7.1.3) zunächst aus rein mathematischen Gründen eingeführten Verschiebungsstroms wegen seiner relativen Kleinheit nicht unmittelbar experimentell, etwa an einem sich entladenden Kondensator, nachgewiesen werden. Sie findet aber ihre glänzende und unwiderlegbare Bestätigung bei der Ausbreitung elektromagnetischer Wellen. Denn diese Wellenausbreitung wird, wie wir im 8. Kapitel sehen werden, erst durch das Maxwellsche Zusatzglied in (7.1.2) möglich, welches auch im Vakuum von Null verschieden sein kann und damit auch im Fall $\boldsymbol{g} = 0$ ein magnetisches Wirbelfeld hervorzurufen vermag.

Nehmen wir zu dem erweiterten Oerstedschen Gesetz (7.1.3) noch das Induktionsgesetz, sowie die beiden Aussagen über die Quellen von $\boldsymbol{D}$ und $\boldsymbol{B}$ hinzu, so erhalten wir die vier bemerkenswert symmetrisch gebauten Grundgleichungen

$$\left.\begin{aligned} &(\mathrm{I}) \quad \operatorname{rot} \boldsymbol{H} = \frac{\partial \boldsymbol{D}}{\partial t} + \boldsymbol{g}, \qquad &&(\mathrm{II}) \quad \operatorname{div} \boldsymbol{D} = \varrho, \\ &(\mathrm{III}) \quad \operatorname{rot} \boldsymbol{E} = -\frac{\partial \boldsymbol{B}}{\partial t} &&(\mathrm{IV}) \quad \operatorname{div} \boldsymbol{B} = 0 \end{aligned}\right\} \tag{7.1.4}$$

als die endgültige Form der Maxwell-Gleichungen für ruhende Medien. Daß wir durch Elimination von $\boldsymbol{D}$ aus (I) und (II) unmittelbar auf die Kontinuitätsgleichung

$$\frac{\partial \varrho}{\partial t} + \operatorname{div} \boldsymbol{g} = 0 \tag{7.1.5}$$

kommen, daß also diese Gleichung bei Gültigkeit der Maxwell-Gleichungen stets erfüllt ist, versteht sich im Hinblick auf die obige Ableitung von (7.1.3) von selbst. Aber auch die vier Maxwell-Gleichungen sind nicht ganz voneinander unabhängig. So folgt aus (III) durch Divergenzbildung, daß die zeitliche Ableitung von div $\boldsymbol{B}$ verschwinden muß; mit (III) ist also auch (IV) für alle Zeiten erfüllt, sofern nur (IV) zu einem beliebigen Zeitpunkt im ganzen Raum erfüllt war. Entsprechend folgt aus (I) durch Divergenzbildung bei Gültigkeit der Kontinuitätsgleichung, daß mit (I) auch die zeitliche Ableitung von (II) erfüllt ist.

Zwischen den vier Feldgrößen der Maxwellschen Theorie bestehen noch die beiden Verknüpfungsgleichungen

$$\boldsymbol{D} = \varepsilon_0 \boldsymbol{E} + \boldsymbol{P} \qquad \text{und} \qquad \boldsymbol{B} = \mu_0 (\boldsymbol{H} + \boldsymbol{M}). \tag{7.1.6}$$

Dabei sind die Polarisation $\boldsymbol{P}$ und die Magnetisierung $\boldsymbol{M}$ als Funktionen der Feldgrößen anzusehen, die gegebenenfalls durch elektronentheoretische Betrachtungen ermittelt werden können. Nun erweist es sich oft als zweckmäßiger und überdies auch vom Standpunkt der Elektronentheorie aus sinnvoller, nicht mit den vier in (7.1.4) enthaltenen Feldgrößen, sondern nur mit den zwei unmittelbar meßbaren Größen $\boldsymbol{E}$ und $\boldsymbol{B}$ zu rechnen und anstelle der beiden abgeleiteten, nicht direkt bestimmbaren Größen $\boldsymbol{D}$ und $\boldsymbol{H}$ die beiden Materialgrößen $\boldsymbol{P}$ und $\boldsymbol{M}$ in die Maxwell-Gleichungen einzuführen. Wir kommen so zu den vier Gleichungen

$$\left.\begin{aligned} &\operatorname{rot} \boldsymbol{B} = \varepsilon_0 \mu_0 \frac{\partial \boldsymbol{E}}{\partial t} + \mu_0 \left(\boldsymbol{g} + \frac{\partial \boldsymbol{P}}{\partial t} + \operatorname{rot} \boldsymbol{M}\right), \qquad &&\operatorname{div} \boldsymbol{E} = \frac{1}{\varepsilon_0} (\varrho - \operatorname{div} \boldsymbol{P}), \\ &\operatorname{rot} \boldsymbol{E} = -\frac{\partial \boldsymbol{B}}{\partial t}, &&\operatorname{div} \boldsymbol{B} = 0. \end{aligned}\right\} \tag{7.1.7}$$

In ihnen tritt zu der Dichte $\boldsymbol{g}$ des wahren Stroms noch die Dichte $\boldsymbol{g}_P = \partial \boldsymbol{P}/\partial t$ des Polarisationsstroms und die Dichte $\boldsymbol{g}_M = \operatorname{rot} \boldsymbol{M}$ des Magnetisierungsstroms hinzu, während die Dichte ϱ der wahren Ladung additiv durch die Dichte $\varrho_P = -\operatorname{div} \boldsymbol{P}$ ergänzt wird. Daß hier neben den in Abschnitt 5.5 diskutierten Stromdichten $\boldsymbol{g}$ und $\boldsymbol{g}_M$ auch die im Grunde erwartete Polarisationsstromdichte $\boldsymbol{g}_P$ erscheint, ist eine unmittelbare Folge der Einführung des Maxwellgliedes $\partial \boldsymbol{D}/\partial t$ in (7.1.3).

Daß die Maxwell-Gleichungen auch in der Form (7.1.7) nicht voneinander unabhängig sein können, ergibt sich aus einer einfachen Abzählung: Für die sechs Komponenten der Feldgrößen $\boldsymbol{E}$ und $\boldsymbol{B}$ haben wir in (7.1.7) acht Gleichungen. In der Tat folgt durch Bildung der Divergenz an den beiden Gleichungen für rot $\boldsymbol{B}$ und rot $\boldsymbol{E}$, daß die zeitlichen Ableitungen der beiden Divergenzgleichungen verschwinden müssen. Zu wirklich voneinander unabhängigen Gleichungen kommen wir aber, wenn wir durch die beiden Ansätze

$$\boldsymbol{B} = \operatorname{rot} \boldsymbol{A} \quad \text{und} \quad \boldsymbol{E} = -\frac{\partial \boldsymbol{A}}{\partial t} - \operatorname{grad} \varphi \tag{7.1.8}$$

zu dem im Abschnitt 5.4 eingeführten Vektorpotential $\boldsymbol{A}$ noch ein skalares Potential φ heranziehen, mit dem wir ja bereits in der Elektrostatik (bei $\boldsymbol{A} = 0$) gerechnet haben. Dann sind die beiden letzten Gleichungen (7.1.7) automatisch erfüllt; und aus den beiden ersten Gleichungen (7.1.7) folgen zur Bestimmung von $\boldsymbol{A}$ und φ die beiden von einander unabhängigen Beziehungen

$$\left.\begin{aligned} \operatorname{rot}\operatorname{rot} \boldsymbol{A} + \varepsilon_0 \mu_0 \frac{\partial^2 \boldsymbol{A}}{\partial t^2} + \varepsilon_0 \mu_0 \operatorname{grad} \frac{\partial \varphi}{\partial t} &= \mu_0 \left(\boldsymbol{g} + \frac{\partial \boldsymbol{P}}{\partial t} + \operatorname{rot} \boldsymbol{M}\right), \\ \operatorname{div} \frac{\partial \boldsymbol{A}}{\partial t} + \operatorname{div}\operatorname{grad} \varphi &= -\frac{1}{\varepsilon_0} (\varrho - \operatorname{div} \boldsymbol{P}). \end{aligned}\right\} \tag{7.1.9}$$

Diese etwas unübersichtlich gebauten Beziehungen können wir durch eine willkürliche Verfügung über den Wert von div $\boldsymbol{A}$ übersichtlicher machen; denn eine solche Verfügung ist möglich und sogar erforderlich, da jedes Vektorfeld erst durch Angabe seiner Wirbel und seiner Quellen eindeutig festgelegt ist. Hier wird mitunter die sogenannte

$$\text{Coulomb-Konvention} \quad \operatorname{div} \boldsymbol{A} = 0 \tag{7.1.10}$$

herangezogen, da dann die zweite Gleichung (7.1.9) in die Beziehung $\Delta\varphi = -(\varrho + \varrho_P)/\varepsilon_0$ der Elektrostatik übergeht. Im allgemeinen rechnet man aber mit der

$$\text{Lorentz-Konvention} \quad \operatorname{div} \boldsymbol{A} + \varepsilon_0 \mu_0 \frac{\partial \varphi}{\partial t} = 0. \tag{7.1.11}$$

Denn damit gehen die beiden Gleichungen (7.1.9) wegen rot rot $\boldsymbol{A}$ = grad div $\boldsymbol{A} - \Delta \boldsymbol{A}$ über in die Beziehungen

$$\left.\begin{aligned} \Delta \boldsymbol{A} - \varepsilon_0 \mu_0 \frac{\partial^2 \boldsymbol{A}}{\partial t^2} &= -\mu_0 \left(\boldsymbol{g} + \frac{\partial \boldsymbol{P}}{\partial t} + \operatorname{rot} \boldsymbol{M}\right), \\ \Delta \varphi - \varepsilon_0 \mu_0 \frac{\partial^2 \varphi}{\partial t^2} &= -\frac{1}{\varepsilon_0} (\varrho - \operatorname{div} \boldsymbol{P}), \end{aligned}\right\} \tag{7.1.12}$$

die den Bau von Wellengleichungen haben und damit unmittelbar auf die elektromagnetische Lichttheorie hinweisen.

Zu besonders einfachen Verhältnissen kommen wir im Fall des **Vakuums**, wo $\boldsymbol{P}$ und $\boldsymbol{M}$ verschwinden und nur allenfalls mit isolierten Ladungen und Strömen zu rechnen ist. Eine relativ einfache Form der **Verknüpfungsgleichungen** zwischen den vier Feldvektoren $\boldsymbol{E}$, $\boldsymbol{D}$, $\boldsymbol{H}$ und $\boldsymbol{B}$ erhalten wir auch für isotrope, normal polarisierbare und magnetisierbare Medien:

$$\boldsymbol{D} = \varepsilon \varepsilon_0 \boldsymbol{E} \quad \text{und} \quad \boldsymbol{B} = \mu \mu_0 \boldsymbol{H}, \tag{7.1.13}$$

mit der relativen Dielektrizitätskonstante ε und der relativen Permeabilität μ. Auch wenn wir bisher oft mit diesen Beziehungen gerechnet haben, müssen wir uns doch darüber klar sein, daß sie, im Gegensatz zu (7.1.6), nicht allgemein und streng gültig sind, und daß sie im besonderen bei zeitlich schnell veränderlichen Feldern, also auch bei elektromagnetischen Wellen, versagen. In welcher Weise wir dann die Verknüpfungsgleichungen (7.1.13) abzuändern haben, werden wir im Abschnitt 8.2 kennenlernen.

Anmerkung. Im Gaußschen System lauten die vier Maxwell-Gleichungen (7.1.4)

$$\left.\begin{aligned} &\text{(I)}\ \operatorname{rot} \boldsymbol{H}^* = \frac{1}{c_0}\frac{\partial \boldsymbol{D}^*}{\partial t} + \frac{4\pi\, \boldsymbol{g}^*}{c_0}, \quad &&\text{(II)}\ \operatorname{div} \boldsymbol{D}^* = 4\pi\,\varrho^*, \\ &\text{(III)}\ \operatorname{rot} \boldsymbol{E}^* = -\frac{1}{c_0}\frac{\partial \boldsymbol{B}^*}{\partial t}, \quad &&\text{(IV)}\ \operatorname{div} \boldsymbol{B}^* = 0, \end{aligned}\right\} \tag{7.1.14}$$

mit c_0 = Lichtgeschwindigkeit im Vakuum. Zu ihnen kommen die Beziehungen

$$\boldsymbol{D}^* = \boldsymbol{E}^* + 4\pi\,\boldsymbol{P}^* \quad \text{und} \quad \boldsymbol{B}^* = \boldsymbol{H}^* + 4\pi\,\boldsymbol{M}^*, \tag{7.1.15}$$

die unter Umständen auch die Form

$$\boldsymbol{D}^* = \varepsilon\,\boldsymbol{E}^* \quad \text{und} \quad \boldsymbol{B}^* = \mu\,\boldsymbol{H}^* \tag{7.1.16}$$

besitzen. Bei Einführung des Vektorpotentials $\boldsymbol{A}^*$ und des skalaren Potentials φ^* durch

$$\boldsymbol{B}^* = \operatorname{rot} \boldsymbol{A}^* \quad \text{und} \quad \boldsymbol{E}^* = -\frac{1}{c_0}\frac{\partial \boldsymbol{A}^*}{\partial t} - \operatorname{grad} \varphi^* \tag{7.1.17}$$

und bei Benutzung der Lorentz-Konvention in der Form

$$\operatorname{div} \boldsymbol{A}^* + \frac{1}{c_0}\frac{\partial \varphi^*}{\partial t} = 0 \tag{7.1.18}$$

ergeben sich für $\boldsymbol{A}^*$ und φ^* die beiden Gleichungen

$$\left.\begin{aligned} \Delta \boldsymbol{A}^* - \frac{1}{c_0^2}\frac{\partial^2 \boldsymbol{A}^*}{\partial t^2} &= -\frac{4\pi}{c_0}\left(\boldsymbol{g}^* + \frac{\partial \boldsymbol{P}^*}{\partial t} + c_0 \operatorname{rot} \boldsymbol{M}^*\right), \\ \Delta \varphi^* - \frac{1}{c_0^2}\frac{\partial^2 \varphi^*}{\partial t^2} &= -4\pi\,(\varrho^* - \operatorname{div} \boldsymbol{P}^*). \end{aligned}\right\} \tag{7.1.19}$$

7.2. Die Maxwell-Gleichungen bei Verwendung allgemeiner Koordinaten

Die praktische Auswertung der in (7.1.4) mit Vektorsymbolen angeschriebenen Maxwell-Gleichungen macht es oft erforderlich, sie wegen der in ihnen enthaltenen Vektoroperatoren in Komponenten anzuschreiben. Und zwar wird dabei meist mit deren Darstellung in einem kartesischen Koordinationssystem gerechnet. Unter Umständen ist es aber zweckmäßig, diese Gleichungen auch für ein allgemeines Koordinatensystem zu formulieren und dabei die Schreibweise mit kovarianten und kontravarianten Komponenten zu benutzen. Das hierfür erforderliche mathematische Rüstzeug ist im 13. Kapitel zusammengestellt.

Der entscheidende Gesichtspunkt ist dabei die Tatsache, daß dann die Größen, die bisher als axiale Vektoren betrachtet wurden, wie beispielsweise die magnetischen Feldvektoren oder die Vektoroperation Rotation, mit Vorteil als schiefsymmetrische

Tensoren zweiter Stufe angesehen und als solche behandelt werden können. Die Einführung von axialen Vektoren macht sich ja regelmäßig dadurch bemerkbar, daß zu ihrer Erklärung der Begriff der Rechtsschraube benötigt wird. Dieser Begriff und damit auch die Beschränkung auf Rechtssysteme bei der Koordinatenwahl kann völlig vermieden werden, wenn wir die axialen Vektoren durch schiefsymmetrische Tensoren ersetzen. Außerdem wird diese Änderung entscheidend beim Übergang von der dreidimensionalen Betrachtungsweise zu der in der Relativitätstheorie besonders zweckmäßigen vierdimensionalen Betrachtungsweise, wo es grundsätzlich keine axialen Vektoren gibt, sondern an ihrer Stelle nur schiefsymmetrische Tensoren zweiter Stufe. Daher sind die folgenden Ausführungen auch als Vorbereitung für die Behandlung der Elektrodynamik im Rahmen der speziellen Relativitätstheorie in 11. Kapitel zu verstehen.

Wir wollen jetzt die Maxwell-Gleichungen in einem dreidimensionalen Raum mit den (kontravarianten) Koordinaten x^1, x^2, x^3 formulieren, die durchaus verschiedene Dimensionen haben können, wie etwa die gewöhnlichen räumlichen Polarkoordinaten r, ϑ, α. Dazu führen wir zunächst die Basisvektoren $\boldsymbol{h}_1, \boldsymbol{h}_2, \boldsymbol{h}_3$ ein, die an die Stelle der kartesischen Einheitsvektoren $\boldsymbol{x}, \boldsymbol{y}, \boldsymbol{z}$ treten, und mit denen sich das Linienelement $\mathrm{d}\boldsymbol{s}$ als Abstandsvektor zwischen zwei benachbarten Punkten in der Form

$$\mathrm{d}\boldsymbol{s} = \sum \boldsymbol{h}_j \,\mathrm{d}x^j \quad \text{und} \quad \mathrm{d}\boldsymbol{s}^2 = \sum\sum \boldsymbol{h}_j \boldsymbol{h}_k \,\mathrm{d}x^j \,\mathrm{d}x^k \tag{7.2.1}$$

anschreiben läßt; dabei laufen die Summen jeweils von 1 bis 3, und zwar hier und im folgenden nur über die Indizes, die zweimal in der Summe vorkommen, einmal „unten" und einmal „oben". Ferner definieren wir die zugeordneten Basisvektoren $\boldsymbol{h}^k$ vermittels

$$\boldsymbol{h}_j \boldsymbol{h}^k = \delta_j^k = \begin{cases} 1 & \text{für} \quad j = k\,, \\ 0 & \text{für} \quad j \neq k\,, \end{cases} \tag{7.2.2}$$

und die Größen g_{jk} und g^{jk} durch die Beziehungen

$$\boldsymbol{h}_j \boldsymbol{h}_k = g_{jk}\,, \quad \boldsymbol{h}^j \boldsymbol{h}^k = g^{jk}\,, \quad \text{sowie} \quad \boldsymbol{h}^k = \sum \boldsymbol{h}_j g^{jk}\,, \quad \boldsymbol{h}_j = \sum \boldsymbol{h}^k g_{kj}\,. \tag{7.2.3}$$

Schließlich läßt sich jeder (polare) Vektor $\boldsymbol{A}$ durch seine kovarianten Komponenten A_j bzw. seine kontravarianten Komponenten A^j in der Form

$$\boldsymbol{A} = \sum \boldsymbol{h}^j A_j = \sum \boldsymbol{h}_j A^j \quad \text{mit} \quad A_j = \boldsymbol{A}\,\boldsymbol{h}_j\,, \quad A^j = \boldsymbol{A}\,\boldsymbol{h}^j \tag{7.2.4}$$

darstellen, wobei zwischen diesen beiden Komponentenarten wegen (7.2.3) die Umrechnungsregeln

$$A^k = \sum A_j g^{jk} \quad \text{bzw.} \quad A_j = \sum A^k g_{kj} \tag{7.2.5}$$

gelten.

Zur Formulierung der Maxwell-Gleichungen in dieser für das Rechnen mit allgemeinen Koordinaten geeigneten Schreibweise gehen wir aus von den Gleichungen (7.1.8), in denen die Feldvektoren $\boldsymbol{E}$ und $\boldsymbol{B}$ aus einem skalaren Potential φ und einem Vektorpotential $\boldsymbol{A}$ abgeleitet werden. Damit ergeben sich aus der zweiten Gleichung (7.1.8) sofort die kovarianten Komponenten von $\boldsymbol{E}$ zu

$$E_j = -\frac{\partial A_j}{\partial t} - \frac{\partial \varphi}{\partial x^j}, \tag{7.2.6}$$

während zur Komponentendarstellung von $\boldsymbol{B} = \operatorname{rot} \boldsymbol{A}$ die Einführung der doppelt indizierten Komponenten

$$B_{jk} = \frac{\partial A_k}{\partial x^j} - \frac{\partial A_j}{\partial x^k} = - B_{kj} \tag{7.2.7}$$

angezeigt ist. Damit wird die magnetische Induktion zu einem schiefsymmetrischen Tensor zweiter Stufe, den wir daher im folgenden als **B** schreiben werden. Nun besitzt der axiale Vektor der Induktion, geschrieben als $\boldsymbol{B}$, nach (13.3.41) bei allgemeinen Koordinaten die Komponenten

$$B^1 = \frac{1}{v}\left(\frac{\partial A_3}{\partial x^2} - \frac{\partial A_2}{\partial x^3}\right) = \frac{B_{23}}{v} = -\frac{B_{32}}{v}, \quad B^2 = \frac{B_{31}}{v}, \quad B^3 = \frac{B_{12}}{v}, \tag{7.2.8}$$

wobei $v = (\boldsymbol{h}_1\, \boldsymbol{h}_2\, \boldsymbol{h}_3)$ das Spatprodukt aus den drei kovarianten Basisvektoren bedeutet und gleich $\sqrt{g}$, also gleich der Wurzel aus der Determinante $|\, g_{jk} \,|$ der im Linienelementquadrat $\mathrm{d}s^2$ auftretenden Koeffizienten $g_{jk} = \boldsymbol{h}_j\, \boldsymbol{h}_k$ ist. Daher können wegen (7.2.7) und (7.2.8) die Komponenten des Tensors **B** in der Matrixform

$$\mathbf{B} \equiv \begin{pmatrix} 0 & B_{12} & B_{13} \\ B_{21} & 0 & B_{23} \\ B_{31} & B_{32} & 0 \end{pmatrix} = v \begin{pmatrix} 0 & B^3 & -B^2 \\ -B^3 & 0 & B^1 \\ B^2 & -B^1 & 0 \end{pmatrix} \tag{7.2.9}$$

zusammengefaßt werden. Es sei bereits hier darauf hingewiesen, daß beim Spezialisieren dieser und der folgenden Beziehungen auf kartesische Koordinaten $g_{jj} = 1$ und $g_{jk} = 0$ für $j \neq k$ wird, daß dabei $\sqrt{g} = v = 1$ gilt, und daß dann schließlich auch wegen (7.2.5) der Unterschied zwischen kovarianten und kontravarianten Komponenten verschwindet.

Daß die Einführung der Tensorkomponenten B_{jk} sinnvoll ist, ergibt sich aus dem Induktionsgesetz (III) von (7.1.4), das wir jetzt in der Form

$$\frac{\partial E_k}{\partial x^j} - \frac{\partial E_j}{\partial x^k} = -\frac{\partial B_{jk}}{\partial t} \tag{7.2.10}$$

schreiben können, und das durch die Ansätze (7.2.5) und (7.2.6) mit beliebig wählbaren Größen A_j und φ erfüllt ist. Daß dann auch der Induktionsflußsatz (IV) von (7.1.4), also die Beziehung $\operatorname{div} \boldsymbol{B} = 0$ gilt, ergibt sich aus ihrer Umschreibung in die Tensorform:

$$\frac{\partial B_{23}}{\partial x^1} + \frac{\partial B_{31}}{\partial x^2} + \frac{\partial B_{12}}{\partial x^3} = 0\,. \tag{7.2.11}$$

Wegen (7.2.7) ist auch diese Beziehung für jeden beliebigen $\boldsymbol{A}$-Vektor erfüllt.

Für den elektrischen Kraftflußsatz (II) von (7.1.4) benötigen wir die durch (13.3.44) gegebene Umschreibung der Divergenz eines polaren Vektors auf kovariante Komponenten; wir erhalten so

$$\frac{1}{v}\sum \frac{\partial\, v\, D^j}{\partial x^j} = \varrho\,. \tag{7.2.12}$$

Entsprechend erhalten wir als kovariante Komponente des Oerstedschen Gesetzes (I) von (7.1.4) vermittels (13.3.43) die Beziehung

$$\frac{1}{v}\sum \frac{\partial\, v\, H^{jk}}{\partial x^k} = \frac{\partial D^j}{\partial t} + g^j, \tag{7.2.13}$$

da ja jetzt die magnetische Feldstärke ebenso wie die Induktion als schiefsymmetrischer Tensor anzusehen ist.

Natürlich ergibt sich auch jetzt durch zeitliche Ableitung von (7.2.12) und Divergenzbildung an Gleichung (7.2.13) die Kontinuitätsgleichung für die elektrische Ladung, und zwar in der Form

$$\frac{\partial \varrho}{\partial t} + \frac{1}{v} \sum \frac{\partial v g^j}{\partial x^j} = 0 ; \tag{7.2.14}$$

denn die Divergenz der linken Seite von (7.2.13) verschwindet wegen $H^{jk} = -H^{kj}$.

Mit den Beziehungen (7.2.10) bis (7.2.13) haben wir die Umschreibung der Maxwell-Gleichungen (7.1.4) auf beliebige Koordinaten gefunden. Würden wir jetzt diese Koordinaten auf den kartesischen Fall x, y, z spezialisieren, wobei die g^{jk} und die g_{jk} für $j = k$ gleich 1 werden und für $j \neq k$ verschwinden, so daß auch $v = 1$ wird, so würde auch der Unterschied zwischen kovarianten und kontravarianten Komponenten wegen (7.2.5) wegfallen. Dann würden die Maxwell-Gleichungen die Gestalt

$$\left.\begin{aligned} &\sum \frac{\partial H_{jk}}{\partial x_k} = \frac{\partial D_j}{\partial t} + g_j , \qquad &&\sum \frac{\partial D_j}{\partial x_j} = \varrho , \\ &\frac{\partial E_k}{\partial x_j} - \frac{\partial E_j}{\partial x_k} = -\frac{\partial B_{jk}}{\partial t} , &&\frac{\partial B_{23}}{\partial x_1} + \frac{\partial B_{31}}{\partial x_2} + \frac{\partial B_{12}}{\partial x_3} = 0 \end{aligned}\right\} \tag{7.2.15}$$

erhalten, wenn wir jetzt wieder zur Vereinfachung der Schreibweise die Koordinaten x, y, z als x_1, x_2, x_3 anschreiben und auch die Komponenten entsprechend bezeichnen.

Zum Schluß sei aber noch auf eine überaus bemerkenswerte Eigenschaft der Maxwell-Gleichungen hingewiesen. Wenn wir statt der Zeit t eine vierte Koordinate $x^4 = \gamma t$ mit einem konstanten, willkürlichen Faktor γ einführen, und wenn wir außerdem eine vierte Stromkomponente g^4 durch $g^4 = \gamma\, \varrho$ definieren, so läßt sich zunächst die Kontinuitätsgleichung (7.2.14) in der einfacheren Form

$$\sum_{j=1}^{4} \frac{\partial v g^j}{\partial x^j} = 0 \tag{7.2.16}$$

anschreiben, sofern die Größe $v = \sqrt{g}$ nicht von der Zeit abhängt, was praktisch stets der Fall ist. Dann lassen sich die drei Gleichungen (7.2.13) und die eine Gleichung (7.2.12) zu den vier Gleichungen

$$\frac{1}{v} \sum_{k=1}^{4} \frac{\partial v H^{jk}}{\partial x^k} = g^j \quad \text{mit} \quad j = 1, 2, 3, 4 \tag{7.2.17}$$

zusammenfassen, wenn wir noch

$$\gamma D^j = H^{4j} = -H^{j4} \tag{7.2.18}$$

setzen. Und schließlich erhalten wir mit

$$E_j = \gamma B_{j4} = -\gamma B_{4j} \tag{7.2.19}$$

aus den Gleichungen (7.2.10) und (7.2.11) die vier Gleichungen

$$\frac{\partial B_{lj}}{\partial x^k} + \frac{\partial B_{jk}}{\partial x^l} + \frac{\partial B_{kl}}{\partial x^j} = 0 , \tag{7.2.20}$$

wobei i, j, k drei der vier Zahlen 1, 2, 3, 4 annehmen können. Auf diese wichtige Tatsache werden wir in den Abschnitten über die spezielle Relativitätstheorie ausführlich eingehen. Zunächst kehren wir aber wieder zu den Maxwell-Gleichungen (7.1.4) in der gewöhnlichen Vektorschreibweise zurück.

7.3. Der Energiesatz in der Maxwellschen Theorie

Aus dem System der Maxwell-Gleichungen (I) bis (IV) läßt sich eine sehr wichtige Beziehung ableiten, die wir als mathematische Formulierung des Energiesatzes im elektromagnetischen Feld erkennen werden. Wenn wir (I) mit $\boldsymbol{E}$, (III) mit $-\boldsymbol{H}$ multiplizieren und dann die entstehenden Gleichungen addieren, so haben wir zunächst

$$\boldsymbol{E} \operatorname{rot} \boldsymbol{H} - \boldsymbol{H} \operatorname{rot} \boldsymbol{E} = \boldsymbol{E} \frac{\partial \boldsymbol{D}}{\partial t} + \boldsymbol{H} \frac{\partial \boldsymbol{B}}{\partial t} + g \boldsymbol{E} . \tag{7.3.1}$$

Mit der Identität

$$\boldsymbol{H} \operatorname{rot} \boldsymbol{E} - \boldsymbol{E} \operatorname{rot} \boldsymbol{H} = \operatorname{div} (\boldsymbol{E} \times \boldsymbol{H}) \tag{7.3.2}$$

erhalten wir daraus nach Umstellung der Gleichung

$$-\left\{\boldsymbol{E} \frac{\partial \boldsymbol{D}}{\partial t} + \boldsymbol{H} \frac{\partial \boldsymbol{B}}{\partial t}\right\} = \operatorname{div} (\boldsymbol{E} \times \boldsymbol{H}) + g \boldsymbol{E} , \tag{7.3.3}$$

oder nach Multiplikation mit einem kleinen Zeitelement $\mathrm{d}t$ und Integration über ein bestimmtes Volumen V mit der Oberfläche F bei Anwendung des Gaußschen Integralsatzes

$$-\int_V \{\boldsymbol{E}\,\mathrm{d}\boldsymbol{D} + \boldsymbol{H}\,\mathrm{d}\boldsymbol{B}\}\,\mathrm{d}v = \mathrm{d}t \oint_F (\boldsymbol{E} \times \boldsymbol{H})_n\,\mathrm{d}f + \mathrm{d}t \int_V g \boldsymbol{E}\,\mathrm{d}v . \tag{7.3.4}$$

Da diese Beziehungen nur auf den streng gültigen Feldgleichungen (I) und (III) beruhen, ohne daß dabei Verknüpfungsgleichungen etwa der Form (7.1.13) verwendet wurden, müssen wir sie ebenfalls als exakt richtig für ruhende Körper ansehen.

Bei der Deutung von (7.3.4) gehen wir davon aus, daß $\int \boldsymbol{E}\,\mathrm{d}\boldsymbol{D}\,\mathrm{d}v$ nach den Ausführungen in den Abschnitten 3.1 bis 3.3 die Arbeit darstellt, die beim Aufbau des elektrischen Feldes im Volumen V, genauer bei der Änderung der elektrischen Verschiebung während der Zeit $\mathrm{d}t$ um $\mathrm{d}\boldsymbol{D}$, geleistet werden muß und sich bei adiabatischer Prozeßführung in einer Änderung der inneren Energie U_{el}, bei isothermer Prozeßführung in einer solchen der freien Energie F_{el} wiederfindet; daher gibt $-\int \boldsymbol{E}\,\mathrm{d}\boldsymbol{D}\,\mathrm{d}v$ den Energieverlust, den das elektrische Feld bei einer Arbeitsleistung erleidet.

Daß die analog gebildete Größe $-\int \boldsymbol{H}\,\mathrm{d}\boldsymbol{B}\,\mathrm{d}v$ in entsprechender Weise den Energieverlust darstellt, den das magnetische Feld bei einer Arbeitsleistung erfährt, soll hier zunächst angenommen werden; auf die Begründung dieser Annahme bzw. auf die damit verbundene Problematik werden wir am Schluß dieses Abschnittes eingehen.

Über den Verbleib der dem elektromagnetischen Feld während der Zeit $\mathrm{d}t$ entzogenen Energie gibt die rechte Seite von (7.3.4) Aufschluß. Danach gibt $\mathrm{d}t\,(\boldsymbol{E} \times \boldsymbol{H})_n\,\mathrm{d}f$ den Energiebetrag an, der in der Zeit $\mathrm{d}t$ durch das Flächenelement $\mathrm{d}f$ der Oberfläche F des Bereiches V in Richtung seiner Normale $\boldsymbol{n}$ hindurchtritt. Die Größe

$$\boldsymbol{S} = \boldsymbol{E} \times \boldsymbol{H} \tag{7.3.5}$$

wird der Poyntingsche Strahlvektor genannt; ist er doch der unmittelbare Ausdruck für die Möglichkeit einer Energieübertragung in Form von Strahlung (auch durch den leeren Raum hindurch) und damit auch für die Möglichkeit einer elektromagnetischen Deutung der optischen Erscheinungen. Wir werden uns mit ihm später in der Theorie der elektromagnetischen Wellen ausführlich zu beschäftigen haben.

Wegen seiner Wichtigkeit wollen wir versuchen, uns bereits hier mit seinem Wesen anhand eines elementaren Beispiels vertraut zu machen. Dazu betrachten wir ein Stück der Länge l eines geraden zylindrischen Drahtes vom Radius a, der von einem Gleichstrom der Stärke I durchflossen wird (Abb. 7.1). In diesem Drahtstück entsteht während $\mathrm{d}t$ die Joulesche Wärme $E\,I\,l\,\mathrm{d}t$. Wir fragen nun, wie die dort in Wärme umgewandelte elektrische Energie überhaupt an diese Stelle gelangt. Daß sie dorthin durch die Leitungselektronen im Draht transportiert wird, erscheint von vornherein äußerst unwahrscheinlich. Dazu kommt noch, daß sich die Elektronen wegen ihrer großen Zahl auch bei den größten Stromdichten nur mit einer relativ kleinen mittleren Geschwindigkeit (von einigen cm/s) durch den Draht hindurchbewegen.

Die Antwort auf unsere Frage erhalten wir nach (7.3.4) durch Betrachtung des Poynting-Vektors $\boldsymbol{S}$. Da $\boldsymbol{E}$ parallel zur Drahtachse liegt und $\boldsymbol{H}$ um den Draht herumschraubt, ist $\boldsymbol{S}$ an der Drahtoberfläche auf diese zugerichtet. Und zwar gibt $2\pi\, a\, l\, S\, \mathrm{d}t$ mit $S = E\,H = E\,I/2\pi\, a$ wegen (5.4.7) die gesamte, während $\mathrm{d}t$ in das Drahtstück hineinströmende Energie und ist somit quantitativ gleich der dort entstehenden Jouleschen Wärme $E\,I\,l\,\mathrm{d}t$.

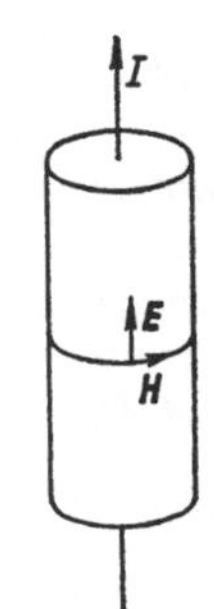

Abb. 7.1
Lage von $\boldsymbol{E}$ und $\boldsymbol{H}$ an der Oberfläche eines stromführenden Drahtes

Somit fließt an den Stellen des Stromsystems, an denen elektrische Energie verbraucht wird, diese Energie aus dem Feld in den Draht hinein, wobei die Dichte dieser Energieströmung durch den Pointing-Vektor $\boldsymbol{S}$ gegeben wird. Entsprechend fließt, wie man sich in gleicher Weise klarmachen kann, an den Stellen, an denen eingeprägte Kräfte wirksam sind, Energie aus dem Stromsystem heraus und in das Feld hinein.

Es muß noch erwähnt werden, daß die obige Definition des Poynting-Vektors nicht zwangsläufig ist. Denn da dieser Vektor gemäß (7.3.3) nur durch seine Divergenz eingeführt ist, kann man zu ihm ohne Änderung des physikalischen Sachverhaltes noch die Rotation eines beliebigen Vektors hinzufügen. Der in (7.3.5) angegebene Ausdruck für $\boldsymbol{S}$ erscheint aber aus verschiedenen Gründen, vor allem für die elektromagnetische Lichttheorie, besonders zweckmäßig.

Das zweite Glied auf der rechten Seite von (7.3.4) stellt offenbar die vom $\boldsymbol{E}$-Feld während $\mathrm{d}t$ an der elektrischen Stromdichte $\boldsymbol{g}$ geleistete Arbeit dar. Der auf diese Weise vom Strom übernommene Energiebetrag findet sich im Fall der Gültigkeit des Ohmschen Gesetzes in der Form (4.3.1) wegen

$$\boldsymbol{g}\,\boldsymbol{E} = \frac{\boldsymbol{g}^2}{\sigma} - \boldsymbol{g}\,\boldsymbol{E}^{(e)} \tag{7.3.6}$$

wieder einerseits in der während $\mathrm{d}t$ im Integrationsgebiet V erzeugten Jouleschen Wärme $\mathrm{d}t \int \mathrm{d}v\, \boldsymbol{g}^2/\sigma$, andererseits in der gegen die eingeprägten Kräfte geleisteten Arbeit $-\,\mathrm{d}t \int \mathrm{d}v\, \boldsymbol{g}\,\boldsymbol{E}^{(e)}$, also etwa als Aufladearbeit eines im Stromkreis befindlichen Akkumulators. Beide Anteile zusammen werden die thermisch-chemische Leistung des Feldes genannt.

Würden wir nicht mit der einfachen Gleichung $\boldsymbol{g} = \sigma (\boldsymbol{E} + \boldsymbol{E}^{(e)})$ rechnen, sondern noch die in den Beziehungen (4.2.12) und (4.2.15) angegebenen Zusatzglieder zum Ohmschen Gesetz berücksichtigen, die durch die Massenträgheit der Leitungselektronen und durch ihre Diffusionsmöglichkeiten bedingt sind und unter bestimmten Bedingungen in dem erweiterten Ohmschen Gesetz

$$\tau \frac{\partial \boldsymbol{g}}{\partial t} + \boldsymbol{g} = \sigma (\boldsymbol{E} + \boldsymbol{E}^{(e)}) - e\, D \operatorname{grad} n \tag{7.3.7}$$

zusammengefaßt werden können, so kämen wir für die Dichte der thermisch-chemischen Leistung des Feldes zur Beziehung

$$\boldsymbol{g}\,\boldsymbol{E} = \frac{\boldsymbol{g}^2}{\sigma} - \boldsymbol{g}\,\boldsymbol{E}^{(e)} + \frac{\tau \boldsymbol{g}}{\sigma}\frac{\partial \boldsymbol{g}}{\partial t} + \frac{e\,D\,\boldsymbol{g}}{\sigma} \operatorname{grad} n\,. \tag{7.3.8}$$

Dabei bedeutet τ die Stoßzeit der Elektronen, D ihre Diffusionskonstante und σ die Gleichstrom-Leitfähigkeit.

Zu einer einigermaßen anschaulichen Deutung der hier gegenüber (7.3.6) auftretenden Zusatzglieder kommen wir im Spezialfall homogener Elektronendichte n. Dann fällt der Betrag des Diffusionsgliedes weg, und das von der Massenträgheit der Elektronen herrührende Glied führt wegen $\tau/\sigma = m/n\,e^2$ und $\boldsymbol{g} = n\,e\,\overline{\boldsymbol{v}}$ auf die zeitliche Änderung der Dichte der kinetischen Energie des fließenden Stromes, nämlich auf

$$\frac{\tau \boldsymbol{g}}{\sigma}\frac{\partial \boldsymbol{g}}{\partial t} = m\,\overline{\boldsymbol{v}}\,\frac{\partial n\,\overline{\boldsymbol{v}}}{\partial t} = \frac{\partial}{\partial t}\left(\frac{n\,m\,\overline{\boldsymbol{v}}^2}{2}\right). \tag{7.3.9}$$

In diesem Fall bewirkt also die thermisch-chemische Leistung des Feldes eine Änderung der Energiedichte $n\,m\,\overline{\boldsymbol{v}}^2/2$ der geordneten Elektronenbewegung in der Materie, während die sehr viel größere Energiedichte $n\,m\,\overline{(\boldsymbol{v} - \overline{\boldsymbol{v}})^2}/2$ der ungeordneten Elektronenbewegung hiervon nicht beeinflußt wird.

Ist die Elektronendichte n nicht mehr homogen, so treten neben dem Zusatzglied (7.3.9) noch weitere, schwer übersehbare Glieder auf, die teilweise eine Zustandsänderung des Elektronengases innerhalb des Volumens V erfassen, teilweise aber (als Divergenzglieder) auch einen Energiestrom aus diesem Bereich durch die Oberfläche F hindurch beschreiben. Daß ein solcher, von Elektronen getragener Energiestrom in Leitern zusätzlich vorhanden sein muß, ist unmittelbar einleuchtend, wenn er auch im Fall homogener Verhältnisse wegen Divergenzfreiheit von $\boldsymbol{g}$ nicht in Erscheinung tritt.

Zum Schluß müssen wir uns nochmals, wie bereits erwähnt, mit dem Problem der magnetischen Feldenergie und daran anschließend mit den aus ihr ableitbaren Kraftwirkungen beschäftigen. Wir hatten oben ohne Beweis angegeben, daß die vom Magnetfeld bei einer kleinen Änderung im betrachteten System geleistete Arbeit gleich $-\int \boldsymbol{H}\,\mathrm{d}\boldsymbol{B}\,\mathrm{d}v$ ist, wobei das Integral über das ganze Systemvolumen zu erstrecken ist. Demnach wäre umgekehrt die Aufmagnetisierungsarbeit des Systems bei der Veränderung der Induktion von $\boldsymbol{B}_1(\boldsymbol{r})$ nach $\boldsymbol{B}_2(\boldsymbol{r})$ gegeben durch

$$A_m = \int \mathrm{d}v \int_{\boldsymbol{B}_1}^{\boldsymbol{B}_2} \boldsymbol{H}\,\mathrm{d}\boldsymbol{B}\,. \tag{7.3.10}$$

Und diese Magnetisierungsarbeit würde sich bei adiabatischer Prozeßführung in einer entsprechenden Änderung der inneren Energie U_m, bei isothermer Prozeßführung in einer solchen der freien Energie F_m wiederfinden.

Daß die Formel (7.3.10) richtig ist, könnten wir aus dem Energiesatz (7.3.4) begründen, wenn wir bereits aus anderen Überlegungen her wüßten, wie der in ihm enthaltene Energiefluß, beschrieben durch das Flächenintegral mit dem Poynting-Vektor, begründet werden kann. Da dies aber nicht möglich erscheint, sind wir gezwungen zu versuchen, die Formel (7.3.10) direkt aus modellmäßigen Vorstellungen heraus abzuleiten. Doch ist auch dies aus später angeführten Gründen nur angenähert und nur in bestimmten Fällen durchführbar, von denen wir jetzt zwei betrachten wollen.

Erstens betrachten wir eine Ringspule, die aus einem Leitungsdraht vom Widerstand R besteht, der auf einem zum Kreisring gebogenen Stab vom Querschnitt q und von der Länge l in N Windungen gleichmäßig aufgewickelt ist. Von einer Batterie mit der eingeprägten Spannung $V^{(e)}$ werde im Draht ein Strom der Stärke I erzeugt. Dann leistet die Batterie in der Zeit $\mathrm{d}t$ die Arbeit $\mathrm{d}A = I\,V^{(e)}\,\mathrm{d}t$. Nun gelten nach dem Induktionsgesetz einerseits, nach dem Oerstedschen Gesetz andererseits die beiden Beziehungen

$$I\,R = V^{(e)} - N\,q\,\mathrm{d}B/\mathrm{d}t \quad \text{und} \quad l\,H = N\,I\,.$$

Damit wird die geleistete Arbeit gleich

$$\mathrm{d}A = I^2 R\,\mathrm{d}t + N\,q\,I\,\mathrm{d}B = I^2 R\,\mathrm{d}t + l\,q\,H\,\mathrm{d}B\,.$$

Da $l\,q$ gleich dem Volumen V des Stabes ist, finden wir also neben der Jouleschen Wärme als Äquivalent für die Leistung der Batterie einen dem Magnetfeld zugeführten Energiebetrag $V\,H\,\mathrm{d}B$, in Übereinstimmung mit (7.3.10).

Zweitens wollen wir zeigen, daß der für ein System von linearen Strömen abgeleitete Energiewert (6.4.6) mit (7.3.10) in Einklang ist. Letzterer führt bei Abwesenheit von Ferromagneten und anderen stärker magnetisierbaren Medien wegen $\boldsymbol{B} = \mu_0\,\boldsymbol{H}$ zur magnetischen Feldenergie

$$U_m = \frac{1}{2}\int \boldsymbol{H}\,\boldsymbol{B}\,\mathrm{d}v\,. \tag{7.3.11}$$

Wegen der Quellenfreiheit von $\boldsymbol{B}$ kann man wegen $\boldsymbol{B} = \operatorname{rot}\boldsymbol{A}$ schreiben

$$\boldsymbol{H}\,\boldsymbol{B} = \boldsymbol{H}\operatorname{rot}\boldsymbol{A} = \boldsymbol{A}\operatorname{rot}\boldsymbol{H} + \operatorname{div}(\boldsymbol{A}\times\boldsymbol{H})\,.$$

Bei Integration über den ganzen Raum verschwindet das von der Divergenz herrührende Oberflächenintegral, so daß wir für den Fall quasistationärer Ströme, d.h. mit $\operatorname{rot}\boldsymbol{H} = \boldsymbol{g}$,

$$U_m = \frac{1}{2}\int \boldsymbol{g}\,\boldsymbol{A}\,\mathrm{d}v \tag{7.3.12}$$

erhalten. Nun ist bei einem linearen Strom von der Stärke I und dem Querschnitt q, wenn $\mathrm{d}\boldsymbol{r}$ ein Linienelement des Leiters bedeutet, $\boldsymbol{g}\,\mathrm{d}v = I\,\mathrm{d}\boldsymbol{r}$. Da I an allen Stellen des stromführenden Drahtes den gleichen Wert hat, gilt für die n Stromkreise

$$U_m = \frac{1}{2}\sum I_k\left(\oint \boldsymbol{A}\,\mathrm{d}\boldsymbol{r}\right)_k = \frac{1}{2}\sum I_k\left(\int B_n\,\mathrm{d}f\right)_k = \frac{1}{2}\sum I_k\,\Phi_k\,.$$

Wegen (6.1.1) haben wir damit genau den Ausdruck (6.4.6) für die magnetische Feldenergie eines Systems von quasistationären Strömen gefunden.

Wenn auch diese zwei Überlegungen zur Begründung der Formel (7.3.10) zunächst durchaus plausibel erscheinen, so halten sie doch einer strengen Kritik nicht stand. Denn in beiden Fällen wurde de facto vorausgesetzt, daß das Maxwellsche Zusatzglied im Oerstedschen Gesetz vernachlässigt werden kann. Beim zweiten Beispiel wurde dies mit der Festlegung auf quasistationäre Ströme explizit vorausgesetzt. Beim ersten Beispiel war es für die Ableitung der Magnetisierungsarbeit wegen des dabei vorkommenden

Gliedes mit $\mathrm{d}B/\mathrm{d}t$ wesentlich, daß es sich auch hier um einen quasistationären Vorgang handelt. Daher wurde in beiden Fällen die sicherlich vorhandene Möglickeit der Aussendung elektromagnetischer Strahlung außer Acht gelassen.

Aber selbst wenn wir diese Vernachlässigung von Strahlungseffekten als erlaubt ansehen, stoßen wir beim Versuch, eine allgemeine Begründung für (7.3.10) von der Art der entsprechenden Überlegungen im 3. Kapitel zu geben, auf eine charakteristische Schwierigkeit durch die Anwendung des Induktionsgesetzes. Verschieben wir etwa zur Festlegung der Arbeitsleistung einen Metallring in einem Magnetfeld, so wird in dem Ring ein Strom induziert. Dieser Strom hat aber nach den Ausführungen im Abschnitt 5.3 seine Ursache, nicht etwa im Auftreten einer induzierten Feldstärke, sondern in der Wirkung der Lorentz-Kraft; und diese ist in den Maxwell-Gleichungen als ihnen wesensfremd nicht enthalten. Man könnte nun daran denken, sie aus den Maxwell-Gleichungen durch energetische Betrachtungen abzuleiten. Im Abschnitt 6.4 hatten wir eine solche Ableitung für lineare Stromsysteme in der Tat durchführen können; doch war dies nur möglich, weil wir das Induktionsgesetz in der technischen Form benutzten, welche allein gestattet, die Änderung des Induktionsflusses durch die Bewegung der Strombahn zu berücksichtigen. Mit den im Abschnitt 7.1 zusammengestellten differentiellen Maxwell-Gleichungen für ruhende Medien hätten wir dieses Problem grundsätzlich nicht behandeln können. Dies wäre erst möglich bei Kenntnis der Maxwell-Gleichungen für bewegte Medien (vgl. 11. Kapitel).

Nehmen wir aber die Richtigkeit bzw. Brauchbarkeit von (7.3.10) als gegeben an, so können wir, ähnlich wie im Abschnitt 3.4 für den elektrischen Fall, aus dieser Formel die im Magnetfeld auf eine nichtleitende und nichtferromagnetische Materie an jeder Stelle wirkende Kraftdichte berechnen mit dem zu (3.4.9) analogen Ergebnis

$$\boldsymbol{k} = -\frac{\mu_0 \boldsymbol{H}^2}{2}\,\mathrm{grad}\,\mu + \frac{\mu_0}{2}\,\mathrm{grad}\left(\boldsymbol{H}^2\,\sigma\frac{\mathrm{d}\mu}{\mathrm{d}\sigma}\right), \tag{7.3.13}$$

wenn wir die Permeabilität μ als eindeutige Funktion der Materiedichte σ ansehen. Mit dieser Formel lassen sich die Betrachtungen des Abschnitts 3.6 auf die Kraftwirkungen in diamagnetischen und paramagnetischen nichtleitenden Flüssigkeiten übertragen.

Bei der Durchführung entsprechender Überlegungen für Elektrizitätsleiter und für ferromagnetische Körper treten aber bei einer wie im Abschnitt 3.4 durch $\boldsymbol{s}$ zu beschreibenden Deformation außer der bereits oben erwähnten Schwierigkeit wegen der Anwendung des Induktionsgesetzes auf bewegte Medien noch die weitere Schwierigkeit auf, daß sich bei der durch $\boldsymbol{s}$ gegebenen Verschiebung in einem Ferromagneten die Magnetisierungskurve im allgemeinen von Ort zu Ort in unübersehbarer Weise ändert. Daher wird z. B. die Erscheinung der Magnetostriktion nur in ganz speziellen Fällen, etwa für ellipsoidische Körper, rechnerisch zu verfolgen sein. Allgemeine Aussagen werden wir hier nur für die Gesamtkraft auf den Ferromagneten erwarten können, indem wir den Körper als Ganzes starr verschieben und nach der hierdurch bedingten Änderung der Feldenergie fragen.

Anmerkung. Im Gaußschen Maßsystem tritt an die Stelle der Beziehung (7.3.3) die Gleichung

$$-\frac{1}{4\pi}\left\{\boldsymbol{E}^*\frac{\partial \boldsymbol{D}^*}{\partial t} + \boldsymbol{H}^*\frac{\partial \boldsymbol{B}^*}{\partial t}\right\} = \frac{c_0}{4\pi}\,\mathrm{div}\,(\boldsymbol{E}^* \times \boldsymbol{H}^*) + \boldsymbol{g}^*\,\boldsymbol{E}^*. \tag{7.3.14}$$

Aus ihr folgt für den Poyntingschen Strahlvektor der Ausdruck

$$\boldsymbol{S} = \frac{c_0}{4\pi}\,\boldsymbol{E}^* \times \boldsymbol{H}^*. \tag{7.3.15}$$

7.4. Der Impulssatz in der Maxwellschen Theorie

Trotz der im vorhergehenden Abschnitt geschilderten Schwierigkeiten können wir die gesamte Kraftwirkung auf leitende und magnetisierbare Körper in einem vorgegebenen Feld ermitteln, wenn wir nicht den Energiesatz mit der dann für die Kraftberechnung erforderlichen Verschiebung der Materie heranziehen und auch nicht eine Kraftdichte direkt zu berechnen versuchen, sondern wenn wir den Impulssatz des elektromagnetischen Feldes betrachten, der uns auch zu den Maxwellschen Spannungen führen wird, deren elektrischen Anteil wir bereits im Abschnitt 3.5 untersucht haben. Kennen wir nämlich die Feldabhängigkeit dieser Spannungen, so können wir die Gesamtkraft $\boldsymbol{K}$ auf einen Körper, der sich in einem elektromagnetischen Feld befindet, wie in (3.5.1), aus

$$\boldsymbol{K} = \oint\!\!\oint \boldsymbol{T}_n \, \mathrm{d}f \tag{7.4.1}$$

bestimmen; dabei ist das Flächenintegral über eine im Vakuum liegende und den ganzen Körper umgebende Fläche mit der nach außen gerichteten Normale $\boldsymbol{n}$ zu erstrecken.

Da es nun aber unmöglich erscheint, den Spannungstensor ähnlich wie im Abschnitt 3.5 direkt zu berechnen, bleibt uns hier nur der freilich nicht zwangsläufige Weg, einen sinnvoll erscheinenden Ansatz für die Komponenten dieses Tensors zu machen und dann zu prüfen, ob dieser Ansatz zu brauchbaren Resultaten führt. Zu einem solchen Ansatz für die Tensorkomponenten im Außenraum führt uns die Darstellung (3.5.6), die uns nahelegt, die dort enthaltenen elektrischen Anteile der Komponenten um entsprechende magnetische Anteile zu ergänzen. Wir wollen also versuchsweise im Außenraum

$$T_{xx} = \varepsilon_0 E_x^2 - \frac{\varepsilon_0 E^2}{2} + \mu_0 H_x^2 - \frac{\mu_0 H^2}{2}, \quad T_{xy} = \varepsilon_0 E_x E_y + \mu_0 H_x H_y \tag{7.4.2}$$

und entsprechendes für die übrigen vier Komponenten des symmetrischen Spannungstensors ansetzen. Und wir wollen dann versuchen, aus den Maxwell-Gleichungen im Innern des Körper Beziehungen abzuleiten, die Divergenzglieder von solcher Art enthalten, daß sie bei der Integration dieser Beziehungen über den ganzen Körper in Flächenintegrale von der Form (7.4.1) mit den Spannungskomponenten (7.4.2) übergehen.

Zu diesem Zweck gehen wir aus von dem Ansatz

$$\boldsymbol{k}_0 = \varrho \boldsymbol{E} + \boldsymbol{g} \times \boldsymbol{B} \tag{7.4.3}$$

für eine Kraftdichte, die nur die Wirkung von $\boldsymbol{E}$ und $\boldsymbol{B}$ auf die Ladungsdichte ϱ und die Stromdichte $\boldsymbol{g}$ in der Materie darstellt, sich aber von der wirklichen Draftdichte $\boldsymbol{k}$ um vorerst unbekannte Beiträge unterscheidet, die der Kraftwirkung auf die polarisierbare und magnetisierbare Materie Rechnung tragen. Nun formen wir den Ausdruck (7.4.3) durch Elimination von ϱ und $\boldsymbol{g}$ vermittels der Maxwell-Gleichungen um:

$$\boldsymbol{k}_0 = \boldsymbol{E} \operatorname{div} \boldsymbol{D} - \boldsymbol{B} \times \operatorname{rot} \boldsymbol{H} - \frac{\partial \boldsymbol{D}}{\partial t} \times \boldsymbol{B}.$$

Addieren wir der Symmetrie wegen noch die Beziehungen

$$0 = -\boldsymbol{D} \times \operatorname{rot} \boldsymbol{E} - \boldsymbol{D} \times \frac{\partial \boldsymbol{B}}{\partial t} \quad \text{und} \quad 0 = \boldsymbol{H} \operatorname{div} \boldsymbol{B}$$

hinzu, so kommen wir zur Formel

$$\boldsymbol{k}_0 = \boldsymbol{E} \operatorname{div} \boldsymbol{D} - \boldsymbol{D} \times \operatorname{rot} \boldsymbol{E} + \boldsymbol{H} \operatorname{div} \boldsymbol{B} - \boldsymbol{B} \times \operatorname{rot} \boldsymbol{H} - \frac{\partial}{\partial t}(\boldsymbol{D} \times \boldsymbol{B}), \tag{7.4.4}$$

deren x-Komponente sich nach kurzer Umformung auch als

$$\begin{aligned} k_{0x} = {} & \operatorname{div}(E_x \boldsymbol{D} + H_x \boldsymbol{B}) - \frac{1}{2} \frac{\partial}{\partial x}(\boldsymbol{E}\,\boldsymbol{D} + \boldsymbol{H}\,\boldsymbol{B}) - \\ & - \frac{\boldsymbol{D}}{2} \frac{\partial \boldsymbol{E}}{\partial x} + \frac{\boldsymbol{E}}{2} \frac{\partial \boldsymbol{D}}{\partial x} - \frac{\boldsymbol{B}}{2} \frac{\partial \boldsymbol{H}}{\partial x} + \frac{\boldsymbol{H}}{2} \frac{\partial \boldsymbol{B}}{\partial x} - \frac{\partial}{\partial t}(\boldsymbol{D} \times \boldsymbol{B})_x \end{aligned} \tag{7.4.5}$$

schreiben läßt. Ersichtlich lassen sich hier die Glieder mit den vollständigen Ableitungen entsprechend (3.5.2) als $\frac{\partial T_{xx}}{\partial x} + \frac{\partial T_{xy}}{\partial y} + \frac{\partial T_{xz}}{\partial z}$ zusammenfassen, mit den Größen

$$T_{xx} = E_x D_x - \frac{\boldsymbol{E}\,\boldsymbol{D}}{2} + H_x B_x - \frac{\boldsymbol{H}\,\boldsymbol{B}}{2}, \quad T_{xy} = E_x D_y + H_x B_y \tag{7.4.6}$$

und entsprechenden weiteren Komponenten, die beim Übergang zum Außenraum genau mit den Komponenten in (7.4.2) übereinstimmen. Integrieren wir daher die Beziehung (7.4.5) nach entsprechender Umstellung über den Volumenbereich, der den betrachteten Körper ganz enthält, und denken uns dabei den unstetigen Übergang an der Oberfläche durch einen stetigen ersetzt, so ergeben die Glieder mit den vollständigen Ableitungen genau die x-Komponente der Kraft nach (7.4.1). Diese läßt sich daher wegen (7.4.5) in der Form

$$\boldsymbol{K} = \oiint \boldsymbol{T}_n \, \mathrm{d}f = \int \boldsymbol{k} \, \mathrm{d}v + \frac{\mathrm{d}}{\mathrm{d}t} \int \boldsymbol{D} \times \boldsymbol{B} \, \mathrm{d}v \tag{7.4.7}$$

anschreiben, wobei die x-Komponente der jetzt eingeführten Kraftdichte

$$k_x = k_{0x} + \frac{1}{2}\left(\boldsymbol{D} \frac{\partial \boldsymbol{E}}{\partial x} - \boldsymbol{E} \frac{\partial \boldsymbol{D}}{\partial x} + \boldsymbol{B} \frac{\partial \boldsymbol{H}}{\partial x} - \boldsymbol{H} \frac{\partial \boldsymbol{B}}{\partial x}\right) \tag{7.4.8}$$

lautet. Offenbar ist $\boldsymbol{k}$ nur innerhalb der Materie von $\boldsymbol{k}_0$ verschieden und geht für normal polarisierbare und magnetisierbare Körper, also für $\boldsymbol{D} = \varepsilon\,\varepsilon_0\,\boldsymbol{E}$, $\boldsymbol{B} = \mu\,\mu_0\,\boldsymbol{H}$, mit (7.4.3) in die im Grunde erwartete Form

$$\boldsymbol{k} = \varrho\,\boldsymbol{E} + \boldsymbol{g} \times \boldsymbol{B} - \frac{1}{2}(\varepsilon_0\,E^2 \operatorname{grad} \varepsilon + \mu_0\,H^2 \operatorname{grad} \mu) \tag{7.4.9}$$

über. Da sie sich in diesem Fall von den Ausdrücken (3.4.9) und (7.3.13) nur um vollständige Ableitungen unterscheidet, die bei der Integration über das ganze Volumen keinen Beitrag liefern, da ja die Massendichte σ im Außenraum verschwindet, kann die vorstehende Ableitung einschließlich der in (7.4.7) durchgeführten Aufspaltung als durchaus sinnvoll angesehen werden.

Wesentlich neu ist in (7.4.7) das Auftreten des Gliedes mit der Zeitableitung. Wir können es verstehen, wenn wir uns klarmachen, daß die aus dem Integral $\int \boldsymbol{k}\,\mathrm{d}v$ folgende Kraft ja zu einer zeitlichen Änderung des mechanischen Impulses $\boldsymbol{J}_K$ des Körpers führt:

$$\int \boldsymbol{k}\,\mathrm{d}v = \frac{\mathrm{d}\boldsymbol{J}_K}{\mathrm{d}t}. \tag{7.4.10}$$

Schreiben wir das letzte Glied auf der rechten Seite von (7.4.7) als $\mathrm{d}\boldsymbol{J}_S/\mathrm{d}t$ an, indem wir dem elektromagnetischen Feld, wie dem Teilchen, einen Impuls von der Größe

$$\boldsymbol{J}_S = \int \boldsymbol{j}_S\,\mathrm{d}v \qquad \text{mit der Dichte} \qquad \boldsymbol{j}_S = \boldsymbol{D}\times\boldsymbol{B} \tag{7.4.11}$$

zuordnen, so erhalten wir mit

$$\frac{\mathrm{d}}{\mathrm{d}t}(\boldsymbol{J}_K + \boldsymbol{J}_S) = \oint\!\!\oint \boldsymbol{T}_n\,\mathrm{d}f = \boldsymbol{K} \tag{7.4.12}$$

den Impulssatz der Maxwellschen Theorie.

Das Auftreten eines Feldimpulses wird verständlich, wenn wir daran denken, daß durch eine elektromagnetische Strahlung nicht nur Energie, sondern auch Impuls von einer Strahlungsquelle auf einen Absorber übertragen werden kann, und daß dieser übertragene Impuls als Strahlungsdruck auf den Absorber meßbar ist.

Bei der Berechnung dieses Strahlungsdruckes auf ein bestimmtes Volumen V erhalten wir aus (7.4.2) für ein Oberflächenelement mit der äußeren Normale $\boldsymbol{n}$ in der negativen x-Richtung für den in der positiven x-Richtung wirkenden Druck den Wert

$$p_S = -T_{xx} = \varepsilon_0\left(\frac{E^2}{2} - E_x^2\right) + \mu_0\left(\frac{H^2}{2} - H_x^2\right). \tag{7.4.13}$$

Für eine senkrecht auffallende Lichtwelle gilt, wie im folgenden Abschnitt gezeigt wird, $E_x = 0$ und $H_x = 0$; daher wird hier

$$p_S = \frac{1}{2}(\varepsilon_0 E^2 + \mu_0 H^2) = u_S, \tag{7.4.14}$$

mit der Energiedichte u_S der Strahlung. Bei einer isotrop von allen Seiten gleichmäßig auftreffenden Strahlung, z.B. bei der Hohlraumstrahlung, wird im Mittel $\overline{E_x^2} = \overline{E^2}/3$, $\overline{H_x^2} = \overline{H^2}/3$; in diesem Fall gilt also

$$p_S = u_S/3. \tag{7.4.15}$$

Im Vakuum wird die Impulsdichte (7.4.11)

$$\boldsymbol{j}_S = \boldsymbol{D}\times\boldsymbol{B} = \varepsilon_0\,\mu_0\,\boldsymbol{E}\times\boldsymbol{H}.$$

Nun gilt, wie schon in (5.4.26) angegeben wurde und in Abschnitt 8.1 ausführlich gezeigt wird, die Beziehung $\varepsilon_0\,\mu_0 = 1/c_0^2$, wobei c_0 die Vakuum-Lichtgeschwindigkeit bedeutet. Daher besteht im Vakuum zwischen der Impulsdichte $\boldsymbol{j}_S$ des Strahlungsfeldes und dem durch (7.3.5) gegebenen Poynting-Vektor $\boldsymbol{S}$ die wichtige Beziehung

$$\boldsymbol{j}_S = \boldsymbol{S}/c_0^2. \tag{7.4.16}$$

Es ist überaus bemerkenswert, daß wir diese Beziehung nicht nur im Rahmen der elektromagnetischen Strahlungstheorie erhalten. Wir können sie auch aus einer ganz anderen Vorstellung heraus gewinnen, nämlich aus der Lichtquantentheorie von Albert Einstein. Nach dieser Vorstellung besteht monochromatisches Licht der Frequenz ν aus einer Vielzahl von Lichtpartikeln oder Lichtquanten der Energie $h\nu$ und des Impulses $h\nu/c_0$, wobei h die Plancksche Quantenkonstante der Größe $h = 6{,}626 \cdot 10^{-27}$ erg s $= 6{,}626 \cdot 10^{-34}$ Ws^2 bedeutet. Betrachten wir jetzt speziell einen Parallelstrahl aus solchen Lichtquanten mit der Dichte n, so enthält dieser Strahl offenbar eine Energiedichte $u_S = n h \nu$ und eine Impulsdichte $j_S = n h \nu / c_0$. Da durch ein Flächenelement $\mathrm{d}f$ quer zum Strahl in der Zeit $\mathrm{d}t$ insgesamt $n c_0 \, \mathrm{d}t \, \mathrm{d}f$ Lichtquanten hindurchtreten, besteht im Strahl eine Energiestromdichte $S = n h \nu c_0$. Daher gilt in diesem Strahl die Beziehung (7.4.16). Sie gilt aber auch, wie leicht zu zeigen ist, für eine Vielzahl von Lichtquanten verschiedenster Frequenzen und Flugrichtungen.

Trifft übrigens dieser Paralellelstrahl monochromatischer Lichtquanten auf eine völlig absorbierende Substanz auf, welche jedes ankommende Quant verschluckt, so wird von der Strahlung während der Zeit $\mathrm{d}t$ der Impuls $(n c_0 \, \mathrm{d}t \, \mathrm{d}f) \, h\nu/c_0 = n h \nu \, \mathrm{d}t \, \mathrm{d}f$ auf den Absorber übertragen, entsprechend der Wirkung eines Druckes $p_S = n h \nu$. Auch hierbei besteht somit wegen $n h \nu = u_S$ Übereinstimmung zwischen der Aussage der Lichtquantentheorie und der aus der Maxwellschen Theorie folgenden Beziehung (7.4.14).

Anmerkung. Für die Dichte j_S des Strahlungsimpulses folgt im Gaußschen Maßsystem die Beziehung

$$j_S = \frac{1}{4\pi c_0} \boldsymbol{D}^* \times \boldsymbol{B}^*.$$

Im Vakuum folgt daraus mit (7.3.15) die Formel

$$j_S = \frac{1}{4\pi c_0} \boldsymbol{E}^* \times \boldsymbol{H}^* = \frac{\boldsymbol{S}^*}{c_0^2},$$

mit dem gleichen Zusammenhang zwischen j_S und $\boldsymbol{S}$ wie in (7.4.16).

Aufgaben zum 7. Kapitel

1. An einem Zylinderkondensator der Länge l, des Drahtradius a und des Radius der Mantelfläche b sei die Spannung V angelegt. Wird nun parallel zur Drahtachse ein homogenes Magnetfeld der Induktion $\boldsymbol{B}_0$ eingeschaltet, so entsteht im Zylinderkondensator eine Energieströmung um die Drahtachse, verbunden mit einem entsprechenden Feldimpuls. Man berechne a) den Betrag des Poynting-Vektors, b) die Dichte des Feldimpulses, c) den gesamten, mit diesem Feldimpuls verbundenen Drehimpuls des Feldes um die Drahtachse.

2. Man löse die gleiche Aufgabe für eine homogen magnetisierte Kugel vom magnetischen Moment $\boldsymbol{m}$, die auf ihrer Oberfläche die Gesamtladung e trägt und den Radius a besitzt.

3. Zwei homogen magnetisierte Eisenkugeln mit den festen Momenten $\boldsymbol{m}_1$ und $\boldsymbol{m}_2$ üben aufeinander eine Kraftwirkung aus, die aus den Maxwellschen Spannungen berechnet werden kann. Man berechne diese Spannungen speziell für die Symmetrieebene zwischen den beiden Kugelmittelpunkten, die auf der x-Achse eines Koordinatensystems bei $x_1 = -a$ und $x_2 = +a$ liegen mögen. Dann ergeben sich die Komponenten der Kraft der ersten Kugel auf die zweite aus der Integration der Spannungskomponenten T_{xx}, T_{xy}, T_{xz} über die ganze y-z-Ebene bei $x = 0$.

4. Man leite den Energiesatz aus der Formulierung der Maxwell-Gleichungen in den allgemeinen Koordinaten des Abschnitts 7.2 ab. Wie lautet in diesem Fall der Poynting-Vektor?

8. Elektromagnetische Wellen

8.1. Elektromagnetische Wellen im Vakuum

Wir wollen in diesem Kapitel zeitlich und räumlich rasch wechselnde elektromagnetische Felder, insbesondere elektromagnetische Wellen behandeln und gehen dazu von den Differentialgleichungen des elektromagnetischen Feldes aus.
Wir beschränken uns zunächst auf den Fall der Wellenausbreitung im Vakuum. In diesem Fall ist $\boldsymbol{D} = \varepsilon_0 \boldsymbol{E}$ und $\boldsymbol{B} = \mu_0 \boldsymbol{H}$, also $\boldsymbol{P} = 0$, $\boldsymbol{M} = 0$, ferner $\boldsymbol{g} = 0$, $\varrho = 0$, so daß wir wegen (7.1.4) bzw. (7.1.7) mit den Maxwellgleichungen in der Form

$$\left.\begin{aligned} \operatorname{rot} \boldsymbol{B} &= \varepsilon_0 \mu_0 \frac{\partial \boldsymbol{E}}{\mathrm{d}t}, \qquad \operatorname{div} \boldsymbol{E} = 0, \\ \operatorname{rot} \boldsymbol{E} &= -\frac{\partial \boldsymbol{B}}{\partial t}, \qquad \operatorname{div} \boldsymbol{B} = 0 \end{aligned}\right\} \tag{8.1.1}$$

zu rechnen haben. Aus diesen Gleichungen können wir leicht einen der beiden Vektoren $\boldsymbol{E}$ oder $\boldsymbol{B}$ eliminieren. Nehmen wir von den beiden Gleichungen mit der Rotation selbst die Rotation, so erhalten wir wegen rot rot = grad div − Δ die Beziehungen

$$\Delta \boldsymbol{E} = \varepsilon_0 \mu_0 \frac{\partial^2 \boldsymbol{E}}{\partial t^2} \quad \text{und} \quad \Delta \boldsymbol{B} = \varepsilon_0 \mu_0 \frac{\partial^2 \boldsymbol{B}}{\partial t^2}. \tag{8.1.2}$$

Die beiden Vektoren $\boldsymbol{E}$ und $\boldsymbol{B}$ erfüllen demnach dieselbe Differentialgleichung, die als die Wellengleichung bezeichnet wird. Derselben Gleichung genügen übrigens nach (7.1.12) auch die Potentialgrößen $\boldsymbol{A}$ und φ, sofern wir die Lorentz-Konvention benutzen.
Wir suchen jetzt partikuläre Lösungen der Feldgleichungen (8.1.1) bzw. der Wellengleichungen (8.1.2) und fragen speziell nach Lösungen, die ebenen Wellenzügen entsprechen. Wir bezeichnen einen Wellenzug als eben, wenn wir eine Schar paralleler Ebenen so legen können, daß die Vektoren $\boldsymbol{E}$ und $\boldsymbol{B}$ sich längs einer jeden dieser Ebenen nicht ändern; diese Ebenen werden Wellenebenen, ihre Normalenrichtung $\boldsymbol{n}$ Wellennormale genannt.
Wir wollen jetzt die x-Achse in die Wellennormale legen, so daß die Wellenebenen der y-z-Ebene parallel werden. Da in diesem Fall $\boldsymbol{E}$ und $\boldsymbol{B}$ nicht von y und z abhängen, verschwinden in (8.1.1) bzw. (8.1.2) alle partiellen Ableitungen nach y und z. Dann folgt zunächst aus den Divergenzgleichungen $\partial E_x/\partial x = 0$ und $\partial B_x/\partial x = 0$, und aus den x-Komponenten der Rotationsgleichungen $\partial E_x/\partial t = 0$ und $\partial B_x/\partial t = 0$. Demnach sind E_x und B_x örtlich wie zeitlich konstant. Wenn sie von Null verschieden wären, so könnte es sich nur um statische, dem Wellenvorgang überlagerte Felder handeln. Da solche Feldanteile auf die Wellenausbreitung keinen Einfluß haben und daher hier ohne Interesse sind, setzen wir

$$E_x = 0, \quad B_x = 0. \tag{8.1.3}$$

Dann lauten die restlichen Komponenten der Rotationsgleichungen

$$\left.\begin{aligned} -\frac{\partial B_z}{\partial x} &= \varepsilon_0 \mu_0 \frac{\partial E_y}{\partial t}, \qquad \frac{\partial B_y}{\partial x} = \varepsilon_0 \mu_0 \frac{\partial E_z}{\partial t}, \\ -\frac{\partial E_z}{\partial x} &= -\frac{\partial B_y}{\partial t}, \qquad \frac{\partial E_y}{\partial x} = -\frac{\partial B_z}{\partial t}. \end{aligned}\right\} \tag{8.1.4}$$

Durch diese vier Gleichungen werden einerseits die Komponenten E_y und B_z, andererseits die Komponenten E_z und B_y miteinander verknüpft. Es genügt daher, wenn wir das erste Gleichungspaar für sich allein betrachten; die entsprechenden Lösungen für das andere Paar ergeben sich dann durch eine 90°-Drehung des Koordinatensystems um die x-Richtung. Das erste Paar führt durch Elimination von B_z bzw. E_y auf die auch direkt aus (8.1.2) folgenden Beziehungen

$$\frac{\partial^2 E_y}{\partial x^2} = \varepsilon_0 \mu_0 \frac{\partial^2 E_y}{\partial t^2} \quad \text{und} \quad \frac{\partial^2 B_z}{\partial x^2} = \varepsilon_0 \mu_0 \frac{\partial^2 B_z}{\partial t^2}. \tag{8.1.5}$$

Diese Differentialgleichungen sind aus der Theorie der schwingenden Seite bekannt. Ihre allgemeine Lösung schreiben wir unter Berücksichtigung von (8.1.4) in die Form

$$\left.\begin{aligned} D_y = \varepsilon_0 E_y &= \sqrt{\varepsilon_0}\left\{f\left(t - \sqrt{\varepsilon_0 \mu_0}\, x\right) + g\left(t + \sqrt{\varepsilon_0 \mu_0}\, x\right)\right\}, \\ B_z = \mu_0 H_z &= \sqrt{\mu_0}\left\{f\left(t - \sqrt{\varepsilon_0 \mu_0}\, x\right) - g\left(t + \sqrt{\varepsilon_0 \mu_0}\, x\right)\right\}, \end{aligned}\right\} \tag{8.1.6}$$

wobei f und g beliebige Funktionen ihrer Argumente sind.

Offenbar stellt diese Lösung Felder dar, die sich aus zwei Anteilen zusammensetzen, von denen sich der eine (f) in Richtung der positiven x-Achse, der andere (g) in Richtung der negativen x-Achse fortpflanzt. Und zwar verschieben sich diese Anteile unverzerrt und unabhängig von ihrer Form mit der Geschwindigkeit

$$c_0 = 1/\sqrt{\varepsilon_0 \mu_0}\,. \tag{8.1.7}$$

Ihr Wert ergibt sich wegen des Meßwertes $\varepsilon_0 = 8{,}8543 \cdot 10^{-12}$ As/Vm nach (1.3.2) und des durch Definition festgelegten Wertes $\mu_0 = 4\pi \cdot 10^{-7}$ Vs/Am nach (5.4.3) zu $c_0 = 2{,}9979 \cdot 10^8$ m/s und erweist sich damit gleich der Lichtgeschwindigkeit im Vakuum. Ebene elektromagnetische Erregungen und damit auch ebene elektromagnetische Wellen laufen daher im Vakuum mit der Geschwindigkeit des Lichtes.

Aber nicht nur die Fortpflanzungsgeschwindigkeit ist bei den Lichtwellen und den elektromagnetischen Wellen gleich groß. Auch der Polarisationszustand ist bei beiden Wellen der gleiche; die elektromagnetischen Wellen schwingen wie die Lichtwellen transversal. In der Tat fanden wir in (8.1.3), daß weder das elektrische noch das magnetische Feld in der ebenen Welle eine schwingende longitudinale Komponente besitzt. Alle Feldvektoren in einer solchen Welle stehen senkrecht auf der Wellennormale. Im leeren Raum zeigen somit die elektromagnetischen Wellen und die Lichtwellen ein ganz analoges Verhalten.

Diese Folgerungen aus seinen Feldgleichungen waren es, die Maxwell zur Aufstellung der elektromagnetischen Lichttheorie führten. Diese Theorie betrachtet die Lichtstrahlen und auch die Wärmestrahlen als elektromagnetische Wellen. Sie ist der alten mechanischen Theorie des Lichtes, die das Licht als Wellenbewegung eines elastischen Mediums, des Äthers, betrachtete, dadurch überlegen, daß sie den Wert der Fortpflanzungsgeschwindigkeit aus rein elektrischen und magnetischen Messungen zu berechnen gestattet, und außerdem dadurch, daß sie im Vakuum nur transversale Lichtwellen zuläßt, während die alte Theorie nur schwer das Fehlen longitudinalen Lichtes im Vakuum erklären konnte.

Wenn das Licht wirklich ein elektromagnetischer Vorgang ist, so müssen alle optischen Eigenschaften der Materie bereits durch ihre elektrischen und magnetischen Konstanten vollkommen bestimmt sein. In der Tat folgt aus der Maxwellschen Theorie in Verbindung mit der Lorentzschen Elektronentheorie, daß der optische Brechungsindex der Materie im wesentlichen mit deren Dielektrizitätskonstante, ihr Absorptionsvermögen dagegen mit deren elektrischer Leitfähigkeit zusammenhängt. Mit dieser Tatsache, die den grundlegenden Unterschied zwischen dem optischen Verhalten von Isolatoren und dem von Metallen erklärt und als eine der stärksten Stützen der elektromagnetischen Lichttheorie zu betrachten ist, werden wir uns in den folgenden Abschnitten eingehend beschäftigen.

Als Vorbereitung dazu wollen wir noch einmal den Fall der ebenen Welle im Vakuum betrachten. Da es sich bei Anwesenheit von Materie stets als zweckmäßig oder gar als notwendig herausstellen wird, mit zeitlich rein harmonischen Wellenvorgängen bzw. allenfalls mit der Überlagerung solcher Wellen zu rechnen, wollen wir uns bereits hier im Fall des Vakuums mit solchen Wellen beschäftigen. Tatsächlich läßt sich nach Fourier jeder Wellenzug der Form $F(t - x/c_0)$ in ein Integral über solche Wellen zerlegen:

$$F(t - x/c_0) = \int_{-\infty}^{+\infty} A(\omega)\, e^{i\omega(t - x/c_0)}\, d\omega\,. \tag{8.1.8}$$

Dabei folgt der Koeffizient $A(\omega)$ durch Fourier-Transformation aus $F(t - x/c_0)$:

$$A(\omega) = \frac{1}{2\pi}\int_{-\infty}^{+\infty} F\left(t - \frac{x}{c_0}\right) e^{-i\omega(t - x/c_0)}\, dt = \frac{1}{2\pi}\int_{-\infty}^{+\infty} F(\tau)\, e^{-i\omega\tau}\, d\tau\,. \tag{8.1.9}$$

Damit $F(\tau)$ reell ist, muß offenbar

$$A(\omega) = A^*(-\omega) \tag{8.1.10}$$

sein, wie aus (8.1.9) durch Übergang zum Komplex-konjugierten unmittelbar ersichtlich ist.

Wir betrachten nun speziell eine Fourier-Komponente aus der Entwicklung (8.1.8), setzen sie aber sogleich unter Verwendung der aus dem 6. Kapitel bekannten komplexen Schreibweise in der allgemeineren Form einer in beliebiger Richtung laufenden ebenen Welle an:

$$\boldsymbol{E} = \boldsymbol{E}_0\, e^{i(\omega t - \boldsymbol{k}\boldsymbol{r})}\,, \qquad \boldsymbol{B} = \boldsymbol{B}_0\, e^{i(\omega t - \boldsymbol{k}\boldsymbol{r})}\,. \tag{8.1.11}$$

In der Tat sind $\boldsymbol{E}$ und $\boldsymbol{B}$ konstant auf allen Ebenen senkrecht zum Vektor $\boldsymbol{k}$. Wie ein Vergleich mit (8.1.8) zeigt, muß

$$k = \omega/c_0 = 2\pi\nu/c_0 = 2\pi/\lambda \tag{8.1.12}$$

sein; dabei sind ν die Schwingungszahl und λ die Wellenlänge des Ausbreitungsvorgangs.

Um uns mit der komplexen Schreibweise (8.1.11) der allgemeinen ebenen elektromagnetischen Welle vertraut zu machen, wollen wir die zwischen $\boldsymbol{E}$ und $\boldsymbol{B}$ einerseits, $\boldsymbol{k}$ und ω andererseits geltenden Beziehungen nochmals aus den Maxwell-Gleichungen (8.1.1) heraus ableiten. Zu diesem Zweck stellen wir fest, daß die Differentiation der Funktionen (8.1.11) nach der Zeit dazu führt, daß sich diese Funktionen mit dem Faktor $i\,\omega$ multiplizieren. Entsprechend bedeutet die Differentiation nach x Multiplikation mit $-i\,k_x$. Mit dieser Regel

$$\partial/\partial t \to i\,\omega\,, \qquad \nabla \to -i\,\boldsymbol{k} \tag{8.1.13}$$

erhalten wir durch Einsetzen der Funktionen (8.1.11) in die Gleichungen (8.1.1) nach Multiplikation mit i und bei Berücksichtigung von (8.1.7) die Beziehungen

$$\left.\begin{array}{ll} \boldsymbol{k}\times\boldsymbol{B} = -\,\omega\boldsymbol{E}/c_0^2\,, & \boldsymbol{k}\,\boldsymbol{E} = 0\,, \\ \boldsymbol{k}\times\boldsymbol{E} = \omega\boldsymbol{B}\,, & \boldsymbol{k}\,\boldsymbol{B} = 0\,. \end{array}\right\} \tag{8.1.14}$$

Aus ihnen folgt zunächst, daß sowohl $\boldsymbol{E}$ wie auch $\boldsymbol{B}$ senkrecht auf $\boldsymbol{k}$ stehen, die Wellen also transversal sind. Es stehen aber auch $\boldsymbol{E}$ und $\boldsymbol{B}$ stets senkrecht aufeinander, und zwar so, daß die Richtungen von $\boldsymbol{k}$, $\boldsymbol{E}$ und $\boldsymbol{B}$ in dieser Reihenfolge als Koordinatenrichtungen eines kartesischen Rechtssystems gewählt werden können. Dementsprechend hatten wir oben die x-Richtung speziell in die $\boldsymbol{k}$-Richtung gelegt, $\boldsymbol{E} \parallel \boldsymbol{y}$ und $\boldsymbol{B} \parallel \boldsymbol{z}$ gewählt. Schließlich finden wir aus (8.1.14) durch Übergang zu den Beträgen nicht nur die Beziehung (8.1.12) wieder, sondern den bereits in (8.1.6) enthaltenen Zusammenhang $B = E\sqrt{\varepsilon_0\,\mu_0} = E/c_0$.

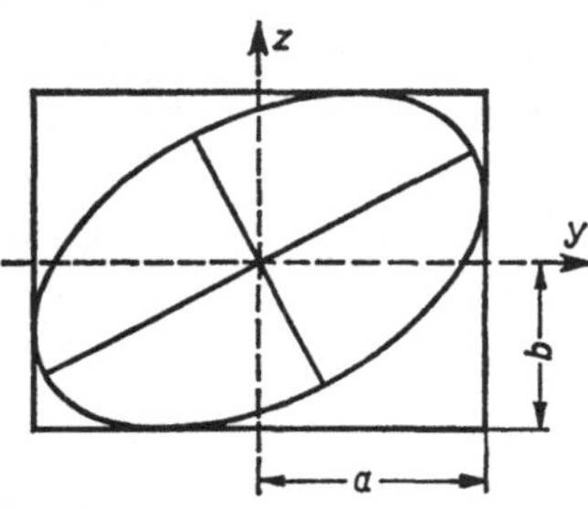

Abb. 8.1 Schwingungsellipse von $\boldsymbol{E}$ bei elliptisch polarisiertem Licht

Wir kehren jetzt wieder zur reellen Schreibweise der Felder in der ebenen Welle zurück und wählen als x-Achse des Koordinatensystems die Fortschreitungsrichtung der Welle. Während wir aber in (8.1.6) das E-Feld speziell in die y-Richtung und das B-Feld in die z-Richtung gelegt haben, können wir die monochromatische ebene Welle der Frequenz ω allgemein in der Form

$$\left.\begin{array}{l} E_y = a\cos(\omega t - kx - \psi)\,, \\ E_z = b\cos(\omega t - kx - \chi)\,, \\ B_y = -\,(b/c_0)\cos(\omega t - kx - \chi)\,, \\ B_z = \,(a/c_0)\cos(\omega t - kx - \psi) \end{array}\right\} \tag{8.1.15}$$

ansetzen, mit den beiden Amplituden a und b, sowie den beiden Phasenkonstanten ψ und χ. Bei dieser Darstellung durchläuft bei festgehaltenem x der Endpunkt des $\boldsymbol{E}$-Vektors mit der Zeit in der y-z-Ebene im allgemeinen Fall eine Ellipse, die nach Abb. 8.1 einem Rechteck von den Kantenlängen $2a$ und $2b$ eingeschrieben ist und der Gleichung

$$\frac{E_y^2}{a^2} + \frac{E_z^2}{b^2} - \frac{2\,E_y\,E_z}{a\,b}\cos(\psi - \chi) = \sin^2(\psi - \chi)$$

genügt. Daher stellt (8.1.15) eine elliptisch schwingende Welle dar. Sind die Phasenkonstanten gleich groß ($\varphi = \chi$), so wird (8.1.15) zu einer linear polarisierten Welle, deren Polarisationsebene mit der x-y-Ebene den Winkel arctan (b/a) einschließt. Ist $a = b$ und wird außerdem $\chi - \psi = +\,\pi/2$ oder $= -\,\pi/2$, so liegt eine zirkular polarisierte Welle vor; und zwar dreht sich der $\boldsymbol{E}$-Vektor im ersteren Fall im positiven Sinn, d.h. im Rechtsschraubensinn um die Fortschreitungsrichtung, im letzteren Fall im negativen Sinn.

Wir fragen noch nach der Energiedichte u in der Welle und nach dem für sie gültigen Poynting-Vektor $\boldsymbol{S}$. Für erstere folgt aus (8.1.15) nach Zeitmittelung wegen (8.1.7)

$$u = \frac{1}{2}\,\overline{(\varepsilon_0\,\boldsymbol{E}^2 + \mu_0\,\boldsymbol{H}^2)}^t = \frac{\varepsilon_0}{2}\,(a^2 + b^2)\,,$$

für letzteren, da nur seine x-Komponente einen endlichen Wert besitzt,

$$S = S_x = \overline{E_y H_z - E_z H_y}^t = \frac{\varepsilon_0 c_0}{2}(a^2 + b^2).$$

Somit gilt für jede ebene elektromagnetische Welle im Vakuum

$$S = c_0 u. \qquad (8.1.16)$$

In der Zeit dt tritt also durch ein Flächenelement df in der y-z-Ebene gerade diejenige Energiemenge $S\, df\, dt$ hindurch, die sich in einem Zylinder vom Querschnitt df und der Länge $c_0\, dt$ befindet. Entsprechend tritt nach (7.4.16) durch dieses Flächenelement während dt der Strahlimpuls $j_S c_0\, df\, dt = S\, df\, dt/c_0 = u\, df\, dt$ hindurch.
Man vergleiche hierzu übrigens die im Anschluß an (7.4.16) gemachten Bemerkungen zur Lichtquantentheorie, die ja sonst in ihrer Struktur der elektromagnetischen Lichttheorie diametral entgegengesetzt ist.

Anmerkung. Im Gaußschen System treten an die Stelle der Gleichungen (8.1.1) die Beziehungen

$$\left.\begin{aligned} \operatorname{rot} \boldsymbol{B}^* &= \frac{1}{c_0}\frac{\partial \boldsymbol{E}^*}{\partial t}, & \operatorname{div} \boldsymbol{E}^* &= 0, \\ \operatorname{rot} \boldsymbol{E}^* &= -\frac{1}{c_0}\frac{\partial \boldsymbol{B}^*}{\partial t}, & \operatorname{div} \boldsymbol{B}^* &= 0, \end{aligned}\right\} \qquad (8.1.17)$$

in die bereits durch die Wahl des Einheitensystems die Lichtgeschwindigkeit c_0 eingebaut ist. Zwar führen dann diese Beziehungen direkt auf die Wellengleichungen

$$\Delta \boldsymbol{E}^* = \frac{1}{c_0^2}\frac{\partial^2 \boldsymbol{E}^*}{\partial t^2} \quad \text{und} \quad \Delta \boldsymbol{B}^* = \frac{1}{c_0^2}\frac{\partial^2 \boldsymbol{B}^*}{\partial t^2}, \qquad (8.1.18)$$

aus der c_0 unmittelbar als Laufgeschwindigkeit der Wellen im Vakuum ersichtlich ist. Dafür geht aber hier die Erkenntnis des Zusammenhangs von c_0 mit elektrischen und magnetischen Messungen verloren, wie es besonders eindrucksvoll in der Beziehung (8.1.7) zum Ausdruck kommt.
Da der Zusammenhang (8.1.12) zwischen den Wellengrößen ω, k und c_0 auch im Gaußschen System unverändert gültig ist, folgt mit Ansätzen der Form (8.1.11), daß bei einer ebenen monochromatischen Welle im Vakuum $E^* = D^* = B^* = H^*$ gilt, daß hier also sämtliche Wellenamplituden gleich groß sind.

8.2. Die Materialkonstanten bei elektromagnetischen Wellen in der Materie

Wir wollen jetzt die Ausbreitung elektromagnetischer Wellen in homogenen, isotropen und ruhenden Medien untersuchen, beschränken uns aber dabei auf normal polarisierbare und magnetisierbare Substanzen ohne eingeprägte Kräfte und mit linearem Zusammenhang zwischen $\boldsymbol{D}$ und $\boldsymbol{E}$ sowie zwischen $\boldsymbol{B}$ und $\boldsymbol{H}$.
Um unter diesen Voraussetzungen aus den Maxwell-Gleichungen Aufschluß über elektromagnetische Wellen in der Materie zu erhalten, liegt es zwar zunächst nahe, im Anschluß an Maxwell mit den Verknüpfungsgleichungen

$$\boldsymbol{D} = \varepsilon \varepsilon_0 \boldsymbol{E}, \qquad \boldsymbol{B} = \mu \mu_0 \boldsymbol{H} \qquad \text{und} \qquad \boldsymbol{g} = \sigma \boldsymbol{E} \qquad (8.2.1)$$

in die Gleichungen (7.1.4) einzugehen und dabei die Materialkonstanten ε, μ und σ als vorgegebene feste Größen anzusehen. Es ist aber vom Standpunkt der Elektronentheorie durchaus verständlich und auch durch experimentelle Befunde bestätigt, daß diese Größen bei hochfrequenten Wechselfeldern und besonders bei den Lichtwellen durchaus nicht wirkliche Konstanten sind, sondern von der Frequenz ω und unter Umständen auch vom Ausbreitungsvektor $\boldsymbol{k}$ der einwirkenden Lichtwelle abhängen. Der Hauptgrund hierfür liegt darin, daß die in der Materie enthaltenen Elektronen bei zunehmender Frequenz des elektromagnetischen Wechselfeldes wegen ihres Massenträgheit dem Feld immer schwerer folgen können. Wir wollen uns dies für die elektrische Leitfähigkeit σ und für die relative Dielektrizitätskonstante ε klar machen und sprechen dabei von den dynamischen Werten dieser Größen. Für die relative Permeabilität μ wird hier eine solche Betrachtung nicht durchgeführt, da μ fast stets gleich 1 gesetzt werden kann, außer bei magnetisch weichen Eisen und ähnlichen ferromagnetischen Substanzen mit μ-Werten bis etwa 500.

a) Der dynamische Wert der Leitfähigkeit. Von dem Einfluß der Massenträgheit der Leitungselektronen auf die Leitfähigkeit war bereits im Abschnitt 4.2 die Rede. Dort fanden wir anstatt des einfachen Ohmschen Gesetzes $\boldsymbol{g} = \sigma \boldsymbol{E}$ die Beziehung (4.2.12), nämlich

$$\tau \frac{\partial \boldsymbol{g}}{\partial t} + \boldsymbol{g} = \sigma_0 \boldsymbol{E}, \tag{8.2.2}$$

in welcher die Größe τ eine feste Stoßzeit oder auch Relaxationszeit bedeutet, und die für statische Felder gültige Gleichstromleitfähigkeit, hier und im folgenden mit σ_0 bezeichnet, durch

$$\sigma_0 = \frac{n e^2 \tau}{m} \tag{8.2.3}$$

gegeben ist; dabei bedeutet n die Dichte der Leitungselektronen der Ladung $e = -e_0$ und der Masse m. (Für Kupfer bei 0°C gilt beispielsweise $\sigma_0 = 6{,}45 \cdot 10^7\ \Omega^{-1}\ \mathrm{m}^{-1}$, $n = 8{,}4 \cdot 10^{28}\ \mathrm{m}^{-3}$, $\tau = 2{,}7 \cdot 10^{-14}$ s.)

Schwingen nun $\boldsymbol{E}$ und damit auch $\boldsymbol{g}$ rein harmonisch mit der Frequenz ω, haben also beide Größen die Zeitabhängigkeit $e^{i\omega t}$, so wird aus (8.2.2)

$$(\mathrm{i}\,\omega\,\tau + 1)\,\boldsymbol{g} = \sigma_0 \boldsymbol{E}, \quad \text{d.h.} \quad \boldsymbol{g} = \sigma \boldsymbol{E},$$

mit der dynamischen Leitfähigkeit

$$\sigma = \frac{\sigma_0}{1 + \mathrm{i}\,\omega\,\tau}. \tag{8.2.4}$$

Solange $\omega \ll 1/\tau$ ist, bleibt σ annähernd reell und gleich σ_0. Beim Anwachsen von ω erhält σ in zunehmendem Maß einen negativen Imaginärteil und wird für $\omega \gg 1/\tau$ annähernd rein imaginär, entsprechend der Tatsache, daß jetzt nicht mehr $\boldsymbol{g}$, sondern $\partial \boldsymbol{g}/\partial t$ phasengleich mit $\boldsymbol{E}$ wird.

Bei einigen Metallen, den sogenannten Supraleitern, verschwindet der elektrische Gleichstromwiderstand beim Abkühlen unter eine bestimmte Temperatur plötzlich restlos. Möchten wir diese bisher noch nicht völlig gedeutete Erscheinung phänomenologisch beschreiben, so können wir versuchen, im oben geschilderten Formalismus σ_0 und damit auch τ für Temperaturen unterhalb des Sprungpunkts als unendlich groß anzunehmen. In diesem Fall erhalten wir aus (8.2.2) nach Division durch τ und Ausführung des Grenzübergangs $\tau \to \infty$ die Gleichung

$$\frac{\partial \boldsymbol{g}}{\partial t} = \frac{n e^2}{m} \boldsymbol{E} = \Lambda \boldsymbol{E}, \quad \text{mit} \quad \Lambda = \frac{n e^2}{m}. \tag{8.2.5a}$$

Bilden wir von dieser Gleichung die Rotation, so kommen wir wegen des Induktionsgesetzes zur Beziehung

$$\frac{\partial \operatorname{rot} \boldsymbol{g}}{\partial t} = \Lambda \operatorname{rot} \boldsymbol{E} = -\Lambda \frac{\partial \boldsymbol{B}}{\partial t},$$

die im Fall eines rein harmonischen Wechselstroms identisch ist mit der Gleichung

$$\operatorname{rot} \boldsymbol{g} = -\Lambda \boldsymbol{B}. \tag{8.2.5b}$$

Die beiden Beziehungen (8.2.5) werden in der phänomenologischen Theorie der Supraleitung als allgemein gültig angenommen und als Londonsche Gleichungen bezeichnet. Wegen näherer Einzelheiten zur Erscheinung der Supraleitung sei auf den Abschnitt C IV im dritten Band dieses Lehrbuches verwiesen.

Zu der durch (8.2.4) gegebenen Abhängigkeit der Leitfähigkeit von der Frequenz ω kann aber noch eine Abhängigkeit vom Ausbreitungsvektor $\boldsymbol{k}$ hinzutreten, wenn räumliche Inhomogenitäten der Elektronendichte und die dadurch bedingten Diffusionsvorgänge zu berücksichtigen sind. In diesem Fall erhalten wir aus einem Zusatzglied von der in (4.2.15) gegebenen Gestalt noch einen zu $\boldsymbol{k}$ proportionalen Beitrag zum erweiterten Ohmschen Gesetz (8.2.2) hinzu. Wegen der näheren Einzelheiten hierbei vgl. Abschnitt E I im dritten Band.

Zum Schluß dieser Überlegungen über die dynamische Leitfähigkeit sei für den Fall, daß wir von der $\boldsymbol{k}$-Abhängigkeit von σ absehen, also mit der Formel (8.2.4) oder auch direkt mit der Differentialgleichung (8.2.2) weiterrechnen können, noch folgende Bemerkung angefügt. Ist $\boldsymbol{E} = \boldsymbol{E}(t)$ eine vorgegebene Funktion der Zeit, so läßt sich die Lösung $\boldsymbol{g} = \boldsymbol{g}(t)$ dieser Gleichung mit $\sigma_0 = n e^2 \tau / m$ unmittelbar angeben als

$$\boldsymbol{g}(t) = \frac{n e^2}{m} \int_{-\infty}^{t} \boldsymbol{E}(t')\, \mathrm{e}^{-(t-t')/\tau}\, \mathrm{d}t', \tag{8.2.6}$$

wie wir durch Einsetzen in (8.2.2) leicht bestätigen können. Diese Formel ist aber auch mit Hilfe des Fourier-Theorems ableitbar, indem wir $\boldsymbol{g}(t)$ und $\boldsymbol{E}(t)$ als Fourier-Integrale

$$\boldsymbol{g}(t) = \int_{-\infty}^{+\infty} \boldsymbol{g}_\omega\, \mathrm{e}^{\mathrm{i}\omega t}\, \mathrm{d}\omega, \qquad \boldsymbol{E}(t) = \int_{-\infty}^{+\infty} \boldsymbol{E}_\omega\, \mathrm{e}^{\mathrm{i}\omega t}\, \mathrm{d}\omega$$

mit
$$\boldsymbol{g}_\omega = \sigma \boldsymbol{E}_\omega = \frac{\sigma_0 \boldsymbol{E}_\omega}{1 + \mathrm{i}\,\omega\,\tau}$$

und der Umkehrung

$$\boldsymbol{E}_\omega = \frac{1}{2\pi} \int_{-\infty}^{+\infty} \boldsymbol{E}(t')\, \mathrm{e}^{-\mathrm{i}\omega t'}\, \mathrm{d}t'$$

anschreiben. Dann wird

$$\boldsymbol{g}(t) = \sigma_0 \int_{-\infty}^{+\infty} \frac{\boldsymbol{E}_\omega\, \mathrm{e}^{\mathrm{i}\omega t}\, \mathrm{d}\omega}{1 + \mathrm{i}\,\omega\,\tau} = \frac{\sigma_0}{2\pi\mathrm{i}\tau} \int_{-\infty}^{+\infty} \boldsymbol{E}(t')\, \mathrm{d}t' \int_{-\infty}^{+\infty} \frac{\mathrm{e}^{\mathrm{i}\omega(t-t')}\, \mathrm{d}\omega}{\omega - \mathrm{i}/\tau},$$

wobei wir die Integrationsfolge vertauschen können, da $\boldsymbol{E}(t)$ stets so gewählt werden kann, daß es nur in einem endlichen Zeitintervall von Null verschieden ist. Wir werten nun das ω-Integral auf komplexem Weg aus: Ersichtlich hat der Integrand in der komplexen ω-Ebene nur einen Pol bei $\omega = \mathrm{i}/\tau$. Wenn wir den ursprünglich längs der reellen ω-Achse verlaufenden Integrationsweg nach unten in die negativ-imaginäre Halbebene verschieben, stoßen wir auf keinen Pol; daher können wir im Fall $t < t'$ mit dem Integrationsweg bis ins negativ-imaginäre Unendliche gehen, wo der Integrand wegen der Exponentialfunktion so stark verschwindet, daß dadurch das ganze Integral den Wert 0 erhält. Wir brauchen daher die t'-Integration nur von $-\infty$ bis t zu erstrecken. Für $t > t'$ ziehen wir den Integrationsweg nach oben ins positiv-imaginäre Unendliche, wo wiederum der Integralbeitrag verschwindet. Diesmal bleibt aber der Integrationsweg am Pol $\omega = \mathrm{i}/\tau$ hängen, so daß wir noch das Umlaufintegral um diesen Pol zu bilden haben; dieses ergibt das 2π i-fache des Residuums, also des Wertes der Exponentialfunktion an dieser Stelle. Damit kommen wir genau zur oben angegebenen Lösung (8.2.6) der Gleichung (8.2.2).

An die Stelle des einfachen Ohmschen Gesetzes $\boldsymbol{g} = \sigma_0 \boldsymbol{E}$ tritt also bei beliebigem $\boldsymbol{E}(t)$ ein Integralzusammenhang, bei dem der $\boldsymbol{g}$-Wert zur Zeit t durch die Werte der Feldstärke $\boldsymbol{E}$ für alle Zeiten $t' < t$ bedingt ist. Unsere rechnerische Behandlung führt also automatisch auf eine Nachwirkung von $\boldsymbol{E}$ in die Zukunft, nicht aber auf eine Rückwirkung in die Vergangenheit, entsprechend der allgemeinen Forderung des Kausalitätsprinzips in der Physik.

b) Der dynamische Wert der Dielektrizitätskonstante. Die Massenträgheit der Elektronen wirkt sich nicht nur bei der Leitfähigkeit aus, sondern auch im elektrischen Verhalten der Atome, wo sie zu einer Frequenzabhängigkeit der atomaren Polarisierbarkeit α und damit der relativen Dielektrizitätskonstante ε führt. Wenn auch das dynamische Geschehen im Atom erst im Rahmen der Quantentheorie vollständig verstanden werden kann (vgl. die entsprechenden Ausführungen im zweiten Band dieses Lehrbuches), so läßt sich nach J. J. Thomson das optische Verhalten der Atome auch im Rahmen der klassischen Physik einigermaßen beschreiben vermittels der Vorstellung, daß die Atomelektronen elastisch an den Atomkern gebunden sind. Ohne uns über die Einzelheiten dieses Atommodells genau Rechenschaft zu geben, nehmen wir also an, daß jedes einzelne Atomelektron der Bewegungsgleichung

$$m\left(\frac{\mathrm{d}^2 \boldsymbol{r}}{\mathrm{d}t^2} + \gamma \frac{\mathrm{d}\boldsymbol{r}}{\mathrm{d}t} + \omega_0^2 \boldsymbol{r} = e\,\boldsymbol{F}\right) \tag{8.2.7}$$

genügt. Wir haben dabei die rücktreibende Kraft auf das Elektron in der Form $-m\,\omega_0^2\,\boldsymbol{r}$ geschrieben, ferner eine der Geschwindigkeit proportionale und ihr entgegengerichtete Dämpfungskraft $-m\,\gamma\,\mathrm{d}\boldsymbol{r}/\mathrm{d}t$ eingeführt (mit $\gamma \ll \omega_0$), und diese beiden Kräfte auf die linke Seite der Gleichung gebracht. Auf der rechten Seite bleibt die Kraft $e\,\boldsymbol{F}$ stehen, wobei $\boldsymbol{F}$ die im Abschnitt 2.2 definierte, am Ort des Atoms wirksame Feldstärke bedeutet. Nun besitzt der atomare Dipol das Moment $\boldsymbol{p} = e\,\boldsymbol{r}$; also erhalten wir aus (8.2.7) die Bestimmungsgleichung

$$\frac{\mathrm{d}^2 \boldsymbol{p}}{\mathrm{d}t^2} + \gamma \frac{\mathrm{d}\boldsymbol{p}}{\mathrm{d}t} + \omega_0^2 \boldsymbol{p} = \frac{e^2 \boldsymbol{F}}{m}. \tag{8.2.8}$$

Daraus folgt für die Polarisierbarkeit α, definiert durch $\boldsymbol{p} = \alpha\,\boldsymbol{F}$, im Fall eines statischen Feldes unmittelbar $\alpha = \alpha_0 = e^2/m\,\omega_0^2$. Im Wechselfeld, in dem $\boldsymbol{p}$ ebenso wie $\boldsymbol{F}$ die Zeitabhängigkeit $\mathrm{e}^{\mathrm{i}\omega t}$ besitzt, erhalten wir aber aus (8.2.8) als dynamische Polarisierbarkeit

$$\alpha = \frac{e^2/m}{\omega_0^2 - \omega^2 + \mathrm{i}\,\omega\gamma}. \tag{8.2.9}$$

Den Verlauf des Real- und Imaginärteils von α in Abhängigkeit von ω zeigt Abb. 8.2. Demnach besitzt α eine Resonanzstelle bei $\omega = \omega_0$, indem α sich innerhalb des schmalen Frequenzbereiches $\omega_0 - \gamma < \omega < \omega_0 + \gamma$ sehr schnell ändert und dabei im Imaginärteil einen sehr ausgeprägten Extremwert durchläuft. Außerhalb der Resonanzstelle ist α angenähert reell, und zwar positiv für $\omega < \omega_0$ und negativ für $\omega > \omega_0$. Im letzteren Fall schwingt das Atomelektron, so wie bei jedem anderen Resonanzvorgang, gegenphasig gegen die erregende Kraft.

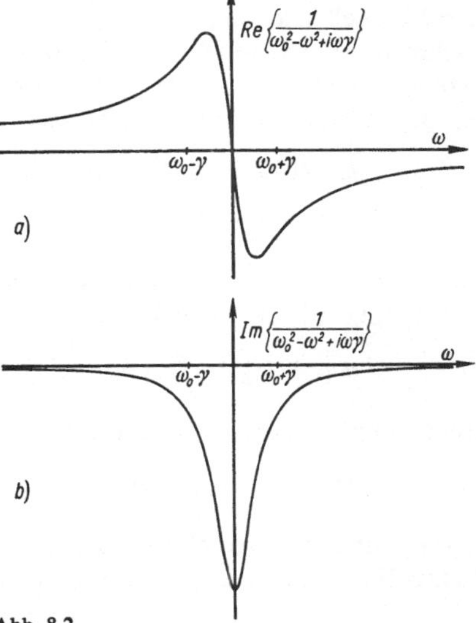

Abb. 8.2

Verlauf von a) Realteil und b) Imaginärteil der Polarisierbarkeit in der Nähe einer Resonanzstelle

Aus der Polarisierbarkeit (8.2.9) finden wir für nicht zu dichte Gase bei einer Teilchendichte n

$$\begin{aligned}\varepsilon &= 1 + \frac{n\,\alpha}{\varepsilon_0} \\ &= 1 + \frac{n\,e^2}{\varepsilon_0\, m}\,\frac{1}{\omega_0^2 - \omega^2 + \mathrm{i}\,\omega\,\gamma}.\end{aligned} \tag{8.2.10}$$

Bei dichten Gasen und in Flüssigkeiten kommt wegen des durch (2.2.11) gegebenen Unterschieds zwischen $\boldsymbol{F}$ und $\boldsymbol{E}$ noch ein Korrekturglied rechts im Nenner hinzu:

$$\varepsilon = 1 + \frac{n\,\alpha}{\varepsilon_0 - n\,\alpha/3},$$

d.h.

$$\begin{aligned}\frac{\varepsilon - 1}{\varepsilon + 2} &= \frac{n\,\alpha}{3\,\varepsilon_0} \\ &= \frac{n\,e^2}{3\,\varepsilon_0\, m}\,\frac{1}{\omega_0^2 - \omega^2 + \mathrm{i}\,\omega\,\gamma}.\end{aligned} \tag{8.2.11}$$

Für den Fall $n\,\alpha \ll \varepsilon_0$ können wir aber von dieser Korrektur absehen und erhalten damit als Zusammenhang zwischen $\boldsymbol{D}$ und $\boldsymbol{E}$ die Formel

$$\boldsymbol{D} = \varepsilon\,\varepsilon_0\,\boldsymbol{E} = \varepsilon_0\,\boldsymbol{E}\left\{1 + \frac{n\,e^2}{\varepsilon_0\, m}\,\frac{1}{\omega_0^2 - \omega^2 + \mathrm{i}\,\omega\,\gamma}\right\}. \tag{8.2.12}$$

Ist in diesem Fall $\boldsymbol{F} \approx \boldsymbol{E}$ nicht als rein harmonisch, sondern als willkürliche Zeitfunktion $\boldsymbol{E}(t)$ vorgegeben, so gewinnen wir als strenge Lösung von (8.2.8)

$$\begin{aligned}\boldsymbol{D}(t) - \varepsilon_0\,\boldsymbol{E}(t) &= \boldsymbol{P}(t) \\ &= \frac{n\,e^2}{m\sqrt{\omega_0^2 - \gamma^2/4}} \int_{-\infty}^{t} \boldsymbol{E}(t')\,\mathrm{e}^{-\gamma(t-t')/2} \sin\left(\sqrt{\omega_0^2 - \gamma^2/4}\,(t - t')\right) \mathrm{d}t'.\end{aligned} \tag{8.2.13}$$

Auch hier ergibt sich für die Polarisation $\boldsymbol{P}$ automatisch eine Nachwirkung, und zwar mit einer mittleren Nachwirkdauer $2/\gamma$, wobei γ die Dämpfungskonstante des atomaren Schwingungsvorgangs bedeutet.

Natürlich läßt sich auch hier, wie im Fall der Leitfähigkeit, die Lösung (8.2.13) der Differentialgleichung (8.2.8) mit Hilfe einer Fourier-Entwicklung und nachträglicher Integration über alle Frequenzen ω finden; nur ist dabei jetzt mit zwei Polen bei $\omega = +\,\mathrm{i}\,\gamma/2 \pm \sqrt{\omega^2 - \gamma^2/4}$ zu rechnen, gegeben durch die Nullstellen des Nenners von (8.2.9).

Anmerkung. Im Gaußschen System bleiben die Beziehungen dieses Abschnitts formal ungeändert. Nur in den beiden Formeln (8.2.10) und (8.2.11) ist α/ε_0 durch $4\pi\,\alpha^*$ zu ersetzen, und an die Stelle der Beziehung (8.2.12) tritt

$$\boldsymbol{D}^* = \varepsilon\,\boldsymbol{E}^* = \boldsymbol{E}^*\left\{1 + \frac{4\,\pi\,n\,e^2}{m}\,\frac{1}{\omega_0^2 - \omega^2 + \mathrm{i}\,\omega\,\gamma}\right\}.$$

8.3. Ebene Wellen in homogener Materie

Nach den Vorbereitungen des vorigen Abschnitts können wir nun daran gehen, Lösungen der Maxwellgleichungen (7.1.4) zu suchen, die ebenen Wellen in der Materie entsprechen. Nehmen wir, wie in (8.1.11), für alle Feldgrößen einschließlich $\boldsymbol{g}$ und ϱ eine Raum-Zeit-Abhängigkeit der Form $e^{i(\omega t - \boldsymbol{k}\boldsymbol{r})}$ an, so erhalten wir aus (7.1.4) wegen (8.1.13) nach Multiplikation mit i die Beziehungen

$$\left.\begin{aligned} \boldsymbol{k}\times\boldsymbol{H} &= -\,\omega\,\boldsymbol{D} + \mathrm{i}\,\boldsymbol{g}\,, & \boldsymbol{k}\,\boldsymbol{D} &= \mathrm{i}\,\varrho\,,\\ \boldsymbol{k}\times\boldsymbol{E} &= \omega\,\boldsymbol{B}\,, & \boldsymbol{k}\,\boldsymbol{B} &= 0\,, \end{aligned}\right\} \tag{8.3.1}$$

zu denen die aus der Kontinuitätsgleichung, aber auch aus den ersten beiden Gleichungen (8.3.1) folgende Beziehung

$$\omega\,\varrho = \boldsymbol{k}\,\boldsymbol{g} \tag{8.3.2}$$

hinzukommt. Ziehen wir nun noch die Verknüpfungsgleichungen

$$\boldsymbol{D} = \varepsilon\,\varepsilon_0\,\boldsymbol{E}\,,\qquad \boldsymbol{B} = \mu\,\mu_0\,\boldsymbol{H}\quad\text{und}\quad \boldsymbol{g} = \sigma\,\boldsymbol{E} \tag{8.3.3}$$

heran, mit den im Abschnitt 8.2 angegebenen Materialgrößen, und eliminieren daraus die Feldgrößen $\boldsymbol{D}$, $\boldsymbol{H}$, $\boldsymbol{g}$ und ϱ, so kommen wir zu den Beziehungen

$$\left.\begin{aligned} \boldsymbol{k}\times\boldsymbol{B} &= -\,\mu\,\mu_0\,(\varepsilon\,\varepsilon_0\,\omega - \mathrm{i}\,\sigma)\,\boldsymbol{E}\,, & \omega\,\varepsilon\,\varepsilon_0\,\boldsymbol{k}\,\boldsymbol{E} &= \mathrm{i}\,\omega\,\varrho = \mathrm{i}\,\sigma\,\boldsymbol{k}\,\boldsymbol{E}\,,\\ \boldsymbol{k}\times\boldsymbol{E} &= \omega\,\boldsymbol{B}\,, & \boldsymbol{k}\,\boldsymbol{B} &= 0\,. \end{aligned}\right\} \tag{8.3.4}$$

Diese Beziehungen treten in homogenen, isotropen Medien an die Stelle der für das Vakuum gültigen Beziehungen (8.1.14), in die sie für $\varepsilon = 1$, $\mu = 1$, $\sigma = 0$ und mit $\varepsilon_0\,\mu_0 = 1/c_0^2$ übergehen.

Zunächst fällt auf, daß es jetzt, im Gegensatz zu den Verhältnissen im Vakuum, zwei verschiedene Lösungstypen gibt, entsprechend den zwei Lösungen

$$\boldsymbol{k}\,\boldsymbol{E} = 0 \quad\text{und}\quad \omega\,\varepsilon\,\varepsilon_0 = \mathrm{i}\,\sigma \tag{8.3.5}$$

der zweiten Gleichung (8.3.4). Wir wollen diese zwei Lösungstypen getrennt untersuchen und diskutieren.

Beim ersten Lösungstyp stehen, wie im Vakuum, $\boldsymbol{E}$ und $\boldsymbol{B}$ senkrecht auf dem Ausbreitungsvektor $\boldsymbol{k}$ und auch senkrecht aufeinander, und zwar wieder so, daß die Richtungen von $\boldsymbol{k}$, $\boldsymbol{E}$ und $\boldsymbol{B}$ in dieser Reihenfolge als Koordinatenrichtungen eines kartesischen Rechtssystems gewählt werden können. Wir erhalten somit bei diesem Lösungstyp wieder transversale Wellen; nur sind jetzt wegen des Auftretens der imaginären Einheit die Vektoren $\boldsymbol{E}$ und $\boldsymbol{B}$ gegeneinander phasenverschoben. Ferner sind die Wellen elektrisch neutral ($\varrho = 0$). Und schließlich gilt statt der für das Vakuum gültigen Beziehung (8.1.12) jetzt die Relation

$$k^2 = \varepsilon\,\varepsilon_0\,\mu\,\mu_0\,\omega^2\left(1 - \frac{\mathrm{i}\,\sigma}{\varepsilon\,\varepsilon_0\,\omega}\right) = \varepsilon\,\mu\,\frac{\omega^2}{c_0^2}\left(1 - \frac{\mathrm{i}\,\sigma}{\varepsilon\,\varepsilon_0\,\omega}\right), \tag{8.3.6}$$

mit den im Abschnitt 8.2 diskutierten dynamischen Werten der Materialgrößen.

Wir betrachten zunächst das Verhalten der Wellen in Isolatoren ($\sigma = 0$). Hier wird k außer in der unmittelbaren Nähe von Resonanzstellen ω_0 angenähert reell und gleich $\omega \sqrt{\varepsilon \mu}/c_0$. Eingesetzt in unseren Wellenansatz $e^{i(\omega t - kr)}$ ergibt dies, wenn wir die x-Richtung in die Richtung der Wellennormale legen,

$$e^{i(\omega t - kx)} = e^{i\omega(t - x\sqrt{\varepsilon\mu}/c_0)}. \tag{8.3.7}$$

Diese Welle läuft also mit der Geschwindigkeit

$$c = c_0/\sqrt{\varepsilon \mu} = 1/\sqrt{\varepsilon \varepsilon_0 \mu \mu_0}. \tag{8.3.8}$$

Daher gilt nach den Regeln der Optik für den Brechungsindex die sogenannte Maxwellsche Beziehung[1])

$$n = \sqrt{\varepsilon \mu}. \tag{8.3.9}$$

Für Isolatoren ist somit das Produkt aus Dielektrizitätskonstante und Permeabilität außerhalb der Resonanzstellen von $\varepsilon(\omega)$ gleich dem Quadrat des optischen Brechungsindex. Ferner gilt dort $d\varepsilon/d\omega > 0$ und damit auch $dn/d\omega > 0$, beides in Übereinstimmung mit den Formeln (8.2.10) und (8.2.11), sowie mit dem Experiment („Normale Dispersion").

Maxwell selbst hatte in (8.3.9) den statischen Wert der Dielektrizitätskonstante eingesetzt. Dies führt zwar zu einer brauchbaren Übereinstimmung auch noch bei Radiofrequenzen und langsamen Ultrarot-Schwingungen, versagt aber bei vielen Substanzen bereits im sichtbaren Spektralbereich, und zwar regelmäßig dann, wenn die Substanzen im Ultrarot selektive Absorptionsgebiete, d. h. Bereiche mit Resonanzverhalten, zeigen. Besonders ausgeprägt ist dies Versagen beim Wasser, bei dem die statische Dielektrizitätskonstante $\varepsilon = 81$ für $\omega = 0$, der Brechungsindex im Sichtbaren jedoch nur $n = 1{,}33$ ist.

In der Nähe von Resonanzstellen wird ε komplex. Wir führen dann durch

$$\sqrt{\varepsilon \mu} = \tilde{n} = n - i\varkappa \tag{8.3.10}$$

einen komplexen Brechungsindex $\tilde{n}$ ein mit reellem positivem n und $\varkappa$. Daß $\varkappa$ positiv ist und es auch stets sein muß, folgt beispielsweise aus (8.2.10), aber auch aus der Darstellung

$$e^{i(\omega t - kx)} = e^{i\omega(t - x\tilde{n}/c_0)} = e^{i\omega(t - xn/c_0)}\, e^{-\omega\varkappa x/c_0}. \tag{8.3.11}$$

Die Welle klingt also in der Fortschreitungsrichtung exponentiell ab, und zwar auf der Strecke einer Wellenlänge ($\omega n x/c_0 = 2\pi$) um den Faktor $e^{-2\pi\varkappa/n}$. Man nennt daher $\varkappa$ den Extinktionskoeffizienten. (Vgl. hierzu auch Abschnitt E II im zweiten Band.)

Bei Metallen wird wegen des Leitfähigkeitsgliedes in (8.3.6) der Ausbreitungsvektor $\boldsymbol{k}$ wesentlich komplex. Daher ist es auch hier angezeigt, mit einem komplexen Brechungsindex $\tilde{n}$ zu rechnen, indem wir

$$k = \frac{\omega \tilde{n}}{c_0} \tag{8.3.12}$$

setzen mit

$$\tilde{n} \equiv n - i\varkappa = \sqrt{\varepsilon\mu\left(1 - \frac{i\sigma}{\varepsilon\varepsilon_0\omega}\right)} = \sqrt{\varepsilon\mu\left(1 - \frac{i\sigma_0}{\varepsilon\varepsilon_0\omega(1 + i\omega\tau)}\right)}; \tag{8.3.13}$$

dabei haben wir für σ den Wert (8.2.4) eingeführt.

---

[1]) Eine Verwechslung des hier eingeführten reellen Berechnungsindex n mit der im Abschnitt 8.2 benutzten Bezeichnung n für die Elektronendichte ist wohl nicht zu befürchten.

Solange $\omega \ll 1/\tau$ ist, also für hinreichend lange Wellen, können wir hier im Nenner $\mathrm{i}\,\omega\,\tau$ neben 1 vernachlässigen und dann auch die Eins vor dem Leitfähigkeitsglied streichen, da bei Metallen im allgemeinen $\sigma_0/\varepsilon_0 \gg 1/\tau$ ist. (Z.B. gilt für Kupfer bei 0°C angenähert $\sigma_0/\varepsilon_0 = 7{,}3 \cdot 10^{18}\,\mathrm{s}^{-1}$ gegenüber $1/\tau = 3{,}7 \cdot 10^{13}\,\mathrm{s}^{-1}$.) In diesem Fall erhalten wir in guter Näherung

$$n \approx \varkappa \approx \sqrt{\mu\,\sigma_0/2\,\varepsilon_0\,\omega}\,; \tag{8.3.14}$$

also wird hier eine elektromagnetische Welle bereits auf der Strecke einer Wellenlänge um den Faktor $\mathrm{e}^{-2\pi} \approx 0{,}028$ geschwächt. Als Eindringtiefe d wird die Strecke bezeichnet, auf der die Welle auf den e-ten Teil abgeklungen ist; wegen (8.3.11) und (8.3.14) ist sie gleich

$$d = \frac{c_0}{\omega\,\varkappa} = \sqrt{\frac{2\,\varepsilon_0\,c_0^2}{\mu\,\sigma_0\,\omega}} = \sqrt{\frac{2}{\mu\,\mu_0\,\sigma_0\,\omega}} = \sqrt{\frac{1}{\pi\,\mu\,\mu_0\,\sigma_0\,\nu}}\,. \tag{8.3.15}$$

Beispielsweise gilt für Kupfer bei einer Schwingungszahl $\nu = 50\,\mathrm{s}^{-1}$ eine Eindringtiefe von 8,9 mm und bei $\nu = 5 \cdot 10^7\,\mathrm{s}^{-1}$ eine solche von 8,9 µm. Diese d-Werte geben die zur Abschirmung der betreffenden Wellenlänge etwa erforderliche Blechstärke an.

Wird jedoch $\omega \gg 1/\tau$, so führt die Vernachlässigung der Eins im Nenner neben dem Glied $\mathrm{i}\,\omega\,\tau$ angenähert zur Beziehung

$$\tilde{n} \equiv n - \mathrm{i}\,\varkappa \approx \sqrt{\varepsilon\,\mu\left(1 - \frac{\sigma_0}{\varepsilon\,\varepsilon_0\,\omega^2\,\tau}\right)} = \sqrt{\varepsilon\,\mu\left(1 - \frac{\omega_p^2}{\omega^2}\right)}\,, \tag{8.3.16}$$

wenn wir zur Abkürzung

$$\omega_p^2 = \frac{\sigma_0}{\varepsilon\,\varepsilon_0\,\tau} = \frac{n\,e^2}{\varepsilon\,\varepsilon_0\,m} \tag{8.3.17}$$

setzen. Dabei wird die Größe ω_p aus später ersichtlichem Grund Plasmafrequenz genannt; sie beträgt beispielsweise bei Kupfer $1{,}64 \cdot 10^{16}\,\mathrm{s}^{-1}$, wenn hier mit $\varepsilon \approx 1$ gerechnet wird. Solange nun $\omega \ll \omega_p$ ist, haben wir mit einer starken Absorption $\varkappa \approx \sqrt{\varepsilon\,\mu}\,\omega_p/\omega$ zu rechnen, die zu einer nunmehr frequenzunabhängigen Eindringtiefe $d \approx c_0/\omega_p\,\sqrt{\varepsilon\,\mu}$ führt, bei Cu beispielsweise zu etwa $2 \cdot 10^{-8}$ m = 0,02 µm. Wächst aber ω über ω_p hinaus, so wird der Brechungsindex praktisch reell. In diesem Bereich werden somit die Metalle in nicht zu dicken Schichten fast durchsichtig. Der Grund hierfür besteht darin, daß im Fall $\omega \gg \omega_p$ der Verschiebungsstrom erheblich stärker wird als der Leitungsstrom; für so hohe Frequenzen verhalten sich also Leiter optisch fast wie Isolatoren.

Dieselben Überlegungen sind übrigens auch auf das aus Ionen und freien Elektronen bestehende Glasplasma in der Ionosphäre anwendbar. Dort wird ω_p wegen der geringen Elektronendichte wesentlich kleiner (etwa 10^7 bis $10^8\,\mathrm{s}^{-1}$), so daß das Einsetzen der Durchlässigkeit bei $\omega \geq \omega_p$ bereits im Hochfrequenzbereich experimentell verfolgt werden kann.

Wir wenden uns jetzt dem zweiten Lösungstyp der Gleichungen (8.3.4) zu, der durch die zweite Beziehung (8.3.5) gegeben wird. Offenbar gilt hier $\boldsymbol{B} = 0$ wegen der ersten und vierten Gleichung (8.3.4), so daß wir es hier mit rein elektrischen Schwingungen ohne Magnetfeld zu tun haben. Ferner sind in diesem Fall wegen der aus dem Induktionsgesetz folgenden dritten Gleichung (8.3.4) die Schwingungen von $\boldsymbol{E}$ longitudinal und führen daher wegen $g = \sigma E$ und wegen der Kontinuitätsgleichung auch zu Schwingungen der Ladungsdichte. Die Frequenz dieser Schwingungen wird durch $\omega\, \varepsilon\, \varepsilon_0 = \mathrm{i}\, \sigma$ gegeben, bei Metallen also wegen (8.2.4) und $\varepsilon \approx 1$ durch

$$\omega\, \varepsilon\, \varepsilon_0 = \frac{\mathrm{i}\, \sigma_0}{1 + \mathrm{i}\, \omega\, \tau}, \quad \text{d. h.} \quad \omega^2 - \frac{\mathrm{i}\, \omega}{\tau} - \frac{\sigma_0}{\varepsilon\, \varepsilon_0\, \tau} = 0. \tag{8.3.18}$$

Hier erhalten wir also eine komplexe Eigenfrequenz, die wegen (8.3.17) und $\omega_p \gg 1/\tau$ einer schwach gedämpften Schwingung mit der reellen Frequenz $\sqrt{\omega_p^2 - 1/4\tau^2} \approx \omega_p$ und der zeitlichen Dämpfungskonstante 2τ entspricht. Da es sich hierbei um Schwingungen handelt, bei denen die das sogenannte Elektronenplasma bildenden Leitungselektronen gegen die praktisch fest liegenden Gitterionen schwingen, wird die Größe ω_p als Plasmafrequenz bezeichnet.

Die ω-Beziehung (8.3.18) können wir auch direkt aus dem erweiterten Ohmschen Gesetz in der Form (8.2.2) durch Divergenzbildung und Berücksichtigung der Kontinuitätsgleichung gewinnen; denn (8.3.18) folgt aus

$$\tau \frac{\partial^2 \varrho}{\partial t^2} + \frac{\partial \varrho}{\partial t} = -\sigma_0 \operatorname{div} \boldsymbol{E} = -\frac{\sigma_0\, \varrho}{\varepsilon\, \varepsilon_0} = -\tau\, \omega_p^2\, \varrho \tag{8.3.19}$$

durch den Frequenzansatz $\varrho \sim e^{\mathrm{i}\omega t}$. Würden wir zu der Beziehung (8.2.2) noch ein Diffusionsglied der Form (4.2.15) hinzufügen, so würden wir durch Divergenzbildung auf der rechten Seite von (8.3.19) noch ein Glied mit $\Delta\varrho$ erhalten, so daß diese Gleichung dann den Charakter einer Wellengleichung mit einem durch $\partial\varrho/\partial t$ gegebenen Dämpfungsglied erhält. In diesem Fall finden wir also statt der Plasmaschwingungen mit der aus (8.3.18) folgenden komplexen Frequenz Plasmawellen mit einem komplexen Zusammenhang zwischen ihrer Frequenz ω und ihrem Ausbreitungsvektor $\boldsymbol{k}$. Wegen weiterer Einzelheiten muß hier auf den Abschnitt E I im dritten Band verwiesen werden.

Auch bei Nichtleitern ($\sigma = 0$) gibt es Lösungen der Gleichungen (8.3.4) vom zweiten Lösungstyp, nämlich für Frequenzen ω, für die

$$\varepsilon(\omega) = 0 \tag{8.3.20}$$

ist. Bei Gültigkeit der ε-Werte (8.2.10) bzw. (8.2.11) und des α-Wertes (8.2.9) ist dies der Fall für

$$n\, \alpha = -\varepsilon_0 \quad \text{bzw.} \quad = -\frac{3\, \varepsilon_0}{2},$$

$$\text{also für} \quad \omega^2 - \mathrm{i}\, \omega\, \gamma = \omega_0^2 + \frac{n e^2}{\varepsilon_0 m} \quad \text{bzw.} \quad = \omega_0^2 + \frac{2 n e^2}{3 \varepsilon_0 m}; \tag{8.3.21}$$

nur bedeutet jetzt n nicht die Dichte freier Elektronen, sondern die Dichte der Atome der Polarisierbarkeit α. Wir finden also auch hier zusätzliche Schwingungen in der Materie mit Frequenzen von der Größenordnung der Plasmafrequenzen in Metallen; doch handelt es sich jetzt um reine Polarisationsschwingungen mit $\boldsymbol{D} = 0$ und $\varrho = 0$, die sich in der Praxis kaum bemerkbar machen.

Anmerkung. Im Gaußschen Maßsystem treten an die Stelle der Beziehungen des Abschnitts 8.3 durchweg analoge Beziehungen mit den gesternten Feldgrößen, wobei außerdem ε_0 durch $1/4\pi$ zu ersetzen ist. So lautet beispielsweise für den zweiten Lösungstyp die Frequenzbeziehung $\omega\, \varepsilon = 4\pi\, \mathrm{i}\, \sigma^*$, und die Plasmafrequenz ω_p wird gegeben durch

$$\omega_p^2 = 4\pi\, n\, e^{*2}/\varepsilon\, m. \tag{8.3.22}$$

8.4. Die Reflexion elektromagnetischer Wellen an Grenzflächen

Wir betrachten jetzt eine ebene elektromagnetische Welle, die aus dem Vakuum auf die zur y-z-Ebene gewählte Oberfläche einer normal polarisierbaren und magnetisierbaren Substanz auftrifft. Dabei beschränken wir uns zunächst auf den Fall senkrechter Inzidenz einer linear polarisierten Welle mit $\boldsymbol{E} \parallel y$- und daher $\boldsymbol{B} \parallel z$-Richtung. Erfahrungsgemäß wird diese Welle an der Oberfläche aufgespalten in eine reflektierte Welle, die im Vakuum nach der Richtung der negativen x-Achse fortschreitet, und in eine in das Medium, also nach der positiven x-Richtung hin eindringende Welle.

Das als isotrop und homogen angenommene Medium möge gemäß (8.3.10) beschrieben werden durch einen komplexen Brechungsindex $\tilde{n} = n - \mathrm{i}\,\varkappa$, während im Vakuum $\tilde{n} = 1$ gilt. Wir merken noch an, daß entsprechend den Maxwell-Gleichungen an der Grenzfläche unter allen Umständen Stetigkeit der Tangentialkomponente von $\boldsymbol{E}$ und der Normalkomponente von $\boldsymbol{B}$ zu fordern ist, während D_n und H_t nur dann stetig sind, wenn, wie im vorliegenden Fall, keine Oberflächenladungen und -ströme auftreten.

Unter Berücksichtigung von (8.1.14) bzw. (8.3.4) befriedigen wir die Maxwell-Gleichungen durch den folgenden Ansatz:

$$\left.\begin{array}{lll} \text{Einfallende Welle } (x < 0): & E_y^{(e)} = a\, \mathrm{e}^{\mathrm{i}\omega(t - x/c_0)}, & B_z^{(e)} = \dfrac{a}{c_0}\, \mathrm{e}^{\mathrm{i}\omega(t - x/c_0)}. \\[2ex] \text{Reflektierte Welle } (x < 0): & E_y^{(r)} = a'\, \mathrm{e}^{\mathrm{i}\omega(t + x/c_0)}, & B_z^{(r)} = -\dfrac{a'}{c_0}\, \mathrm{e}^{\mathrm{i}\omega(t + x/c_0)}. \\[2ex] \text{Eindringende Welle } (x > 0): & E_y = a''\, \mathrm{e}^{\mathrm{i}\omega(t - \tilde{n}x/c_0)}, & B_z = \dfrac{\tilde{n}\, a''}{c_0}\, \mathrm{e}^{\mathrm{i}\omega(t - \tilde{n}x/c_0)}. \end{array}\right\} \quad (8.4.1)$$

Dabei wurde im Vakuum $k = \omega/c_0$ wegen (8.1.12) und im Medium $k = \tilde{n}\,\omega/c_0$ wegen (8.3.12) gesetzt mit dem aus (8.3.13) folgenden, zunächst komplexen Brechungsindex

$$\tilde{n} = \sqrt{\varepsilon\,\mu\,(1 - \mathrm{i}\,\sigma/\varepsilon\,\varepsilon_0\,\omega)}\,. \quad (8.4.2)$$

Die vorerst unbestimmten Amplituden a' und a'' folgen aus den Randbedingungen:

$$\begin{array}{llll} \text{Stetigkeit von } E_t: & E_y^{(e)} + E_y^{(r)} = E_y\,, & a + a' = a''\,; \\[1ex] \text{Stetigkeit von } H_t: & B_z^{(e)} + B_z^{(r)} = B_z/\mu\,, & a - a' = a''\,\tilde{n}/\mu\,. \end{array}$$

Daraus finden wir

$$\frac{a'}{a} = \frac{\mu - \tilde{n}}{\mu + \tilde{n}}, \qquad \frac{a''}{a} = \frac{2\,\mu}{\mu + \tilde{n}}. \quad (8.4.3)$$

Als Reflexionsvermögen R der Materie wird das Verhältnis der Intensitäten der reflektierten und der einfallenden Welle bezeichnet. Da die reflektierte wie die einfallende Strahlung im Vakuum laufen, können wir das Verhältnis der beiden Poynting-Vektoren gleichsetzen dem Verhältnis der Quadrate der absoluten Beträge von a und a':

$$R = \frac{a'\,a'^*}{a\,a^*} = \frac{(\mu - \tilde{n})(\mu - \tilde{n}^*)}{(\mu + \tilde{n})(\mu + \tilde{n}^*)} = \frac{(n - \mu)^2 + \varkappa^2}{(n + \mu)^2 + \varkappa^2}. \quad (8.4.4)$$

Für ein durchsichtiges Medium ($\varkappa = 0$) folgt daraus die aus der Optik wohlbekannte Beziehung

$$R = \frac{(n-\mu)^2}{(n+\mu)^2} = \frac{\left(\sqrt{\varepsilon/\mu}-1\right)^2}{\left(\sqrt{\varepsilon/\mu}+1\right)^2}, \quad \text{also für} \quad \mu \approx 1 \quad \text{angenähert} \quad R = \frac{(n-1)^2}{(n+1)^2}. \quad (8.4.5)$$

Mit zunehmender Absorption nimmt auch das Reflexionsvermögen zu. Für Metalle wird bei nicht zu hoher Frequenz der einfallenden Strahlung, also im Gültigkeitsbereich der Formel (8.3.14) mit $n \approx \varkappa \gg 1$, $\mu \approx 1$ das Reflexionsvermögen angenähert gleich 1:

$$R \approx 1 - \frac{4n}{(n+1)^2 + \varkappa^2} \approx 1 - \frac{2}{n} \approx 1 - \sqrt{\frac{8\,\varepsilon_0\,\omega}{\sigma_0}}. \qquad (8.4.6)$$

Diese Reflexionsformel wurde von Hagen und Rubens an verschiedenen Metallen überprüft und im langwelligen Ultrarot bis etwa zu Wellenlängen $\lambda = 25$ µm als quantitativ gut bestätigt gefunden. Bis zu diesem Wellenlängengebiet wird also das optische Verhalten von Metallen durch die Gleichstromleitfähigkeit σ_0 bestimmt. Für kürzere Wellen wird das beobachtete Reflexionsvermögen wesentlich kleiner als das nach (8.4.6) berechnet, entsprechend unseren Betrachtungen im Abschnitt 8.2 über die dynamische Leitfähigkeit im Bereich $\omega \gg 1/\tau$; wegen ihrer Massenträgheit vermögen eben die Elektronen dem schnell wechselnden Feld in der Lichtwelle nicht mehr zu folgen.

Noch ausgeprägter wird dieser Trägheitseffekt bei Elektrolyten (z.B. H_2SO_4 in Wasser), die statisch eine vorzügliche Leitfähigkeit besitzen, dennoch aber völlig durchsichtig sind. Da hier die Träger des Stromes aus Ionen bestehen mit einer gegenüber den Elektronen mehrere tausendmal größeren Masse, ist es verständlich daß sich Elektrolyte gegenüber dem elektrischen Feld von Lichtwellen wie Isolatoren verhalten.

Wir kehren nochmals zu den obigen Formeln zurück und stellen zunächst fest, daß bei reellem $\tilde{n}$, also für $\varkappa = 0$, wegen (8.4.3) der $\boldsymbol{E}$-Vektor der reflektierten Welle an der Grenzfläche dem der einfallenden Welle entgegengerichtet ist, daß also der $\boldsymbol{E}$-Vektor bei der Reflexion einen Phasensprung um 180° erleidet. Dies bleibt auch angenähert im Gültigkeitsbereich der Formel (8.4.6) für die Reflexion an Metallen bestehen. Und zwar wird hier $a'/a \approx -1 + 2\mu/\tilde{n}$, $a''/a \approx 2\mu/\tilde{n}$; also kompensieren sich die Felder der beiden Wellen im Außenraum an der Grenzfläche weitgehend, so daß in das Metall nur ein sehr schwaches $\boldsymbol{E}$-Feld eindringt. Im Gegensatz dazu sind die beiden $\boldsymbol{B}$-Vektoren der Wellen im Außenraum an der Grenzfläche gleichgerichtet und annähernd gleich groß, so daß in das Metall ein starkes $\boldsymbol{B}$-Feld eindringt. Doch wird dieses Feld durch das Magnetfeld des von der $\boldsymbol{E}$-Welle hervorgerufenen Raumstroms sehr schnell abgeschwächt, und zwar etwa auf einer Strecke der durch (8.3.15) gegebenen Eindringtiefe d.

Wir gehen jetzt über zur Behandlung des Falles mit schrägem Lichteinfall. Dann haben wir mit den drei bzw. vier Phasenfunktionen

$$e^{i(\omega t - \boldsymbol{k}\boldsymbol{r})}, \quad e^{i(\omega t - \boldsymbol{k}'\boldsymbol{r})}, \quad e^{i(\omega t - \boldsymbol{k}_t\boldsymbol{r})} \quad \text{und} \quad e^{i(\omega t - \boldsymbol{k}_l\boldsymbol{r})}$$

zu rechnen, wobei $\boldsymbol{k}$, $\boldsymbol{k}'$, $\boldsymbol{k}_t$ und $\boldsymbol{k}_l$ die Ausbreitungsvektoren der einfallenden, der reflektierten, der eindringenden transversalen und der eindringenden longitudinalen Welle sind. Damit die Stetigkeitsbedingungen nicht nur für alle Zeiten, sondern auch für alle Punkte der Grenzebene erfüllbar sind, müssen die $\boldsymbol{k}$-Vektoren in einer Ebene liegen und gleich große Tangentialkomponenten besitzen. Bezeichnen wir mit α den Einfallswinkel zwischen $\boldsymbol{k}$ und der Flächennormale, mit α' den Reflexionswinkel, mit β den Austrittswinkel der Transversalwelle und mit γ den der Longitudinalwelle, so muß gelten

$$k \sin \alpha = k' \sin \alpha' = k_t \sin \beta = k_l \sin \gamma \,. \tag{8.4.7}$$

Wir finden so wegen $k = k'$ nicht nur das Reflexionsgesetz $\alpha = \alpha'$, sondern auch für den transversal schwingenden Anteil der eindringenden Welle wegen $k_t = k\,\tilde{n}$ das Brechungsgesetz

$$\sin \alpha = \tilde{n} \sin \beta \,, \tag{8.4.8}$$

das für den Lichteintritt in durchsichtige Medien die gewohnte Form

$$\sin \alpha = n \sin \beta \tag{8.4.9}$$

annimmt. Bei absorbierenden Medien wird mit $\tilde{n}$ auch β komplex und verliert damit seine anschauliche Bedeutung. Das Gleiche gilt für k_l und γ.

Die Amplituden der zwei bzw. drei Sekundarwellen folgen natürlich aus den Randbedingungen für die Feldvektoren. Hierbei finden wir ein wesentlich verschiedenes Verhalten der Sekundärwellen, je nachdem ob der $\boldsymbol{E}$-Vektor der Primärwelle senkrecht zur Einfallsebene, die wir zur x-z-Ebene wählen, schwingt oder in ihr liegt.

Im ersten Polarisationsfall ($\boldsymbol{E} \parallel y$-Achse) haben wir nur mit der Stetigkeit von E_y, B_x und H_z zu rechnen, wobei sich B_x bereits als stetig erweist, wenn es E_y und H_z sind. Damit folgen aus den Stetigkeitsforderungen nur zwei Beziehungen für die Amplituden der Sekundärwellen, und zwar für die reflektierte Welle und für die in das Medium eintretende Transversalwelle. Eine Longitudinalwelle kann hier im Medium nicht angestoßen werden, da ja der $\boldsymbol{E}$-Vektor auch an der Grenzfläche keine Komponente in das Medium hinein besitzt ($E_x = 0$!).

Im zweiten Polarisationsfall ($\boldsymbol{B} \parallel y$-Achse) haben wir mit der Stetigkeit von D_x, E_z und H_y zu rechnen. Dazu kommt aber noch eine weitere Stetigkeitsbedingung, als welche wir sinnvollerweise $g_x = 0$ wählen können.

Würden wir dies nicht tun, so würden ja wegen $E_x \neq 0$ Ladungen periodisch gegen die Grenzfläche laufen und dort als Oberflächenladungen und Oberflächenströme in Erscheinung treten, wodurch D_x und H_y in nicht übersehbarer Weise unstetig werden; bei H_y müßte man überdies mit einer Oberflächenleitfähigkeit rechnen; alle diese Schwierigkeiten verschwinden aber sofort, wenn wir wahre Oberflächenladungen und -ströme aus der Betrachtung ausschließen und gegebenenfalls nur mit oberflächennahen Ladungen und Strömen rechnen.

Betrachten wir also auch g_x als stetig an der Grenzfläche, so erweist sich jetzt D_x als stetig, wenn es E_z, H_y und g_x sind. Daher kommen wir hier zu drei Beziehungen für die Amplituden von Sekundärwellen, und wir haben daher neben der reflektierten Welle mit einer transversalen und einer longitudinalen Welle im Medium zu rechnen.

Nun erweist sich aber die Plasmawelle in einem leitenden Medium bzw. ein entsprechendes Gegenstück in einem Isolator nur dann als merklich oder gar als wesentlich, wenn die Frequenz ω der ankommenden Welle annähernd mit der Plasmafrequenz im Medium übereinstimmt. Außerhalb dieses Bereiches können wir nach Ausweis der streng gültigen Formeln in guter Näherung so rechnen, als ob nicht D_x und g_x einzeln stetig sind, sondern nur in der Kombination $\partial D_x/\partial t + g_x = (\mathrm{i}\,\omega\,\varepsilon\,\varepsilon_0 + \sigma)\,E_x$; und diese erweist sich als stetig, wenn es E_z und H_y sind. In diesem Fall haben wir praktisch neben der reflektierten Welle nur eine in das Medium eindringende Transversalwelle. Die Plasmawelle im Medium wird eben nur im ω-Bereich um die Plasmafrequenz angestoßen.

Rechnen wir also auch im zweiten Polarisationsfall nur mit zwei sekundären Wellen, so kommen wir für die beiden Fälle $\boldsymbol{E}$ senkrecht zur Einfallsebene und $\boldsymbol{E}$ parallel zu ihr zu zwei Reflexionskoeffizienten, die wir hier ohne Beweis angeben:

$$R_{\perp} = \left|\frac{\mu \cos\alpha - \tilde{n}\cos\beta}{\mu\cos\alpha + \tilde{n}\cos\beta}\right|^2, \quad R_{\parallel} = \left|\frac{\mu\cos\beta - \tilde{n}\cos\alpha}{\mu\cos\beta + \tilde{n}\cos\alpha}\right|^2. \tag{8.4.10}$$

Speziell für die Lichtreflexion an durchsichtigen, unmagnetischen Medien ($\tilde{n} = n$, $\mu = 1$) gehen sie, wenn wir noch $n = \sin\alpha/\sin\beta$ setzen, über in die Fresnelschen Formeln

$$R_{\perp} = \left(\frac{\sin(\alpha - \beta)}{\sin(\alpha + \beta)}\right)^2, \quad R_{\parallel} = \left(\frac{\tan(\alpha - \beta)}{\tan(\alpha + \beta)}\right)^2. \tag{8.4.11}$$

Während $R_{\perp}$ mit zunehmendem α vom R-Wert (8.4.5) für $\alpha = 0°$ monoton bis 1 für $\alpha = 90°$ anwächst, fällt $R_{\parallel}$ zunächst bis zum Wert 0 ab, der für $\alpha + \beta = 90°$, also bei $\tan\alpha = n$, erreicht wird (Brewsterscher Polarisationswinkel), um dann weiter monoton bis zum Wert 1 anzusteigen[1]). Wegen der ausführlichen Behandlung auch in der Nähe von $\omega = \omega_p$ muß auf § 66 im dritten Band verwiesen werden.

8.5. Die Stromverdrängung (Skin-Effekt)

Wir betrachten jetzt einen geraden Metalldraht von kreisförmigem Querschnitt und mit dem Radius r_0. Dieser Draht werde von einem Wechselstrom der Frequenz ω durchflossen. Dann haben wir an seiner Oberfläche ein elektrisches Feld in Richtung der Drahtachse und ein Magnetfeld senkrecht dazu, aber ebenfalls parallel zur Oberfläche. Dies gibt qualitativ die gleichen Verhältnisse, wie wir sie im Abschnitt 8.4 bei einer senkrecht auf das Metall auftreffenden und in dieses eindringenden Lichtwelle betrachtet haben. Für das Eindringen einer solchen Lichtwelle haben wir im Fall einer ebenen Metalloberfläche und für nicht zu hohe Frequenzen ($\omega \ll 1/\tau$) eine Eindringtiefe d errechnet, die nach (8.3.15) durch

$$d = \sqrt{2/\mu\,\mu_0\,\sigma_0\,\omega} \tag{8.5.1}$$

gegeben ist. Ähnliche Verhältnisse erwarten wir auch bei der zylindrischen Drahtoberfläche. Wenn auch hier die Durchrechnung im einzelnen etwas verwickelter ist als bei einer ebenen Oberfläche, so können wir doch schon qualitativ die folgenden zwei Grenzfälle voraussehen:

1. $r_0 \ll d$: Das Wechselfeld wird beim Vordringen bis zur Drahtachse nicht wesentlich geschwächt; die Stromdichte bleibt fast gleichmäßig über den Drahtquerschnitt verteilt.

---

[1]) Da bei der Reflexion eines ursprünglich unpolarisierten Lichtstahls an einer Grenzfläche unter dem Brewster-Winkel wegen $R_{\perp} \neq 0$, $R_{\parallel} = 0$ der reflektierte Strahl linear polarisiert ist, und da man traditionsgemäß als Polarisationsebene dieses Strahls die Einfallsebene bezeichnet, schwingt im reflektierten Lichtstahl der magnetische Vektor in der Polarisationsebene. Da aber in einer Lichtwelle zweifellos der elektrische Vektor der physikalisch wirksame ist, erscheint es angezeigt, bei einer linear polarisierten Welle den Begriff Polarisationsebene durch den Begriff Schwingungsebene bzw. Schwingungsrichtung des elektrischen Vektors zu ersetzen.

2. $r_0 \gg d$: Das Wechselfeld ist bereits sehr stark abgeklungen, bevor es von außen her einen merklichen Bruchteil des Drahtradius durchlaufen hat; die Stromdichte ist daher nur in einer dünnen Oberflächenschicht („Haut", englisch „skin") merklich von Null verschieden, während das ganze Drahtinnere praktisch stromfrei ist.

Um das Eindringen des elektrischen Wechselfeldes in den Draht quantitativ zu verfolgen, wählen wir die Drahtachse zur Achse eines Systems von Zylinderkoordinaten r, α, z und machen für das stets parallel zur Achse stehende E-Feld den Ansatz $E = f(r)\,\mathrm{e}^{\mathrm{i}\omega t}$. Dann folgt zunächst aus den Maxwell-Gleichungen (7.1.4) mit den Verknüpfungsgleichungen (8.3.3) die Beziehung

$$\Delta E = -\,\omega^2\,\varepsilon\,\varepsilon_0\,\mu\,\mu_0\left(1 - \frac{\mathrm{i}\,\sigma}{\omega\,\varepsilon\,\varepsilon_0}\right)E\,,$$

die sich wegen der Form des Δ-Operators in diesen Koordinaten und wegen der durch (8.3.6) definierten Größe k auch als

$$\frac{1}{r}\,\frac{\partial}{\partial r}\left(r\,\frac{\partial E}{\partial r}\right) = -\,k^2\,E \tag{8.5.2}$$

schreiben läßt. Dabei wird speziell bei guten Leitern für Frequenzen $\omega \ll 1/\tau$ wegen (8.3.12) bis (8.3.15) angenähert $k = (1 - \mathrm{i})/d$, mit der durch (8.5.1) gegebenen Eindringtiefe d.

Die Gleichung (8.5.2) wird durch die Bessel-Funktion nullter Ordnung des komplexen Arguments $\mathrm{i}\,k\,r = (1 + \mathrm{i})\,r/d$ streng gelöst. Wir wollen uns aber hier damit begnügen, für die beiden uns hier interessierenden Grenzfälle $r_0 \ll d$ und $r_0 \gg d$ Näherungslösungen direkt aufzufinden.

Bei schwachem Skin-Effekt ist es zweckmäßig, E in eine Reihe nach geraden Potenzen von r/d zu entwickeln; wir erhalten so (mit $(1 + \mathrm{i})^2 = 2\,\mathrm{i}$)

$$E(r, t) = E(0, t)\sum_{\nu=0}^{\infty}\frac{1}{(\nu!)^2}\left(\frac{\mathrm{i}\,r^2}{2\,d^2}\right)^{\nu} \equiv E(0, t)\,J_0(k\,r)\,, \tag{8.5.3}$$

wie sich leicht durch Einsetzen in (8.5.2) und Koeffizientenvergleich bestätigen läßt. Bei starkem Skin-Effekt spielen sich alle Vorgänge so nahe an der Drahtoberfläche ab, daß wir das in (8.5.2) explizit auftretende r als konstant ansehen und durch r_0 ersetzen können. Dann finden wir aus (8.5.2)

$$E(r, t) \approx E(r_0, t)\,\mathrm{e}^{\mathrm{i}k(r - r_0)} = E(r_0, t)\,\mathrm{e}^{(1+\mathrm{i})(r - r_0)/d} \tag{8.5.4}$$

als die gegen das Drahtinnere exponentiell abfallende Näherungslösung.

Wir betrachten ferner den Gesamtstrom durch den Draht für den Fall nicht zu hoher Frequenzen ($\omega \ll 1/\tau$):

$$I(t) = 2\pi\,\sigma_0\int_0^{r_0} r\,E(r, t)\,\mathrm{d}r = -\,\frac{2\pi\,\sigma_0\,r_0}{k^2}\,\frac{\partial E(r_0, t)}{\partial r_0}\,; \tag{8.5.5}$$

dabei haben wir im Integral E durch die linke Seite von (8.5.2) ersetzt, wodurch sich das Integral geschlossen ausführen läßt[1]). Bei Gleichstrom, d.h. ohne Skin-Effekt, hätten wir aus der Reihenentwicklung (8.5.3)

$$I_0 = \pi r_0^2 \sigma_0 E_0$$

gefunden, mit dem über den Drahtquerschnitt konstanten Wert E_0 für die Feldstärke. Daher ist der Gleichstromwiderstand eines Drahtstückes der Länge l gleich

$$R_0 = l E_0/I_0 = l/\pi r_0^2 \sigma_0 . \tag{8.5.6}$$

Entsprechend definieren wir den komplexen Widerstand des Drahtstücks bei Wechselstrom nicht zu hoher Frequenz durch

$$\tilde{R} \equiv R + \mathrm{i}\,\omega L_i = \frac{l\,E(r_0, t)}{I(t)} = \frac{\mathrm{i}\,l}{d^2 \pi \sigma_0 r_0} \frac{E(r_0, t)}{\partial E(r_0, t)/\partial r_0}, \tag{8.5.7}$$

da es wegen des Skin-Effekts allein sinnvoll ist, die Stromstärke auf das vom Außenraum zugängliche Feld am Drahtrand zu beziehen. Dann ist R der Widerstand der stromführenden Bereiche im Drahtstück; und $L_i(\omega) - L_i(0)$ bedeutet seine durch den Skin-Effekt bedingte, zur normalen, im Abschnitt 6.1 betrachteten Selbstinduktivität hinzutretende „innere" Zusatzinduktivität.

Für schwachen Skin-Effekt folgt aus (8.5.7) mit (8.5.3), wenn wir noch zur Vereinfachung der Formeln die Abkürzung $z = r_0/2d$ einführen, durch Mitnahme der ersten vier Reihenglieder nach kurzer Zwischenrechnung

$$R + \mathrm{i}\,\omega L_i = R_0 \left(1 + \mathrm{i}\,z^2 + \frac{z^4}{3} - \frac{\mathrm{i}\,z^6}{6} + \cdots\right).$$

Wir finden hier also einen vergrößerten Widerstand

$$R = R_0 \left(1 + \frac{z^4}{3} + \cdots\right) = R_0 \left(1 + \frac{r_0^4}{48\,d^4} + \cdots\right)$$

sowie einen Selbstinduktivitätsanteil

$$L_i = \frac{R_0 z^2}{\omega} \left(1 - \frac{z^4}{6} + \cdots\right) = \frac{\mu \mu_0 l}{8\pi} \left(1 - \frac{r_0^4}{96\,d^4} + \cdots\right).$$

---

[1]) Aus den Rekursionsformeln der Bessel-Funktionen $J_n(\varrho)$ benachbarter Ordnungen, nämlich

$$J_{n-1} + J_{n+1} = \frac{2n}{\varrho} J_n \quad \text{und} \quad J_{n-1} - J_{n+1} = 2\frac{\mathrm{d}J_n}{\mathrm{d}\varrho},$$

folgen unter anderem die Beziehungen

$$J_1 = -\frac{\mathrm{d}J_0}{\mathrm{d}\varrho} \quad \text{und} \quad \varrho J_0 = \frac{\mathrm{d}\varrho J_1}{\mathrm{d}\varrho}.$$

Daher lautet die Formel (8.5.5), geschrieben mit Bessel-Funktionen,

$$I(t) = \frac{2\pi \sigma_0 r_0}{k} J_1(k r) E(0, t).$$

Wegen dieser und ähnlicher Beziehungen über Bessel-Funktionen sei u.a. auf Band VI der Vorlesungen von A. Sommerfeld („Partielle Differentialgleichungen der Physik") oder auf das Göschenbändchen „Differentialgleichungen der Physik" von F. Sauter verwiesen.

Beispielsweise würde zu der für quasistationäre Ströme berechneten Selbstinduktivität (6.1.12) eines Drahtrings vom Ringradius a und damit vom Umfang $l = 2\pi a$ jetzt der Ausdruck

$$[L_i(\omega)]_\mu - [L_i(0)]_{\mu=1} = \frac{\mu_0 l}{8\pi}\left((\mu - 1) - \frac{\mu r_0^4}{96 d^4} + \cdots\right)$$

zu addieren sein, da wir im Abschnitt 6.1 speziell mit $\mu = 1$ im Außenraum gerechnet haben. Für Weicheisendrähte mit etwa $\mu = 500$ wird dadurch selbst für kleine z-Werte der ω-Einfluß auf die Gesamtinduktivität erheblich.

Für starken Skin-Effekt erhalten wir mit (8.5.7) und (8.5.4) einfach

$$R + \mathrm{i}\,\omega L_i = \frac{\mathrm{i}\,l}{d^2\pi\sigma_0 r_0}\,\frac{d}{1+\mathrm{i}} = R_0\,\frac{r_0}{2d}(1+\mathrm{i})\,.$$

Hier verhält sich also der Wechselstromwiderstand zum Gleichstromwiderstand wie $r_0 : 2d = r_0^2\pi : 2r_0\pi d$, also umgekehrt wie die Querschnitte der stromführenden Schichten. Damit erhalten wir die in Abb. 8.3 wiedergegebene Abhängigkeit der Größe R/R_0 von $r_0/2d$. Sie zeigt nach einem anfänglichen Anstieg vom Wert $R = R_0$ aus mit der vierten Potenz dieses Verhältnisses später ein lineares Anwachsen.

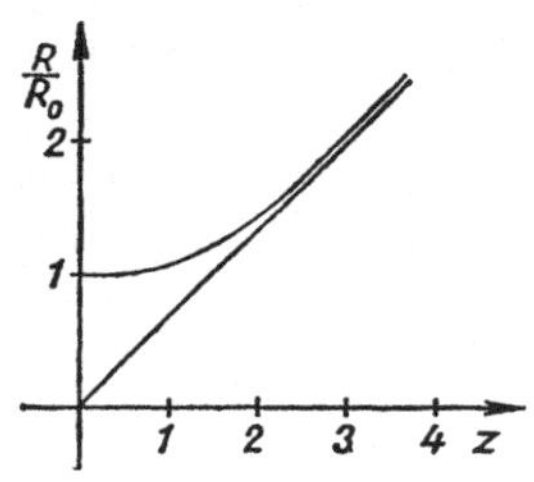

Abb. 8.3
Skin-Effekt. Anwachsen des Ohmschen Widerstands R mit $r_0/2d$

Ein dem Skin-Effekt nahe verwandtes Phänomen tritt bei der sogenannten Hochfrequenzheizung von zylindrischen Stäben auf. Diese besteht darin, daß der zu erhitzende Metallstab in ein longitudinales magnetisches Wechselfeld von hoher Frequenz gebracht wird. Dieses Feld erzeugt im Stab ein elektrisches Feld, dessen Kraftlinien die Stabachse ringförmig umgeben. Die Joulesche Wärme der so induzierten Ringströme bewirkt die gewünschte Temperatursteigerung. Hier haben wir also an der Staboberfläche wieder denselben elektromagnetischen Zustand, den eine senkrecht auf die Fläche auftreffende, linear polarisierte Welle erzeugen würde, nur daß jetzt der $\boldsymbol{B}$-Vektor parallel zur Drahtachse schwingt. Gegenüber dem Skin-Effekt haben jetzt also elektrische und magnetische Feldstärke ihre Rollen vertauscht; insbesondere gilt nunmehr die Gleichung (8.5.2) für das Eindringen der Induktion $\boldsymbol{B}$ in den zu beheizenden Stab.

Anmerkung. Im Gaußschen Maßsystem bleibt die für die rechnerische Behandlung des Skin-Effekts entscheidende Gleichung (8.5.2) dieselbe wie im SI-System. Nur lautet die durch (8.5.1) definierte Eindringtiefe d jetzt

$$d = c_0/\sqrt{2\pi\sigma_0^*\omega\mu}.$$

8.6. Drahtwellen

Wir betrachten zwei gerade, zylindrische, zueinander und zur z-Achse parallele Leiter der Länge l, z. B. zwei parallele Drähte (eigentliche Doppelleitung) oder einen mit einer isolierenden Hülle umgebenen und im Meerwasser verlegten Draht (Kabel), wobei das gut leitende Meerwasser den anderen der beiden Leiter darstellt. Bei $z = 0$ sind die beiden Leiter an eine Wechselstromquelle mit der Spannung $V^{(e)} = V_0\,\mathrm{e}^{\mathrm{i}\omega t}$ angeschlossen, bei $z = l$ sind sie miteinander über einen Ohmschen Widerstand R_0 verbunden. Zwischen den Leitern befindet sich ein homogener Isolator mit den Materialkonstanten ε und μ.

Zunächst behandeln wir den Fall, daß der Widerstand der Leiter gleich Null gesetzt werden kann, so daß ein Ohmscher Spannungsabfall entlang der Drähte nicht vorhanden ist. Daher wollen wir das Feld im Isolator als spezielle Lösung der Maxwell-Gleichungen suchen, bei der sowohl das elektrische wie das magnetische Feld überall senkrecht zur z-Achse stehen ($E_z = 0$, $B_z = 0$) und die Zeitabhängigkeit $e^{i\omega t}$ besitzen. Dann folgen aus den Maxwell-Gleichungen (7.1.4) mit den Verknüpfungsgleichungen (7.1.13) und mit der durch (8.3.8), d.h. durch

$$\varepsilon\,\varepsilon_0\,\mu\,\mu_0 = 1/c^2 \tag{8.6.1}$$

gegebenen Laufgeschwindigkeit c ebener elektromagnetischer Wellen im Isolator die Beziehungen

$$\operatorname{rot} \boldsymbol{B} = \mathrm{i}\,\omega\,\boldsymbol{E}/c^2\,, \quad \operatorname{rot} \boldsymbol{E} = -\,\mathrm{i}\,\omega\,\boldsymbol{B}\,, \quad \operatorname{div} \boldsymbol{E} = 0\,, \quad \operatorname{div} \boldsymbol{B} = 0\,. \tag{8.6.2}$$

Nun lauten die z-Komponenten der beiden Rotationsgleichungen wegen der Voraussetzung $E_z = 0$, $B_z = 0$

$$\frac{\partial E_y}{\partial x} - \frac{\partial E_x}{\partial y} = 0\,, \quad \frac{\partial B_y}{\partial x} - \frac{\partial B_x}{\partial y} = 0\,. \tag{8.6.3}$$

Hier läßt sich die erste der beiden Beziehungen durch den Ansatz

$$E_x = \frac{\partial F}{\partial x}\,, \quad E_y = \frac{\partial F}{\partial y} \tag{8.6.4}$$

lösen, wobei die vorerst noch unbekannte Funktion F wegen $\operatorname{div} \boldsymbol{E} = 0$ der Gleichung

$$\frac{\partial^2 F}{\partial x^2} + \frac{\partial^2 F}{\partial y^2} = 0 \tag{8.6.5}$$

genügen muß. Ferner folgt aus der zweiten Gleichung (8.6.2) wegen (8.6.4)

$$B_x = -\frac{\mathrm{i}}{\omega}\frac{\partial^2 F}{\partial y\,\partial z}\,, \quad B_y = \frac{\mathrm{i}}{\omega}\frac{\partial^2 F}{\partial x\,\partial z}\,, \tag{8.6.6}$$

so daß wir schließlich aus der ersten Gleichung (8.6.2) zur Beziehung

$$\frac{\partial^2 F}{\partial z^2} + \frac{\omega^2}{c^2} F = 0 \tag{8.6.7}$$

kommen. Diese Gleichung ergibt zusammen mit (8.6.5) die Lösungsfunktion

$$F(x, y, z, t) = f(x, y)\,e^{\mathrm{i}\omega(t - z/c)} + g(x, y)\,e^{\mathrm{i}\omega(t + z/c)}\,, \tag{8.6.8}$$

die eine Überlagerung einer in die positive z-Richtung und einer entgegengesetzt dazu laufenden Welle darstellt, mit der auch im homogenen Isolator gültigen Laufgeschwindigkeit c. Dabei müssen die beiden von x und y abhängigen Amplitudenfunktionen f und g den zweidimensionalen Laplace-Gleichungen

$$\frac{\partial^2 f}{\partial x^2} + \frac{\partial^2 f}{\partial y^2} = 0\,, \quad \frac{\partial^2 g}{\partial x^2} + \frac{\partial^2 g}{\partial y^2} = 0 \tag{8.6.9}$$

genügen und außerdem wegen (8.6.4) die Randbedingungen eines elektrostatischen Potentials an den Leiteroberflächen erfüllen, nämlich $f = \text{const}$ und $g = \text{const}$; daher lassen sie sich mit den im 1. Kapitel geschilderten Methoden der Potentialtheorie bestimmen.

So ergibt sich für die **eigentliche Doppelleitung**, bestehend aus zwei Drähten der Länge l vom Radius a im Abstand $d \gg a$ als Kapazität $C = \pi \varepsilon \varepsilon_0 \, l/\ln(d/a)$, und für ein **kreiszylindrisches Kabel** der gleichen Länge vom Radius a, das in einen leitenden Zylindermantel vom inneren Radius b eingelagert ist, als Kapazität $C = 2\pi \varepsilon \varepsilon_0 \, l/\ln(b/a)$.

Bei Kenntnis von $F(x, y, z, t)$ folgen die Feldkomponenten aus (8.6.4) und (8.6.6). So gilt für den in die positive z-Richtung laufenden Wellenanteil

$$E_x = c\, B_y = \frac{\partial f}{\partial x} e^{i\omega(t-z/c)}, \qquad E_y = -c\, B_x = \frac{\partial f}{\partial y} e^{i\omega(t-z/c)}. \tag{8.6.10}$$

Also stehen auch hier, wie in der ebenen Lichtwelle, $\boldsymbol{E}$ und $\boldsymbol{B}$ senkrecht aufeinander, und es gilt, wie dort, $\varepsilon \varepsilon_0 \, |\boldsymbol{E}|^2 = \mu \mu_0 \, |\boldsymbol{H}|^2 = \varepsilon \varepsilon_0 \, c^2 \, |\boldsymbol{B}|^2$.

Für die Lösung des eingangs gestellten Problems ist es jetzt erforderlich, Beziehungen zwischen der Spannung V und der Stromstärke I der Doppelleitung aufzufinden. Beide Größen sind natürlich Funktionen von z und t und müssen daher ebenso wie $\boldsymbol{E}$ und $\boldsymbol{B}$ wegen der Beziehungen (8.6.4) bis (8.6.7) den Gleichungen

$$\frac{\partial^2 V}{\partial z^2} + \frac{\omega^2}{c^2} V = 0 \quad \text{und} \quad \frac{\partial^2 I}{\partial z^2} + \frac{\omega^2}{c^2} I = 0 \tag{8.6.11}$$

genügen. Außerdem sind V und I miteinander über die Kapazität und die äußere Selbstinduktivität der Anordnung[1]) in folgender Weise gekoppelt:

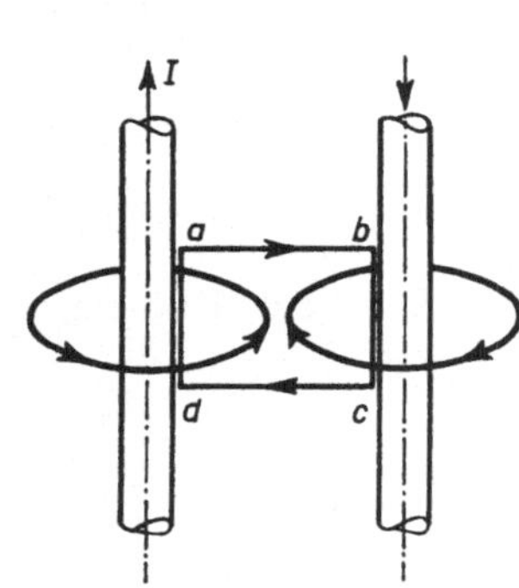

Abb. 8.4
Zur Anwendung des Induktionsgesetzes auf die Doppelleitung

Da I eine Funktion von z ist, kommt es wegen der Kontinuitätsgleichung zu elektrischen Aufladungen der Leiter. Ist δe die Ladung, die (vorübergehend) auf einem Stück des einen Leiters der Länge δz sitzt, so muß einerseits wegen der Kontinuitätsgleichung $\partial(\delta e)/\partial t = -(\partial I/\partial z)\,\delta z$ sein. Andererseits muß diese Ladung δe mit der Spannung V zwischen den beiden Leitern bei diesem z-Wert über die Teilkapazität $\delta C = \delta z \, C/l$ des Leitersystems zusammenhängen: $\delta e = \delta z \, C \, V/l$. Damit gewinnen wir mit

$$\frac{\partial I}{\partial z} = -\frac{C}{l} \frac{\partial V}{\partial t} \tag{8.6.12}$$

die erste der zwei gesuchten Beziehungen.

Die zweite Beziehung folgt durch Anwendung des Induktionsgesetzes auf einen an den beiden Leitern angehefteten Rechteckstreifen der Breite δz, also auf die Fläche $\boldsymbol{a\,b\,c\,d}$ der Abb. 8.4. Hier gibt das Linienintegral über die Feldstärke $\oint \boldsymbol{E}\, d\boldsymbol{r} = V_{ab} - V_{dc} = (\partial V/\partial z)\,\delta z$ die zeitliche Änderung $-\partial(\delta \Phi)/\partial t$ des Induktionsflusses $\delta\Phi$ durch diese Fläche; und diese Größe muß gleich sein dem Beitrag $I\,\delta L_a$ mit der Teilinduktivität $\delta L_a = \delta z \, L_a/l$ dieses Streifens. Also erhalten wir mit

$$\frac{\partial V}{\partial z} = -\frac{L_a}{l} \frac{\partial I}{\partial t} \tag{8.6.13}$$

die zweite der gesuchten Beziehungen.

---

[1]) Die Bezeichnung „äußere Selbstinduktivität" und der Index a sollen darauf hinweisen, daß zur Berechnung der gesamten Induktivität noch der im Abschnitt 8.5 ermittelte Beitrag L_i vom Magnetfeld innerhalb der Leiter zu berücksichtigen ist.

Aus diesen beiden Beziehungen folgen die beiden Wellengleichungen

$$\frac{\partial^2 V}{\partial z^2} = \frac{C L_a}{l^2} \frac{\partial^2 V}{\partial t^2} \quad \text{und} \quad \frac{\partial^2 I}{\partial z^2} = \frac{C L_a}{l^2} \frac{\partial^2 I}{\partial t^2}, \tag{8.6.14}$$

die ersichtlich mit den beiden Formeln (8.6.11) übereinstimmen, wenn

$$\frac{C L_a}{l^2} = \frac{1}{c^2} \tag{8.6.15}$$

gilt. Das Produkt aus den auf die Längeneinheit der Anordnung bezogenen Werten der Kapazität und der äußeren Selbstinduktivität ist also gleich dem reziproken Quadrat der Lichtgeschwindigkeit im Isolator zwischen den Leitern.

Hieraus folgt beispielsweise für die eigentliche Doppelleitung mit ihrem oben angegebenen Kapazitätswert $C = \pi \varepsilon \varepsilon_0 \, l/\ln(d/a)$ der Wert $L_a = \mu \mu_0 \, l \ln(d/a)/\pi$ für ihre äußere Selbstinduktivität.

Jetzt können wir leicht die Lösung unseres Problems aus den Beziehungen (8.6.12) bis (8.6.14) und den Randbedingungen bei $z = 0$ und $z = l$ angeben: Die allgemeine Lösung dieser Gleichungen lautet

$$\left. \begin{aligned} V &= V_1 \, e^{i\omega(t - z/c)} + V_2 \, e^{i\omega(t + z/c)}, \\ I &= \frac{c\,C}{l} \{V_1 \, e^{i\omega(t - z/c)} - V_2 \, e^{i\omega(t + z/c)}\}. \end{aligned} \right\} \tag{8.6.16}$$

Aus der Randbedingung bei $z = 0$ folgt $V_1 + V_2 = V_0$, aus der bei $z = l$

$$V_1 \, e^{-i\omega l/c} + V_2 \, e^{i\omega l/c} = \frac{R_0 \, c\, C}{l} \{V_1 \, e^{-i\omega l/c} - V_2 \, e^{i\omega l/c}\}. \tag{8.6.17}$$

Durch Einsetzen der daraus folgenden Werte für V_1 und V_2 in (8.6.16) gewinnen wir zu jedem R_0-Wert explizite Ausdrücke für Spannung und Strom. Wir diskutieren hier aber nur zwei Spezialfälle:

1. Ist $R_0 = \infty$, die Leitung also am Ende offen, so muß der Klammerausdruck in (8.6.17) verschwinden. Damit erhalten wir, wenn wir noch die Wellenlänge $\lambda = 2\pi \, c/\omega$ einführen,

$$V = V_0 \, e^{i\omega t} \frac{\cos(2\pi(l - z)/\lambda)}{\cos(2\pi \, l/\lambda)}, \quad I = \frac{i\, c\, C\, V_0}{l} e^{i\omega t} \frac{\sin(2\pi(l - z)/\lambda)}{\cos(2\pi \, l/\lambda)}. \tag{8.6.18}$$

V und I sind somit überall um 90° phasenverschoben. An den Stellen $z = l, l - \lambda/2, \ldots$ wird $I = 0$, an den Stellen $z = l - \lambda/4, l - 3\lambda/4, \ldots$ wird $V = 0$; wir erhalten stehende Wellen mit Knoten von I bzw. Bäuchen von V am Ende der Leitung und an den Stellen $z = l - m\,\lambda/2$ mit ganzzahligem m (Lecher-System).

2. Ist $R_0 = l/c\,C = \sqrt{L_a/C}$, so folgt aus (8.6.17) sofort $V_2 = 0$. Die reflektierte Welle fällt somit aus, der Widerstand verschluckt die einfallende Welle vollständig. Dann haben V und $I \, l/c\, C$ nach (8.6.16) überall den gleichen Betrag und die gleiche Phase: $I R_0 = V$. Nun wird als Wellenwiderstand Z derjenige im allgemeinen komplexe Widerstand bezeichnet, mit dem eine endliche Leitung abgeschlossen werden muß, damit sich die abgeschlossene Leitung gegenüber einer einfallenden Welle ebenso verhält wie die entsprechend gebaute, jetzt aber unendlich lange Leitung. Im vorliegenden Fall der widerstandsfreien Doppelleitung wird Z reell und gleich $R_0 = \sqrt{L_a/C}$.

Für die praktische Telegraphie ist die Frage von grundlegender Bedeutung, welche Modifikationen die eben geschilderte Wellenausbreitung an idealen Leitern erfährt, wenn der stets vorhandene Ohmsche Widerstand der Leitungsdrähte berücksichtigt wird. Es ist klar, daß die im Draht entwickelte Joulesche Wärme eine Dämpfung der Wellen zur Folge haben wird. Dazu kommt aber noch, wie wir sehen werden, eine Abhängigkeit sowohl der Dämpfung wie der Wellengeschwindigkeit von der Frequenz und damit eine Verzerrung der auf die Leitung gegebenen Signale, z. B. der Sprache.

Wir wollen also jetzt nach der Stelle in der vorstehenden Ableitung des Zusammenhangs zwischen I und V suchen, an welcher der Ohmsche Widerstand R der Doppelleitung einzuführen ist. Offenbar bleibt die Beziehung (8.6.12) ungeändert, solange das umgebende Medium als wirklicher Isolator mit $\sigma = 0$, also ohne Ableitungsmöglichkeit für den Strom anzusehen ist. Zu ändern ist jedoch die Gleichung (8.6.13), da im Linienintegral über die Feldstärke $\oint \boldsymbol{E}\, d\boldsymbol{r}$ zur Spannungsdifferenz $(\partial V/\partial z)\, \delta z$ noch der Ohmsche Spannungsabfall $I R\, \delta z/l$ in der Doppelleitung hinzutritt. Zur Beschreibung der Wellenausbreitung haben wir also jetzt die beiden Gleichungen[1])

$$\frac{\partial I}{\partial z} + \frac{C}{l}\frac{\partial V}{\partial t} = 0\,, \qquad \frac{\partial V}{\partial z} + \frac{L}{l}\frac{\partial I}{\partial t} + \frac{R I}{l} = 0\,. \tag{8.6.19}$$

Diese Gleichungen werden für eine nur in die positive z-Richtung laufende Welle durch den Ansatz

$$I = I_0\, e^{i(\omega t - \gamma z)}\,, \qquad V = Z I_0\, e^{i(\omega t - \gamma z)} \tag{8.6.20}$$

gelöst, wenn

$$\gamma\, l - \omega\, C Z = 0 \qquad \text{und} \qquad \gamma\, l Z - \omega\, L + i\, R = 0$$

gilt. Daraus folgt für den Wellenwiderstand Z die komplexe Größe

$$Z = \sqrt{\frac{\omega L - i R}{\omega C}} = \frac{l \gamma}{\omega C} \tag{8.6.21}$$

und für die Ausbreitungskonstante $\gamma = \alpha - i\,\beta$ der Ausdruck

$$\gamma = \frac{1}{l}\sqrt{\omega\, C\,(\omega\, L - i\, R)} \quad \text{mit} \quad \left.\begin{matrix}\alpha^2\\ \beta^2\end{matrix}\right\} = \frac{\omega\, C}{2 l^2}\left(\sqrt{\omega^2 L^2 + R^2} \pm \omega\, L\right). \tag{8.6.22}$$

Wir finden also gedämpfte Wellen mit dem Dämpfungsfaktor $e^{-\beta}$.

Man spricht von schwacher Dämpfung, wenn $R \ll \omega L$ ist, und von starker Dämpfung für $R \gg \omega L$. Im ersten Grenzfall folgt für β aus (8.6.22) durch Entwickeln der frequenzunabhängige Wert $\beta = \sqrt{R^2\, C/4\, L\, l^2}$, im zweiten Grenzfall der frequenzabhängige Wert $\beta = \sqrt{\omega\, C\, R/2\, l^2}$. Für die Laufgeschwindigkeit $c_R = \omega/\alpha$ der Welle im Fall der Doppelleitung mit Widerstand R ergibt sich im ersten Grenzfall in guter Näherung der gleiche Wert c wie bei $R = 0$, während im zweiten Grenzfall der wesentlich kleinere und überdies frequenzabhängige Wert $c_R = c\,\sqrt{2\omega\, L/R}$ resultiert.

---

[1]) Hier ist der Beitrag L_i, der inneren Selbstinduktivität, der als $i\,\omega\, L_i$ eigentlich als Imaginärteil beim R-Glied hinzuzufügen wäre, mit der äußeren Selbstinduktivität L_a zu L zusammengefaßt.

Wir wollen uns über die Größenordnung der praktisch vorliegenden Verhältnisse unterrichten: Als Normalfrequenz für den Telefonbetrieb wählen wir den in der Technik üblichen Wert $\omega = 5000\,s^{-1}$. Für die Doppelleitung mit dem Drahtradius a und dem Drahtabstand d, deren Kapazität $C = \pi\,\varepsilon\,\varepsilon_0\,l/\ln(d/a)$ ist, setzen wir $C/l = 2{,}2 \cdot 10^{-11}$ F/m und $R/l = 3{,}1 \cdot 10^{-2}\,\Omega$/m, entsprechend einer Doppelleitung aus Kupferdrähten von 1 mm² Querschnitt. Damit folgt für diese Doppelleitung in Luft wegen $L\,C/l^2 = 1/c^2$ der Wert $L/l = 5{,}0 \cdot 10^{-7}$ H/m. Daher liegt mit $R/\omega L \approx 12$ der Fall starker Dämpfung vor. Für den zugehörigen β-Wert finden wir $\beta = 4{,}1 \cdot 10^{-5}\,m^{-1}$, entsprechend einer Reichweite von $1/\beta = 24$ km.

Im Hinblick auf die Anwendung in der Technik sei noch bemerkt, daß sich in der Praxis neben dem Ohmschen Widerstand R noch die bereits oben erwähnte Ableitung durch den Isolator hindurch störend bemerkbar macht. Bezeichnen wir mit $\delta z\,G\,V/l$ den Strom, der vom Stück δz des einen Leiters durch den Isolator zum anderen Leiter fließt, wenn zwischen diesen die Spannung V besteht, dann können wir dieser Ableitung durch eine Änderung der ersten Gleichung (8.6.19) Rechnung tragen:

$$\frac{\partial I}{\partial z} + \frac{C}{l}\frac{\partial V}{\partial t} + \frac{G\,V}{l} = 0\,, \qquad \frac{\partial V}{\partial z} + \frac{L}{l}\frac{\partial I}{\partial t} + \frac{R\,I}{l} = 0\,. \tag{8.6.23}$$

Mit dem Lösungsansatz (8.6.20) erhalten wir nun an Stelle von (8.6.20)

$$\gamma = \frac{1}{l}\sqrt{(\omega\,C - \mathrm{i}\,G)(\omega\,L - \mathrm{i}\,R)} = \alpha - \mathrm{i}\,\beta \tag{8.6.24}$$

mit den Werten

$$\left.\begin{matrix}\alpha^2\\ \beta^2\end{matrix}\right\} = \frac{1}{2\,l^2}\left\{\sqrt{(\omega^2 L C - R G)^2 + \omega^2 (C R + L G)^2} \pm (\omega^2 L\,C - R\,G)\right\}. \tag{8.6.25}$$

Diese Ausdrücke gestatten im Fall kleiner Dämpfung eine für die Anwendung wichtige Umformung. Betrachten wir nämlich R und G neben $\omega\,C$ und $\omega\,L$ als kleine Größen und vernachlässigen höhere als zweite Potenzen von ihnen, so erhalten wir

$$\alpha = \frac{\omega\sqrt{L\,C}}{l}\left\{1 + \frac{1}{8\,\omega^2}\left(\frac{R}{L} - \frac{G}{C}\right)^2\right\}, \qquad \beta = \frac{\sqrt{L\,C}}{2\,l}\left(\frac{R}{L} + \frac{G}{C}\right).$$

Wir sehen daraus, daß einer Entdämpfung durch Vergrößerung von L eine Grenze gesetzt ist durch das Auftreten der Ableitung, und zwar für $L = R\,C/G$. Dieser Zustand kleinster Dämpfung bringt noch den Vorteil mit sich, daß dann $\omega/\alpha = l/\sqrt{L\,C}$, also die Wellengeschwindigkeit c, unabhängig von der Frequenz ist. Im Zustand kleinster Dämpfung ist also die Leitung verzerrungsfrei.

8.7. Wellen in Hohlleitern

Im Innern eines elektrisch gut leitenden Rohres sind reine Transversalwellen, wie wir sie bei den Drahtwellen an guten Leitern im Abschnitt 8.6 kennengelernt haben, nicht möglich. Hier treten jedoch Wellen mit zusätzlichen longitudinalen Feldkomponenten auf, die für die Hochfrequenztechnik von großer Bedeutung sind. Dabei können wir einen E-Typ und einen H- bzw. B-Typ unterscheiden, je nachdem ob eine elektrische oder eine magnetische Longitudinalkomponente vorhanden ist.

Um einen Überblick über ihr Verhalten zu gewinnen, soll hier der (mathematisch einfacher zu behandelnde) Fall eines Hohlleiters von rechteckigem Querschnitt mit ideal leitenden Wänden durchgerechnet werden. Die z-Koordinate sei parallel der Rohrachse, das Rohrinnere erstrecke sich in der x-y-Ebene über den Bereich $0 < x < a$, $0 < y < b$. Wir suchen Wellen der Frequenz ω, die in z-Richtung mit der Wellenzahl $k = 2\pi/\lambda$ fortschreiten. Alle Feldvektoren sollen also in der Form $f(x, y)\, e^{i(\omega t - kz)}$ dargestellt werden, die Maxwell-Gleichungen befriedigen und den Randbedingungen

$$\left.\begin{aligned} E_y &= 0\,, \quad E_z = 0\,, \quad B_x = 0 \quad \text{für} \quad x = 0 \quad \text{und} \quad x = a\,, \\ E_x &= 0\,, \quad E_z = 0\,, \quad B_y = 0 \quad \text{für} \quad y = 0 \quad \text{und} \quad y = b \end{aligned}\right\} \tag{8.7.1}$$

genügen. Wir machen daher versuchsweise mit den ganzen Zahlen n und m den Ansatz (mit $\Phi = \omega t - k z$)

$$\left.\begin{aligned} E_x &= \alpha \cos\frac{n\pi x}{a} \sin\frac{m\pi y}{b}\, e^{i\Phi}, & B_x &= \alpha' \sin\frac{n\pi x}{a} \cos\frac{m\pi y}{b}\, e^{i\Phi}, \\ E_y &= \beta \sin\frac{n\pi x}{a} \cos\frac{m\pi y}{b}\, e^{i\Phi}, & B_y &= \beta' \cos\frac{n\pi x}{a} \sin\frac{m\pi y}{b}\, e^{i\Phi}, \\ E_z &= \gamma \sin\frac{n\pi x}{a} \sin\frac{m\pi y}{b}\, e^{i\Phi}, & B_z &= \gamma' \cos\frac{n\pi x}{a} \cos\frac{m\pi y}{b}\, e^{i\Phi}, \end{aligned}\right\} \tag{8.7.2}$$

durch den ersichtlich die Randbedingungen (8.7.1) erfüllt sind. Da jede dieser Komponenten der Wellengleichung im Vakuum genügen muß, kommen wir zur Beziehung

$$\left(\frac{n\pi}{a}\right)^2 + \left(\frac{m\pi}{b}\right)^2 + k^2 = \frac{\omega^2}{c_0^2}\,. \tag{8.7.3}$$

Schließlich führen die Maxwell-Gleichungen auf Beziehungen zwischen den Koeffizienten α bis γ'; mit den beiden neuen willkürlichen Konstanten δ und δ' finden wir nach kurzer Rechnung

$$\left.\begin{aligned} \alpha &= \frac{n\pi k\delta}{a} + \frac{m\pi\omega\delta'}{b}, & \alpha' &= \frac{n\pi k\delta'}{a} - \frac{m\pi\omega\delta}{b c_0^2}, \\ \beta &= \frac{m\pi k\delta}{b} - \frac{n\pi\omega\delta'}{a}, & \beta' &= \frac{m\pi k\delta'}{b c_0^2} + \frac{n\pi\omega\delta}{a}, \\ \gamma &= i\left(\frac{\omega^2}{c_0^2} - k^2\right)\delta\,, & \gamma' &= -i\left(\frac{\omega^2}{c_0^2} - k^2\right)\delta'\,. \end{aligned}\right\} \tag{8.7.4}$$

Somit erhalten wir speziell für $\delta \neq 0, \delta' = 0$ den E-Typ der Hohlleiterwellen (mit $B_z = 0$) und für $\delta = 0, \delta' \neq 0$ den H-Typ (mit $E_z = 0$).

Die Gleichung (8.7.3) zeigt die wichtigste Tatsache des Hohlleiterphänomens. Eine durch die Parameter n und m beschriebene Welle ergibt nur dann einen reellen Wert für k, wenn ω größer ist als die kritische Frequenz

$$\omega_k = c_0 \sqrt{\left(\frac{n\pi}{a}\right)^2 + \left(\frac{m\pi}{b}\right)^2}\,. \tag{8.7.5}$$

Fragen wir nach der kleinsten Frequenz, die unser Rohr passieren kann, so zeigt sich ein wesentlicher Unterschied zwischen den beiden Typen. Beim E-Typ ($\delta' = 0$) existiert nach

(8.7.2) und (8.7.4) eine von Null verschiedene Lösung nur für $n \geq 1, m \geq 1$, also für $\omega \geq \pi\, c_0 \sqrt{(1/a)^2 + (1/b)^2}$. Im Gegensatz dazu erhalten wir beim *H*-Typ ($\delta = 0$) im Fall $a \geq b$ den kleinsten ω_k-Wert, also die Grundwelle, mit $n = 1$, $m = 0$; also gilt hier $\omega \geq \pi\, c_0/a$. Dieser Unterschied zwischen den beiden Wellentypen ist dadurch erklärlich, daß für H_z oder B_z keine einschränkende Randbedingung existiert, während doch E_z an der Rohrwandung verschwinden muß.

Unter Einführung der kritischen Frequenz ω_k folgt aus (8.7.3)

$$k = \frac{1}{c_0} \sqrt{\omega^2 - \omega_k^2}\,. \tag{8.7.6}$$

Daher gilt für die Phasengeschwindigkeit c, also für die Laufgeschwindigkeit einer durch bestimmtes n und m charakterisierten Welle,

$$c = \frac{\omega}{k} = \frac{c_0}{\sqrt{1 - (\omega_k/\omega)^2}}\,. \tag{8.7.7}$$

Sie ist also größer als die Vakuumlichtgeschwindigkeit c_0 und nähert sich ihr erst im Limes $\omega \to \infty$. Dieses zunächst paradox erscheinende Ergebnis wird aber sofort verständlich, wenn wir die in den Feldkomponenten (8.7.2) enthaltenen Winkelfunktionen vermittels

$$\cos\varphi = \frac{1}{2}(e^{i\varphi} + e^{-i\varphi})\,, \qquad \sin\varphi = \frac{1}{2\,i}(e^{i\varphi} - e^{-i\varphi})$$

durch Exponentialfunktionen ersetzen. Dann erweisen sich $\boldsymbol{E}$ und $\boldsymbol{B}$ als Summen von lauter ebenen Wellen. Wir wollen diese Zerlegung an der Grundwelle des *H*-Typs ($n = 1$, $m = 0$) zeigen und kurz diskutieren. Hier sind nur E_y, B_x und B_z von Null verschieden, und zwar gilt beispielsweise für das *E*-Feld

$$E_y = \beta \sin\frac{\pi x}{a}\, e^{i(\omega t - kz)} = \frac{\beta}{2i}\left\{e^{i\left(\omega t + \frac{\pi x}{a} - kz\right)} - e^{i\left(\omega t - \frac{\pi x}{a} - kz\right)}\right\}. \tag{8.7.8}$$

Es erscheint somit als Überlagerung zweier Wellen, deren Wellennormalen in der *x*-*z*-Ebene liegen. Der Winkel ε zwischen ihnen und der *x*-Richtung ist gegeben durch $\cos\varepsilon = \mp 1/\sqrt{1 + (k\,a/\pi)^2}$, also wegen (8.7.3) und (8.7.5) durch $\cos\varepsilon = -\,\omega_k/\omega$ für die erste, durch $\cos\varepsilon = +\,\omega_k/\omega$ für die zweite der in (8.7.8) auftretenden Wellen. Das ganze Feld E_y können wir uns somit entstanden denken durch fortgesetzte Reflexion einer ebenen, mit der Geschwindigkeit c_0 laufenden und unter dem Winkel ε auftreffenden Welle an den Flächen $x = 0$ und $x = a$. Die Laufgeschwindigkeit c dieser Welle in der *z*-Richtung lautet nach (8.7.7) und (8.7.8)

$$c = c_0/\sin\varepsilon\,. \tag{8.7.9}$$

Sie ist also nach Abb. 8.5 gleich der Schnittgeschwindigkeit der Wellenebene mit der Ebene $x = 0$ bzw. $x = a$.

Im Gegensatz dazu ist die Gruppengeschwindigkeit v stets kleiner als c_0. Wir verstehen darunter die Geschwindigkeit, mit der sich der Schwerpunkt einer Gruppe bewegt, die aus Wellen verschiedener, nahe beieinander liegender Frequenzen besteht. Eine solche Wellengruppe tritt beispielsweise im Hohlleiter auf, wenn wir seine Eingangsöffnung nur kurzzeitig für eine etwa aus der negativen z-Richtung her einfallende monochromatische Welle aufmachen und so statt der gleichförmigen, keine Markierung enthaltenden Primärwelle ein Signal durch den Hohlleiter hindurch schicken.

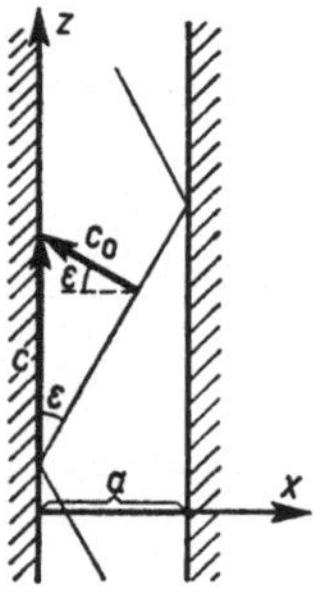

Abb. 8.5
Zur Schnittgeschwindigkeit im Hohlleiter

Wir betrachten jetzt also eine Wellengruppe mit einem durch $f(\omega)$ gegebenen Frequenzspektrum; dabei soll $f(\omega)$ nur in der nächsten Umgebung von ω_0 von Null verschieden sein. Dann ist die Abhängigkeit jeder Feldgröße gegeben durch den Faktor

$$\varphi(z, t) = \int f(\omega)\, e^{i[\omega t - k(\omega) z]}\, d\omega .$$

Wir setzen $\omega = \omega_0 + \mu$ und entwickeln $k(\omega) = k(\omega_0) + \mu(dk/d\omega)_{\omega_0} + \cdots$. Da $f(\omega)$ nur für kleine μ von Null verschieden ist, dürfen wir die Entwicklung in erster Näherung mit dem in μ linearen Glied abbrechen. Damit wird

$$\varphi(z, t) = e^{i[\omega_0 t - k(\omega_0) z]} \int f(\omega_0 + \mu)\, e^{i\mu[t - z(dk/d\omega)_{\omega_0}]}\, d\mu .$$

Hier ist also $\varphi(z, t)$ dargestellt durch eine ebene Welle der Frequenz ω_0 und der Ausbreitungsgröße $k(\omega_0)$, aber mit einer von $t - z(dk/d\omega)_{\omega_0}$ abhängigen Amplitude, entsprechend einer Wellengruppe, die mit der Geschwindigkeit $v = (d\omega/dk)_{\omega_0}$ fortschreitet. Aus (8.7.6) folgt damit für die Gruppengeschwindigkeit der Wert

$$v = c_0 \sqrt{1 - (\omega_k/\omega)^2}, \tag{8.7.10}$$

der somit kleiner als die Vakuumlichtgeschwindigkeit ist. Wie ein Vergleich mit der Phasengeschwindigkeit c nach (8.7.7) zeigt, gilt

$$v\, c = c_0^2 . \tag{8.7.1}$$

Aufgaben zum 8. Kapitel

1. Die Energie, die mit der Sonnenstrahlung auf eine zum Strahl senkrecht stehende Fläche an der Erdoberfläche auftrifft, beträgt etwa 2,2 cal/cm^2 min; diese Größe wird Solarkonstante genannt. Wie groß ist ihr Wert in W/m^2? Wie groß sind hierbei die Mittelwerte der elektrischen und der magnetischen Feldstärke? Welche Wattleistung müßte eine Glühlampe ausstrahlen, um in 1 m Entfernung die Helligkeit der Sonnenstahlung zu erreichen?

2. Eine ebene Lichtwelle treffe aus einem Isolator heraus unter dem Winkel α auf dessen ebene Grenzfläche gegen Luft. Man bestimme aus dem Brechungsgesetz den Grenzwinkel α_g für Totalreflexion und diskutiere dann für $\alpha > \alpha_g$ das Verhalten der Welle im Luftraum.

3. Auf eine Isolatorplatte der Dicke d mit den Materialkonstanten ε und μ treffe senkrecht eine Lichtwelle der Frequenz ω auf. Diese Welle wird ebenso wie aus ihr entstehende Sekundär-, Tertiär-, ...-Wellen an den beiden Flächen der Platte teils reflektiert, teils durchgelassen. Gefragt wird nach der insgesamt zurückreflektierten Lichtintensität und nach der insgesamt durch die Platte hindurchtretenden Lichtintensität.

Diese Frage läßt sich zwar durch Aufsummierung aller Wellenanteile bei Berücksichtigung der Phasensprünge an den Grenzflächen beantworten. Schneller kommt man aber zum Ziel, wenn man nur mit einer insgesamt reflektierten Welle, einer durch die Platte hindurchgetretenen Welle und zweier in der Platte laufenden Wellen rechnet und die Randbedingungen an den Grenzflächen berücksichtigt.

4. Auf eine Metallplatte treffe senkrecht eine ebene Welle auf. Unter Verwendung der im Abschnitt 8.4 abgeleiteten Formeln zeige man, daß die Intensität der eindringenden Welle an der Grenzfläche gleich ist der Differenz zwischen der Primärintensität und der reflektierten Intensität Man beachte, daß sich die Intensitäten wegen der komplexen Schreibweise aus dem zeitlichen Mittelwert des Produktes aus dem Realteil von E und dem Realteil von H ergeben.

5. Auf ein anfänglich ruhendes Elektron falle eine ebene Lichtwelle, beschrieben durch das Vektorpotential $\boldsymbol{A} = (0, A(t - x/c_0), 0)$; dabei sei A eine beliebige, für $t \to -\infty$ verschwindende Funktion ihres Arguments. Man zeige, daß das Elektron durch die Welle in die positive x-Richtung gedrückt wird ($\mathrm{d}x/\mathrm{d}t > 0$ bei unbestimmten $\mathrm{d}y/\mathrm{d}t$).

6. Bringt man eine geeignete Flüssigkeit (z. B. Nitrobenzol) in ein starkes elektrisches Feld $\boldsymbol{E}_0 \parallel z$, so kommt es zu einer partiellen Ausrichtung der in der Flüssigkeit vorhandenen Dipole in die Feldrichtung. Dadurch wird die Dielektrizitätskonstante richtungsabhängig und kann dann beschrieben werden durch einen symmetrischen Tensor mit den Komponenten $\varepsilon_{xx} = \varepsilon_{yy} < \varepsilon_{zz}$, $\varepsilon_{xy} = \varepsilon_{yz} = \varepsilon_{xz} = 0$. Man untersuche die Ausbreitung einer in x-Richtung laufenden ebenen Welle in diesem durch $\boldsymbol{E}_0$ anisotrop gewordenen Medium.

7. Bringt man eine Substanz in ein homogenes starkes Magnetfeld $\boldsymbol{B}_0$, so erhalten infolge der Lorentz-Kraft sämtliche Elektronen in den Atomen wegen ihrer negativen Ladung eine zusätzliche Umlaufkomponente im positiven Sinn um die Feldrichtung. Man überlege sich am Beispiel des Thomson-Modells, wie die Polarisierbarkeit eines Atoms in einem elektrischen Wechselfeld durch ein solches $\boldsymbol{B}_0$-Feld verändert wird.

8. Für die in Aufgabe 7 geschilderten Verhältnisse untersuche man die Ausbreitung ebener Wellen im besonderen für den Fall, daß die Wellennormale in der Richtung von $\boldsymbol{B}_0 \parallel z$ liegt. (Das $\boldsymbol{B}$-Feld der Lichtwelle gibt nur einen vernachlässigbar kleinen Beitrag zur Lorentz-Kraft.)

9. Das Feld vorgegebener Ladungs- und Stromverteilungen

9.1. Das Feld einer gleichförmig bewegten Ladung

Wir betrachten das Feld einer im Vakuum befindlichen, mit konstanter Geschwindigkeit $\boldsymbol{v}$ bewegten Ladung, beschrieben durch eine Ladungsdichte ϱ, die nur in einem räumlich sehr eng begrenzten Bereich von Null verschieden ist. Dieses Feld wird beschrieben durch die Gleichungen (7.1.4) mit $\boldsymbol{g} = \varrho\,\boldsymbol{v}$, oder wegen $\boldsymbol{D} = \varepsilon_0 \boldsymbol{E}$ und $\boldsymbol{H} = \boldsymbol{B}/\mu_0$ und mit $\varepsilon_0 \mu_0 = 1/c_0^2$ durch die Gleichungen

$$\left.\begin{aligned} \operatorname{rot} \boldsymbol{B} &= \frac{1}{c_0^2}\frac{\partial \boldsymbol{E}}{\partial t} + \mu_0 \varrho\,\boldsymbol{v}, \qquad & \operatorname{div} \boldsymbol{E} &= \frac{\varrho}{\varepsilon_0}, \\ \operatorname{rot} \boldsymbol{E} &= -\frac{\partial \boldsymbol{B}}{\partial t}, & \operatorname{div} \boldsymbol{B} &= 0, \end{aligned}\right\} \tag{9.1.1}$$

oder wenn wir vermittels

$$\boldsymbol{E} = -\frac{\partial \boldsymbol{A}}{\partial t} - \operatorname{grad} \varphi, \qquad \boldsymbol{B} = \operatorname{rot} \boldsymbol{A} \tag{9.1.2}$$

nach (7.1.8) die Potentialfunktionen $\boldsymbol{A}$ und φ einführen und die Lorentz-Konvention

$$\operatorname{div} \boldsymbol{A} + \frac{1}{c_0^2} \frac{\partial \varphi}{\partial t} = 0 \tag{9.1.3}$$

nach (7.1.11) berücksichtigen, durch die beiden Gleichungen

$$\Delta \boldsymbol{A} - \frac{1}{c_0^2} \frac{\partial^2 \boldsymbol{A}}{\partial t^2} = -\mu_0 \varrho \boldsymbol{v} \quad \text{und} \quad \Delta \varphi - \frac{1}{c_0^2} \frac{\partial^2 \varphi}{\partial t^2} = -\frac{\varrho}{\varepsilon_0}, \tag{9.1.4}$$

entsprechend (7.1.12). Mit der Feldbestimmung aus diesen Gleichungssystemen wollen wir uns im folgenden beschäftigen.

Zunächst können wir ohne jede Rechnung, allein aus Symmetriegründen, feststellen, daß $\boldsymbol{E}$ stets in der Ebene durch den Aufpunkt und die Teilchenbahn liegt, während $\boldsymbol{B}$ senkrecht auf dieser Ebene steht; überdies sind das $\boldsymbol{E}$- und das $\boldsymbol{B}$-Feld rotationssymmetrisch um diese Bahn.

Ferner muß sich bei unserem speziellen Problem die gesamte Feldverteilung unverändert mit der Ladung mitbewegen, so daß für jede Feldkomponente $f(\boldsymbol{r}, t)$ die Beziehung

$$f(\boldsymbol{r}, t) \equiv f(\boldsymbol{r} - \boldsymbol{v}\, t, 0)$$

gilt. Daraus folgt sofort

$$\frac{\partial f}{\partial t} = -\boldsymbol{v} \nabla f = -\boldsymbol{v} \operatorname{grad} f. \tag{9.1.5}$$

Also läßt sich beispielsweise die Lorentz-Konvention (9.1.3) in der Form

$$\operatorname{div} \boldsymbol{A} - \frac{\boldsymbol{v}}{c_0^2} \nabla \varphi \equiv \operatorname{div} \left(\boldsymbol{A} - \frac{\boldsymbol{v} \varphi}{c_0^2} \right) = 0$$

schreiben, woraus wir unmittelbar die Beziehung

$$\boldsymbol{A} = \frac{\boldsymbol{v} \varphi}{c_0^2} \tag{9.1.6}$$

gewinnen. Diese Beziehung folgt übrigens auch aus dem Vergleich der beiden Wellengleichungen (9.1.4), die sich auf der rechten Seite nur durch den Faktor $\varepsilon_0 \mu_0 \boldsymbol{v} = \boldsymbol{v}/c_0^2$ unterscheiden.

Gehen wir nun mit der Beziehung (9.1.6) in unserem Ansatz (9.1.2) ein und berücksichtigen die aus (9.1.5) folgende Relation $\partial \boldsymbol{A}/\partial t = -(\boldsymbol{v} \nabla) \boldsymbol{A}$, so erhalten wir für die Feldgrößen $\boldsymbol{E}$ und $\boldsymbol{B}$ die Ausdrücke

$$\boldsymbol{E} = -\operatorname{grad} \varphi + \frac{\boldsymbol{v} (\boldsymbol{v} \operatorname{grad} \varphi)}{c_0^2}, \qquad \boldsymbol{B} = -\frac{\boldsymbol{v} \times \operatorname{grad} \varphi}{c_0^2}. \tag{9.1.7}$$

Hieraus ersehen wir zunächst

$$\boldsymbol{B} = \frac{\boldsymbol{v} \times \boldsymbol{E}}{c_0^2} \tag{9.1.8}$$

Da $\boldsymbol{E}$ aus Symmetriegründen in der Ebene durch die Teilchenbahn und den Aufpunkt liegen muß, steht $\boldsymbol{B}$, wie bereits festgestellt, senkrecht auf dieser Ebene.

Ferner erkennen wir, daß wir zur Lösung unseres Problems nur die zweite Gleichung (9.1.4) für das skalare Potential φ zu integrieren brauchen. Formen wir hier wieder die Zeitableitung vermittels (9.1.5) in eine Raumableitung um und legen speziell die x-Achse des Koordinatensystems in die Teilchenbahn, so kommen wir zur Beziehung

$$\left(1 - \frac{v^2}{c_0^2}\right) \frac{\partial^2 \varphi}{\partial x^2} + \frac{\partial^2 \varphi}{\partial y^2} + \frac{\partial^2 \varphi}{\partial z^2} \equiv (1 - \beta^2) \frac{\partial^2 \varphi}{\partial x^2} + \frac{\partial^2 \varphi}{\partial y^2} + \frac{\partial^2 \varphi}{\partial z^2} = -\frac{\varrho}{\varepsilon_0}; \quad (9.1.9)$$

damit haben wir bereits hier die dimensionslose, in der Relativitätstheorie durchwegs benutzte Größe

$$\beta = v/c_0 \quad (9.1.10)$$

eingeführt. Offenbar unterscheidet sich die Beziehung (9.1.9) von der gewöhnlichen Potentialgleichung für ruhende Teilchen nur um den konstanten Zahlenfaktor $1 - \beta^2$ bei der x-Ableitung. Wir können daher unser Problem formal auf das einfache elektrostatische zurückführen durch die Transformation

$$x = \xi \sqrt{1 - \beta^2}, \quad y = \eta, \quad z = \zeta$$

und $$\varphi(x, y, z) \equiv \varphi\left(\xi \sqrt{1 - \beta^2}, \eta, \zeta\right) = \psi(\xi, \eta, \zeta). \quad (9.1.11)$$

Dann haben wir die Gleichung

$$\frac{\partial^2 \psi}{\partial \xi^2} + \frac{\partial^2 \psi}{\partial \eta^2} + \frac{\partial^2 \psi}{\partial \zeta^2} = -\frac{\varrho\left(\xi \sqrt{1 - \beta^2}, \eta, \zeta\right)}{\varepsilon_0} \quad (9.1.12)$$

zu lösen und finden wegen (1.3.10) sofort

$$\psi(\xi, \eta, \zeta) = \frac{1}{4\pi\varepsilon_0} \iiint \frac{\varrho\left(\xi' \sqrt{1 - \beta^2}, \eta', \zeta'\right) \mathrm{d}\xi' \, \mathrm{d}\eta' \, \mathrm{d}\zeta'}{\sqrt{(\xi - \xi')^2 + (\eta - \eta')^2 + (\zeta - \zeta')^2}}. \quad (9.1.13)$$

Gehen wir hier wieder zu den ursprünglichen Koordinaten zurück, so wird

$$\varphi(x, y, z) = \frac{1}{4\pi\varepsilon_0} \iiint \frac{\varrho(x', y', z') \, \mathrm{d}x' \, \mathrm{d}y' \, \mathrm{d}z'}{\sqrt{(x - x')^2 + (1 - \beta^2)\left[(y - y')^2 + (z - z')^2\right]}}. \quad (9.1.14)$$

Wir suchen nun speziell die Lösung für den Zeitpunkt, in dem sich die Ladung im Nullpunkt des Koordinatensystems befindet, und beschränken uns dabei auf den Fall eines punktförmigen Teilchens. Dann können wir im Nenner $\boldsymbol{r}' = 0$ setzen und die Integration im Zähler ausführen; wir erhalten so

$$\varphi(x, y, z) = \frac{e}{4\pi\varepsilon_0 \sqrt{x^2 + (1 - \beta^2)(y^2 + z^2)}}, \quad (9.1.15)$$

oder auch, wenn wir uns von der speziellen Wahl des Koordinatensystems freimachen,

$$\varphi(\boldsymbol{r}) = \frac{e}{4\pi\varepsilon_0 \sqrt{\boldsymbol{r}^2 - (\boldsymbol{r} \times \boldsymbol{v}/c_0)^2}}. \quad (9.1.16)$$

Daraus folgt, nach kurzer Zwischenrechnung, eventuell durch Ausschreiben in Komponenten, für das zugehörige Feld nach (9.1.7) die strenge Lösung

$$\boldsymbol{E} = \frac{e\boldsymbol{r}(1 - \beta^2)}{4\pi\varepsilon_0 \sqrt{\boldsymbol{r}^2 - (\boldsymbol{r} \times \boldsymbol{v}/c_0)^2}^3}, \quad \boldsymbol{B} = \frac{\boldsymbol{v} \times \boldsymbol{E}}{c_0^2}. \quad (9.1.17)$$

Offenbar geht sie für kleine Geschwindigkeiten ($\beta^2 \ll 1$) in die statische Lösung $E = e\,r/4\pi\,\varepsilon_0\,r^3$ über, zu der noch ein schwaches Magnetfeld hinzukommt. Auch für größeres β stimmen die beiden E-Formeln hinsichtlich der Feldrichtung miteinander überein; doch besteht ein Unterschied im Betrag der Feldstärken. Während nämlich für die statische Lösung E richtungsunabhängig ist, zeigt E nach (9.1.17) eine mit wachsendem β immer stärker werdende Richtungsabhängigkeit. Und zwar gilt speziell

$$E = \frac{e}{4\pi\,\varepsilon_0\,r^2}(1-\beta^2) \quad \text{für} \quad \boldsymbol{r} \parallel \boldsymbol{v} \quad \text{und} \quad E = \frac{e}{4\pi\,\varepsilon_0\,r^2}\,\frac{1}{\sqrt{1-\beta^2}} \quad \text{für } \boldsymbol{r} \perp \boldsymbol{v}.$$

In dem Maß, wie die Geschwindigkeit des Teilchens sich der Lichtgeschwindigkeit nähert, konzentriert sich also das ganze Feld auf eine flache, senkrecht zur Bahn orientierte Scheibe, auf der im Grenzfall $v = c_0$, also $\beta = 1$, die Feldstärke überall unendlich große Werte annimmt.

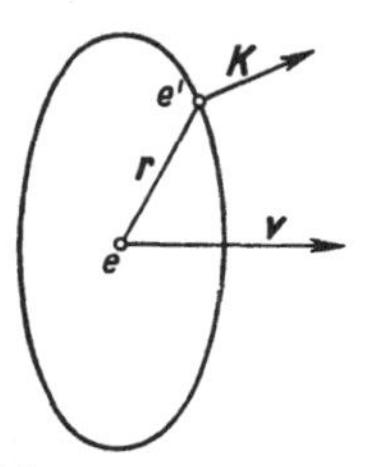

Abb. 9.1
Gegenseitige Abstoßungskraft $\boldsymbol{K}$ zweier mit gleicher Geschwindigkeit $\boldsymbol{v}$ bewegter Punktladungen

Von besonderem Interesse ist noch die Konvektionskraft $\boldsymbol{K}$, die von dem bewegten Teilchen auf eine zweite, mit gleicher Geschwindigkeit mitlaufende Ladung e' ausgeübt wird. Mit (9.1.7) finden wir in diesem Fall

$$\boldsymbol{K} = e'(\boldsymbol{E} + \boldsymbol{v}\times\boldsymbol{B}) = -\,e'(1-\beta^2)\,\operatorname{grad}\varphi\,. \tag{9.1.18}$$

Diese Kraft läßt sich also, im Gegensatz zu $\boldsymbol{E}$, als Gradient einer Potentialfunktion $\chi = (1-\beta^2)\,\varphi$ anschreiben, die zuerst von O. Heaviside eingeführt und als Konvektionspotential bezeichnet wurde. Offenbar ist χ wie φ wegen (9.1.15) konstant auf den abgeplatteten Rotationsellipsoiden

$$x^2 + (1-\beta^2)(y^2+z^2) = \text{const}\,, \tag{9.1.19}$$

die aus einer Schar konzentrischer Kugeln durch deren Stauchung in Richtung der x-Achse im Verhältnis $1:\sqrt{1-\beta^2}$ hervorgehen. Die anschauliche Bedeutung dieser Ellipsoide liegt darin, daß die auf eine mitbewegte Ladung ausgeübte Kraft $\boldsymbol{K}$ nach (9.1.18) als Gradient von χ stets senkrecht auf deren Oberfläche steht. (Vgl. Abb. 9.1.) Aus dieser Tatsache können wir eine bemerkenswerte Folgerung ziehen: Wir betrachten zwei Punktladungen e und e', die an den beiden Enden eines Stabes der Länge $\boldsymbol{r}$ befestigt sind. Solange der Stab mit den beiden Ladungen in Ruhe ist, hat die von e auf e' ausgeübte Kraft die Richtung der Verbindungsgeraden. Wenn sich aber der Stab samt den Ladungen mit der Geschwindigkeit $\boldsymbol{v}$ bewegt, steht diese Kraft senkrecht auf dem soeben beschriebenen Ellipsoid und hat daher im allgemeinen nicht mehr die Richtung der Stabachse. Dadurch erfährt der Stab ein Drehmoment, das die Tendenz hat, ihn bei gleichem Vorzeichen der Ladungen in die Bewegungsrichtung zu drehen, während es bei entgegengesetzten Vorzeichen der Ladungen den Stab in eine Stellung senkrecht zur Bewegungsrichtung zu bringen sucht. Für dieses Drehmoment erhalten wir aus (9.1.18) und (9.1.17) wegen $\boldsymbol{E} \parallel \boldsymbol{r}$ den Ausdruck

$$\boldsymbol{N} = \boldsymbol{r}\times\boldsymbol{K} = \frac{e'\,\boldsymbol{r}\times(\boldsymbol{v}\times(\boldsymbol{v}\times\boldsymbol{E}))}{c_0^2} = \frac{e\,e'(1-\beta^2)(\boldsymbol{r}\times\boldsymbol{v})(\boldsymbol{r}\,\boldsymbol{v})}{4\pi\,\varepsilon_0\,c_0^2\,\sqrt{\boldsymbol{r}^2-(\boldsymbol{r}\times\boldsymbol{v}/c_0)^2}^{\,3}}, \tag{9.1.20}$$

mit dem Betrag

$$N = \frac{e\,e'(1-\beta^2)\,\beta^2\sin 2\alpha}{8\pi\,\varepsilon_0\,r\,\sqrt{1-\beta^2\sin^2\alpha}^{\,3}} \to \frac{e\,e'\,\beta^2\sin 2\alpha}{8\pi\,\varepsilon_0\,r} \quad \text{für} \quad \beta \ll 1\,; \tag{9.1.21}$$

dabei haben wir mit α den Winkel zwischen $\boldsymbol{r}$ und $\boldsymbol{v}$ bezeichnet.

Die grundsätzliche Bedeutung dieses Resultats liegt darin, daß wir damit die Möglichkeit hätten, eine absolute Bewegung etwa der Erde oder des ganzen Sonnensystems festzustellen. Beispielsweise müßte sich ein an einem Torsionsfaden aufgehängter Kondensator bei seiner Aufladung in eine Lage quer zur Bewegungsrichtung einzustellen suchen. Aus den sorgfältigen Versuchen von Trouton und Noble wissen wir, daß ein solches Drehmoment nicht auftritt, in Übereinstimmung mit dem Grundpostulat der Relativitätstheorie. Es muß also noch ein zweites Drehmoment vorhanden sein, welches das oben gefundene elektromagnetische Moment gerade kompensiert. Wie wir im Abschnitt 12.3 zeigen werden, hat dieses zweite Drehmoment seine Ursache in den mechanischen Spannungen, die in dem die beiden Ladungen verbindenden Stab notwendig vorhanden sein müssen. Erst deren Berücksichtigung liefert die Erklärung für den negativen Ausfall des Trouton-Noble-Versuches.

Wir haben bisher stillschweigend angenommen, daß die Teilchengeschwindigkeit v stets kleiner als die Vakuum-Lichtgeschwindigkeit c_0 ist. Dies liegt durchaus im Sinn der Relativitätstheorie, nach der c_0 bei allen Teilchen eine obere Grenze für deren Geschwindigkeit darstellt.

Daß die obigen Lösungen, z.B. die Formel (9.1.15), nur für $v < c_0$ gelten, erkennen wir schon daran, daß im Fall $v > c_0$ ihre Nenner für $x^2 < (\beta^2 - 1)(y^2 + z^2)$ imaginär werden. Der mathematische Grund für dieses Versagen der Lösungen liegt darin, daß die Ausgangsgleichung (9.1.9) in diesem Fall nicht mehr eine elliptische Differentialgleichung vom Charakter der Potentialgleichung, sondern eine hyperbolische Differentialgleichung vom Charakter der Wellengleichung ist. Sie führt daher jetzt bei richtiger Integration zu einer Art Wellenausbreitung, die völlig analog ist der Ausbreitung akustischer Wellen in einem Medium, durch das sich ein Körper mit Überschallgeschwindigkeit bewegt. In der Akustik ist diese Erscheinung längst als die Ausbreitung von Mach-Wellen bekannt. In der Optik wurde sie erstmals 1934 von P. A. Cerenkov beobachtet, allerdings nicht bei der Bewegung eines geladenen Teilchens im Vakuum mit Überlichtgeschwindigkeit, – solche Geschwindigkeiten können nach der Relativitätstheorie, wie bereits erwähnt, grundsätzlich nicht auftreten, – sondern bei der Bewegung schneller geladener Teilchen durch die Materie, sobald $v > c_0/\sqrt{\varepsilon\mu}$ ist. Doch können wir hier auf diesen wegen der Frequenzabhängigkeit von ε recht verwickelten Prozeß und seine erstmals von E. Fermi durchgeführte Behandlung nicht näher eingehen.

Doch sei immerhin darauf hingewiesen, daß es bei der Durchrechnung am zweckmäßigsten erscheint, von den Feldgrößen, die durchweg die Raum-Zeit-Abhängigkeit $f(x - v\,t, y, z)$ besitzen müssen, zu deren Fourier-Komponenten überzugehen nach dem Schema[1])

$$f(x - v\,t, y, z) = \int f_k\, \mathrm{e}^{-\mathrm{i}(k_x(x-vt)+k_y y+k_z z)}\, \mathrm{d}k_x\, \mathrm{d}k_y\, \mathrm{d}k_z \quad \text{mit } f_k = \frac{1}{(2\pi)^3}\int f(x, y, z)\, \mathrm{e}^{\mathrm{i}kr}\, \mathrm{d}V,$$

dann statt k_x die Veränderliche $k_x v = \omega$ zu benützen und auf diese Weise die Möglichkeit zu erhalten, die Verknüpfungsgleichungen zwischen $\boldsymbol{D}$ und $\boldsymbol{E}$ bzw. $\boldsymbol{B}$ und $\boldsymbol{H}$ in diesen Komponenten anschreiben zu können. Auf diese Weise erhalten wir beispielsweise für das skalare Potential φ aus den dann in den Fourier-Komponenten leicht lösbaren Maxwell-Gleichungen den Ausdruck

$$\varphi(x - v\,t, y, z) = \frac{e\,v}{(2\pi)^3\varepsilon_0}\int\limits_{-\infty}^{+\infty}\frac{\mathrm{e}^{\mathrm{i}\omega(t-x/v)}\mathrm{d}\omega}{\varepsilon(\omega)}\iint\limits_{-\infty}^{+\infty}\frac{\mathrm{e}^{-\mathrm{i}(k_y y+k_z z)}\,\mathrm{d}k_y\,\mathrm{d}k_z}{\omega^2(1-\beta^2\varepsilon\mu)+(k_y^2+k_z^2)\,v^2}, \tag{9.1.22}$$

[1]) Von hier ab wird das räumliche Volumenelement mit $\mathrm{d}V$ bezeichnet statt, wie bisher, mit $\mathrm{d}v$, um Verwechslungen mit einer differentiellen Änderung der Geschwindigkeit v zu vermeiden.

wobei das Doppelintegral eine bestimmte modifizierte Zylinderfunktion des Arguments $\omega\sqrt{(1-\beta^2\,\varepsilon(\omega)\,\mu)\,(y^2+z^2)}/v$ ergibt. Die besondere Schwierigkeit besteht hier in der Ausführung der ω-Integration; doch liefert sie tatsächlich Mach-Wellen-Beiträge für solche Frequenzen ω, für die $c_0/\sqrt{\varepsilon(\omega)\,\mu} < v$ wird.

Anmerkung. Beim Übergang zum Gaußschen System ändern sich außer den bereits in der Anmerkung zum Abschnitt 7.1 angegebenen Beziehungen noch im besonderen die Feldstärken von (9.1.17):

$$\boldsymbol{E}^* = \frac{e^*\,\boldsymbol{r}\,(1-\beta^2)}{\sqrt{\boldsymbol{r}^2-(\boldsymbol{r}\times\boldsymbol{v}/c_0)^2}^3}, \qquad \boldsymbol{B}^* = \frac{\boldsymbol{v}\times\boldsymbol{E}^*}{c_0}.$$

9.2. Energie- und Impulsverhältnisse bei einem gleichförmig bewegten Teilchen

In den Abschnitten 7.3 und 7.4 haben wir gesehen, daß jedes elektromagnetische Feld nicht nur Energie, sondern auch Impuls enthält. Im besonderen wird für ein bewegtes Teilchen im Vakuum der Energiesatz nach (7.3.4) gegeben durch

$$\mathrm{d}\,(U_K + U_{el} + U_m) = -\oint\!\!\oint S_n\,\mathrm{d}f\,\mathrm{d}t\,, \tag{9.2.1}$$

wobei das Integral auf der rechten Seite über eine praktisch im Unendlichen liegende Fläche zu erstrecken ist und die während der Zeit $\mathrm{d}t$ durch diese Fläche nach außen hindurchtretende Strahlungsenergie bedeutet; auf der linken Seite gibt $\mathrm{d}U_K = \mathrm{d}t\int \boldsymbol{g}\,\boldsymbol{E}\,\mathrm{d}V = e\,\boldsymbol{v}\,\boldsymbol{E}\,\mathrm{d}t$ die durch die Leistung des Feldes bedingte Änderung der kinetischen Energie U_K des Teilchens, die zu der Änderung $\mathrm{d}\,(U_{el}+U_m)$ der elektrischen und der magnetischen Feldenergie während $\mathrm{d}t$ hinzutritt. Analog gilt nach (7.4.12) der Impulssatz

$$\mathrm{d}\,(\boldsymbol{J}_K + \boldsymbol{J}_S) = \oint\!\!\oint \boldsymbol{T}_n\,\mathrm{d}f\,\mathrm{d}t\,, \tag{9.2.2}$$

wobei $\boldsymbol{J}_K$ und $\boldsymbol{J}_S$ den gesamten Teilchen- und Feldimpuls bedeuten und das Integral auf der rechten Seite die Wirkung der Maxwellschen Spannungen an einer sehr weit entfernten Fläche während $\mathrm{d}t$ darstellt. Dabei wird der Feldimpuls $\boldsymbol{J}_S$ nach (7.4.11) im Vakuum durch

$$\boldsymbol{J}_S = \int \boldsymbol{D}\times\boldsymbol{B}\,\mathrm{d}V = \frac{1}{c_0^2}\int \boldsymbol{E}\times\boldsymbol{H}\,\mathrm{d}V = \frac{1}{c_0^2}\int \boldsymbol{S}\,\mathrm{d}V \tag{9.2.3}$$

gegeben.

Wir wollen nun diesen Feldimpuls für unser im vorigen Abschnitt betrachtetes, gleichförmig geladenes Teilchen berechnen. Dabei können wir allerdings nicht die Formeln (9.1.15) bis (9.1.17) für ein punktförmiges Teilchen benutzen, da für ein solches Teilchen sowohl $\boldsymbol{J}_S$ wie auch die Energiebeträge U_{el} und U_m unendlich groß werden würden. Vielmehr müssen wir auf die Formel (9.1.14) für die Potentialfunktion $\varphi(\boldsymbol{r})$ zurückgreifen und sie auf den Fall einer zwar räumlich eng begrenzten, aber durchweg noch endlichen Ladungsverteilung der Dichte $\varrho(\boldsymbol{r})$ anwenden.

Nun ist aber das Ergebnis der $\boldsymbol{J}_S$-Berechnung wesentlich abhängig von der speziellen Annahme über die Gestalt der Ladungsverteilung im bewegten Teilchen. Dabei hat sich nun beim späteren Vergleich zwischen Theorie und Experiment die von A. H. Bucherer und H. A. Lorentz eingeführte Annahme bewährt, daß ein solches bewegtes

Teilchen, entsprechend dem im Abschnitt 9.1 betrachteten Konvektionspotential, die Gestalt eines in der Bewegungsrichtung abgeplatteten Rotationsellipsoids besitzt, mit einem Achsenverhältnis $1 : \sqrt{1-\beta^2}$. Eine allgemeine Begründung dieser Lorentzschen Kontraktionshypothese, nach der sich alle Längen bzw. Maßstäbe in der Bewegungsrichtung im gleichen Verhältnis verkürzen, während alle Längen senkrecht zur Bewegungsrichtung ungeändert bleiben, werden wir im 10. Kapitel ausführlich kennen lernen.

Im Sinn dieser Hypothese wollen wir annehmen, daß für die Ladungsverteilung in dem mit der konstanten Geschwindigkeit v in x-Richtung bewegten Teilchen die Beziehung

$$\varrho(x, y, z) = \frac{1}{\sqrt{1-\beta^2}}\varrho_0\left(\frac{x}{\sqrt{1-\beta^2}}, y, z\right) \equiv \frac{1}{\sqrt{1-\beta^2}}\varrho_0(\xi, \eta, \zeta) \tag{9.2.4}$$

gilt, mit den durch die Transformation (9.1.11) gegebenen neuen Koordinaten. Dabei ist der Faktor vor $\varrho_0(\xi, \eta, \zeta)$ so gewählt, daß wegen $\mathrm{d}x = \sqrt{1-\beta^2}\,\mathrm{d}\xi$ die Gesamtladung e des Teilchens bei der Transformation ungeändert bleibt:

$$\iiint \varrho(x, y, z)\,\mathrm{d}x\,\mathrm{d}y\,\mathrm{d}z = \iiint \varrho_0(\xi, \eta, \zeta)\,\mathrm{d}\xi\,\mathrm{d}\eta\,\mathrm{d}\zeta = e\,.$$

Außerdem soll $\varrho_0(\xi, \eta, \zeta)$ im neuen Koordinatenraum (ξ, η, ζ) die gleiche kugelsymmetrische Ladungsverteilung darstellen wie $\varrho(x, y, z)$ im alten Koordinatenraum (x, y, z) für den Fall, daß das Teilchen in diesem Raum ruht.

Führen wir nun den Ausdruck (9.2.4) für die Ladungsdichte in (9.1.14) oder auch in (9.1.13) ein, so erhalten wir

$$\varphi(x, y, z) = \frac{1}{\sqrt{1-\beta^2}}\varphi_0\left(\frac{x}{\sqrt{1-\beta^2}}, y, z\right) \equiv \frac{1}{\sqrt{1-\beta^2}}\varphi_0(\xi, \eta, \zeta)\,, \tag{9.2.5}$$

wobei φ_0 das aus der Ladungsdichte ϱ_0 folgende statische Potential bedeutet, wie auch durch Ausführung der Transformation (9.1.11) an der Potentialgleichung (9.1.9) zu erkennen ist. Mit (9.2.5) folgt nun aus (9.1.7) für die x-Komponente von $\boldsymbol{E}$ der Ausdruck

$$E_x(x, y, z) = -(1-\beta^2)\frac{\partial\varphi(x, y, z)}{\partial x} = -\frac{\partial\varphi_0(\xi, \eta, \zeta)}{\partial\xi} = E_{0x}(\xi, \eta, \zeta)\,, \tag{9.2.6}$$

wobei E_{0x} die x-Komponente der zur statischen Ladungsverteilung ϱ_0 im (ξ, η, ζ)-Raum gehörigen Feldstärke $\boldsymbol{E}_0$ bedeutet. Entsprechend gilt für die anderen beiden Komponenten

$$E_y(x, y, z) = -\frac{\partial\varphi(x, y, z)}{\partial y} = \frac{E_{0y}(\xi, \eta, \zeta)}{\sqrt{1-\beta^2}}, \quad E_z(x, y, z) = \frac{E_{0z}(\xi, \eta, \zeta)}{\sqrt{1-\beta^2}}. \tag{9.2.7}$$

Und damit folgt für die $\boldsymbol{B}$-Komponenten aus (9.1.8)

$$B_x(x, y, z) = 0\,, \quad B_y(x, y, z) = -\frac{v\,E_{0z}(\xi, \eta, \zeta)}{c_0^2\sqrt{1-\beta^2}}, \quad B_z(x, y, z) = \frac{v\,E_{0y}(\xi, \eta, \zeta)}{c_0^2\sqrt{1-\beta^2}}. \tag{9.2.8}$$

Nunmehr können wir den Feldimpuls $\boldsymbol{J}_S$ für unser bewegtes Teilchen berechnen. Aus (9.2.3) folgt mit (9.2.7) und (9.2.8) für die allein von Null verschiedene x-Komponente dieses Impulses

$$(J_S)_x = \varepsilon_0\int(E_y B_z - E_z B_y)\,\mathrm{d}x\,\mathrm{d}y\,\mathrm{d}z = \frac{\varepsilon_0\,v}{c_0^2\sqrt{1-\beta^2}}\int(E_{0y}^2 + E_{0z}^2)\,\mathrm{d}\xi\,\mathrm{d}\eta\,\mathrm{d}\zeta\,, \tag{9.2.9}$$

und weiter wegen der Rotationssymmetrie der ϱ_0-Verteilung und damit des $\boldsymbol{E}_0$-Feldes

$$J_S = \frac{2\,\varepsilon_0\,\boldsymbol{v}}{3\,c_0^2\,\sqrt{1-\beta^2}} \int \boldsymbol{E}_0^2\,\mathrm{d}\xi\,\mathrm{d}\eta\,\mathrm{d}\zeta = \frac{4\,\boldsymbol{v}\,U_0}{3\,c_0^2\,\sqrt{1-\beta^2}}\,; \qquad (9.2.10)$$

dabei bedeutet U_0 die elektrostatische Feldenergie im (ξ, η, ζ)-Raum. Wenn wir jetzt den konstanten Faktor $4\,U_0/3\,c_0^2$ als „Ruhmasse“ m des Teilchenfeldes bezeichnen, können wir den Feldimpuls in der Form

$$J_S = \frac{m\,\boldsymbol{v}}{\sqrt{1-\beta^2}} \qquad (9.2.11)$$

anschreiben. Dabei gilt für ein kugelförmiges Teilchen vom Radius R mit reiner Oberflächenladung $m = e^2/6\pi\,\varepsilon_0\,R\,c_0^2$, für ein solches mit homogener Raumladung $m = e^2/5\pi\,\varepsilon_0\,R\,c_0^2$; doch ist üblich geworden, speziell bei den Elektronen einen Elektronenradius R_e durch $m = e^2/4\pi\,\varepsilon_0\,R_e\,c_0^2$ zu definieren, der mit den Werten für die elektrische Elementarladung $e_0 = |e|$ und für die Elektronenmasse den Wert $2{,}8 \cdot 10^{-15}$ m besitzt.

Wenn wir uns vorstellen, daß unser geladenes Teilchen überhaupt keine träge Masse enthält, daß also $U_K = 0$ und $J_K = 0$ sind, so benötigen wir zu seiner Beschleunigung doch eine Kraftwirkung, um die Vermehrung des mit zunehmender Geschwindigkeit anwachsenden Feldimpulses J_S und der dabei ebenfalls anwachsenden Feldenergie $U = U_{el} + U_m$ zu liefern. Dabei finden wir übrigens für U durch eine ähnliche Rechnung wie bei J_S den Wert

$$U = \frac{\varepsilon_0}{2} \int \left\{ E_{0x}^2 + (E_{0y}^2 + E_{0z}^2)\frac{1+\beta^2}{1-\beta^2} \right\} \sqrt{1-\beta^2}\,\mathrm{d}\xi\,\mathrm{d}\eta\,\mathrm{d}\zeta = \frac{U_0}{\sqrt{1-\beta^2}}\left(1 + \frac{\beta^2}{3}\right). \qquad (9.2.12)$$

Also gilt für U und J_S in erster Näherung mit $\beta^2 \ll 1$

$$U = U_0\,, \qquad J_S = m\,\boldsymbol{v}\,. \qquad (9.2.13)$$

Gegenüber einer äußeren Kraft verhält sich also ein geladenes Teilchen bei nicht zu großer Geschwindigkeit auch ohne träge Masse so, als ob es eine Masse vom Betrag $m = 4\,U_0/3\,c_0^2$ besitzt. Diese elektromagnetische Masse ist umso größer, je kleiner der Radius R des Teilchens ist. Durch geeignete Wahl von R könnten wir also jede beobachtete Masse eines geladenen Teilchens als elektromagnetische Masse erklären. Es muß aber betont werden, daß bis heute noch kein endgültiger Beweis für eine rein elektromagnetische Natur der Elektronen- oder Protonenmasse vorliegt.

Das Zustandekommen einer elektromagnetischen Trägheitswirkung können wir uns bei einem geladenen Teilchen leicht in folgender Weise plausibel machen: Ein mit konstanter Geschwindigkeit bewegtes Teilchen führt außer einem elektrischen Feld noch ein Magnetfeld mit sich, dessen Kraftlinien die Bahn des Teilchen kreisförmig umschließen. Während dieser Bewegung wirkt auf das Teilchen keine resultierende Kraft. Würden wir jetzt versuchen, das Teilchen plötzlich abzubremsen, so müßte dabei natürlich auch das Magnetfeld verschwinden. Ein solches Zusammenbrechen des Magnetfeldes erzeugt aber nach dem Induktionsgesetz eine elektrische Feldstärke $\boldsymbol{E}^{(ind)}$, die das Abbremsen zu verhindern trachtet. Die bei der Teilchenverzögerung empfundene Trägheitskraft ist also identisch mit der durch das Induktionsgesetz erzeugten Kraftwirkung $e\,\boldsymbol{E}^{(ind)}$.

Versuche mit schnellen geladenen Teilchen (vgl. II. Band, § 3) haben nun ergeben, daß deren Impuls, definiert durch die Beziehung $\mathrm{d}\boldsymbol{J}/\mathrm{d}t = \boldsymbol{K}$, genau in der durch (9.2.11) gegebenen Weise anwächst. Der zunächst vielleicht naheliegende Schluß, daß hierdurch die elektromagnetische Natur der Masse geladener Teilchen experimentell bewiesen sei, wird freilich in Anbetracht der Relativitätstheorie unhaltbar, da nach dieser Theorie eine Impulsbeziehung der Form (9.2.11) für jede Art von Masse gültig ist. Andererseits zeigt aber der Faktor 4/3 bei der Definition der elektromagnetischen Masse, der nach der Einsteinschen Relativitätstheorie gleich 1 sein müßte, sowie die Energieformel (9.2.12), in der das Zusatzglied $+\beta^2/3$ nicht auftreten dürfte, daß die Vorstellung von der rein elektromagnetischen Natur der Masse geladener Teilchen nicht haltbar ist. Wir werden auf dieses Problem im Abschnitt 12.3 zurückkommen und dann seine Lösung kennen lernen.

Anmerkung Im Gaußschen System wird der Elektronenradius R_e durch die Beziehung $m c_0^2 = e^{*2}/R_e$ definiert, woraus sich wieder $R_e = 2{,}8 \cdot 10^{-13}$ cm ergibt.

9.3. Die elektromagnetischen Potentiale einer allgemeinen Ladungs- und Stromverteilung

Wir wollen jetzt das Feld von beliebig bewegten Ladungen bzw. Strömen im leeren Raum untersuchen. Dazu denken wir uns die Größen ϱ und $\boldsymbol{g}$ bzw. $\varrho\,\boldsymbol{v}$ willkürlich als Funktionen der Raumkoordinaten und der Zeit vorgegeben und haben dann mit diesen Größen die Potentialgleichungen (9.1.4) zu lösen.

Die Lösungen dieser Gleichungen lassen sich auf eine Gestalt bringen, die der für die statischen Felder sehr ähnlich ist. Sie lauten nämlich, wie wir sogleich verifizieren werden[1]),

$$\left.\begin{aligned} \boldsymbol{A}(x, y, z, t) &= \frac{\mu_0}{4\pi}\iiint \frac{\boldsymbol{g}(\xi, \eta, \zeta, t - r/c_0)}{r}\,\mathrm{d}\xi\,\mathrm{d}\eta\,\mathrm{d}\zeta\,, \\ \varphi(x, y, z, t) &= \frac{1}{4\pi\varepsilon_0}\iiint \frac{\varrho(\xi, \eta, \zeta, t - r/c_0)}{r}\,\mathrm{d}\xi\,\mathrm{d}\eta\,\mathrm{d}\zeta\,; \end{aligned}\right\} \tag{9.3.1}$$

dabei bedeutet

$$r = \sqrt{(x-\xi)^2 + (y-\eta)^2 + (z-\zeta)^2} \tag{9.3.2}$$

den Abstand von Quell- und Aufpunkt. Nach diesen Formeln unterscheiden sich die Beiträge des Volumenelements $\mathrm{d}\xi\,\mathrm{d}\eta\,\mathrm{d}\zeta$ zu den Potentialen im Aufpunkt (x, y, z) vom statischen Fall lediglich dadurch, daß für $\boldsymbol{g}$ und ϱ nicht die momentanen Werte einzusetzen sind, sondern die Werte, die in dem um die Laufzeit r/c_0 zurückliegenden Augenblick in $\mathrm{d}\xi\,\mathrm{d}\eta\,\mathrm{d}\zeta$ geherrscht haben. Die Beiträge des Quellpunktes zu den Potentialen treffen im Aufpunkt erst nach der Zeit r/c_0 ein. Aus diesem Grund heißen die aus (9.3.1) bestimmten Werte für $\boldsymbol{A}$ und φ die retardierten Potentiale.

Es sei darauf hingewiesen, daß der physikalische Inhalt der Lösungen (9.3.1) mit dem der Gleichungen (9.1.4) nicht identisch ist. Während nämlich bei den Differentialglei-

[1]) Die Lösungen (9.3.1) sind partikuläre Integrale der inhomogenen Gleichungen (9.1.4). Zur Anpassung an gegebene Anfangs- und Randbedingungen können wir zu diesen Lösungen noch Integrale der homogenen Potentialgleichungen, d.h. der Wellengleichungen für $\boldsymbol{A}$ und φ, hinzufügen.

chungen das Vorzeichen der Zeit in keiner Weise ausgezeichnet ist, so daß sie sich bei Vertauschung von Vergangenheit und Zukunft nicht ändern, machen die Lösungen (9.3.1) einen wesentlichen Unterschied zwischen Vergangenheit und Zukunft. Rein mathematisch wären auch Lösungen möglich, bei denen die Werte von g und ϱ im Quellpunkt zur Zeit $t + r/c_0$, also zu einer späteren Zeit, genommen werden. Solche avancierte Potentiale würden aber unseren Anschauungen widersprechen, da wir ja die Ladungen und Ströme als Ursachen der Potentiale betrachten. Durch Ausschaltung dieser avancierten Lösungen gehen wir tatsächlich wesentlich über den Inhalt der Differentialgleichungen (9.1.4) hinaus.

Wir müssen uns noch überzeugen, daß die Ausdrücke (9.3.1) wirklich Lösungen von (9.1.4) sind. Es genügt, diesen Nachweis für das skalare Potential φ zu führen. Wir zerlegen dazu das Integrationsgebiet in zwei Teile V_1 und V_2, wobei V_1 ein sehr kleines, den Aufpunkt enthaltendes Volumen bedeutet, V_2 dagegen das übrige Gebiet. Entsprechend zerlegen wir

$$\varphi = \varphi_1 + \varphi_2 = \frac{1}{4\pi\varepsilon_0}\left\{\int\limits_{V_1} \frac{\varrho(\xi, \eta, \zeta, t - r/c_0)}{r}\,\mathrm{d}V + \int\limits_{V_2} \frac{\varrho(\xi, \eta, \zeta, t - r/c_0)}{r}\right\}\mathrm{d}V$$

und wollen dann später V_1 gegen Null gehen lassen.

Bei der Integration über das sehr kleine Gebiet V_1 spielt nun offenbar die Retardierung keine Rolle, so daß wir im ersten Integral $\varrho(\xi, \eta, \zeta, t - r/c_0)$ einfach durch $\varrho(\xi, \eta, \zeta, t)$ ersetzen können. Damit unterscheidet es sich aber nicht mehr vom statischen Fall, und wir erhalten $\Delta\varphi_1 = -\varrho(x, y, z, t)/\varepsilon_0$. Da ferner φ_1 selber und damit auch $\partial^2\varphi_1/\partial t^2$ wegen der Kleinheit von V_1 vernachlässigbar klein sind, genügt der Beitrag φ_1 für sich allein bereits der Potentialgleichung (9.1.4) für φ.

Bei der Integration über das Restgebiet V_2 wirkt sich aus, daß der Aufpunkt (mit $r = 0$) jetzt nicht mehr im Integrationsgebiet liegt. Wir haben also beim Integranden von φ_2 mit einer in V_2 durchweg regulären Funktion von r und $t - r/c_0$ zu rechnen, so daß wir die noch auftretenden Differentiationen streng ausführen können. Da sich hierbei der Δ-Operator auf die Ableitung $\frac{1}{r}\frac{\partial^2}{\partial r^2} r = \frac{\partial^2}{\partial r^2} + \frac{2}{r}\frac{\partial}{\partial r}$ reduziert, erhalten wir für den Integranden in φ_2

$$\Delta \frac{\varrho(t - r/c_0)}{r} = \frac{1}{r}\frac{\partial^2 \varrho(t - r/c_0)}{\partial r^2} \quad \text{und} \quad \frac{1}{c_0^2 r}\frac{\partial^2 \varrho(t - r/c_0)}{\partial t^2} = \frac{1}{r}\frac{\partial^2 \varrho(t - r/c_0)}{\partial r^2}.$$

Somit erfüllt φ_2 die homogene Wellengleichung $\Delta\varphi_2 - \partial^2\varphi_2/\partial(c_0 t)^2 = 0$ und kann daher zur Lösung φ_1 der inhomogenen Gleichung hinzuaddiert werden, so daß $\varphi = \varphi_1 + \varphi_2$ tatsächlich die Potentialgleichung (9.1.4) erfüllt.

Wegen ihrer Wichtigkeit wollen wir jetzt die Formeln (9.3.1) noch mit einer anderen, wesentlich verschiedenen Methode ableiten, die auch mit Vorteil bei ähnlichen Potential- oder Feldproblemen angewandt werden kann und daher hier ausführlich geschildert werden soll, nämlich die Methode der Fourier-Analyse. Wir erläutern sie anhand der Lösung der zweiten Gleichung (9.1.4) für die skalare Potentialfunktion φ, also der Gleichung

$$\Delta\varphi - \frac{1}{c_0^2}\frac{\partial^2\varphi}{\partial t^2} = -\frac{\varrho}{\varepsilon_0}; \tag{9.3.3}$$

die Lösung der ersten Gleichung (9.1.4) für das Vektorpotential verläuft völlig analog.

Zur Vorbereitung hierfür betrachten wir zunächst den statischen Fall, bei dem ϱ und φ nur von den Raumkoordinaten, nicht aber von der Zeit abhängen. Dann können wir nach Fourier schreiben

$$\varrho(\boldsymbol{r}) = \int \varrho_k \, \mathrm{e}^{\mathrm{i}\boldsymbol{k}\boldsymbol{r}} \, \mathrm{d}V_k \quad \text{und} \quad \varphi(\boldsymbol{r}) = \int \varphi_k \, \mathrm{e}^{\mathrm{i}\boldsymbol{k}\boldsymbol{r}} \, \mathrm{d}V_k \,, \tag{9.3.4}$$

mit der Umkehrung

$$\varrho_k = \frac{1}{(2\pi)^3} \int \varrho(\boldsymbol{r}') \, \mathrm{e}^{-\mathrm{i}\boldsymbol{k}\boldsymbol{r}'} \, \mathrm{d}V_{r'} \quad \text{und} \quad \varphi_k = \frac{1}{(2\pi)^3} \int \varphi(\boldsymbol{r}') \, \mathrm{e}^{-\mathrm{i}\boldsymbol{k}\boldsymbol{r}'} \, \mathrm{d}V_{r'} \,. \tag{9.3.5}$$

Damit finden wir aus (9.3.3) wegen des Fortfalls des Zeitgliedes als Verknüpfung zwischen den Fourier-Komponenten φ_k und ϱ_k die Beziehung

$$\boldsymbol{k}^2 \varphi_k = \frac{\varrho_k}{\varepsilon_0} \,. \tag{9.3.6}$$

Setzen wir nun den daraus folgenden φ_k-Wert mit der Integraldarstellung von ϱ_k aus (9.3.5) in den $\varphi(\boldsymbol{r})$-Ausdruck (9.3.4) ein, so erhalten wir

$$\varphi(\boldsymbol{r}) = \frac{1}{8\pi^3 \varepsilon_0} \int \mathrm{d}V_k \int \frac{\varrho(\boldsymbol{r}') \, \mathrm{e}^{\mathrm{i}\boldsymbol{k}(\boldsymbol{r}-\boldsymbol{r}')}}{\boldsymbol{k}^2} \, \mathrm{d}V_{r'} \,, \tag{9.3.7}$$

bzw. nach Vertauschen der Integrationsfolge, was bei räumlich begrenzten Ladungsverteilungen stets möglich ist,

$$\varphi(\boldsymbol{r}) = \frac{1}{8\pi^3 \varepsilon_0} \int \varrho(\boldsymbol{r}') \, \mathrm{d}V_{r'} \int \frac{\mathrm{e}^{\mathrm{i}\boldsymbol{k}(\boldsymbol{r}-\boldsymbol{r}')}}{\boldsymbol{k}^2} \, \mathrm{d}V_k \,. \tag{9.3.8}$$

Hier läßt sich nun das Integral über den $\boldsymbol{k}$-Raum streng auswerten. Führen wir nämlich in diesem Raum Polarkoordinaten ein mit der Polarachse in Richtung des Vektors $\boldsymbol{r} - \boldsymbol{r}'$, so gibt die Winkelintegration

$$\iint \frac{\mathrm{e}^{\mathrm{i}\boldsymbol{k}(\boldsymbol{r}-\boldsymbol{r}')}}{\boldsymbol{k}^2} k^2 \, \mathrm{d}k \, \mathrm{d}\Omega_k = 2\pi \int_0^\infty \frac{(\mathrm{e}^{\mathrm{i}k|\boldsymbol{r}-\boldsymbol{r}'|} - \mathrm{e}^{-\mathrm{i}k|\boldsymbol{r}-\boldsymbol{r}'|})}{\mathrm{i}k\,|\boldsymbol{r}-\boldsymbol{r}'|} \, \mathrm{d}k = 4\pi \int_0^\infty \frac{\sin k\,|\boldsymbol{r}-\boldsymbol{r}'|}{k\,|\boldsymbol{r}-\boldsymbol{r}'|} \, \mathrm{d}k \,, \tag{9.3.9}$$

und damit zusammen mit der k-Integration $= 2\pi^2/|\boldsymbol{r} - \boldsymbol{r}'|$, da ja

$$\int_0^\infty \frac{\sin \xi}{\xi} \, \mathrm{d}\xi = \frac{\pi}{2} \tag{9.3.10}$$

gilt. Somit folgt aus (9.3.8) als Lösung der Gleichung (9.3.3) für den statischen Fall die bereits aus (1.3.10) bekannte Beziehung

$$\varphi(\boldsymbol{r}) = \frac{1}{4\pi \varepsilon_0} \int \frac{\varrho(\boldsymbol{r}')}{|\boldsymbol{r} - \boldsymbol{r}'|} \, \mathrm{d}V_{r'} \,. \tag{9.3.11}$$

In der gleichen Weise wollen wir nun auch die Gleichung (9.3.3) für den Fall behandeln, daß ϱ und φ außer von den Raumkoordinaten auch noch von der Zeit abhängen. Gehen wir mit den Fourier-Darstellungen

$$\varrho(\boldsymbol{r}, t) = \iint \varrho_{k,\omega} \, \mathrm{e}^{\mathrm{i}\boldsymbol{k}\boldsymbol{r}+\mathrm{i}\omega t} \, \mathrm{d}V_k \, \mathrm{d}\omega \quad \text{und} \quad \varphi(\boldsymbol{r}, t) = \iint \varphi_{k,\omega} \, \mathrm{e}^{\mathrm{i}\boldsymbol{k}\boldsymbol{r}+\mathrm{i}\omega t} \, \mathrm{d}V_k \, \mathrm{d}\omega \,, \tag{9.3.12}$$

sowie mit der Umkehrung

$$\varrho_{k,\,\omega} = \frac{1}{(2\,\pi)^4} \iint \varrho\,(\boldsymbol{r}', t')\, \mathrm{e}^{-\mathrm{i}\boldsymbol{k}\boldsymbol{r}' - \mathrm{i}\omega t'}\, \mathrm{d}V_{r'}\, \mathrm{d}t' \tag{9.3.13}$$

in die Wellengleichung (9.3.3) ein, so finden wir als Verknüpfung zwischen den Fourier-Komponenten $\varrho_{k,\,\omega}$ und $\varphi_{k,\,\omega}$ nunmehr die Beziehung

$$\left(k^2 - \frac{\omega^2}{c_0^2}\right) \varphi_{k,\,\omega} = \frac{\varrho_{k,\,\omega}}{\varepsilon_0}. \tag{9.3.14}$$

Damit erhalten wir als Gegenstück zu (9.3.7) den Ausdruck

$$\varphi\,(\boldsymbol{r}, t) = \frac{1}{16\pi^4\,\varepsilon_0} \iint \mathrm{d}V_k\, \mathrm{d}\omega \iint \frac{\varrho\,(\boldsymbol{r}', t')\, \mathrm{e}^{\mathrm{i}\boldsymbol{k}(\boldsymbol{r}-\boldsymbol{r}') + \mathrm{i}\omega(t-t')}}{k^2 - \omega^2/c_0^2}\, \mathrm{d}V_{r'}\, \mathrm{d}t'. \tag{9.3.15}$$

Hier müssen wir aber bei der Vertauschung der Integrale vorsichtig sein. Da $\varrho\,(\boldsymbol{r}', t')$ nur im $\boldsymbol{r}'$-Raum begrenzt ist, nicht aber auf der Zeitskala, können wir nur die Integration über $\mathrm{d}V_{r'}$ vorziehen. Führen wir jetzt noch die Winkelintegration im $\boldsymbol{k}$-Raum nach (9.3.9) aus, so kommen wir zur Beziehung

$$\varphi\,(\boldsymbol{r}, t) = \frac{1}{8\,\pi^3\,\mathrm{i}\,\varepsilon_0} \int \frac{\mathrm{d}V_{r'}}{|\boldsymbol{r} - \boldsymbol{r}'|} \int\limits_{-\infty}^{+\infty} \mathrm{d}\omega \int\limits_{-\infty}^{+\infty} \mathrm{d}t'\, \varrho\,(\boldsymbol{r}', t')\, \mathrm{e}^{\mathrm{i}\omega(t-t')} \int\limits_0^{\infty} k\, \mathrm{d}k\, \frac{\mathrm{e}^{\mathrm{i}k|\boldsymbol{r}-\boldsymbol{r}'|} - \mathrm{e}^{-\mathrm{i}k|\boldsymbol{r}-\boldsymbol{r}'|}}{k^2 - \omega^2/c_0^2}. \tag{9.3.16}$$

Dem aufmerksamen Leser wird bereits bei der Formel (9.3.15) aufgefallen sein, daß der Integrand bei $k = |\omega|/c_0$ in nichtintegrabler Weise unendlich wird, daß also auch das k-Integral in (9.3.16) in dieser Form sinnlos wird. Es ist dies genau der k-Wert, bei dem der Wellenansatz (9.3.12) nicht die inhomogene Gleichung (9.3.3) befriedigen kann, sondern nur die homogene Gleichung mit $\varrho_{k,\,\omega} = 0$.

Nun können wir aber diese Schwierigkeit dadurch vermeiden, daß wir die k-Integration in (9.3.16) nicht längs der reellen k-Achse ausführen, sondern in der Nähe der Stelle $k = |\omega|/c_0$ nach oben bzw. nach unten in die komplexe k-Ebene ausweichen im Sinn der Abb. 9.2 (ausgezogene bzw. gestrichelte Linie). Wie wir sogleich sehen werden, entspricht diese zweifache Wahlmöglichkeit des Integrationsweges der Möglichkeit, entweder zu den retardierten oder zu den avancierten Potentialen zu gelangen.

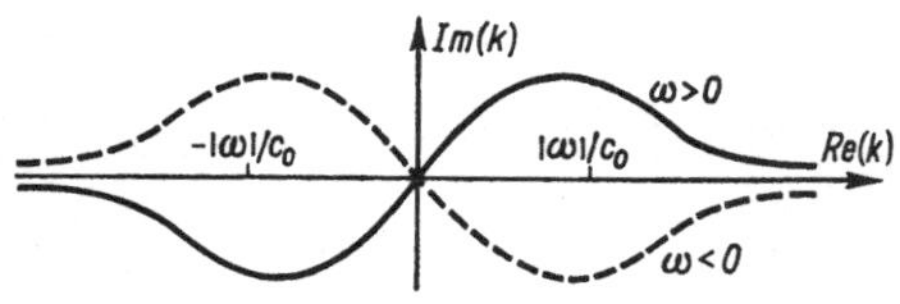

Abb. 9.2 Zur Auswertung des k-Integrals in (9.3.16)

Ferner ist es zweckmäßig, das k-Integral in (9.3.16), das zunächst von 0 bis ∞ läuft, in ein von $-\infty$ bis $+\infty$ zu erstreckendes Integral umzuformen. Wir erreichen dies, indem wir im zweiten Integralanteil k durch $-k$ ersetzen, was in der Abb. 9.2 eine Spiegelung der Integrationswege am Nullpunkt bedeutet. Damit erhalten wir das k-Integral in der Form

$$\int\limits_{-\infty}^{+\infty} \frac{k\,\mathrm{d}k}{k^2 - \omega^2/c_0^2}\, \mathrm{e}^{\mathrm{i}k|\boldsymbol{r}-\boldsymbol{r}'|} = \frac{1}{2} \int\limits_{-\infty}^{+\infty} \left(\frac{1}{k - \omega/c_0} + \frac{1}{k + \omega/c_0}\right) \mathrm{e}^{\mathrm{i}k|\boldsymbol{r}-\boldsymbol{r}'|}\, \mathrm{d}k\,. \tag{9.3.17}$$

Nun können wir den in Frage kommenden Integrationsweg in der k-Ebene nach oben ins Positiv-imaginär-Unendliche wegziehen, wo der Integrand exponentiell verschwindet. Dabei bleibt der Integrationsweg im Fall der ausgezogenen Linie am Pol bei $k = -|\omega|/c_0$, im Fall der gestrichelten Linie am Pol bei $k = +|\omega|/c_0$ hängen, so daß das Integral (9.3.17) als Residum an diesen beiden Stellen die Werte

$$\mathrm{i}\,\pi\,\mathrm{e}^{-\mathrm{i}|\omega|\,|\boldsymbol{r}-\boldsymbol{r}'|/c_0} \quad \text{bzw.} \quad \mathrm{i}\,\pi\,\mathrm{e}^{+\mathrm{i}|\omega|\,|\boldsymbol{r}-\boldsymbol{r}'|/c_0}$$

erhält. Damit geht der Ausdruck (9.3.16) über in

$$\varphi(\boldsymbol{r}, t) = \frac{1}{8\pi^2\varepsilon_0}\int \frac{\mathrm{d}V_{r'}}{|\boldsymbol{r}-\boldsymbol{r}'|}\int_{-\infty}^{+\infty}\mathrm{d}\omega\int_{-\infty}^{+\infty}\mathrm{d}t'\,\varrho(\boldsymbol{r}', t')\,\mathrm{e}^{\mathrm{i}\omega[(t-t')-|\boldsymbol{r}-\boldsymbol{r}'|/c_0]}, \tag{9.3.18}$$

wenn wir für $\omega > 0$ den ausgezogenen und für $\omega < 0$ den gestrichelten Linienzug als Integrationsweg wählen. Hier gibt das Doppelintegral über ω und t' nach Fourier genau den Wert $2\pi\,\varrho(\boldsymbol{r}', t - |\boldsymbol{r}-\boldsymbol{r}'|/c_0)$, womit wir, abgesehen von der geänderten Bezeichnung, genau die φ-Formel aus (9.3.1) wiedergefunden haben. Hätten wir den Integrationsweg sowohl für $\omega > 0$ als auch für $\omega < 0$ anders gewählt, so wären wir zu der entsprechenden Formel für die avancierte Potentialfunktion gekommen.

9.4. Das elektromagnetische Feld einer beliebig bewegten Ladung

Wir wollen jetzt die Formeln (9.3.1) für $\boldsymbol{A}$ und φ so umformen, daß sie sich auf geladene Teilchen sehr geringer Ausdehnung anwenden lassen. Hierbei wirkt sich sehr störend aus, daß wir die Integranden für die einzelnen Volumenelemente zu verschiedenen Zeiten $t - r/c_0$ zu nehmen haben. So ist beispielsweise das Integral $\iiint \varrho(\xi, \eta, \zeta, t - r/c_0)\,\mathrm{d}\xi\,\mathrm{d}\eta\,\mathrm{d}\zeta$, das sich aus (9.3.1) durch Fortlassen des Nenners r ergibt, nicht etwa, wie im statischen Fall, die Gesamtladung des Teilchens; dies wäre sie nur, wenn wir den Integranden stets für die gleiche Zeit zu nehmen hätten.

Letzteres läßt sich aber durch einen Kunstgriff erreichen, nämlich durch Verwendung der bereits im Abschnitt 1.1 eingeführten eindimensionalen δ-Funktion. Diese Funktion ist, um es zu wiederholen, dadurch definiert, daß $\delta(u) = 0$ für $u \neq 0$ und $\delta(0) \neq 0$ ist, und zwar so, daß

$$\int_{-\infty}^{+\infty}\delta(u)\,\mathrm{d}u = 1 \tag{9.4.1}$$

gilt. Daraus folgt für jede reguläre, stetige und differenzierbare Funktion $f(u)$

$$\int_{-\infty}^{+\infty} f(u)\,\delta(u-a)\,\mathrm{d}u = f(a) \quad \text{und} \quad \int_{-\infty}^{+\infty} f(u)\,\frac{\mathrm{d}}{\mathrm{d}u}(\delta(u-a))\,\mathrm{d}u = -\frac{\mathrm{d}f(a)}{\mathrm{d}a}. \tag{9.4.2}$$

Mit dieser Funktion lassen sich die Potentiale (9.3.1) umschreiben in

$$\left.\begin{aligned} \boldsymbol{A}(x, y, z, t) &= \frac{\mu_0}{4\pi}\iiiint \frac{\boldsymbol{g}(\xi, \eta, \zeta, \tau)}{r}\,\delta\left(\tau - t + \frac{r}{c_0}\right)\mathrm{d}\xi\,\mathrm{d}\eta\,\mathrm{d}\zeta\,\mathrm{d}\tau\,, \\ \varphi(x, y, z, t) &= \frac{1}{4\pi\varepsilon_0}\iiiint \frac{\varrho(\xi, \eta, \zeta, \tau)}{r}\,\delta\left(\tau - t + \frac{r}{c_0}\right)\mathrm{d}\xi\,\mathrm{d}\eta\,\mathrm{d}\zeta\,\mathrm{d}\tau\,. \end{aligned}\right\} \tag{9.4.3}$$

Nun ist aber $\varrho\,(\xi, \eta, \zeta, \tau)\,\mathrm{d}\xi\,\mathrm{d}\eta\,\mathrm{d}\zeta = \mathrm{d}e$ gleich der Ladung im Volumenelement $\mathrm{d}\xi\,\mathrm{d}\eta\,\mathrm{d}\zeta$ zur Zeit τ, und ebenso gilt $\boldsymbol{g}\,(\xi, \eta, \zeta, \tau)\,\mathrm{d}\xi\,\mathrm{d}\eta\,\mathrm{d}\zeta = \boldsymbol{v}(\tau)\,\mathrm{d}e$, mit der Teilchengeschwindigkeit $\boldsymbol{v}$. Dann können wir für räumlich eng begrenzte Teilchen die Integration über die Ladungselemente unmittelbar ausführen und erhalten

$$\boldsymbol{A} = \frac{\mu_0 e}{4\pi}\int \frac{\boldsymbol{v}(\tau)\,\mathrm{d}\tau}{r}\,\delta\left(\tau - t + \frac{r}{c_0}\right), \qquad \varphi = \frac{e}{4\pi\varepsilon_0}\int \frac{\mathrm{d}\tau}{r}\,\delta\left(\tau - t + \frac{r}{c_0}\right). \tag{9.4.4}$$

Durch diese Umformung ist jetzt $\boldsymbol{r}$ als Abstand zwischen dem Teilchen und dem Aufpunkt zu einer Zeitfunktion geworden, also

$$r = \sqrt{(x - \xi(\tau))^2 + (y - \eta(\tau))^2 + (z - \zeta(\tau))^2} = r(\tau)\,.$$

Nun können wir auch noch die δ-Integrale auswerten. Führen wir dazu statt τ als neue Integrationsvariable $u = \tau - t + r/c_0$ ein, wobei

$$\frac{\mathrm{d}u}{\mathrm{d}\tau} = 1 + \frac{1}{c_0}\frac{\mathrm{d}r}{\mathrm{d}\tau} = 1 - \frac{\boldsymbol{r}\,\boldsymbol{v}}{r\,c_0}, \quad \text{also} \quad \frac{\mathrm{d}\tau}{\mathrm{d}u} = \frac{1}{1 - (\boldsymbol{r}\,\boldsymbol{v})/r\,c_0} \tag{9.4.5}$$

wird, so finden wir schließlich wegen des Charakters der δ-Funktion

$$\boldsymbol{A} = \frac{\mu_0 e}{4\pi}\left[\frac{\boldsymbol{v}}{r - (\boldsymbol{r}\,\boldsymbol{v})/c_0}\right]_{\tau = t - r/c_0}, \qquad \varphi = \frac{e}{4\pi\varepsilon_0}\left[\frac{1}{r - (\boldsymbol{r}\,\boldsymbol{v})/c_0}\right]_{\tau = t - r/c_0}. \tag{9.4.6}$$

Diese Form der Potentiale wurde zuerst von A. Liénard und E. Wichert angegeben.

Wir wollen nun noch das Feld des sich mit der Geschwindigkeit $\boldsymbol{v}(\tau)$ bewegenden Teilchens berechnen. Dazu ist es vorteilhafter, statt von den Beziehungen (9.4.6) von den Formeln (9.4.4) auszugehen und aus diesen die Feldstärken $\boldsymbol{E}$ und $\boldsymbol{B}$ vermittels (9.1.2) zu ermitteln. Bei Verwendung der Abkürzung $u = \tau - t + r/c_0$ mit $r = r(\tau)$ erhalten wir so zunächst

$$\boldsymbol{E} = \frac{e}{4\pi\varepsilon_0}\int\left\{\frac{\boldsymbol{r}}{r^3}\,\delta(u) - \left(\frac{\boldsymbol{r}}{c_0 r^2} - \frac{\boldsymbol{v}}{c_0^2 r}\right)\frac{\mathrm{d}\delta(u)}{\mathrm{d}u}\right\}\mathrm{d}\tau\,,$$

$$\boldsymbol{B} = \frac{\mu_0 e}{4\pi}\int\left\{-\frac{\boldsymbol{r}\times\boldsymbol{v}}{r^3}\,\delta(u) + \frac{\boldsymbol{r}\times\boldsymbol{v}}{c_0 r^2}\frac{\mathrm{d}\delta(u)}{\mathrm{d}u}\right\}\mathrm{d}\tau\,.$$

Hier können wir die Ableitung der δ-Funktion nach ihrem Argument vermittels (9.4.5) durch partielle Integration wegschaffen und finden so

$$\boldsymbol{E} = \frac{e}{4\pi\varepsilon_0}\int\left\{\frac{\boldsymbol{r}}{r^3} + \frac{\mathrm{d}}{\mathrm{d}\tau}\left(\frac{\boldsymbol{r} - r\,\boldsymbol{v}/c_0}{r\,(r\,c_0 - \boldsymbol{r}\,\boldsymbol{v})}\right)\right\}\delta(u)\,\mathrm{d}\tau\,,$$

$$\boldsymbol{B} = \frac{\mu_0 e}{4\pi}\int\left\{-\frac{\boldsymbol{r}\times\boldsymbol{v}}{r^3} - \frac{\mathrm{d}}{\mathrm{d}\tau}\left(\frac{\boldsymbol{r}\times\boldsymbol{v}}{r\,(r\,c_0 - \boldsymbol{r}\,\boldsymbol{v})}\right)\right\}\delta(u)\,\mathrm{d}\tau\,.$$

Werten wir nun noch die δ-Integrale wie beim Übergang von (9.4.4) nach (9.4.6) aus, so finden wir schließlich nach kurzer Umformung die Endformeln

$$\left.\begin{aligned}
\boldsymbol{E} &= \frac{e}{4\pi\varepsilon_0}\left\{\frac{(\boldsymbol{r}\,c_0 - r\,\boldsymbol{v})\,c_0^2\,(1 - \beta^2) + \boldsymbol{r}\times[(\boldsymbol{r}\,c_0 - r\,\boldsymbol{v})\times\dot{\boldsymbol{v}}]}{(r\,c_0 - \boldsymbol{r}\,\boldsymbol{v})^3}\right\}_{\tau = t - r/c_0},\\
\boldsymbol{B} &= \frac{\mu_0 e\,c_0}{4\pi}\left\{\frac{-(\boldsymbol{r}\times\boldsymbol{v})\,c_0^2\,(1 - \beta^2) + \boldsymbol{r}\times(\boldsymbol{r}\times[(\boldsymbol{r}\,c_0 - r\,\boldsymbol{v})\times\dot{\boldsymbol{v}}])/r}{(r\,c_0 - \boldsymbol{r}\,\boldsymbol{v})^3}\right\}_{\tau = t - r/c_0}.
\end{aligned}\right\} \tag{9.4.7}$$

Ersichtlich gilt hier

$$B = \frac{r \times E}{r\, c_0}\,; \tag{9.4.8}$$

das Magnetfeld steht also stets senkrecht auf dem elektrischen Feld und auf dem Vektor r vom Teilchenort zur Zeit $\tau = t - r/c_0$ nach dem Aufpunkt.

Zur Diskussion der Formeln (9.4.7) betrachten wir die beiden Summanden getrennt. Die ersten, die Beschleunigung $\dot{v}$ nicht enthaltenden Anteile E_1 und B_1 geben ein Feld, das für große Abstände r wie $1/r^2$ abfällt, also den Charakter eines statischen Feldes hat. Für dieses Teilfeld gilt außer (9.4.8) offenbar

$$B_1 = \frac{v \times E_1}{c_0^2}\,; \tag{9.4.9}$$

B_1 steht also auch senkrecht auf der Teilchengeschwindigkeit zur Zeit τ, während E_1 die Richtung des Vektors $r\, c_0 - r\, v$ hat.

Da wir dieses Feld E_1, B_1 aus der strengen, für jedes $v(t)$ gültigen Lösung (9.4.7) unseres Problems auch dann erhalten, wenn v konstant ist, muß es mit dem Feld (9.1.17) für ein gleichförmig bewegtes Teilchen übereinstimmen. Der formale Unterschied zwischen den Ausdrücken rührt von der verschiedenen Bedeutung des Vektors r hier und im Abschnitt 9.1 her. Dort war $r = r(t)$ gesetzt worden, also nach Abb. 9.3 gleich dem Vektor vom momentanen Teilchenort B zum Aufpunkt P, während wir hier unter $r = r(\tau) = r(t - r/c_0)$ den Vektor vom Teilchenort A zur Zeit τ nach dem Aufpunkt P verstehen. Nun gilt für den Fall konstanter Geschwindigkeit offenbar

$$r(t)\, c_0 = r(\tau)\, c_0 - r(\tau)\, v\,,$$

und dies steht genau im Zähler des E_1-Gliedes in (9.4.7). Ferner folgt hieraus

$$(r(t)\, c_0)^2 - (r(t) \times v)^2 = (r(\tau)\, c_0 - r(\tau)\, v)^2,$$

und aus diesem Ausdruck erhalten wir genau den Nenner des E_1-Gliedes in (9.4.7). Schließlich stimmt dann wegen (9.4.9) der Ausdruck für B_1 auch genau mit dem in (9.1.17) überein.

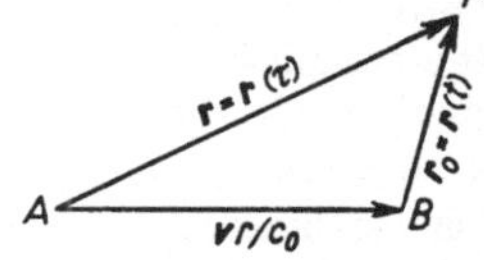

Abb. 9.3
Zusammenhang zwischen retardiertem Teilchenort A und momentanem Ort B bei gleichförmiger Bewegung

Im Gegensatz zu den Feldanteilen E_1 und B_1, welche das vom Teilchen mitgeführte Feld darstellen, haben die zur Beschleunigung proportionalen Feldanteile E_2 und B_2 in (9.4.7) den Charakter eines nach außen wie $1/r$ abfallenden Wellenfeldes, bei dem die drei Vektoren r, E_2 und B_2, wie in einer ebenen Lichtwelle, paarweise aufeinander senkrecht stehen. Speziell für ein zur Zeit τ ruhendes Teilchen ($v(\tau) = 0$) wird dieses Feld im Abstand r zur Zeit $t = r/c_0$ gegeben durch

$$E_2 = \frac{e}{4\pi\, \varepsilon_0\, c_0^2\, r}\, \frac{r \times (r \times \dot{v})}{r^2}\,, \qquad B_2 = -\frac{\mu_0\, e}{4\pi\, c_0}\, \frac{r \times \dot{v}}{r^2}\,. \tag{9.4.10}$$

Somit finden wir hier einen Poynting-Vektor

$$S = E_2 \times H_2 = \frac{e^2\, r}{16\pi^2\, \varepsilon_0\, c_0^3\, r^3}\, \frac{(r \times \dot{v})^2}{r^2} \tag{9.4.11}$$

und damit eine gesamte Strahlungsleistung durch eine das Teilchen im Abstand r umgebende Kugelfläche

$$\mathcal{S} = \oiint S \, \mathrm{d}f = \frac{e^2 \, \dot{\boldsymbol{v}}^2}{6\pi \, \varepsilon_0 \, c_0^3}. \tag{9.4.12}$$

Das beschleunigte oder gebremste Teilchen wirkt somit als Sender für die Ausstrahlung einer Kugelwelle mit der durch (9.4.12) gegebenen, vom Kugelradius r unabhängigen Gesamtintensität $\mathcal{S}$. Mit solchen Kugelwellen werden wir uns in den folgenden Abschnitten eingehend beschäftigen. Hier seien nur noch einige ergänzende Bemerkungen angefügt.

Bewegt sich das Teilchen zur Zeit der Emission mit der Geschwindigkeit $\boldsymbol{v}$, so wird die Berechnung der während $\mathrm{d}t$ durch die Kugelfläche hindurchtretenden Strahlungsenergie dadurch erschwert, daß sich während dieser Zeit das emittierende Teilchen um die Strecke $\boldsymbol{v} \, \mathrm{d}\tau$ vom Kugelmittelpunkt fortbewegt hat, wodurch das Strahlungsfeld relativ zur festgehaltenen Kugel unsymmetrisch wird. Dann tritt infolge dieser Teilchenbewegung zum Wert (9.4.12) für die Strahlungsleistung noch ein Faktor $(1 - \beta^2 \sin^2 \gamma)/(1 - \beta^2)^3$ hinzu, mit $\gamma = \sphericalangle (\boldsymbol{v}, \dot{\boldsymbol{v}})$, was hier wegen der hierfür erforderlichen, mühsamen Rechnungen nicht gezeigt werden kann, was sich aber im Abschnitt 11.6 in ganz anderem Zusammenhang in relativ einfacher Weise ergeben wird.

Ferner erwähnen wir noch, daß die Formel (9.4.12), bzw. ihre Verallgemeinerung für $\boldsymbol{v} \neq 0$ von Bedeutung ist für die Erklärung des Bremsspektrums der Röntgenstrahlen. Diese entstehen beim Auftreffen von Elektronen hoher Geschwindigkeit, etwa von Kathodenstrahlen, auf einen festen Körper. Wie die spektrale Untersuchung der emittierten Strahlung zeigt, besteht die Röntgenstrahlung aus zwei scharf zu trennenden Strahlungskomponenten. Von diesen besitzt die eine ein Linienspektrum und hängt wesentlich von der Natur der Antikathode ab; sie wird von den durch die Kathodenstrahlen getroffenen und dadurch „angeregten" Atomen des festen Körpers emittiert. Die andere Strahlungskomponente besitzt als Spektrum ein Kontinuum und ist als die eben betrachtete Strahlungsemission der Elektronen während ihrer Bremsung beim Eindringen in die Antikathode zu verstehen.

Nach A. Sommerfeld kann man diese Emission angenähert dadurch rechnerisch erfassen, daß man die Beschleunigung bzw. Verzögerung betrachtet, die ein einzelnes Elektron auf seinen hyperbelähnlichen Bahnstücken in der unmittelbaren Nähe der Atomkerne des Antikathodenmaterials erfährt, da ja dort $\dot{\boldsymbol{v}}^2$ maximale Werte besitzt und daher die Ausstrahlung am größten ist. Die spektrale Verteilung der Bremsstrahlung erhält man dann aus der Fourier-Zerlegung des Bremsvorgangs und seines Strahlungsfeldes. Die so gewonnenen Ergebnisse stimmen für kleine Frequenzen qualitativ recht gut mit den Beobachtungen überein. Für große Frequenzen treten jedoch charakteristische Abweichungen auf, die erst vom Standpunkt der Quantentheorie verstanden werden können. Hierzu gehört vor allem die Tatsache, daß das Bremsspektrum nicht bis zu unendlich hohen Frequenzen reicht, wie es nach der angedeuteten Rechnung zu erwarten wäre, sondern bei einer scharf bestimmten, nur von der Energie der Kathodenstrahlen abhängigen oberen Frequenzgrenze abbricht.

Ebenfalls von Wichtigkeit wird die Formel (9.4.12) in Teilchenbeschleunigungsanlagen (Betatron, Zyklotron u. a.), in denen die Teilchen durch ein magnetisches Führungsfeld $\boldsymbol{B}_f$ auf Kreisbahnen gezwungen werden. In diesen Maschinen erfahren die Teilchen (bei nicht zu großen Geschwindigkeiten) dauernd die Beschleunigung $\dot{\boldsymbol{v}} = e \, \boldsymbol{v} \times \boldsymbol{B}_f / m$ und strahlen daher nach (9.4.12) sekundlich (wegen $\boldsymbol{v} \perp \boldsymbol{B}_f$) die Energie

$$\mathcal{S} = \frac{e^4 \, v^2 \, B_f^2}{6 \, \pi \, \varepsilon_0 \, m^2 \, c_0^3} = \frac{e^4 \, E_k \, B_f^2}{3 \, \pi \, \varepsilon_0 \, (m \, c_0)^3} \tag{9.4.13}$$

ab, wobei $E_k = m \, v^2/2$ ihre kinetische Energie bedeutet. Dieser Energieverlust wird wesentlich bei Elektronen-Beschleunigungsanlagen (kleines m!) etwa für Energien über 10^9 eV.

Anmerkung. Beim Übergang zum Gaußschen Maßsystem hat man an den Formeln dieses Abschnittes außer dem Einfügen von * bei den elektrischen und magnetischen Größen noch ε_0 durch $1/4\pi$ und μ_0 durch $4\pi/c_0^2$ zu ersetzen. Dadurch geht z.B. die Formel (9.4.12) für die Strahlungsleistung eines beschleunigten Teilchens über in

$$\mathcal{S} = \frac{2e^2\dot{v}^2}{3c_0^3}.$$

9.5. Die Ausstrahlung eines Senders elektromagnetischer Wellen

Wir wollen nun die Emission elektromagnetischer Strahlung von beschleunigten oder abgebremsten Ladungen genauer untersuchen und betrachten dazu einen Sender, bestehend aus einer Anordnung von Ladungen oder Strömen, die Schwingungen einer bestimmten Frequenz ω ausführen können. Dabei erfahren die in diesem Sender enthaltenen Ladungsträger naturgemäß Geschwindigkeitsänderungen ($\dot{v} \neq 0$) und müssen daher nach den Ausführungen im Abschnitt 9.4 zur Aussendung elektromagnetischer Wellen führen.

Als erstes Beispiel hierfür wenden wir die Formeln dieses Abschnittes, im besonderen (9.4.6), auf den zuerst von H. Hertz untersuchten Fall eines schwingenden elektrischen Dipols mit dem Dipolmoment $\boldsymbol{p} = \boldsymbol{p}(t)$ an. Stellen wir uns den Dipol, etwa im Sinn des Thomsonschen Atommodells mit seinem elastisch gebundenen Elektron, als ein Ladungspaar $\pm e$ mit zeitlich veränderlichem Dipolabstand $\boldsymbol{s}(t)$ vor, so können wir in (9.4.6)

$$e\boldsymbol{v} = e\dot{\boldsymbol{s}} = \dot{\boldsymbol{p}} \equiv \mathrm{d}\boldsymbol{p}/\mathrm{d}t \tag{9.5.1}$$

schreiben. Ferner nehmen wir zur Vereinfachung an, daß $|\boldsymbol{s}|$ stets klein ist gegenüber der Wellenlänge λ der emittierten Strahlung und auch klein ist gegenüber der Entfernung r, in der wir das Feld des Senders untersuchen. Dann können wir in der Formel (9.4.6) für das Vektorpotential zunächst den Nenner einfach gleich r setzen, da bei einer harmonischen Schwingung $v/c_0 = \omega\, s/c_0 = 2\pi\, s/\lambda$ gilt und dies voraussetzungsgemäß klein gegen 1 ist. Ferner können wir auch die Veränderung von r infolge der Dipolbewegung vernachlässigen und daher mit einem festen Abstand des Aufpunktes vom Dipol rechnen. Damit erhalten wir für $\boldsymbol{A}$ die Beziehung

$$\boldsymbol{A} = \frac{\mu_0}{4\pi r}\dot{\boldsymbol{p}}(t - r/c_0). \tag{9.5.2}$$

Bei der φ-Berechnung aus (9.4.6) müßten wir mit den Vernachlässigungen etwas vorsichtiger sein, da sonst wegen der elektrischen Neutralität des Dipols als Ganzes $\varphi = 0$ resultieren würde; wir müßten also hier eine Reihenentwicklung durchführen und nach dem ersten nicht verschwindenden Glied abbrechen. Einfacher kommen wir zum Ziel, wenn wir die $\boldsymbol{A}$-Formel (9.5.2) in die Gleichung (9.1.3) für die Lorentz-Konvention einsetzen, die ja den Formeln des Abschnitts 9.4 zugrunde liegt. Dann finden wir nach Ausführung der Zeitintegration

$$\varphi = -\frac{1}{4\pi\varepsilon_0}\operatorname{div}\frac{\boldsymbol{p}(t - r/c_0)}{r} = \frac{1}{4\pi\varepsilon_0}\left(\frac{\dot{\boldsymbol{p}}\boldsymbol{r}}{c_0 r^2} + \frac{\boldsymbol{p}\boldsymbol{r}}{r^3}\right), \tag{9.5.3}$$

indem wir hier und im folgenden das überall gleiche Argument $t - r/c_0$ des Dipolmoments zur Vereinfachung weglassen. Man kann sich übrigens durch direktes Nachrechnen überzeugen, daß diese φ-Formel die Potentialgleichung (9.1.4) für $\boldsymbol{r} \neq 0$ befriedigt.

Um den physikalischen Gehalt dieser Lösung zu übersehen, setzen wir speziell

$$\boldsymbol{p} = \boldsymbol{p}_0 \sin \omega (t - r/c_0), \quad \text{mit} \quad \omega = 2\pi\nu = 2\pi\, c_0/\lambda. \tag{9.5.4}$$

Dann folgt aus (9.5.3)

$$\varphi = \frac{\boldsymbol{p}_0\, \boldsymbol{r}\, \omega}{4\pi\, \varepsilon_0\, c_0\, r^2} \cos \omega \left(t - \frac{r}{c_0}\right) + \frac{\boldsymbol{p}_0\, \boldsymbol{r}}{4\pi\, \varepsilon_0\, r^3} \sin \omega \left(t - \frac{r}{c_0}\right). \tag{9.5.5}$$

Zur Diskussion betrachten wir zunächst den Fall $r \ll \lambda$: Hier können wir erstens das r-Glied im Argument der Winkelfunktionen vernachlässigen und zweitens das Cosinusglied überhaupt streichen, da dessen Amplitude um den Faktor $\omega\, r/c_0 = 2\pi\, r/\lambda$ kleiner ist als die des Sinusgliedes; in der Nähe des Senders wird also φ in jedem Zeitmoment angenähert gleich dem elektrostatischen Potential des zu dieser Zeit bestehenden Dipols $\boldsymbol{p}(t)$. Für größere Abstände ($r \gg \lambda$) tritt aber in der φ-Formel das zweite Glied neben dem ersten zurück, welches nach außen viel schwächer, nämlich nur mit $1/r$ abfällt, entsprechend einer auslaufenden Kugelwelle. Wir sprechen daher hier (für $r \gg \lambda$) von der W e l l e n z o n e, im Gegensatz zur N a h z o n e (für $r \ll \lambda$).

Durch Einsetzen der Potentialausdrücke (9.5.2) und (9.5.3) in die Formeln (9.1.2) für die Feldstärken $\boldsymbol{E}$ und $\boldsymbol{B}$ finden wir für beliebige r-Werte

$$\left.\begin{aligned} \boldsymbol{E} &= \frac{1}{4\pi\,\varepsilon_0}\left\{-\frac{\ddot{\boldsymbol{p}}}{c_0^2\, r} + \frac{(\ddot{\boldsymbol{p}}\boldsymbol{r})\boldsymbol{r}}{c_0^2\, r^3} - \frac{\dot{\boldsymbol{p}}}{c_0\, r^2} + \frac{3\,(\dot{\boldsymbol{p}}\,\boldsymbol{r})\,\boldsymbol{r}}{c_0\, r^4} - \frac{\boldsymbol{p}}{r^3} + \frac{3\,(\boldsymbol{p}\,\boldsymbol{r})\,\boldsymbol{r}}{r^5}\right\}, \\ \boldsymbol{B} &= \frac{\mu_0}{4\pi}\left\{\frac{\ddot{\boldsymbol{p}}\times\boldsymbol{r}}{c_0\, r^2} + \frac{\dot{\boldsymbol{p}}\times\boldsymbol{r}}{r^3}\right\}. \end{aligned}\right\} \tag{9.5.6}$$

In der N a h z o n e ($r \ll \lambda$) überwiegen hier die Glieder mit der höchsten r-Potenz im Nenner, also

$$\boldsymbol{E} = \frac{1}{4\pi\,\varepsilon_0}\left\{-\frac{\boldsymbol{p}}{r^3} + \frac{3\,(\boldsymbol{p}\,\boldsymbol{r})\,\boldsymbol{r}}{r^5}\right\}, \qquad \boldsymbol{B} = \frac{\mu_0}{4\pi}\frac{\dot{\boldsymbol{p}}\times\boldsymbol{r}}{r^3}. \tag{9.5.7}$$

Dies ist, wie nach dem oben Gesagten zu erwarten war, das elektrostatische Feld des Dipols $\boldsymbol{p}$ und das quasistatische Magnetfeld eines Stromelements $\int \boldsymbol{g}\, \mathrm{d}V = \dot{\boldsymbol{p}}$. In der W e l l e n z o n e ($r \gg \lambda$) bleiben allein die Glieder mit der niedrigsten r-Potenz im Nenner bedeutsam, also

$$\boldsymbol{E} = \frac{1}{4\pi\,\varepsilon_0\, c_0^2}\left\{-\frac{\ddot{\boldsymbol{p}}}{r} + \frac{(\ddot{\boldsymbol{p}}\,\boldsymbol{r})\,\boldsymbol{r}}{r^3}\right\}, \qquad \boldsymbol{B} = \frac{\mu_0}{4\pi\, c_0}\frac{\ddot{\boldsymbol{p}}\times\boldsymbol{r}}{r^2}. \tag{9.5.8}$$

Ersichtlich gilt hier

$$\boldsymbol{E} = c_0\, \boldsymbol{B}\times\frac{\boldsymbol{r}}{r} \quad \text{und} \quad \boldsymbol{B} = \frac{\boldsymbol{r}}{r}\times\frac{\boldsymbol{E}}{c_0}. \tag{9.5.9}$$

$\boldsymbol{E}$ und $c_0\, \boldsymbol{B}$ haben also, wie bei einer ebenen Lichtwelle, in der Wellenzone, den gleichen Betrag und stehen aufeinander und auf dem Fahrstrahl $\boldsymbol{r}$ senkrecht. Dies ist aber wegen des Betrages $|\ddot{\boldsymbol{p}}|/r$ das Bild einer Kugelwelle, die vom Sender in der Richtung $\boldsymbol{r}$ fortläuft.

Schwingt im besonderen der Dipol in einer festen Richtung, etwa in der Achse eines räumlichen Polarkoordinatensystems r, ϑ, α, so schwingt der $\boldsymbol{E}$-Vektor im Meridian, der $\boldsymbol{B}$-Vektor im Breitenkreis. Der Betrag der Feldamplitude nimmt vom Äquator zum Pol hin ab; in der Schwingungsrichtung des Dipols ($\vartheta = 0$) findet keine Ausstrahlung statt. Der Poyntingsche Vektor

$$\boldsymbol{S} = \boldsymbol{E} \times \boldsymbol{H} = \frac{(\ddot{\boldsymbol{p}} \times \boldsymbol{r})^2}{16\pi^2 \varepsilon_0 c_0^3 r^4} \frac{\boldsymbol{r}}{r} = \frac{\ddot{p}^2 \sin^2 \vartheta}{16\pi^2 \varepsilon_0 c_0^3 r^2} \frac{\boldsymbol{r}}{r} \tag{9.5.10}$$

hat die Richtung des Radius und fällt mit wachsendem r wie $1/r^2$ ab, in Übereinstimmung mit dem quadratischen Abstandsgesetz. Für die gesamte Ausstrahlung $\mathscr{S}$ durch eine Kugelfläche vom Radius finden wir, in Übereinstimmung mit der Formel (9.4.12) bei der Bremsstrahlung,

$$\mathscr{S} = \int S\, r^2 \, \mathrm{d}\Omega = \frac{\ddot{p}^2}{6\pi \varepsilon_0 c_0^3}. \tag{9.5.11}$$

Speziell für einen rein harmonisch nach (9.5.4) schwingenden Dipol gilt im Zeitmittel

$$\overline{\mathscr{S}} = \frac{\omega^4 p_0^2}{12\pi \varepsilon_0 c_0^3} = \frac{\pi}{3} \sqrt{\frac{\mu_0}{\varepsilon_0}} \frac{\omega^2 p_0^2}{\lambda^2}. \tag{9.5.12}$$

Es ist bemerkenswert, daß für das Zustandekommen der Kugelwelle (9.5.8) die Retardierung in den Potentialformeln entscheidend ist. Wir erhalten nämlich gerade dann die Kugelwelle, wenn wir durchwegs beim Differenzieren nach r nur das r in der Kombination $t - r/c_0$ berücksichtigen und das r in den Nennern als konstant betrachten.

Diese Bemerkung ermöglicht uns jetzt, die Ausstrahlung einer beliebig vorgegebenen schwingenden Ladungs- und Stromverteilung zu berechnen. Da wir uns hierbei nur für die Felder in der Wellenzone ($r \gg \lambda$) interessieren, wobei r natürlich auch groß gegen die Abmessungen des Senders sein soll, können wir, wenn wir von den Potentialformeln (9.3.1) ausgehen, das r im Nenner durch den Abstand von dem im Sender liegenden Koordinatenursprung ersetzen, den wir weiterhin als r bezeichnen wollen. Im Gegensatz dazu schreiben wir das r in der Retardierung wegen (9.3.2) nunmehr als $|\boldsymbol{r} - \boldsymbol{r}'|$, wobei $\boldsymbol{r}'$ den Ortsvektor des Quellpunktes bedeutet. Damit erhalten wir aus (9.3.1) für die Wellenzone

$$\boldsymbol{A} = \frac{\mu_0}{4\pi r} \int \boldsymbol{g}\left(\boldsymbol{r}', t - \frac{|\boldsymbol{r} - \boldsymbol{r}'|}{c_0}\right) \mathrm{d}V', \quad \varphi = \frac{1}{4\pi \varepsilon_0 r} \int \varrho\left(\boldsymbol{r}', t - \frac{|\boldsymbol{r} - \boldsymbol{r}'|}{c_0}\right) \mathrm{d}V'. \tag{9.5.13}$$

Jetzt wollen wir uns speziell auf rein harmonische Schwingungen mit der nunmehr komplex geschriebenen Zeitabhängigkeit $\sim \mathrm{e}^{\mathrm{i}\omega t}$ beschränken; wir schreiben also

$$\boldsymbol{g}(\boldsymbol{r}, t) = \boldsymbol{g}_0(\boldsymbol{r})\, \mathrm{e}^{\mathrm{i}\omega t}, \qquad \varrho(\boldsymbol{r}, t) = \varrho_0(\boldsymbol{r})\, \mathrm{e}^{\mathrm{i}\omega t}, \tag{9.5.14}$$

wobei die Kontinuitätsgleichung die Form

$$\mathrm{i}\,\omega\, \varrho_0(\boldsymbol{r}) + \operatorname{div} \boldsymbol{g}_0(\boldsymbol{r}) = 0 \tag{9.5.15}$$

annimmt. Nun tritt wegen der Retardierung in (9.5.13) zum Zeitfaktor noch der Retardierungsfaktor $e^{-i\omega|\boldsymbol{r}-\boldsymbol{r}'|/c_0}$ hinzu, den wir wegen $r' \ll r$ und $|\boldsymbol{r}-\boldsymbol{r}'| = \sqrt{r^2 - 2\boldsymbol{r}\,\boldsymbol{r}' + r'^2} = r - (\boldsymbol{r}\,\boldsymbol{r}')/r + \cdots$ bei Abbrechen dieser Reihe nach dem zweiten Glied auch in der Form

$$e^{-i\omega(r-(\boldsymbol{r}\boldsymbol{r}')/r)/c_0} = e^{-ikr+i\boldsymbol{k}\boldsymbol{r}'}$$

schreiben können; dabei haben wir $\omega/c_0 = k$ und $\omega\,\boldsymbol{r}/r\,c_0 = \omega\,\boldsymbol{n}/c_0 = \boldsymbol{k}$ gesetzt, indem wir die Richtung vom Sender zum Aufpunkt durch den Einheitsvektor $\boldsymbol{r}/r = \boldsymbol{n}$ festlegen. Damit geht (9.5.13) über in

$$\boldsymbol{A} = \frac{\mu_0}{4\pi}\,\frac{e^{i(\omega t - kr)}}{r}\int \boldsymbol{g}_0(\boldsymbol{r}')\,e^{i\boldsymbol{k}\boldsymbol{r}'}\mathrm{d}V', \qquad \varphi = \frac{1}{4\pi\,\varepsilon_0}\,\frac{e^{i(\omega t - kr)}}{r}\int \varrho_0(\boldsymbol{r}')\,e^{i\boldsymbol{k}\boldsymbol{r}'}\,\mathrm{d}V'. \tag{9.5.16}$$

Hier stimmt das Integral in der φ-Formel bis auf den Faktor $\boldsymbol{k}/\omega = \boldsymbol{n}/c_0$ mit dem Integral in der $\boldsymbol{A}$-Formel überein, wie wir durch Einsetzen von ϱ_0 nach (9.5.15) und Überwälzen der Divergenz durch partielle Integration auf den Retardierungsfaktor erkennen. Führen wir nun aus sogleich ersichtlichem Grund den Vektor $\boldsymbol{q}(t)$ bzw. $\dot{\boldsymbol{q}}(t) = i\,\omega\,\boldsymbol{q}(t)$ durch

$$\boldsymbol{q}(t) = \boldsymbol{q}_0\,e^{i\omega t} \quad \text{mit} \quad i\,\omega\,\boldsymbol{q}_0 = \int \boldsymbol{g}_0(\boldsymbol{r})\,e^{i\boldsymbol{k}\boldsymbol{r}}\,\mathrm{d}V \tag{9.5.17}$$

ein, so erhalten wir aus (9.5.16) sofort die Beziehungen

$$\left.\begin{aligned} \boldsymbol{A} &= \frac{\mu_0\,i\,\omega\,\boldsymbol{q}_0}{4\pi}\,\frac{e^{i(\omega t - kr)}}{r} = \frac{\mu_0\,\dot{\boldsymbol{q}}\,(t - r/c_0)}{4\pi\,r}, \\ \varphi &= \frac{i\,\omega\,\boldsymbol{n}\,\boldsymbol{q}_0}{4\pi\,\varepsilon_0\,c_0}\,\frac{e^{i(\omega t - kr)}}{r} = \frac{\boldsymbol{n}\,\dot{\boldsymbol{q}}\,(t - r/c_0)}{4\pi\,\varepsilon_0\,c_0\,r}. \end{aligned}\right\} \tag{9.5.18}$$

Und daraus gewinnen wir leicht wegen (9.1.2) die zu (9.5.8) analogen Formeln

$$\boldsymbol{E} = \frac{\mu_0}{4\pi\,r}\{-\ddot{\boldsymbol{q}} + \boldsymbol{n}\,(\boldsymbol{n}\,\ddot{\boldsymbol{q}})\}_{t-r/c_0}, \qquad \boldsymbol{B} = \frac{\mu_0}{4\pi\,c_0\,r}\{\ddot{\boldsymbol{q}} \times \boldsymbol{n}\}_{t-r/c_0} \tag{9.5.19}$$

für $\boldsymbol{E}$ und $\boldsymbol{B}$ in großer Entfernung von der Strahlungsquelle und damit auch die durch den Poynting-Vektor gegebene mittlere Strahlungsintensität

$$\overline{\boldsymbol{S}} = \frac{\boldsymbol{n}\,\omega^4\,|\boldsymbol{q}_0 \times \boldsymbol{n}|^2}{32\pi^2\,\varepsilon_0\,c_0^3\,r^2} = \frac{\boldsymbol{n}}{8}\sqrt{\frac{\mu_0}{\varepsilon_0}}\,\frac{\omega^2\,|\boldsymbol{q}_0 \times \boldsymbol{n}|^2}{\lambda^2\,r^2}. \tag{9.5.20}$$

Wir finden also auch für beliebige Sender in der Wellenzone das gleiche Bild einer auslaufenden Kugelwelle wie für einen schwingenden elektrischen Dipol. Nur kann jetzt, wie wir im Abschnitt 9.6 sehen werden, der an die Stelle von $\boldsymbol{p}$ tretende Vektor $\boldsymbol{q}$ wegen des in der Retardierung enthaltenen Richtungsvektor $\boldsymbol{n} = \boldsymbol{k}/k$ noch eine zusätzliche Richtungsabhängigkeit besitzen.

Anmerkung. Für den Übergang zum Gaußschen System gilt auch hier das in der Anmerkung am Schluß des Abschnitts 9.4 Gesagte. Beispielsweise gilt jetzt für die gesamte Strahlungsleitung $\overline{\mathscr{S}}$ eines schwingenden Dipols statt (9.5.12) die Formel

$$\overline{\mathscr{S}} = \frac{\omega^4\,p_2^{*2}}{3\,c_0^3}.$$

9.6. Die Multipole und ihre Strahlungsanteile

Wir haben soeben gesehen, daß die Ausstrahlung einer mit der Frequenz ω schwingenden Ladungs- und Stromverteilung der Form (9.5.14) in großer Entfernung durch die Feldstärken $\boldsymbol{E}$ und $\boldsymbol{B}$ nach (9.5.19) gegeben wird und zu einer über die Zeit gemittelten Strahlungsintensität nach (9.5.20) führt. Die hierbei entscheidende Größe $\boldsymbol{q}(t)$, die jetzt an die Stelle des Dipolmoments $\boldsymbol{p}(t)$ in der Hertzschen Lösung tritt, läßt sich wegen (9.5.17) und (9.5.14) als

$$\frac{\mathrm{d}\boldsymbol{q}(t)}{\mathrm{d}t} = \int \boldsymbol{g}(\boldsymbol{r}, t)\, \mathrm{e}^{\mathrm{i}\boldsymbol{k}\boldsymbol{r}}\, \mathrm{d}V \tag{9.6.1}$$

anschreiben, mit dem Ausbreitungsvektor $\boldsymbol{k} = \boldsymbol{n}\,\omega/c_0$ in der durch den Einheitsvektor $\boldsymbol{n}$ gegebenen Ausstrahlungsrichtung. Aus (9.6.1) läßt sich übrigens vermittels der Kontinuitätsgleichung für die elektrische Ladung auch die Beziehung

$$\mathrm{i}\,\boldsymbol{k}\,\boldsymbol{q}(t) = \int \varrho(\boldsymbol{r}, t)\, \mathrm{e}^{\mathrm{i}\boldsymbol{k}\boldsymbol{r}}\, \mathrm{d}V \tag{9.6.2}$$

gewinnen, wie wir am schnellsten umgekehrt aus der Zeitableitung von (9.6.2) ersehen können, die wegen

$$\mathrm{i}\,\omega\,\varrho = \partial\varrho/\partial t = -\operatorname{div}\boldsymbol{g} \tag{9.6.3}$$

nach partieller Integration unmittelbar auf die mit $\mathrm{i}\,\boldsymbol{k}$ multiplizierte Gleichung (9.6.1) führt. Mit der Auswertung der beiden Beziehungen (9.6.1) und (9.6.2) wollen wir uns im folgenden beschäftigen.

Zunächst sei aber nochmals ausdrücklich darauf hingewiesen, daß diese Formeln nur für rein harmonische Schwingungen der Gestalt (9.5.14) gelten, nicht aber beispielsweise für ein auf einer Kreisbahn vom Radius a in der x-y-Ebene umlaufendes geladenes Teilchen, beschreibbar etwa durch

$$\varrho(\boldsymbol{r}, t) = e\,\delta(x - a\cos\omega t)\,\delta(y - a\sin\omega t)\,\delta(z).$$

Solche Fälle müssen mit den Methoden des Abschnitts 9.4 behandelt werden; vgl. hierzu die Formel (9.4.13) für die Abstrahlung dieses umlaufenden Teilchens.

Bei vorgegebenem $\varrho(\boldsymbol{r}, t)$ und $\boldsymbol{g}(\boldsymbol{r}, t)$ ist die Auswertung der Formeln (9.6.1) und (9.6.2) grundsätzlich möglich und praktisch auch oft geschlossen durchführbar. Beispielsweise haben wir bei einer an einen Schwingkreis angekoppelten Stabantenne mit

$$\boldsymbol{g}(\boldsymbol{r}, t)\,\mathrm{d}V = I(t)\,\mathrm{d}\boldsymbol{r} \quad \text{und} \quad \varrho(\boldsymbol{r}, t)\,\mathrm{d}V = e(t)\,\{\delta(\boldsymbol{r} - \boldsymbol{l}/2) - \delta(\boldsymbol{r} + \boldsymbol{l}/2)\}\,\mathrm{d}V$$

zu rechnen, wobei wir $\boldsymbol{r}$ geradlinig von $-\boldsymbol{l}/2$ bis $+\boldsymbol{l}/2$, mit $l =$ Antennenlänge, laufen lassen müssen. Damit finden wir aus (9.6.1) und (9.6.2)

$$\dot{\boldsymbol{q}}(t) = I(t)\,\boldsymbol{l}\,\frac{\sin(\boldsymbol{k}\,\boldsymbol{l}/2)}{\boldsymbol{k}\,\boldsymbol{l}/2}, \quad \boldsymbol{q}(t) = e(t)\,\boldsymbol{l}\,\frac{\sin(\boldsymbol{k}\,\boldsymbol{l}/2)}{\boldsymbol{k}\,\boldsymbol{l}/2}. \tag{9.6.4}$$

Ersichtlich geht dieser $\boldsymbol{q}$-Wert für $l \ll \lambda = 2\pi/k$ genau in das Moment $\boldsymbol{p}(t)$ eines mathematischen Dipols des Dipolabstandes l über. Ist dies nicht der Fall, so tritt in der $\boldsymbol{q}$-Formel zum Hauptwert $\boldsymbol{p} = e\,\boldsymbol{l}$ noch der von der Ausstrahlungsrichtung $\boldsymbol{n}$ abhängige Faktor $\sin\xi/\xi$ mit $\xi = k\,\boldsymbol{n}\,\boldsymbol{l}/2 = (\pi\,l/\lambda)\cos\vartheta$ hinzu, mit $\vartheta = \sphericalangle(\boldsymbol{n}, \boldsymbol{l})$.

Zu einer relativ einfachen Auswertung und Diskussion von (9.6.1) und (9.6.2) kommen wir allgemein für den Fall, daß die Lineardimensionen des Senders klein gegen die ausgestrahlte Wellenlänge sind, welcher Fall bei der Ausstrahlung von sichtbarem Licht durch Atome oder von γ-Strahlung durch Atomkerne, aber auch bei Radiowellen im Lang- und Mittelwellenbereich im allgemeinen realisiert ist. In diesem Fall können wir den Retardierungsfaktor e^{ikr} in eine Potenzreihe entwickeln und brauchen dann in dieser Entwicklung meist nur die ersten nicht verschwindenden Glieder zu berücksichtigen. Wir wollen daher jetzt einige von den ersten paar Gliedern der Reihen

$$\frac{d\boldsymbol{q}(t)}{dt} = \sum_{n=0}^{\infty} \frac{i^n}{n!} \int \boldsymbol{g}(\boldsymbol{r}, t)(\boldsymbol{k}\,\boldsymbol{r})^n \, dV, \quad i\,\boldsymbol{k}\,\boldsymbol{q}(t) = \sum_{n=0}^{\infty} \frac{i^n}{n!} \int \varrho(\boldsymbol{r}, t)(\boldsymbol{k}\,\boldsymbol{r})^n \, dV \tag{9.6.5}$$

betrachten und diskutieren.

Da in der Reihe mit den ϱ-Integralen das erste Glied ($n = 0$) für einen insgesamt elektrisch neutralen Sender verschwindet, können wir

$$\boldsymbol{q}(t) = \boldsymbol{q}^{(0)}(t) + \boldsymbol{q}^{(1)}(t) + \cdots = \sum_{n=0}^{\infty} \boldsymbol{q}^{(n)}(t) \tag{9.6.6}$$

schreiben und dann die einzelnen Glieder der Reihen links und rechts einander gleichsetzen. Und zwar gilt dann für $n = 0, 1, 2, \ldots$

$$\frac{d\,\boldsymbol{q}^{(n)}(t)}{dt} = \frac{i^n}{n!} \int \boldsymbol{g}(\boldsymbol{r}, t)(\boldsymbol{k}\,\boldsymbol{r})^n \, dV, \quad i\,\boldsymbol{k}\,\boldsymbol{q}^{(n)}(t) = \frac{i^{n+1}}{(n+1)!} \int \varrho(\boldsymbol{r}, t)(\boldsymbol{k}\,\boldsymbol{r})^{n+1} \, dV. \tag{9.6.7}$$

Daß hier die Formeln mit dem $\boldsymbol{g}$- und dem ϱ-Integral zusammenpassen, erkennen wir sofort durch Zeitableitung der rechten dieser beiden Formeln und Elimination von ϱ vermittels $\partial\varrho/\partial t = -\operatorname{div}\boldsymbol{g}$ bei nachträglicher partieller Integration.

Wir beginnen die Diskussion mit dem **Fall $n = 0$**, also mit den Beziehungen

$$\frac{d\,\boldsymbol{q}^{(0)}(t)}{dt} = \int \boldsymbol{g}(\boldsymbol{r}, t) \, dV, \quad \boldsymbol{k}\,\boldsymbol{q}^{(0)}(t) = \int \varrho(\boldsymbol{r}, t)\, \boldsymbol{k}\,\boldsymbol{r} \, dV. \tag{9.6.8}$$

Besteht der Sender aus einem schwingenden elektrischen Dipol, so kommen wir wieder auf den im Abschnitt 9.5 behandelten Fall des Hertzschen Dipols zurück; denn dann können wir $\int \boldsymbol{g}\, dV = e\,\boldsymbol{v} = d\boldsymbol{p}/dt$ bzw. $\int \varrho\, \boldsymbol{r}\, dV = \boldsymbol{p}$ setzen. Besteht der Sender aus zwei kleinen Metallkörpern, die durch einen Draht verbunden sind, so haben wir $\boldsymbol{g}\, dV = I\, d\boldsymbol{r}$ und erhalten wieder, wie beim Dipol,

$$\frac{d\,\boldsymbol{q}^{(0)}(t)}{dt} = I(t) \int_1^2 d\boldsymbol{r} = I(t)\,\boldsymbol{l} = I_0\,\boldsymbol{l}\,e^{i\omega t}, \tag{9.6.9}$$

wobei der Vektor $\boldsymbol{l}$ vom Anfangspunkt zum Endpunkt der Antenne führt. Daher finden wir jetzt im Zeitmittel, entsprechend (9.5.12), eine Gesamtausstrahlung

$$\overline{\mathscr{S}} = \frac{\omega^2\, l^2\, I_0^2}{12\,\pi\,\varepsilon_0\, c_0^3} = \frac{\pi}{3} \sqrt{\frac{\mu_0}{\varepsilon_0}}\, \frac{l^2\, I_0^2}{\lambda^2}. \tag{9.6.10}$$

Für die drahtlose Telegraphie liefert diese Formel die Ausstrahlung einer Antenne von der Länge l bei der Wellenlänge $\lambda \gg l$ und dem effektiven Antennenstrom $I_{eff} = I_0/\sqrt{2}$. Da der Schwingungsgenerator in diesem Fall außer der Strahlungsleistung noch die in der Antenne sekundlich entwickelte Joulesche Wärme $R\overline{I^2}$ aufzubringen hat, wobei R den Ohmschen Widerstand (unter Berücksichtigung des Skin-Effektes) bedeutet, wird der Faktor von $\overline{I^2}$ in (9.6.10) als **Strahlungswiderstand** R_S der Antenne bezeichnet. Also gilt

$$R_S = \frac{\omega^2 l^2}{6\pi\,\varepsilon_0\,c_0^3} = \frac{2\pi}{3}\sqrt{\frac{\mu_0}{\varepsilon_0}}\,\frac{l^2}{\lambda^2}\,, \tag{9.6.11}$$

wobei der Dimensionsfaktor $(2\pi/3)\,\sqrt{\mu_0/\varepsilon_0} \approx 80\pi^2\,\Omega \approx 790\,\Omega$ ist.

Eine besondere Betrachtung scheint der Fall zu erfordern, daß der Abstand der beiden Metallkörper, etwa zweier Kondensatorplatten, als Abschluß eines fast geschlossenen Drahtrings, sehr klein wird (Abb. 9.4). Dann liefert der durch (9.6.8) gegebene $\boldsymbol{q}^{(0)}$-Wert eine verschwindend kleine Ausstrahlung. Die Anordnung der Abb. 9.4 stellt aber, als Ringstrom I mit der umrandeten Fläche f betrachtet, zugleich einen **magnetischen Dipol** vom Moment $\boldsymbol{m} = I\,f$ dar, also allgemein von dem durch (5.2.8) gegebenen Moment

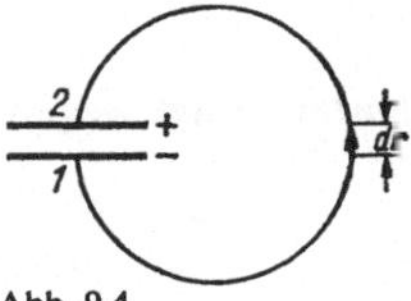

Abb. 9.4

Zur Ausstrahlung eines geschlossenen Schwingkreises

$$\boldsymbol{m}(t) = \frac{1}{2}\int \boldsymbol{r}\times\boldsymbol{g}(\boldsymbol{r},t)\,\mathrm{d}V = \boldsymbol{m}_0\,\mathrm{e}^{\mathrm{i}\omega t}\,. \tag{9.6.12}$$

Bei unendlich kleinem l werden wir also in großer Entfernung die Strahlung dieses magnetischen Dipols beobachten; und diese Strahlung erhalten wir nicht aus $\boldsymbol{q}^{(0)}(t)$, sondern aus $\boldsymbol{q}^{(1)}(t)$.

Wir betrachten also jetzt den **Fall $n = 1$** mit den Beziehungen

$$\frac{\mathrm{d}\boldsymbol{q}^{(1)}(t)}{\mathrm{d}t} = \mathrm{i}\int \boldsymbol{g}(\boldsymbol{r},t)\,\boldsymbol{k}\,\boldsymbol{r}\,\mathrm{d}V, \quad \boldsymbol{k}\,\boldsymbol{q}^{(1)}(t) = \frac{\mathrm{i}}{2}\int \varrho(\boldsymbol{r},t)\,(\boldsymbol{k}\,\boldsymbol{r})^2\,\mathrm{d}V. \tag{9.6.13}$$

Wir haben hier also mit Integralen zu rechnen, bei denen im Integranden die Stromdichte $\boldsymbol{g}$ mit einer $\boldsymbol{r}$-Komponente, bzw. die Ladungsdichte ϱ mit zwei $\boldsymbol{r}$-Komponenten multipliziert ist; dabei gilt wegen der Kontinuitätsgleichung

$$\frac{1}{2}\,\frac{\mathrm{d}}{\mathrm{d}t}\left(\int x^2\,\varrho\,\mathrm{d}V\right) = \int x\,g_x\,\mathrm{d}V, \quad \frac{\mathrm{d}}{\mathrm{d}t}\left(\int x\,y\,\varrho\,\mathrm{d}V\right) = \int (x\,g_y + y\,g_x)\,\mathrm{d}V, \tag{9.6.14}$$

und analog für die übrigen Komponenten-Kombinationen. Offenbar treten hier Integrale auf, bei denen entweder die Komponenten des magnetischen Dipolmoments nach (9.6.12) oder Komponenten eines elektrischen Quadrupolmoments nach (1.8.11), also

$$Q_{xx}(t) = \int x^2\,\varrho(\boldsymbol{r},t)\,\mathrm{d}V, \qquad Q_{xy}(t) = \int x\,y\,\varrho(\boldsymbol{r},t)\,\mathrm{d}V \quad \text{usf.}, \tag{9.6.15}$$

oder beide Komponentenarten gemeinsam beteiligt sind. Im besonderen finden wir so beispielsweise

$$\int x\,g_x\,\mathrm{d}V = \frac{1}{2}\,\frac{\mathrm{d}Q_{xx}}{\mathrm{d}t}, \qquad \int x\,g_y\,\mathrm{d}V = \frac{1}{2}\,\frac{\mathrm{d}Q_{xy}}{\mathrm{d}t} + m_z, \qquad \int y\,g_x\,\mathrm{d}V = \frac{1}{2}\,\frac{\mathrm{d}Q_{xy}}{\mathrm{d}t} - m_z,$$

so daß wir insgesamt aus (9.6.13) die Beziehungen

$$\frac{\mathrm{d}q_x^{(1)}}{\mathrm{d}t} = \frac{\mathrm{i}}{2}\frac{\mathrm{d}}{\mathrm{d}t}(k_x Q_{xx} + k_y Q_{xy} + k_z Q_{xz}) - \mathrm{i}\,(\boldsymbol{k}\times\boldsymbol{m})_x \tag{9.6.16}$$

und

$$\boldsymbol{k}\,\boldsymbol{q}^{(1)} = \frac{\mathrm{i}}{2}(k_x^2 Q_{xx} + k_y^2 Q_{yy} + k_z^2 Q_{zz}) + \mathrm{i}\,(k_x k_y Q_{xy} + k_y k_z Q_{yz} + k_z k_x Q_{zx}) \tag{9.6.17}$$

erhalten.

Bei verschwindenden Quadrupolmomenten gilt daher für den Strahlungsanteil eines magnetischen Moments

$$\boldsymbol{q}(t) = -\frac{\boldsymbol{k}\times\boldsymbol{m}}{\omega} = -\frac{\boldsymbol{n}\times\boldsymbol{m}}{c_0}. \tag{9.6.18}$$

Daraus folgt wegen (9.5.20) seine mittlere Strahlungsintensität

$$\overline{\boldsymbol{S}} = \frac{\boldsymbol{n}\,\omega^4\,|\boldsymbol{q}_0^{(1)}\times\boldsymbol{n}|^2}{32\pi^2\,\varepsilon_0\,c_0^3\,r^2} \tag{9.6.19}$$

und für die gesamte mittlere Strahlungsleistung

$$\overline{\mathscr{S}} = \frac{\omega^4\,m_0^2}{12\,\pi\,\varepsilon_0\,c_0^5} = \frac{4\pi^3}{3}\sqrt{\frac{\mu_0}{\varepsilon_0}}\,\frac{m_0^2}{\lambda^4}. \tag{9.6.20}$$

Besteht der magnetische Dipol in einem Kreisstrom ($\boldsymbol{m} = I\boldsymbol{f}$), so folgt hieraus

$$\overline{\mathscr{S}} = \frac{\omega^4 f^2\,I_0^2}{12\pi\,\varepsilon_0\,c_0^5} = \frac{4\pi^3}{3}\sqrt{\frac{\mu_0}{\varepsilon_0}}\,\frac{f^2\,I_0^2}{\lambda^4}. \tag{9.6.21}$$

Wie ein Vergleich mit (9.6.10) zeigt, strahlt ein von Wechselstrom durchflossener Kreisring (Spule) der Windungsfläche f ebensoviel Energie aus, wie eine gerade Antenne der Länge $l = 2\pi f/\lambda$ beim gleichen Stromverlauf ausstrahlen würde. Nunmehr können wir auch den Gültigkeitsbereich von (9.6.10) präzisieren: Diese Formel gilt so lange, wie der Plattenabstand l der in Abb. 9.4 skizzierten Anordnung wesentlich größer ist als $2\pi f/\lambda$. Wird l jedoch viel kleiner als dieser Ausdruck, so verschwindet der Beitrag von (9.6.10) völlig, und der Kreisring strahlt als magnetischer Dipol aus.

Wir kehren jetzt wieder zur Diskussion der Größe $\boldsymbol{q}^{(1)}(t)$ zurück und betrachten jetzt den Fall mit $\boldsymbol{m} = 0$, aber mit endlichem Quadrupolmoment. Und zwar spezialisieren wir uns dabei auf den Fall eines gestreckten Quadrupols der Abb. 9b mit einer ruhenden Zentralladung $-2e$ im Ursprung und zwei gegenphasig schwingenden Ladungen $+e$ bei $z = +\zeta(t)$ und $z = -\zeta(t)$. Dann hat der Tensor des Quadrupolmoments die einzige von Null verschiedene Komponente $Q_{zz} \equiv Q = Q_0\,\mathrm{e}^{\mathrm{i}\omega t}$; und $\boldsymbol{q}^{(1)}$ ist daher wegen (9.6.16) ein Vektor in der z-Richtung vom Betrag $|\boldsymbol{q}^{(1)}| = q^{(1)} = \mathrm{i}\,k_z\,Q/2 = \mathrm{i}\,k\,Q\cos\vartheta/2$, wobei ϑ wieder den Winkel zwischen der z-Richtung und der Ausstrahlrichtung bedeutet.

Damit wird die mittlere Strahlungsintensität unserer Anordnung nach (9.5.20) gegeben durch

$$\overline{\boldsymbol{S}} = \frac{\boldsymbol{n}\,\omega^6\,Q_0^2\sin^2\vartheta\cos^2\vartheta}{128\pi^2\,\varepsilon_0\,c_0^5\,r^2}. \tag{9.6.22}$$

Sie zeigt eine gegenüber der Dipolstrahlung geänderte Richtungsverteilung, indem jetzt nicht nur in der Richtung des gestreckten Quadrupols, sondern auch in der Ebene senkrecht dazu keine Ausstrahlung erfolgt. Dies ist offenbar bedingt durch die Interferenz der beiden im Quadrupol zusammengefaßten, gegeneinander geschalteten Dipole. Die gesamte mittlere Ausstrahlung unseres schwingenden Quadrupols mit der Amplitude Q_0 wird dann

$$\overline{\mathcal{S}} = \frac{\omega^6 Q_0^2}{240\pi \varepsilon_0 c_0^5} = \frac{\pi^3}{15}\sqrt{\frac{\mu_0}{\varepsilon_0}}\,\frac{\omega^2 Q_0^2}{\lambda^4}\,. \tag{9.6.23}$$

Sie unterscheidet sich von der eines einfachen Dipols vom Maximalmoment p_0 nach (9.5.12) um den Faktor $\pi^2 Q_0^2/5\,\lambda^2 p_0^2$, ist also größenordnungsmäßig um den Faktor Dipolabstand/Wellenlänge kleiner als jene. Das gleiche gilt übrigens auch für andere schwingende Quadrupole.

Beispielsweise ist für ein Atom der Dipolabstand von der Größe $1\,\text{Å} = 1\cdot 10^{-10}$ m, die Wellenlänge seiner Spektrallinien etwa 1000 mal größer. Daher ist bei Atomen die Quadrupolstrahlung etwa eine Million mal schwächer als die Dipolstrahlung und wird daher im allgemeinen nicht berücksichtigt. Sie tritt aber in Erscheinung, wenn eine Dipolstrahlung aus irgendwelchen Gründen, z. B. durch Auswahlregeln im Quantenbild des Emissionsvorganges, verboten ist und daher nicht stattfinden kann.

Zum Schluß noch zwei Bemerkungen über die **Fälle $n > 1$**: Erstens gilt das soeben Gesagte auch über das Verhältnis der zu $|\boldsymbol{q}^{(n)}|^2$gehörigen Ausstrahlung zu der von $|\boldsymbol{q}^{(n-1)}|^2$, das größenordnungsmäßig ebenfalls durch $(r/\lambda)^2$ gegeben ist, wie aus den Faktoren $(k\,r)^n$ und $(k\,r)^{n-1}$ in den zugehörigen g-Integralen zu ersehen ist. Zweitens führt $|\boldsymbol{q}^{(n)}|^2$, wie wir an den Beispielen von $|\boldsymbol{q}^{(0)}|^2$ und $|\boldsymbol{q}^{(1)}|^2$ erkennen können, auf die Strahlungsbeiträge eines elektrischen 2^{n+1}-Pols und eines magnetischen 2^n-Pols; doch werden diese Beiträge nur dann wesentlich, wenn die niedrigeren Pole keine Beiträge liefern.

Anmerkung. Im Gaußschen System tritt an die Stelle der Formeln (9.6.10) für die Gesamtausstrahlung einer Stabantenne der Länge $l \ll \lambda$ die Formel

$$\overline{\mathcal{S}} = \frac{\omega^2 l^2 I_0^{*2}}{3\,c_0^3} = \frac{4\,\pi^2 l^2 I_0^{*2}}{3\,c_0\,\lambda^2}\,.$$

Entsprechend gilt für die Gesamtausstrahlung eines oszillierenden Ringstroms vom magnetischen Moment $\boldsymbol{m}^* = I^*\,l/c_0$ statt (9.6.21)

$$\overline{\mathcal{S}} = \frac{\omega^4 \boldsymbol{m}_0^{*2}}{3\,c_0^3} = \frac{16\,\pi^4 f^2 I_0^{*2}}{3\,c_0\,\lambda^4}\,.$$

Und die gesamte Abstrahlung eines schwingenden gestreckten Quadrupols wird gegeben durch

$$\overline{\mathcal{S}} = \frac{\omega^6 Q_0^{*2}}{60\,c_0^5}\,.$$

Aufgaben zum 9. Kapitel

1. Man bestimme die Ausstrahlung eines Dipols vom Moment p_0, der in einer Ebene mit konstanter Winkelgeschwindigkeit ω rotiert.

2. Man berechne die Richtungsabhängigkeit der Ausstrahlung einer Richtantenne, bestehend aus N parallel in Abständen a stehenden, gleichgebauten und synchron geschalteten Dipolen. Dabei ist die Ausstrahlung der ganzen Anordnung gegeben durch die Ausstrahlung eines einzelnen dieser Dipole, noch multipliziert mit dem zu bestimmenden Richtungsfaktor $|F|^2$, der sich aus der durch die Retardierung bedingten Phasenverschiebung zwischen den Feldanteilen zweier benachbarter Dipole ergibt.

3. Auf ein primitiv kubisches Kristallgitter falle eine ebene Röntgenwelle auf, gegeben durch die Feldstärke $\boldsymbol{E}(\boldsymbol{r}, t) = \boldsymbol{E}_0\, \mathrm{e}^{\mathrm{i}(\omega t - \boldsymbol{k}_0 \boldsymbol{r})}$. Sie erregt in jedem der Gitteratome einen Dipol zum Mitschwingen, also beispielsweise im j-ten Atom einen Dipol $\boldsymbol{p}_j = \alpha\, \boldsymbol{E}_0\, \mathrm{e}^{\mathrm{i}(\omega t - \boldsymbol{k}_0 \boldsymbol{r}_j)}$, mit der dynamischen Polarisierbarkeit α. Jeder dieser Dipole ist Ausgangspunkt einer sekundären Röntgenwelle der durch (9.5.7) gegebenen Gestalt; dabei ist jetzt freilich im Retardierungsfaktor $t - r/c_0$ durch $t - |\boldsymbol{r} - \boldsymbol{r}_j|/c_0 \approx t - r/c_0 + \boldsymbol{n}\, \boldsymbol{r}_j/c_0$ zu ersetzen, mit der durch $\boldsymbol{n} = \boldsymbol{k}/k = \boldsymbol{k}\, c_0/\omega$ festgelegten Strahlrichtung. Durch Aufsummierung über alle diese sekundären Wellen ergibt sich wie in der vorhergehenden Aufgabe ein zusätzlicher Richtungsfaktor $|F|^2$, der nach M. v. Laue die Interferenzrichtungen festlegt.

Man bestimme nun $|F|^2$ und damit diese Richtungen für den Fall, daß die Gitterpunkte durch die Vektoren $\boldsymbol{r}_j = a\,\{n, m, l\}$ bestimmt sind, mit den ganzen Zahlen n, m, l, wobei $1 \le n \le N$, $1 \le m \le M$, $1 \le l \le L$ gelten soll. Diskussion!

10. Die physikalischen und begrifflichen Grundlagen der Relativitätstheorie

10.1. Das Relativitätsprinzip in der Elektrodynamik

Zu den überraschendsten Ergebnissen der elektromagnetischen Lichttheorie gehört die Folgerung, daß sich nach ihr das Licht im materiefreien Raum stets mit der gleichen Geschwindigkeit c_0 ausbreitet, die gemäß $c_0 = 1/\sqrt{\varepsilon_0\, \mu_0}$ durch die beiden universell gültigen Feldkonstanten ε_0 und μ_0 bestimmt ist. Damit hängt die zunächst vielleicht weniger auffallende, aber darum nicht weniger wichtige Tatsache zusammen, daß wir über das Bezugsystem, für das wir die Maxwellschen Gleichungen abgeleitet haben, bisher keinerlei Aussagen zu machen brauchten. Dabei haben sich diese Gleichungen bei allen physikalischen und technischen Vorgängen in den der Beobachtung zugänglichen Bezugssystemen in überzeugender Weise bewährt. Daher liegt der Schluß nahe, daß es mit elektromagnetischen oder optischen Versuchen nicht möglich ist, zwischen zwei in relativer Translationsbewegung zueinander befindlichen Systemen einen prinzipiellen Unterschied zu machen bzw. festzustellen.

Ein solches Relativitätsprinzip ist bereits seit langem in der Newtonschen Mechanik bekannt, deren Grundgleichungen in jedem Inertialsystem gültig sind und sich beim Übergang von einem solchen System mit den Koordinaten $\boldsymbol{r} \equiv (x, y, z)$ und der Zeitvariablen t zu einem anderen, dagegen mit der festen Geschwindigkeit $\boldsymbol{v}$ bewegten System $\boldsymbol{r}' \equiv (x', y', z')$ und t' vermittels einer Galilei-Transformation, gegeben durch

$$\boldsymbol{r}' = \boldsymbol{r} - \boldsymbol{v}\, t\,, \qquad t' = t\,, \tag{10.1.1}$$

nicht ändern. Vom Standpunkt der Newtonschen Mechanik sind also zwei durch die Transformation (10.1.1) mit einander verknüpfte Koordinatensysteme völlig äquivalent; man spricht hier vom Relativitätsprinzip der klassischen Physik.

Im Gegensatz dazu sind die Maxwell-Gleichungen sicherlich nicht invariant gegenüber einer Galilei-Transformation, wie wir sofort am Beispiel eines kurzzeitigen Strahlungsimpulses in Form einer Kugelwelle ersehen. Wenn wir annehmen, daß sich diese Kugelwelle für einen Beobachter in einem irgendwie ausgezeichneten (ungestrichenen) Koordinatensystem von der im Ursprung liegenden Strahlenquelle nach allen Seiten mit der konstanten Geschwindigkeit c_0 ausbreitet, hat der Strahlungsimpuls nach der Laufzeit t die Kugelfläche

$$x^2 + y^2 + z^2 = c_0^2 t^2 \tag{10.1.2}$$

erreicht. Für einen dagegen mit der Geschwindigkeit v in der x-Richtung bewegten Beobachter in dem gestrichenen Koordinatensystem hat der Strahlungsimpuls zwar noch immer Kugelform, ist aber wegen (10.1.1) „verblasen“:

$$(x' + v\,t')^2 + y'^2 + z'^2 = c_0^2 t'^2 \,. \tag{10.1.3}$$

Er läuft also in der positiven x'-Richtung mit der Geschwindigkeit $c_0 - v$ und in der negativen x'-Richtung mit der Geschwindigkeit $c_0 + v$. Und diese Aussage widerspricht offenbar völlig der Maxwellschen Theorie, nach der die Laufgeschwindigkeit jedes Strahlungsimpulses auch im gestrichenen System gleich c_0 sein sollte.

Ob nun diese Aussage richtig oder falsch ist, ob also die Maxwellschen Gleichungen in ihrer bisherigen Form universell richtig bleiben, oder ob sie nur für ein besonders ausgezeichnetes Bezugsystem gültig sind und für dagegen bewegte Systeme so korrigiert werden müssen, daß man aus ihnen auch zu Beziehungen von der Gestalt (10.1.3) kommt, ist eine Frage, die letzten Endes nur durch entsprechende Experimente entschieden werden kann, auch wenn die bestechend einfache Gestalt der Maxwell-Gleichungen für deren allgemeine Richtigkeit spricht. Freilich erfordern solche Experimente eine enorme Genauigkeit in Anbetracht der Kleinheit der technisch mit Meßapparaturen erreichbaren Geschwindigkeiten im Vergleich zur Lichtgeschwindigkeit.

Ein solches Experimentum crucis wurde nun tatsächlich von A. A. Michelson erdacht und 1881 mit zunächst nicht ausreichender Genauigkeit ausgeführt, 1887 von ihm und E. W. Morley mit hinreichender Genauigkeit wiederholt und nach einigen weiteren Versuchen anderer Autoren schließlich 1930 von G. Joos mit der bisher größten Genauigkeit erneut durchgeführt. Alle diese Versuche sprachen eindeutig für die Richtigkeit der Maxwellschen Theorie und gegen die oben dargelegte Folgerung aus einer hypothetischen Invarianz gegenüber einer Galilei-Transformation. Dabei wurde als ausgezeichnetes Bezugssystem ein mit der Sonne fest verbundenes Inertialsystem angesehen, gegen das sich die Erde mit der Geschwindigkeit von etwa 30 km/s in einer mit der Jahreszeit wechselnden Richtung bewegt.

Wegen seiner grundlegenden Bedeutung für die Begründung der Relativitätstheorie sei hier der Michelson-Versuch kurz dargestellt. Die gesamte, in Abb. 10.1 skizzierte Apparatur befindet sich fest montiert auf einer massiven Platte, die ihrerseits auf Quecksilber schwimmt, so daß sie ohne Erschütterung um einen beliebigen Winkel gedreht werden kann. Das von einer Lichtquelle L ausgehende Licht wird an einer unter 45° geneigten, halbversilberten Glasplatte S_0 teils reflektiert, teils von ihr durchgelassen. Der reflektierte Anteil wird von dem Spiegel S_2 nochmals reflektiert, durchsetzt die Glasplatte S_0 und gelangt in B zur Beobachtung. Der andere Teil wird nach Reflexion an S_1 von S_0 reflektiert und in B mit dem zuerst erwähnten Anteil zur Interferenz gebracht. Bei geeigneter Einstellung beobachtet man dann in B Interferenzstreifen. Jede Änderung der beiden optischen Lichtwege l_1 oder l_2 macht sich in einer Verschiebung der Interferenzstreifen bemerkbar[1]).

Das Michelson-Interferometer ist nun geeignet, einen Einfluß etwa der Erdbewegung auf die Lichtausbreitung zu beobachten. Der Pfeil v in Abb. 10.1 zeigt die Richtung an, in der sich der Apparat in einem bestimmten Zeitpunkt gegen ein durch die

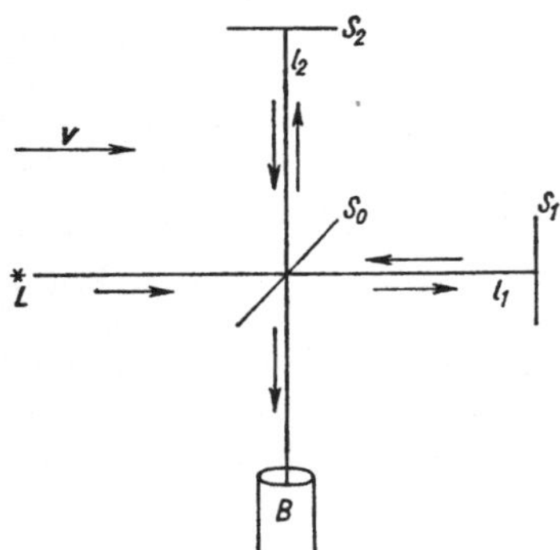

Abb. 10.1 Versuchsanordnung von Michelson

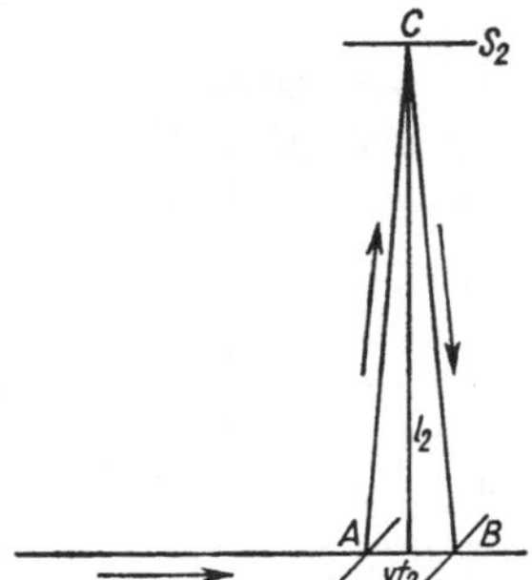

Abb. 10.2 Zur Laufzeitberechnung beim Michelson-Versuch

Sonne festgelegtes Inertialsystem bewegen möge. Wir haben nun die Laufzeiten t_1 und t_2 der beiden Strahlen zu berechnen, in die das Licht durch die Glasplatte S_0 aufgespalten wird; und zwar soll t_1 die Zeit bedeuten, die das Licht braucht, um vom Spiegel S_0 zum Spiegel S_1 und wieder zurückzukommen; analog auch t_2. Da die Strecke l_1 in der v-Richtung liegt, haben wir bei Gültigkeit des Galileischen Transformationsgesetzes

$$t_1 = \frac{l_1}{c_0 - v} + \frac{l_1}{c_0 + v} = \frac{2\,l_1}{c_0}\,\frac{1}{1-\beta^2}, \quad \text{mit} \quad \beta = \frac{v}{c_0}.$$

Zur Berechnung von t_2 müssen wir den vom zweiten Strahl wirklich zurückgelegten Weg betrachten (Abb. 10.2): Wenn A die Lage der Glasplatte S_0 zur Zeit $t = 0$ und B ihre Lage zur Zeit t_2 ist, dann ist die Strecke AB gleich $v\,t_2$ und der vom Lichtstrahl zurückgelegte Weg $\sqrt{4\,l_2^2 + v^2\,t_2^2}$, der gleich $c_0\,t_2$ sein muß. Daraus finden wir die Zeit

$$t_2 = \frac{2\,l_2}{\sqrt{c_0^2 - v^2}} = \frac{2\,l_2}{c_0}\,\frac{1}{\sqrt{1-\beta^2}}.$$

Der für den Gangunterschied in B maßgebende Unterschied in den Laufzeiten beträgt also

$$t_2 - t_1 = \frac{2}{c_0}\left(\frac{l_2}{\sqrt{1-\beta^2}} - \frac{l_1}{1-\beta^2}\right). \tag{10.1.4}$$

[1]) Man erhält z. B. eine Verschiebung der Interferenzstreifen um eine Streifenbreite, wenn man einen der beiden Spiegel S_1 oder S_2 um eine halbe Lichtwellenlänge verschiebt. Dies ist das Prinzip, nach dem Michelson das Normalmeter an die Wellenlänge der roten Cadmium-Linie angeschlossen hat. Eine andere Anwendung besteht darin, daß man in den einen der beiden Lichtwege ein lichtbrechendes Medium einbringt; dann erlaubt die Beobachtung der Streifenverschiebung eine sehr genaue Messung des Brechungsindex.

Bei einer Drehung der ganzen Apparatur um 90° vertauschen die beiden Lichtwege l_1 und l_2 ihren Bewegungszustand relativ zur $\boldsymbol{v}$-Richtung, so daß wir nach der Drehung einen Laufzeitunterschied

$$t_2' - t_1' = \frac{2}{c_0}\left(\frac{l_2}{1-\beta^2} - \frac{l_1}{\sqrt{1-\beta^2}}\right) \tag{10.1.5}$$

erhalten. Während der Drehung des Apparats müßte also eine entsprechende Verschiebung der Interferenzstreifen zu beobachten sein, die der Differenz Θ der beiden soeben ermittelten Laufzeitunterschiede entspricht. Für diese finden wir

$$\Theta = (t_2' - t_1') - (t_2 - t_1) = \frac{2\,(l_1 + l_2)}{c_0}\left(\frac{1}{1-\beta^2} - \frac{1}{\sqrt{1-\beta^2}}\right),$$

oder bei nicht zu großen Geschwindigkeiten ($\beta \ll 1$)

$$\Theta = \frac{l_1 + l_2}{c_0}\,\frac{v^2}{c_0^2}. \tag{10.1.6}$$

Wir wollen uns überlegen, von welcher Größenordnung diese Streifenverschiebung sein müßte. Dazu haben wir die Zeit Θ zu vergleichen mit der Schwingungsdauer $\tau = \lambda/c_0$ des Lichtes. Eine Änderung des Laufzeitunterschiedes um τ müßte eine Verschiebung der Interferenzstreifen um eine volle Streifenbreite bewirken. Mit dem Wert $v = 3 \cdot 10^4$ m/s für die Erdgeschwindigkeit und einer Lichtwellenlänge von der Größe $\lambda = 0{,}5$ µm $= 5 \cdot 10^{-7}$ m würde man dazu einen gesamten Lichtweg von $l_1 + l_2 = 50$ m benötigen. Einen Lichtweg von dieser Größenordnung kann man nun tatsächlich dadurch erreichen, daß man die Lichtstrahlen die Wege l_1 und l_2 nicht nur zweimal, sondern mit Hilfe von vielfacher Reflexion entsprechend oft durchlaufen läßt.

Die Empfindlichkeit dieser Anordnung wurde von Joos so weit gesteigert, daß noch eine relative Geschwindigkeit von 1,5 km/s gegenüber einem ausgezeichneten Inertialsystem hätte beobachtet werden können. Tatsächlich war jedoch innerhalb der Meßgenauigkeit eine Streifenverschiebung bei einer Drehung der Apparatur um 90° nicht zu beobachten. Auch Wiederholungen des Versuchs zu verschiedenen Jahreszeiten führten stets zum gleichen negativen Ergebnis.

Dieses Ergebnis kann so formuliert werden: Mit den Michelson-Versuchen ließ sich kein Einfluß einer Relativgeschwindigkeit der auf der Erde befindlichen Apparatur gegen ein mit der Sonne verbundenes Inertialsystem nachweisen, obwohl ein solcher Einfluß nach der Transformationsformel (10.1.1) vorhanden sein sollte. Vielmehr verliefen diese Versuche stets so, wie nach den Maxwell-Gleichungen zu erwarten ist, wenn sie im Bezugssystem der Meßapparatur gelten.

Nun könnte man versucht sein, den negativen Ausfall des Michelson-Versuches dadurch zu erklären, daß man ein mit der Erde fest verbundenes Koordinatensystem als Inertialsystem ansieht. Dies ist aber nicht möglich, da dieses System nicht nur die Umlaufbewegung um die Sonne mitmachen müßte, sondern auch die Drehbewegung der Erde um ihre Achse. Doch diese Drehbewegung ist direkt nachweisbar, und zwar nicht nur mit Hilfe des Foucaultschen Pendels, sondern auch auf optischem Weg durch die Versuche von Sagnac, sowie in etwas anderer Ausführung von Michelson und Gale.

Sagnac benutzt bei seinem Versuch eine mit der sich drehenden Erde fest verbundene Interferenzanordnung, und zwar von der in Abb. 10.3 dargestellten Art. Durch die Teilungsplatte S_0 wird der von der Lichtquelle L kommende Strahl in zwei Teile zerlegt, von denen der eine über die Spiegel $S_1\, S_2\, S_3$, der andere über die Spiegel $S_0\, S_3\, S_2\, S_1\, S_0$ zum Beobachter gelangt. Bei der Wiedervereinigung der beiden Strahlen in B entsteht wie beim Michelson-Versuch ein Interferenzstreifenbild, das durch Verschiebung der drei Spiegel S_1, S_2 und S_3 entsprechend verändert und dadurch ausgewertet werden kann.

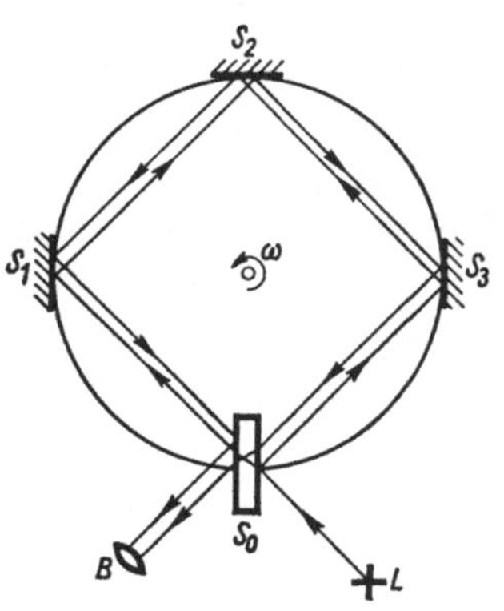

Abb. 10.3 Versuchsanordnung von Sagnac

Wir wollen nun wie beim Michelson-Versuch unter der Annahme der klassischen Zusammensetzung der Geschwindigkeiten nach dem Galileischen Transformationsgesetz die Zeiten berechnen, die das vom Spiegel S_0 ausgehende Licht in den beiden Umlaufsrichtungen braucht, um wieder zum Spiegel S_0 zu kommen. Läuft der Lichtstrahl entlang einer Kurve $r = r(\varphi)$ in der Zeichenebene um, mit dem Ursprung $r = 0$ im Drehpunkt, so ist die relative Laufgeschwindigkeit auf dieser Kurve gleich $v_{\mp} = c_0 \mp \omega r \cos \vartheta$, je nachdem ob die Rotation mit der Drehfrequenz ω und der Umlauf gleichsinnig oder gegensinnig erfolgen; dabei bedeutet ϑ den Winkel zwischen der momentanen Stellung des Linienelements ds längs der Umlaufbahn und der durch die Rotation bewirkten Führungsgeschwindigkeit $r\,\omega$, so daß also $\cos \vartheta \, ds = r\, d\varphi$ gilt. Daher wird der Unterschied zwischen den beiden Laufzeiten

$$\Theta = t_- - t_+ = \oint \frac{ds}{c_0 - \omega r^2\, d\varphi/ds} - \oint \frac{ds}{c_0 + \omega r^2\, d\varphi/ds},$$

also wegen der Kleinheit der Zusatzglieder

$$\Theta = \oint \frac{2\,\omega r^2\, d\varphi}{c_0^2} = \frac{4\,\omega F}{c_0^2}, \tag{10.1.7}$$

mit F gleich der umlaufenen Fläche. Messen wir hier wieder die Zeitdifferenz in Schwingungsdauern $\tau = \lambda / c_0$ des Lichtes, so kommen wir hier zu einer Streifenverschiebung, die dem Produkt aus der Winkelgeschwindigkeit ω und der umlaufenen Fläche F proportional ist, aber jetzt die Lichtgeschwindigkeit nicht mehr als Quadrat im Nenner hat, sondern in erster Potenz. Es handelt sich also hier nicht, wie beim Michelson-Versuch, um einen Effekt zweiter Ordnung, sondern um einen solchen erster Ordnung. Und bei solchen Effekten kommen wir, wie sich später zeigen wird, zu den gleichen Aussagen, ob wir nun mit dem Galileischen Additionsgesetz für die Geschwindigkeiten rechnen oder mit dem im Abschnitt 10.4 abzuleitenden Einsteinschen Additionstheorem, welches aus der Lorentz-Transformation folgt.

Tatsächlich konnten Sagnac sowie Michelson und Gale aus ihren Messungen die Richtigkeit der Formel (10.1.7) bestätigen, bzw. auf diese Weise die Erdrotation auch optisch mit einer terrestrischen Meßapparatur nachweisen.

Wir kehren jetzt wieder zum Michelson-Versuch mit seinem negativen Ergebnis zurück. Natürlich hat es nicht an Versuchen gefehlt, dieses Ergebnis doch noch irgendwie mit den Formeln (10.1.1) für die Galilei-Transformation von einem Inertialsystem zu einem zweiten, dagegen bewegten Inertialsystem in Einklang zu bringen und dadurch das Relativitätsprinzip der Mechanik auch auf die Elektrodynamik und Optik zu übertragen. Doch würde es hier zu weit führen, auf diese durchweg fehlgeschlagenen Versuche einzugehen.

Umgekehrt sind seit den Versuchen von Michelson und von seinen Nachfolgern in den letzten Jahrzehnten zahlreiche andere Versuche durchgeführt worden, die direkt oder mit ihren Konsequenzen ebenfalls die allgemeine Gültigkeit der Maxwellschen Theorie einschließlich der universellen Lichtgeschwindigkeit im Vakuum eindrucksvoll unter Beweis stellen. Daher liegt die Annahme nahe, daß für elektrodynamische und optische Vorgänge, also kurz gesagt in der Maxwellschen Theorie, ein Relativitätsprinzip der Elektrodynamik gilt, demzufolge diese Vorgänge in jedem beliebigen, nicht rotierenden Bezugssystem in gleicher Weise ablaufen. Dann müssen aber für den Übergang von einem Bezugssystem zu einem anderen, dagegen mit konstanter Geschwindigkeit bewegten System andere Transformationsformeln gelten als die Formeln (10.1.1) für eine Galilei-Transformation, nämlich die Formeln für eine Lorentz-Transformation.

10.2. Revision des Raum-Zeit-Begriffs

Wie ist nun die Tatsache zu verstehen, daß es neben dem alten, aus der Newtonschen Mechanik bekannten Relativitätsprinzip jetzt ein zweites gibt, mit anderen Transformationsformeln als den altgewohnten anschaulichen der Galilei-Transformation? Hier brachte die Entdeckung der Relativitätstheorie durch Albert Einstein den entscheidenden Fortschritt. Einstein ging unmittelbar vom negativen Ausfall des Michelson-Versuchs aus und leitete aus ihm die Hypothese ab, daß es grundsätzlich unmöglich sein soll, zu entscheiden, welches von zwei mit konstanter Geschwindigkeit gegeneinander bewegten Systemen sich in Ruhe und welches sich in Bewegung befindet. Daß in diesem Sinn die Newtonsche Mechanik und die Maxwellsche Theorie nicht miteinander verträglich sind, haben wir ja am Beispiel des Michelson-Versuches gesehen. Also muß mindestens eine der beiden Theorien, oder eventuell auch beide, abgeändert werden, um mit der Einsteinschen Hypothese in Einklang zu kommen. Daher lautete Einsteins Frage: Wie müssen die Naturgesetze beschaffen sein, damit es unmöglich ist, zwischen zwei in relativer Translationsbewegung zueinander befindlichen Systemen einen prinzipiellen Unterschied zu machen.

Nach Einstein beruht die ganze Schwierigkeit darin, daß man in der bisherigen Physik die Begriffe Raum und Zeit kritiklos als etwas absolut Gegebenes angenommen hat. Im besonderen hat man sich den Begriff der Zeit als überall gleichmäßig dahinfließend vorgestellt und dabei angenommen, daß es einen Sinn hat, von einer absoluten Gleichzeitigkeit für zwei an verschiedenen Stellen sich abspielende Ereignisse zu sprechen.

Für den Physiker hat eine Aussage über Ort und Zeit eines Ereignisses erst dann einen Sinn, wenn die Maßzahlen für Raum und Zeit als das Ergebnis wohldefinierter und prinzipiell stets durchführbarer Messungen eingeführt sind. Die Hilfsmittel zur Durchführung derartiger Messungen sind Maßstäbe und Uhren, deren Existenz wir ausdrücklich annehmen. Um nun ein Ereignis in einem gewählten Koordinationssystem zu beschreiben, müssen wir angeben, an welchem Ort und zu welcher Zeit es sich abspielt. Diese Aufgabe ist dann erledigt, wenn wir an jeder Stelle des Raums eine Marke anbringen, die uns ihre räumlichen Koordinaten angibt, und wenn außerdem an dieser Stelle eine Uhr steht, an der wir den Zeitpunkt des an diesem Ort sich abspielenden Ereignisses ablesen können. Wir wollen grundsätzlich daran festhalten, daß wir zur Angabe des Ortes und der Zeit eines Punktereignisses nur Ablesungen an der Ortsmarke und an der Uhr verwenden, die mit dem Punktereignis zusammenfallen.

Wir wollen uns nun überlegen, wie wir die Ortsmarken in unserem Koordinatensystem anbringen und wie wir die dorthin gebrachten Uhren einregulieren. Die Ortsmarken bringen wir in der üblichen Weise durch wiederholtes Anlegen eines Einheitsmaßstabs an, dessen Existenz wir ja vorausgesetzt haben. Dann stellen wir an jede in dieser Weise markierte Stelle eine Uhr, wobei wir natürlich voraussetzen, daß sie alle gleich schnell laufen, daß also ihre Ganggeschwindigkeit von der Stelle, an der sie sich befindet, nicht abhängt.

Unsere Hauptaufgabe besteht nun darin, die Uhren so einzuregulieren, daß sie alle die gleiche Zeit anzeigen. Dabei dürfen wir nicht so verfahren, daß wir zunächst etwa alle Uhren am Nullpunkt des Koordinatensystems synchronisieren und dann die so einregulierten Uhren an die verschiedenen, vorher ausgemessenen Plätze bringen. Denn wir können nicht von vornherein wissen, ob sich nicht die Ganggeschwindigkeit einer Uhr während des Transports von einer Stelle an eine andere vorübergehend ändert. Vielmehr müssen wir, wenn wir keine neue Hypothese einführen wollen, die Uhren zunächst an ihren Platz bringen und dann so einregulieren, daß sie die gleiche Zeit anzeigen wie die am Nullpunkt befindliche Uhr.

Dazu gehen wir etwa in folgender Weise vor: Wir senden vom Koordinatenursprung in dem Augenblick, in dem die dort befindliche Uhr die Zeit $t = 0$ anzeigt, ein Lichtsignal in Richtung auf die zu regulierende Uhr, die sich im Abstand r vom Ursprung befinden möge. Ein bei dieser Uhr befindlicher Beobachter erhält die Instruktion, seine Uhr auf die Zeit $t = r/c_0$ zu stellen in dem Augenblick, in dem das Lichtsignal bei ihm eintrifft. Wir denken uns nun nach diesem Verfahren alle in diesem Koordinatensystem befindlichen Uhren einreguliert. Erst nachdem dies geschehen ist, können wir den Begriff der Gleichzeitigkeit in unserem System definieren: Zwei an verschiedenen Orten des Systems sich abspielende Ereignisse gelten dann als gleichzeitig, wenn die an diesen Orten befindlichen Uhren die gleiche Zeit anzeigen. Diese Vorschrift zur Einregulierung der Uhren bildet als Definition der Gleichzeitigkeit den Kernpunkt der speziellen Relativitätstheorie.

Mit dieser Definition wird offenbar das Ergebnis des Michelson-Versuches geradezu zum Prinzip erhoben. Denn wir haben ja die Tatsache, daß sich das Licht nach allen Richtungen mit der gleichen Geschwindigkeit c_0 ausbreitet, direkt zur Grundlage des Zeitbegriffs gemacht.

Wir wollen nun noch überlegen, in welcher Weise Messungen an Gegenständen auszuführen sind, die sich gegen unser oben beschriebenes System von Marken und Uhren bewegen. Um beispielsweise die Länge eines bewegten Maßstabs festzustellen, müssen wir die Lage seines Anfangspunktes und seines Endpunktes zu ein und derselben Zeit beobachten. Wir erkennen daran, daß es gar keinen Sinn hat, von der Länge eines bewegten Stabes zu sprechen, wenn nicht vorher der Begriff der Gleichzeitigkeit klar definiert wurde. Bei dieser Längenmessung wäre mithin so vorzugehen, daß alle an den verschiedenen Punkten unseres Koordinatensystems befindlichen Beobachter die Instruktion erhalten, zu notieren, zu welcher Zeit der Anfang bzw. das Ende des bewegten Stabes bei ihnen vorbeigekommen ist. Von den so erhaltenen Angaben sind dann für die Längenbestimmung diejenigen beiden zu verwerten, bei denen ein Beobachter den Anfang und ein anderer das Ende des Stabes zur gleichen Zeit t an sich vorüberbewegen sahen. In ähnlicher Weise ist auch die Zeitdauer eines Vorgangs auf dem bewegten Körper zu messen. Auch dafür sind natürlich nur die Zeitangaben der beiden Uhren maßgebend, in deren unmittelbarer Nähe das Ereignis begonnen bzw. geendet hat.

Wir haben bisher nur von einem einzigen Koordinatensystem gesprochen und uns überlegt, wie hier in prinzipiell einwandfreier Weise Messungen ausgeführt werden können. Genau die gleiche Vorschrift können wir aber nun auch für irgendein anderes Koordinatensystem geben, das sich gegen das erste mit einer konstanten Geschwindigkeit bewegt. Wir werden im nächsten Abschnitt überlegen, in welcher Beziehung die Orts- und Zeitangaben dieser beiden Koordinatensysteme stehen müssen. Denn es ist durchaus nicht von vornherein selbstverständlich, daß der Begriff der Gleichzeitigkeit für beide Systeme der gleiche ist. Wir werden vielmehr sehen, daß zwei Ereignisse, die in dem einen System gleichzeitig sind, in dem anderen nicht mehr als gleichzeitig angesehen werden können.

10.3. Die Lorentz-Transformation

Wir betrachten zwei gegeneinander bewegte Koordinatensysteme und nehmen an, daß in jedem von beiden Maßstäbe und Uhren nach den Vorschriften des vorigen Abschnitts angebracht bzw. einreguliert sind. Dann kann offenbar jedes Punktereignis, etwa das Auftreffen eines Lichtblitzes auf einem Schirm oder der Durchgang des Zeigers an irgendeinem Meßinstrument durch Null, von beiden Systemen aus gemessen werden. Wenn wir die Angaben des zweiten Beobachters durch einen Strich von denen des ersten unterscheiden, so wird also der erste Beobachter dem Ereignis die vier Koordinaten x, y, z, t, der zweite dagegen die vier Koordinaten x', y', z', t' zuschreiben. Wenn wir im folgenden von der Transformation des einen Koordinatensystems auf das andere sprechen, so meinen wir damit den analytischen Zusammenhang, der zwischen den soeben erklärten Koordinaten x, y, z, t und x', y', z', t' besteht.

Um diesen Zusammenhang zwischen den ungestrichenen und den gestrichenen Koordinaten zu finden, machen wir die folgenden Annahmen:

1. Der Zusammenhang soll linear sein. Dies ist nötig, damit nicht der Koordinatenursprung oder ein anderer Punkt vor allen übrigen Punkten physikalisch ausgezeichnet ist.

2. Die beiden Systeme führen gegeneinander eine konstante Translation aus; d.h. jeder Punkt $\boldsymbol{r}' \equiv (x', y', z')$ des zweiten Systems bewegt sich in bezug auf das erste mit der konstanten Geschwindigkeit $\boldsymbol{v}$. Umgekehrt bewegt sich jeder Punkt $\boldsymbol{r} \equiv (x, y, z)$ des ersten Systems gegen das zweite mit der Geschwindigkeit $-\boldsymbol{v}$. Die in dieser Annahme liegende Einschränkung kennzeichnet den Standpunkt der speziellen Relativitätstheorie. (Erst die allgemeine Relativitätstheorie, mit der wir in diesem Buch nichts zu tun haben, betrachtet auch beschleunigte Bezugssysteme.)

3. Eine Messung der Lichtgeschwindigkeit im Vakuum ergibt in beiden Systemen nach jeder Richtung den Wert c_0. Diese Forderung bildet ja eigentlich den Ausgangspunkt unserer ganzen Betrachtung; sie ist insbesondere bereits in der Einsteinschen Vorschrift zur Einregulierung der Uhren enthalten.

4. Es soll durch keine physikalische Messung möglich sein, einen prinzipiellen Unterschied zwischen den beiden Systemen zu konstatieren. Diese Forderung enthält schon das ganze Programm der Relativitätstheorie insofern, als sie über die Messung der Lichtgeschwindigkeit weit hinausgeht und Gültigkeit für die Gesamtheit aller physikalischen Erscheinungen beansprucht.

Wir leiten nun die Transformationsformeln ab für den Fall, daß die unter 2. erwähnte Geschwindigkeit v die Richtung der positiven x-Achse hat, daß ferner diese x-Achse dauernd mit der x'-Achse zusammenfällt, und daß schließlich durch die Transformation die x-y-Ebene in die x'-y'-Ebene übergeht. Wegen dieser Bedingungen sowie wegen der Gleichberechtigung der y- und z-Richtung müssen die Transformationsformeln die Gestalt

$$y' = \varepsilon\, y\,, \qquad z' = \varepsilon\, z \tag{10.3.1}$$

haben. Hier bedeutet der Faktor ε, daß ein in der y-Richtung des ersten Systems ruhender Stab der Länge l für einen mit dem zweiten System mitbewegten Beobachter die Länge $\varepsilon\, l$ hat, also für $\varepsilon > 1$ um den Faktor ε gedehnt erscheint. Und umgekehrt würde ein im zweiten System ruhender Stab der Länge l für einen Beobachter im ersten System die Länge l/ε besitzen, also um den Faktor $1/\varepsilon$ gestaucht erscheinen. Wenn diese wechselseitig konstatierbaren Längenänderungen verschieden wären, wäre damit ein objektiver Unterschied zwischen den beiden Systemen vorhanden, was nach 4. ausgeschlossen sein soll. Also muß $\varepsilon = 1/\varepsilon = 1$ sein. Somit wird

$$y' = y\,, \qquad z' = z\,. \tag{10.3.2}$$

Nun bleiben noch die Transformationsgleichungen für x und t zu ermitteln. Nach Voraussetzung soll sich der Punkt $x' = 0$ mit der Geschwindigkeit v entlang der positiven x-Achse bewegen; die Angabe $x' = 0$ muß also identisch sein mit $x = v\, t$. Entsprechend muß die Angabe $x = 0$ gleichbedeutend sein mit $x' = -\, v\, t'$. Die gesuchte Transformation muß also die Form

$$x' = \zeta\,(x - v\, t)\,, \qquad x = \zeta'\,(x' + v\, t') \tag{10.3.3}$$

haben, wobei die dimensionslosen Faktoren ζ und ζ' noch zu bestimmen sind.

Daß sie nach der 4. Forderung gleich sein müssen, erscheint unmittelbar einleuchtend zu sein. Wir wollen uns davon aber noch einmal direkt anhand von (10.3.3) überzeugen: Ruht ein Stab der Länge l im ersten System mit seinen Endpunkten bei $x = 0$ und $x = l$, so stellt ein Beobachter im zweiten System nach der zweiten Gleichung (10.3.3) die gleichzeitige Lage dieser beiden Endpunkte, etwa zur Zeit $t' = 0$, bei $x' = 0$ und $x' = l/\zeta'$ fest; der Stab hat für ihn also die Länge l/ζ'. Ruht aber ein Stab der Länge l im zweiten System, so stellt ein im ersten System ruhender Beobachter etwa zur Zeit $t = 0$ gleichzeitig die Lage der beiden Endpunkte nach der ersten Gleichung (10.3.3) bei $x = 0$ und $x = l/\zeta$ fest. Somit verlangt die 4. Forderung tatsächlich $\zeta = \zeta'$.

Nunmehr bleibt zur Festlegung des Wertes von ζ die entscheidende 3. Forderung von der Konstanz der Lichtgeschwindigkeit: Es werde zur Zeit $t = t' = 0$ bei $x = x' = 0$ ein Lichtsignal gegeben, das einen irgendwo auf der x-Achse befindlichen Schirm zu einem momentanen Aufleuchten bringt. Dieses Punktereignis des Aufleuchtens wird beschrieben von dem einen Beobachter durch Angabe von x und t, von dem anderen durch x' und t', und zwar muß $x = c_0\, t$ und $x' = c_0\, t'$ sein, mit dem gleichen Wert c_0 für beide Beobachter. Setzen wir diese Werte in (10.3.3) ein, so finden wir

$$c_0\, t' = \zeta\, t\,(c_0 - v)\,, \qquad c_0\, t = \zeta\, t'\,(c_0 + v)\,.$$

Durch Multiplikation dieser beiden Gleichungen erhalten wir

$$\zeta = \frac{1}{\sqrt{1 - v^2/c_0^2}} = \frac{1}{\sqrt{1 - \beta^2}}\,, \quad \text{mit} \quad \beta = \frac{v}{c_0}\,. \tag{10.3.4}$$

Um die gesuchten Transformationsformeln zu gewinnen, haben wir aus (10.3.3) noch t' als Funktion von x und t zu berechnen:

$$t' = \zeta \left\{ t + \frac{x}{v} \left(\frac{1}{\zeta^2} - 1 \right) \right\}.$$

Also gilt mit dem ζ-Wert aus (10.3.4)

$$x' = \frac{x - v\,t}{\sqrt{1 - \beta^2}}, \qquad y' = y, \qquad z' = z, \qquad t' = \frac{t - v\,x/c_0^2}{\sqrt{1 - \beta^2}}. \tag{10.3.5}$$

Lösen wir diese Gleichungen nach den ungestrichenen Größen auf, so erhalten wir die Beziehungen

$$x = \frac{x' + v\,t'}{\sqrt{1 - \beta^2}}, \qquad y = y', \qquad z = z', \qquad t = \frac{t' + v\,x'/c_0^2}{\sqrt{1 - \beta^2}}, \tag{10.3.6}$$

die sich von (10.3.5), wie es sein muß, nur durch das Vorzeichen bei v unterscheiden.

Der durch die Gleichungen (10.3.5) und (10.3.6) gegebene Zusammenhang zwischen den zusammengehörigen Koordinaten der beiden Systeme heißt Lorentz-Transformation. Er tritt an die Stelle der Galilei-Transformation (10.1.1), in die er ersichtlich für den Grenzfall $c_0 \to \infty$, $\beta \to 0$ übergeht. Insbesondere wird in diesem Fall auch $t' \to t$; wir erhalten dann also eine absolute Gleichzeitigkeit. Der landläufige Begriff der absoluten Gleichzeitigkeit enthält eben, wie erst durch Einsteins Analyse klargeworden ist, stillschweigend die Annahme, daß wir zur Feststellung der Gleichzeitigkeit zweier räumlich entfernter Ereignisse grundsätzlich über Signale von unendlich großer Fortpflanzungsgeschwindigkeit verfügen.

Die Benutzung der Lichtgeschwindigkeit c_0 zur Definition der Gleichzeitigkeit enthält implizit die Behauptung, daß eine größere Signalgeschwindigkeit prinzipiell unmöglich ist. Gäbe es nämlich eine Wirkung, die mit einer Geschwindigkeit größer als c_0 fortschreitet, so ließe sich ein Koordinatensystem angeben, für das die Wirkung in die Vergangenheit hinein fortschreitet.

Wir haben die Formeln für die Lorentz-Transformation so bestimmt, daß die Gesetze der Lichtausbreitung unabhängig von einer konstanten, gegenseitigen Translationsgeschwindigkeit sind. Wir erkennen dies auch in folgender Weise: Eine zur Zeit $t = 0$ vom Koordinatenursprung ausgehende Kugelwelle hat zur Zeit t die durch die Gleichung

$$x^2 + y^2 + z^2 - c_0^2 t^2 = 0$$

gegebene Kugelfläche erreicht. Das Auftreffen der Lichtwelle auf diese Kugelfläche, etwa markiert durch das Aufleuchten von Schirmen, muß nun vom zweiten System ebenfalls beschrieben werden durch

$$x'^2 + y'^2 + z'^2 + c_0^2 t'^2 = 0\,.$$

Tatsächlich überzeugen wir uns anhand von (10.3.5) oder (10.3.6) leicht, daß zufolge der Lorentz-Transformation stets

$$x^2 + y^2 + z^2 - c_0^2 t^2 = x'^2 + y'^2 + z'^2 - c_0^2 t'^2 \tag{10.3.7}$$

gilt. Wir werden später gerade diesen Umstand zum Ausgangspunkt einer vertieften Ausdeutung zu machen haben.

In differentieller Form erhalten wir das nämliche Ergebnis: Die Lichtbewegung im Vakuum wird stets durch Lösungen von Differentialgleichungen der Form

$$\frac{\partial^2 \varphi}{\partial x^2} + \frac{\partial^2 \varphi}{\partial y^2} + \frac{\partial^2 \varphi}{\partial z^2} - \frac{1}{c_0^2} \frac{\partial^2 \varphi}{\partial t^2} = 0$$

gegeben. Wenn wir diese Gleichungen auf das mit der Geschwindigkeit v bewegte System transformieren, so haben wir in $\varphi(x, y, z, t)$ die Argumente durch die in (10.3.5) gegebenen Funktionen der gestrichenen Koordinaten zu ersetzen. Dann wird z.B.

$$\frac{\partial \varphi}{\partial x} = \frac{\partial \varphi}{\partial x'} \frac{1}{\sqrt{1-\beta^2}} - \frac{\partial \varphi}{\partial t'} \frac{v/c_0^2}{\sqrt{1-\beta^2}}, \qquad \frac{\partial \varphi}{\partial t} = -\frac{\partial \varphi}{\partial x'} \frac{v}{\sqrt{1-\beta^2}} + \frac{\partial \varphi}{\partial t'} \frac{1}{\sqrt{1-\beta^2}}.$$

Rechnen wir analog auch die zweiten Differentialquotienten aus, so erhalten wir tatsächlich

$$\frac{\partial^2 \varphi}{\partial x^2} + \frac{\partial^2 \varphi}{\partial y^2} + \frac{\partial^2 \varphi}{\partial z^2} - \frac{1}{c_0^2} \frac{\partial^2 \varphi}{\partial t^2} = \frac{\partial^2 \varphi}{\partial x'^2} + \frac{\partial^2 \varphi}{\partial y'^2} + \frac{\partial^2 \varphi}{\partial z'^2} - \frac{1}{c_0^2} \frac{\partial^2 \varphi}{\partial t'^2}. \tag{10.3.8}$$

Der für die Lichtausbreitung charakteristische Differentialausdruck ist also ebenfalls invariant gegenüber der Lorentz-Transformation.

10.4. Folgerungen aus der Lorentz-Transformation

a) Maßstäbe und Uhren bei der Lorentz-Transformation. Wir haben bereits im vorigen Abschnitt gesehen, daß ein Maßstab, der im Zustand der Ruhe die Länge l hat, für einen relativ zu ihm in seiner Richtung bewegten Beobachter die kleinere Länge $l\sqrt{1-\beta^2}$ zu haben scheint. Man bezeichnet diesen Effekt kurz als Lorentz-Kontraktion, entsprechend der seinerzeit von Lorentz (und unabhängig davon von G. Fitzgerald) ausgesprochenen, bereits im Abschnitt 9.2 erwähnten Kontraktionshypothese, nach der bei einem mit der Geschwindigkeit v bewegten Körper alle in der Bewegungsrichtung liegenden Abmessungen sich um den Faktor $\sqrt{1-\beta^2}$ verkürzen, während die Querabmessungen ungeändert bleiben.

Die Kontraktionshypothese war damals zur Deutung des negativen Ausfalls des Michelson-Versuchs herangezogen worden. In der Tat würde eine Verkleinerung von l_1 in (10.1.4) und von l_2 in (10.1.5) um den Faktor $\sqrt{1-\beta^2}$ zum Ergebnis $t_2 - t_1 = t_2' - t_1' = 2(l_2 - l_1)/c_0 \sqrt{1-\beta^2}$ und damit zu $\Theta = 0$ führen. Obwohl diese Hypothse als unmittelbarer Vorläufer der Relativitätstheorie anzusehen ist, widerspricht sie doch dem Grundprinzip der Relativität. Wenn nämlich der mitbewegte Beobachter seinen mitgeführten Maßstab mit einem ruhenden Maßstab vergleicht, so würde er natürlich nur bestätigen können, daß sein eigener Maßstab wirklich verkürzt ist. Damit wäre es prinzipiell möglich, den Zustand der absoluten Ruhe experimentell festzustellen, indem man beobachtet, welcher von mehreren verschieden schnell bewegten Einheitsmaßstäben die größte Länge besitzt.

In ähnlicher Weise können wir die Ganggeschwindigkeit einer im „gestrichenen" System ruhenden Uhr vom „ungestrichenen" System aus kontrollieren. Nach den Gleichungen (10.3.6) entsprechen an der Stelle x' den Zeitpunkten $t_1' = t'$ und $t_2' = t' + t_0'$ die Zeiten

$$t_1 = \frac{t' + v\,x'/c_0^2}{\sqrt{1-\beta^2}} \quad \text{und} \quad t_2 = \frac{t' + t_0' + v\,x'/c_0^2}{\sqrt{1-\beta^2}}.$$

Gesehen vom ersten System hat demnach die Uhr im zweiten System eine Zeigerdrehung (von t' bis $t' + t_0'$) ausgeführt in der Zeit

$$t_0 = t_2 - t_1 = \frac{t_0'}{\sqrt{1-\beta^2}}.$$

Die bewegte Uhr geht also um den Faktor $1/\sqrt{1-\beta^2}$ langsamer als die ruhende Uhr. Dieser Effekt wird als Zeitdilatation bezeichnet.

Eine in den Anwendungen oft auftretende, wichtige Größe ist die Eigenzeit eines bewegten Körpers. Als solche definieren wir einfach die Anzeige τ einer mit dem betrachteten Körper mitbewegten Uhr. Die Verknüpfung dieser Eigenzeit mit der Zeit t, die in einem fest gewählten Koordinatensystem zur Beobachtung gelangt, läßt sich aufgrund der vorstehenden Ausführungen sofort angeben: Registriert die Uhr im gestrichenen System das Intervall $\mathrm{d}\tau$, so liest ein Beobachter im ungestrichenen System dafür das Intervall

$$\mathrm{d}t = \frac{\mathrm{d}\tau}{\sqrt{1-\beta^2}} \tag{10.4.1}$$

ab. Der Beobachter findet mit seiner im ungestrichenen System ruhenden Uhr einen größeren Wert für das Zeitintervall, als es der Eigenzeit entspricht, d.h. als es die mit dem Körper mitbewegte Uhr anzeigt.

Besonders eindrucksvoll wird diese Zeitdilatation bei sehr schnell bewegten atomaren Gebilden, die in sich „eine die Eigenzeit messende Uhr" tragen. Dies ist beispielsweise der Fall bei radioaktiven Atomkernen, die im Mittel nach einer bestimmten Zeit τ_0 unter Emission eines geladenen Teilchens in den Folgekern übergehen; dabei ist diese mittlere Lebensdauer τ_0 definiert als diejenige Zeit, nach der die Zahl der noch nicht zerfallenen Atomkerne auf den e-ten Teil abgesunken ist. Beobachtet man solche Substanzen in einem System, gegen das sie sich mit der Geschwindigkeit v bewegen, so resgistriert man entsprechend (10.4.1) eine Vergrößerung der mittleren Lebensdauer um den Faktor $1/\sqrt{1-\beta^2}$. Bei den radioaktiven Teilchen in der kosmischen Strahlung, insbesondere bei den μ-Mesonen, die in den höchsten Schichten der Erdatmosphäre durch Stöße der aus dem Weltraum kommenden Primärteilchen erzeugt werden, kann dieser Dilatationsfaktor (wegen $v \approx c_0$) Werte bis zu 10^4 annehmen. Dies hat zur Folge, daß diese μ-Mesonen, für die $\tau_0 \approx 2 \cdot 10^{-6}$ s ist, trotz ihrer dagegen großen Flugzeit von rund $3 \cdot 10^{-5}$ s durch die etwa 10 km dicke Atmosphäre in ihrer überwiegenden Mehrzahl die Erdoberfläche noch vor ihrem Zerfall erreichen und dort zur Beobachtung gelangen.

b) Geometrische Darstellung der Lorentz-Transformation. Die unter a) geschilderten und ähnliche Konsequenzen der Gleichungen (10.3.5) und (10.3.6) werden viel übersichtlicher, wenn wir den Inhalt der Gleichungen durch eine geometrische Darstellung anschaulich zu machen versuchen, wie sie zuerst von H. Minkowski angegeben wurde. Dabei wollen wir die y- und z-Koordinaten, die ja bei dieser Transformation nicht geändert werden, wenn die Relativbewegung der beiden Systeme entlang der x-Achse erfolgt, außer acht lassen. Wir stellen den Inbegriff aller möglichen Punktereignisse im ersten System dar durch ein Raum-Zeit-Diagramm, in dem die Abszisse den Ort x und die Ordinate $w = c_0 t$ die mit c_0 multiplizierte Zeit angibt. Die Bewegung eines materiellen Punktes stellt sich in unserem Schema (Abb. 10.4) als eine Kurve dar, die „Weltlinie" des Punktes. Ihre jeweilige Tangente schließt dabei mit der Zeitachse den Winkel ϑ ein, gegeben durch $\tan\vartheta = \mathrm{d}x/\mathrm{d}w = u/c_0$, wobei u die momentane Geschwindigkeit des Punktes bedeutet. Da wir Überlichtgeschwindigkeiten von der Betrachtung ausschließen, müssen die Neigungswinkel dieser Kurve gegen die Zeitachse stets kleiner als

45° sein. Das Bewegungsdiagramm für einen in x-Richtung laufenden Lichtstrahl ist eine Gerade, die unter 45° gegen die Achse geneigt ist.

Neben dem ersten, ungestrichenen System I betrachten wir ein zweites gestrichenes System II, das sich gegen das erste mit der Geschwindigkeit v in Richtung der x-Achse bewegt (Abb. 10.5). Mit den Abkürzungen $w = c_0\, t$ und $w' = c_0\, t'$ lauten dann die zu diskutierenden Gleichungen (10.3.5) und (10.3.6)

$$x' = \frac{x - \beta w}{\sqrt{1-\beta^2}}, \quad w' = \frac{w - \beta x}{\sqrt{1-\beta^2}} \quad \text{bzw.} \quad x = \frac{x' + \beta w'}{\sqrt{1-\beta^2}}, \quad w = \frac{w' + \beta x'}{\sqrt{1-\beta^2}}. \qquad (10.4.2)$$

Dem gegen I bewegten System II wird in unserem x-w-Schema ein x'-w'-System entsprechen, dessen Achsen wir folgendermaßen finden: Definitionsgemäß fallen die Punkte $x = 0$, $w = 0$ und $x' = 0$, $w' = 0$ zusammen. Der Punkt $x' = 0$ bewegt sich gegen I mit der Geschwindigkeit v; seine Weltlinie und damit die w'-Achse ist daher eine Gerade durch den Ursprung, die mit der w-Achse den Winkel $\varphi = \arctan \beta$ einschließt. Entsprechend finden wir aus der letzten Gleichung (10.4.2) mit $w' = 0$ die x'-Achse, deren Gleichung durch $w = \beta x$ gegeben ist, die daher mit der x-Achse den gleichen Winkel $\varphi = \arctan \beta$ einschließt.

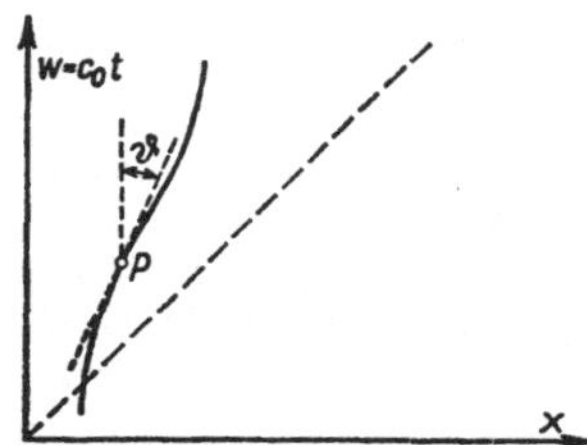

Abb. 10.4
Weltlinie eines Punktes in der x-w-Ebene. Seine Geschwindigkeit beträgt $u = c_0 \tan \vartheta$

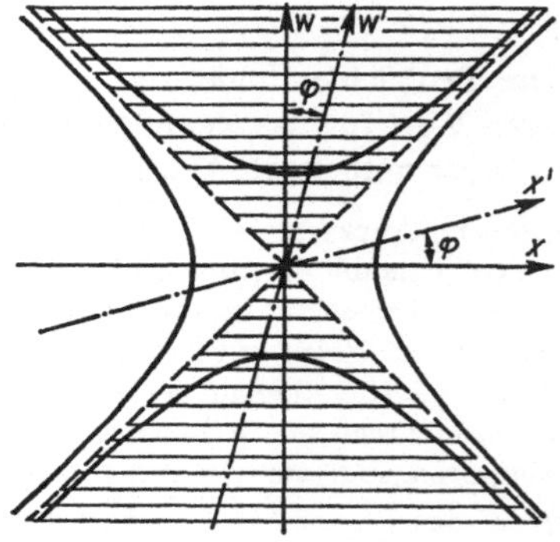

Abb. 10.5
Übergang vom System x, w zum System x', w'. Die Hyperbeln schneiden auf den Achsen die jeweiligen Einheiten ab

An dieser Darstellung erkennen wir zunächst besonders deutlich den relativen Charakter der Gleichzeitigkeit: Alle auf der x'-Achse liegenden Punktereignisse erscheinen dem zweiten Beobachter g l e i c h z e i t i g, während sie für den ersten Beobachter n a c h e i n a n d e r erfolgen.

Zur vollständigen Darstellung der Lorentz-Transformation ist noch die Angabe der Einheitslänge auf den Achsen erforderlich, die wir mit l_0 bezeichnen wollen. Zu diesem Zweck sind in die Abb. 10.5 die beiden gleichseitigen Hyperbeln

$$x^2 - w^2 = l_0^2 \quad \text{und} \quad w^2 - x^2 = l_0^2 \qquad (10.4.3)$$

eingezeichnet. Sie schneiden die Achsen des ungestrichenen Systems in den Punkten $x = l_0$, $w = 0$ und $x = 0$, $w = l_0$. Daß sie die Achsen des gestrichenen Systems in den Punkten $x' = l_0$, $w' = 0$ und $x' = 0$, $w' = l_0$ schneiden, folgt unmittelbar aus der auf $w = c_0\, t$ und $w' = c_0\, t'$ umgeschriebenen Beziehung (10.3.7), nämlich aus

$$x^2 - w^2 = x'^2 - w'^2\,;$$

denn dann ist $x'^2 - w'^2$ wegen (10.4.3) entweder $= + l_0^2$ oder $= - l_0^2$.

Das Phänomen der wechselseitigen Maßstabverkürzung können wir anhand der Abb. 10.6 in folgender Weise beschreiben: OA sei ein im ersten System ruhender Maßstab der Länge l_0. Die Weltlinien seiner Endpunkte sind ODC und AA'. Für einen im zweiten System ruhenden Beobachter ist eine gleichzeitige Lage ($w' = 0$) von Anfang und Ende des Stabes gegeben durch die Weltpunkte O und A'. Der Stab ist also für diesen Beobachter kürzer, als wenn er im zweiten System ruhen und dabei von O bis B' reichen würde. Umgekehrt liegen Anfang und Ende des im zweiten System ruhenden Stabes OB' mit den Weltlinien $OC'D'$ und BB' für den Beobachter im ersten System zur Zeit $w = 0$ in den Weltpunkten O und B. Er erscheint also wieder kürzer, als wenn der Stab in diesem System ruhen und von O bis A reichen würde.

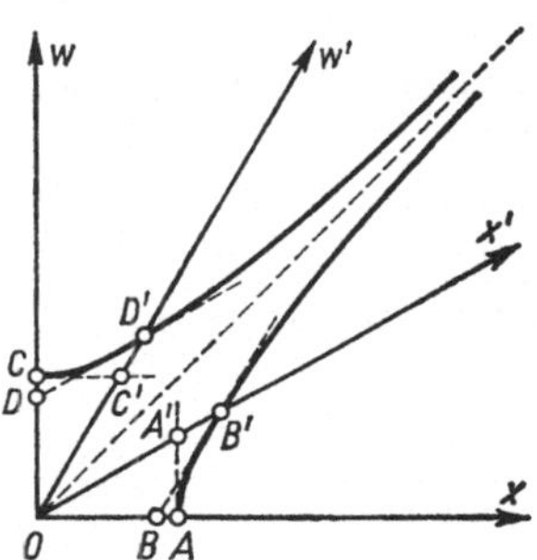

Abb. 10.6
Zum Einheitenvergleich bei gegeneinander bewegten Maßstäben bzw. Uhren

Ganz entsprechend verläuft die gegenseitige Kontrolle der Uhren: Eine im zweiten System ruhende Uhr bewegt sich auf der Weltlinie $OC'D'$. Sie hat im Weltpunkt D' bei $w' = l_0$ gerade einen vollen Umlauf ausgeführt, nachdem bereits vorher (im Weltpunkt C) die mit ihr räumlich zusammenfallende Uhr des ersten Systems einen vollen Umlauf mit $w = l_0$ ausgeführt hatte; die bewegte Uhr geht also langsamer als die ruhende. Umgekehrt hat eine im ersten System bei $x = 0$ ruhende Uhr im Weltpunkt C einen Umlauf vollendet, während bereits in D die am gleichen Ort befindliche Uhr des zweiten Systems einen Umlauf beendet hatte.

In dieser Weise können wir uns anschaulich überzeugen, daß die Behauptung von der gegenseitigen Verkürzung der Maßstäbe und Verzögerung der Uhren durchaus nichts Paradoxes enthält, sobald wir einmal auf den Begriff der absoluten Gleichzeitigkeit verzichtet haben.

c) Das Einsteinsche Additionstheorem der Geschwindigkeiten. Nach der alten Kinematik addieren sich zwei Geschwindigkeiten einfach vektoriell: Ist $\boldsymbol{v}$ die Geschwindigkeit eines Fahrzeugs (gestrichenes Koordinatensystem) gegen einen ruhenden Beobachter (ungestrichenes Koordinatensystem) und bewegt sich ein Massenpunkt im Fahrzeug relativ zu diesem mit der Geschwindigkeit $\boldsymbol{u}'$, so bewegt er sich relativ zum ruhenden Beobachter mit der Geschwindigkeit $\boldsymbol{u} = \boldsymbol{u}' + \boldsymbol{v}$, wie auch unmittelbar aus der Galilei-Transformation (10.1.1) zu ersehen ist.

In der Relativitätstheorie ist der Zusammenhang zwischen diesen Geschwindigkeiten wesentlich komplizierter. Wir betrachten wieder die beiden durch die Gleichungen (10.3.6) für die Lorentz-Transformation miteinander verknüpften Koordinatensysteme und nehmen an, ein Massenpunkt bewege sich relativ zum gestrichenen System mit der Geschwindigkeit u' geradlinig so in der x'-y'-Ebene, daß seine Bahn mit der x'-Achse den Winkel ϑ' bildet. Seine Bewegung wird dann im gestrichenen System beschrieben durch

$$x' = u' t' \cos\vartheta', \qquad y' = u' t' \sin\vartheta', \qquad z' = 0. \tag{10.4.4}$$

Wir wollen nun diese Weltlinie vom ungestrichenen System aus beschreiben; wir suchen also zwei Größen u und ϑ so zu bestimmen, daß die Gleichungen

$$x = u t \cos\vartheta, \qquad y = u t \sin\vartheta, \qquad z = 0 \tag{10.4.5}$$

nach Ausführung der Transformation (10.3.6) mit (10.4.4) übereinstimmen. Durch Einsetzen in (10.3.6) erhalten wir die drei Beziehungen

$$u\,t\cos\vartheta = \frac{u'\,t'\cos\vartheta' + v\,t'}{\sqrt{1-\beta^2}}, \qquad u\,t\sin\vartheta = u'\,t'\sin\vartheta', \qquad t = \frac{t' + u'\,t'\,v\cos\vartheta'/c_0^2}{\sqrt{1-\beta^2}}.$$

Nach Division der beiden ersten Gleichungen durch die dritte folgt

$$u\cos\vartheta = \frac{u'\cos\vartheta' + v}{1 + u'\,v\cos\vartheta'/c_0^2}, \qquad u\sin\vartheta = \frac{u'\sin\vartheta'\sqrt{1-\beta^2}}{1 + u'\,v\cos\vartheta'/c_0^2}, \tag{10.4.6}$$

und daraus für den Betrag und die Richtung der gesuchten Geschwindigkeit

$$u^2 = \frac{u'^2 + v^2 + 2u'\,v\cos\vartheta' - u'^2\,v^2\sin^2\vartheta'/c_0^2}{(1 + u'\,v\cos\vartheta'/c_0^2)^2}, \qquad \tan\vartheta = \frac{u'\sin\vartheta'\sqrt{1-\beta^2}}{u'\cos\vartheta' + v}. \tag{10.4.7}$$

Wenn insbesondere $\boldsymbol{u}'$ in die Richtung von $\boldsymbol{v}$ fällt, so wird mit $\vartheta' = 0$ auch $\vartheta = 0$, und es folgt

$$u = \frac{u' + v}{1 + u'\,v/c_0^2}. \tag{10.4.8}$$

Die resultierende Geschwindigkeit ist also stets kleiner als die Summe $u' + v$ der beiden zu addierenden Geschwindigkeiten. Ferner folgt aus (10.4.8), daß es unmöglich ist, durch Addition von zwei Geschwindigkeiten, die beide kleiner als c_0 sind, die Lichtgeschwindigkeit zu überschreiten. Speziell für $u' = c_0$ wird auch $u = c_0$, unabhängig von der Größe von v. Dieses Resultat ist eigentlich selbstverständlich, da ja die Formeln für die Lorentz-Transformation gerade auf der Annahme aufgebaut sind, daß ein Vorgang, der sich in dem einen System mit der Geschwindigkeit c_0 ausbreitet, dies auch im anderen System tut.

Eine besonders instruktive Anwendung der Gleichung (10.4.8) besteht nach M. v. Laue in der Deutung des Fizeauschen Mitführungsversuches. Bei diesem Versuch wird die Ausbreitung des Lichts in bewegten Medien untersucht, wobei natürlich zu erwarten ist, daß, ähnlich wie beim Schall, sich das Licht in der Bewegungsrichtung des Mediums schneller ausbreitet als in der entgegengesetzten Richtung, daß also das Licht sozusagen eine Mitführung durch das bewegte Medium erleidet. Während aber der Schall nach dem Galileischen Transformationsgesetz voll mitgeführt wird, so daß die Schallgeschwindigkeit speziell in der Bewegungsrichtung des Mediums $c_s = c_s^0 + v$ wird, mit $c_s^0 =$ Schallgeschwindigkeit im ruhenden Medium, gilt beim Licht $c = c_0 + \eta v$, wobei der Mitführungskoeffizient $\eta < 1$ experimentell und theoretisch zu bestimmen ist.

Die erste experimentelle Messung von η wurde bereits 1851 von A. Fizeau durchgeführt. Seine Versuchsanordnung ist in Abb. 10.7 dargestellt. Das von einer Lichtquelle L kommende Licht wird durch eine halbversilberte Glasplatte P in zwei Komponenten zerlegt, die den in der Abbildung bezeichneten Weg in entgegengesetzten Richtungen durchlaufen. Durch die Platte werden sie dann wieder vereinigt und gelangen in einem Interferenzapparat B zur Beobachtung. Die beiden Lichtstrahlen durchlaufen auf ihrem Weg die beiden Röhren R_1 und R_2, durch die Wasser in den eingezeichneten Richtungen mit der Geschwindigkeit v strömt. Daher braucht der erste Strahl, der die beiden Röhren in der Strömungsrichtung des Wassers durchläuft, für seinen Weg von der Glasplatte durch das Röhrensystem wieder zurück zur Glasplatte eine geringere Zeit als der zweite Strahl. Die beiden Strahlen kommen also mit verschiedenen Phasen am Interferenzapparat an und erzeugen daher dort Interferenzstreifen, aus deren Lage diese Zeit und damit die Größe des Mitführungskoeffizienten η bestimmt werden kann.

Rechnerisch folgt der Mitführungskoeffizient nach v. Laue einfach aus dem Einsteinschen Additionstheorem der Geschwindigkeiten. In einem Medium vom Brechungsindex n bewegt sich ein Lichtsignal mit der Geschwindigkeit $u' = c = c_0/n$, wenn wir vom Unterschied zwischen Gruppen- und Phasengeschwindigkeit absehen; doch müssen wir berücksichtigen, daß n von der Lichtfrequenz ω' im Medium abhängt. Wenn nun dieses Medium selbst mit der Geschwindigkeit v strömt, so registriert nach (10.4.8) ein im ungestrichenen System ruhender Beobachter die Geschwindigkeit

$$u = \frac{v + c_0/n}{1 + v/n\,c_0}, \tag{10.4.9}$$

also in erster Näherung für kleine v/c_0

$$u = \frac{c_0}{n} + v\left(1 - \frac{1}{n^2}\right). \tag{10.4.10}$$

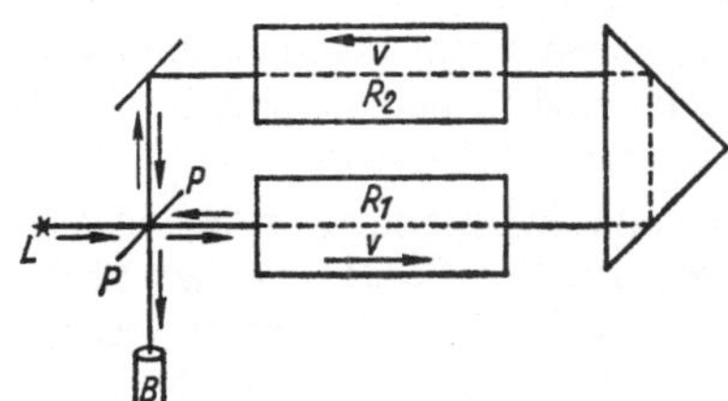

Abb. 10.7 Anordnung von Fizeau zur Messung des Mitführungskoeffizienten

Dabei haben wir aber wegen des Doppler-Effektes (vgl. Abschnitt 11.5) in dieser Näherung mit der geänderten Frequenz

$$\omega' = \omega\left(1 - \frac{n\,v}{c_0}\right) \tag{10.4.11}$$

zu rechnen, so daß der in (10.4.10) enthaltene Brechungsindex genauer als

$$n \equiv n(\omega') \approx n(\omega) - \frac{\omega\,n\,v}{c_0}\frac{\mathrm{d}n}{\mathrm{d}\omega} \tag{10.4.12}$$

zu schreiben ist. Damit geht (10.4.10) über in

$$u = \frac{c_0}{n(\omega)} + v\left(1 - \frac{1}{n^2} + \frac{\omega}{n}\frac{\mathrm{d}n}{\mathrm{d}\omega}\right), \tag{10.4.13}$$

mit dem Mitführungskoeffizienten

$$\eta = 1 - \frac{1}{n^2} + \frac{\omega}{n}\frac{\mathrm{d}n}{\mathrm{d}\omega}. \tag{10.4.14}$$

Somit ergibt sich für die Laufzeitdifferenz der beiden Strahlen, die durch die beiden Röhren der Gesamtlänge $2l$ gegangen sind,

$$\Delta t = \frac{2l}{c_0/n(\omega) - \eta\,v} - \frac{2l}{c_0/n(\omega) + \eta\,v} \approx \frac{4l\,\eta\,v\,n^2}{c_0^2}.$$

Diese Beziehung erwies sich als völlig in Übereinstimmung mit dem Ergebnis des Fizeauschen Interferenzversuches.

10.5. Der Übergang zum vierdimensionalen Raum-Zeit-Kontinuum

Die vierte der im Abschnitt 10.3 formulierten Forderungen für die Ableitung der Lorentz-Transformation enthält, wie dort betont wurde, bereits das ganze Programm der speziellen Relativitätstheorie in der Festlegung, daß es unmöglich sein soll, einen prinzipiellen Unterschied zwischen zwei in gleichförmiger Translation gegeneinander bewegten Koordinatensystemen festzustellen. Demnach sollen alle Naturgesetze, nicht nur das der Lichtausbreitung, invariant sein gegenüber einer Lorentz-Transformation. Daher müssen nach dieser Einsteinschen Forderung beispielsweise auch die Grundgleichungen der Newtonschen Mechanik, die ja in ihrer klassischen Form invariant sind gegenüber einer Galilei-Fransformation, derart modifiziert werden, daß sie sich in der neuen Form auch bei beliebigen Lorentz-Transformationen nicht ändern.

Um nun festzustellen, ob irgend eine Gleichung der Physik, wie etwa das Induktionsgesetz $\operatorname{rot} \boldsymbol{E} + \partial \boldsymbol{B}/\partial t = 0$, der Forderung des Relativitätsprinzips genügt, müßten wir zunächst das Transformationsgesetz für $\boldsymbol{E}$ und $\boldsymbol{B}$ aufsuchen, d.h. die Felder $\boldsymbol{E}'$ und $\boldsymbol{B}'$ ermitteln, die ein bewegter Beobachter konstatieren würde; und dann hätten wir zu prüfen, ob diese Feldgrößen die Gleichungen $\operatorname{rot}' \boldsymbol{E}' + \partial \boldsymbol{B}'/\partial t' = 0$ befriedigen. In dieser Weise ging Einstein zunächst auch tatsächlich vor und fand dabei, daß die Maxwellschen Gleichungen wirklich dem Relativitätsprinzip genügen, daß also diese Gleichungen in ihrer bisherigen Form Lorentz-invariant sind.

Dieses im konkreten Einzelfall oft recht mühsame Verfahren läßt sich nun durch eine von H. Minkowski angegebene mathematische Methode ersetzen, die es gestattet, jedes Naturgesetz so zu formulieren, das seine Invarianz gegenüber einer Lorentz-Transformation unmittelbar gewährleistet wird.

Das Vorbild für die Minkowskische Methode ist die bekannte Vektorrechnung im dreidimensionalen Raum. Diese ist ja aus dem Bestreben entstanden, die physikalisch ganz unwesentliche Lage des Koordinatensystems in den Gleichungen gar nicht erst auftreten zu lassen. Zum Beispiel fassen wir die drei Newtonschen Bewegungsgleichungen $m \dot{v}_x = K_x$, $m \dot{v}_y = K_y$, $m \dot{v}_z = K_z$ als eine Vektorgleichung $m \dot{\boldsymbol{v}} = \boldsymbol{K}$ zusammen, was möglich ist, sobald diese drei Komponentengleichungen durch eine Drehung des Koordinatensystems, also durch eine orthogonale Transformation, in die entsprechenden Gleichungen $m \dot{v}_{x'} = K_{x'}$, $m \dot{v}_{y'} = K_{y'}$, $m \dot{v}_{z'} = K_{z'}$ übergehen.

Die Methode von Minkowski besteht nun in einer sinngemäßen Erweiterung des Vektorkalküls im dreidimensionalen Raum zu einer Vektorrechnung in einem vierdimensionalen Raum-Zeit-Kontinuum, wobei die Forderung nach Invarianz gegenüber einer Drehung im Dreidimensionalen zu ersetzen ist durch die Forderung nach Invarianz gegenüber der Lorentz-Transformation, die als eine Art Drehung oder, allgemeiner gesagt, als eine orthogonale Transformation im Vierdimensionalen angesehen werden kann.

Um dies zu erkennen, müssen wir uns erstens überlegen, welche Größe in einem Raum-Zeit-Kontinuum sinngemäß als vierte Koordinate neben den drei räumlichen Koordinaten x, y, z angesehen werden kann, woraus dann auch zu erkennen wäre, welche Größe als vierte Komponente zu den drei Komponenten eines gewöhnlichen Vektors im Dreidimensionalen hinzutreten müßte, um mit ihnen zusammen einen richtigen Vierervektor zu ergeben. Und zweitens müssen wir dann prüfen, ob die Transformationsformeln, die bei den so eingeführten Viererkoordinaten beim Übergang von einem ungestrichenen System zu einem gestrichenen System gültig sind, tatsächlich eine orthogonale Transformation bedeuten, sofern sie den im Abschnitt 10.3 an eine Lorentz-Transformation gestellten Forderungen genügen. Im besondern wollen wir hierbei fordern, daß diese Transformationsformeln linear und homogen sind, und daß sie die Größe $x^2 + y^2 + z^2 - c_0^2 t^2$ invariant lassen, daß also hierbei

$$x^2 + y^2 + z^2 - c_0^2 t^2 = x'^2 + y'^2 + z'^2 - c_0^2 t'^2 \tag{10.5.1}$$

gilt.

Zur Realisierung dieser Forderung führte Minkowski neben den drei kartesischen Koordinaten x, y, z als vierte Koordinate die rein imaginäre Größe

$$u = \mathrm{i}\, c_0 t \tag{10.5.2}$$

ein, so daß jetzt die symmetrisch gebaute Größe $u^2 + x^2 + y^2 + z^2$ bei einer Koordinatentransformation invariant bleiben muß, um diese als Lorentz-Transformation bezeichnen zu können. Würde man bei dieser Transformation eine der vier Koordinaten konstant halten, so könnte man sie, ebenso wie im Spezialfall $u = \text{const}$, als eine Drehung in dem von den übrigen drei Koordinaten aufgespannten Unterraum auffassen, sofern der Fall einer Spiegelung durch die Forderung ausgeschlossen wird, daß durch stetige Veränderung der Transformationsparameter ein Übergang zu einer infinitesimal kleinen Transformation bzw. zur Identität möglich sein soll. Daher wird man auch im allgemeinen Fall, daß alle vier Koordinaten transformiert werden, von einer Drehung im vierdimensionalen Raum-Zeit-Kontinuum sprechen.

So elegant und einfach diese Minkowskische Interpretation der allgemeinen Lorentz-Transformation auch ist, so stört doch in der praktischen Durchführung oft die Tatsache, daß dann die vierte Komponente des Ortsvektors und der anderen dann zu verwendenden Vektoren sowie einige der Tensorkomponenten rein imaginär sind. Dies kann sich u. U. irreführend auswirken, wenn man, wie beispielsweise im Abschnitt 6.4 aus mathematischen Gründen oder bei der im II. Band gebrachten Quantenmechanik aus physikalischen Gründen, mit komplexen Feldgrößen zu rechnen hat. Denn dann muß man beim Übergang zu den konjugierten Feldgrößen die dabei eingeführte imaginäre Einheit i durch $-$ i ersetzen, nicht aber das in der Definition (10.5.2) enthaltene i und ebensowenig das i in den zeitlichen Komponenten der Vierervektoren und in den gemischten Raum-Zeit-Komponenten der Vierertensoren.

Daher erscheint angezeigt, bereits bei Darlegung des Formalismus der speziellen Relativitätstheorie mit durchweg reellen Raum- und Zeitkoordinaten, sowie mit reellen Komponenten der Vierervektoren und Vierertensoren zu rechnen, wie es in der allgemeinen Relativitätstheorie ausnahmslos geschieht. Als Vorbereitung hierzu haben wir im Abschnitt 7.2 einen Formalismus kennengelernt, mit dem wir im Dreidimensionalen beispielsweise die Maxwell-Gleichungen bei Verwendung beliebiger, auch krummliniger Koordinaten relativ leicht angeben konnten. Dem Leser sei hier empfohlen, sich den Inhalt des Abschnitts 7.2 nochmals in das Gedächtnis zurückzurufen.

Darüber hinausgehend hatten wir am Schluß dieses Abschnitts gesehen, daß es möglich ist, auch zu einer entsprechenden Darstellung der Maxwell-Gleichungen in einem vierdimensionalen Raum-Zeit-Kontinuum überzugehen. Dabei ergab sich überraschenderweise, daß sich der ganze Satz von zwei Rotations- und zwei Divergenzgleichungen im Dreidimensionalen, also in Komponentenschreibweise von insgesamt acht Gleichungen, beim Übergang zur vierdimensionalen Betrachtungsweise in zwei Vierergleichungen mit je vier Komponenten-Beziehungen zusammenfassen läßt. Dies soll mit seinen physikalischen Konsequenzen im 11. Kapitel ausführlich besprochen werden.

Wir wollen also im folgenden den sogenannten kovarianten Formalismus der Vektor- und Tensorrechnung verwenden, den wir ohne weiteres vom dreidimensionalen räumlichen Kontinuum auf das vierdimensionale Raum-Zeit-Kontinuum übertragen können. Wir werden also im folgenden mit den kovarianten Koordinaten x_ν und den zugehörigen kontravarianten Koordinaten x^ν rechnen, ebenso mit den ko- und kontravarianten Vektorkomponenten A_ν und A^ν, bzw. mit den Tensorkomponenten $T_{\nu\mu}$, $T^{\nu\mu}$, $T_\nu{}^\mu$ und $T^\nu{}_\mu$. Dabei schreiben wir die Indizes bei den Komponenten der Vierervektoren und -tensoren, entsprechend dem allgemein üblichen Brauch, stets mit griechischen Symbolen, die jeweils von 1 bis 4 laufen sollen, während die Indizes bei den Komponenten der Vektoren im gewöhnlichen dreidimensionalen Raum auch weiterhin mit lateinischen Symbolen geschrieben werden sollen und von 1 bis 3 laufen.

Der Übergang von den kovarianten Komponenten zu den kontravarianten und umgekehrt, also das „Herauf- und Herunterziehen“ von Indizes, erfolgt beispielsweise bei einem Vierervektor, entsprechend (7.2.5), durch die Relationen

$$A^\nu = \sum g^{\nu\mu} A_\mu \qquad \text{bzw.} \qquad A_\mu = \sum g_{\mu\nu} A^\nu \,. \tag{10.5.3}$$

Dabei bedeuten $g^{\nu\mu}$ und $g_{\nu\mu}$ Komponenten des metrischen Fundamentaltensors, definiert durch das Linienelement gemäß

$$\mathrm{d}s^2 = \sum\sum g_{\nu\mu}\,\mathrm{d}x^\nu\,\mathrm{d}x^\mu = \sum\sum g^{\nu\mu}\,\mathrm{d}x_\nu\,\mathrm{d}x_\mu = \sum \mathrm{d}x_\nu\,\mathrm{d}x^\nu \,, \tag{10.5.4}$$

und $\mathrm{d}s^2$ gibt das Quadrat des Abstandes zweier benachbarter Weltpunkte im Raum-Zeit-Kontinuum. Entsprechend können wir auch das Quadrat eines Vierervektors in einer der drei Formen

$$\sum\sum g_{\nu\mu} A^\nu A^\mu = \sum\sum g^{\nu\mu} A_\nu A_\mu = \sum A_\nu A^\nu \tag{10.5.5}$$

anschreiben. Speziell für die $g_{\nu\mu}$ bzw. $g^{\nu\mu}$ gelten die Beziehungen

$$\sum g_{\nu\mu}\, g^{\mu\lambda} = g_\nu{}^\lambda \equiv \delta_\nu^\lambda \,, \tag{10.5.6}$$

wobei δ_ν^λ gleich 1 oder gleich 0 ist, je nachdem $\nu = \lambda$ oder $\nu \neq \lambda$ wird.

Nun wollen wir die bisher allgemein gelassenen Viererkoordinaten eines Weltpunktes so spezialisieren, daß das Linienelement nach (10.5.4) gegeben wird durch

$$\mathrm{d}s^2 = c_0^2\,\mathrm{d}t^2 - (\mathrm{d}x^2 + \mathrm{d}y^2 + \mathrm{d}z^2) \,. \tag{10.5.7}$$

Wir führen also für das Folgende die Koordinaten

$$(x^\nu) = (x, y, z, c_0 t) \qquad \text{bzw.} \qquad (x_\nu) = (-x, -y, -z, c_0 t) \tag{10.5.8}$$

ein und erhalten damit für die Komponenten des metrischen Fundamentaltensors aus (10.5.4) die Matrixdarstellung

$$(g_{\nu\mu}) = \begin{pmatrix} -1 & 0 & 0 & 0 \\ 0 & -1 & 0 & 0 \\ 0 & 0 & -1 & 0 \\ 0 & 0 & 0 & 1 \end{pmatrix} = (g^{\nu\mu}) \,. \tag{10.5.9}$$

Dabei ist der Vorzeichenwechsel in den drei räumlichen Komponenten des Ortsvektors beim Übergang von den x^ν zu den x_ν nach (10.5.8) durch die spezielle Matrix (10.5.9) entsprechend (10.5.3) bedingt.

Ersichtlich ist diese Metrik indefinit, da das Quadrat des Linienelements wie auch das Betragsquadrat nach (10.5.5) positiv oder negativ sein können. Für $\sum A_\nu A^\nu > 0$ wird der durch (A^ν) gegebene Vektor zeitartig, für $\sum A_\nu A^\nu < 0$ raumartig genannt. Diese Bezeichungen ergeben sich aus dem Vergleich mit dem Abstandsquadrat ds^2 zweier benachbarter Weltpunkte in unserem Raum-Zeit-Kontinuum. Ist $ds^2 > 0$, so ist es durchaus möglich, eine Weltlinie so durch diese beiden Punkte hindurchzulegen, daß sie die räumlichen Lagen eines und desselben materiellen Punktes in zwei aufeinander folgenden Zeitpunkten beschreibt; in diesem Fall gibt $ds/c_0 = d\tau$ das Zeitintervall, das von einer mit dem materiellen Punkt mitbewegten Uhr registriert wird, also das Eigenzeit-Intervall. Ist umgekehrt $ds^2 < 0$, so kann ein Maßstab zur Messung des räumlichen Abstandes der beiden Punkte so bewegt werden, daß diese Messung für einen mitbewegten Beobachter an beiden Stellen gleichzeitig erfolgen kann und damit die Eigenlänge ergibt.

In Abb. 10.5 zeigen die schraffierten Gebiete die Punkte an, die zum Ursprung zeitartig liegen, die unschraffierten Gebiete diejenigen, die zum Ursprung raumartig liegen. Es gibt immer solche Transformationen, daß durch zwei zeitartig zueinander liegende Punkte die $x^{4'}$-Achse bzw. durch zwei raumartig zueinander liegenden Punkte die $x^{1'}$-Achse hindurchgeht.

Hier noch eine ergänzende Bemerkung: Von den zu Beginn des Abschnitts 7.2 eingeführten Basisvektoren $\boldsymbol{h}^\nu$ und $\boldsymbol{h}_\nu$ bzw. von ihren vierdimensionalen Gegenstücken, braucht hier nicht gesprochen zu werden, da für das Folgende die Einführung des metrischen Fundamentaltensors durch (10.5.4) völlig genügt. Immerhin sei hier erwähnt, daß die Basisvektoren für $\nu = 1, 2, 3$ raumartig, für $\nu = 4$ zeitartig sind, und daß erstere wegen ihres negativen Betragquadrats rein imaginär werden.

Natürlich hätten wir auch statt mit (10.5.7) mit

$$ds^2 = dx^2 + dy^2 + dz^2 - c_0^2\, dt^2 \tag{10.5.10}$$

beginnen können und hätten dann sowohl beim Fundamentaltensor $g_{\nu\mu}$ wie auch bei den x_ν-Komponenten durchweg die Vorzeichen ändern müssen. Dann wären die raumartigen Basisvektoren reell und der zeitartige imaginär geworden, ähnlich der Minkowskischen Betrachtungsweise mit der rein imaginären Zeitkoordinate nach (10.5.2). Doch hätten wir auch hier reell mit ko- und kontravarianten Komponenten weiterrechnen können. Da es aber für die physikalischen Anwendungen belanglos ist, ob wir von (10.5.7) oder von (10.5.10) ausgehen, wollen wir uns mit der Wahl von (10.5.9) dem allgemeinen Gebrauch anschließen. Nur bezeichnen wir die vierte Komponente stets mit dem Index 4 und nicht, wie es oft geschieht, mit dem Index 0.

Zum Schluß dieser Betrachtungen wollen wir, gleichsam als Anwendungsbeispiel, zeigen, wie wir die gewöhnlichen Vektoren der Geschwindigkeit $\boldsymbol{v}$ und der Beschleunigung $\boldsymbol{b}$ im dreidimensionalen Raum sinngemäß erweitern können zu Vierervektoren im Raum-Zeit-Kontinuum. Dazu betrachten wir die Weltlinie eines materiellen Punktes, die wir durch Angabe seiner vier kontravarianten Koordinaten $x^\nu(\tau)$ als Funktionen der Eigenzeit τ des Punktes beschreiben können. Dabei ist diese Eigenzeit sicherlich eine skalare, also Lorentz-invariante Größe, definiert nach (10.4.1) durch die Differentialbeziehung

$$d\tau^2 = dt^2\left(1 - \frac{v^2}{c_0^2}\right) = \frac{c_0^2\, dt^2 - dx^2 - dy^2 - dz^2}{c_0^2} = \frac{1}{c_0^2}\sum\sum g_{\nu\mu}\, dx^\nu\, dx^\mu, \tag{10.5.11}$$

letzteres wegen (10.5.8) und (10.5.9). Wir definieren nun als Vierergeschwindigkeit den Vierervektor mit den kontravarianten Komponenten

$$u^\nu = \frac{\mathrm{d}x^\nu}{\mathrm{d}\tau}. \tag{10.5.12}$$

Ihr Zusammenhang mit der normalen Geschwindigkeit folgt aus der Kettenregel, z.B. $u^1 = \mathrm{d}x^1/\mathrm{d}\tau = v_x \,\mathrm{d}t/\mathrm{d}\tau$. Wegen (10.5.11) gilt also mit $\beta = v/c_0$

$$u^1 = \frac{v_x}{\sqrt{1-\beta^2}}, \quad u^2 = \frac{v_y}{\sqrt{1-\beta^2}}, \quad u^3 = \frac{v_z}{\sqrt{1-\beta^2}}, \quad u^4 = \frac{c_0}{\sqrt{1-\beta^2}}. \tag{10.5.13}$$

Daraus oder auch unmittelbar aus (10.5.11) erhalten wir die wichtige Beziehung

$$\sum\sum g_{\nu\mu}\, u^\nu\, u^\mu = \sum u_\nu\, u^\nu = c_0^2\,; \tag{10.5.14}$$

der Betrag der Vierergeschwindigkeit ist also konstant und stets gleich der Lichtgeschwindigkeit. Die durch die u^ν gegebene Vierergeschwindigkeit ist stets ein zeitartiger Vektor.

Entsprechend (10.5.12) ist die Viererbeschleunigung definiert durch

$$b^\nu = \frac{\mathrm{d}u^\nu}{\mathrm{d}\tau} = \frac{\mathrm{d}^2x^\nu}{\mathrm{d}\tau^2} \tag{10.5.15}$$

und damit ebenfalls ein Vierervektor. Hieraus folgt z.B.

$$\left.\begin{aligned} b^1 &= \frac{\mathrm{d}}{\mathrm{d}t}\left(\frac{v_x}{\sqrt{1-\beta^2}}\right)\frac{\mathrm{d}t}{\mathrm{d}\tau} = \frac{b_x}{1-\beta^2} + \frac{v_x\,(\boldsymbol{v}\,\boldsymbol{b})}{c_0^2\,(1-\beta^2)^2}, \\ b^4 &= \frac{\mathrm{d}}{\mathrm{d}t}\left(\frac{c_0}{\sqrt{1-\beta^2}}\right)\frac{\mathrm{d}t}{\mathrm{d}\tau} = \frac{\boldsymbol{v}\,\boldsymbol{b}}{c_0\,(1-\beta^2)^2}. \end{aligned}\right\} \tag{10.5.16}$$

Daraus erhalten wir für das Betragsquadrat der Viererbeschleunigung den Wert

$$\sum\sum g_{\nu\mu}\, b^\nu\, b^\mu = (b^4)^2 - [(b^1)^2 + (b^2)^2 + (b^3)^2] = -\frac{b^2 - (\boldsymbol{v}\times\boldsymbol{b})^2/c_0^2}{(1-\beta^2)^3}. \tag{10.5.17}$$

Im Ruhesystem des Massenpunktes ist demnach $b^4 = 0$; die Viererbeschleunigung erweist sich also als raumartiger Vektor. Aus der Beziehung (10.5.14) folgt übrigens durch Differentiation nach τ die Beziehung

$$\sum\sum g_{\nu\mu}\, u^\nu\, b^\mu = 0\,; \tag{10.5.18}$$

Vierergeschwindigkeit und Viererbeschleunigung sind also stets orthogonal zueinander.

10.6. Die allgemeine Lorentz-Transformation im vierdimensionalen Raum

Nach den Ausführungen über die Verwendung der Viererschreibweise können wir nunmehr allgemein die Lorentz-Transformationen definieren als diejenigen linearen, homogenen Transformationen im vierdimensionalen Raum-Zeit-Kontinuum, die beim Übergang von einem (ungestrichenen) Koordinatensystem zu einem dagegen bewegten (gestrichenen) System den Betrag des Linienelements nach (10.5.4) oder, allgemeiner gesagt, den Betrag eines Vierervektors nach (10.5.5) ungeändert lassen.

Wir setzen eine solche Transformation für die Komponenten eines Vierervektors in der Form

$$A^{\nu\prime} = \sum_\mu L^\nu{}_\mu A^\mu \qquad \text{bzw.} \qquad A_\nu{}' = \sum_\mu L_\nu{}^\mu A_\mu \tag{10.6.1}$$

an, mit den gemischten ko- und kontravarianten Komponenten des Transformationstensors **L**. Damit dann

$$\sum_\nu A_\nu{}' A^{\nu\prime} = \sum_\nu \sum_\mu \sum_\lambda (L_\nu{}^\mu A_\mu)(L^\nu{}_\lambda A^\lambda) = \sum_\mu \sum_\lambda \Big(\sum_\nu L_\nu{}^\mu L^\nu{}_\lambda\Big) A_\mu A^\lambda$$

für jeden beliebigen Vektor A gleich $\sum A_\mu A^\mu$ wird, müssen zwischen den Komponenten des Transformationstensors die Relationen

$$\sum_\nu L_\nu{}^\mu L^\nu{}_\lambda = \delta^\mu_\lambda \tag{10.6.2}$$

bestehen. Multiplizieren wir jetzt die ersten Gleichungen in (10.6.1) mit $L_\nu{}^\lambda$ und summieren über alle ν, so erhalten wir wegen (10.6.2) die Auflösungen dieser Gleichungen nach den A^μ und damit auch nach den A_μ in der Form

$$A^\lambda = \sum_\nu A^{\nu\prime} L_\nu{}^\lambda \qquad \text{bzw.} \qquad A_\lambda = \sum_\nu A_\nu{}' L^\nu{}_\lambda\,. \tag{10.6.3}$$

Und daraus gewinnen wir in gleicher Weise als Gegenstück zu (10.6.2) die Beziehungen

$$\sum_\lambda L^\nu{}_\lambda L_\mu{}^\lambda = \delta^\nu_\mu\,. \tag{10.6.4}$$

Somit sind die Relationen (10.6.2) und (10.6.4) zusammengenommen die Bedingungsgleichungen dafür, daß der Transformationstensor **L** wirklich eine Lorentz-Transformation darstellt. Sie stimmen formal mit denen überein, die im Dreidimensionalen an eine orthogonale Transformation zu stellen sind. Sie gehen in diese über, wenn $L_{44} = L^{44} = 1$ ist und wenn alle Komponenten von **L** mit nur einem Index 4 verschwinden. Daher können die räumlichen Drehungen bei ungeänderter Zeitkoordinate verallgemeinernd ebenfalls als Lorentz-Transformationen bezeichnet werden. Ebenso ist natürlich die identische Transformation mit dem Einheitstensor **E** eine Lorentz-Transformation.

Die obigen Betrachtungen können wir in abgekürzter Vektor- und Tensorsymbolik auch so darstellen[1]): Ist A ein zu transformierender Vierervektor, so soll

$$A' = \mathbf{L}\,A = A\,\tilde{\mathbf{L}} \tag{10.6.5}$$

---

[1]) Hierbei schreiben wir für die Komponenten eines Vektors $(A)_\nu = A_\nu$ und $(A)^\nu = A^\nu$, und entsprechend für die Komponenten eines Tensors $(\mathbf{L})_{\nu\mu} = L_{\nu\mu}$ usf. Für das Produkt eines Vektors mit einem Tensor **L** gilt in Komponentenschreibweise

$$(A\,\mathbf{L})_\nu = \sum A^\mu L_{\mu\nu} = \sum A_\mu L^\mu{}_\nu, \qquad (\mathbf{L}\,A)_\nu = \sum L_{\nu\mu} A^\mu = \sum L_\nu{}^\mu A_\mu,$$

und für das Produkt zweier Tensoren **K** und **L** beispielsweise

$$(\mathbf{K}\,\mathbf{L})_{\nu\mu} = \sum K_{\nu\lambda} L^\lambda{}_\mu = \sum K_\nu{}^\lambda L_{\lambda\mu}.$$

Dabei ist stets über die paarweise vorkommenden Indizes zu summieren, wobei stets der eine der beiden Indizes „oben", der andere „unten" stehen muß.

gelten, wobei $\tilde{\mathbf{L}}$ der zu $\mathbf{L}$ gehörige transponierte Tensor mit den Komponenten $\tilde{L}_{\mu\nu} = L_{\nu\mu}$ bedeutet. Dann kann das Betragsquadrat von A' geschrieben werden als

$$A' A' = A \tilde{\mathbf{L}} \mathbf{L} A \qquad \text{oder auch als} \qquad A' A' = \mathbf{L} A A \tilde{\mathbf{L}}.$$

Damit es in beiden Fällen gleich der skalaren Größe $A A$ wird, muß

$$\tilde{\mathbf{L}} \mathbf{L} = \mathbf{L} \tilde{\mathbf{L}} = \mathbf{E}, \tag{10.6.6}$$

also gleich dem Einheitstensor sein. Diese Beziehungen stimmen aber, in Komponenten ausgeschrieben, genau mit den Relationen (10.6.2) und (10.6.4) überein. Führen wir übrigens zur Umkehrung der Beziehungen (10.6.5), also für

$$A = \mathbf{L}^{-1} A' = A' \tilde{\mathbf{L}}^{-1}, \tag{10.6.7}$$

den reziproken Transformationstensor $\mathbf{L}^{-1}$ ein, so können wir (10.6.6) auch als

$$\mathbf{L}^{-1} = \tilde{\mathbf{L}} \qquad \text{und} \qquad \tilde{\mathbf{L}}^{-1} = \mathbf{L} \tag{10.6.8}$$

anschreiben.

Ferner sehen wir in dieser abgekürzten Schreibweise, daß zwei hintereinander ausgeführte Lorentz-Transformationen $\mathbf{L}^{(1)}$ und $\mathbf{L}^{(2)}$ wieder eine solche ergeben. Denn mit

$$\mathbf{L} = \mathbf{L}^{(2)} \mathbf{L}^{(1)} \qquad \text{und} \qquad \tilde{\mathbf{L}} = \widetilde{\mathbf{L}^{(2)} \mathbf{L}^{(1)}} = \tilde{\mathbf{L}}^{(1)} \tilde{\mathbf{L}}^{(2)} \tag{10.6.9}$$

folgt aus $\mathbf{L}^{(1)} \tilde{\mathbf{L}}^{(1)} = \mathbf{E}$ und $\mathbf{L}^{(2)} \tilde{\mathbf{L}}^{(2)} = \mathbf{E}$ sofort auch $\mathbf{L} \tilde{\mathbf{L}} = \mathbf{E}$. Da somit für Lorentz-Transformationen $\mathbf{L}^{(1)}, \mathbf{L}^{(2)}, \ldots$ gilt, daß

1. $\mathbf{L}^{(1)} \mathbf{L}^{(2)}$ wieder eine Lorentz-Transformation ist,
2. es die identische Transformation $\mathbf{E}$ mit $\mathbf{E} \mathbf{L} = \mathbf{L}$ und
3. die inverse Transformation $\mathbf{L}^{-1}$ mit $\mathbf{L}^{-1} \mathbf{L} = \mathbf{E}$ gibt,

bilden diese Transformationen eine Gruppe, die allgemeine Lorentz-Gruppe.

Wir betrachten jetzt speziell die durch (10.3.5) gegebene Lorentz-Transformation von einem ungestrichenen System zu einem gestrichenen System, das sich dagegen mit der Geschwindigkeit $v = \beta c_0$ in die positive x-Richtung bewegt. Die Formeln für diese Transformation lauten, geschrieben mit den kontravarianten Komponenten (10.5.8) des Ortsvektors im vierdimensionalen Raum,

$$(x^{\nu'}) \equiv (x^{1'}, x^{2'}, x^{3'}, x^{4'}) = \left(\frac{x^1 - \beta x^4}{\sqrt{1-\beta^2}}, x^2, x^3, \frac{x^4 - \beta x^1}{\sqrt{1-\beta^2}} \right), \tag{10.6.10}$$

woraus sich die entsprechenden Formeln für die kovarianten Komponenten nach den Beziehungen $x_\nu = \sum g_{\nu\mu} x^\mu$ mit dem metrischen Fundamentaltensor (10.5.9) durch Vorzeichenänderung in den ersten drei Komponenten ergeben. Analog gilt natürlich für jeden Vierervektor

$$(A^{\nu'}) \equiv (A^{1'}, A^{2'}, A^{3'}, A^{4'}) = \left(\frac{A^1 - \beta A^4}{\sqrt{1-\beta^2}}, A^2, A^3, \frac{A^4 - \beta A^1}{\sqrt{1-\beta^2}} \right). \tag{10.6.11}$$

Nun ergibt sich daraus, wie ein Vergleich mit (10.6.1) zeigt, für die gemischten Komponenten $L^{\nu}{}_{\mu}$ dieses speziellen Transformationstensors L_s die Matrix

$$(L^{\nu}{}_{\mu}) = \begin{pmatrix} \frac{1}{\sqrt{1-\beta^2}} & 0 & 0 & \frac{-\beta}{\sqrt{1-\beta^2}} \\ 0 & 1 & 0 & 0 \\ 0 & 0 & 1 & 0 \\ \frac{-\beta}{\sqrt{1-\beta^2}} & 0 & 0 & \frac{1}{\sqrt{1-\beta^2}} \end{pmatrix}, \tag{10.6.12}$$

woraus wir die übrigen Komponenten durch Formeln von der Art von $L^{\nu\mu} = \sum L^{\nu}{}_{\lambda}\, g^{\lambda\mu}$ gewinnen können, also z.B. $L^{\nu\mu}$ durch Vorzeichenänderung in den ersten drei Spalten und $L_{\nu\mu}$ durch Vorzeichenänderung in den ersten drei Zeilen der Matrix (10.6.12). Daher gilt auch, wie leicht nachgerechnet werden kann, $L_{\nu}{}^{\mu}(\beta) = L^{\mu}{}_{\nu}(-\beta)$.

Für die Transformation der Komponenten $T^{\nu\mu}$ bzw. $T_{\nu\mu}$ eines Tensors zweiter Stufe gelten, analog zu (10.6.1), die Formeln

$$T^{\nu\mu\prime} = \sum_{\varkappa} \sum_{\lambda} L^{\nu}{}_{\varkappa}\, L^{\mu}{}_{\lambda}\, T^{\varkappa\lambda} \quad \text{bzw.} \quad T'_{\nu\mu} = \sum_{\varkappa} \sum_{\lambda} L_{\nu}{}^{\varkappa}\, L_{\mu}{}^{\lambda}\, T_{\varkappa\lambda}\,. \tag{10.6.13}$$

Sie lassen sich leicht auf den Fall der durch (10.6.12) gegebenen Lorentz-Transformation spezialisieren. Doch wollen wir sie hier nur für einen schiefsymmetrischen Tensor (mit $T_{\nu\mu} = -T_{\mu\nu}$) angeben:

$$(T^{\nu\mu\prime}) = \begin{pmatrix} 0 & \frac{T^{12}+\beta T^{24}}{\sqrt{1-\beta^2}} & \frac{T^{13}+\beta T^{34}}{\sqrt{1-\beta^2}} & T^{14} \\ -\frac{T^{12}+\beta T^{24}}{\sqrt{1-\beta^2}} & 0 & T^{23} & \frac{T^{24}+\beta T^{12}}{\sqrt{1-\beta^2}} \\ -\frac{T^{13}+\beta T^{34}}{\sqrt{1-\beta^2}} & -T^{23} & 0 & \frac{T^{34}+\beta T^{13}}{\sqrt{1-\beta^2}} \\ -T^{14} & -\frac{T^{24}+\beta T^{12}}{\sqrt{1-\beta^2}} & -\frac{T^{34}+\beta T^{13}}{\sqrt{1-\beta^2}} & 0 \end{pmatrix}. \tag{10.6.14}$$

Wir werden diese Formeln später bei der Transformation der Maxwellschen Feldgrößen benötigen.

Schließlich noch eine Bemerkung zur allgemeinen Lorentz-Transformation: Wir behaupten, daß wir jede beliebige Lorentz-Transformation L dadurch erzeugen können, daß wir nacheinander erst eine räumliche Drehung D_1, dann die spezielle Lorentz-Transformation L_s nach (10.6.12) und dann wieder eine räumliche Drehung D_2 ausführen:

$$\mathsf{L} = \mathsf{D}_2\, \mathsf{L}_s\, \mathsf{D}_1\,. \tag{10.6.15}$$

Wenn dies richtig ist, können wir uns bei den meisten physikalischen Problemen auf die spezielle Lorentz-Transformation L_s beschränken, wie wir es schon bisher in den Abschnitten 10.3 und 10.4 getan haben.

Wir beweisen (10.6.15) ohne Rechnung durch rein geometrische Überlegungen. Die durch L transformierten Koordinaten seien $x^{\nu\prime}$. Die $x^{4\prime}$-Achse, d.h. die Weltlinie $x^{1\prime} = x^{2\prime} = x^{3\prime} = 0$, gibt im ungestrichenen Koordinatensystem wegen (10.6.3) eine Gerade $x^{\lambda} = L_4{}^{\lambda}\, x^{4\prime}$, deren räumliche Projektion im ungestrichenen System (x^1, x^2, x^3 als Funktionen von $x^{4\prime}$) ebenfalls bekannt ist. Nun gibt es eine räumliche Drehung D_1, die die x^1-Achse in die Richtung dieser

Projektion, d. h. in die Richtung der Geschwindigkeit des gestrichenen Systems relativ zum ungestrichenen dreht. Das durch $\mathbf{D}_1$ entstehende System sei mit $x^{\nu''}$ bezeichnet. Die $x^{4'}$-Achse liegt jetzt also in der $x^{1''}$-$x^{4''}$-Koordinatenebene, und wir können, wie im Abschnitt 10.3 dargelegt, durch eine Transformation von $x^{1''}$ und $x^{4''}$ allein, d. h. durch ein $\mathbf{L}_s$ nach (10.6.12), zu solchen Koordinaten $x^{\nu'''}$ übergehen, daß die $x^{4'''}$-Achse mit der $x^{4'}$-Achse übereinstimmt. Das System $x^{\nu'''}$ kann sich also von dem System $x^{\nu'}$ nur noch um eine räumliche Drehung $\mathbf{D}_2$ unterscheiden.

Aufgaben zum 10. Kapitel

1. Wie lauten die Vektorgleichungen der Lorentz-Transformation für den Fall, daß sich das gestrichene Koordinatensystem nicht in die x-Richtung, sondern in die durch den Geschwindigkeitsvektor $\boldsymbol{v}$ gegebene Richtung bewegt?

2. Wenn man von einem ersten System S_1 vermittels einer speziellen Lorentz-Transformation mit $\boldsymbol{v}_1$ zu einem zweiten System S_2 übergeht und anschließend von diesem zweiten System vermittels einer analogen Transformation mit $\boldsymbol{v}_2$ zu einem dritten System S_3, so kann man im allgemeinen nicht direkt von S_1 nach S_3 durch eine spezielle Lorentz-Transformation, etwa mit $\boldsymbol{v}_3 = \boldsymbol{v}_1 + \boldsymbol{v}_2$ übergehen; vielmehr benötigt man für diesen direkten Übergang außer dieser Transformation noch eine zusätzliche Drehung („Thomas-Rotation") um eine Achse senkrecht zu $\boldsymbol{v}_1$ und $\boldsymbol{v}_2$. Man berechne diese zusätzliche Drehung für den Spezialfall, daß $\boldsymbol{v}_1 = -\boldsymbol{v}$ und $\boldsymbol{v}_2 = \boldsymbol{v} + \delta\boldsymbol{v}$ ist, mit $|\delta\boldsymbol{v}| \ll v$.

3. Man leite die im Abschnitt 10.4 c gefundenen Formeln für das Einsteinsche Theorem der Addition zweier Geschwindigkeiten aus den Transformationsformeln (10.6.11) ab, indem man für den vierkomponentigen Vektor (A^ν) den Geschwindigkeitsvektor $(u^\nu) = (u_x, u_y, u_z, c_0)/\sqrt{1-\gamma^2}$ mit $\gamma = u/c_0$ einsetzt. Wie sieht dieser Zusammenhang in gewöhnlicher Vektorschreibweise aus?

4. Während nach den Formeln für eine Galilei-Transformation in gewöhnlicher Vektorschreibweise $\boldsymbol{u}' = \boldsymbol{u} - \boldsymbol{v}$ und $\mathrm{d}\boldsymbol{u}'/\mathrm{d}t' = \mathrm{d}\boldsymbol{u}/\mathrm{d}t$, also $\boldsymbol{b}' = \boldsymbol{b}$ gilt, ist bei einer Lorentz-Transformation der Zusammenhang zwischen $\boldsymbol{u}'$ und $\boldsymbol{u}$, entsprechend dem Einsteinschen Additionstheorem (vgl. die vorstehende Aufgabe) wesentlich verwickelter. Wie sieht in diesem Fall der Zusammenhang zwischen den Beschleunigungen $\boldsymbol{b}'$ und $\boldsymbol{b}$ bzw. zwischen deren Komponenten aus?
Anleitung: Man gehe zunächst von den $\boldsymbol{b}'$-Komponenten vermittels (10.5.16) nach Ersatz des dortigen $\boldsymbol{v}$ und β durch $\boldsymbol{u}'$ und $\gamma' = u'/c_0$ zu den $b^{\nu'}$-Komponenten über, dann durch eine Lorentz-Transformation wie in (10.6.11) zu den b^ν-Komponenten mit $\beta = v/c_0$ und schließlich von diesen wieder durch die Formeln (10.5.16) mit $\boldsymbol{u}$ und $\gamma = u/c_0$ statt des dortigen $\boldsymbol{v}$ und β zu den Komponenten des Vektors $\boldsymbol{b}$.

11. Die relativistische Elektrodynamik

11.1. Die Feldgleichungen

In diesem Kapitel wollen wir uns mit der relativistischen Ausgestaltung der Elektrodynamik beschäftigen. Wie wir in den Abschnitten 10.5 und 10.6 gesehen haben, läßt sich nach Minkowski jede Lorentz-Transformation als eine orthogonale Transformation in einem vierdimensionalen Raum-Zeit-Kontinuum darstellen. Daher ist die von Einstein geforderte Invarianz der physikalischen Gesetze gegenüber Lorentz-Transformationen sofort gegeben, sobald es gelingt, diese Gesetze mit Vierervektoren bzw. Vierertensoren zu formulieren. Daß ein solches Umschreiben der elektrodynamischen Grundgleichungen tatsächlich möglich ist, haben wir bereits am Schluß des Abschnitts 7.2 gesehen. Damit ist aber auch schon gezeigt, daß diese Gleichungen Lorentz-invariant sind.

Dieses Umschreiben der Grundgleichungen bringt zwei Vorteile mit sich: Erstens erhalten sie rein formal gegenüber der dreidimensionalen Schreibweise eine sehr vereinfachte und vor allem durch ihre Symmetrie sehr bemerkenswerte Gestalt. Zweitens, und dies ist für uns von besonderer Wichtigkeit, ergeben sich dadurch einige Zusammenhänge zwischen verschiedenen Größen der Maxwellschen Theorie, die für ein tieferes Verständnis elektromagnetischer Vorgänge von besonderer Wichtigkeit sind.

Wir wollen jetzt wegen seiner Bedeutung dieses Umschreiben auf den kovarianten Formalismus noch einmal durchführen, und zwar mit den kartesischen Viererkoordinaten

$$(x^\nu) = (x, y, z, c_0 t), \qquad (x_\nu) = (-x, -y, -z, c_0 t) \tag{11.1.1}$$

und mit dem einfachen metrischen Fundamentaltensor

$$(g_{\nu\mu}) = (g^{\nu\mu}) = \begin{pmatrix} -1 & 0 & 0 & 0 \\ 0 & -1 & 0 & 0 \\ 0 & 0 & -1 & 0 \\ 0 & 0 & 0 & 1 \end{pmatrix}. \tag{11.1.2}$$

Daher bedeutet das Hinauf- oder Herunterziehen eines Index jeweils nur einen Vorzeichenwechsel bei den Komponenten mit $\nu = 1, 2, 3$, während die mit $\nu = 4$ ungeändert bleiben.

In diesem Sinn auf den Viererformalismus umgeschrieben werden sollen zunächst die Maxwell-Gleichungen (7.1.4), also

$$\left.\begin{aligned} \operatorname{rot} \boldsymbol{H} &= \frac{\partial \boldsymbol{D}}{\partial t} + \boldsymbol{g}, \qquad & \operatorname{div} \boldsymbol{D} &= \varrho, \\ \operatorname{rot} \boldsymbol{E} &= -\frac{\partial \boldsymbol{B}}{\partial t}, \qquad & \operatorname{div} \boldsymbol{B} &= 0, \end{aligned}\right\} \tag{11.1.3}$$

damit zusammenhängend die Kontinuitätsgleichung (7.1.5) für die elektrische Ladung, also

$$\frac{\partial \varrho}{\partial t} + \operatorname{div} \boldsymbol{g} = 0, \tag{11.1.4}$$

ferner die Definitionsgleichungen (7.1.8) für die elektromagnetischen Potentiale,

$$\boldsymbol{B} = \operatorname{rot} \boldsymbol{A} \quad \text{und} \quad \boldsymbol{E} = -\frac{\partial \boldsymbol{A}}{\partial t} - \operatorname{grad} \varphi, \tag{11.1.5}$$

und schließlich die Lorentz-Konvention (7.1.11), nämlich

$$\operatorname{div} \boldsymbol{A} + \frac{1}{c_0^2} \frac{\partial \varphi}{\partial t} = 0 \tag{11.1.6}$$

für diese Potentiale.

Hier legt zunächst die Kontinuitätsgleichung (11.1.4) nahe, sie sozusagen als vierdimensionale Divergenz einer durch

$$(s^\nu) = (g_x, g_y, g_z, c_0\varrho)\,, \qquad (s_\nu) = (-g_x, -g_y, -g_z, c_0\varrho) \tag{11.1.7}$$

gegebenen Viererstromdichte in der Form

$$\sum \frac{\partial s^\nu}{\partial x^\nu} = 0 \tag{11.1.8}$$

zu schreiben, deren Übereinstimmung mit (11.1.4) unmittelbar evident ist.

Analog legt die Lorentz-Konvention (11.1.6) nahe, sie durch Einführung eines Viererpotentials

$$(\Phi^\nu) = (A_x, A_y, A_z, \varphi/c_0)\,, \qquad (\Phi_\nu) = (-A_x, -A_y, -A_z, \varphi/c_0) \tag{11.1.9}$$

als Divergenz dieses Viererpotentials in der Form

$$\sum \frac{\partial \Phi^\nu}{\partial x^\nu} = 0 \tag{11.1.10}$$

anzuschreiben. Hierdurch erweist sich übrigens die Einführung der Lorentz-Konvention bei der Festlegung der elektromagnetischen Potentiale als natürliche Ergänzung im Sinn unseres relativistischen Formalismus, während sich die Coulomb-Konvention (7.1.10) nicht relativistisch invariant schreiben läßt.

Mit der Definition (11.1.9) der Viererpotentiale können wir nun leicht die Beziehungen (11.1.5) in unseren Viererformalismus umschreiben. So gilt wegen (11.1.1) beispielsweise für die x-Komponenten von $\boldsymbol{B}$ und $\boldsymbol{E}$

$$B_x = \frac{\partial A_z}{\partial y} - \frac{\partial A_y}{\partial z} = \frac{\partial \Phi_2}{\partial x^3} - \frac{\partial \Phi_3}{\partial x^2}\,, \quad E_x = -\frac{\partial A_x}{\partial t} - \frac{\partial \varphi}{\partial x} = c_0 \left(\frac{\partial \Phi_1}{\partial x^4} - \frac{\partial \Phi_4}{\partial x^1}\right).$$

Daraus erkennen wir, daß sich $\boldsymbol{B}$ und $\boldsymbol{E}$ zusammenfassen lassen zu einem schiefsymmetrischen Vierertensor zweiter Stufe mit den kovarianten Komponenten

$$F_{\nu\mu} = \frac{\partial \Phi_\nu}{\partial x^\mu} - \frac{\partial \Phi_\mu}{\partial x^\nu}. \tag{11.1.11}$$

Ihren Zusammenhang mit den Komponenten der Feldvektoren $\boldsymbol{B}$ und $\boldsymbol{E}$ können wir daher in Matrixform darstellen als

$$\begin{aligned}
(F_{\nu\mu}) &= \begin{pmatrix} 0 & B_z & -B_y & E_x/c_0 \\ -B_z & 0 & B_x & E_y/c_0 \\ B_y & -B_x & 0 & E_z/c_0 \\ -E_x/c_0 & -E_y/c_0 & -E_z/c_0 & 0 \end{pmatrix}, \\
(F^{\nu\mu}) &= \begin{pmatrix} 0 & B_z & -B_y & -E_x/c_0 \\ -B_z & 0 & B_x & -E_y/c_0 \\ B_y & -B_x & 0 & -E_z/c_0 \\ E_x/c_0 & E_y/c_0 & E_z/c_0 & 0 \end{pmatrix}.
\end{aligned} \tag{11.1.12}$$

Aus (11.1.11) folgen nun unmittelbar die Beziehungen

$$\frac{\partial F_{\nu\mu}}{\partial x^\lambda} + \frac{\partial F_{\mu\lambda}}{\partial x^\nu} + \frac{\partial F_{\lambda\nu}}{\partial x^\mu} = 0\,, \tag{11.1.13}$$

in denen zwar ν, μ und λ von vornherein alle Werte zwischen 1 und 4 annehmen können, deren linke Seiten aber wegen der schiefen Symmetrie von $F_{\nu\mu}$ nur dann nicht identisch verschwinden, wenn ν, μ und λ voneinander verschieden sind. Wir erhalten so aus (11.1.13) vier Gleichungen, von denen die drei mit den (ν, μ, λ)-Tripeln (2, 3, 4), (3, 1, 4) und (1, 2, 4) wegen (11.1.12) zum Induktionsgesetz $\operatorname{rot} \boldsymbol{E} = -\,\partial \boldsymbol{B}/\partial t$ führen, das Tripel (1, 2, 3) die Beziehung $\operatorname{div} \boldsymbol{B} = 0$ ergibt.

Um nun auch die ersten beiden Gleichungen (11.1.3) umzuschreiben, führen wir in Analogie zu (11.1.12) einen zweiten schiefsymmetrischen Tensor mit den Komponenten

$$\begin{aligned}
(H_{\nu\mu}) &= \begin{pmatrix} 0 & H_z & -H_y & c_0 D_x \\ -H_z & 0 & H_x & c_0 D_y \\ H_y & -H_x & 0 & c_0 D_z \\ -c_0 D_x & -c_0 D_y & -c_0 D_z & 0 \end{pmatrix}, \\
(H^{\nu\mu}) &= \begin{pmatrix} 0 & H_z & -H_y & -c_0 D_x \\ -H_z & 0 & H_x & -c_0 D_y \\ H_y & -H_x & 0 & -c_0 D_z \\ c_0 D_x & c_0 D_y & c_0 D_z & 0 \end{pmatrix},
\end{aligned} \tag{11.1.14}$$

ein. Wir können uns dann leicht überzeugen, daß diese beiden Gleichungen mit den Beziehungen

$$\sum \frac{\partial H^{\nu\mu}}{\partial x^\mu} = s^\nu \tag{11.1.15}$$

übereinstimmen. In Viererschreibweise vereinfacht sich also der Satz der acht Maxwellgleichungen nach (11.1.3) zu den beiden symmetrisch gebauten Vierer-Gleichungen (11.1.13) und (11.1.15).

Sie vereinfachen sich noch weiter für den Fall des Vakuums. Hier gilt

$$F_{\nu\mu} = \mu_0 H_{\nu\mu}\,, \qquad F^{\nu\mu} = \mu_0 H^{\nu\mu}, \tag{11.1.16}$$

was für die rein räumlichen Tensorkomponenten zu $\boldsymbol{B} = \mu_0 \boldsymbol{H}$, für die gemischten raumzeitlichen Komponenten zu $\boldsymbol{E}/c_0 = \mu_0 c_0 \boldsymbol{D}$, also wegen $\varepsilon_0 \mu_0 c_0^2 = 1$ zu $\boldsymbol{D} = \varepsilon_0 \boldsymbol{E}$ führt. In diesem Fall können wir auch leicht aus (11.1.15) die Differentialgleichungen für die Potentialkomponenten Φ^ν gewinnen. Denn wegen (11.1.11) und (11.1.16) erhalten wir

$$\begin{aligned}
\mu_0 s^\nu &= \sum_\mu \sum_\varkappa \sum_\lambda \frac{\partial}{\partial x^\mu} (g^{\nu\varkappa} g^{\mu\lambda} F_{\varkappa\lambda}) = \sum_\mu \sum_\varkappa \sum_\lambda g^{\nu\varkappa} g^{\mu\lambda} \frac{\partial}{\partial x^\mu} \left(\frac{\partial \Phi_\varkappa}{\partial x^\lambda} - \frac{\partial \Phi_\lambda}{\partial x^\varkappa} \right) = \\
&= \sum_\mu \sum_\lambda g^{\mu\lambda} \frac{\partial^2 \Phi^\nu}{\partial x^\mu \partial x^\lambda} - \sum_\varkappa g^{\nu\varkappa} \frac{\partial}{\partial x^\varkappa} \left(\sum_\mu \frac{\partial \Phi^\mu}{\partial x^\mu} \right).
\end{aligned}$$

Hier verschwindet die zweite Summe rechts wegen der Lorentz-Konvention (11.1.10), während sich der Differentialausdruck in der ersten Summe zum vierdimensionalen Laplace-Operator

$$\sum_\mu \sum_\lambda g^{\mu\lambda} \frac{\partial^2}{\partial x^\mu \, \partial x^\lambda} = \frac{1}{c_0^2} \frac{\partial^2}{\partial t^2} - \frac{\partial^2}{\partial x^2} - \frac{\partial^2}{\partial y^2} - \frac{\partial^2}{\partial z^2} \equiv - \Box \tag{11.1.17}$$

zusammenfassen läßt. Wir kommen so zu den Potentialgleichungen

$$\Box \, \Phi^\nu = - \mu_0 s^\nu, \tag{11.1.18}$$

die wegen (11.1.7) und (11.1.9) mit den Potentialgleichungen (7.1.12) übereinstimmen, wenn wir diese auf den Vakuumfall ($\boldsymbol{P} = 0$, $\boldsymbol{M} = 0$) spezialisieren.

Wir kehren wieder zu den Matrixdarstellungen (11.1.12) und (11.1.14) zurück, nach denen einerseits $\boldsymbol{E}$ und $\boldsymbol{B}$, andererseits $\boldsymbol{D}$ und $\boldsymbol{H}$ nicht mehr voneinander unabhängig, sondern in zwei Tensoren jeweils zu einer Einheit zusammengefaßt sind. Bei einer Lorentz-Transformation ändern sich daher beispielsweise nicht die Komponenten von $\boldsymbol{E}$ und die von $\boldsymbol{B}$ für sich, sondern gemischt. Wir schreiben die Transformationsformeln für den Übergang von einem (ungestrichenen) System zu einem dagegen in die x-Richtung bewegten (gestrichenen) System hier an; nach (10.6.14) gilt

$$\left.\begin{aligned} E'_x &= E_x, & B'_x &= B_x, \\ E'_y &= (E_y - v\, B_z)/\sqrt{1-\beta^2}, & B'_y &= (B_y + v\, E_z/c_0^2)/\sqrt{1-\beta^2}, \\ E'_z &= (E_z + v\, B_y)/\sqrt{1-\beta^2}, & B'_z &= (B_z - v\, E_y/c_0^2)/\sqrt{1-\beta^2} \end{aligned}\right\} \tag{11.1.19}$$

und

$$\left.\begin{aligned} D'_x &= D_x, & H'_x &= H_x, \\ D'_y &= (D_y - v\, H_z/c_0^2)/\sqrt{1-\beta^2}, & H'_y &= (H_y + v\, D_z)/\sqrt{1-\beta^2}, \\ D'_z &= (D_z + v\, H_y/c_0^2)/\sqrt{1-\beta^2}. & H'_z &= (H_z - v\, D_y)/\sqrt{1-\beta^2}. \end{aligned}\right\} \tag{11.1.20}$$

Zu diesen beiden Formelgruppen ist noch folgendes zu bemerken:

Zunächst bestätigen wir aus den Transformationsgleichungen (11.1.19) leicht, daß die beiden Ausdrücke $\boldsymbol{E}\,\boldsymbol{B}$ und $\boldsymbol{E}^2 - c_0^2\,\boldsymbol{B}^2$ Invarianten bei einer Lorentz-Transformation sind, daß sich also ihr Wert beim Übergang vom ungestrichenen zum gestrichenen System nicht ändert. Das Gleiche gilt wegen (11.1.20) auch für die beiden Ausdrücke $\boldsymbol{D}\,\boldsymbol{H}$ und $c_0^2\,\boldsymbol{D}^2 - \boldsymbol{H}^2$. Wir werden von dieser Tatsache später Gebrauch machen.

Bedeutet ferner das gestrichene System das Ruhsystem einer Punktladung e, so wirkt in diesem System auf die Ladung die Kraft $e\,\boldsymbol{E}' = e\,\boldsymbol{E}^0$. Dies ist aber, wie aus (11.1.19) ersichtlich, gerade der Ausdruck für die Lorentz-Kraft $e\,(\boldsymbol{E} + \boldsymbol{v} \times \boldsymbol{B})$ im Laborsystem, wenn wir Glieder von relativistischer Größenordnung, hier also β^2, gegen 1 vernachlässigen. Wir ersehen daraus, daß die Lorentz-Kraft, die, ebenso wie die daraus ableitbare Kraft auf einen stromdurchflossenen Leiter im Magnetfeld und wie das ebenfalls daraus deduzierbare Induktionsgesetz für bewegte Stromschleifen, zunächst als ein Fremdkörper in der Maxwellschen Theorie erscheint und daher dort als selbständiger Erfahrungssatz zu werten ist, unmittelbar aus den Transformationsformeln der Relativitätstheorie abgeleitet werden kann.

Schließlich haben wir noch die besonderen Verhältnisse für den Fall einer bewegten Materie zu betrachten. Zwar können wir auch hier Gleichungen mit Vierervektoren und -tensoren anschreiben, die sich bei einer Lorentz-Transformation nicht ändern. Doch haben wir zu berücksichtigen, daß es hier ein ausgezeichnetes Bezugssystem gibt, nämlich das mit der Materie fest verbundene, und daß daher alle auf die Materie bezogenen Größen wie die relative Dielektrizitätskonstante ε und die relative Permeabilität μ nur in diesem ausgezeichneten Bezugssystem sinnvoll definiert werden können.

Sehen wir das gestrichene System der Transformationsformeln als dieses ausgezeichnete Bezugssystem an und charakterisieren wir die darauf bezogenen Größen durch den hochgestellten Index ^{0}, so müssen in diesem System die Verknüpfungsgleichungen für eine normal polarisierbare und magnetisierbare Materie durch

$$\boldsymbol{D}^0 = \varepsilon\,\varepsilon_0\,\boldsymbol{E}^0 \qquad \text{und} \qquad \boldsymbol{B}^0 = \mu\,\mu_0\,\boldsymbol{H}^0 \tag{11.1.21}$$

gegeben sein, also wegen (11.1.19) und (11.1.20) in der gewöhnlichen Vektorschreibweise

$$\boldsymbol{D} + \boldsymbol{v}\times\boldsymbol{H}/c_0^2 = \varepsilon\,\varepsilon_0\,(\boldsymbol{E} + \boldsymbol{v}\times\boldsymbol{B}), \quad \boldsymbol{B} - \boldsymbol{v}\times\boldsymbol{E}/c_0^2 = \mu\,\mu_0\,(\boldsymbol{H} - \boldsymbol{v}\times\boldsymbol{D}) \tag{11.1.22}$$

lauten. Durch Auflösung nach den beiden Vektoren $\boldsymbol{D}$ und $\boldsymbol{H}$ erhalten wir daraus

$$\left.\begin{aligned} \boldsymbol{D} &= \varepsilon\,\varepsilon_0\,\boldsymbol{E} + \frac{\varepsilon_0(\varepsilon - 1/\mu)}{1-\beta^2}\,\boldsymbol{v}\times\left(\boldsymbol{B} - \frac{\boldsymbol{v}\times\boldsymbol{E}}{c_0^2}\right), \\ \boldsymbol{H} &= \frac{\boldsymbol{B}}{\mu\,\mu_0} + \frac{\varepsilon_0(\varepsilon - 1/\mu)}{1-\beta^2}\,\boldsymbol{v}\times(\boldsymbol{E} + \boldsymbol{v}\times\boldsymbol{B}), \end{aligned}\right\} \tag{11.1.23}$$

wie entweder durch direktes Nachrechnen oder durch Einsetzen in (11.1.22) leicht zu bestätigen ist. Im Vakuum ($\varepsilon = 1, \mu = 1$) wird natürlich $\boldsymbol{D} = \varepsilon_0\,\boldsymbol{E}$ und $\boldsymbol{B} = \mu_0\,\boldsymbol{H}$, in Übereinstimmung mit (11.1.16).

Anmerkung. Der Übergang von den SI-Einheiten zum Gaußschen Maßsystem erfordert einige Änderungen in dem vorstehend dargelegten Viererformalismus der Maxwellschen Theorie. Gehen wir aus von den Gleichungen dieser Theorie in der üblichen Form, wobei wir aber jetzt der einfacheren Schreibweise wegen die Sternchen * weglassen wollen, so haben wir zunächst die Grundgleichungen

$$\left.\begin{aligned} \operatorname{rot}\boldsymbol{H} &= \frac{1}{c_0}\frac{\partial\boldsymbol{D}}{\partial t} + \frac{4\pi\boldsymbol{g}}{c_0}, \qquad & \operatorname{div}\boldsymbol{D} &= 4\pi\varrho, \\ \operatorname{rot}\boldsymbol{E} &= -\frac{1}{c_0}\frac{\partial\boldsymbol{B}}{\partial t}, & \operatorname{div}\boldsymbol{B} &= 0, \end{aligned}\right\} \tag{11.1.3a}$$

mit der Kontinuitätsgleichung

$$\frac{\partial\varrho}{\partial t} + \operatorname{div}\boldsymbol{g} = 0 \tag{11.1.4a}$$

für die Ladung, ferner die Definitionsgleichungen für die Potentiale

$$\boldsymbol{B} = \operatorname{rot}\boldsymbol{A} \qquad \text{und} \qquad \boldsymbol{E} = -\frac{1}{c_0}\frac{\partial\boldsymbol{A}}{\partial t} - \operatorname{grad}\varphi \tag{11.1.5a}$$

mit der Lorentz-Konvention

$$\operatorname{div}\boldsymbol{A} + \frac{1}{c_0}\frac{\partial\varphi}{\partial t} = 0. \tag{11.1.6a}$$

Diese Beziehungen lassen sich nun mit den Viererkoordinaten nach (11.1.1) und mit der Metrik nach (11.1.2) folgendermaßen in Viererschreibweise darstellen:
Die Definitionsgleichung (11.1.7) für die Viererstromdichte und die für sie gültige Kontinuitätsgleichung (11.1.8) bleiben ungeändert. Die Potentiale werden jetzt statt durch (11.1.9) durch

$$(\Phi^\nu) = (A_x, A_y, A_z, \varphi), \qquad (\Phi_\nu) = (-A_x, -A_y, -A_z, \varphi) \tag{11.1.9a}$$

gegeben, wobei die Formel (11.1.10) für die Lorentz-Konvention ungeändert bleibt. Letzteres gilt auch für den durch (11.1.11) gegebenen Zusammenhang zwischen den Potentialen und den Komponenten $F_{\mu\nu}$ des einen Feldtensors, so daß dieser nunmehr die Komponenten

$$(F_{\nu\mu}) = \begin{pmatrix} 0 & B_z & -B_y & E_x \\ -B_z & 0 & B_x & E_y \\ B_y & -B_x & 0 & E_z \\ -E_x & -E_y & -E_z & 0 \end{pmatrix}, \quad (F^{\nu\mu}) = \begin{pmatrix} 0 & B_z & -B_y & -E_x \\ -B_z & 0 & B_x & -E_y \\ B_y & -B_x & 0 & -E_z \\ E_x & E_y & E_z & 0 \end{pmatrix} \tag{11.1.12a}$$

besitzt. Natürlich bleibt wegen (11.1.11) der Satz (11.1.13) der Maxwell-Gleichungen, also

$$\frac{F_{\nu\mu}}{\partial x^\lambda} + \frac{\partial F_{\mu\lambda}}{\partial x^\nu} + \frac{\partial F_{\nu\lambda}}{\partial x^\mu} = 0, \tag{11.1.13a}$$

ungeändert gültig. Der zweite Feldtensor hat jetzt die Komponenten

$$(H_{\nu\mu}) = \begin{pmatrix} 0 & H_z & -H_y & D_x \\ -H_z & 0 & H_x & D_y \\ H_y & -H_x & 0 & D_z \\ -D_x & -D_y & -D_z & 0 \end{pmatrix}, \quad (H^{\nu\mu}) = \begin{pmatrix} 0 & H_z & -H_y & -D_x \\ -H_z & 0 & H_x & -D_y \\ H_y & -H_x & 0 & -D_z \\ D_x & D_y & D_z & 0 \end{pmatrix} \tag{11.1.14a}$$

und genügt den Beziehungen

$$\sum \frac{\partial H^{\nu\mu}}{\partial x^\mu} = \frac{4\pi s^\nu}{c_0}. \tag{11.1.15a}$$

Natürlich wird im Vakuum

$$F_{\nu\mu} = H_{\nu\mu}, \qquad F^{\nu\mu} = H^{\nu\mu}, \tag{11.1.16a}$$

und es gelten hier die Potentialgleichungen

$$\Box\, \Phi^\nu = -\frac{4\pi s^\nu}{c_0}. \tag{11.1.18a}$$

Schließlich gelten für den Übergang von einem ungestrichenen System zu einem dagegen in x-Richtung mit der Geschwindigkeit v bewegten gestrichenen System die Transformationsformeln

$$\left.\begin{aligned} E_x' &= E_x, & B_x' &= B_x, \\ E_y' &= (E_y - \beta B_z)/\sqrt{1-\beta^2}, & B_y' &= (B_y + \beta E_z)/\sqrt{1-\beta^2}, \\ E_z' &= (E_z + \beta B_y)/\sqrt{1-\beta^2}, & B_z' &= (B_z - \beta E_y)/\sqrt{1-\beta^2}, \end{aligned}\right\} \tag{11.1.19a}$$

und entsprechende Formeln für die Komponenten von $\boldsymbol{D}$ und $\boldsymbol{H}$. Für eine normal polarisierbare und magnetisierbare Materie haben wir jetzt im Ruhsystem die Verknüpfungsgleichungen

$$\boldsymbol{D}^0 = \varepsilon \boldsymbol{E}^0 \quad \text{und} \quad \boldsymbol{B}^0 = \mu \boldsymbol{H}^0, \tag{11.1.21a}$$

so daß wir nun statt (11.1.23) die Relationen

$$\boldsymbol{D} = \varepsilon \boldsymbol{E} + \frac{\varepsilon - 1/\mu}{1-\beta^2} \frac{\boldsymbol{v}}{c_0} \times \left(\boldsymbol{B} - \frac{\boldsymbol{v}\times\boldsymbol{E}}{c_0}\right), \quad \boldsymbol{H} = \frac{\boldsymbol{B}}{\mu} + \frac{\varepsilon - 1/\mu}{1-\beta^2} \frac{\boldsymbol{v}}{c_0} \times \left(\boldsymbol{E} + \frac{\boldsymbol{v}\times\boldsymbol{B}}{c_0}\right) \tag{11.1.23a}$$

erhalten.

11.2. Die Viererstromdichte

Eine besondere Betrachtung erfordert die in die Gleichung (11.1.15) eingehende, durch (11.1.7) definierte und stets der Kontinuitätsgleichung (11.1.8) genügende Viererstromdichte mit den kontravarianten Komponenten s^ν.

Im Spezialfall einer bewegten Ladung in einem sonst materiefreien Raum wird sie im (momentanen) Ruhsystem der Ladung, das wir auch hier wieder durch einen hochgestellten Index ^{0} charakterisieren wollen, durch

$$(s^\nu)^0 = (0, 0, 0, c_0 \varrho^0) \tag{11.2.1}$$

gegeben. Wir wollen untersuchen, wie sich dieser Stromdichtevektor beim Übergang vom Ruhsystem der Ladung zu einem anderen (ungestrichenen) System, etwa dem Laborsystem, ändert, gegen das sich die Ladung mit der (momentanen) Geschwindigkeit $v = \beta c_0$ in die positive x-Richtung bewegt. Hier gilt nach den Transformationsformeln (10.6.11) bzw. nach deren Umkehrung, d.h. nach Ersatz von β durch $-\beta$,

$$s^1 = \frac{s^{10} + \beta s^{40}}{\sqrt{1-\beta^2}} = \frac{v \varrho^0}{\sqrt{1-\beta^2}}, \quad s^2 = 0, \quad s^3 = 0, \quad s^4 = \frac{s^{40} + \beta s^{10}}{\sqrt{1-\beta^2}} = \frac{c_0 \varrho^0}{\sqrt{1-\beta^2}}, \tag{11.2.2}$$

also unter Verwendung der durch (10.5.13) gegebenen Geschwindigkeit mit den kontravarianten Komponenten u^ν abgekürzt auch

$$s^\nu = \varrho^0 u^\nu. \tag{11.2.3}$$

Diese Beziehungen besagen, daß sich im Laborsystem die Ladung, wie vorausgesetzt, in die x-Richtung mit der Geschwindigkeit v bewegt, und daß sie in diesem System die Dichte

$$\varrho = \frac{\varrho^0}{\sqrt{1-\beta^2}}. \tag{11.2.4}$$

besitzt. Die Ladungsdichte vergrößert sich also beim Übergang vom Ruhsystem der Ladung zum Laborsystem. Doch bleibt dabei die Gesamtladung für beide Systeme die gleiche; denn wegen der Lorentz-Kontraktion der Längsdimension in der Bewegungsrichtung, also wegen $\mathrm{d}V = \mathrm{d}V^0 \sqrt{1-\beta^2}$, gilt

$$e = \int \varrho \, \mathrm{d}V = \int \frac{\varrho^0}{\sqrt{1-\beta^2}} \mathrm{d}V^0 \sqrt{1-\beta^2} = \int \varrho^0 \, \mathrm{d}V^0 = e^0. \tag{11.2.5}$$

Die Gesamtladung eines Teilchens ist somit eine relativistische Invariante.

Übrigens gilt dies auch für die Gesamtladung eines jeden abgeschlossenen Systems. Denn aus der Kontinuitätsgleichung (11.1.4) folgt durch Integration über das ganze Systemvolumen

$$\frac{\mathrm{d}}{\mathrm{d}t} \int \varrho \, \mathrm{d}V = 0. \tag{11.2.5a}$$

Die Gesamtladung des Systems ist also zeitlich konstant und ändert sich daher auch ebenso wie im Fall von (11.2.5) bei einer Lorentz-Transformation nicht.

Nunmehr betrachten wir den Fall einer bewegten Materie, die in ihrem Ruhsystem eine Ladungsdichte ϱ^0 trägt und in der ein Leitungsstrom der Dichte $\mathbf{g}^0$ fließt:

$$(s^\nu)^0 = (g_x^0, g_y^0, g_z^0, c_0\,\varrho^0)\,. \tag{11.2.6}$$

Für ein beliebiges Koordinatensystem (Laborsystem), gegen das sich die Materie mit der Geschwindigkeit v in die x-Richtung bewegt, erwarten wir außer dem Leitungsstrom auch einen Konvektionsstrom, hervorgerufen durch die Bewegung der Ladungsdichte ϱ^0. Wir unterscheiden also zwischen einem Leitungsanteil $(s^\nu)_L$ und einem Konvektionsanteil $(s^\nu)_K$ der Stromdichte, die sich additiv zur gesamten Stromdichte (s^ν) zusammensetzen.

Über den Konvektionsanteil $(s^\nu)_K$ ist nichts Neues zu sagen. Er stimmt mit dem aus (11.2.1) folgenden und durch (11.2.2) gegebenen Stromanteil überein.

Für den Leitungsanteil $(s^\nu)_L$ erhalten wir aus

$$(s^\nu)_L^0 = (g_x^0, g_y^0, g_z^0, 0) \tag{11.2.7}$$

durch die Lorentz-Transformation vom Ruhsystem der Materie zum Laborsystem die Beziehungen

$$s_L^1 = \frac{s^{10} + \beta s^{40}}{\sqrt{1-\beta^2}} = \frac{g_x^0}{\sqrt{1-\beta^2}}\,,\quad s_L^2 = g_y^0\,,\quad s_L^3 = g_z^0\,,\quad s_L^4 = \frac{s^{40} + \beta s^{10}}{\sqrt{1-\beta^2}} = \frac{\beta\, g_x^0}{\sqrt{1-\beta^2}}\,. \tag{11.2.8}$$

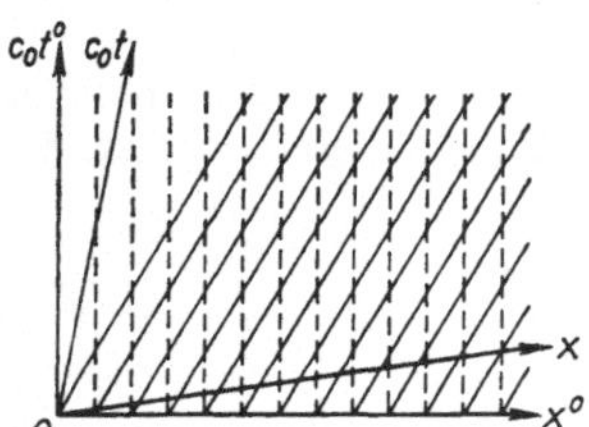

Abb. 11.1

Anschauliche Deutung der Leitungsdichte nach v. Laue mit Hilfe der Weltlinien für die positiven Ionen (gestrichelt) und die negativen Elektronen (ausgezogen)

Überraschend ist hier das Auftreten einer vierten Komponente bei der Leitungsstromdichte. Sie besagt, daß jeder stromdurchflossene Leiter eine zusätzliche elektrische Ladungsdichte der Größe

$$\varrho_L = \frac{v\, g_x^0}{c_0^2\sqrt{1-\beta^2}} = \frac{v\, g_L}{c_0^2} \tag{11.2.9}$$

trägt, auch wenn er einem mitbewegten Beobachter ungeladen erscheint.

Dieses Resultat ist eine unmittelbare Folge der Einsteinschen Definition der Gleichzeitigkeit und mit ihrer Hilfe anschaulich verständlich. Betrachten wir etwa einen ruhenden Metallstab, der in seiner Längsrichtung von einem elektrischen Strom durchflossen wird. Dann ruhen in diesem Stab positive Ionen, während sich die Elektronen in einer der Stromrichtung entgegengesetzten Richtung bewegen. Zeichnen wir also in der x^0-c_0t^0-Ebene (Abb. 11.1) die Weltlinien der Ionen und der Elektronen, so erhalten wir für die Ionen die zur c_0t^0-Achse parallelen gestrichelten Geraden, für die Elektronen dagegen die geneigten ausgezogenen Geraden. Wegen seiner elektrischen Neutralität gehen von einem endlichen Stück des Stabes natürlich im Mittel gleich viele Weltlinien von jeder Sorte aus. Betrachten wir nun dieses Weltlinienbild von einem bewegten Koordinatensystem mit den Achsen $O\,x$ und $O\,c_0t$, so erkennen wir, daß nunmehr auf einem bestimmten Abschnitt der x-Achse keineswegs gleich viele Ionen und Elektronen liegen. In dem in Abb. 11.1 gezeichneten Fall kommen auf etwa 11 Ionen nur 10 Elektronen, so daß der Stab in diesem Bereich positiv aufgeladen erscheint.

Betrachten wir jetzt zur Illustration einen vom Strom I^0 durchflossenen Metallring mit dem Querschnitt q, der in der x-y-Ebene liegen möge (Abb. 11.2)! Wenn sich dieser Ring mit der Geschwindigkeit v in Richtung der positiven x-Achse bewegt, so trägt er nach dem eben erhaltenen Resultat auf dem Halbkreis ABC eine positive, auf dem Halbkreis CDA eine negative Ladungsdichte. Dabei ist natürlich die hierdurch bedingte Gesamtladung gleich Null, da ja der Metallring auch im Ruhsystem ungeladen ist. Doch besitzt er jetzt zusätzlich zu dem durch den Strom I^0 erzeugten magnetischen Moment $\boldsymbol{m}$ in der z-Richtung vom Betrag $m = I^0 f$ noch ein elektrisches Dipolmoment $\boldsymbol{p}$, dessen Richtung senkrecht auf der Geschwindigkeit $\boldsymbol{v}$ und senkrecht auf der Achse des Ringstroms steht, also nur eine y-Komponente hat. Und zwar wird wegen (11.2.9)

$$p = \int \varrho_L \, y \, \mathrm{d}V = -\frac{1}{c_0^2} \int\limits_0^{2\pi} v \, g_L \sin\varphi \cdot a \sin\varphi \cdot q \, a \, \mathrm{d}\varphi = -\frac{v \, I^0 \, a^2 \, \pi}{c_0^2},$$

so daß wir insgesamt

$$\boldsymbol{p} = \boldsymbol{v} \times \boldsymbol{m}/c_0^2 \tag{11.2.10}$$

erhalten. Wir werden dieses Resultat im Abschnitt 11.3 in der Form wiederfinden, daß mit jedem bewegten magnetischen Dipol $\boldsymbol{m}$ zwangsläufig ein elektrischer Dipol von dem durch (11.2.10) gegebenen Moment verbunden ist.

Wir können uns übrigens das Zustandekommen dieses Effektes auch durch Betrachtung eines einzelnen Atoms plausibel machen, das ein auf einer Kreisbahn umlaufendes Elektron besitzt. Die Bahn dieses Elektrons sei im Ruhsystem des Atoms beschrieben durch die Gleichungen

$$x' = a \cos \omega_0 (t' - t_0), \quad y' = a \sin \omega_0 (t' - t_0), \quad z' = 0. \tag{11.2.11}$$

Es durchläuft also eine in der x'-y'-Ebene liegende Kreisbahn mit dem Radius a und der Kreisfrequenz ω_0. Die Weltlinie des Elektrons ist in Abb. 11.3 dargestellt, die allerdings nur die Projektion der Weltlinie auf die x'-$c_0 t'$-Ebene enthält. Die y'-Achse müssen wir uns senkrecht zur Zeichenebene vorstellen. Die in Abb. 11.3 angegebenen Punkte 0', 1', 2', ... sind die Orte der Durchgänge des Elektrons durch die x'-$c_0 t'$-Ebene, also die Stellen mit $y' = 0$. Die Projektionen dieser Punkte auf die $c_0 t'$-Achse sind natürlich äquidistant, das Elektron hält sich ebensolange im Gebiet positiver wie im Gebiet negativer y'-Werte auf, und der zeitliche Mittelwert von y' ist gleich Null.

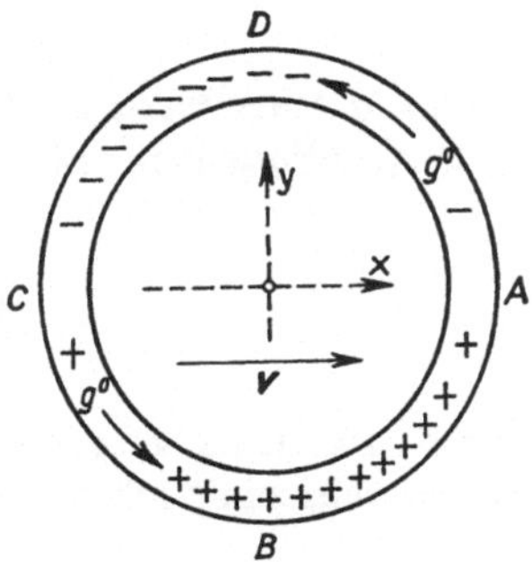

Abb. 11.2 Leitungsdichte in einem stromdurchflossenen bewegten Metallring

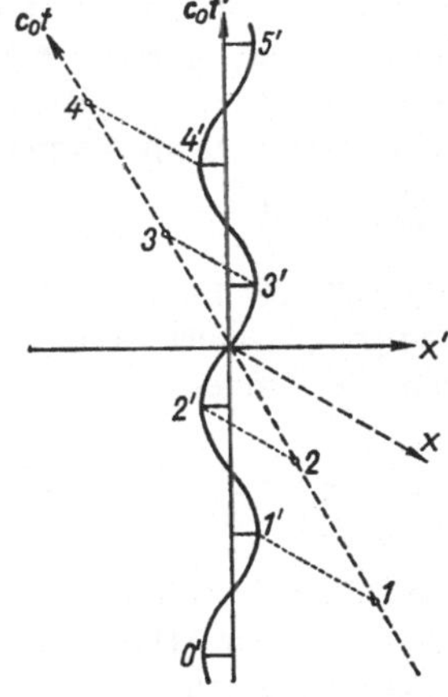

Abb. 11.3 Betrachtung der Kreisbewegung (11.2.11) in zwei gegeneinander bewegten Koordinatensystemen

Gehen wir nun zu einem System über, gegen das sich das Atom mit der Geschwindigkeit v in die x-Richtung bewegt, so bedeutet dies, ähnlich wie bei Abb. 10.5, den Übergang zu neuen, gegen die alten um den Winkel $\varphi = \arctan \beta$ gedrehten Achsen. Dabei wird die y-Koordinate nicht geändert, die Punkte 0', 1', 2', ... sind auch für das neue System die Durchtrittspunkte durch die x-c_0t-Ebene. Verändert haben sich jedoch die Zeitwerte für diese Durchgänge, wie wir aus den Projektionen 1, 2, ... dieser Punkte auf die c_0t-Achse ersehen können. Zum Weg von 2 nach 3 braucht das Elektron länger als zum Weg von 1 nach 2. Befindet es sich zwischen 1 und 2 im Gebiet $y > 0$, so wird der zeitliche Mittelwert $\bar{y}$ über einen ganzen Umlauf negativ ausfallen. Das Auftreten eines von 0 verschiedenen Mittelwertes $\bar{y}$ ist gleichbedeutend mit dem Bestehen eines elektrischen Dipolmoments; und zwar ist sein Betrag $p = -e_0 \bar{y}$, seine Richtung die der y-Achse, also senkrecht zur Bewegungsrichtung.

Diesen Mittelwert $\bar{y}$ können wir leicht berechnen, indem wir auf die Bewegungsgleichungen (11.2.11) die Lorentz-Transformation (10.3.6) ausüben. Damit erhalten wir für den Zusammenhang zwischen t und t'

$$t = \frac{t' + v\,x'/c_0^2}{\sqrt{1-\beta^2}} = \frac{t' + (v\,a/c_0^2)\cos\omega_0 t'}{\sqrt{1-\beta^2}}$$

und daher
$$\frac{\mathrm{d}t}{\mathrm{d}t'} = \frac{1 - (\omega_0\,v\,a/c_0^2)\sin\omega_0 t'}{\sqrt{1-\beta^2}},$$

und für den Mittelwert $\bar{y}$ im neuen Koordinatensystem wegen $y = y' = a \sin\omega_0 t'$ bei der Umlaufzeit $T' = 2\pi/\omega_0$, also $T = 2\pi/\omega_0\,\sqrt{1-\beta^2}$,

$$\bar{y} = \frac{1}{T}\int_0^T y\,\mathrm{d}t = \frac{1}{T}\int_0^{T'} y\,\frac{\mathrm{d}t}{\mathrm{d}t'}\,\mathrm{d}t' = -\frac{\omega_0\,v\,a^2}{2\,c_0^2}.$$

Durch Multiplikation mit der Ladung finden wir daraus das elektrische Moment des bewegten Atoms zu $p = -e_0\bar{y} = e_0\,\omega_0\,v\,a^2/2\,c_0^2$. Da das durch die Umlaufbewegung (11.2.11) bedingte magnetische Moment gleich $m_z = m = If = -e_0\,\omega_0\,a^2/2$ ist, finden wir hieraus tatsächlich

$$p_y = -v\,m_z/c_0^2, \quad \text{d.h.} \quad \boldsymbol{p} = \boldsymbol{v}\times\boldsymbol{m}/c_0^2,$$

in Übereinstimmung mit der Beziehung (11.2.10).

Schließlich müssen wir uns noch mit der Verknüpfungsgleichung zwischen dem Leitungsstrom und den Feldgrößen in einem bewegten Leiter, also mit der Übertragung des Ohmschen Gesetzes vom Ruhsystem des Leiters auf das Laborsystem beschäftigen. Im Ruhsystem lautet es im Normalfall

$$\boldsymbol{g}_L^0 = \sigma\,\boldsymbol{E}^0. \tag{11.2.12}$$

Im Laborsystem, gegen das sich der Leiter in x-Richtung mit der Geschwindigkeit v bewegen möge, gilt daher wegen (11.2.8) und (11.1.19), letztere Beziehung mit $\boldsymbol{E}' = \boldsymbol{E}^0$ geschrieben, die Formel

$$\boldsymbol{g}_L = \frac{\sigma}{\sqrt{1-\beta^2}}(\boldsymbol{E} + \boldsymbol{v}\times\boldsymbol{B}). \tag{11.2.13}$$

Wir können diese Formel unter Verwendung der durch (10.5.13) gegebenen Vierergeschwindigkeit wegen (11.1.7) und (11.1.12) auch als Vierergleichung mit den kontravarianten Komponenten

$$s_L^\nu = \sigma \sum u_\mu\,F^{\mu\nu} \tag{11.2.14}$$

anschreiben. Dabei stimmen offenbar die ersten drei Komponenten dieser Gleichung mit den drei Komponenten von (11.2.13) überein, während die vierte Komponente auf $c_0 \varrho_L = \sigma(\boldsymbol{v}\,\boldsymbol{E})/c_0 \sqrt{1-\beta^2}$ führt, also wegen (11.2.13) gleich $\boldsymbol{v}\,\boldsymbol{g}_L/c_0$ wird. Damit kommen wir wieder zu der Beziehung (11.2.9) für die Leitungsdichte.

Anmerkung. Beim Übergang zu Gaußschen Einheiten fällt formal ein Faktor c_0 im Nennen von (11.2.10) weg, da das magnetische Moment eines Kreisstromes in diesem System durch $\boldsymbol{m}^* = I^* f/c_0$, im SI-System durch $\boldsymbol{m} = I f$ gegeben wird.

11.3. Der Momententensor

Am Schluß des Abschnitts 11.1 hatten wir die Verknüpfungsgleichungen zwischen den Feldgrößen $\boldsymbol{D}$ und $\boldsymbol{H}$ mit den Feldgrößen $\boldsymbol{E}$ und $\boldsymbol{B}$ abgeleitet für den Fall, daß sich das elektromagnetische Verhalten der Materie durch die relativen Konstanten ε und μ beschreiben läßt. Ist dies nicht der Fall, so müssen wir auf die allgemein gültigen Beziehungen

$$\boldsymbol{D} = \varepsilon_0 \boldsymbol{E} + \boldsymbol{P} \qquad \text{und} \qquad \boldsymbol{B} = \mu_0 (\boldsymbol{H} + \boldsymbol{M}) \tag{11.3.1}$$

zurückgreifen. Wir wollen nun versuchen, auch diese Beziehungen in Viererschreibweise zu formulieren.

Wir behaupten, daß sich diese beiden Vektorgleichungen zusammenfassen lassen zu der einen Beziehung

$$F_{\nu\mu} = \mu_0 (H_{\nu\mu} + M_{\nu\mu}) \qquad \text{bzw.} \qquad F^{\nu\mu} = \mu_0 (H^{\nu\mu} + M^{\nu\mu}) \tag{11.3.2}$$

zwischen den Komponenten der beiden schiefsymmetrischen Feldtensoren (11.1.12) und (11.1.14), sofern wir den Momententensor durch seine Komponenten

$$(M_{\nu\mu}) = \begin{pmatrix} 0 & M_z & -M_y & -c_0 P_x \\ -M_z & 0 & M_x & -c_0 P_y \\ M_y & -M_x & 0 & -c_0 P_z \\ c_0 P_x & c_0 P_y & c_0 P_z & 0 \end{pmatrix},$$
$$(M^{\nu\mu}) = \begin{pmatrix} 0 & M_z & -M_y & c_0 P_x \\ -M_z & 0 & M_x & c_0 P_y \\ M_y & -M_x & 0 & c_0 P_z \\ -c_0 P_x & -c_0 P_y & -c_0 P_z & 0 \end{pmatrix} \tag{11.3.3}$$

definieren. Für die rein räumlichen Komponenten von (11.3.2) ist dies unmittelbar evident. Es gilt aber wegen $\varepsilon_0 \mu_0 c_0^2 = 1$ offenbar auch für die gemischten Komponenten.

Eliminieren wir nun aus dem einen Satz von Maxwell-Gleichungen, nämlich aus (11.1.15), und aus der Beziehung (11.3.2) die Komponenten $H^{\nu\mu}$, also die Komponenten von $\boldsymbol{H}$ und $\boldsymbol{D}$, so erhalten wir die Gleichungen

$$\sum \frac{\partial F^{\nu\mu}}{\partial x^\mu} = \mu_0 \left(s^\nu + \sum \frac{\partial M^{\nu\mu}}{\partial x^\mu} \right). \tag{11.3.4}$$

Wie wir uns leicht überzeugen können, stimmen sie mit den Gleichungen in der ersten Zeile von (7.1.7) überein. Somit tritt hier zur Viererdichte des Konvektions- und Lei-

tungsstromes additiv noch eine Viererstromdichte hinzu, deren räumliche Komponenten zusammen die Dichten $g_P = \partial P/\partial t$ und $g_M = \operatorname{rot} M$ des Polarisationsstroms und des Leitungsstroms darstellen, während die zeitliche Komponente zur Dichte $\varrho_P = -\operatorname{div} P$ der Polarisationsladung bei verschwindendem ϱ_M führt.
Bei einer Lorentz-Transformation von einem ungestrichenen System zu einem dagegen mit der Geschwindigkeit v in x-Richtung bewegten gestrichenen System ändern sich die Komponenten von P und M wegen (11.3.3) und (10.6.14) gemäß den Formeln

$$\left.\begin{aligned} P_x' &= P_x, & M_x' &= M_x, \\ P_y' &= (P_y + v\,M_z/c_0^2)/\sqrt{1-\beta^2}, & M_y' &= (M_y - v\,P_z)/\sqrt{1-\beta^2}, \\ P_z' &= (P_z - v\,M_y/c_0^2)/\sqrt{1-\beta^2}, & M_z' &= (M_z + v\,P_y)/\sqrt{1-\beta^2}. \end{aligned}\right\} \tag{11.3.5}$$

Identifizieren wir das gestrichene System wieder, wie schon früher, mit dem Ruhsystem der Materie, und ersetzen wir außerdem $\sqrt{1-\beta^2}$ durch 1, was für nicht zu große Materiegeschwindigkeiten relativ zum Laborsystem sicherlich in guter Näherung erlaubt ist, so erhalten wir aus (11.3.5) die Beziehungen

$$P = P^0 + v \times M^0/c_0^2, \qquad M = M^0 - v \times P^0. \tag{11.3.6}$$

Diese Formeln enthalten eine eigentümliche Verknüpfung zwischen den beiden Vektoren P und M:
Ein im Ruhsystem elektrisch polarisierter, jedoch nicht magnetisierter Körper ($M^0 = 0$) erscheint einem dagegen bewegten Beobachter auch magnetisiert. Für einen solchen Beobachter sind auch in einem nicht magnetisierten Körper B/μ_0 und H nicht mehr identisch, sondern unterscheiden sich hier eben um die von Null verschiedene zusätzliche Magnetisierung $-v \times P^0$. Integriert über einen kleinen Bereich, in dem ein elektrisches Dipolmoment p^0 besteht, ergibt dies ein zusätzliches magnetisches Moment

$$m = -v \times p^0. \tag{11.3.7}$$

Wir können diese Formel unmittelbar verstehen, wenn wir das Dipolmoment p^0 als herrührend von einem wirklichen physikalischen Dipol mit den Ladungen $+e$ und $-e$ im Abstand s ansehen ($p^0 = e\,s$) und dann die Strombeiträge in Rechnung stellen, die von den beiden Ladungen infolge der Bewegung des Dipols (mit der Geschwindigkeit v) herrühren. Das dadurch entstehende magnetische Moment m können wir dann als $I f$ schreiben, wobei f als die vom Dipol während der kleinen Zeit τ überstrichene Fläche $s \times v\,\tau$ anzusehen ist, während die Stromstärke I mit der Ladung e durch $e = I\tau$ zusammenhängt. Daher finden wir hier $m = e\,s \times v = -v \times p^0$, also genau die Formel (11.3.7).
Wir betrachten nun einen Körper, der im Ruhsystem nicht polarisiert ist ($P^0 = 0$), dafür aber eine Magnetisierung M^0 trägt, also etwa einen bewegten permanenten Magneten. Hier liefern die Formeln (11.3.6) ein neues, von der klassischen Elektrodynamik und Elektronentheorie nicht erwartetes Ergebnis, nämlich eine Polarisation

$$P = v \times M/c_0^2, \tag{11.3.8}$$

aus der wir übrigens durch Integration über ein kleines Volumen wieder zur Formel (11.2.10) kommen können. Offenbar sind die beiden Beziehungen (11.3.8) und (11.2.10) eine Folgerung aus der Relativitätstheorie und daher erst mit Hilfe des Einsteinschen Zeitbegriffs zu verstehen.

Man könnte nun glauben, daß sich dieser typisch relativistische Effekt wegen seiner Kleinheit bisher der Beobachtung entzogen habe. Tatsächlich ist er aber in der Technik seit langem unter dem Namen Unipolarinduktion bekannt und wird auch zur Konstruktion einer Unipolarmaschine verwendet, die durchaus imstande ist, relativ große Stromstärken zu erzeugen. Nur wird bei den in der technischen Literatur üblichen Beschreibungen der Unipolarinduktion nicht klar, daß es sich dabei im wesentlichen um einen mit der Formel (11.3.8) zusammenhängenden relativistischen Effekt handelt. Daß dies wirklich der Fall ist, wird gleich gezeigt werden.

Zuvor wollen wir uns aber kurz mit der technischen Ausführung einer Unipolarmaschine und der üblichen Erklärung für ihr Funktionieren beschäftigen. Eine solche Maschine besteht im wesentlichen aus einem zylindrischen Eisenkörper, der um seine Achse (mit der Frequenz ω) rotiert und parallel zur Achse magnetisiert ist (Abb. 11.4). Mit Hilfe von zwei Schleifkontakten A (an der Achse) und B (am Äquator) läßt sich dann ein Strom abnehmen, dessen EMK aus dem Induktionsgesetz

$$\oint \boldsymbol{E}\,\mathrm{d}\boldsymbol{s} = -\frac{\mathrm{d}}{\mathrm{d}t}\int B_n\,\mathrm{d}f \tag{11.3.9}$$

berechnet werden kann. Da nämlich der im Eisenkörper verlaufende Teil des Integrationswegs mit diesem mitrotiert und sich daher in der Zeit $\mathrm{d}t$ etwa von $ABCA$ nach $ABB'C'A$ verschiebt, haben wir mit einem Zuwachs des magnetischen Flusses während $\mathrm{d}t$ um den Fluß zu rechnen, der durch den Sektor $ACBB'C'A$ der Eisenoberfläche hindurchtritt. Somit wird die EMK gleich

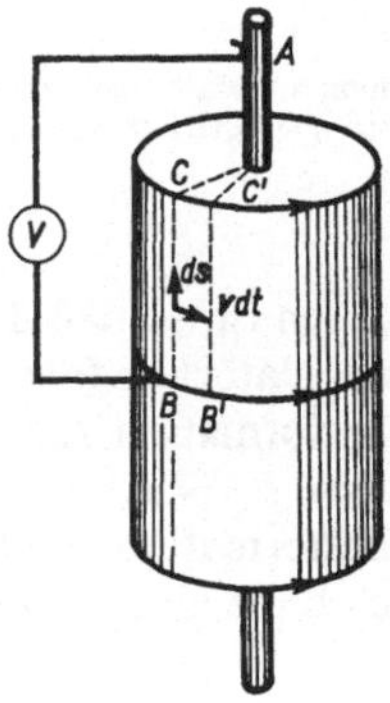

$$V^{(e)} = -\int_{BCA} \boldsymbol{B}(\boldsymbol{v}\times\mathrm{d}\boldsymbol{s}) = -\int_{BCA} (\boldsymbol{B}\times\boldsymbol{v})\,\mathrm{d}\boldsymbol{s}\,, \tag{11.3.10}$$

Abb. 11.4
Schema der Unipolarmaschine

wobei der Integrationsweg jetzt von B über C nach A in der diese drei Punkte enthaltenden Meridianebene verläuft und $\boldsymbol{v}$ die jeweilige Geschwindigkeit eines das Wegelement $\mathrm{d}\boldsymbol{s}$ enthaltenden Materieelementes darstellt. In der Tat ergibt sich durch Auswertung des Wegintegrals in (11.3.10) genau die gemessene EMK.

Zum gleichen Wert für die zwischen A und B herrschende Potentialdifferenz kommen wir übrigens auch durch die Betrachtung der freien Elektronen im Metall. Da diese im wesentlichen die Bewegung des Metallkörpers mitmachen, wirkt in einem mit der Geschwindigkeit $\boldsymbol{v}$ bewegten Metallstück auf die Elektronen die Lorentz-Kraft $e\,\boldsymbol{v}\times\boldsymbol{B}$. Gleichgewicht kann nur dann bestehen, wenn diese Kraft überall im Metallinnern durch ein elektrisches Feld $\boldsymbol{E} = -\boldsymbol{v}\times\boldsymbol{B}$ kompensiert wird. Zwischen den Punkten A und B muß also eine Potentialdifferenz

$$V^{(e)} = \varphi_A - \varphi_B = -\int_{BCA} \boldsymbol{E}\,\mathrm{d}\boldsymbol{s} = \int_{BCA} (\boldsymbol{v}\times\boldsymbol{B})\,\mathrm{d}\boldsymbol{s} = -\int_{BCA} (\boldsymbol{B}\times\boldsymbol{v})\,\mathrm{d}\boldsymbol{s}$$

herrschen, in Übereinstimmung mit dem Resultat (11.3.10).

Das fraglos richtige und bewährte Verfahren zur Spannungsberechnung bei der Unipolarmaschine, also bei einem rotierenden Magneten, ist natürlich auch auf den leichter übersehbaren Fall eines translatorisch bewegten Eisenstabs übertragbar, den wir den folgenden Betrachtungen zum Nachweis der Richtigkeit der Formel (11.3.8) zugrunde legen wollen. Gegeben sei ein sehr langer Eisenstab von rechteckigem Querschnitt mit der Längsachse in der x-Richtung, der in der y-Richtung magnetisiert ist (Abb. 11.5). Wenn sich dieser Stab in Richtung der x-Achse mit der Geschwindigkeit v bewegt, können wir ihn als Unipolarmaschine mit den Schleifkontakten bei A und B ansehen. Zwischen diesen Kontakten muß dann, ebenso wie bei der Anordnung der Abb. 11.4, eine EMK vom Betrag

$$V^{(e)} = -\int_A^B \boldsymbol{B}(\boldsymbol{v}\times d\boldsymbol{s}) \tag{11.3.11}$$

$$= -v\int_A^B B_y\, ds$$

bestehen.

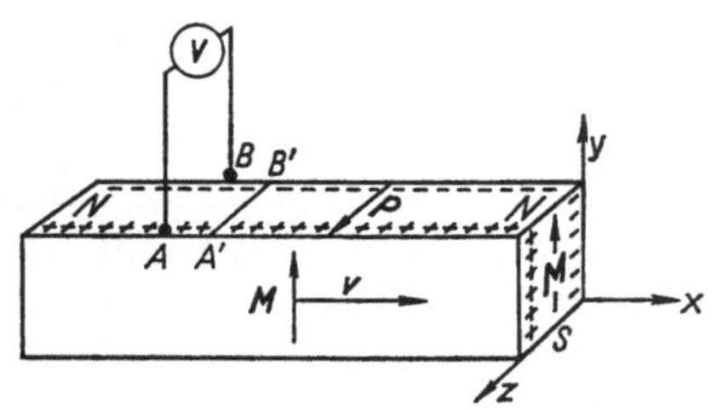

Abb. 11.5
Unipolarinduktion bei translatorischer Anordnung. Die elektrische Polarisation eines bewegten Magneten

Wir fragen nun nach dem elektrischen Feld $\boldsymbol{E}$ in der Umgebung des bewegten Stabes. Wir wollen zeigen, daß dieses Feld durch

$$\boldsymbol{E} = -\boldsymbol{v}\times\boldsymbol{B} \tag{11.3.12}$$

gegeben ist, so daß die durch (11.3.11) gegebene Spannung $V^{(e)}$ unmittelbar verständlich wird. Natürlich folgt diese Beziehung direkt aus den Formeln (11.1.19) für die Lorentz-Transformation für den Fall, daß im gestrichenen System, also im Ruhsystem des Stabes, $\boldsymbol{E}' = \boldsymbol{E}^0 = 0$ gilt. Doch kommt es uns jetzt gerade darauf an, nicht die Lorentz-Transformation direkt zu benutzen, sondern zu zeigen, daß die Beziehung (11.3.12) auch ohne eine solche Transformation aus der Formel (11.3.8) gefolgert werden kann.

Ebensowenig wollen wir die in der technischen Literatur oft gegebene Begründung für (11.3.12) heranziehen, die auf einer vereinfachten Form des Relativitätsprinzips beruht, nämlich auf der Behauptung, daß auf eine ruhende Ladung e vom bewegten Stab die gleiche Kraft ausgeübt wird wie in dem Fall, daß der Stab ruht und die Ladung sich mit der Geschwindigkeit $-\boldsymbol{v}$ bewegt; in diesem Fall ist aber die Kraft gleich $-e\,\boldsymbol{v}\times\boldsymbol{B}$, woraus unmittelbar (11.3.12) gefolgert werden kann.

Man sagt auch, daß es für die Kraftwirkung gleichgültig sein müsse, ob sich die Ladung gegen die Kraftlinien oder die Kraftlinien gegen die Ladung bewegen. Dabei stellt man sich im letzteren Fall vor, daß die Kraftlinien vom bewegten Magnet wie darauf befestigte Stacheln mitgeführt werden. Diese Beschreibung ist nun aber mit keiner vernünftigen Feldtheorie vereinbar. Denn das Feld $\boldsymbol{B}$, das der lange, bewegte Stab am Ort der Ladung erzeugt, ist durchaus zeitlich konstant, so daß sich durch eine Messung von $\boldsymbol{B}$ in der Umgebung der Ladung nicht entscheiden läßt, ob der Stab ruht oder sich bewegt. Daher bleibt bei dieser Beschreibung der Ursprung des sicherlich vorhandenen $\boldsymbol{E}$-Feldes nach (11.3.12) durchaus problematisch.

Wir wollen nunmehr zeigen, daß das Feld (11.3.12) rein elektrostatischer Natur ist, indem es von der durch (11.3.8) geforderten Polarisation des magnetisierten, bewegten Stabes herrührt. Diese Polarisation ist nach der Abb. 11.5 so gerichtet, daß die Vorderfläche des Stabes positiv, die Rückfläche negativ aufgeladen erscheint. Und diese Polarisationsladungen erzeugen nun gerade das durch (11.3.12) beschriebene $\boldsymbol{E}$-Feld.

Zur Vereinfachung des Beweises für diese Behauptung betrachten wir $\boldsymbol{P}$ und $\boldsymbol{M}$ als stetige Ortsfunktionen, indem wir uns etwa dabei vorhandene Sprungflächen durch kontinuierliche Übergänge ersetzt denken. Da jedes dreidimensionale Vektorfeld eindeutig durch seine Quellen und Wirbel festgestellt ist, genügt es zu zeigen, daß das durch (11.3.12) gegebene E-Feld die Gleichungen

$$\operatorname{div} \boldsymbol{E} = \frac{\varrho_P}{\varepsilon_0} = -\frac{\operatorname{div} \boldsymbol{P}}{\varepsilon_0} \quad \text{und} \quad \operatorname{rot} \boldsymbol{E} = 0 \tag{11.3.13}$$

befriedigt, wenn wir für $\boldsymbol{P}$ den Ausdruck $\boldsymbol{v} \times \boldsymbol{M}/c_0^2$ nach (11.3.8) einführen. Da $\boldsymbol{v}$ ein konstanter Vektor ist, folgt für div $\boldsymbol{E}$ nach bekannten Regeln der Vektorrechnung

$$\operatorname{div} \boldsymbol{E} = -\frac{1}{\varepsilon_0 c_0^2} \operatorname{div}(\boldsymbol{v} \times \boldsymbol{M}) = \mu_0 \, \boldsymbol{v} \operatorname{rot} \boldsymbol{M} = \boldsymbol{v} \operatorname{rot} \boldsymbol{B} = -\operatorname{div}(\boldsymbol{v} \times \boldsymbol{B}), \tag{11.3.14}$$

da ja $\boldsymbol{B} = \mu_0 (\boldsymbol{H} + \boldsymbol{M})$ ist und hier rot $\boldsymbol{H} = 0$ gilt. Damit ist die Divergenz der Beziehung (11.3.12) aus der ersten Gleichung (11.3.13) als richtig erkannt. Entsprechend folgt für rot $\boldsymbol{E}$ aus (11.3.12)

$$\operatorname{rot} \boldsymbol{E} = -\operatorname{rot}(\boldsymbol{v} \times \boldsymbol{B}) = -\boldsymbol{v} \operatorname{div} \boldsymbol{B} + (\boldsymbol{v} \nabla) \boldsymbol{B}; \tag{11.3.15}$$

und dieser Ausdruck verschwindet in Übereinstimmung mit der zweiten Gleichung (11.3.13), da einerseits stets div $\boldsymbol{B} = 0$ gilt, andererseits für den unendlich langen Stab $\boldsymbol{B}$ nicht von x abhängt und daher $(\boldsymbol{v} \nabla) \boldsymbol{B} = v \, \partial \boldsymbol{B}/\partial x = 0$ ist.

Übrigens bleibt (11.3.12) auch richtig, wenn statt des langen Stabes ein beliebig gestalteter permanenter Magnet mit der konstanten Geschwindigkeit $\boldsymbol{v}$ bewegt wird. Nur ist dann das E-Feld nicht mehr wirbelfrei; vielmehr gilt jetzt nach der Gleichung (11.3.15)

$$\operatorname{rot} \boldsymbol{E} = (\boldsymbol{v} \nabla) \boldsymbol{B}.$$

Da aber für einen mitbewegten Beobachter die totale Änderung von $\boldsymbol{B}$, nämlich $\partial \boldsymbol{B}/\partial t + (\boldsymbol{v} \nabla) \boldsymbol{B}$, gleich 0 ist, wird rot $\boldsymbol{E} = -\partial \boldsymbol{B}/\partial t$, wie es das Induktionsgesetz verlangt. Natürlich ist das Feld (11.3.12) auch im Innern des Eisens vorhanden; doch wird hier seine Wirkung auf die mitbewegten Leitungselektronen durch die Lorentz-Kraft $e \, \boldsymbol{v} \times \boldsymbol{B}$ kompensiert.

Das der Technik seit langem bekannte, von einem bewegten Magneten erzeugte Feld wird also tatsächlich erst durch die relativistische Formel (11.3.8) verständlich, sofern zu seiner Deutung nicht von vornherein die Relativitätstheorie herangezogen wird.

Anmerkung. Beim Übergang von den SI-Einheiten zu den Einheiten des Gaußschen Maßsystems treten an die Stelle der Verknüpfungsgleichungen (11.3.1) und (11.3.2) die Beziehungen

$$\boldsymbol{D} = \boldsymbol{E} + 4\pi \boldsymbol{P}, \quad \boldsymbol{B} = \boldsymbol{H} + 4\pi \boldsymbol{M} \quad \text{bzw.} \quad F_{\nu\mu} = H_{\nu\mu} + 4\pi M_{\nu\mu}, \qquad \begin{matrix}(11.3.1\text{a})\\(11.3.2\text{a})\end{matrix}$$

wobei jetzt der Momententensor durch

$$(M_{\nu\mu}) = \begin{pmatrix} 0 & M_z & -M_y & -P_x \\ -M_z & 0 & M_x & -P_y \\ M_y & -M_x & 0 & -P_z \\ P_x & P_y & P_z & 0 \end{pmatrix}, \quad (M^{\nu\mu}) = \begin{pmatrix} 0 & M_z & -M_y & P_x \\ -M_z & 0 & M_x & P_y \\ M_y & -M_x & 0 & P_z \\ -P_x & -P_y & -P_z & 0 \end{pmatrix} \tag{11.3.3a}$$

definiert ist. Dann gelten die Transformationsformeln

$$\left.\begin{aligned} P_x' &= P_x, & M_x' &= M_x, \\ P_y' &= (P_y + \beta M_z)/\sqrt{1-\beta^2}, & M_y' &= (M_y - \beta P_z)/\sqrt{1-\beta^2}, \\ P_z' &= (P_z - \beta M_y)/\sqrt{1-\beta^2}, & M_z' &= (M_z + \beta P_y)/\sqrt{1-\beta^2}. \end{aligned}\right\} \tag{11.3.5a}$$

Daraus folgt speziell für einen im Ruhsystem unmagnetisierten Körper ($M^0 = 0$) im Laborsystem

$$M = -v \times P/c_0, \tag{11.3.6a}$$

während für einen im Ruhsystem unpolarisierten Körper ($P^0 = 0$) im Laborsystem

$$P = v \times M/c_0 \tag{11.3.8a}$$

folgt. In diesem Fall ist (11.3.12) zu ersetzen durch

$$E = -v \times B/c_0. \tag{11.3.12a}$$

11.4. Die Kraftdichte und der Energie-Impuls-Tensor des elektromagnetischen Feldes im Vakuum

Für die Kraftdichte auf eine räumlich sehr begrenzte Ladung der Dichte ϱ und der Geschwindigkeit v gilt in der Lorentzschen Elektronentheorie die Beziehung

$$k = \varrho\,(E + v \times B)\,. \tag{11.4.1}$$

Wir wollen nun versuchen, diesen Vektor im dreidimensionalen Raum durch Hinzufügen einer geeigneten Größe als vierte Komponente zu einem Vektor im vierdimensionalen Raum-Zeit-Kontinuum zu erweitern. Hier liegt es nun nahe, die Ladungsdichte ϱ und die Stromdichte $\varrho\, v = g$ wie in (11.1.7) zu einem Vierervektor (s^μ) bzw. (s_μ) zusammenzufassen und ihn in entsprechender Weise mit dem Vierertensor $(F^{\mu\nu})$ bzw. $(F_{\mu\nu})$ des (E, B)-Feldes nach (11.1.12) zu multiplizieren. Bilden wir also einen Vierervektor mit den Komponenten

$$f^\nu = \sum s_\mu F^{\mu\nu} \quad \text{bzw.} \quad f_\nu = \sum s^\mu F_{\mu\nu}\,, \tag{11.4.2}$$

so sehen wir sofort, daß die ersten drei Komponenten von (f^ν) mit den drei Komponenten von k übereinstimmen. Für die vierte Komponente von (11.4.2) erhalten wir

$$f^4 = g\,E/c_0 = \varrho\, v\, E/c_0 = v\, k/c_0\,; \tag{11.4.3}$$

sie stellt also bis auf den Faktor $1/c_0$ die Leistung der Kraftdichte k dar. Somit haben wir für den aus k hervorgehenden Vierervektor die Komponentendarstellung

$$(f^\nu) = (k_x, k_y, k_z, v\, k/c_0) \quad \text{bzw.} \quad (f_\nu) = (-k_x, -k_y, -k_z, v\, k/c_0)\,. \tag{11.4.4}$$

Offenbar gilt wegen (11.4.2) allgemein

$$\sum s_\nu f^\nu = \sum\sum s_\nu\, s_\mu\, F^{\nu\mu} = 0\,, \tag{11.4.5}$$

da $F^{\nu\mu}$ die Komponenten eines schiefsymmetrischen Tensors und $s_\nu\, s_\mu$ die eines symmetrischen Tensors sind.

Bisher haben wir uns mit der Kraftdichte k beschäftigt und dabei festgestellt, daß sie als räumlicher Anteil eines Vierervektors (f^ν) aufzufassen ist. Wir fragen nun nach der Gesamtkraft K, die auf eine bestimmte Ladungsmenge oder auf ein bestimmtes Volumen ausgeübt wird. Definitionsgemäß ergibt sie sich aus der Kraftdichte durch Integration über das betreffende Volumen:

$$K = \int k\, \mathrm{d}V\,. \tag{11.4.6}$$

So ist z.B. die Gesamtkraft, die von einem räumlich nicht zu schnell veränderlichen Feld auf ein geladenes Teilchen ausgeübt wird,

$$K = \int \varrho\,(E + v \times B)\, \mathrm{d}V = e\,(E + v \times B)\,. \tag{11.4.7}$$

Diese Kraft $\boldsymbol{K}$ läßt sich nun nicht zu einem Vierervektor ergänzen. Denn es ist zwar $\boldsymbol{k}$ der räumliche Anteil eines solchen Vektors; doch das Volumenelement $\mathrm{d}V$ ist nicht eine relativistische Invariante, wie es zu diesem Zweck sein müßte, sondern ändert sich beim Übergang von einem System zu einem anderen infolge der Lorentz-Kontraktion seiner Längsdimension. Daher ist es wichtig zu wissen, wie sich die Kraft $\boldsymbol{K}$ bei einer Lorentz-Transformation ändert.

Für die Beantwortung dieser Frage gehen wir aus von dem Spezialfall, daß das eine System das Ruhsystem der Ladung ist, daß also in diesem System $f^{4\prime} = f^{40} = 0$ gilt. Dann folgt aus den Transformationsformeln (10.6.11) für die Viererkraftdichte (11.4 4)

$$k_x = k_x^0/\sqrt{1-\beta^2}\,, \quad k_y = k_y^0\,, \quad k_z = k_z^0\,. \tag{11.4.8}$$

Wir integrieren diese Formeln links und rechts über das Volumen und berücksichtigen dabei, daß

$$\mathrm{d}V = \mathrm{d}V^0\,\sqrt{1-\beta^2} \tag{11.4.9}$$

ist. Damit finden wir für den Zusammenhang zwischen der Kraft $\boldsymbol{K}$ im Laborsystem und der Kraft $\boldsymbol{K}^0$ im Ruhsystem die Beziehungen

$$K_x = K_x^0\,, \quad K_y = K_y^0\sqrt{1-\beta^2}\,, \quad K_z = K_z^0\sqrt{1-\beta^2}\,. \tag{11.4.10}$$

Zu den gleichen Beziehungen kommen wir natürlich auch im Spezialfall eines geladenen Teilchens, wo im Ruhsystem dieses Teilchens die Kraft $\boldsymbol{K}^0 = e\,\boldsymbol{E}^0$ wirksam ist, im Laborsystem jedoch die durch (11.4.7) gegebene Kraft $\boldsymbol{K}$. Hier folgt der Zusammenhang unmittelbar aus der Transformationsformel (11.1.19) für das elektromagnetische Feld, also aus

$$E_x^0 = E_x\,, \quad E_y^0 = (E_y - v\,B_z)/\sqrt{1-\beta^2}\,, \quad E_z^0 = (E_z + v\,B_y)/\sqrt{1-\beta^2} \tag{11.4.11}$$

durch Multiplikation mit der Ladung e. Wir werden den Beziehungen (11.4.10) wieder bei der Ausgestaltung der relativistischen Mechanik im 12. Kapitel begegnen.

Zum gleichen Ergebnis hinsichtlich der Kraftwirkung kommen wir bei der Betrachtung zweier gleichgeladener, relativ zueinander ruhender Teilchen in einem sonst feldfreien Raum. Während in ihrem Ruhsystem nur eine elektrostatische Abstoßungskraft besteht, tritt in dem System, gegen das sich die Teilchen mit der Geschwindigkeit v in x-Richtung bewegen, zur elektrostatischen Abstoßung noch eine magnetische Anziehungskraft hinzu, die zu einer Verringerung von K_y und K_z in dem durch (11.4.10) gegebenen Verhältnis führt.

Wir wollen nun die bereits im 7. Kapitel durchgeführten Betrachtungen über den Zusammenhang zwischen der Energiedichte, der Impulsdichte und dem Maxwellschen Spannungstensor wieder aufnehmen und versuchen, ihm durch die Viererschreibweise eine Lorentz-invariante Form zu geben. Dies ist allerdings nur für den Fall des Vakuums sinnvoll und durchführbar, da ja bei Anwesenheit von Materie stets ein bestimmtes Koordinatensystem, nämlich das Ruhsystem der Materie, ausgezeichnet ist, was, wie beispielsweise die Beziehungen (11.1.23) zeigen, bei der Transformation auf ein dagegen bewegtes Bezugssystem zu recht verwickelten Formeln führen kann.

Im Gegensatz dazu können wir im Vakuum bei Anwendung der Viererschreibweise die Frage nach der Transformation der obengenannten Größen beim Übergang von einem Koordinatensystem zu einem relativ dazu bewegten System leicht beantworten. Diese Transformationsformeln werden sich später beim Aufbau der relativistischen Mechanik als wichtig erweisen.

Wir gehen aus von der Beziehung (11.4.2) für die Kraftdichte im elektromagnetischen Feld und wollen nun zeigen, daß sie sich in der Form

$$f^\nu = \sum_\mu \frac{\partial T^{\mu\nu}}{\partial x^\mu} \tag{11.4.12}$$

als vierdimensionale Divergenz eines symmetrischen Tensors zweiter Stufe darstellen läßt. Dazu führen wir in (11.4.2) für $s_\mu = \sum g_{\mu\lambda} s^\lambda$ den aus dem Gleichungssystem (11.1.15) folgenden Ausdruck ein und erhalten so

$$f^\nu = \sum_\mu \sum_\lambda g_{\mu\lambda}\, s^\lambda\, F^{\mu\nu} = \sum_\mu \sum_\lambda \sum_\varkappa g_{\mu\lambda}\, F^{\mu\nu} \frac{\partial H^{\lambda\varkappa}}{\partial x^\varkappa} = \sum_\sigma \sum_\lambda \sum_\varkappa g^{\nu\sigma}\, F_{\lambda\sigma} \frac{\partial H^{\lambda\varkappa}}{\partial x^\varkappa},$$

oder auch

$$f^\nu = \sum_\varkappa \frac{\partial}{\partial x^\varkappa} \left(\sum_\sigma \sum_\lambda g^{\nu\sigma}\, F_{\lambda\sigma}\, H^{\lambda\varkappa} \right) - \sum_\sigma \sum_\lambda \sum_\varkappa g^{\nu\sigma}\, H^{\lambda\varkappa} \frac{\partial F_{\lambda\sigma}}{\partial x^\varkappa}.$$

Hier läßt sich im zweiten Glied rechts der Anteil der λ- und $\varkappa$-Summe durch Vertauschung der Summationsindizes unter Berücksichtigung der schiefen Symmetrie des Feldtensors folgendermaßen umformen:

$$\sum_\lambda \sum_\varkappa H^{\lambda\varkappa} \frac{\partial F_{\lambda\sigma}}{\partial x^\varkappa} = \frac{1}{2} \sum_\lambda \sum_\varkappa \left(H^{\lambda\varkappa} \frac{\partial F_{\lambda\sigma}}{\partial x^\varkappa} + H^{\varkappa\lambda} \frac{\partial F_{\varkappa\sigma}}{\partial x^\lambda} \right) = \frac{1}{2} \sum_\lambda \sum_\varkappa H^{\lambda\varkappa} \left(\frac{\partial F_{\lambda\sigma}}{\partial x^\varkappa} + \frac{\partial F_{\sigma\varkappa}}{\partial x^\lambda} \right).$$

Hier ist der letzte Klammerausdruck rechts nach dem Gleichungssystem (11.1.13) gleich $-\partial F_{k\lambda}/\partial x^\sigma = \partial F_{\lambda k}/\partial x^\sigma$, so daß der ganze Ausdruck weiter geschrieben werden kann als

$$= \frac{1}{2} \sum_\lambda \sum_\varkappa H^{\lambda\varkappa} \frac{\partial F_{\lambda\varkappa}}{\partial x^\sigma} = \frac{1}{4} \frac{\partial}{\partial x^\sigma} \left(\sum_\lambda \sum_\varkappa H^{\lambda\varkappa}\, F_{\lambda\varkappa} \right);$$

dabei wurde die Tatsache benutzt, daß im Vakuum $F_{\lambda k} = \mu_0 H_{\lambda k}$ gilt (vgl. (11.1.16)). Also erhalten wir für f^ν die Beziehung

$$f^\nu = \sum_\varkappa \frac{\partial}{\partial x^\varkappa} \left(\sum_\sigma \sum_\lambda g^{\nu\sigma}\, F_{\lambda\sigma}\, H^{\lambda\varkappa} \right) - \frac{1}{4} \sum_\sigma g^{\nu\sigma} \frac{\partial}{\partial x^\sigma} \left(\sum_\lambda \sum_\varkappa H^{\lambda\varkappa}\, F_{\lambda\varkappa} \right). \tag{11.4.13}$$

Diese Beziehung stimmt mit (11.4.12) überein, wenn wir (nach Veränderung der Summationsindizes)

$$T^{\mu\nu} = \sum_\lambda \sum_\varkappa g_{\lambda\varkappa}\, F^{\varkappa\nu}\, H^{\lambda\mu} - \frac{g^{\mu\nu}}{4} \sum_\lambda \sum_\varkappa F_{\lambda\varkappa}\, H^{\lambda\varkappa} \tag{11.4.14}$$

setzen.

Der Tensor $(T^{\mu\nu})$, den wir, dem allgemeinen Gebrauch folgend, Energie-Impuls-Tensor nennen, ist offenbar symmetrisch gebaut. Um seine Bedeutung zu erkennen, schreiben wir zunächst seine Komponenten aufgrund von (11.1.12) und (11.1.14) in Ausdrücke der gewöhnlichen Feldstärkevektoren um. Ersichtlich gilt für den Faktor von $g^{\mu\nu}$ im zweiten Glied von (11.4.14)

$$-\frac{1}{4} \sum_\lambda \sum_\varkappa F_{\lambda\varkappa}\, H^{\lambda\varkappa} = \frac{1}{2} (\boldsymbol{E}\,\boldsymbol{D} - \boldsymbol{B}\,\boldsymbol{H}).$$

In gleicher Weise gilt, wie auch ein Vergleich mit (7.4.6) zeigt,

$$T^{11} = (E_x D_x - B_y H_y - B_z H_z) - \frac{1}{2}(\boldsymbol{E} \boldsymbol{D} - \boldsymbol{B} \boldsymbol{H}) =$$

$$= E_x D_x + B_x H_x - \frac{1}{2}(\boldsymbol{E} \boldsymbol{D} + \boldsymbol{B} \boldsymbol{H}) = T_{xx},$$

$$T^{12} = E_y D_x + B_x H_y = E_x D_y + B_y H_x = T_{xy},$$

ferner wegen (7.3.5) bzw. (7.4.11)

$$T^{14} = \frac{1}{c_0}(E_z H_y - E_y H_z) = -\frac{1}{c_0}(\boldsymbol{E} \times \boldsymbol{H})_x = -\frac{S_x}{c_0} = -c_0 j_{Sx}$$

und schließlich wegen Definition der Energiedichten im Abschnitt 7.3

$$T^{44} = -\frac{1}{2}(\boldsymbol{E} \boldsymbol{D} + \boldsymbol{B} \boldsymbol{H}) = -(u_{el} + u_m) = -u.$$

Daher können wir den Energie-Impuls-Tensor im Vakuum in der Form

$$(T^{\mu\nu}) = \begin{pmatrix} T_{xx} & T_{xy} & T_{xz} & -S_x/c_0 \\ T_{yx} & T_{yy} & T_{yz} & -S_y/c_0 \\ T_{zx} & T_{zy} & T_{zz} & -S_z/c_0 \\ -c_0 j_{Sx} & -c_0 j_{Sy} & -c_0 j_{Sz} & -u \end{pmatrix},$$

$$(T_{\mu\nu}) = \begin{pmatrix} T_{xx} & T_{xy} & T_{xz} & S_x/c_0 \\ T_{yx} & T_{yy} & T_{yz} & S_y/c_0 \\ T_{zx} & T_{zy} & T_{zz} & S_z/c_0 \\ c_0 j_{Sx} & c_0 j_{Sy} & c_0 j_{Sz} & -u \end{pmatrix} \qquad (11.4.15)$$

anschreiben.

Wir wollen die hier eingeführten Bezeichnungen für die Komponenten dieses Vierertensors noch einmal rechtfertigen, indem wir ihre in (11.4.12) enthaltene physikalische Bedeutung darlegen. Zu diesem Zweck integrieren wir (11.4.12) über ein festgehaltenes räumliches Volumen V und erhalten zunächst für die zeitartige Komponente

$$\int f^4 \, \mathrm{d}V = \int \left(\frac{\partial T^{14}}{\partial x} + \frac{\partial T^{24}}{\partial y} + \frac{\partial T^{34}}{\partial z}\right) \mathrm{d}V + \frac{1}{c_0} \frac{\mathrm{d}}{\mathrm{d}t} \int T^{44} \, \mathrm{d}V. \qquad (11.4.16)$$

Multiplizieren wir diese Gleichung mit c_0, so gibt die linke Seite wegen $c_0 f^4 = \boldsymbol{v} \boldsymbol{k}$ die gesamte Leistung des Feldes an den in V enthaltenen Ladungen an. Die Gleichung muß also identisch sein mit dem Energiesatz (7.3.4) bei Spezialisierung auf das Vakuum, also mit

$$-\frac{\mathrm{d}}{\mathrm{d}t} \int u \, \mathrm{d}V = \int \boldsymbol{v} \boldsymbol{k} \, \mathrm{d}V + \oint S_n \, \mathrm{d}f. \qquad (11.4.17)$$

Dies ist, wie ein Blick auf die Tensordarstellung (11.4.15) zeigt, tatsächlich der Fall.

Entsprechend erhalten wir aus der ersten Komponente der Gleichung (11.4.12) nach Integration über das Volumen V

$$\int f^1 \, \mathrm{d}V = \int \left(\frac{\partial T^{11}}{\partial x} + \frac{\partial T^{21}}{\partial y} + \frac{\partial T^{31}}{\partial z}\right) \mathrm{d}V + \frac{1}{c_0} \frac{\mathrm{d}}{\mathrm{d}t} \int T^{41} \, \mathrm{d}V. \qquad (11.4.18)$$

Hier steht links wegen $f^1 = k_x$ die x-Komponente der resultierenden Kraft $\boldsymbol{K}$ auf alle in V enthaltenen Ladungen. Die Gleichung muß also identisch sein mit der x-Komponente des Impulssatzes (7.4.12), den wir dort

$$\frac{\mathrm{d}}{\mathrm{d}t}(\boldsymbol{J}_K + \boldsymbol{J}_S) = \oint \boldsymbol{T}_n \, \mathrm{d}f \tag{11.4.19}$$

geschrieben haben, indem wir $\boldsymbol{K}$ gleich der zeitlichen Änderung des Impulses $\boldsymbol{J}_K$ der mit den Ladungen verbundenen trägen Massen gesetzt haben. Da $\int T^{41} \, \mathrm{d}V$ wegen (11.4.15) bis auf den Faktor $-c_0$ die x-Komponente des in V enthaltenen Strahlungsimpulses bedeutet, stimmt die x-Komponente von (11.4.19) tatsächlich mit (11.4.18) überein.

Solange keine Ladungen vorhanden sind, ist auch die in der Beziehung (11.4.12) stehende Kraftdichte gleich Null. Betrachten wir beispielsweise eine im Vakuum fortschreitende Strahlung, die zu einer früheren Zeit von einer Lichtquelle emittiert worden ist. Dann erfüllt der Energie-Impuls-Tensor im ganzen Bereich eines solchen Wellenzugs die Gleichung

$$\sum \frac{\partial T^{\mu\nu}}{\partial x^\mu} = 0. \tag{11.4.20}$$

Wir wollen hieran anknüpfend den folgenden Satz beweisen: Ein vierdimensionaler Tensor mit dem Komponenten $T^{\mu\nu}$ sei nur in einem endlichen Raumgebiet von Null verschieden und sei hier, im Sinn der Gleichung (11.4.20), überall quellenfrei. Dann hat das über den ganzen Raum erstreckte Integral

$$\int T^{\nu 4} \, \mathrm{d}V \tag{11.4.21}$$

den Charakter der (kontravarianten) Komponente eines Vierervektors. Für den speziellen Fall unseres oben betrachteten elektromagnetischen Tensors $(T^{\mu\nu})$ bedeutet dies, daß das c_0-fache des Gesamtimpulses und die Gesamtenergie eines abgeschlossenen Wellenzuges

$$\left.\begin{aligned} c_0 J_x &= -\int T^{14} \, \mathrm{d}V, & c_0 J_y &= -\int T^{24} \, \mathrm{d}V, \\ c_0 J_z &= -\int T^{34} \, \mathrm{d}V, & U &= -\int T^{44} \, \mathrm{d}V \end{aligned}\right\} \tag{11.4.22}$$

sich beim Übergang zu einem bewegten Koordinatensystem wie die vier Komponenten eines Vierervektors transformieren.

Zum Beweis leiten wir zunächst einen Hilfssatz ab: Es sei (A^ν) ein Vierervektor, dessen Divergenz überall verschwindet, und der ebenfalls nur in einem endlichen Raumbereich von V verschieden ist. Aus der Quellenfreiheit von (A^ν) folgt zunächst mit der vierdimensionalen Verallgemeinerung des Gaußschen Satzes

$$\int \sum_\nu \frac{\partial A^\nu}{\partial x^\nu} \mathrm{d}x^1 \, \mathrm{d}x^2 \, \mathrm{d}x^3 \, \mathrm{d}x^4 = \int (A)^n \, \mathrm{d}f = 0, \tag{11.4.23}$$

wobei die Integration über die Oberfläche irgendeines vierdimensionalen Weltgebietes zu erstrecken ist. Als solches wählen wir nun speziell ein Weltgebiet, das begrenzt wird von den beiden Räumen $x^4 = \text{const}$ und $x^{4'} = \text{const}$, d.h. also von zwei gleichzeitigen Querschnitten durch die von unserem Strahlungsfeld erfüllte Weltröhre, wobei die Gleichzeitigkeit einmal im Sinn des ersten (ungestrichenen) Beobachters und das andere Mal im Sinn des zweiten (gestrichenen) Beobachters zu verstehen ist. Für diesen ausgesonderten Weltbereich ergibt nun der Gaußsche Satz (11.4.23) die Aussage

$$\int A^4 \, \mathrm{d}x^1 \, \mathrm{d}x^2 \, \mathrm{d}x^3 = \int A^{4'} \, \mathrm{d}x^{1'} \, \mathrm{d}x^{2'} \, \mathrm{d}x^{3'}. \tag{11.4.24}$$

Das über den ganzen dreidimensionalen Raum erstreckte Integral über die zeitliche Komponente des quellenfreien Vierervektors ist also invariant gegenüber einer Lorentz-Transformation.

Mit diesem Hilfssatz können wir den oben angeführten Satz folgendermaßen beweisen: Es sei (p_μ) ein beliebiger, aber räumlich und zeitlich konstanter Vierervektor. Damit bilden wir einen Vektor mit den Komponenten $\sum p_\mu T^{\mu\nu}$, der nun alle Bedingungen unseres Hilfssatzes erfüllt und im besonderen quellenfrei ist, wenn $T^{\mu\nu}$ die Gleichung (11.4.20) befriedigt. Daher muß wegen (11.4.24) die Größe

$$\sum p_\mu \int T^{\mu 4}\, \mathrm{d}V = \sum p_\mu' \int T^{\mu 4'}\, \mathrm{d}V'$$

eine Invariante sein. Da hierbei (p_μ) ein beliebiger Vierervektor ist, muß also $\int T^{\mu 4}\, \mathrm{d}V$ die μ-te Komponente eines Vierervektors sein.

11.5. Die ebene Lichtwelle

In diesem Abschnitt wollen wir die Ergebnisse der relativistischen Elektrodynamik auf den Fall einer ebenen Lichtwelle im Vakuum anwenden. Wir werden dabei eine ganze Anzahl optischer Probleme behandeln, wie das Doppler-Phänomen, die Aberration und die Reflexion am bewegten Spiegel. Wir könnten dies auch ohne Kenntnis der Relativitätstheorie tun, lediglich aufgrund der Maxwell-Gleichungen, da diese ja, wie wir gesehen haben, dem Relativitätspostulat genügen. Die Anwendung der Methoden der Relativitätstheorie bringt jedoch eine wesentliche Vereinfachung mit sich, da schon allein aus den Transformationsformeln der eine Lichtwelle charakterisierenden Größen beim Übergang von einem Koordinatensystem zu einem dagegen bewegten sich die oben erwähnten Probleme unmittelbar ableiten lassen.

Wir beginnen mit der Darstellung einer nach der Richtung $\boldsymbol{n} \equiv (n_x, n_y, n_z)$ fortschreitenden, linear polarisierten Welle der Frequenz ω und der Wellenlänge λ im ungestrichenen System; sie wird beschrieben durch die Gleichungen

$$\boldsymbol{E} = \boldsymbol{E}_0\, \mathrm{e}^{\mathrm{i}\Phi}, \qquad \boldsymbol{B} = \boldsymbol{B}_0\, \mathrm{e}^{\mathrm{i}\Phi}, \tag{11.5.1}$$

mit der Abkürzung

$$\Phi = \omega \left(t - \frac{x\, n_x + y\, n_y + z\, n_z}{c_0} \right) \tag{11.5.2}$$

für die Phase dieser Lichtbewegung, und mit den beiden aufeinander und auf $\boldsymbol{n}$ senkrecht stehenden Amplitudenvektoren $\boldsymbol{E}_0$ und $\boldsymbol{B}_0 = \boldsymbol{n} \times \boldsymbol{E}_0 / c_0$. Vom Standpunkt des gestrichenen Systems wird diese Welle durch die Beziehungen

$$\boldsymbol{E}' = \boldsymbol{E}_0'\, \mathrm{e}^{\mathrm{i}\Phi'}, \qquad \boldsymbol{B}' = \boldsymbol{B}_0'\, \mathrm{e}^{\mathrm{i}\Phi'} \tag{11.5.3}$$

beschrieben, mit der durch

$$\Phi' = \omega' \left(t' - \frac{x'\, n_x' + y'\, n_y' + z'\, n_z'}{c_0} \right) \tag{11.5.4}$$

gegebenen Phase und mit den Amplitudenvektoren $\boldsymbol{E}_0'$ und $\boldsymbol{B}_0' = \boldsymbol{n}' \times \boldsymbol{E}_0'/c_0$.

Wir betrachten zunächst die Transformation der Phase. Diese muß offenbar eine Invariante gegenüber Lorentz-Transformationen sein; denn die Aussage, daß an einem Weltpunkt die Phase gleich 0 bzw. gleich einem ganzen Vielfachen von 2π ist, enthält sicher eine objektive, vom Koordinatensystem unabhängige Konstatierung. Es gilt also

$$\Phi = \Phi' \tag{11.5.5}$$

d.h. Φ muß sich in der Form

$$\Phi = \sum \sum g_{\mu\nu}\, k^\mu x^\nu = \sum k_\nu x^\nu = \sum k^\nu x_\nu \tag{11.5.5a}$$

als skalares Produkt aus dem Vierervektor des Ortes nach (11.1.1) und dem vierdimensionalen Ausbreitungsvektor

$$(k^\nu) = \left(\frac{\omega\, n_x}{c_0},\ \frac{\omega\, n_y}{c_0},\ \frac{\omega\, n_z}{c_0},\ \frac{\omega}{c_0}\right),\quad (k_\nu) = \left(-\frac{\omega\, n_x}{c_0},\ -\frac{\omega\, n_y}{c_0},\ -\frac{\omega\, n_z}{c_0},\ \frac{\omega}{c_0}\right) \tag{11.5.6}$$

anschreiben lassen. Daher müssen bei einer durch (10.6.12) gegebenen Lorentz-Transformation für die Komponenten dieses Ausbreitungsvektors nach (10.6.11) die Transformationsformeln

$$\omega'\, n_x' = \omega \frac{n_x - \beta}{\sqrt{1-\beta^2}},\quad \omega'\, n_y' = \omega\, n_y,\quad \omega'\, n_z' = \omega\, n_z,\quad \omega' = \omega \frac{1 - \beta\, n_x}{\sqrt{1-\beta^2}} \tag{11.5.7}$$

gelten.

Diese Formeln enthalten zunächst die als Doppler-Effekt bekannte Frequenzänderung des von einer bewegten Lichtquelle emittierten Lichtes: Eine im gestrichenen System ruhende Lichtquelle emittiere nach allen Richtungen, d.h. für alle $\boldsymbol{n}'$, die Frequenz $\omega' = \omega_0$. Dann hängt die Frequenz ω für einen Beobachter, gegen den sich die Lichtquelle mit der Geschwindigkeit v parallel zur x-Achse bewegt, von der Beobachtungsrichtung $\boldsymbol{n}$ oder, genauer gesagt, vom Cosinus n_x des Winkels zwischen Beobachtungs- und Bewegungsrichtung ab. Dieser Zusammenhang ergibt sich unmittelbar aus der letzten Gleichung (11.5.7):

$$\omega = \omega_0 \frac{\sqrt{1-\beta^2}}{1 - \beta\, n_x}. \tag{11.5.8}$$

Bewegt sich speziell die Lichtquelle auf den Beobachter zu oder von ihm weg, gilt also $n_x = n_x' = \pm 1$, so erhalten wir

$$\omega = \omega_0 \frac{\sqrt{1-\beta^2}}{1 \mp \beta} = \omega_0 (1 \pm \beta + \cdots). \tag{11.5.8a}$$

Eine neue Aussage bekommen wir für den Fall, daß sich die Lichtquelle senkrecht zur Beobachtungsrichtung bewegt, daß also $n_x = 0$ ist; dann gilt

$$\omega = \omega_0 \sqrt{1-\beta^2}. \tag{11.5.8b}$$

Da diese Frequenzänderung beim transversalen Doppler-Effekt, im Gegensatz zum longitudinalen Effekt, proportional β^2 geht, entzog sie sich wegen ihrer Kleinheit bisher der experimentellen Feststellung.

Die in den ersten drei Gleichungen (11.5.7) enthaltene Aussage über die Änderung der Richtung des Lichtstrahls beim Übergang von einem Koordinatensystem zu einem anderen wird beobachtet als Aberration des von einem Fixstern zur Erde entsandten Lichtes: Ein praktisch unendlich weit entfernter Fixstern ruhe im gestrichenen Koordinatensystem und sende eine Welle in Richtung $\boldsymbol{n}' = (0, 1, 0)$ aus. Im ungestrichenen System eines Beobachters auf der Erde, das sich gegen das gestrichene mit der Geschwindigkeit v in der negativen x-Richtung bewegen möge, ergibt sich dann aus (11.5.7)

$$n_x = \beta,\quad n_y = \frac{\omega'}{\omega} = \frac{1 - \beta\, n_x}{\sqrt{1-\beta^2}} = \sqrt{1-\beta^2},\quad n_z = 0. \tag{11.5.9}$$

Für diesen Beobachter erscheint also die Wellenfront um den Winkel α gekippt, wobei

$$\tan\alpha = \frac{n_x}{n_y} = \frac{\beta}{\sqrt{1-\beta^2}}, \quad \text{also} \quad \sin\alpha = \beta \tag{11.5.10}$$

gilt. Dieses Kippen der Wellenfront ist eine unmittelbare Folge der Einsteinschen Gleichzeitigkeitsdefinition. Im gestrichenen System sind die Phasenebenen, also die Ebenen, längs denen die Phase Φ' zu einer bestimmten Zeit t' einen bestimmten Wert annimmt, Ebenen parallel zur x'-z'-Ebene. Diese Ebenen, als etwas Objektives, vom Koordinatensystem Unabhängiges gedacht, sind jedoch vom Standpunkt des ungestrichenen Systems keine Phasenebenen mehr, da auf ihnen die Phase Φ nicht zur gleichen Zeit in den einzelnen Punkten diesen Wert annimmt; denn zwei Ereignisse (in unserem Fall das Ereignis, daß die Phase in einem bestimmten Raumpunkt einen vorgegebenen Wert annimmt), die in einem System gleichzeitig eintreten, finden in einem anderen System zu verschiedenen Zeiten statt.

Wir betrachten als dritte Anwendung von (11.5.7) die Reflexion einer ebenen Welle an einem bewegten Spiegel, auf der u.a. die thermodynamische Ableitung des Wienschen Verschiebungssatzes der Strahlungstheorie beruht. Sie folgt in einfacher Weise aus der zweimaligen Benützung der Transformationsformeln (11.5.7) bei Berücksichtigung der Tatsache, daß in dem Ruhsystem des Spiegels das normale Reflexionsgesetz gilt. Wir denken uns den Spiegel senkrecht zur x-Achse aufgestellt; er besitze relativ zum ungestrichenen Koordinatensystem (Laborsystem) die Geschwindigkeit v in der positiven x-Richtung. Auf diesen Spiegel treffe von links her eine ebene Lichtquelle der Frequenz ω_0, deren Fortschreitungsrichtung mit der x-Achse den Winkel ϑ_0 einschließen möge. Dann folgen für die Frequenz ω der reflektierten Welle und für den Winkel ϑ zwischen ihrer Forschreitungsrichtung und der x-Achse nach kurzer Zwischenrechnung die Beziehungen

$$\left.\begin{aligned}
\omega &= \omega_0 \frac{1 - 2\beta\cos\vartheta_0 + \beta^2}{1-\beta^2} \approx \omega_0 (1 - 2\beta\cos\vartheta_0)\,, \\
\cos\vartheta &= -\frac{\cos\vartheta_0 - 2\beta + \beta^2\cos\vartheta_0}{1 - 2\beta\cos\vartheta_0 + \beta^2} \approx -\cos\vartheta_0 + 2\beta\sin^2\vartheta_0\,, \\
\sin\vartheta &= \frac{(1-\beta^2)\sin\vartheta_0}{1 - 2\beta\cos\vartheta_0 + \beta^2} \approx \sin\vartheta_0 + 2\beta\sin\vartheta_0\cos\vartheta_0\,;
\end{aligned}\right\} \tag{11.5.11}$$

dabei gelten die in den letzten Ausdrücken enthaltenen nichtrelativistischen Näherungsformeln für den praktisch stets realisierten Fall $\beta \ll 1$.

Von den Transformationseigenschaften der Lichtwelle haben wir bisher nur die Invarianz der Phase gegenüber einer Lorentz-Transformation benutzt. Wir wollen jetzt untersuchen, wie sich die Amplituden der Lichtwelle beim Übergang von einem Koordinatensystem zu einem anderen ändern. Zunächst stellen wir fest, daß wegen der relativistischen Invarianz der Maxwell-Gleichungen in allen Koordinatensystemen die Eigenschaften der Lichtwelle, daß die beiden Feldvektoren $\boldsymbol{E}$ und $c_0\,\boldsymbol{B}$ aufeinander senkrecht stehen und den gleichen Betrag haben, bestehen bleibt. Dies findet mathematisch seinen Ausdruck in der bereits im Abschnitt 11.1 festgestellten Invarianz der Ausdrücke $\boldsymbol{E}\,\boldsymbol{B}$ und $\boldsymbol{E}^2 - c_0^2\,\boldsymbol{B}^2$; für die ebene Lichtwelle haben beide den Wert Null.

Wir wollen nun die Transformation der Amplituden im einzelnen durchführen für den speziellen Fall einer ebenen Welle, bei der sowohl die Wellennormale $\boldsymbol{n}$ wie auch der elektrische Vektor $\boldsymbol{E}$ in der x-y-Ebene liegen, während der Induktionsvektor $\boldsymbol{B}$ in z-Richtung steht. Bezeichnen wir dessen Amplitude mit B_0, so sind die Feldstärken der Welle (11.5.1) gegeben durch

$$B_z = B_0\, e^{i\Phi}, \quad E_x = -\, n_y\, c_0\, B_0\, e^{i\Phi}, \quad E_y = n_x\, c_0\, B_0\, e^{i\Phi}, \tag{11.5.12}$$

während die übrigen Feldkomponenten verschwinden. Entsprechende Formeln gelten im gestrichenen System. Nun bestehen zwischen den ungestrichenen und den gestrichenen Feldkomponenten die Transformationsformeln (11.1.19), aus denen wir mit (11.5.12) die Beziehungen

$$B_0' = \frac{1-\beta\, n_x}{\sqrt{1-\beta^2}}\, B_0\,, \quad n_x'\, B_0' = \frac{n_x-\beta}{\sqrt{1-\beta^2}}\, B_0\,, \quad n_y'\, B_0' = n_y\, B_0 \tag{11.5.13}$$

entnehmen können. Aus diesen Beziehungen folgen einerseits durch Division die auch aus (11.5.7) gewinnbaren Transformationsformeln

$$n_x' = \frac{n_x-\beta}{1-\beta\, n_x}, \quad n_y' = \frac{n_y\sqrt{1-\beta^2}}{1-\beta\, n_x} \tag{11.5.14}$$

für die Richtung der Wellennormale. Andrerseits zeigt ein Vergleich der ersten Gleichung (11.5.13) mit der letzten Gleichung (11.5.7), daß sich die Amplitude B_0 wie die Frequenz ω transformiert, daß also

$$B_0/\omega = B_0'/\omega' \tag{11.5.15}$$

gilt.

Wir gehen nun über zur Betrachtung der Gesamtenergie des Wellenzugs in einem bestimmten endlichen, mit der Welle mitbewegten Volumen:

$$U = \frac{1}{2}\int (\boldsymbol{E}\,\boldsymbol{D} + \boldsymbol{B}\,\boldsymbol{H})\,dV = \int \boldsymbol{E}\,\boldsymbol{D}\,dV. \tag{11.5.16}$$

Wir wollen untersuchen, wie groß die Energie U' des gleichen Wellenzugs ist, betrachtet vom gestrichenen System. Die Transformation der Amplitude haben wir eben kennengelernt. Wir haben jetzt noch diejenige des (bewegten) Volumens abzuleiten. Dabei besteht die Schwierigkeit, daß sich das betrachtete Volumen mit Lichtgeschwindigkeit bewegt, so daß wir ihm kein Ruhvolumen zuschreiben können. Um diese Schwierigkeit zu umgehen, betrachten wir zunächst ein bestimmtes Gebiet vom Ruhvolumen V^0, das sich gegen das ungestrichene Koordinatensystem mit der Geschwindigkeit u unter dem Winkel ϑ gegen die x-Achse bewegt; es hat dann, von diesem aus gesehen, das Volumen

$$V = V^0\sqrt{1-u^2/c_0^2}\,. \tag{11.5.17a}$$

Entsprechend gilt beim Übergang zum gestrichenen System mit der Geschwindigkeit u'

$$V' = V^0\sqrt{1-u'^2/c_0^2}\,. \tag{11.5.17b}$$

Für den Zusammenhang zwischen u' und u folgt aus dem im Abschnitt 10.4c abgeleiteten Additionstheorem der Geschwindigkeiten

$$u'^2 = (u^2 - 2u\,v\cos\vartheta + v^2 - (u\,v/c_0)^2 \sin^2\vartheta)/(1 - (u\,v/c_0^2)\cos\vartheta)^2$$

und damit

$$\sqrt{1 - u'^2/c_0^2} = \sqrt{1 - u^2/c_0^2}\,\sqrt{1 - v^2/c_0^2}/(1 - (u\,v/c_0^2)\cos\vartheta)\,.$$

Daher folgt aus den beiden Formeln (10.5.17) die Beziehung

$$V' = V\frac{\sqrt{1-\beta^2}}{1 - (\beta\,u/c_0)\cos\vartheta}\,.$$

In dieser Gleichung können wir nun ohne Weiteres zur Grenze $u \to c_0$ übergehen und erhalten so endgültig als Transformationsformel für das mit Lichtgeschwindigkeit bewegte Volumen

$$V' = V\frac{\sqrt{1-\beta^2}}{1 - \beta\cos\vartheta} = V\frac{\sqrt{1-\beta^2}}{1 - \beta\,n_x}\,. \tag{11.5.18}$$

Vergleichen wir diesen Ausdruck mit der Transformationsformel für die Frequenz in (11.5.7), so sehen wir, daß sich V wie $1/\omega$ transformiert, daß also $V\omega$ eine Invariante ist. Wir erkennen somit aus (11.5.16), daß sich U wie ω transformieren muß, so daß wir die Beziehung

$$U/\omega = U'/\omega' \tag{11.5.19}$$

erhalten. Die von verschiedenen Beobachtern gemessenen Energien eines Wellenzug verhalten sich also wie die von diesen Beobachtern konstatierten Frequenzen.

Dieses Ergebnis ist von besonderem Interesse im Hinblick auf die Lichtquantentheorie, nach der sich das Licht bei energetischer Wechselwirkung mit der Materie so verhält, als wenn es aus einzelnen Lichtquanten der Größe $h\nu = \hbar\omega$ besteht, wobei $h = 2\pi\hbar$ die Plancksche Konstante bedeutet. Denken wir uns etwa den Wellenzug durch Z derartige Lichtquanten ersetzt, so gilt $U = Zh\nu$. Die Invarianz der Größe U/ω besagt also, daß auch das Produkt Zh eine Invariante sein muß. Da Z als eine Anzahl naturgemäß eine Invariante ist, folgt aus unserem Ergebnis (11.5.19), daß die Plancksche Konstante h gegenüber einer Lorentz-Transformation invariant ist.

Neben der Gesamtenergie betrachten wir den Gesamtimpuls einer ebenen Lichtwelle, der dem Betrag und der Richtung nach durch den Ausdruck

$$\boldsymbol{J} = \int \boldsymbol{j}_S\,\mathrm{d}V = \frac{1}{c_0^2}\int \boldsymbol{E}\times\boldsymbol{H}\,\mathrm{d}V = \frac{\boldsymbol{n}}{c_0}\int \boldsymbol{E}\boldsymbol{D}\,\mathrm{d}V = \frac{\boldsymbol{n}\,U}{c_0} \tag{11.5.20}$$

gegeben ist. Daher können wir $\boldsymbol{J}$ und U/c_0 zu einem Vierervektor zusammenfassen und dessen Komponenten unter Verwendung des durch (11.5.6) definierten Ausbreitungsvektors (k^ν) als

$$J^\nu = k^\nu\,U/\omega \tag{11.5.21}$$

anschreiben. Es ist bemerkenswert, daß $\sum k_\nu k^\nu$ wegen $\boldsymbol{n}^2 = 1$ verschwindet. Ebenso gilt natürlich $\sum J_\nu J^\nu = 0$, und diese Bedingung ist wiederum mit der Beziehung $J = U/c_0$ identisch.

11.6. Das Strahlungsfeld eines bewegten Elektrons

Als spezielle Anwendung der vorstehenden Überlegungen über den Energie- und Impulsinhalt von Wellenzügen betrachten wir die Ausstrahlung eines beliebig bewegten Elektrons. Wir haben diese Ausstrahlung bereits im Abschnitt 9.4 untersucht und dabei für den Fall, daß das Elektron zur Zeit der Emission gerade ruht, als zeitliche Änderung seiner Energie U^0 in diesem Moment die Beziehungen

$$\frac{\mathrm{d}U^0}{\mathrm{d}t} = -\mathscr{S} = -\frac{e^2\,\dot{\boldsymbol{v}}_0^2}{6\pi\,\varepsilon_0\,c_0^3} \tag{11.6.1}$$

gefunden. Und da in diesem Moment die Ausstrahlung in die Richtung $\boldsymbol{n}$ genauso stark ist wie in die Richtung $-\boldsymbol{n}$, kann sich in diesem Moment der Impuls $\boldsymbol{J}^0$ des Elektrons nicht ändern, so daß also neben (11.6.1)

$$\frac{\mathrm{d}\boldsymbol{J}^0}{\mathrm{d}t} = 0 \tag{11.6.2}$$

gilt.

Wir wollen nun aus diesen Beziehungen heraus den Energie- und Impulsverlust für ein Elektron berechnen, das sich zur Zeit der Emission mit der Geschwindigkeit $\boldsymbol{v}$ bewegt. Dies gelingt uns dadurch, daß wir zunächst die für das Ruhsystem des Elektrons gültigen Formeln (11.6.1) und (11.6.2) in Anlehnung an (11.5.21) in den Viererformalismus umschreiben und dann diese Formeln auf ein dagegen bewegtes Koordinatensystem übertragen. Hierzu fassen wir unter Einführung der Eigenzeit τ des Elektrons $-\,\mathrm{d}U^0$ und $-\,\mathrm{d}\boldsymbol{J}^0$ als Energie und Impuls desjenigen Teils des Strahlungsfeldes auf, der während der Zeit $\mathrm{d}\tau$ emittiert wurde. Da sich dieser Teil des Feldes unabhängig vom übrigen Feld ausbreitet und nicht mit der vorher oder nachher emittierten Strahlung interferiert, dürfen wir ihn als abgeschlossenen Wellenzug auffassen. Für einen solchen bilden aber nach Abschnitt 11.4 Impuls und Energie einen Vierervektor, den wir in unserem Fall in Analogie zu (11.5.21) als $(-\,\mathrm{d}J^{0\nu})$ bezeichnen. Dann können wir die beiden Gleichungen (11.6.1) und (11.6.2) zu der einen vierdimensionalen Gleichung mit den Komponenten

$$\frac{\mathrm{d}J^\nu}{\mathrm{d}\tau} = -\frac{e^2\,\dot{\boldsymbol{v}}_0^2}{6\pi\,\varepsilon_0\,c_0^5}\,u^\nu \tag{11.6.3}$$

zusammenfassen, die im Ruhsystem ($u^1 = u^2 = u^3 = 0,\ u^4 = c_0$) in das Gleichungssystem (11.6.1) und (11.6.2) übergeht.

Wir haben jetzt die Beschleunigung $\dot{\boldsymbol{v}}_0$ im Ruhsystem durch die Beschleunigung $\dot{\boldsymbol{v}}$ in einem beliebigen System auszudrücken. Dazu erinnern wir uns an die Ausführungen im Abschnitt 10.5. Dort hatten wir die Beschleunigung als raumartigen Vektor erkannt, so daß wir bei Verwendung von (10.5.17) nunmehr

$$\dot{\boldsymbol{v}}_0^2 = -\sum b_\nu^0\,b^{0\nu} = -\sum b_\nu\,b^\nu = \frac{\dot{\boldsymbol{v}}^2 - (\boldsymbol{v}\times\dot{\boldsymbol{v}})^2/c_0^2}{(1-\beta^2)^3} \tag{11.6.4}$$

schreiben können. Setzen wir diesen Ausdruck in (11.6.3) ein, so erhalten wir in gewöhnlicher Schreibweise nach Einführung der Zeit t anstelle der Eigenzeit τ wegen $d\tau = dt\sqrt{1-\beta^2}$ die beiden Beziehungen

$$\frac{dU}{dt} = -\frac{e^2}{6\pi\varepsilon_0 c_0^3}\frac{\dot{\boldsymbol{v}}^2 - (\boldsymbol{v}\times\dot{\boldsymbol{v}})^2/c_0^2}{(1-\beta^2)^3}, \quad \frac{d\boldsymbol{J}}{dt} = -\frac{e^2\boldsymbol{v}}{6\pi\varepsilon_0 c_0^5}\frac{\dot{\boldsymbol{v}}^2 - (\boldsymbol{v}\times\dot{\boldsymbol{v}})^2/c_0^2}{(1-\beta^2)^3}. \quad (11.6.5)$$

Zu der Formel (9.4.12) im Fall $\boldsymbol{v} = 0$ tritt also jetzt, wie dort bereits angegeben, beim bewegten Elektron ein Faktor $(1-\beta^2\sin^2\gamma)/(1-\beta^2)^3$ hinzu, wobei γ gleich dem Winkel zwischen den Richtungen der beiden Vektoren $\boldsymbol{v}$ und $\dot{\boldsymbol{v}}$ ist.

Wir wollen noch kurz die Nebenbedingung betrachten und relativistisch invariant formulieren, welche die Differentiation im Abschnitt 9.4 so umständlich machte, nämlich die durch die Retardierung bedingte Vorschrift, daß für das Feld an einer Stelle $\boldsymbol{r}$ zur Zeit t der Elektronenort und sein Bewegungszustand zur Zeit $t' = t - |\boldsymbol{r}-\boldsymbol{r}'|/c_0$ maßgebend sind. Diese Vorschrift ist identisch mit der Forderung

$$R^2 \equiv \sum R_\nu R^\nu = c_0^2(t-t')^2 - (\boldsymbol{r}-\boldsymbol{r}')^2 = 0, \quad (11.6.6)$$

wenn R^ν die Komponenten des vierdimensionalen Abstandsvektors vom Quellpunkt zum Aufpunkt, also

$$(R^\nu) = (x-x', y-y', z-z', c_0(t-t')) \quad (11.6.7)$$

bedeuten.

Hätten wir versucht, das im Abschnitt 9.4 behandelte Problem der Feldberechnung für ein beliebig bewegtes Elektron direkt unter Verwendung der Viererschreibweise im Anschluß an die Formeln des Abschnitts 11.1 zu lösen und dabei im besonderen von der Potentialgleichung (11.1.18) auszugehen, so wären wir dabei auf beträchtliche mathematische Schwierigkeiten gestoßen: Der Kernpunkt der Lösung im dreidimensionalen Fall war die Anwendung des Greenschen Satzes mit der Grundlösung $f = 1/r$ der Laplaceschen Differentialgleichung $\Delta f = 0$ für alle r-Werte außer $r = 0$. Das vierdimensionale Gegenstück zu f bildet die Funktion $F = 1/R^2$ als Lösung von $\Box F = 0$, wobei (R^ν) wie oben den vierdimensionalen Abstandsvektor bedeutet. Bei der Anwendung des Greenschen Satzes im vierdimensionalen Fall treten jedoch, im Gegensatz zum dreidimensionalen Fall, unendlich große Beiträge von den Oberflächenintegralen auf; denn die Potentiale verschwinden nicht für $t \to \infty$, und zwar wegen der Konstanz der Gesamtladung im Raum, die auch nach unendlich langer Zeit ein Feld bedingt. Eine weitere Schwierigkeit liegt darin, daß die Grundlösung $1/R^2$ im Vierdimensionalen nicht nur, wie die Lösung $1/r$ im Dreidimensionalen, am Ort des Quellpunktes, also bei $r = 0$, unendlich groß wird, sondern auch auf der dreidimensionalen „Kegelfläche“ $R^2 = c_0^2 t^2 - r^2$. Man muß somit hier andere Integrationsmethoden zur Lösung der vierdimensionalen Potentialgleichung heranziehen bzw. auf das in den Abschnitten 9.3 und 9.4 geschilderte Lösungsverfahren zurückgreifen.

Aufgaben zum 11. Kapitel

1. Man kann aus den Komponenten eines vierdimensionalen Tensors, ähnlich wie aus denen eines dreidimensionalen, einige Ausdrücke bilden, die gegenüber der allgemeinen Lorentz-Transformation invariant sind. So wurde im Abschnitt 11.1 direkt gezeigt, daß $\boldsymbol{E}\boldsymbol{B}$ und $E^2 - c_0^2 B^2$ Invarianten des Feldtensors (11.1.12) sind. Welchen Invarianten eines allgemeinen Tensors entsprechen diese Bildungen? Gibt es noch weitere Tensor-Invarianten?

2. Man drücke für ein Medium mit den relativen Materialkonstanten ε und μ, das sich mit der Geschwindigkeit $\boldsymbol{v}$ gegen das Laborsystem bewegt, aufgrund der Formeln (11.1.23) für den Zusammenhang zwischen $\boldsymbol{D}$ und $\boldsymbol{H}$ einerseits, $\boldsymbol{E}$ und $\boldsymbol{B}$ andererseits $\boldsymbol{P}$ und $\boldsymbol{M}$ als Funktionen von $\boldsymbol{E}$ und $\boldsymbol{B}$ aus. Anhand der gefundenen Beziehungen zeige man im besonderen, daß dann im Fall $\mu = 1$, d. h. für ein nicht magnetisierbares Medium, $\boldsymbol{M} = -\boldsymbol{v}\times\boldsymbol{P}$ und im Fall $\varepsilon = 1$, d. h. für ein nichtpolarisierbares Medium, $\boldsymbol{P} = \boldsymbol{v}\times\boldsymbol{M}/c_0^2$ gilt.

12. Die relativistische Mechanik

12.1. Die Mechanik eines Massenpunkts

Wie im 10. Kapitel ausführlich dargelegt wurde, müssen nach dem Einsteinschen Relativitätsprinzip alle Naturgesetze gegenüber Lorentz-Transformationen invariant sein. Diese Forderung ist nach den Ausführungen im 11. Kapitel bei den Maxwellschen Grundgesetzen der Elektrodynamik in überzeugender Weise automatisch erfüllt, nicht aber bei den Newtonschen Bewegungsgleichungen der klassischen Mechanik, die ja invariant gegenüber Galilei-Transformationen sind. Daher können wir diese Bewegungsgleichungen nicht mehr als streng gültige Naturgesetze ansehen, sondern müssen versuchen, sie so abzuändern, daß auch sie dem Einsteinschen Relativitätsprinzip genügen. Bei dieser Abänderung werden wir uns von dem Gesichtspunkt leiten lassen, daß die neuen Bewegungsgleichungen für den Grenzfall kleiner Geschwindigkeiten, d.h. für $v \ll c_0$, in die alten Newtonschen übergehen müssen. Tatsächlich werden sich in diesem Fall alle von der Relativitätstheorie vorausgesagten Abweichungen von der klassischen Mechanik als klein von der Größenordnung $(v/c_0)^2$ gegenüber 1 erweisen.

Wir beginnen mit der Betrachtung der Bewegung eines Massenpunktes in einem vorgegebenen Kraftfeld. Die Newtonschen Bewegungsgleichungen lauten

$$m \frac{\mathrm{d}\boldsymbol{v}}{\mathrm{d}t} = \boldsymbol{K}. \tag{12.1.1}$$

Aus ihnen ergibt sich in bekannter Weise der Energiesatz

$$\frac{\mathrm{d}}{\mathrm{d}t}\left(\frac{m\,v^2}{2}\right) = \boldsymbol{K}\,\boldsymbol{v}, \tag{12.1.2}$$

demzufolge die zeitliche Änderung der kinetischen Energie des Massenpunktes gleich der Arbeitsleistung der Kraft ist. Wir wollen nun überlegen, wie wir diesen beiden Beziehungen eine relativistisch invariante Gestalt geben können. Wir könnten dabei von den Grundgleichungen der Elektrodynamik ausgehen und den dort bereits eingeführten Begriff der Kraftdichte benutzen, deren Transformationsgesetz wir im Abschnitt 11.4 ausführlich diskutiert haben, und dieses Gesetz auf die Kraftdichte der Mechanik übertragen, was nach dem Relativitätsprinzip unbedenklich wäre. Denn die Aussage, daß verschiedene, an einem Massenpunkt angreifende Kräfte im Gleichgewicht stehen, hat ihrer Natur nach einen objektiven, vom jeweiligen Bezugssystem unabhängigen Inhalt, da sonst, bei einer Verschiedenheit der Transformationsgesetze für verschiedene Kraftarten, zwei gegeneinander bewegte Beobachter zu widersprechenden Aussagen über den Gleichgewichtszustand gelangen würden.

Wir wählen aber einen anderen Weg zur Ableitung der in der Relativitätstheorie gültigen Bewegungsgleichungen, nämlich die Umformung der Newtonschen Gleichungen (12.1.1) in die Viererschreibweise. Dazu ersetzen wir die gewöhnliche Geschwindigkeit $\boldsymbol{v}$, wie in (10.5.13), durch die Vierergeschwindigkeit mit den kontravarianten Komponenten

$$(u^\nu) = \left(\frac{v_x}{\sqrt{1-\beta^2}},\ \frac{v_y}{\sqrt{1-\beta^2}},\ \frac{v_z}{\sqrt{1-\beta^2}},\ \frac{c_0}{\sqrt{1-\beta^2}}\right). \tag{12.1.3}$$

Ferner führen wir für das vom Koordinatensystem abhängige Zeitelement $\mathrm{d}t$ das invariante Element $\mathrm{d}\tau$ der Eigenzeit ein. Schließlich kennzeichnen wir auch hier die Trägheit des Massenpunktes durch eine mit ihm verknüpfte invariante Masse, die wir jetzt mit m_0 bezeichnen wollen. Damit erhalten wir die zuerst von Minkowski angegebene vierdimensionale Gestalt der Bewegungsgleichungen

$$m_0 \frac{\mathrm{d}u^\nu}{\mathrm{d}\tau} = K^\nu \,, \tag{12.1.4}$$

wobei nunmehr auf der rechten Seite der Vierervektor (K^ν) auftritt, der oft als Minkowskischer Kraftvektor bezeichnet wird.

Um den physikalischen Inhalt der so abgeänderten Bewegungsgleichung zu übersehen und insbesondere ihren Vergleich mit der Gleichung (12.1.1) zu ermöglichen, ersetzen wir wieder $\mathrm{d}\tau$ durch $\mathrm{d}t\,\sqrt{1-\beta^2}$ und die u^ν durch ihre Werte nach (12.1.3). Damit erhalten wir für die ersten drei Komponenten der Beziehung (12.1.4) die Vektorgleichung

$$m_0 \frac{\mathrm{d}}{\mathrm{d}t}\left(\frac{\boldsymbol{v}}{\sqrt{1-\beta^2}}\right) = \boldsymbol{K} \,, \tag{12.1.5}$$

wenn wir als Zusammenhang zwischen den ersten drei Komponenten der Minkowski-Kraft (K^ν) und dem dreidimensionalen Kraftvektor $\boldsymbol{K}$

$$(K^1, K^2, K^3) = \frac{\boldsymbol{K}}{\sqrt{1-\beta^2}} \tag{12.1.6}$$

annehmen. Um auch die Bedeutung der vierten Komponente K^4 zu erkennen, multiplizieren wir die Bewegungsgleichung (12.1.4) mit u_ν und summieren über alle vier ν-Werte. Wegen der Identität

$$\sum u_\nu u^\nu = c_0^2 \tag{12.1.7}$$

gibt die linke Seite bei dieser Summation Null; also gilt

$$\sum u_\nu K^\nu = 0 \,, \quad \text{d.h.} \quad -\frac{\boldsymbol{K}\,\boldsymbol{v}}{1-\beta^2} + \frac{K^4\,c_0}{\sqrt{1-\beta^2}} = 0 \,.$$

Die vierte Komponente der Minkowski-Kraft hat somit die Bedeutung

$$K^4 = \frac{\boldsymbol{K}\,\boldsymbol{v}/c_0}{\sqrt{1-\beta^2}} \,, \tag{12.1.8}$$

und die vierte Komponente der Bewegungsgleichung (12.1.4) lautet daher

$$m_0 \frac{\mathrm{d}}{\mathrm{d}t}\left(\frac{c_0^2}{\sqrt{1-\beta^2}}\right) = \boldsymbol{K}\,\boldsymbol{v} \,. \tag{12.1.9}$$

Die rechte Seite dieser Gleichung ist identisch mit der rechten Seite der Energie-Gleichung (12.1.2) der klassischen Mechanik. Wir werden daher als Energie unseres Massenpunktes die Größe

$$E = \frac{m_0\,c_0^2}{\sqrt{1-\beta^2}} = \frac{m_0\,c_0^2}{\sqrt{1-v^2/c_0^2}} \tag{12.1.10}$$

zu betrachten haben, da ja die zeitliche Änderung dieser Größe gleich der Leistung der äußeren Kraft ist. Entwickeln wir dieser Energie E nach steigenden Potenzen von $v/c_0 = \beta$, so wird

$$E = m_0 c_0^2 + \frac{1}{2} m_0 v^2 + \cdots . \tag{12.1.11}$$

Wir bezeichnen das erste Glied dieser Entwicklung, also

$$E_0 = m_0 c_0^2 , \tag{12.1.12}$$

als Ruhenergie des Massenpunktes. Sie ist eine bei der ganzen Bewegung nicht veränderliche Größe und hat zunächst für die Kinematik unseres Punktes keine Bedeutung; doch werden wir später sehen, daß auch dieser additiven Konstante eine tiefliegende Bedeutung zukommt. Der zweite Summand in (12.1.11) ist offenbar identisch mit der gewöhnlichen kinetischen Energie der klassischen Mechanik. Daher werden wir jetzt die Größe

$$E - E_0 = m_0 c_0^2 \left(\frac{1}{\sqrt{1-\beta^2}} - 1 \right) \tag{12.1.13}$$

als die kinetische Energie der relativistischen Mechanik bezeichnen, da sie ja für kleine Geschwindigkeiten ($\beta^2 \ll 1$) gleich der kinetischen Energie im alten Sinn wird.

Durch Multiplikation der Ruhemasse m_0 mit der Vierergeschwindigkeit erhalten wir einen neuen Vierervektor mit den Komponenten

$$J^\nu = m_0 u^\nu , \tag{12.1.14}$$

oder auch

$$(J^1, J^2, J^3) = \boldsymbol{J} = \frac{m_0 \boldsymbol{v}}{\sqrt{1-\beta^2}}, \qquad J^4 = \frac{E}{c_0} = \frac{m_0 c_0}{\sqrt{1-\beta^2}} . \tag{12.1.15}$$

Die ersten drei Komponenten von (J^ν) sind also identisch mit dem mechanischen Impulsvektor $\boldsymbol{J}$, die vierte Komponente mit der Größe E/c_0. Der invariante Betrag dieses Vierervektors ist dabei durch

$$\sum J_\nu J^\nu = \frac{E^2}{c_0^2} - \boldsymbol{J}^2 = m_0^2 c_0^2 \tag{12.1.16}$$

gegeben.

Wenn wir im Gegensatz zu den vorstehenden Betrachtungen die Dynamik des Massenpunktes an den Begriff der Kraftdichte anknüpfen wollen, so müssen wir den Massenpunkt zunächst als ein Kontinuum behandeln und diesem Kontinuum eine skalare Ortsfunktion $\mu_{(0)}$ zuschreiben, die dann als Ruhdichte zu bezeichnen ist. Da nach den Ergebnissen der Elektrodynamik die Kraftdichte einen Vierervektor darstellt, erwarten wir als Bewegungsgleichungen die Beziehungen

$$\mu_{(0)} \frac{\mathrm{d}u^\nu}{\mathrm{d}\tau} = k^\nu , \tag{12.1.17}$$

die sich zunächst auf ein hervorgehobenes Massenelement des Kontinuums beziehen. Hat dann die Vierergeschwindigkeit in der ganzen Ausdehnung des Kontinuums den gleichen Wert, so können wir aus (12.1.17) durch Integration über das Volumen die Bewegungsgleichungen für den ganzen Körper ableiten. Denn wenn wir (12.1.17) mit dem Element $\mathrm{d}V^\circ = \mathrm{d}V/\sqrt{1-\beta^2}$ des Ruhvolumens multiplizieren und $\int \mu_{(0)}\,\mathrm{d}V^0 = m_0$ setzen, erhalten wir als Bewegungsgleichung für den ganzen Massenpunkt

$$m_0 \frac{\mathrm{d}u^\nu}{\mathrm{d}\tau} = \frac{1}{\sqrt{1-\beta^2}} \int k^\nu \,\mathrm{d}V. \tag{12.1.18}$$

Führen wir jetzt die resultierende dreidimensionale Kraft durch

$$K_x = \int k^1 \,\mathrm{d}V, \quad K_y = \int k^2 \,\mathrm{d}V, \quad K_z = \int k^3 \,\mathrm{d}V \tag{12.1.19}$$

ein, so erhalten wir bei Berücksichtigung von (12.1.6) wieder die Minkowskischen Bewegungsgleichungen (12.1.4).

Das auffälligste Ergebnis der relativistischen Mechanik besteht in dem Anwachsen der trägen Masse mit der Geschwindigkeit. Wir können nämlich die neuen Gleichungen (12.1.15) für den Impuls auch in der gewohnten Form

$$\boldsymbol{J} = m\,\boldsymbol{v} \tag{12.1.20}$$

schreiben, wenn wir nur hinzufügen, daß die Masse m nach der Formel

$$m = \frac{m_0}{\sqrt{1 - v^2/c_0^2}} \tag{12.1.21}$$

von der Geschwindigkeit abhängt. Offenbar wird sie für kleine Geschwindigkeiten gleich der Ruhmasse m_0, wächst bei endlichem β zunächst quadratisch mit der Geschwindigkeit an und nähert sich schließlich unendlich großen Werten, wenn sich v der Lichtgeschwindigkeit c_0 nähert. Ein solches Verhalten der Masse hatten wir bereits früher im Abschnitt 9.2 bei der Betrachtung des von einem Elektron mitgeführten elektromagnetischen Feldes kennengelernt. Tatsächlich wird ein derartiges Anwachsen der Masse bei sehr schnellen Teilchen, z.B. bei Kathodenstrahlen und im besonderen bei den radioaktiven β-Strahlen, experimentell beobachtet. Vor der Entdeckung der Relativitätstheorie glaubte man, in diesem Befund einen Beweis für den elektromagnetischen Charakter der Massen solcher Teilchen zu erblicken. Nunmehr haben wir gesehen, daß jede träge Masse diese Geschwindigkeitsabhängigkeit besitzt, unabhängig davon, ob ihr Ursprung elektromagnetischer Natur ist oder nicht.

Schließlich sei noch darauf hingewiesen, daß wegen (12.1.15) zwischen dem Impuls $\boldsymbol{J}$ und der Energie E eines Teilchens allgemein der Zusammenhang

$$\boldsymbol{J} = \boldsymbol{v}\,E/c_0^2 \tag{12.1.22}$$

besteht. Bei der Annäherung von v an c_0 nähert sich daher der Impulsbetrag J dem Wert E/c_0. Diese Bemerkung ist wichtig für die Einsteinsche Lichtquantenvorstellung, nach der man die Lichtquanten als Teilchen mit der Energie $h\,\nu$ und dem Impuls $h\,\nu/c_0$ ansehen kann, die mit der Geschwindigkeit c_0 durch den Raum fliegen.

12.2. Die Trägheit der Energie

Wir haben in (12.1.14) den Vierervektor des Impulses (J^ν) kennengelernt, der den gewöhnlichen Impuls $\boldsymbol{J}$ eines einzelnen Massenpunktes und seine Energie E zu einem Vektor zusammenfaßt. Im Ruhsystem des Teilchens, also für $\boldsymbol{v} = 0$, sind die ersten drei Komponenten von J^ν gleich Null, während J_0^4 gleich E_0/c_0 wird, mit der durch (12.1.12) gegebenen Ruhenergie E_0 des Teilchens. Durch eine Lorentz-Transformation auf ein

System, gegen das sich das Teilchen mit der Geschwindigkeit $\boldsymbol{v}$ bewegt, kommen wir zu den mit (63.15) übereinstimmenden Beziehungen

$$\boldsymbol{J} = \frac{\boldsymbol{v}}{\sqrt{1-\beta^2}} \frac{E_0}{c_0^2}, \qquad E = \frac{E_0}{\sqrt{1-\beta^2}}. \tag{12.2.1}$$

In dieser Form sind unsere Ergebnisse einer großen und weitreichenden Verallgemeinerung fähig, die wir jetzt an einigen einfachen Beispielen kennenlernen wollen. Diese Verallgemeinerung besteht in der Behauptung, daß jedes abgeschlossene System, dem die Ruhenergie E_0 zukommt, gleichzeitig eine träge Masse vom Betrag

$$m_0 = \frac{E_0}{c_0^2} \tag{12.2.2}$$

besitzt. Als Ruhenergie ist dabei die gesamte Energie in einem Koordinatensystem definiert, in dem der resultierende Impuls gleich Null ist. Für den speziellen Fall eines rein elektromagnetischen Feldes, und zwar für einen abgegrenzten Strahlungsbereich, wurde die Richtigkeit der Behauptung (12.2.2) bereits im Abschnitt 11.5 bewiesen. Wir werden jetzt an zwei mechanischen Beispielen sehen, daß auch der Wärmeenergie eine Massenträgheit im Sinn der Gleichung (12.2.2) zukommt.

Als erstes Beispiel betrachten wir ein System von Massenpunkten, die elastisch miteinander zusammenstoßen können, also etwa ein Gebilde der Art, wie wir uns in der kinetischen Gastheorie ein ideales Gas vorstellen. Bezeichnen wir die einzelnen Ruhmassen mit $m_{01}, m_{02}, \cdots$ und ihre Geschwindigkeiten mit $\boldsymbol{v}_1, \boldsymbol{v}_2, \cdots$, so gelten bei elastischen Zusammenstößen in der klassischen Mechanik die beiden Erhaltungssätze für Impuls und Energie in der Form

$$\boldsymbol{J} = \sum m_{0s} \boldsymbol{v}_s = \text{const}, \qquad E = \sum m_{0s} \boldsymbol{v}_s^2/2 = \text{const}. \tag{12.2.3}$$

Diese beiden Erhaltungssätze sind in der relativistischen Mechanik zusammengefaßt in dem einen Satz, daß der Vierervektor für den Gesamtimpuls und die Gesamtenergie, also die Komponenten

$$J^\nu = \sum m_{0s} u_s^\nu, \tag{12.2.4}$$

zeitlich konstant sind. In dreidimensionaler Schreibweise gilt also der Erhaltungssatz für

$$\boldsymbol{J} = \sum \frac{m_{0s} \boldsymbol{v}_s}{\sqrt{1-(v_s/c_0)^2}}, \qquad E = \sum \frac{m_{0s} c_0^2}{\sqrt{1-(v_s/c_0)^2}}. \tag{12.2.5}$$

Wir betrachten jetzt speziell unser Gas in einem System, in dem es als Ganzes ruht, d.h. in dem der mechanische Impuls $\boldsymbol{J}_0 = 0$ ist. Wenn in diesem System das s-te Gasmolekül die Geschwindigkeit $\boldsymbol{v}_{0s}$ hat, so besitzt in ihm die Energie den Wert

$$E_0 = \sum \frac{m_{0s} c_0^2}{\sqrt{1-(v_{0s}/c_0)^2}}. \tag{12.2.6}$$

Betrachten wir nun das Gas von einem System aus, gegen das es sich als Ganzes mit der Geschwindigkeit $\boldsymbol{v}$ bewegt, so folgt aus den bekannten Transformationsformeln für den Impuls in diesem System

$$\boldsymbol{J} = \frac{\boldsymbol{v}\, E_0/c_0^2}{\sqrt{1-(v/c_0)^2}} = \frac{\boldsymbol{v}\, M_0}{\sqrt{1-\beta^2}}, \tag{12.2.7}$$

wenn wir dem gesamten Gas eine Ruhmasse der Größe

$$M_0 = \frac{E_0}{c_0^2} = \sum \frac{m_{0s}}{\sqrt{1 - (v_{0s}/c_0)^2}} \tag{12.2.8}$$

zuschreiben.

Fassen wir das Gas nun nicht als mechanisches System auf, sondern vom Standpunkt der makroskopischen Wärmelehre als einen ausgedehnten Körper mit einem bestimmten Wärmeinhalt, so ändert sich an unserer Betrachtung natürlich nicht das Geringste. Wir erkennen aber an der Formel (12.2.8), daß in der Ruhmasse des ganzen Gases nicht allein die Ruhmassen der einzelnen Moleküle enthalten sind, sondern überdies ihre gesamte kinetische Energie, die makroskopisch mit dem Wärmeinhalt des Gases gleichbedeutend ist.

Wir wollen dieses wichtige Ergebnis noch auf einem etwas anderen Weg begründen, nämlich mit Hilfe des Einsteinschen Additionstheorems der Geschwindigkeiten, durch das wir ohne Verwendung des Energiebegriffs zum gleichen Resultat gelangen werden. Wir benutzen die gleichen Bezeichnungen wie früher, setzen jedoch einfachheitshalber fest, daß sich das Gas im zweiten System (Laborsystem) mit der Geschwindigkeit v in x-Richtung bewegen möge. Wir wenden nun das Additionstheorem an zur Berechnung der Geschwindigkeiten v_s im Laborsystem aus den Geschwindigkeiten v_{0s} im Ruhsystem des Gases. Wir haben dafür in (10.4.6) die Beziehungen

$$v_{sx} = \frac{v_{0sx} + v}{1 + v_{0sx}\, v/c_0^2}, \qquad v_{sy} = \frac{v_{0sy}\sqrt{1 - (v/c_0)^2}}{1 + v_{0sx}\, v/c_0^2} \tag{12.2.9}$$

abgeleitet, woraus

$$\sqrt{1 - (v_s/c_0/^2} = \frac{\sqrt{1 - (v_{0s}/c_0)^2}\,\sqrt{1 - (v/c_0)^2}}{1 + v_{0sx}\, v/c_0^2} \tag{12.2.10}$$

folgt, wie leicht nachzurechnen ist. Nun ist der Gesamtimpuls in einem beliebigen System durch die erste Formel (12.2.5) gegeben. Setzen wir hier die Werte aus (12.2.9) und (12.2.10) ein, so erhalten wir bei Berücksichtigung von (12.2.8) wegen $J_0 = 0$

$$J_x = \sum \frac{m_{0s}(v_{0sx} + v)}{\sqrt{1 - (v_{0s}/c_0)^2}\,\sqrt{1 - (v/c_0)^2}} = \frac{M_0\, v}{\sqrt{1 - (v/c_0)^2}}, \quad J_y = 0, \quad J_z = 0, \tag{12.2.11 a}$$

also genau die in (12.2.7) angegebene Impulsbeziehung. Entsprechend folgt für die Gesamtenergie E der Ausdruck

$$E = \sum \frac{m_{0s}\, c_0^2 (1 + v_{0sx}\, v/c_0^2)}{\sqrt{1 - (v_{0s}/c_0)^2}\,\sqrt{1 - (v/c_0)^2}} = \frac{M_0\, c_0^2}{\sqrt{1 - (v/c_0)^2}}. \tag{12.2.11 b}$$

Für den Spezialfall, daß die thermische Energie allein in kinetischer Energie der freien Gasatome besteht, haben wir somit die Beziehung (12.2.2) gerechtfertigt. Das Gas wird als Ganzes tatsächlich schwerer, wenn die mittlere kinetische Energie der Atome vergrößert wird.

Wir wollen uns nunmehr an einem zweiten Beispiel überzeugen, daß diese Trägheitseigenschaft der Wärmeenergie ganz unabhängig von jeder molekularen Vorstellung über den Mechanismus der Wärmebewegung sein muß. Wir betrachten jetzt speziell einen unelastischen Zusammenstoß zweier Teilchen, und zwar den Fall, daß zwei materielle Teilchen in solcher Weise zusammenstoßen, daß sie nach dem Stoß miteinander vereinigt bleiben. Vom Standpunkt der Newtonschen Mechanik wird dieser Vorgang durch den Satz von der Erhaltung des Impulses beschrieben. Sind etwa m_1

und m_2 die Massen der beiden Teilchen, $\mathfrak{v}_1$ und $\mathfrak{v}_2$ ihre Geschwindigkeiten vor dem Stoß und $\mathfrak{v}$ ihre gemeinsame Geschwindigkeit nach dem Stoß, so besagt der Impulssatz

$$m_1 \mathfrak{v}_1 + m_2 \mathfrak{v}_2 = (m_1 + m_2)\, \mathfrak{v}\,. \tag{12.2.12}$$

Der Energiesatz der klassischen Mechanik gilt jetzt natürlich nicht mehr; vielmehr geht beim Zusammenstoß mechanische Energie durch Umwandlung in Wärmeenergie verloren. Der Betrag W dieser umgewandelten Energie ist gleich der Differenz der kinetischen Energien vor und nach dem Stoß; wegen (12.2.12) gilt also

$$2\,W = m_1 \mathfrak{v}_1^2 + m_2 \mathfrak{v}_2^2 - (m_1 + m_2)\,\mathfrak{v}^2 = \frac{m_1 m_2}{m_1 + m_2} (\mathfrak{v}_1 - \mathfrak{v}_2)^2. \tag{12.2.13}$$

Man könnte hier versucht sein, den Erhaltungssatz (12.2.12) der Newtonschen Mechanik einfach relativistisch umzuschreiben, und zwar unter Einführung der Ruhmassen m_{01} und m_{02}, sowie der Vierergeschwindigkeiten u_1^ν und u_2^ν bzw. u^ν in die Form

$$m_{01} u_1^\nu + m_{02} u_2^\nu = (m_{01} + m_{02})\, u^\nu.$$

Diese Schreibweise wäre zwar relativistisch invariant, ist aber unsinnig; denn die vier Geschwindigkeitskomponenten u^ν werden durch diese vier Gleichungen überbestimmt, da zwischen ihnen stets die Beziehung $\sum u_\nu u^\nu = c_0^2$ bestehen muß.

Eine widerspruchsfreie vierdimensionale Gestalt können wir daher dem Impulssatz nur dann geben, wenn wir zulassen, daß die Ruhmasse m_0 der beiden nach dem Stoß vereinigten Teilchen von der Summe $m_{01} + m_{02}$ ihrer Ruhmassen vor dem Stoß verschieden ist. Dann lautet der Impulssatz in der vierdimensionalen Schreibweise

$$m_{01} u_1^\nu + m_{02} u_2^\nu = m_0\, u^\nu. \tag{12.2.14}$$

Gegenüber (12.2.12) haben wir damit eine wesentlich neue Aussage gewonnen. Während die drei Gleichungen (12.2.12) als Gleichungen für die drei Komponenten der Geschwindigkeit $\mathfrak{v}$ nach dem Stoß anzusehen sind, ist jetzt in (12.2.14) eine vierte Gleichung für die Ruhmasse der beiden zusammenstoßenden Kugeln nach ihrer Vereinigung hinzugetreten. Die vier Gleichungen (12.2.14) lauten in der dreidimensionalen Schreibweise

$$\left.\begin{aligned} \frac{m_{01}\mathfrak{v}_1}{\sqrt{1-(v_1/c_0)^2}} + \frac{m_{02}\mathfrak{v}_2}{\sqrt{1-(v_2/c_0)^2}} &= \frac{m_0\mathfrak{v}}{\sqrt{1-(v/c_0)^2}}, \\ \frac{m_{01}}{\sqrt{1-(v_1/c_0)^2}} + \frac{m_{02}}{\sqrt{1-(v_2/c_0)^2}} &= \frac{m_0}{\sqrt{1-(v/c_0)^2}}. \end{aligned}\right\} \tag{12.2.15}$$

Daraus folgt durch Elimination von $\mathfrak{v}$ für die resultierende Masse die Beziehung

$$m_0^2 = (m_{01} + m_{02})^2 + 2 m_{10} m_{20} \left(\frac{1 - \mathfrak{v}_1 \mathfrak{v}_2/c_0^2}{\sqrt{1-(v_1/c_0)^2}\,\sqrt{1-(v_2/c_0)^2}} - 1 \right),$$

bzw. durch Entwicklung nach Potenzen v_1/c_0 und v_2/c_0 und Mitnahme bis zu den in den v_j/c_0 quadratischen Gliedern

$$m_0 = m_{01} + m_{02} + \frac{m_{01} m_{02} (\mathfrak{v}_1 - \mathfrak{v}_2)^2}{2\,(m_{01} + m_{02})\, c_0^2} = m_{01} + m_{02} + \frac{W}{c_0^2}, \tag{12.2.16}$$

mit dem durch (12.2.13) gegebenen Wert W für die beim Zusammenstoß in Wärme umgewandelte kinetische Energie der beiden stoßenden Teilchen. Übrigens ist es nicht wesentlich, daß diese kinetische Energie überhaupt in Wärme umgewandelt wird. Sie könnte z.B. nach der Vereinigung der beiden Teilchen in Form einer Rotationsenergie der zwei Teilchen um den gemeinsamen Schwerpunkt vorhanden sein. Auch in diesem Fall müßte sie sich als Zuwachs in der Massenträgheit bemerkbar machen.

Als weiteres Beispiel für die Trägheit der Energie betrachten wir einen Körper von der Ruhmasse M, der im Lauf eines endlichen Zeitabschnitts die Energie δE in Form von elektromagnetischer Strahlung (Licht- oder Wärmestrahlung) aussendet. Und zwar soll diese Ausstrahlung in solcher Weise symmetrisch zum ausstrahlenden Körper erfolgen, daß der resultierende Impuls der ausgestrahlten Energie gleich Null ist. Die Strahlung kann also etwa in Form einer Kugelwelle oder auch (bei einem plattenförmigen Körper) in Form von zwei ebenen, in entgegengesetzten Richtungen laufenden Wellenzügen ausgestrahlt werden. Es ist klar, daß der anfangs ruhende Körper auch nach dieser Ausstrahlung in Ruhe bleibt.

Wir betrachten nun diesen Vorgang von einem Koordinatensystem aus, gegen das sich der Körper mit der Geschwindigkeit $\boldsymbol{v}$ bewegt. In diesem Koordinatensystem besitzt die Strahlung nach den Transformationsformeln für Vierervektoren einen Gesamtimpuls von der Größe

$$\delta \boldsymbol{J} = \frac{\boldsymbol{v}\, \delta E/c_0^2}{\sqrt{1-\beta^2}}. \tag{12.2.17}$$

Während der Aussendung der Strahlung hat also der Körper diesen Impuls abgegeben, ohne dabei seine Geschwindigkeit zu ändern. Dies ist nur dadurch möglich, daß der Körper seine Ruhmasse geändert hat. Bezeichnen wir mit M' die Ruhmasse des Körpers nach Emission der Strahlung, so fordert der Impulssatz

$$\frac{M\boldsymbol{v}}{\sqrt{1-\beta^2}} = \frac{M'\boldsymbol{v}}{\sqrt{1-\beta^2}} + \frac{\boldsymbol{v}\, \delta E/c_0^2}{\sqrt{1-\beta^2}},$$

oder auch

$$M' = M - \delta E/c_0^2. \tag{12.2.18}$$

Die Masse des Körpers hat also wirklich um das $1/c_0^2$-fache der von ihm emittierten Energie abgenommen. Im Sinn unserer an die Spitze gestellten Gleichung (12.2.2) ist es für dieses Ergebnis ganz gleichgültig, ob die Energie δE vor der Emission im Körper in Form von Wärmeenergie oder von elektrischer Feldenergie oder auch von mechanischer Energie aufgespeichert war. Dieses Beispiel ist im besonderen deswegen von Interesse, weil Einstein mit seiner Hilfe zum erstenmal den Satz von der Trägheit der Energie als allgemeines Naturgesetz ableitete.

Besonders deutlich und experimentell gut meßbar erscheint die Trägheit der Energie bei den Kernreaktionen, wie etwa beim radioaktiven Zerfall. Bei diesen Reaktionen stimmt erfahrungsgemäß die Summe M der Ruhmassen der am Prozess beteiligten Teilchen vor dem Prozeß im allgemeinen nicht überein mit ihrer Summe M' nach dem Prozeß. Die Differenz $(M-M')\,c_0^2$ gibt die beim Prozeß frei werdende Energie oder, besser gesagt, die Differenz der gesamten Ruhenergien und kinetischen Energien vor und nach dem Prozeß. In ähnlicher Weise sind die Massendefekte bei den Atomgewichten, also der Unterschied zwischen den Massen des Gesamtkerns und seiner einzelnen Bestandteile, auf deren Bindungsenergie zurückzuführen.

12.3. Die mechanischen Spannungen

Wir gehen jetzt zur weiteren Ausgestaltung der relativistischen Mechanik über. Dabei wollen wir uns damit begnügen, anhand zweier konkreter Probleme einige wichtige Fragen aus der relativistischen Dynamik zu behandeln. Das erste dieser beiden Probleme ist die bereits im Abschnitt 9.2 berührte Frage nach der Energie-Impuls-Bilanz beim Elektron, das zweite bezieht sich auf den negativen Ausfall des im Abschnitt 9.1 beschriebenen Versuches von Trouton und Noble.

a) Die Energie-Impuls-Bilanz beim Elektron. Wir gehen aus von dem in (9.2.10) gewonnenen Resultat, nach dem der Gesamtimpuls des elektromagnetischen Feldes eines mit der konstanten Geschwindigkeit $\boldsymbol{v}$ bewegten Elektrons durch

$$\boldsymbol{J} = \frac{4\,U_0}{3\,c_0^2} \frac{\boldsymbol{v}}{\sqrt{1-\beta^2}} \tag{12.3.1}$$

gegeben ist; dabei bedeutet U_0 die Gesamtenergie des Feldes eines ruhenden Elektrons. Dieses Resultat enthält nun eine Schwierigkeit für den Versuch einer rein elektromagnetischen Deutung der Masse des Elektrons. Denn offenbar liefert die Formel (12.3.1) für den elektromagnetischen Impuls einen um den Faktor 4/3 größeren Wert als herauskommen dürfte, wenn wir nach dem Einsteinschen Prinzip von der Trägheit der Energie dem Elektron die Ruhmasse U_0/c_0 zuschreiben und dann weiterhin so rechnen, als ob das Elektron ein Massenpunkt mit dieser Masse wäre.

Bevor wir zur Erklärung dieses merkwürdigen Faktors 4/3 übergehen, wollen wir das Resultat (12.3.1) nochmals unter Verwendung der mathematischen Hilfsmittel der Relativitätstheorie ableiten. Zu diesem Zweck greifen wir auf den Abschnitt 11.4 zurück, wo wir den Energie-Impulstensor $(T_{\mu\nu})$ für das elektromagnetische Feld abgeleitet haben. Seine neun rein räumlichen Komponenten stellten dabei die Komponenten des Maxwellschen Spannungstensors dar; die gemischten raumzeitlichen Komponenten bedeuteten die Komponenten des durch c_0 geteilten Poynting-Vektors $\boldsymbol{S}$ bzw. die Komponenten der mit c_0 multiplizierten Impulsdichte $\boldsymbol{j}_s$ des Strahlungsfeldes, und schließlich T_{44} die negative Energiedichte dieses Feldes. Angewandt auf den speziellen Fall des Feldes eines Elektrons verschwinden im Ruhsystem wegen $\boldsymbol{B} = \mu_0\,\boldsymbol{H} = 0$ die raumzeitlichen Komponenten des Tensors; das elektrostatische Feld des ruhenden Elektrons besitzt keinen Impuls und vermittelt keine Energieströmung.

Sind nun $T_{\nu\mu}$ die Komponenten des Energie-Impuls-Tensors des Elektrons in einem System, gegen das es sich mit der Geschwindigkeit v in x-Richtung bewegt, so sind die Komponente J_x des Gesamtimpulses und die Gesamtenergie U des Feldes gegeben durch

$$J_x = \frac{1}{c_0}\int T_{41}\,\mathrm{d}V, \qquad U = -\int T_{44}\,\mathrm{d}V, \tag{12.3.2}$$

während die Komponenten J_y und J_z des Impulses aus Symmetriegründen verschwinden. Die beiden Spannungskomponenten T_{41} und T_{44} ergeben sich nach den Transformationsformeln (10.6.13) aus den Tensorkomponenten $T^0_{\nu\mu}$ des ruhenden Elektrons zu

$$T_{41} = -\frac{\beta\,(T^0_{44} + T^0_{11})}{1-\beta^2}, \qquad T_{44} = \frac{T^0_{44} + \beta^2\,T^0_{11}}{1-\beta^2}, \tag{12.3.3}$$

da beim ruhenden Elektron die beiden gemischten Komponenten T^0_{41} und T^0_{14} verschwinden. Die Integration über den Raum können wir wegen $\mathrm{d}V = \mathrm{d}V^0\sqrt{1-\beta^2}$ auch im Ruhsystem ausführen und erhalten so

$$\left.\begin{aligned} J_x &= \frac{v}{c_0^2\sqrt{1-\beta^2}}\int(-T^0_{44} - T^0_{11})\,\mathrm{d}V^0, \\ U &= \frac{1}{\sqrt{1-\beta^2}}\int(-T^0_{44} - \beta^2\,T^0_{11})\,\mathrm{d}V^0. \end{aligned}\right\} \tag{12.3.4}$$

Hier gibt das Integral über $-T^0_{44}$ die gesamte Feldenergie U_0 im Ruhsystem, während nach Abschnitt 11.4

$$\int T^0_{11}\,\mathrm{d}V^0 = \varepsilon_0\int\left\{(E^0_x)^2 - \frac{1}{2}(E^0)^2\right\}\mathrm{d}V^0 = -\frac{\varepsilon_0}{6}\int(E^0)^2\,\mathrm{d}V^0 = -\frac{U_0}{3}$$

wird, da aus Symmetriegründen $\int(E^0_x)^2\,\mathrm{d}V^0 = \int(E^0)^2\,\mathrm{d}V^0/3$ ist. Wir erhalten so für $\boldsymbol{J}$ genau das Ergebnis (12.3.1), während wir für U den Wert

$$U = \frac{U_0}{\sqrt{1-\beta^2}}\left(1 + \frac{\beta^2}{3}\right) \tag{12.3.5}$$

finden.

Das Auftreten des Faktors 4/3 in (12.3.1) zeigt, daß sich das dynamische Verhalten eines Elektrons nicht allein aus seinem Feld verstehen läßt. Dieser Faktor kommt in die Ableitung dadurch herein, daß in den Ausdrücken (12.3.3) neben dem Glied, das der Ruhenergiedichte $-T^0_{44}$ des Feldes entspricht, noch ein Zusatzglied auftritt, das von den Maxwellschen Spannungen herrührt. In der Dynamik des Elektrons müssen also noch andere Kräfte wirksam sein als nur die des elektromagnetischen Feldes. Dies erkennen wir auch bei jedem Versuch, im Rahmen der klassischen Physik ein Modell des Elektrons zu konstruieren. Da sich gleichgeladene Ladungselemente stets abstoßen, kann ein solches Modell nur stabil sein, wenn noch andere Kräfte wirksam sind, die den elektrischen Abstoßungskräften das Gleichgewicht halten. Wenn es uns auch zur Zeit unmöglich ist, etwas darüber auszusagen, ob es sich bei diesen Kräften um die Wirkung mechanischer Spannungen oder anderer Ursachen handelt, so können wir doch mit Sicherheit behaupten, daß sie sich bei Lorentz-Transformationen so verhalten müssen wie rein elektromagnetische Kräfte, daß sie also diesen auch in einem bewegten System das Gleichgewicht halten können.

Wir führen also neben dem elektromagnetischen Tensor mit den Komponenten $T_{\nu\mu}$ noch einen zweiten Tensor mechanischen oder anderen Ursprungs mit dem Komponenten $P_{\nu\mu}$ ein, der die gleiche Struktur haben soll wie der elektromagnetische, also symmetrisch ist, und für den im Ruhsystem $P^0_{\nu 4} = P^0_{4\nu} = 0$ für $\nu = 1, 2, 3$ gilt. Zur Vervollständigung der Dynamik des Elektrons bilden wir nun den zusammengesetzten Tensor mit den Komponenten $T_{\nu\mu} + P_{\nu\mu} = \tilde{T}_{\nu\mu}$ und verlangen nun, daß das Elektron im Ruhsystem unter der Wirkung dieser neuen Spannungskomponenten $\tilde{T}_{\nu\mu}$ im Gleichgewicht sein soll. Daher muß für die von ihnen herrührende, entsprechend (11.4.12) gebildete gesamte Kraftdichte im Ruhsystem

$$f^{0\nu} = \sum\frac{\partial}{\partial x^\mu}(\tilde{T}^0)^{\nu\mu} = 0 \quad \text{für} \quad \nu = 1, 2, 3 \tag{12.3.6}$$

gelten. Multiplizieren wir nun diese Beziehung mit einer beliebigen Koordinate x^λ und integrieren sie über den ganzen dreidimensionalen Raum, so erhalten wir

$$\int x^\lambda f^{0\nu}\,\mathrm{d}V^0 = \sum \int x^\lambda \frac{\partial}{\partial x^\mu}(\tilde{T}^0)^{\nu\mu}\,\mathrm{d}V^0 = 0\,,$$

oder durch partielle Integration des zweiten Integrals wegen des hinreichend starken Verschwindens des Integranden im Unendlichen

$$\int (\tilde{T}^0)^{\nu\lambda}\,\mathrm{d}V^0 = 0 \qquad \text{für} \qquad \nu = 1, 2, 3\,. \tag{12.3.7}$$

Damit kommt aber jetzt die Energie-Impuls-Bilanz beim Elektron in Ordnung. Schreiben wir nämlich in (12.3.4) durchweg $\tilde{T}^0_{\nu\mu}$ statt $T^0_{\nu\mu}$, so folgt wegen (12.3.7)

$$J = -\frac{v}{c_0^2\sqrt{1-\beta^2}}\int \tilde{T}^0_{44}\,\mathrm{d}V^0, \qquad U = -\frac{1}{\sqrt{1-\beta^2}}\int \tilde{T}^0_{44}\,\mathrm{d}V^0,$$

was sich auch in der Form

$$J = \frac{m_0\,v}{\sqrt{1-\beta^2}}, \qquad U = \frac{m_0\,c_0^2}{\sqrt{1-\beta^2}},$$

$$\text{mit} \qquad m_0\,c_0^2 = -\int \tilde{T}^0_{44}\,\mathrm{d}V^0 = -\int (\tilde{T}^0_{44} + P^0_{44})\,\mathrm{d}V, \tag{12.3.8}$$

schreiben läßt, in vollständiger Übereinstimmung mit dem Einsteinschen Satz von der Trägheit der Energie.

Man neigt im allgemeinen zu der Annahme, daß die Ruhenergie des Elektrons rein elektromagnetischer Natur ist, daß also $P^0_{44} = 0$ ist. Dies ändert natürlich nichts an der Gültigkeit des Resultats (12.3.8). Wesentlich für unsere Überlegungen war ja nicht die Einführung der Ruhdichte P^0_{44}/c_0^2, sondern die von Spannungen, die den elektrischen Kräften im Elektron das Gleichgewicht halten.

b) Der Versuch von Trouton und Noble. Dieser Versuch bestand nach den Ausführungen im Abschnitt 9.1 darin, daß versucht wurde, mit Hilfe eines drehbar angeordneten Kondensators eine Absolutgeschwindigkeit im Raum nachzuweisen. Nach der vorrelativistischen Behandlung wird nämlich auf einen geladenen, translatorisch bewegten Kondensator ein Drehmoment ausgeübt, das eine Drehung des Kondensators zur Folge haben sollte. Doch konnte auch bei sorgfältigster Ausführung des Versuches keine Andeutung einer solchen Drehung gefunden werden. Vom Standpunkt der klassischen Physik war dieser negative Ausfall des Versuchs genau so unverständlich wie etwa das negative Resultat des Michelson-Versuchs. Für die Relativitätstheorie jedoch ist das Ergebnis selbstverständlich; wenn sich der Kondensator für einen relativ zu ihm ruhenden Beobachter nicht dreht, so kann er dies auch für einen relativ zu ihm bewegten Beobachter nicht tun. Wir wollen uns jedoch mit dieser summarischen Feststellung nicht begnügen, sondern versuchen, das Resultat auch modellmäßig zu verstehen.

Wir wählen als vereinfachtes Modell des Trouton-Noble-Kondensators zwei sehr kleine Ladungsträger, die durch eine starre Verbindung (Stab) in konstantem Abstand l_0 gehalten werden. Wenn die beiden Ladungsträger die gleiche Ladung tragen, stoßen sie sich im Ruhsystem mit der Kraft $K_0 = e^2/4\pi\,\varepsilon_0\,l_0^2$ ab. Bewegen sich die beiden Ladungen mit der Geschwindigkeit v in Richtung der x-Achse, so wirken die elektromagnetischen Kräfte zwischen ihnen nicht mehr in der Richtung ihrer Verbindungslinie, wie wir im Abschnitt 9.1 aus den strengen Lösungen der Feldgleichungen abgeleitet haben. Vielmehr bewirken sie ein Drehmoment, das, wie wir dort gesehen haben, die Tendenz hat, den Stab in die Bewegungsrichtung hineinzudrehen.

Wir wollen dieses Ergebnis hier nochmals vom Standpunkt der Relativitätstheorie ableiten, die zum gleichen Resultat führen muß wie die Maxwellsche Theorie, die ja dem Relativitätsprinzip genügt. Wir halten dabei am Bild der beiden Ladungsträger A und B fest, die durch den Verbindungsstab im festen Abstand l_0 gehalten werden und sich mit der in der Stabrichtung wirkenden Kraft K_0 abstoßen (Abb. 12.1). Der Stab selbst schließe mit der x-Achse den Winkel α_0 ein; seine Projektionen auf die Koordinatenachsen sind dann gegeben durch

$$l_x^0 = l_0 \cos \alpha_0 \,, \qquad l_y^0 = l_0 \sin \alpha_0 \,.$$

An seinen Stirnflächen wirken die Kräfte

$$K_x^0 = \mp K_0 \cos \alpha_0 \,,$$
$$K_y^0 = \mp K_0 \sin \alpha_0 \,, \qquad K_z^0 = 0 \,,$$

wobei sich das obere Zeichen auf A, das untere auf B bezieht. Bewegt sich nun die ganze Anordnung mit der Geschwindigkeit v in x-Richtung, so lauten wegen der Lorentz-Kontraktion die neuen Werte für die Projektionen des Stabs

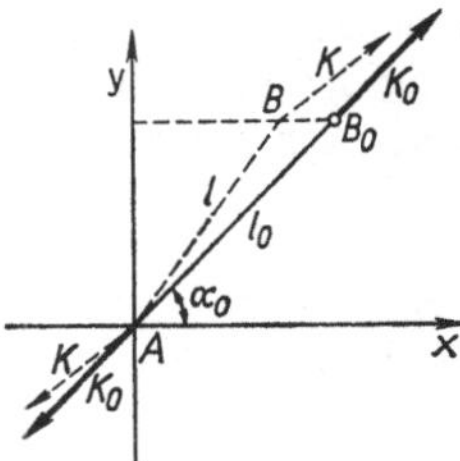

Abb. 12.1
Zum Trouton-Noble-Versuch

$$l_x = l_x^0 \sqrt{1-\beta^2} = l_0 \sqrt{1-\beta^2} \cos \alpha_0 \,, \quad l_y = l_y^0 = l_0 \sin \alpha_0 \,, \quad l_z = 0 \,. \qquad (12.3.9)$$

Dagegen ergeben die Transformationsgesetze für eine Kraft nach (11.4.10)

$$\left.\begin{aligned} K_x &= K_x^0 = \mp K_0 \cos \alpha_0 \,, \\ K_y &= K_y^0 \sqrt{1-\beta^2} = \mp K_0 \sqrt{1-\beta^2} \sin \alpha_0 \,, \quad K_z = 0 \,. \end{aligned}\right\} \qquad (12.3.10)$$

Die Kräfte fallen also für den bewegten Beobachter nicht mehr in die Richtung der Verbindungslinie; vielmehr schließen sie mit der x-Richtung einen kleineren Winkel ein als die Richtung des Stabs. Es besteht somit ein Drehmoment um die z-Achse, das durch

$$\boldsymbol{N} = \boldsymbol{l} \times \boldsymbol{K} \,, \quad N = N_z = l_x K_y - l_y K_x = -\, l_0 K_0 \beta^2 \sin \alpha_0 \cos \alpha_0 \qquad (12.3.11)$$

gegeben ist. Offenbar stimmt dieses Drehmoment mit dem in (9.1.20) gefundenen überein, wenn wir dort durchweg $\boldsymbol{r} = (x, y, 0)$ durch $\boldsymbol{l} = (l_x, l_y, 0)$ ersetzen und dann die $\boldsymbol{l}$-Komponenten ebenso wie den Winkel α auf die l_0-Komponenten und den Winkel α_0 umrechnen, was mit den Formeln (12.3.9) leicht möglich ist.

Aus der Elektrodynamik ergibt sich somit ein Drehmoment auf unseren Stab mit den beiden Ladungen. Vom Standpunkt der vorrelativistischen Physik wird dieses Drehmoment nicht durch ein anderes Drehmoment von nichtelektromagnetischen Kräften kompensiert. Dennoch ruft es, wie das Experiment beweist, keine Drehung der Anordnung hervor; und dies bedeutet offenbar einen unlösbaren Widerspruch. Für die Relativitätstheorie liegen dagegen die Verhältnisse so, daß wir auch hier, wie beim Elektron in a), in die Betrachtung mechanische Kräfte, nämlich Zugspannungen im Stab, einbeziehen müssen, die den elektrischen Kräften das Gleichgewicht halten, damit das System aus Stab und Ladungen stabil wird. Tun wir dies, so ist das negative Resultat des Trouton-Noble-Versuchs sofort verständlich. Denn da sich im Ruhsystem die elektrischen und die mechanischen Kräfte das Gleichgewicht halten, und da diese Kräfte sich beim Übergang zum neuen System in gleicher Weise transformieren, heben sie sich auch im neuen System mitsamt den von ihnen erzeugten Drehmomenten gegenseitig auf. Das durch die elektrischen Kräfte bedingte, durch (12.3.11) gegebene Drehmoment N wird also kompensiert durch ein ihm entgegengesetzt gleiches Moment $-N$, das von den mechanischen Spannungen im Stab herrührt. Gerade den Umstand, daß ein verspannter Stab im bewegten System ein Drehmoment besitzt, konnte die vorrelativistische Physik nicht erklären.

Wir wollen hier nicht versuchen, dieses zusätzliche Drehmoment auf einen bewegten, verspannten Stab modellmäßig zu verstehen, etwa durch eine Umformung bzw. Erweiterung der Elastizitätstheorie im Sinn der Relativitätstheorie. Doch erscheint es zweckmäßig, sich die Verhältnisse für den Fall zu überlegen, daß wir jetzt nicht mehr mit einem abgeschlossenen System, bestehend aus dem Stab mit den beiden Ladungen an seinen Enden, zu tun haben, sondern mit einem Stab allein, an dessen Enden in seinem Ruhsystem zwei mechanische Zugkräfte der Größe K_0 in Richtung der Stabachse wirken. Natürlich herrscht dann im Stab der gleiche Spannungszustand wie beim Trouton-Noble-Versuch, der im bewegten System zum Drehmoment $-N$ führt; und dieses Drehmoment ist geeignet, die Wirkung der beiden an den Stabenden angreifenden äußeren Zugkräfte $\pm K_0$ zu kompensieren, die ja im bewegten System, unabhängig von ihrer Natur, nach (12.3.11) das Drehmoment $+N$ hervorrufen.

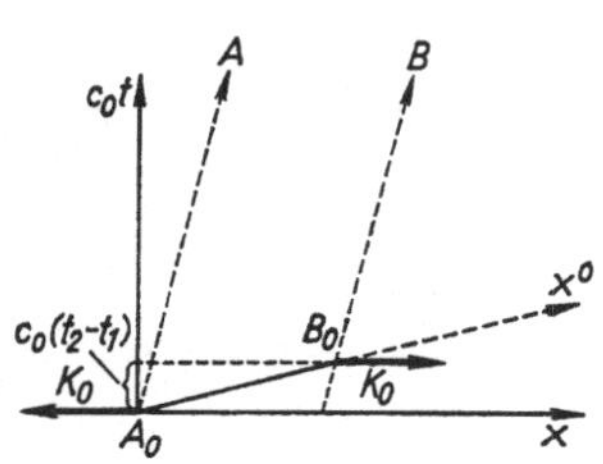

Abb. 12.2
Weltlinien der Endpunkte eines Stabs, der zur Zeit $t = 0$ unter Zug gesetzt wird

Es soll nun aber gezeigt werden, daß das Zustandekommen dieses Drehmoments N der äußeren Kräfte auch noch auf eine andere Weise verstanden werden kann, die seine relativistische Natur besonders deutlich erkennen läßt. Dazu betrachten wir zunächst den Fall, daß der Stab in seiner Bewegungsrichtung liegt, also auch die Richtung der x-Achse hat. Anfänglich möge er in seinem Ruhsystem spannungsfrei sein. Nun denken wir uns im Moment $t_0 = 0$ die Zugkräfte „eingeschaltet", etwa durch gleichzeitiges Einhaken zweier gespannter Federn rechts und links an den Stabenden. Bei diesem Einschaltvorgang bleibt der Stab in Ruhe, wenn wir ihn als so hart annehmen, daß wir von einer elastischen Dilatation absehen können.

Betrachten wir nun diesen Einschaltvorgang vom bewegten System aus, so ergibt sich ein völlig neues Bild. In Abb. 12.2 sind die Weltlinien der beiden Endpunkte A und B des Stabs im neuen System dargestellt. Dabei sind A_0 und B_0 diejenigen Weltpunkte, in denen die beiden Zugkräfte eingeschaltet werden. Wie aus dieser Abbildung ersichtlich, setzen im neuen System die beiden Kräfte nicht zur gleichen Zeit ein; vielmehr verstreicht, wie aus den gewohnten Formeln für die Lorentz-Transformation hervorgeht, die endliche Zeit $t_2 - t_1 = v\, l_0/c_0^2 \sqrt{1-\beta^2}$, während der die an der linken Stirnfläche angreifende Kraft allein wirkt. Während dieser Zeit wird von dieser einseitigen Kraft auf dem Stab der Impuls

$$J_x = -(t_2 - t_1)\, K_0 = -\frac{v\, l_0\, K_0}{c_0^2 \sqrt{1-\beta^2}} \tag{12.3.12}$$

übertragen (bzw. ihm entzogen), ohne daß dieser seine Geschwindigkeit ändert.

Auch im Fall, daß der Stab mit seiner Bewegungsrichtung (= x-Achse) einen Winkel α_0 einschließt, besitzt er infolge der an seinen Enden wirkenden Zugspannungen einen zusätzlichen Impuls. Und zwar hat dieser Impuls, wie wir uns in gleicher Weise wie oben überlegen können, die Komponenten

$$\left.\begin{aligned} J_x &= -\frac{v\, l_0 \cos\alpha_0}{c_0^2\sqrt{1-\beta^2}} K_0 \cos\alpha_0\,, \\ J_y &= -\frac{v\, l_0 \cos\alpha_0}{c_0^2\sqrt{1-\beta^2}} K_0 \sin\alpha_0 \sqrt{1-\beta^2}\,, \qquad J_z = 0\,. \end{aligned}\right\} \tag{12.3.13}$$

Nun gilt nach der Mechanik für den mit diesem zusätzlichen Impuls (der konstanten Dichte $\boldsymbol{j}$) verbundenen Drehimpuls

$$L = \int \boldsymbol{r}\times\boldsymbol{j}\,\mathrm{d}V = \boldsymbol{r}_S\times\boldsymbol{J}\,, \tag{12.3.14}$$

wobei $\boldsymbol{r}_S$ den Ortsvektor des Schwerpunkts des Stabs bedeutet. Während aber der gewöhnliche Drehimpuls $\boldsymbol{r}_S\times M\,\boldsymbol{v}$ des Stabs wegen $\mathrm{d}\boldsymbol{r}_S/\mathrm{d}t = \boldsymbol{v}$ zeitlich konstant ist, ändert sich der zusätzliche Drehimpuls mit der Zeit; und zwar gilt für seine allein von Null verschiedene z-Komponente

$$\frac{\mathrm{d}L_z}{\mathrm{d}t} = (\boldsymbol{v}\times\boldsymbol{J})_z = v\,J_y = \frac{v^2\, l_0\, K_0 \cos\alpha_0 \sin\alpha_0}{c_0^2}\,. \tag{12.3.15}$$

Um diese dauernde Änderung des Drehimpulses hervorzurufen, muß dauernd ein Drehmoment $N_z = \mathrm{d}L_z/\mathrm{d}t$ wirken. Ein solches Drehmoment wird nun, wie wir in (12.3.11) gesehen haben, in der Tat durch die am Stab angreifenden Zugkräfte hervorgerufen.

Aufgaben zum 12. Kapitel

1. Ein Teilchen der Ruhmasse m fällt frei in einem konstanten Kraftfeld $\boldsymbol{K}$. Wie wird das Gesetz des freien Falls durch die Massenveränderlichkeit modifiziert?

2. Man leite die Bahnkurve des Teilchens im Kraftfeld $\boldsymbol{K}$ ab für den Fall, daß die Anfangsgeschwindigkeit $\boldsymbol{v}_0$ senkrecht zur Kraft steht.

3. Wie bewegt sich ein geladenes Teilchen im homogenen Magnetfeld infolge der Massenveränderlichkeit?

4. Ein Teilchen der Ruhmasse m und der Anfangsgeschwindigkeit $v_0 = \beta_0\, c_0$ stoße auf ein ursprünglich ruhendes Teilchen der Masse M. Welche Energie T kann bei diesem elastischen Stoß maximal übertragen werden?

5. Unter welchen Winkeln ϑ und η gegen die Richtung der Anfangsgeschwindigkeit fliegen bei dem in der vorstehenden Aufgabe beschriebenen Stoß die beiden Teilchen m und M weg, wenn beim Stoß die Energie $T < T_{max}$ übertragen wird?

6. Es werde der Stoß zweier Teilchen der Massen m_1 und m_2 im „Schwerpunktsystem" betrachtet, also in dem System, in dem der Gesamtimpuls der beiden Teilchen verschwindet. In diesem System stellt sich der Stoß dar als Änderung der Geschwindigkeitsrichtung der beiden Teilchen um den gleichen Winkel Θ ohne Änderung der Geschwindigkeitsbeträge v_1 und v_2. Vermittels einer Lorentz-Transformation rechne man den Stoßprozeß auf das „Laborsystem" um, in dem das zweite Teilchen vor dem Stoß ruht, während das erste die Geschwindigkeit v_0 hat. Man ermittle dabei den Zusammenhang zwischen dem Ablenkungswinkel Θ im Schwerpunktsystem und der übertragenen Energie T im Laborsystem.

13. Vektor- und Tensorrechnung im dreidimensionalen Raum

13.1. Vektoralgebra

a) Der Vektor. Als Vektoren werden alle gerichteten Größen bezeichnet, die sich, wie die geradlinige Verschiebung eines Punktes, durch Angabe ihrer Richtung im Raum und ihres Betrages eindeutig festlegen lassen und die derselben Additions- bzw. Subtraktionsregel gehorchen wie diese Verschiebung. Wir bezeichnen die Vektoren durchweg mit halbfetten Buchstaben. So bedeutet $\boldsymbol{a}$ einen Vektor, bildlich darstellbar durch einen Pfeil, und $|\boldsymbol{a}| = a$ seinen Betrag, gekennzeichnet durch die Länge des Pfeils.

Nach dieser Definition eines Vektors wird die Summe bzw. Differenz zweier Vektoren $\boldsymbol{a}$ und $\boldsymbol{b}$ durch die Vektoren $\boldsymbol{a} + \boldsymbol{b}$ bzw. $\boldsymbol{a} - \boldsymbol{b}$ gegeben, bildlich darstellbar durch zwei nacheinander ausgeführte Verschiebungen in den Richtungen der Vektoren $\boldsymbol{a}$ und $\boldsymbol{b}$, bzw. $\boldsymbol{a}$ und $-\boldsymbol{b}$; dabei bedeutet $-\boldsymbol{b}$ einen Vektor vom gleichen Betrag wie der Vektor $\boldsymbol{b}$, aber entgegengesetzter Richtung. Es gilt daher

$$\boldsymbol{a} + \boldsymbol{b} = \boldsymbol{b} + \boldsymbol{a}\,, \qquad (\boldsymbol{a} + \boldsymbol{b}) + \boldsymbol{c} = \boldsymbol{a} + (\boldsymbol{b} + \boldsymbol{c})\,.$$

Das Produkt $\alpha\,\boldsymbol{a}$ aus einer skalaren Größe α und einem Vektor ist ein Vektor von der Richtung von $\boldsymbol{a}$ und vom Betrag $|\alpha\,\boldsymbol{a}| = \alpha\, a$. Hier gilt

$$\alpha\,\boldsymbol{a} = \boldsymbol{a}\,\alpha\,, \qquad (\alpha + \beta)\,\boldsymbol{a} = \alpha\,\boldsymbol{a} + \beta\,\boldsymbol{a}\,, \qquad \alpha\,(\boldsymbol{a} + \boldsymbol{b}) = \alpha\,\boldsymbol{a} + \alpha\,\boldsymbol{b}\,.$$

Ist $\boldsymbol{e}$ der dimensionslose Einheitsvektor vom Betrag $|\boldsymbol{e}| = 1$ und von der Richtung von $\boldsymbol{a}$, so gilt $\boldsymbol{a} = \boldsymbol{e}\,a$.

b) Das Skalarprodukt. Das skalare oder auch innere Produkt zweier Vektoren $\boldsymbol{a}$ und $\boldsymbol{b}$ wird gegeben durch die skalare, d.h. richtungsunabhängige Größe

$$\boldsymbol{a}\,\boldsymbol{b} = a\,b\cos\varphi\,, \tag{13.1.1}$$

mit $\varphi = \langle \boldsymbol{a}, \boldsymbol{b} \rangle$ = Winkel zwischen den Vektoren $\boldsymbol{a}$ und $\boldsymbol{b}$. Hier gilt

$$\boldsymbol{a}\,\boldsymbol{b} = \boldsymbol{b}\,\boldsymbol{a}\,, \qquad \boldsymbol{a}\,(\boldsymbol{b} + \boldsymbol{c}) = \boldsymbol{a}\,\boldsymbol{b} + \boldsymbol{a}\,\boldsymbol{c}\,.$$

Für den Fall $\boldsymbol{a} = \boldsymbol{b}$ folgt $\boldsymbol{a}\boldsymbol{a} = \boldsymbol{a}^2 = a^2$, also $a = \sqrt{\boldsymbol{a}^2}$. Ist $\boldsymbol{b} = \boldsymbol{n}$ ein dimensionsloser Einheitsvektor mit $|\boldsymbol{n}| = 1$, so gibt $\boldsymbol{a}\,\boldsymbol{n} = a_n$ die Projektion von $\boldsymbol{a}$ auf die Richtung von $\boldsymbol{n}$ oder auch die n-Komponente von $\boldsymbol{a}$.

Jeden Vektor $\boldsymbol{a}$ kann man durch seine Projektionen auf drei nicht in einer Ebene liegende Richtungen kennzeichnen. Meist werden als Basis- oder Grundvektoren zur Festlegung dieser Richtungen die drei dimensionslosen Einheitsvektoren $\boldsymbol{e}_x, \boldsymbol{e}_y, \boldsymbol{e}_z$ in den Achsenrichtungen eines orthogonalen kartesischen Koordinatensystems, und zwar eines Rechtssystems gewählt, wobei

$$\boldsymbol{e}_x^2 = \boldsymbol{e}_y^2 = \boldsymbol{e}_z^2 = 1\,, \qquad \boldsymbol{e}_x\,\boldsymbol{e}_y = \boldsymbol{e}_y\,\boldsymbol{e}_z = \boldsymbol{e}_z\,\boldsymbol{e}_x = 0 \tag{13.1.2}$$

gilt. Dann kann man $\boldsymbol{a}$ als Summe aus drei Vektoren in den Koordinatenrichtungen schreiben als

$$\boldsymbol{a} = \boldsymbol{e}_x\,a_x + \boldsymbol{e}_y\,a_y + \boldsymbol{e}_z\,a_z\,, \tag{13.1.3}$$

mit den drei kartesischen Komponenten $a_x = \boldsymbol{a}\,\boldsymbol{e}_x$, $a_y = \boldsymbol{a}\,\boldsymbol{e}_y$, $a_z = \boldsymbol{a}\,\boldsymbol{e}_z$ und dem Betrag $a = \sqrt{a_x^2 + a_y^2 + a_z^2}$. Mit dieser Summenschreibweise für die Vektoren $\boldsymbol{a}$ und $\boldsymbol{b}$ folgt als Komponentendarstellung für das Skalarprodukt

$$\boldsymbol{a}\,\boldsymbol{b} = a_x\,b_x + a_y\,b_y + a_z\,b_z\,. \tag{13.1.4}$$

Im besonderen gibt

$$\boldsymbol{a}\,\boldsymbol{n} = a_x\,n_x + a_y\,n_y + a_z\,n_z \tag{13.1.5}$$

die Komponente a_n des Vektors $\boldsymbol{a}$ auf die Richtung des Einheitsvektors $\boldsymbol{n}$.

c) Der Verschiebungsvektor d$\boldsymbol{s}$ und die Vektordarstellung bei Verwendung allgemeiner Koordinaten. Der Prototyp eines Vektors ist die Verschiebung $\mathrm{d}\boldsymbol{s}$ von einem Punkt P zu einem Nachbarpunkt Q. Sind P und Q durch die kartesischen Koordinaten (x, y, z) und $(x + \mathrm{d}x, y + \mathrm{d}y, z + \mathrm{d}z)$ festgelegt, so gilt wegen (13.1.3)

$$\mathrm{d}\boldsymbol{s} = \boldsymbol{e}_x\,\mathrm{d}x + \boldsymbol{e}_y\,\mathrm{d}y + \boldsymbol{e}_z\,\mathrm{d}z\,, \tag{13.1.6}$$

sowie

$$(\mathrm{d}\boldsymbol{s})^2 \equiv \mathrm{d}\boldsymbol{s}^2 = (\mathrm{d}s)^2 \equiv \mathrm{d}s^2 = (\mathrm{d}x)^2 + (\mathrm{d}y)^2 + (\mathrm{d}z)^2\,. \tag{13.1.7}$$

Wird nicht mit kartesischen Koordinaten, sondern mit beliebigen, allenfalls auch krummlinigen Koordinaten (x^1, x^2, x^3), z.B. mit den räumlichen Polarkoordinaten (r, ϑ, α) gerechnet, so tritt an die Stelle von (13.1.6)

$$\mathrm{d}\boldsymbol{s} = \boldsymbol{h}_1\,\mathrm{d}x^1 + \boldsymbol{h}_2\,\mathrm{d}x^2 + \boldsymbol{h}_3\,\mathrm{d}x^3 = \sum_{j=1}^{3} \boldsymbol{h}_j\,\mathrm{d}x^j\,. \tag{13.1.8}$$

Dadurch wird jedem Punkt ein Tripel von G r u n d v e k t o r e n $\boldsymbol{h}_j$ zugeordnet, welche die Richtung des Zuwachses von x^j allein anzeigen und den Betrag $|\boldsymbol{h}_j| = h_j$ gleich dem metrischen Anstieg von x^j in dieser Richtung haben: $\boldsymbol{h}_j = \partial\boldsymbol{s}/\partial x^j$. Da die drei Grundvektoren im allgemeinen nicht senkrecht aufeinander stehen, gilt jetzt für das Quadrat des Linienelements

$$\mathrm{d}\boldsymbol{s}^2 = \mathrm{d}s^2 = \sum_{j,\,k=1}^{3}\sum g_{jk}\,\mathrm{d}x^j\,\mathrm{d}x^k \qquad \text{mit} \qquad g_{jk} = \boldsymbol{h}_j\,\boldsymbol{h}_k\,. \tag{13.1.9}$$

Nun können wir durch die Beziehungen

$$\boldsymbol{h}_j\,\boldsymbol{h}^k = \delta_j^k = \begin{cases} 1 & \text{für} \quad j = k\,, \\ 0 & \text{für} \quad j \neq k \end{cases} \tag{13.1.10}$$

von den Grundvektoren $\boldsymbol{h}_j$ zu neuen Grundvektoren $\boldsymbol{h}^k$ übergehen, die auf den $\boldsymbol{h}_j$ mit ungleichem Index senkrecht stehen. Mit ihnen können wir vermittels

$$\mathrm{d}\boldsymbol{s} = \sum \boldsymbol{h}^k\,\mathrm{d}x_k\,, \quad \mathrm{d}\boldsymbol{s}^2 = \mathrm{d}s^2 = \sum\sum g^{jk}\,\mathrm{d}x_j\,\mathrm{d}x_k \quad \text{mit} \quad g^{jk} = \boldsymbol{h}^j\,\boldsymbol{h}^k \tag{13.1.11}$$

zu den neuen Koordinaten (x_1, x_2, x_3) übergehen, indem wir die d$\boldsymbol{s}$-Ausdrücke in (13.1.8) und (13.1.11) einander gleichsetzen und dann skalar mit $\boldsymbol{h}_k$ bzw. $\boldsymbol{h}^j$ multiplizieren; wegen (13.1.10) gilt dann

$$\mathrm{d}x_k = \boldsymbol{h}_k\,\mathrm{d}\boldsymbol{s} = \sum \boldsymbol{h}_k\,\boldsymbol{h}_j\,\mathrm{d}x^j = \sum g_{kj}\,\mathrm{d}x^j \quad \text{bzw.} \quad \mathrm{d}x^j = \sum g^{jk}\,\mathrm{d}x_k\,. \tag{13.1.12}$$

Analog finden wir

$$\boldsymbol{h}_j = \sum g_{jk}\,\boldsymbol{h}^k \quad \text{und} \quad \boldsymbol{h}^k = \sum g^{kj}\,\boldsymbol{h}_j\,, \quad \text{also auch} \quad \sum g^{kj}\,g_{jl} = \delta_l^k\,, \tag{13.1.13}$$

als Umrechnungsbeziehung zwischen den $\boldsymbol{h}_j$ und den $\boldsymbol{h}^k$.

Aus den vorstehenden Beziehungen erkennen wir die allgemein gültigen Rechenregeln: Summen über Indizes sind immer dann und nur dann auszuführen, wenn ein Index im Summenglied zweimal erscheint, und zwar einmal hoch- und einmal tiefgesetzt. Indizes, die in einem Glied nur einmal auftreten, müssen in allen Gliedern einer Gleichung in der gleichen Stellung (hoch oder tief) erscheinen.

Ferner haben wir in den Summen von Formelzeile (13.1.11) an die Summationsgrenzen von 1 bis 3 als selbstverständlich weggelassen. Darüber hinaus werden zur Vereinfachung der Schreibweise in der Literatur oft auch die Summenzeichen weggelassen, da sie bei Beachtung der vorstehenden Rechenregeln im Grunde überflüssig sind und gegebenenfalls leicht hinzugefügt werden können.

In dieser Schreibweise kommen wir zu den Komponenten eines Vektors $\boldsymbol{a}$ aus der Definitionsgleichung

$$\boldsymbol{a} = \sum \boldsymbol{h}_j a^j = \sum \boldsymbol{h}^j a_j, \quad \text{also} \quad a^j = \boldsymbol{a}\,\boldsymbol{h}^j, \quad a_j = \boldsymbol{a}\,\boldsymbol{h}_j. \tag{13.1.14}$$

Die a^j heißen die kontravarianten Komponenten, die a_j die kovarianten Komponenten von $\boldsymbol{a}$ im benutzten Koordinatensystem. Man beachte, daß bei beliebigen, dimensionell verschiedenartigen Koordinaten, wie z.B. bei den räumlichen Polarkoordinaten, auch die durch (13.1.14) definierten Vektorkomponenten verschiedene Dimensionen haben können. Die reinen Projektionen von $\boldsymbol{a}$ auf die Richtungen der Grundvektoren würden wir durch Bildungen der Form $\boldsymbol{a}\,\boldsymbol{h}^j/h^j$ bzw. $\boldsymbol{a}\,\boldsymbol{h}_j/h_j$ erhalten. Schließlich folgt aus (13.1.14) für das Skalarprodukt $\boldsymbol{a}\,\boldsymbol{b}$ die Komponentendarstellung

$$\boldsymbol{a}\,\boldsymbol{b} = \sum\sum g_{jk}\, a^j b^k = \sum\sum g^{jk}\, a_j b_k = \sum a_j b^j = \sum a^j b_j. \tag{13.1.15}$$

d) Das Vektorprodukt. Als vektorielles oder auch äußeres Produkt bezeichnet man einen Vektor $\boldsymbol{c} = \boldsymbol{a}\times\boldsymbol{b}$, dessen Richtung senkrecht auf der durch $\boldsymbol{a}$ und $\boldsymbol{b}$ gelegten Ebene steht und dessen Betrag gleich

$$c = |\boldsymbol{a}\times\boldsymbol{b}| = a\,b\sin\varphi \quad \text{mit} \quad \varphi = \langle\boldsymbol{a},\boldsymbol{b}\rangle \tag{13.1.16}$$

ist, also gleich dem Flächeninhalt des von $\boldsymbol{a}$ und $\boldsymbol{b}$ aufgespannten Parallelogramms. Dabei ergibt sich der Richtungssinn von $\boldsymbol{c}$ aus der Festlegung, daß die drei Vektoren $\boldsymbol{a}$, $\boldsymbol{b}$ und $\boldsymbol{a}\times\boldsymbol{b}$ in dieser Reihenfolge als Basisvektoren eines Rechtssystems dienen können. Für das Vektorprodukt gilt

$$\boldsymbol{a}\times\boldsymbol{b} = -\,\boldsymbol{b}\times\boldsymbol{a}, \qquad (\boldsymbol{a}+\boldsymbol{b})\times\boldsymbol{d} = \boldsymbol{a}\times\boldsymbol{d} + \boldsymbol{b}\times\boldsymbol{d}.$$

Daß das Vektorprodukt $\boldsymbol{a}\times\boldsymbol{b}$ wirklich einen Vektor darstellt, d.h. daß es auch der Summenregel für Vektoren genügt, folgt aus der Betrachtung seiner Projektion auf eine willkürliche Richtung $\boldsymbol{e}$ bzw. der Projektion des von $\boldsymbol{a}$ und $\boldsymbol{b}$ aufgespannten Parallelogramms auf die Ebene senkrecht zu $\boldsymbol{e}$; denn diese beiden Projektionen zweier Vektorprodukte $\boldsymbol{a}\times\boldsymbol{b}$ und $\boldsymbol{c}\times\boldsymbol{d}$ summieren sich algebraisch.

Wie das Beispiel des Vektorproduktes zeigt, gibt es zwei Arten von Vektoren mit unterschiedlichem Verhalten:

1. Die gewöhnlichen Vektoren, auch polare Vektoren genannt, von der Art des Verschiebungsvektors $d\boldsymbol{s}$ oder der mechanischen Kraft, sind im gewohnten Sinn darstellbar durch einen Pfeil. Weitere Beispiele hierfür sind die „elektrischen" Vektoren $\boldsymbol{E}$, $\boldsymbol{D}$, $\boldsymbol{P}$ und $\boldsymbol{g}$.

2. Die Pseudovektoren, auch axiale Vektoren genannt, von der Art des äußeren Produktes zweier polarer Vektoren, wie etwa der Drehimpuls $\boldsymbol{r}\times\boldsymbol{p}$ der Punktmechanik,

können zwar auch durch einen Pfeil charakterisiert werden; sie sind aber sinnvoller zu beschreiben durch die Stellung einer Achse und eines Umlaufsinns um diese. Weitere Beispiele hierfür sind die „magnetischen" Vektoren $\boldsymbol{B}$, $\boldsymbol{H}$ und $\boldsymbol{M}$.

Beide Arten von Vektoren verhalten sich bei Raumdrehungen in gleicher Weise, zeigen aber bei der Spiegelung am Nullpunkt unterschiedliches Verhalten, indem die polaren Vektoren hierbei ihre Richtung umkehren, die axialen Vektoren aber nicht. Auch bei der Spiegelung an einer Ebene verhalten sich die beiden Vektorarten verschieden. Daher kann man nicht zu einem polaren Vektor einen axialen hinzuaddieren; und in einer Vektorgleichung müssen auf beiden Seiten Vektoren der gleichen Art stehen. Aus dem gleichen Grund ist das skalare Produkt zweier gleichwertiger Vektoren ein wirklicher Skalar, der auch bei Spiegelung am Nullpunkt sein Vorzeichen beibehält, während das Skalarprodukt zweier verschiedenartiger Vektoren ein Pseudoskalar ist, der bei der Spiegelung am Nullpunkt oder an einer Ebene sein Vorzeichen ändert.

e) Das Spatprodukt und die Komponentendarstellung des Vektorprodukts. Ein wichtiges Beispiel für einen Pseudoskalar ist die Bildung $(\boldsymbol{a}\times\boldsymbol{b})\,\boldsymbol{c} \equiv (\boldsymbol{a}\,\boldsymbol{b}\,\boldsymbol{c})$ aus den drei polaren Vektoren $\boldsymbol{a}$, $\boldsymbol{b}$, $\boldsymbol{c}$, also das Skalarprodukt aus den Vektoren $\boldsymbol{a}\times\boldsymbol{b}$ und $\boldsymbol{c}$, das als Spatprodukt bezeichnet wird und den Rauminhalt des von diesen drei Vektoren aufgespannten schiefen Quaders (Parallepipeds) darstellt. Hier gilt

$$(\boldsymbol{a}\,\boldsymbol{b}\,\boldsymbol{c}) = (\boldsymbol{b}\,\boldsymbol{c}\,\boldsymbol{a}) = (\boldsymbol{c}\,\boldsymbol{a}\,\boldsymbol{b}) = -(\boldsymbol{c}\,\boldsymbol{b}\,\boldsymbol{a}) = -(\boldsymbol{b}\,\boldsymbol{a}\,\boldsymbol{c}) = -(\boldsymbol{a}\,\boldsymbol{c}\,\boldsymbol{b})\,.$$

Offenbar ändert dieses Spatprodukt bei Spiegelung aller drei Vektoren am Ursprung sein Vorzeichen.

Die Darstellung des Spatproduktes in kartesischen Komponenten der drei Vektoren $\boldsymbol{a}$, $\boldsymbol{b}$, $\boldsymbol{c}$ erhalten wir über die Komponentenschreibweise des Vektorprodukts. Da für die drei Grundvektoren $\boldsymbol{e}_x$, $\boldsymbol{e}_y$, $\boldsymbol{e}_z$ wegen der Definition des Vektorproduktes

$$\boldsymbol{e}_x\times\boldsymbol{e}_y = -\boldsymbol{e}_y\times\boldsymbol{e}_x = \boldsymbol{e}_z\,, \quad \boldsymbol{e}_y\times\boldsymbol{e}_z = \boldsymbol{e}_x\,, \quad \boldsymbol{e}_z\times\boldsymbol{e}_x = \boldsymbol{e}_y \tag{13.1.17}$$

gilt, folgt durch Ausmultiplizieren der Vektoren $\boldsymbol{a}$ und $\boldsymbol{b}$ in der Schreibweise (13.1.3)

$$\boldsymbol{a}\times\boldsymbol{b} = \boldsymbol{e}_x\,(a_y\,b_z - a_z\,b_y) + \boldsymbol{e}_y\,(a_z\,b_x - a_x\,b_z) + \boldsymbol{e}_z\,(a_x\,b_y - a_y\,b_x)\,,$$

oder in der übersichtlicheren Determinantenform

$$\boldsymbol{a}\times\boldsymbol{b} = \begin{vmatrix} \boldsymbol{e}_x & \boldsymbol{e}_y & \boldsymbol{e}_z \\ a_x & a_y & a_z \\ b_x & b_y & b_z \end{vmatrix}. \tag{13.1.18}$$

Daraus gewinnen wir durch skalare Multiplikation mit $\boldsymbol{c} = \boldsymbol{e}_x\,c_x + \boldsymbol{e}_y\,c_y + \boldsymbol{e}_z\,c_z$

$$(\boldsymbol{a}\,\boldsymbol{b}\,\boldsymbol{c}) = \begin{vmatrix} a_x & a_y & a_z \\ b_x & b_y & b_z \\ c_x & c_y & c_z \end{vmatrix} \tag{13.1.19}$$

als Komponentendarstellung für das Spatprodukt.

Bei Verwendung allgemeiner Koordinanten haben wir mit den Basisvektoren $\boldsymbol{h}_1$, $\boldsymbol{h}_2$, $\boldsymbol{h}_3$ bzw. $\boldsymbol{h}^1$, $\boldsymbol{h}^2$, $\boldsymbol{h}^3$ zu rechnen. Dabei steht beispielsweise $\boldsymbol{h}^3$ wegen (13.1.10) senkrecht auf

$\boldsymbol{h}_1$ und $\boldsymbol{h}_2$, hat also die Richtung des Vektorprodukts $\boldsymbol{h}_1 \times \boldsymbol{h}_2$; daher können wir $\boldsymbol{h}^3 = (\boldsymbol{h}_1 \times \boldsymbol{h}_2)/v$ setzen, mit einem Faktor v im Nenner, der sich wegen $\boldsymbol{h}_3 \boldsymbol{h}^3 = 1$ als Spatprodukt $(\boldsymbol{h}_1\, \boldsymbol{h}_2\, \boldsymbol{h}_3)$ der drei Basisvektoren erweist. Somit gilt

$$\boldsymbol{h}^1 = \frac{\boldsymbol{h}_2 \times \boldsymbol{h}_3}{v}, \quad \boldsymbol{h}^2 = \frac{\boldsymbol{h}_3 \times \boldsymbol{h}_1}{v}, \quad \boldsymbol{h}^3 = \frac{\boldsymbol{h}_1 \times \boldsymbol{h}_2}{v}, \quad \text{mit} \quad v = (\boldsymbol{h}_1\, \boldsymbol{h}_2\, \boldsymbol{h}_3). \tag{13.1.20}$$

Entsprechend folgt

$$\boldsymbol{h}_1 = \frac{\boldsymbol{h}^2 \times \boldsymbol{h}^3}{w}, \quad \boldsymbol{h}_2 = \frac{\boldsymbol{h}^3 \times \boldsymbol{h}^1}{w}, \quad \boldsymbol{h}_3 = \frac{\boldsymbol{h}^1 \times \boldsymbol{h}^2}{w}, \quad \text{mit} \quad w = (\boldsymbol{h}^1\, \boldsymbol{h}^2\, \boldsymbol{h}^3). \tag{13.1.21}$$

Daß dabei $w = 1/v$ ist, wird etwas später gezeigt werden. Es sei aber bereits hier auf die Analogie mit den Verhältnissen in der Theorie der Kristallgitter hingewiesen, wo $\boldsymbol{a}_1$, $\boldsymbol{a}_2$, $\boldsymbol{a}_3$ die Basisvektoren des gewöhnlichen Gitters mit den Volumen $v = (\boldsymbol{a}_1\, \boldsymbol{a}_2\, \boldsymbol{a}_3)$ der Elementarzelle sind, und $\boldsymbol{b}_1$, $\boldsymbol{b}_2$, $\boldsymbol{b}_3$ die Basisvektoren des reziproken Gitters, definiert durch $\boldsymbol{a}_j \boldsymbol{b}_k = \delta_{jk}$, bedeuten, mit dem entsprechenden Volumen $(\boldsymbol{b}_1\, \boldsymbol{b}_2\, \boldsymbol{b}_3) = 1/v$. Damit erhalten wir mit einer $\boldsymbol{a}$- und $\boldsymbol{b}$-Darstellung nach dem Schema (13.1.14) und durch Ausmultiplizieren vermittels (13.1.20) bzw. (13.1.21) die der Formel (13.1.18) entsprechende Beziehung

$$\boldsymbol{a} \times \boldsymbol{b} = v \begin{vmatrix} \boldsymbol{h}^1 & \boldsymbol{h}^2 & \boldsymbol{h}^3 \\ a^1 & a^2 & a^3 \\ b^1 & b^2 & b^3 \end{vmatrix} = w \begin{vmatrix} \boldsymbol{h}_1 & \boldsymbol{h}_2 & \boldsymbol{h}_3 \\ a_1 & a_2 & a_3 \\ b_1 & b_2 & b_3 \end{vmatrix}. \tag{13.1.22}$$

Skalare Multiplikation mit $\boldsymbol{c} = \sum \boldsymbol{h}_j c^j = \sum \boldsymbol{h}^j c_j$ ergibt dann für das Spatprodukt wegen (13.1.10) die Komponentendarstellung

$$(\boldsymbol{a}\, \boldsymbol{b}\, \boldsymbol{c}) = v \begin{vmatrix} a^1 & a^2 & a^3 \\ b^1 & b^2 & b^3 \\ c^1 & c^2 & c^3 \end{vmatrix} = w \begin{vmatrix} a_1 & a_2 & a_3 \\ b_1 & b_2 & b_3 \\ c_1 & c_2 & c_3 \end{vmatrix}. \tag{13.1.23}$$

f) Weitere Produktbildungen. Wird $\boldsymbol{a} \times \boldsymbol{b}$ nicht skalar, sondern vektoriell mit $\boldsymbol{c}$ multipliziert, so ergibt sich der Vektor $(\boldsymbol{a} \times \boldsymbol{b}) \times \boldsymbol{c}$, der offenbar senkrecht zu $\boldsymbol{a} \times \boldsymbol{b}$ und zu $\boldsymbol{c}$ steht, also in der durch die beiden Vektoren $\boldsymbol{a}$ und $\boldsymbol{b}$ bestimmten Ebene liegt und proportional zum Vektor $\boldsymbol{b}\,(\boldsymbol{a}\,\boldsymbol{c}) - \boldsymbol{a}\,(\boldsymbol{b}\,\boldsymbol{c})$ sein muß. Da der hierbei auftretende Proportionalitätsfaktor eine reine, von den drei Vektoren unabhängige Zahl sein muß, kann man diese etwa aus dem Spezialfall $\boldsymbol{c} \parallel \boldsymbol{a} \perp \boldsymbol{b}$ zu 1 bestimmen, da dann aus geometrischen Gründen $(\boldsymbol{a} \times \boldsymbol{b}) \times \boldsymbol{c} = a\, b\, c$ wird. Also gilt

$$(\boldsymbol{a} \times \boldsymbol{b}) \times \boldsymbol{c} = \boldsymbol{b}\,(\boldsymbol{a}\,\boldsymbol{c}) - \boldsymbol{a}\,(\boldsymbol{b}\,\boldsymbol{c}), \tag{13.1.24}$$

wie wir übrigens auch anhand der Darstellung in kartesischen Komponenten bestätigen können.

Mit Hilfe dieser Beziehung können wir sofort zeigen, daß die in (13.1.20) und (13.1.21) definierten Größen v und w zueinander reziprok sind. Zweimalige Anwendung dieser Relationen führt zur Gleichungskette

$$\boldsymbol{h}_1 = \frac{\boldsymbol{h}^2 \times \boldsymbol{h}^3}{w} = \frac{(\boldsymbol{h}_3 \times \boldsymbol{h}_1) \times \boldsymbol{h}^3}{v\, w} = \frac{\boldsymbol{h}_1}{v\, w},$$

letzteres wegen (13.1.24) und (13.1.10); also gilt tatsächlich $v\, w = 1$.

Ferner folgt aus (13.1.24) durch skalare Multiplikation mit $\boldsymbol{d}$ die Beziehung

$$((\boldsymbol{a}\times\boldsymbol{b})\times\boldsymbol{c})\,\boldsymbol{d} = (\boldsymbol{a}\times\boldsymbol{b})\,(\boldsymbol{c}\times\boldsymbol{d}) = (\boldsymbol{a}\,\boldsymbol{c})\,(\boldsymbol{b}\,\boldsymbol{d}) - (\boldsymbol{a}\,\boldsymbol{d})\,(\boldsymbol{b}\,\boldsymbol{c})\,. \tag{13.1.25}$$

Daraus ergibt sich für $\boldsymbol{a} = \boldsymbol{c}$ und $\boldsymbol{b} = \boldsymbol{d}$

$$(\boldsymbol{a}\times\boldsymbol{b})^2 = \boldsymbol{a}^2\,\boldsymbol{b}^2 - (\boldsymbol{a}\,\boldsymbol{b})^2\,,$$

entsprechend der Beziehung $\sin^2\varphi = 1 - \cos^2\varphi$ mit $\varphi = \langle\boldsymbol{a}, \boldsymbol{b}\rangle$.

Schließlich erhalten wir mit der Darstellung (13.1.19) für das Spatprodukt nach der Multiplikationsregel für zwei Determinanten die Beziehung

$$(\boldsymbol{a}\,\boldsymbol{b}\,\boldsymbol{c})\,(\boldsymbol{d}\,\boldsymbol{e}\,\boldsymbol{f}) = \begin{vmatrix} \boldsymbol{a}\,\boldsymbol{d} & \boldsymbol{a}\,\boldsymbol{e} & \boldsymbol{a}\,\boldsymbol{f} \\ \boldsymbol{b}\,\boldsymbol{d} & \boldsymbol{b}\,\boldsymbol{e} & \boldsymbol{b}\,\boldsymbol{f} \\ \boldsymbol{c}\,\boldsymbol{d} & \boldsymbol{c}\,\boldsymbol{e} & \boldsymbol{c}\,\boldsymbol{f} \end{vmatrix}. \tag{13.1.26}$$

Daraus folgt wegen (13.1.10)

$$v\,w \equiv (\boldsymbol{h}_1\,\boldsymbol{h}_2\,\boldsymbol{h}_3)\,(\boldsymbol{h}^1\,\boldsymbol{h}^2\,\boldsymbol{h}^3) = 1\,, \tag{13.1.27}$$

wie bereits oben auf anderem Weg gefunden wurde. Ferner gibt wegen (13.1.26)

$$v^2 = (\boldsymbol{h}_1\,\boldsymbol{h}_2\,\boldsymbol{h}_3)^2 = \begin{vmatrix} g_{11} & g_{12} & g_{13} \\ g_{21} & g_{22} & g_{23} \\ g_{31} & g_{32} & g_{33} \end{vmatrix} \equiv g \tag{13.1.28}$$

die aus den g_{jk} gebildete Determinante. Entsprechend ist die Determinante aus den g^{jk} gleich w^2 und damit wegen $v\,w = 1$ gleich $1/g$.

13.2. Vektoranalysis

a) Differentiation eines Vektors nach einem Parameter. Hängt ein Vektor $\boldsymbol{a}$ von einem Parameter t ab, beispielsweise von der Zeit, so wird der Differentialquotient von $\boldsymbol{a}$ nach t definiert als Grenzwert des Differenzenquotienten:

$$\frac{\mathrm{d}\,\boldsymbol{a}(t)}{\mathrm{d}t} = \lim_{t\to 0} \frac{\boldsymbol{a}\,(t + \Delta t) - \boldsymbol{a}\,(t)}{\Delta t}\,. \tag{13.2.1}$$

Ist $\boldsymbol{a}(t) \equiv \boldsymbol{r}(t)$ der Fahrstrahl von einem festen Punkt O nach einem beweglichen Punkt P, also der Ortsvektor des Punktes P, so gibt $\boldsymbol{v} = \mathrm{d}\boldsymbol{r}/\mathrm{d}t$ den Geschwindigkeitsvektor des Punktes P.

Eine ähnliche Differentiation wurde bereits im Anschluß an (13.1.8) benutzt, wo die Strecke $\boldsymbol{s}$ vom Nullpunkt bis zu einem festen Punkt Q mit den allgemeinen Koordinaten x^1, x^2, x^3 eingeführt und zur Definition der Basisvektoren $\boldsymbol{h}_j$ gemäß $\boldsymbol{h}_j = \partial\boldsymbol{s}/\partial x^j$ benutzt wurde. Aus dieser Definition folgt übrigens die Relation

$$\frac{\partial \boldsymbol{h}_j}{\partial x^k} = \frac{\partial \boldsymbol{h}_k}{\partial x^j} = \frac{\partial^2 \boldsymbol{s}}{\partial x^j\,\partial x^k}, \tag{13.2.2}$$

die später noch benötigt wird.

Wegen der Vorschrift (13.2.1) zur Differentiation eines Vektors lassen sich die Regeln der Differentialrechnung sofort auch auf andere Ausdrücke mit Vektoren übertragen. So gilt beispielsweise

$$\frac{\mathrm{d}(\boldsymbol{a}\,\boldsymbol{b})}{\mathrm{d}t} = \frac{\mathrm{d}\boldsymbol{a}}{\mathrm{d}t}\boldsymbol{b} + \boldsymbol{a}\frac{\mathrm{d}\boldsymbol{b}}{\mathrm{d}t} \quad \text{und} \quad \frac{\mathrm{d}(\boldsymbol{a}\times\boldsymbol{b})}{\mathrm{d}t} = \frac{\mathrm{d}\boldsymbol{a}}{\mathrm{d}t}\times\boldsymbol{b} + \boldsymbol{a}\times\frac{\mathrm{d}\boldsymbol{b}}{\mathrm{d}t},$$

b) Der Gradient. Gehen wir bei einer skalaren, aber vom Ort abhängigen Feldgröße $\varphi(\boldsymbol{r})$ von einem Punkt $(\boldsymbol{r})$ zu einem infinitesimal benachbarten Punkt $(\boldsymbol{r} + \mathrm{d}\boldsymbol{r})$ über, so ändert sich hierbei φ in erster Näherung um eine zu $\mathrm{d}\boldsymbol{r}$ proportionale Größe $\mathrm{d}\varphi$, die definitionsgemäß nach dem Schema

$$\mathrm{d}\varphi(\boldsymbol{r}) \equiv \varphi(\boldsymbol{r} + \mathrm{d}\boldsymbol{r}) - \varphi(\boldsymbol{r}) = \mathrm{d}\boldsymbol{r}\frac{\mathrm{d}\varphi(\boldsymbol{r})}{\mathrm{d}\boldsymbol{r}} \equiv \mathrm{d}\boldsymbol{r}\;\nabla\varphi(\boldsymbol{r}) \equiv \mathrm{d}\boldsymbol{r}\,\mathrm{grad}\,\varphi(\boldsymbol{r}) \qquad (13.2.3)$$

angeschrieben werden kann. Dabei wird die hier skalar mit $\mathrm{d}\boldsymbol{r}$ multiplizierte Vektorgröße $\mathrm{d}\varphi/\mathrm{d}\boldsymbol{r}$ meist als Nabla von φ, d.h. als $\nabla\varphi$, oder als Gradient von φ, d.h. als $\mathrm{grad}\,\varphi$ bezeichnet. Nach (13.2.3) steht der Vektor $\mathrm{grad}\,\varphi$ senkrecht auf der Fläche $\varphi(\boldsymbol{r}) = \text{const}$; denn nur dann verschwindet $\mathrm{d}\varphi$ für jeden Vektor $\mathrm{d}\boldsymbol{r}$, der in dieser Niveaufläche liegt.

Bei Verwendung kartesischer Koordinaten x, y, z wird der Zuwachs $\mathrm{d}\varphi$ von $\varphi(x, y, z)$ gegeben durch

$$\mathrm{d}\varphi = \mathrm{d}x\frac{\partial\varphi}{\partial x} + \mathrm{d}y\frac{\partial\varphi}{\partial y} + \mathrm{d}z\frac{\partial\varphi}{\partial z}. \qquad (13.2.4)$$

Daher gilt in diesem Fall für den Vektoroperator $\nabla \equiv \mathrm{grad}$ die Darstellung

$$\nabla = \boldsymbol{e}_x\frac{\partial}{\partial x} + \boldsymbol{e}_y\frac{\partial}{\partial y} + \boldsymbol{e}_z\frac{\partial}{\partial z}. \qquad (13.2.5)$$

Bei allgemeinen Koordinaten x^1, x^2, x^3 folgt entsprechend aus $\varphi(x^1, x^2, x^3)$

$$\mathrm{d}\varphi = \mathrm{d}x^1\frac{\partial\varphi}{\partial x^1} + \mathrm{d}x^2\frac{\partial\varphi}{\partial x^2} + \mathrm{d}x^3\frac{\partial\varphi}{\partial x^3} \equiv \sum \mathrm{d}x^j\frac{\partial\varphi}{\partial x^j}. \qquad (13.2.6)$$

Hier kann der Operator ∇ in der Form

$$\nabla = \boldsymbol{h}^1\frac{\partial}{\partial x^1} + \boldsymbol{h}^2\frac{\partial}{\partial x^2} + \boldsymbol{h}^3\frac{\partial}{\partial x^3} \equiv \sum \boldsymbol{h}^j\frac{\partial}{\partial x^j} \qquad (13.2.7)$$

angeschrieben werden, da dann die Definitionsgleichung (13.2.3) mit $\mathrm{d}\boldsymbol{r} = \sum \boldsymbol{h}_k\,\mathrm{d}x^k$ offenbar auf die Darstellung (13.2.6) führt.

Mit ähnlichen Betrachtungen ergibt sich für einen ortsabhängigen Feldvektor $\boldsymbol{a}(\boldsymbol{r})$

$$\mathrm{d}\boldsymbol{a}(\boldsymbol{r}) \equiv \boldsymbol{a}(\boldsymbol{r} + \mathrm{d}\boldsymbol{r}) - \boldsymbol{a}(\boldsymbol{r}) = \left(\mathrm{d}\boldsymbol{r}\frac{\mathrm{d}}{\mathrm{d}\boldsymbol{r}}\right)\boldsymbol{a}(\boldsymbol{r}) \equiv (\mathrm{d}\boldsymbol{r}\;\nabla)\,\boldsymbol{a}(\boldsymbol{r}) \equiv (\mathrm{d}\boldsymbol{r}\,\mathrm{grad})\,\boldsymbol{a}(\boldsymbol{r}). \qquad (13.2.8)$$

Für jede kartesische Komponente von $\boldsymbol{a}$ lautet diese Beziehung entsprechend (13.2.4) bzw. (13.2.3)

$$\left.\begin{aligned} \mathrm{d}a_x &= \mathrm{d}x\frac{\partial a_x}{\partial x} + \mathrm{d}y\frac{\partial a_x}{\partial y} + \mathrm{d}z\frac{\partial a_x}{\partial z} = \mathrm{d}\boldsymbol{r}\;\nabla a_x, \\ \mathrm{d}a_y &= \mathrm{d}\boldsymbol{r}\;\nabla a_y, \quad \mathrm{d}a_z = \mathrm{d}\boldsymbol{r}\;\nabla a_z. \end{aligned}\right\} \qquad (13.2.9)$$

Bei Verwendung allgemeiner Koordinaten müssen wir aber beachten, daß die Basisvektoren $\boldsymbol{h}_j$ bzw. $\boldsymbol{h}^j$ oft Funktionen der x^k sind. Daher gilt

$$\mathrm{d}\boldsymbol{a} = \mathrm{d}\left(\sum \boldsymbol{h}_j a^j\right) = \sum \boldsymbol{h}_j \, \mathrm{d}a^j + \sum a^j \, \mathrm{d}\boldsymbol{h}_j ,$$

mit

$$\mathrm{d}a^j = \sum \mathrm{d}x^k \frac{\partial a^j}{\partial x^k} \quad \text{und} \quad \mathrm{d}\boldsymbol{h}_j = \sum \mathrm{d}x^k \frac{\partial \boldsymbol{h}_j}{\partial x^k};$$

dabei kann der Vektor $\partial \boldsymbol{h}_j/\partial x^k$, der wegen (13.2.2) gleich $\partial \boldsymbol{h}_k/\partial x^j$ ist, auch in der Form

$$\frac{\partial \boldsymbol{h}_j}{\partial x^k} = \sum \boldsymbol{h}^l \, \Gamma_{ljk} \quad \text{mit} \quad \Gamma_{ljk} = \boldsymbol{h}_l \frac{\partial \boldsymbol{h}_j}{\partial x^k} = \boldsymbol{h}_l \frac{\partial \boldsymbol{h}_k}{\partial x^j} = \Gamma_{lkj} \tag{13.2.10}$$

geschrieben werden. Die Γ_{ljk} heißen die Christoffelschen Drei-Indizes-Symbole.

c) Die Divergenz. Ein weiterer Begriff der Vektoranalysis ist die Divergenz eines Vektorfeldes $\boldsymbol{a}(\boldsymbol{r})$, die als div $\boldsymbol{a}$ geschrieben wird. Sie ist definiert als der Gesamtfluß des Vektorfeldes $\boldsymbol{a}(\boldsymbol{r})$ durch eine geschlossene Fläche F, noch geteilt durch das von der Fläche eingeschlossene Volumen V, und zwar im Grenzfall, daß die Fläche F mit dem Volumen V auf die unmittelbare Umgebung eines festgehaltenen Punktes P zusammenschrumpft:

$$\operatorname{div} \boldsymbol{a} = \lim_{V \to 0} \frac{1}{V} \oint\!\!\!\oint \boldsymbol{a} \, \boldsymbol{n} \, \mathrm{d}f . \tag{13.2.11}$$

Dabei wird der Fluß von $\boldsymbol{a}$ durch ein Element $\mathrm{d}f$ der Fläche mit der durch den Einheitsvektor $\boldsymbol{n}$ gegebenen Richtung der äußeren Normale gleich $\boldsymbol{a}\,\boldsymbol{n}\,\mathrm{d}f \equiv \boldsymbol{a}\,\mathrm{d}\boldsymbol{f}$. Und es ist, wie eine genauere Betrachtung zeigt, gleichgültig, in welcher Weise und mit welcher Gestalt sich hierbei die Fläche F auf den Punkt P zusammenzieht.

Um aus der Integralformel (13.2.11) eine explizite Darstellung für div $\boldsymbol{a}$ zu gewinnen, wählen wir im Fall der Verwendung kartesischer Koordinaten als Fläche F einen kleinen Quader mit den Kantenlängen $\mathrm{d}x$, $\mathrm{d}y$, $\mathrm{d}z$ parallel zu den Koordinatenachsen. Dann geben die beiden Stirnflächen des Quaders mit den Normalenrichtungen in der positiven und negativen x-Richtung als Beiträge zum Flächenintegral in (13.2.11) zusammen den Wert

$$(a_x \, \mathrm{d}y \, \mathrm{d}z)_{x+\mathrm{d}x} - (a_x \, \mathrm{d}y \, \mathrm{d}z)_x \approx \frac{\partial a_x}{\partial x} \mathrm{d}x \, \mathrm{d}y \, \mathrm{d}z .$$

Addieren wir dazu die Beiträge der beiden anderen Flächenpaare und dividieren das Ganze durch das Volumen $V = \mathrm{d}x \, \mathrm{d}y \, \mathrm{d}z$ des Quaders, so erhalten wir im Limes die Komponentendarstellung von div $\boldsymbol{a}$ in der Form

$$\operatorname{div} \boldsymbol{a} = \frac{\partial a_x}{\partial x} + \frac{\partial a_y}{\partial y} + \frac{\partial a_z}{\partial z}, \tag{13.2.12}$$

die offenbar formal auch als Skalarprodukt des Nablaoperators mit dem Vektor $\boldsymbol{a}$, also als

$$\operatorname{div} \boldsymbol{a} = \nabla \boldsymbol{a} \tag{13.2.13}$$

angeschrieben werden kann.

Führen wir die gleiche Überlegung für den Fall allgemeiner Koordinaten x^1, x^2, x^3 durch, so gehen wir aus von einem schiefen Quader mit den Kanten $\boldsymbol{h}_1\,\mathrm{d}x^1$, $\boldsymbol{h}_2\,\mathrm{d}x^2$, $\boldsymbol{h}_3\,\mathrm{d}x^3$ in den Koordinatenrichtungen und daher mit einem Volumen $V = (\boldsymbol{h}_1\,\boldsymbol{h}_2\,\boldsymbol{h}_3)\,\mathrm{d}x^1\,\mathrm{d}x^2\,\mathrm{d}x^3 = v\,\mathrm{d}x^1\,\mathrm{d}x^2\,\mathrm{d}x^3$, das ja wegen der Verschiedenartigkeit der x^j keinesfalls die Dimension eines gewöhnlichen Volumens zu haben braucht. Dann gilt beispielsweise für die rechte Stirnfläche des Quaders mit der Fläche $\mathrm{d}f$ und der im spitzen Winkel zu $\boldsymbol{h}_1$ stehenden Normale $\boldsymbol{n}$ der Ausdruck $\boldsymbol{n}\,\mathrm{d}f = (\boldsymbol{h}_2\,\mathrm{d}x^2)\times(\boldsymbol{h}_3\,\mathrm{d}x^3) = v\,\boldsymbol{h}^1\,\mathrm{d}x^2\,\mathrm{d}x^3$, letzteres wegen (13.1.20). Multiplizieren wir diesen Vektor skalar mit dem Vektor $\boldsymbol{a} = \sum \boldsymbol{h}_j\,a^j$, so erhalten wir als Beiträge der rechten und linken Stirnfläche zusammengefaßt

$$(v\,a^1\,\mathrm{d}x^2\,\mathrm{d}x^3)_{x^1+\mathrm{d}x^1} - (v\,a^1\,\mathrm{d}x^2\,\mathrm{d}x^3)_{x^1} \approx \frac{\partial\,(v\,a^1)}{\partial x^1}\,\mathrm{d}x^1\,\mathrm{d}x^2\,\mathrm{d}x^3.$$

Damit ergibt sich aus (13.2.11) ähnlich wie oben die Beziehung

$$\operatorname{div}\boldsymbol{a} = \frac{1}{v}\left\{\frac{\partial\,(v\,a^1)}{\partial x^1} + \frac{\partial\,(v\,a^2)}{\partial x^2} + \frac{\partial\,(v\,a^3)}{\partial x^3}\right\} = \sum \frac{\partial a^j}{\partial x^j} + \sum \frac{a^j}{v}\,\frac{\partial v}{\partial x^j}, \quad (13.2.14)$$

die beim Übergang zu kartesischen Koordinaten wegen $v = 1$ in (13.2.12) übergeht. Natürlich läßt sie sich auch in der einfachen Form (13.2.13) schreiben, wie wir einerseits aus

$$\frac{\partial v}{\partial x^j} = (\boldsymbol{h}_2\times\boldsymbol{h}_3)\,\frac{\partial \boldsymbol{h}_1}{\partial x^j} + (\boldsymbol{h}_3\times\boldsymbol{h}_1)\,\frac{\partial \boldsymbol{h}_2}{\partial x^j} + (\boldsymbol{h}_1\times\boldsymbol{h}_2)\,\frac{\partial \boldsymbol{h}_3}{\partial x^j} = v \sum \boldsymbol{h}^k\,\frac{\partial \boldsymbol{h}_k}{\partial x^j},$$

andererseits aus

$$\operatorname{div}\boldsymbol{a} = \sum\sum\left(\boldsymbol{h}^k\,\frac{\partial}{\partial x_k}\right)(\boldsymbol{h}_j\,a^j) = \sum \frac{\partial a^j}{\partial x^j} + \sum\sum a^j\,\boldsymbol{h}^k\,\frac{\partial \boldsymbol{h}_j}{\partial x^k} =$$

$$= \sum \frac{\partial a^j}{\partial x^j} + \sum\sum a^j\,\boldsymbol{h}^k\,\frac{\partial \boldsymbol{h}_k}{\partial x^j},$$

letzteres wegen (13.2.2), erkennen.

d) Der Laplace-Operator Δ. Zum Laplace-Operator kommen wir aus (13.2.13) für den Fall $\boldsymbol{a} = \operatorname{grad}\varphi \equiv \nabla\,\varphi$; dann wird

$$\Delta\varphi \equiv \operatorname{div}\operatorname{grad}\varphi \equiv \nabla\,\nabla\,\varphi = \frac{\partial^2\varphi}{\partial x^2} + \frac{\partial^2\varphi}{\partial y^2} + \frac{\partial^2\varphi}{\partial z^2}, \quad (13.2.15)$$

letzteres als spezielle Darstellung von $\Delta\varphi$ bei Verwendung kartesischer Koordinaten. Beim Rechnen mit allgemeinen Koordinaten folgt aus (13.2.14) mit

$$\boldsymbol{a} = \operatorname{grad}\varphi = \sum \boldsymbol{h}^k\,\frac{\partial\varphi}{\partial x^k} \quad \text{bzw.} \quad a^j = \boldsymbol{h}^j\,\boldsymbol{a} = \sum g^{jk}\,\frac{\partial\varphi}{\partial x^k}$$

für $\Delta\varphi$ die Beziehung

$$\Delta\varphi = \frac{1}{v}\sum\sum\frac{\partial}{\partial x^j}\left(v\,g^{jk}\,\frac{\partial\varphi}{\partial x^k}\right) = \frac{1}{\sqrt{g}}\sum\sum\frac{\partial}{\partial x^j}\left(\sqrt{g}\,g^{jk}\,\frac{\partial\varphi}{\partial x^k}\right). \quad (13.2.16)$$

Speziell im Fall orthogonaler Koordinaten, bei denen die Koordinatenflächen senkrecht aufeinander stehen und daher die $g_{jk} = \boldsymbol{h}_j\,\boldsymbol{h}_k$ und die $g^{jk} = \boldsymbol{h}^j\,\boldsymbol{h}^k$ für $j \neq k$ verschwinden, wird $\sqrt{g} = v = h_1 h_2 h_3$ und $g^{jj} = (h^j)^2 = 1/(h_j)^2$. Dann gilt nach (13.2.14) und (13.2.16)

$$\operatorname{div} \boldsymbol{a} = \left\{\frac{1}{h_1 h_2 h_3}\left\{\frac{\partial (h_1 h_2 h_3 a^1)}{\partial x^1} + \frac{\partial (h_1 h_2 h_3 a^2)}{\partial x^2} + \frac{\partial (h_1 h_2 h_3 a^3)}{\partial x^3}\right\}\right. \tag{13.2.17}$$

und

$$\Delta\varphi = \frac{1}{h_1 h_2 h_3}\left\{\frac{\partial}{\partial x^1}\left(\frac{h_2 h_3}{h_1}\frac{\partial\varphi}{\partial x^1}\right) + \frac{\partial}{\partial x^2}\left(\frac{h_3 h_1}{h_2}\frac{\partial\varphi}{\partial x^2}\right) + \frac{\partial}{\partial x^3}\left(\frac{h_1 h_2}{h_3}\frac{\partial\varphi}{\partial x^3}\right)\right\}. \tag{13.2.18}$$

e) Die Rotation. Als letzter neuer Begriff der Vektoranalysis sei die Rotation eines Vektorfeldes $\boldsymbol{a}(\boldsymbol{r})$ eingeführt, die als rot $\boldsymbol{a}$ geschrieben wird. Definiert wird sie vermittels des Wegintegrals $\oint \boldsymbol{a}\, \mathrm{d}\boldsymbol{r}$ längs der Randkurve C einer Fläche F, noch geteilt durch F, und zwar für den Grenzfall, daß sich die Randkurve C und damit auch die Fläche F auf die unmittelbare Umgebung eines auf F liegenden Punktes P zusammenzieht. Und zwar gilt

$$\boldsymbol{n} \operatorname{rot} \boldsymbol{a} = \lim_{F\to 0} \frac{1}{F} \oint A\, \mathrm{d}\boldsymbol{r}\,, \tag{13.2.19}$$

wobei $\boldsymbol{n}$ den Einheitsvektor in Richtung der Flächennormale von F bedeutet, dem Umlauf des Integrals im Rechtsschraubensinn zugeordnet.

Um aus dieser Integraldarstellung die Rotation von $\boldsymbol{a}$ bzw. ihre Komponenten in kartesischen Koordinaten zu bestimmen, denken wir uns zunächst die Randkurve C von F als kleines Rechteck in der x-y-Ebene liegend mit den Kantenlängen $\mathrm{d}x$ und $\mathrm{d}y$. Dann geben die beiden Rechteckseiten parallel zur y-Achse die Beiträge

$$(a_y\, \mathrm{d}y)_{x+\mathrm{d}x} - (a_y\, \mathrm{d}y)_x \approx \frac{\partial a_y}{\partial x}\, \mathrm{d}x\, \mathrm{d}y\,.$$

Ähnliche Beiträge ergeben sich von den beiden Kanten parallel zur x-Achse, so daß wir nach Summierung aller Beiträge und Division durch $F = \mathrm{d}x\, \mathrm{d}y$ im Limes als z-Komponente von rot $\boldsymbol{a}$ den Ausdruck

$$(\operatorname{rot} \boldsymbol{a})_z = \frac{\partial a_y}{\partial x} - \frac{\partial a_x}{\partial y} \tag{13.2.20}$$

erhalten. Die Rotation von $\boldsymbol{a}$ erweist sich also gemäß

$$\operatorname{rot} \boldsymbol{a} = \nabla \times \boldsymbol{a} \tag{13.2.21}$$

als das Vektorprodukt des Nablaoperators mit dem Vektor $\boldsymbol{a}$.

Daß dies auch bei Verwendung allgemeiner Koordinaten der Fall ist, können wir folgendermaßen einsehen. Zur Auswertung der Integraldarstellung (13.2.19) können wir als Randkurve C eine kleine Raute (Parallelogramm) in der x^1-x^2-Ebene wählen mit den Kanten $\boldsymbol{h}_1\, \mathrm{d}x^1$ und $\boldsymbol{h}_2\, \mathrm{d}x^2$. Dann wird einerseits $\boldsymbol{n} F = (\boldsymbol{h}_1 \times \boldsymbol{h}_2)\, \mathrm{d}x^1\, \mathrm{d}x^2$. Andererseits geben die beiden Seiten der Raute parallel zur $\boldsymbol{h}_2$-Achse wegen $\boldsymbol{h}_2\, \boldsymbol{a} = a_2$

$$(a_2\, \mathrm{d}x^2)_{x^1+\mathrm{d}x^1} - (a_2\, \mathrm{d}x^2)_{x^1} \approx \frac{\partial a_2}{\partial x^1}\, \mathrm{d}x^1\, \mathrm{d}x^2.$$

Wird hier ein ähnlicher Beitrag von den anderen zwei Seiten der Raute hinzuaddiert, so folgt aus (13.2.19) nach Division durch $dx^1\,dx^2$ und Ausführung des Grenzübergangs als $\boldsymbol{h}^3$-Komponenten von rot $\boldsymbol{a}$

$$(\boldsymbol{h}_1 \times \boldsymbol{h}_2)\,\mathrm{rot}\,\boldsymbol{a} = v\,\boldsymbol{h}^3\,\mathrm{rot}\,\boldsymbol{a} = \frac{\partial a_2}{\partial x^1} - \frac{\partial a_1}{\partial x^2}\,. \tag{13.2.22}$$

Also kann man wegen $\mathrm{rot}\,\boldsymbol{a} = \sum \boldsymbol{h}_j\,(\boldsymbol{h}^j\,\mathrm{rot}\,\boldsymbol{a})$ die Rotation auch in Determinantenform anschreiben als

$$\mathrm{rot}\,\boldsymbol{a} = \frac{1}{v}\begin{vmatrix} \boldsymbol{h}_1 & \boldsymbol{h}_2 & \boldsymbol{h}_3 \\ \dfrac{\partial}{\partial x^1} & \dfrac{\partial}{\partial x^2} & \dfrac{\partial}{\partial x^3} \\ a_1 & a_2 & a_3 \end{vmatrix}\,. \tag{13.2.23}$$

Zum gleichen Ausdruck kommen wir aber auch aus (13.2.21). Denn dann wird

$$\mathrm{rot}\,\boldsymbol{a} = \sum\sum\left(\boldsymbol{h}^j\frac{\partial}{\partial x^j}\right)\times(\boldsymbol{h}^k\,a_k) = \sum\sum(\boldsymbol{h}^j\times\boldsymbol{h}^k)\frac{\partial a_k}{\partial x^j} + \sum\sum a_k\left(\boldsymbol{h}^j\times\frac{\partial\boldsymbol{h}^k}{\partial x^j}\right).$$

Hier gibt die erste Doppelsumme rechts wegen $\boldsymbol{h}^1\times\boldsymbol{h}^2 = \boldsymbol{h}_3/v$ usf. nach (13.2.21) bereits genau den Ausdruck (13.2.23), wie wir sofort durch ihr Ausschreiben ersehen können, während die zweite Doppelsumme wegen

$$\sum\boldsymbol{h}^j\times\frac{\partial\boldsymbol{h}^k}{\partial x^j} = \sum\sum(\boldsymbol{h}^j\times\boldsymbol{h}^i)\left(\boldsymbol{h}_i\frac{\partial\boldsymbol{h}^k}{\partial x^j}\right) = -\sum\sum(\boldsymbol{h}^j\times\boldsymbol{h}^i)\left(\boldsymbol{h}^k\frac{\partial\boldsymbol{h}_i}{\partial x^j}\right)$$

verschwindet, da einerseits $\boldsymbol{h}^j\times\boldsymbol{h}^i$ bei Vertauschung der Indizes i und j das Vorzeichen ändert, andererseits $\partial\boldsymbol{h}_i/\partial x^j = \partial\boldsymbol{h}_j/\partial x^i$ gilt.

Aus (13.2.21) ergeben sich übrigens sofort die folgenden zwei Rechenregeln: Gilt $\boldsymbol{a} = \mathrm{grad}\,\varphi$, so folgt hieraus oder auch aus (13.2.20) oder (13.2.23) unmittelbar

$$\mathrm{rot\,grad}\,\varphi \equiv \nabla\times(\nabla\,\varphi) = \nabla\times\nabla\,\varphi = 0\,; \tag{13.2.24}$$

die Rotation eines Gradienten ist stets gleich Null. Entsprechend folgt aus $\mathrm{div}\,\boldsymbol{b} = \nabla\,\boldsymbol{b}$ mit $\boldsymbol{b} = \mathrm{rot}\,\boldsymbol{a}$

$$\mathrm{div\,rot}\,\boldsymbol{a} \equiv \nabla\,(\nabla\times\boldsymbol{a}) = (\nabla\times\nabla)\,\boldsymbol{a} = 0\,; \tag{13.2.25}$$

die Divergenz einer Rotation verschwindet ebenfalls immer. Daher ist die Lösung einer Gleichung für $\boldsymbol{a}(\boldsymbol{r})$ von der Form $\mathrm{rot}\,\boldsymbol{a} = \boldsymbol{f}(\boldsymbol{r})$ stets unbestimmt bis auf ein additives Zusatzglied $\boldsymbol{a}'(\boldsymbol{r}) = \nabla\,\psi(\boldsymbol{r})$, mit willkürlicher Skalarfunktion $\psi(\boldsymbol{r})$. Und ebenso kann zur Lösung einer Gleichung für $\boldsymbol{a}(\boldsymbol{r})$ von der Fom $\mathrm{div}\,\boldsymbol{a} = g(\boldsymbol{r})$ stets ein Glied $\boldsymbol{a}''(\boldsymbol{r}) = \mathrm{rot}\,\boldsymbol{b}(\boldsymbol{r})$, mit willkürlicher Vektorfunktion $\boldsymbol{b}(\boldsymbol{r})$, hinzugefügt werden. Dann ist $\psi(\boldsymbol{r})$ bzw. $\boldsymbol{b}(\boldsymbol{r})$ aus den Randbedingungen für das in Frage stehende Problem zu bestimmen.

Schließlich sind hier noch zwei besonders für die Elektrodynamik wichtige Beziehungen anzuführen: Erstens gilt

$$(\nabla\,\boldsymbol{a}\,\boldsymbol{b}) = (\boldsymbol{b}\,\nabla\,\boldsymbol{a}) - (\boldsymbol{a}\,\nabla\,\boldsymbol{b})\,,\quad \text{d.h.}\quad \mathrm{div}\,(\boldsymbol{a}\times\boldsymbol{b}) = \boldsymbol{b}\,\mathrm{rot}\,\boldsymbol{a} - \boldsymbol{a}\,\mathrm{rot}\,\boldsymbol{b}\,. \tag{13.2.26}$$

Zweitens folgt aus (13.1.24)

$$\nabla\times(\nabla\times\boldsymbol{a}) = \nabla(\nabla\,\boldsymbol{a}) - (\nabla\;\nabla)\,\boldsymbol{a},\quad \text{also}\quad \mathrm{rot\,rot}\,\boldsymbol{a} = \mathrm{grad\,div}\,\boldsymbol{a} - \Delta\boldsymbol{a}\,. \tag{13.2.27}$$

Hier ist freilich beim Glied $\Delta \boldsymbol{a}$ zu beachten, daß zwar in kartesischen Koordinaten $(\Delta \boldsymbol{a})_x = \Delta a_x$ gilt, daß aber bei Verwendung allgemeiner Koordinaten $(\Delta \boldsymbol{a})_j \neq \Delta a_j$ ist, und daß es hier zweckmäßiger ist, $\Delta \boldsymbol{a}$ aus $-\operatorname{rot}\operatorname{rot}\boldsymbol{a} + \operatorname{grad}\operatorname{div}\boldsymbol{a}$ zu berechnen.

f) Die räumlichen Polarkoordinaten als Beispiel. Bei räumlichen Polarkoordinaten $x^1 = r$, $x^2 = \vartheta$, $x^3 = \alpha$ gilt wegen $x = r\sin\vartheta\cos\alpha$, $y = r\sin\vartheta\sin\alpha$, $z = r\cos\vartheta$ für das Quadrat des Linienelements

$$\mathrm{d}s^2 = \mathrm{d}x^2 + \mathrm{d}y^2 + \mathrm{d}z^2 = \mathrm{d}r^2 + r^2\,\mathrm{d}\vartheta^2 + r^2\sin^2\vartheta\,\mathrm{d}\alpha^2\,,$$

und daher für das Linienelement $\mathrm{d}\boldsymbol{s}$ selber bei Verwendung der drei senkrecht zueinander stehenden Einheitsvektoren $\boldsymbol{e}_r$, $\boldsymbol{e}_\vartheta$, $\boldsymbol{e}_\alpha$ in den drei Koordinatenrichtungen

$$\mathrm{d}\boldsymbol{s} = \boldsymbol{e}_r\,\mathrm{d}r + \boldsymbol{e}_\vartheta\,r\,\mathrm{d}\vartheta + \boldsymbol{e}_\alpha\,r\sin\vartheta\,\mathrm{d}\alpha\,.$$

Daraus folgen für die Grundvektoren $\boldsymbol{h}_j$ und $\boldsymbol{h}^k$ wegen $\boldsymbol{h}_j = \mathrm{d}\boldsymbol{s}/\mathrm{d}x^j$ und $\boldsymbol{h}^k\,\boldsymbol{h}_j = \delta_j^k$ die Ausdrücke

$$\boldsymbol{h}_1 = \boldsymbol{e}_r,\ \boldsymbol{h}_2 = \boldsymbol{e}_\vartheta\,r,\ \boldsymbol{h}_3 = \boldsymbol{e}_\alpha\,r\sin\vartheta \text{ und } \boldsymbol{h}^1 = \boldsymbol{e}_r,\ \boldsymbol{h}^2 = \boldsymbol{e}_\vartheta/r,\ \boldsymbol{h}^3 = \boldsymbol{e}_\alpha/r\sin\vartheta\,,$$

sowie für das Spatprodukt $v = (\boldsymbol{h}_1\,\boldsymbol{h}_2\,\boldsymbol{h}_3) = h_1\,h_2\,h_3 = r^2\sin\vartheta$. Natürlich führen hier die Skalarprodukte $\boldsymbol{h}^j\,\mathrm{d}\boldsymbol{s} = \mathrm{d}x^j$ wieder auf die drei Differentiale $\mathrm{d}r$, $\mathrm{d}\vartheta$, $\mathrm{d}\alpha$ zurück, während sich aus den Produkten $\boldsymbol{h}_j\,\mathrm{d}\boldsymbol{s} = \mathrm{d}x_j$ die Differentiale $\mathrm{d}x_1 = \mathrm{d}r$, $\mathrm{d}x_2 = r^2\,\mathrm{d}\vartheta$, $\mathrm{d}x_3 = r^2\sin^2\vartheta\,\mathrm{d}\alpha$ ergeben. Analog folgen für einen beliebigen Vektor $\boldsymbol{a}$ aus

$$\boldsymbol{a} = \sum \boldsymbol{h}^j\,a_j = \sum \boldsymbol{h}_j\,a^j = \boldsymbol{e}_r\,a_r + \boldsymbol{e}_\vartheta\,a_\vartheta + \boldsymbol{e}_\alpha\,a_\alpha$$

die gewöhnlichen Vektorkomponenten

$$a_r = a_1 = a^1,\quad a_\vartheta = a_2/r = a^2\,r,\quad a_\alpha = a_3/r\sin\vartheta = a^3\,r\sin\vartheta\,.$$

Nun können wir den Nabla-Operator ∇ nach (13.2.7) sofort in der Form

$$\nabla = \sum \boldsymbol{h}^j\,\frac{\partial}{\partial x^j} = \boldsymbol{e}_r\,\frac{\partial}{\partial r} + \frac{\boldsymbol{e}_\vartheta}{r}\,\frac{\partial}{\partial\vartheta} + \frac{\boldsymbol{e}_\alpha}{r\sin\vartheta}\,\frac{\partial}{\partial\alpha}$$

angeben. Ferner folgt für $\operatorname{div}\boldsymbol{a}$ aus (13.2.14) oder (13.2.17) beim Umschreiben auf die gewöhnlichen Vektorkomponenten

$$\operatorname{div}\boldsymbol{a} = \frac{1}{r^2}\,\frac{\partial\,(r^2\,a_r)}{\partial r} + \frac{1}{r\sin\vartheta}\,\frac{\partial\,(\sin\vartheta\,a_\vartheta)}{\partial\vartheta} + \frac{1}{r\sin\vartheta}\,\frac{\partial a_\alpha}{\partial\alpha}.$$

Entsprechend erhalten wir aus (13.2.16) oder kürzer aus (13.2.18) für $\Delta\varphi$ den Ausdruck

$$\Delta\varphi = \frac{1}{r^2}\,\frac{\partial}{\partial r}\left(r^2\,\frac{\partial\varphi}{\partial r}\right) + \frac{1}{r^2\sin\vartheta}\,\frac{\partial}{\partial\vartheta}\left(\sin\vartheta\,\frac{\partial\varphi}{\partial\vartheta}\right) + \frac{1}{r^2\sin^2\vartheta}\,\frac{\partial^2\varphi}{\partial\alpha^2}.$$

Schließlich geht die Formel (13.2.23) für $\operatorname{rot}\boldsymbol{a}$ über in

$$\operatorname{rot}\boldsymbol{a} = \frac{1}{r^2\sin\vartheta}\begin{vmatrix} \boldsymbol{e}_r & r\,\boldsymbol{e}_\vartheta & r\sin\vartheta\,\boldsymbol{e}_\alpha \\ \partial/\partial r & \partial/\partial\vartheta & \partial/\partial\alpha \\ a_r & r\,a_\vartheta & r\sin\vartheta\,a_\alpha \end{vmatrix},$$

woraus wir die Komponenten $(\operatorname{rot}\boldsymbol{a})_r$, $(\operatorname{rot}\boldsymbol{a})_\vartheta$ und $(\operatorname{rot}\boldsymbol{a})_\alpha$ leicht ablesen können.

g) Die Integralsätze der Vektoranalysis. Von den oben definierten Vektoroperationen können wir auf verschiedene, besonders für die Elektrodynamik und auch Hydrodynamik wichtige Integralbeziehungen schließen. So kommen wir von der Definitionsbeziehung (13.2.11) für div $\boldsymbol{a}$ zum Gaußschen Integralsatz

$$\iiint_V \operatorname{div} \boldsymbol{a}\, \mathrm{d}v = \oiint_F \boldsymbol{a}\,\boldsymbol{n}\, \mathrm{d}f \equiv \oiint_F \boldsymbol{a}\, \mathrm{d}\boldsymbol{f}. \qquad (13.2.28)$$

Hier steht links div $\boldsymbol{a}$, integriert über das endliche Volumen V, rechts der Gesamtfluß des Vektors $\boldsymbol{a}$ durch die Oberfläche F dieses Volumens. Zum Beweis denken wir uns das Volumen V in infinitesimal kleine Volumenelemente dv aufgeteilt, auf die wir die Beziehung (13.2.11) vor Ausführung des Grenzübergangs anwenden können, und summieren dann über die Beiträge aller dieser Volumenelemente. Dabei heben sich die Beiträge der Oberflächenelemente zwischen benachbarten Volumenelementen gegenseitig weg, so daß schließlich nur die von der Grenzfläche herrührenden Beiträge übrig bleiben. Zum Schluß gehen wir von der Summe über alle Volumenelemente zum entsprechenden Volumenintegral über.

Ist der Vektor $\boldsymbol{a}$ gleich einem Gradienten einer skalaren Größe φ, gilt also $\boldsymbol{a} = \operatorname{grad} \varphi$, so folgt aus dem Gaußschen Integralsatz (13.2.28) die besonders für die Elektrostatik wichtige Beziehung

$$\iiint_V \Delta\varphi\, \mathrm{d}v = \oiint_F \frac{\partial\varphi}{\partial n}\, \mathrm{d}f \equiv \oiint_F \nabla\varphi\, \mathrm{d}\boldsymbol{f}. \qquad (13.2.29)$$

Ferner ergibt sich mit $\boldsymbol{a} = \psi \nabla \varphi - \varphi \nabla \psi$ aus (13.2.28) die Integralbeziehung

$$\iiint_V (\psi \Delta\varphi - \varphi \Delta\psi)\, \mathrm{d}v = \oiint_F \left(\psi \frac{\partial\varphi}{\partial n} - \varphi \frac{\partial\psi}{\partial n}\right) \mathrm{d}f, \qquad (13.2.30)$$

die auch als Greenscher Integralsatz bezeichnet wird.

Schließlich kommen wir von der Definitionsgleichung (13.2.19) zum Stokesschen Integralsatz

$$\iint_F \boldsymbol{n} \operatorname{rot} \boldsymbol{a}\, \mathrm{d}f \equiv \iint_F \operatorname{rot} \boldsymbol{a}\, \mathrm{d}\boldsymbol{f} = \oint_C \boldsymbol{a}\, \mathrm{d}\boldsymbol{r}. \qquad (13.2.31)$$

Hier steht links ein Integral über die Fläche F mit den Flächenelementen df und der jeweiligen Normalenrichtung $\boldsymbol{n}$, rechts das Linienintegral über die Randkurve C von F, die im Rechtsschraubensinn zur $\boldsymbol{n}$-Richtung durchlaufen wird. Hier ist es zum Beweis zweckmäßig, die Fläche F in infinitesimal kleine Flächenelemente df aufzuteilen, auf sie die Beziehung (13.2.19) vor Ausführung des Grenzüberganges anzuwenden und dann über die Beiträge aller dieser Flächenelemente aufzusummieren. Hier heben sich dann die zwischen benachbarten Flächenelementen liegenden Linienelemente mit ihren Beiträgen gegenseitig weg, so daß nur die von der Randkurve C herrührenden Beiträge übrig bleiben. Zum Schluß gehen wir wieder von der Summe über alle Flächenelemente zu dem entsprechenden Flächenintegral über.

13.3. Tensoralgebra

a) Der Tensor und seine Komponenten. Hängen die kartesischen Komponenten eines Vektors $\boldsymbol{a}$ linear von den Komponenten eines zweiten Vektors $\boldsymbol{b}$ ab, gilt also (mit neuen Koeffizienten T_{xx} bis T_{zz})

$$a_x = T_{xx}\, b_x + T_{xy}\, b_y + T_{xz}\, b_z\,, \quad a_y = \cdots\,, \quad a_z = \cdots\,, \tag{13.3.1}$$

so können wir diese Abhängigkeit auch in der Form

$$\boldsymbol{a} = \mathbf{T}\, \boldsymbol{b} \tag{13.3.2}$$

schreiben, indem wir die in (13.3.1) enthaltenen T-Koeffizienten in der Matrixform

$$\mathbf{T} = \begin{pmatrix} T_{xx} & T_{xy} & T_{xz} \\ T_{yx} & T_{yy} & T_{yz} \\ T_{zx} & T_{zy} & T_{zz} \end{pmatrix} \tag{13.3.3}$$

als Komponentendarstellung des Tensors $\mathbf{T}$ zusammenfassen[1]). Wir können die Beziehung (13.3.2) lesen als das rechtsseitige Produkt des Vektors $\boldsymbol{b}$ mit dem Tensor $\mathbf{T}$. Wir können aber auch durch Spiegelung der Komponentenmatrix von $\mathbf{T}$ an der Hauptdiagonale zum transponierten Tensor $\tilde{\mathbf{T}}$ übergehen, mit $\tilde{T}_{xx} = T_{xx}$, $\tilde{T}_{xy} = T_{yx}, \cdots$, so daß (13.3.1) auch als

$$a_x = b_x\, \tilde{T}_{xx} + b_y\, \tilde{T}_{yx} + b_z\, \tilde{T}_{zx}\,, \quad a_y = \cdots\,, \quad a_z = \cdots \tag{13.3.4}$$

und damit (13.3.2) als

$$\boldsymbol{a} = \boldsymbol{b}\, \tilde{\mathbf{T}} \tag{13.3.5}$$

angeschrieben werden kann; hier tritt somit das linksseitige Produkt von $\boldsymbol{b}$ mit dem Tensor $\tilde{\mathbf{T}}$ auf. Multiplikation von $\boldsymbol{a}$ mit einem dritten Vektor $\boldsymbol{c}$ führt dann auf die Beziehung

$$\boldsymbol{c}\, \boldsymbol{a} = \boldsymbol{c}\, \mathbf{T}\, \boldsymbol{b} = \boldsymbol{c}\, (\boldsymbol{b}\, \tilde{\mathbf{T}}) = (\boldsymbol{b}\, \tilde{\mathbf{T}})\, \boldsymbol{c} = \boldsymbol{b}\, \tilde{\mathbf{T}}\, \boldsymbol{c} = \boldsymbol{a}\, \boldsymbol{c}\,. \tag{13.3.6}$$

Identifizieren wir $\boldsymbol{b}$ und $\boldsymbol{c}$ mit den Einheitsvektoren $\boldsymbol{n}$ und $\boldsymbol{m}$, so erhalten wir als tensorielles Gegenstück zur Vektorbeziehung (13.1.5) die Gleichung

$$\boldsymbol{m}\, \mathbf{T}\, \boldsymbol{n} = m_x\, (T_{xx}\, n_x + T_{xy}\, n_y + T_{xz}\, n_z) + \cdots + \cdots = \boldsymbol{n}\, \tilde{\mathbf{T}}\, \boldsymbol{m}\,. \tag{13.3.7}$$

Sie gibt die Komponente $T_{mn} = \tilde{T}_{nm}$ des Tensors $\mathbf{T}$ bzw. $\tilde{\mathbf{T}}$ auf die $\boldsymbol{n}$- und $\boldsymbol{m}$-Richtung. Ferner sei hier der Einheitstensor $\mathbf{E}$ erwähnt, definiert durch

$$\boldsymbol{E}\, \boldsymbol{a} = \boldsymbol{a}\, \boldsymbol{E} = \boldsymbol{a} \tag{13.3.8}$$

bei beliebigem Vektor $\boldsymbol{a}$; die Komponenten von E haben in der Hauptdiagonale der Matrix den Wert 1 und sonst den Wert 0.

Ein spezieller Tensor ist das dyadische Produkt zweier Vektoren $\boldsymbol{p}$ und $\boldsymbol{q}$, gegeben und definiert durch

$$\mathbf{T} = \boldsymbol{p} \circ \boldsymbol{q}\,, \quad \text{also} \quad \boldsymbol{a} = \mathbf{T}\, \boldsymbol{b} = \boldsymbol{p}\, (\boldsymbol{q}\, \boldsymbol{b}) \quad \text{bzw.} \quad T_{mn} = (\boldsymbol{m}\, \boldsymbol{p})\, (\boldsymbol{n}\, \boldsymbol{q})\,; \tag{13.3.9}$$

der dazu transponierte Tensor lautet offenbar $\tilde{\mathbf{T}} = \boldsymbol{q} \circ \boldsymbol{p}$.

---

[1]) Es handelt sich hier um einen Tensor zweiter Stufe, gekennzeichnet durch seine zweifach indizierten Komponenten. Demnach kann ein Vektor als Tensor erster Stufe und ein Skalar als Tensor nullter Stufe bezeichnet werden.

Rechnen wir nicht mit kartesischen, sondern mit beliebigen Koordinaten x^j, so kommen wir von der Definitionsgleichung (13.3.2) für den Tensor durch skalare Multiplikation mit $\boldsymbol{h}_j$ zunächst zur Beziehung

$$a_j = \boldsymbol{h}_j \boldsymbol{a} = \boldsymbol{h}_j \mathbf{T} \boldsymbol{b} = \sum \boldsymbol{h}_j \mathbf{T} \boldsymbol{h}_k b^k = \sum T_{jk} b^k \quad \text{mit} \quad T_{jk} = \boldsymbol{h}_j \mathbf{T} \boldsymbol{h}_k . \tag{13.3.10}$$

Diese Größen T_{jk} heißen die kovarianten Komponenten des Tenors $\mathbf{T}$. Entsprechend geben $T^{jk} = \boldsymbol{h}^j \mathbf{T} \boldsymbol{h}^k$ die kontravarianten Komponenten dieses Tensors, während

$$T_j{}^k = \boldsymbol{h}_j \mathbf{T} \boldsymbol{h}^k = \sum g_{jl} \boldsymbol{h}^l \mathbf{T} \boldsymbol{h}^k = \sum g_{jl} T^{lk} = \sum T_{jl} g^{lk}$$

und analog $T^j{}_k$ als gemischte Komponenten von $\mathbf{T}$ bezeichnet werden. Auch die mit dem Einheitstensor $\mathbf{E}$ gebildeten Größen

$$g_{jk} = \boldsymbol{h}_j \mathbf{E} \boldsymbol{h}_k = \boldsymbol{h}_j \boldsymbol{h}_k , \quad g^{jk} = \boldsymbol{h}^j \mathbf{E} \boldsymbol{h}^k = \boldsymbol{h}^j \boldsymbol{h}^k, \quad g_j{}^k = \boldsymbol{h}_j \mathbf{E} \boldsymbol{h}^k = \boldsymbol{h}_j \boldsymbol{h}^k = \delta_j^k \tag{13.3.11}$$

sind solche Tensorkomponenten, und zwar des Einheitstensors $\mathbf{E}$ im betrachteten Koordinatensystem, der daher auch als metrischer Fundamentaltensor bezeichnet wird; denn durch seine Komponenten g_{jk} bzw. g^{jk} wird nach (13.1.9) bzw. (13.1.11) das Linienelement bestimmt, auf dem alle Maßbestimmungen beruhen.

b) Allgemeine Rechenregeln für Tensoren. Für Tensoren gelten unter anderem folgende Rechenregeln: Aus $\boldsymbol{a}_1 = \mathbf{T} \boldsymbol{b}_1$ und $\boldsymbol{a}_2 = \mathbf{T} \boldsymbol{b}_2$ folgt die Vektorsumme

$$\boldsymbol{a}_1 + \boldsymbol{a}_2 = \mathbf{T} (\boldsymbol{b}_1 + \boldsymbol{b}_2) , \tag{13.3.12}$$

während die Summe zweier Tensoren $\mathbf{T}_1$ und $\mathbf{T}_2$ durch

$$(\mathbf{T}_1 + \mathbf{T}_2) \boldsymbol{b} = \mathbf{T}_1 \boldsymbol{b} + \mathbf{T}_2 \boldsymbol{b} \tag{13.3.13}$$

definiert ist; die Komponenten der Tensorsumme sind also gleich der Summe der entsprechenden Tensorkomponenten. Gilt neben $\boldsymbol{a} = \mathbf{T} \boldsymbol{b}$ noch $\boldsymbol{b} = \mathbf{S} \boldsymbol{c}$, so gibt die Beziehung

$$\boldsymbol{a} = \mathbf{T} (\mathbf{S} \boldsymbol{c}) = (\mathbf{T} \mathbf{S}) \boldsymbol{c} \tag{13.3.14}$$

die lineare Abhängigkeit zwischen $\boldsymbol{a}$ und $\boldsymbol{c}$ vermittels des tensoriellen Produkts $\mathbf{T} \mathbf{S}$; dabei gilt beispielsweise für die Komponente $(\mathbf{T} \mathbf{S})_{jk}$ die Relation

$$(\mathbf{T} \mathbf{S})_{jk} = \sum T_{jl} S^l{}_k = \sum T_j{}^l S_{lk} = \sum \sum T_{jl} g^{lm} S_{mk} . \tag{13.3.15}$$

Im allgemeinen gilt $\mathbf{T} \mathbf{S} \neq \mathbf{S} \mathbf{T}$; Tensoren sind meist nicht vertauschbar. Ferner folgt wegen (13.3.5) und (13.3.6) aus

$$\boldsymbol{d} \mathbf{T} \mathbf{S} \boldsymbol{c} = \boldsymbol{c} (\widetilde{\mathbf{T} \mathbf{S}}) \boldsymbol{d} \quad \text{bzw.} \quad \boldsymbol{d} \mathbf{T} \mathbf{S} \boldsymbol{c} = (\mathbf{S} \boldsymbol{c}) (\tilde{\mathbf{T}} \boldsymbol{d}) = \boldsymbol{c} \tilde{\mathbf{S}} \tilde{\mathbf{T}} \boldsymbol{d}$$

für den transponierten Tensor des Produktes $\mathbf{T} \mathbf{S}$ der Ausdruck

$$\widetilde{\mathbf{T} \mathbf{S}} = \tilde{\mathbf{S}} \tilde{\mathbf{T}} . \tag{13.3.16}$$

Dies folgt auch unmittelbar aus (13.3.15), wenn wir dort gemäß der Definition des transponierten Tensors $\tilde{\mathbf{T}}$ bzw. seiner Komponenten $\tilde{T}_{jk} = T_{kj}$ zu den transponierten Größen übergehen.

Die Beziehungen (13.3.1) bzw. (13.3.10) zwischen den Komponenten von $\boldsymbol{a}$ und denen von $\boldsymbol{b}$ lassen sich nach denen von $\boldsymbol{b}$ auflösen, sofern die Determinante aus den Koeffizienten T_{jl} dieser Gleichungssysteme, die mit Det (**T**) bezeichnet werden möge, nicht verschwindet. Dann können wir die Auflösung von (13.3.2) nach $\boldsymbol{b}$ in der Form

$$\boldsymbol{b} = \mathbf{T}^{-1}\,\boldsymbol{a} \tag{13.3.17}$$

schreiben. $\mathbf{T}^{-1}$ heißt der zu **T** reziproke Tensor; für ihn gilt $\mathbf{T}\,\mathbf{T}^{-1} = \mathbf{T}^{-1}\,\mathbf{T} = \mathbf{E}$ mit **E** = Einheitstensor.

c) Der orthogonale Tensor und die allgemeine Transformation von Tensoren. Als orthogonal wird ein algebraischer Tensor **O** bezeichnet, für den

$$\mathbf{O}^{-1} = \tilde{\mathbf{O}} \tag{13.3.18}$$

gilt. In diesem Fall folgt hieraus für zwei beliebige Vektoren $\boldsymbol{a}$ und $\boldsymbol{b}$

$$(\mathbf{O}\,\boldsymbol{a})\,(\mathbf{O}\,\boldsymbol{b}) = (\boldsymbol{a}\,\tilde{\mathbf{O}})\,(\mathbf{O}\,\boldsymbol{b}) = \boldsymbol{a}\,\mathbf{O}^{-1}\,\mathbf{O}\,\boldsymbol{b} = \boldsymbol{a}\,\boldsymbol{b}\,. \tag{13.3.19}$$

Bei einer durch einen solchen Tensor **O** beschriebenen Zuordnung von $\boldsymbol{a}$ zu $\mathbf{O}\,\boldsymbol{a}$ bzw. von $\boldsymbol{b}$ zu $\mathbf{O}\,\boldsymbol{b}$ bleiben die Beträge der Vektoren (wegen $(\mathbf{O}\,\boldsymbol{a})\,(\mathbf{O}\,\boldsymbol{a}) = \boldsymbol{a}^2$) und auch die Winkel zwischen ihnen erhalten. Daher beschreibt $\mathbf{O}\,\boldsymbol{a}$ entweder eine reine Drehung des Vektors $\boldsymbol{a}$ um eine durch **O** festgelegte Achse oder eine Spiegelung an einer durch **O** bestimmten Ebene.

Durch Ausschreiben von $\tilde{\mathbf{O}}\,\mathbf{O} = \mathbf{O}\,\tilde{\mathbf{O}} = \mathbf{O}\,\mathbf{O}^{-1} = \mathbf{E}$ in Komponenten ergibt sich wegen der oben angegebenen Regel für die Produktbildung zweier Tensoren nach (13.3.15) und wegen $\tilde{O}_{jk} = O_{kj}$

$$\sum O_{jl}\,O^{kl} = \delta_j^k \quad \text{bzw.} \quad \sum O_{lj}\,O^{lk} = \delta_j^k\,. \tag{13.3.20}$$

Daraus folgen durch Übergang zu kartesischen Koordinaten die Beziehungen

$$\left.\begin{aligned} O_{jx}\,O_{kx} + O_{jy}\,O_{ky} + O_{jz}\,O_{kz} &= \delta_{jk}\,, \\ O_{xj}\,O_{xk} + O_{yj}\,O_{yk} + O_{zj}\,O_{zk} &= \delta_{jk}\,, \end{aligned}\right\} \tag{13.3.21}$$

wobei die Indizes j und k durch x, y oder z zu ersetzen sind. Ferner ergibt sich in diesem Fall aus $\mathbf{O}\,\tilde{\mathbf{O}} = \mathbf{E}$ nach den Regeln der Determinantenrechnung wegen

$$(\mathrm{Det}\,(\mathbf{O}))^2 = \mathrm{Det}\,(\mathbf{O})\,\mathrm{Det}\,(\tilde{\mathbf{O}}) = \mathrm{Det}\,(\mathbf{O}\,\tilde{\mathbf{O}}) = \mathrm{Det}\,(\mathbf{E}) = 1\,, \tag{13.3.22}$$

daß die Determinante der Komponentenmatrix eines orthogonalen Tensors **O** entweder gleich +1 oder gleich −1 ist[1]). Im ersteren Fall handelt es sich um eine reine Drehung, da beim Grenzübergang zu verschwindend kleinem Drehwinkel **O** gegen **E** und damit Det (**O**) gegen +1 geht. Im zweiten Fall handelt es sich um eine reine Spiegelung an einer Ebene, z.B. an der y-z-Ebene, wobei $O_{xx} = -1$, $O_{yy} = O_{zz} = +1$ wird, während alle übrigen Komponenten verschwinden, oder um die Spiegelung am Nullpunkt, wobei $O_{xx} = O_{yy} = O_{zz} = -1$ bei verschwindenden gemischten Tensorkomponenten gilt, so daß beidesmal Det (**O**) = −1 ist.

Die im vorstehenden zusammengestellten Eigenschaften eines orthogonalen Tensors **O** kann man nun umgekehrt dazu benutzen, einen Satz von drei Größen als Komponenten eines Vektors zu erkennen bzw. zu bezeichnen, wenn sie sich bei einer Drehung des Koordinatensystems, also bei Anwendung einer orthogonalen Transformation **O** mit Det (**O**) = +1, so transformieren wie beispielsweise die Komponenten x, y, z des Ortsvektors $\boldsymbol{r}$, nämlich wie $\boldsymbol{r}' = \mathbf{O}\,\boldsymbol{r}$.

---

1) Bei Verwendung allgemeiner Koordinaten ist die Determinante aus den kontravarianten **O**-Komponenten wegen (13.1.28) gleich v^2, die aus den kovarianten Komponenten gleich $1/v^2$.

Diese Aussage läßt sich auf allgemeine Transformationen erweitern: Gehen wir durch eine Transformation

$$x'^k = f_k(x^1, x^2, x^3) \tag{13.3.23}$$

von einem Koordinatensystem mit den x^j zu einem neuen mit den x'^k über, so ändern sich alle $\boldsymbol{h}_j$, $\boldsymbol{h}^j$, g_{jk} usf. und damit auch alle Komponenten von Vektoren und Tensoren, während diese selbst und alle zwischen ihnen geltenden Beziehungen unverändert gültig bleiben. Mit den Differentialquotienten

$$\partial x'^k / \partial x^j = \alpha_j^k, \qquad \partial x^j / \partial x'^k = \beta_k^j, \tag{13.3.24}$$

zwischen denen die Beziehungen

$$\sum \alpha_j^k \beta_l^j = \delta_l^k \quad \text{und} \quad \sum \beta_k^j \alpha_l^k = \delta_l^j \tag{13.3.25}$$

bestehen, folgt beispielsweise aus (13.1.8)

$$\mathrm{d}\boldsymbol{s} = \sum \boldsymbol{h}_j \, \mathrm{d}x^j = \sum \sum \boldsymbol{h}_j \beta_k^j \, \mathrm{d}x'^k = \sum \boldsymbol{h}'_k \, \mathrm{d}x'^k .$$

Also gilt für die Basisvektoren

$$\boldsymbol{h}'_k = \sum \beta_k^j \boldsymbol{h}_j, \quad \boldsymbol{h}_j = \sum \alpha_j^k \boldsymbol{h}'_k, \quad \text{und entsprechend } \boldsymbol{h}'^k = \sum \alpha_j^k \boldsymbol{h}^j, \quad \boldsymbol{h}^j = \sum \beta_k^j \boldsymbol{h}'^k.$$

Daher ergeben sich aus $\boldsymbol{a} = \boldsymbol{h}_j a^j = \boldsymbol{h}'_k a'^k$ als Transformationsformeln

$$\left.\begin{array}{lll} \text{für kontravariante Vektorkomponenten} & a'^k = \sum \alpha_j^k a^j, & a^j = \sum \beta_k^j a'^k, \\ \text{für kovariante Vektorkomponenten} & a'_k = \sum \beta_k^j a_j, & a_j = \sum \alpha_j^k a'_k. \end{array}\right\} \tag{13.3.26}$$

Entsprechend folgen für Tensorkomponenten

$$T'_{ij} = \sum \sum \beta_i^k \beta_j^l T_{kl} \quad \text{usf.}\,. \tag{13.3.27}$$

Schließlich transformieren sich die Differentialoperatoren wegen

$$\frac{\partial}{\partial x'^k} = \sum \beta_k^j \frac{\partial}{\partial x^j} \quad \text{bzw.} \quad \frac{\partial}{\partial x^j} = \sum \alpha_j^k \frac{\partial}{\partial x'^k} \tag{13.3.28}$$

wie kovariante Vektorkomponenten.

d) Das Symmetrieverhalten von Tensoren. Eine weitere wichtige Eigenschaft von Tensoren ist ihr Symmetrieverhalten. Ein Tensor heißt symmetrisch, wenn

$$\tilde{\mathbf{T}} = \mathbf{T}, \qquad \text{d.h.} \quad T_{jk} = T_{kj} \tag{13.3.29}$$

gilt; er heißt schiefsymmetrisch oder auch antimetrisch für den Fall

$$\tilde{\mathbf{T}} = -\mathbf{T}, \quad \text{d.h.} \quad T_{jk} = -T_{kj}\,. \tag{13.3.30}$$

Jeder Tensor $\mathbf{T}$ läßt sich darstellen als Summe aus einem symmetrischen und einem antimetrischen Tensor, mit den Komponenten

$$T_{jk} = \frac{1}{2}(T_{jk} + T_{kj}) + \frac{1}{2}(T_{jk} - T_{kj})\,. \tag{13.3.31}$$

Ersichtlich hat der symmetrische Anteil sechs, der antimetrische Anteil drei wesentliche Komponenten. So hat beispielsweise der mit der Schreibweise (13.3.9) gebildete schiefsymmetrische Tensor $\mathbf{T} = \boldsymbol{p} \circ \boldsymbol{q} - \boldsymbol{q} \circ \boldsymbol{p}$ nur die drei von Null verschiedenen Komponenten

$$\left.\begin{aligned} T_{23} &= -T_{32} = p_2 q_3 - p_3 q_2 , \\ T_{31} &= -T_{13} = p_3 q_1 - p_1 q_3 , \\ T_{12} &= -T_{21} = p_1 q_2 - p_2 q_1 , \end{aligned}\right\} \tag{13.3.32}$$

während die Komponenten T_{11}, T_{22}, T_{33} verschwinden.

e) Schiefsymmetrische Tensoren. Die Ähnlichkeit der drei Komponenten (13.3.32) mit denen eines Vektorproduktes zeigt, daß ein solches Produkt zweier polarer Vektoren, wie etwa der mechanische Drehimpuls $\boldsymbol{J} = \boldsymbol{r} \times \boldsymbol{p}$, den wir oben als axialen Vektor angesehen haben, auch als schiefsymmetrischer Tensor mit den kartesischen Komponenten

$$J_{yz} = y p_z - z p_y , \qquad J_{zx} = z p_x - x p_z , \qquad J_{xy} = x p_y - y p_x \tag{13.3.33}$$

betrachtet werden kann. Das gleiche gilt auch für die anderen, oben angegebenen axialen Vektoren wie die magnetischen Feldgrößen $\boldsymbol{B}$, $\boldsymbol{H}$ und $\boldsymbol{M}$, aber auch für die Rotation eines (polaren) Vektors. Daher werden diese axialen Vektoren oft auch Pseudovektoren genannt.

Die Möglichkeit dieses formalen Zusammenhangs zwischen den Komponenten eines axialen Vektors und denen eines schiefsymmetrischen Tensors zweiter Stufe ergibt sich im dreidimensionalen Raum durch Verwendung der von T. Levi-Civita eingeführten, total schiefsymmetrischen ε-Größe mit den Komponenten

$$\varepsilon_{ijk} = 0, \pm 1 \quad \text{bzw.} \quad \varepsilon^{ijk} = 0, \pm 1 ; \tag{13.3.34}$$

dabei sind diese Komponenten nur dann ungleich Null, wenn die drei Indizes verschieden sind; bilden sie in der Reihenfolge i, j, k eine gerade Permutation der drei Zahlen 1, 2, 3, so ist die Komponente $= +1$, bilden sie eine ungerade Permutation, so ist die Komponente $= -1$. Zu beachten ist aber hierbei, daß die ε-Größe kein Tensor dritter Stufe ist, sondern eine Tensordichte, und daß erst die Größen $v\,\varepsilon_{ijk}$ bzw. $w\,\varepsilon^{ijk}$ Komponenten eines richtigen Tensors dritter Stufe darstellen. Wir können dies etwa mittels (13.1.28) aus der leicht überprüfbaren Relation

$$v \sum \sum \sum \varepsilon_{ijk}\, g^{il} g^{jm} g^{kn} = w\, \varepsilon^{lmn} \tag{13.3.35}$$

mit $|g_{jk}| = g = v^2$ und $|g^{jk}| = 1/g = w^2$ erkennen, oder auch aus dem Spatprodukt $(\boldsymbol{a}\,\boldsymbol{b}\,\boldsymbol{c})$, das sich mit der ε-Größe als

$$(\boldsymbol{a}\,\boldsymbol{b}\,\boldsymbol{c}) = v \sum \sum \sum \varepsilon_{ijk}\, a^i b^j c^k = w \sum \sum \sum \varepsilon^{ijk} a_i b_j c_k \tag{13.3.36}$$

schreiben läßt, aber erst durch Hinzufügen der Faktoren v bzw. w zu einem richtigen Pseudoskalar wird, sofern $\boldsymbol{a}$, $\boldsymbol{b}$, $\boldsymbol{c}$ polare Vektoren sind.

In diesem Sinn können wir nun auch den mechanischen Drehimpuls einerseits als schiefsymmetrischen Tensor mit den kartesischen Komponenten (13.3.33) oder aber bei Verwendung allgemeiner Koordinaten x^j mit den kontravarianten Komponenten

$$J^{jk} = x^j p^k - x^k p^j = -J^{kj} \tag{13.3.37}$$

auffassen, andererseits als Vektor mit den kovarianten Komponenten

$$J_i = v \sum \sum \varepsilon_{ijk}\, x^j p^k = \frac{v}{2} \sum \sum \varepsilon_{ijk} J^{jk} \tag{13.3.38}$$

ansehen. Dabei wird der Tensor durch die Komponentenschemata

$$\begin{pmatrix} 0 & J^{12} & J^{13} \\ J^{21} & 0 & J^{23} \\ J^{31} & J^{32} & 0 \end{pmatrix} = \frac{1}{v}\begin{pmatrix} 0 & J_3 & -J_2 \\ -J_3 & 0 & J_1 \\ J_2 & -J_1 & 0 \end{pmatrix}$$

bzw.

$$\begin{pmatrix} 0 & J_{12} & J_{13} \\ J_{21} & 0 & J_{23} \\ J_{31} & J_{32} & 0 \end{pmatrix} = \frac{1}{w}\begin{pmatrix} 0 & J^3 & -J^2 \\ -J^3 & 0 & J^1 \\ J^2 & -J^1 & 0 \end{pmatrix} \tag{13.3.39}$$

dargestellt. Und der gleiche Zusammenhang gilt zwischen den Komponenten eines beliebigen schiefsymmetrischen Tensors und den Komponenten des entsprechenden axialen Vektors.

Demnach können wir beispielsweise die Rotation eines polaren Vektors A entweder als schiefsymmetrischen Tensor **B** mit den Komponenten

$$B_{jk} = \frac{\partial A_k}{\partial x^j} - \frac{\partial A_j}{\partial x^k} \tag{13.3.40}$$

ansehen oder auch als Vektor $B = \operatorname{rot} A$, dessen erste kontravariante Komponente nach (13.2.23) durch

$$B^1 = \frac{1}{v}\left(\frac{\partial A_3}{\partial x^2} - \frac{\partial A_2}{\partial x^3}\right) = \frac{B_{23}}{v} = -\frac{B_{32}}{v} \tag{13.3.41}$$

gegeben wird, woraus entsprechend (13.3.39)

$$B_1 = v\,B^{23}, \qquad B_2 = v\,B^{31}, \qquad B_3 = v\,B^{12} \tag{13.3.42}$$

gefolgert werden kann.

Bilden wir jedoch die Rotation eines axialen Vektors B, so haben wir wegen $C = \operatorname{rot} B$ und (13.3.41) als erste kontravariante Komponente

$$C^1 = \frac{1}{v}\left(\frac{\partial B_3}{\partial x^2} - \frac{\partial B_2}{\partial x^3}\right) = \frac{1}{v}\left(\frac{\partial v B^{12}}{\partial x^2} - \frac{\partial v B^{31}}{\partial x^3}\right),$$

so daß die drei Komponenten C^j auch in der Form

$$C^j = (\operatorname{rot} B)^j = \frac{1}{v}\sum \frac{\partial v B^{jk}}{\partial x^k} \tag{13.3.43}$$

angeschrieben werden können und damit die Komponenten eines polaren Vektors darstellen. Offenbar haben diese Komponenten eine Ähnlichkeit mit der Bildung (13.3.14), also mit

$$\operatorname{div} A = \frac{1}{v}\sum \frac{\partial v A^j}{\partial x^j}, \tag{13.3.44}$$

die für den Fall, daß A ein polarer Vektor ist, eine richtige skalare Größe darstellt. Wollen wir aber die Divergenz eines axialen Vektors B ermitteln, so erhalten wir bei Verwendung von (13.3.44) und (13.3.41) die Beziehung

$$\operatorname{div} B = \frac{1}{v}\sum \frac{\partial v B^j}{\partial x^j} = \frac{1}{v}\left(\frac{\partial B_{23}}{\partial x^1} + \frac{\partial B_{31}}{\partial x^2} + \frac{\partial B_{12}}{\partial x^3}\right), \tag{13.3.45}$$

aus der sich div B als Pseudoskalar erweist. Er wird gleich Null, wenn die Komponenten des schiefsymmetrischen Tensors durch (13.3.40) gegeben werden, entsprechend der

Beziehung div rot $\boldsymbol{A} = 0$. Es gilt aber auch div rot $\boldsymbol{B} = 0$, wenn $\boldsymbol{B}$ ein axialer Vektor ist, denn dann wird nach dem Schema (13.3.43)

$$\operatorname{div}\operatorname{rot}\boldsymbol{B} = \operatorname{div}\boldsymbol{C} = \frac{1}{v}\sum\frac{\partial v C^j}{\partial x^j} = \frac{1}{v}\sum\sum\frac{\partial^2 v B^{jk}}{\partial x^j\,\partial x^k},$$

und hier verschwindet die Doppelsumme wegen $B^{jk} = -B^{kj}$.

f) Symmetrische Tensoren. Bei der Behandlung symmetrischer Tensoren mit $T_{jk} = T_{kj}$ beschränken wir uns auf den Fall kartesischer Koordinaten. Durch die Gleichung

$$(\boldsymbol{r}\,\mathbf{T}\,\boldsymbol{r}) = x^2\,T_{xx} + y^2\,T_{yy} + z^2\,T_{zz} + 2xy\,T_{xy} + 2yz\,T_{yz} + 2zx\,T_{zx} = \text{const} \qquad (13.3.46)$$

wird eine Fläche zweiten Grades mit Symmetriezentrum, also ein Ellipsoid, ein Hyperboloid oder ein Entartungsfall hiervon definiert. Dann läßt sich stets ein Koordinatensystem so wählen, daß seine Achsen mit den Achsen dieser Mittelpunktsfläche zusammenfallen. Diese Achsenrichtungen ergeben sich aus dem Variationsproblem $\delta(x^2+y^2+z^2)=0$ mit der Nebenbedingung (13.3.46); also gilt mit dem Lagrangeschen Parameter λ

$$\mathbf{T}\,\boldsymbol{r} = \lambda\,\boldsymbol{r}, \quad \text{d.h.} \quad \left\{\begin{aligned} x\,T_{xx} + y\,T_{xy} + z\,T_{xz} &= \lambda\,x\,,\\ x\,T_{yx} + y\,T_{yy} + z\,T_{yz} &= \lambda\,y\,,\\ x\,T_{zx} + y\,T_{zy} + z\,T_{zz} &= \lambda\,z\,.\end{aligned}\right\} \qquad (13.3.47)$$

Dieses lineare, homogene Gleichungssystem für die drei Größen x, y, z besitzt nach einem Satz der Algebra dann und nur dann eine endliche Lösung, wenn die aus seinen Koeffizienten gebildete Determinante verschwindet, wenn also gilt

$$\begin{vmatrix} T_{xx}-\lambda & T_{xy} & T_{xz}\\ T_{yx} & T_{yy}-\lambda & T_{yz}\\ T_{zx} & T_{zy} & T_{zz}-\lambda \end{vmatrix} = 0\,. \qquad (13.3.48)$$

Dies ist eine algebraische Gleichung dritten Grades für λ und besitzt daher drei Wurzeln $\lambda^{\mathrm{I}}, \lambda^{\mathrm{II}}, \lambda^{\mathrm{III}}$, die als Eigenwerte des Tensors $\mathbf{T}$ bzw. seiner Komponentenmatrix bezeichnet werden. Zu jeder dieser Wurzeln folgt dann aus (13.3.47) eine bestimmte Richtung des Vektors $\boldsymbol{r} = r\,\boldsymbol{e}$, so daß wir mit den drei Einheitsvektoren $\boldsymbol{e}^{\mathrm{I}}$, $\boldsymbol{e}^{\mathrm{II}}$, $\boldsymbol{e}^{\mathrm{III}}$ die drei Richtungen erhalten, in die wir die Koordinatenachsen legen müssen, damit dann der Tensor $\mathbf{T}$ auf Hauptachsen transformiert ist. Daß die drei Einheitsvektoren senkrecht aufeinander stehen, folgt aus der Darstellung (13.3.46) der Tensorfläche. Ist übrigens diese Fläche rotationssymmetrisch um eine Achse, so liegt die eine Hauptachse in der Rotationsachse; die beiden anderen, senkrecht dazu stehenden Hauptachsen können dann senkrecht zueinander gewählt werden.

Ähnlich wie der Betrag eines Vektors einen von der speziellen Lage des Koordinatensystems unabhängigen Wert hat, sind die drei Eigenwerte $\lambda^{\mathrm{I}}, \lambda^{\mathrm{II}}, \lambda^{\mathrm{III}}$ drei vom Koordinatensystem unabhängige Bestimmungsstücke des symmetrischen Tensors $\mathbf{T}$. Zu weiteren, aus ihnen ableitbaren Invarianten des Tensors gelangen wir durch Ausschreiben der Gleichung (13.3.48):

$$\lambda^3 - \lambda^2\,\mathrm{Sp}\,(\mathbf{T}) + \lambda\,\mathrm{C}\,(\mathbf{T}) - \mathrm{Det}\,(\mathbf{T}) \equiv (\lambda - \lambda^{\mathrm{I}})\,(\lambda - \lambda^{\mathrm{II}})\,(\lambda - \lambda^{\mathrm{III}}) = 0\,. \qquad (13.3.49)$$

Dabei bedeutet

$$\mathrm{Sp}\,(\mathbf{T}) = T_{xx} + T_{yy} + T_{zz} = \lambda^{\mathrm{I}} + \lambda^{\mathrm{II}} + \lambda^{\mathrm{III}} \qquad (13.3.50)$$

die aus der Summe der Glieder in der Hauptdiagonale gebildete Spur der Komponentenmatrix, C (**T**) die nicht besonders benannte Größe

$$\mathrm{C}(\mathbf{T}) = T_{yy}\,T_{zz} + T_{zz}\,T_{xx} + T_{xx}\,T_{yy} - T_{yz}^2 - T_{zx}^2 - T_{xy}^2 = \lambda^{\mathrm{II}}\,\lambda^{\mathrm{III}} + \lambda^{\mathrm{III}}\,\lambda^{\mathrm{I}} + \lambda^{\mathrm{I}}\,\lambda^{\mathrm{II}}\,,$$

und Det (**T**) die Determinante aus den Komponenten von **T**, die gleich dem Produkt $\lambda^{\mathrm{I}}\,\lambda^{\mathrm{II}}\,\lambda^{\mathrm{III}}$ wird. Diese Beziehungen ergeben sich übrigens auch unmittelbar, wenn wir das Koordinatensystem in die Hauptachsen des Tensors legen; dann denn geht (13.3.46) über in die Beziehung $x^2\,T_{xx} + y^2\,T_{yy} + z^2\,T_{zz} = \mathrm{const}$, und die Komponentenmatrix von **T** reduziert sich allein auf die Glieder in der Hauptdiagonale mit den Werten $T_{xx} = \lambda^{\mathrm{I}}$, $T_{yy} = \lambda^{\mathrm{II}}$, $T_{zz} = \lambda^{\mathrm{III}}$, während die Komponenten mit ungleichen Indizes verschwinden.

Schließlich sei noch auf eine in der Tensorrechnung häufig auftretende Bildung, den Deviator, hingewiesen. (Vgl. z.B. Abschnitt 1.8c über die Quadrupolmomente.) Er geht aus einem beliebigen symmetrischen Tensor **T** durch Abziehen des mit Sp (**T**)/3 multiplizierten Einheitstensors **E** hervor, so daß sich der Deviator **T** − **E** Sp (**T**)/3 als Tensor mit verschwindender Spur ergibt. Dabei bleiben die Hauptachsenrichtungen des Tensors ungeändert. Nur die Eigenwerte ändern sich; und zwar geht λ^{I} über in $(2\lambda^{\mathrm{I}} - \lambda^{\mathrm{II}} - \lambda^{\mathrm{III}})/3$, und entsprechend λ^{II} und λ^{III}, so daß die Summe der drei neuen Eigenwerte, also die Spur des Deviators, verschwindet.

14. Formelzusammenstellung

Es werden das internationale Maßsystem (SI-System) und das Gaußsche cgs-System benutzt, wobei die elektrodynamischen Größen im Gaußschen System mit einem Sternchen (*) gekennzeichnet sind. Lautet eine Beziehung in diesen beiden Systemen verschieden, so wird sie im folgenden in beiden Formen nebeneinander angeschrieben.

Wegen der in der speziellen Relativitätstheorie auftretenden Beziehungen muß auf die ausführliche Darstellung im 11. und 12. Kapitel verwiesen werden.

1. Die Feld- und Verknüpfungsgleichungen

	SI-System	Gaußsches System
Maxwell-Gleichungen:	$\operatorname{rot}\boldsymbol{H} = \dfrac{\partial \boldsymbol{D}}{\partial t} + \boldsymbol{g}\,,$	$\operatorname{rot}\boldsymbol{H}^* = \dfrac{1}{c_0}\dfrac{\partial \boldsymbol{D}^*}{\partial t} + \dfrac{4\pi\,\boldsymbol{g}^*}{c_0}\,,$
	$\operatorname{rot}\boldsymbol{E} = -\dfrac{\partial \boldsymbol{B}}{\partial t}\,,$	$\operatorname{rot}\boldsymbol{E}^* = -\dfrac{1}{c_0}\dfrac{\partial \boldsymbol{B}^*}{\partial t}\,,$
	$\operatorname{div}\boldsymbol{D} = \varrho\,,$	$\operatorname{div}\boldsymbol{D}^* = 4\pi\,\varrho^*\,,$
	$\operatorname{div}\boldsymbol{B} = 0\,,$	$\operatorname{div}\boldsymbol{B}^* = 0\,.$
Verknüpfungsgleichungen:	$\boldsymbol{D} = \varepsilon_0\,\boldsymbol{E} + \boldsymbol{P},$	$\boldsymbol{D}^* = \boldsymbol{E}^* + 4\pi\,\boldsymbol{P}^*,$
	$\boldsymbol{B} = \mu_0\,(\boldsymbol{H} + \boldsymbol{M})\,,$	$\boldsymbol{B}^* = \boldsymbol{H}^* + 4\pi\,\boldsymbol{M}^*.$
Kontinuitätsgleichung:	$\operatorname{div}\boldsymbol{g} + = 0\,,\ \dfrac{\partial \varrho}{\partial t}$	$\operatorname{div}\boldsymbol{g}^* + \dfrac{\partial \varrho^*}{\partial t} = 0\,.$

Eliminierung der im Sinn der Elektronentheorie sekundären Größen $\boldsymbol{D}$ und $\boldsymbol{H}$ bzw. $\boldsymbol{D}^*$ und $\boldsymbol{H}^*$ aus den Maxwell-Gleichungen führt auf

$\operatorname{rot}\boldsymbol{B} = \varepsilon_0\mu_0\frac{\partial\boldsymbol{E}}{\partial t} + \mu_0(\boldsymbol{g}+\boldsymbol{g}_P+\boldsymbol{g}_M),$	$\operatorname{rot}\boldsymbol{B}^* = \frac{1}{c_0}\frac{\partial\boldsymbol{E}^*}{\partial t} + \frac{4\pi}{c_0}(\boldsymbol{g}^*+\boldsymbol{g}_P^*+\boldsymbol{g}_M^*),$
$\operatorname{div}\boldsymbol{E} = \frac{1}{\varepsilon_0}(\varrho+\varrho_P),$	$\operatorname{div}\boldsymbol{E}^* = 4\pi(\varrho^*+\varrho_P^*),$

mit den Dichten

der Polarisationsladung	$\varrho_P = -\operatorname{div}\boldsymbol{P},$	$\varrho_P^* = -\operatorname{div}\boldsymbol{P}^*,$
des Polarisationsstroms	$\boldsymbol{g}_P = \frac{\partial\boldsymbol{P}}{\partial t},$	$\boldsymbol{g}_P^* = \frac{\partial\boldsymbol{P}^*}{\partial t},$
des Magnetisierungsstroms	$\boldsymbol{g}_M = \operatorname{rot}\boldsymbol{M},$	$\boldsymbol{g}_M^* = c_0\operatorname{rot}\boldsymbol{M}^*.$

2. Die Materialkonstanten

Normale (d.h. nicht ferroelektrische und nicht ferromagnetische) isotrope Substanzen sind in ihrem Verhalten gegenüber statischen Feldern gekennzeichnet durch spezielle Materialkonstanten:

Dielektrizitätskonstante:	$\boldsymbol{D} = \varepsilon\varepsilon_0\boldsymbol{E} = (1+\chi)\varepsilon_0\boldsymbol{E},$	$\boldsymbol{D}^* = \varepsilon\boldsymbol{E}^* = (1+4\pi\chi^*)\boldsymbol{E}^*.$
Elektr. Suszeptibilität:	$\boldsymbol{P} = \chi\varepsilon_0\boldsymbol{E},$	$\boldsymbol{P}^* = \chi^*\boldsymbol{E}^*.$
Permeabilität:	$\boldsymbol{B} = \mu\mu_0\boldsymbol{H} = (1+\varkappa)\mu_0\boldsymbol{H},$	$\boldsymbol{B}^* = \mu\boldsymbol{H}^* = (1+4\pi\varkappa^*)\boldsymbol{H}^*.$
Magnet. Suszeptibilität:	$\boldsymbol{M} = \varkappa\boldsymbol{H},$	$\boldsymbol{M}^* = \varkappa^*\boldsymbol{H}^*.$
Elektr. Leitfähigkeit:	$\boldsymbol{g} = \sigma(\boldsymbol{E}+\boldsymbol{E}^{(e)}),$	$\boldsymbol{g}^* = \sigma^*(\boldsymbol{E}^*+\boldsymbol{E}^{*(e)}).$

In zeitlich veränderlichen Feldern werden ε, μ und σ bzw. σ^* im allgemeinen frequenzabhängig; dann gelten die vorstehenden Beziehungen nur zwischen den Fourier-Komponenten der Feldgrößen.

3. Energie- und Kraftbeziehungen

Energiesatz: $\frac{\partial u}{\partial t} + \operatorname{div}\boldsymbol{S} = -\boldsymbol{g}\boldsymbol{E} = -\frac{\boldsymbol{g}^2}{\sigma} + \boldsymbol{g}\boldsymbol{E}^{(e)}.$

Energiedichte des Feldes:	$\mathrm{d}u = \boldsymbol{E}\,\mathrm{d}\boldsymbol{D} + \boldsymbol{H}\,\mathrm{d}\boldsymbol{B},$	$\mathrm{d}u = \frac{1}{4\pi}(\boldsymbol{E}^*\,\mathrm{d}\boldsymbol{D}^* + \boldsymbol{H}^*\,\mathrm{d}\boldsymbol{B}^*).$
Energiedichte speziell für normale Substanzen:	$u = \frac{1}{2}(\boldsymbol{E}\boldsymbol{D} + \boldsymbol{H}\boldsymbol{B}),$	$u = \frac{1}{8\pi}(\boldsymbol{E}^*\boldsymbol{D}^* + \boldsymbol{H}^*\boldsymbol{B}^*).$
Poynting-Vektor:	$\boldsymbol{S} = \boldsymbol{E}\times\boldsymbol{H},$	$\boldsymbol{S} = \frac{c_0}{4\pi}(\boldsymbol{E}^*\times\boldsymbol{H}^*).$
Kraft auf bewegte Ladung:	$\boldsymbol{K} = (\boldsymbol{E} + \boldsymbol{v}\times\boldsymbol{B}),$	$\boldsymbol{K} = e^*\left(\boldsymbol{E}^* + \frac{\boldsymbol{v}^*}{c_0}\times\boldsymbol{B}^*\right).$

(3. Fortsetzung)

Kraftdichte bei $\varepsilon = \mu = 1$: $\boldsymbol{k} = \varrho \boldsymbol{E} + \boldsymbol{g}\times\boldsymbol{B}$,

Kraftdichte bei $\sigma = 0$, $\mu = 1$:

$$\boldsymbol{k} = \varrho \boldsymbol{E} - \frac{\varepsilon_0 E^2}{2} \operatorname{grad} \varepsilon + \frac{\varepsilon_0}{2} \operatorname{grad}\left(E\sigma \frac{\mathrm{d}\varepsilon}{\mathrm{d}\sigma}\right).$$

$$\boldsymbol{k} = \varrho^* \boldsymbol{E}^* + \frac{\boldsymbol{g}^*}{c_0} \times \boldsymbol{B}^*.$$

Die Kraftdichte läßt sich stets als Divergenz des Maxwellschen Spannungstensors darstellen.

4. Wellenausbreitung

In normalen, homogenen, ungeladenen Substanzen (ε, μ, σ räumlich konstant, $\varrho = 0$, $\boldsymbol{E}^{(e)} = 0$) genügt jede Feldkomponente F der Wellengleichung

$$\Delta F = \varepsilon \varepsilon_0 \mu \mu_0 \frac{\partial^2 F}{\partial t^2} + \mu \mu_0 \sigma \frac{\partial F}{\partial t}, \qquad \Delta F = \frac{\varepsilon \mu}{c_0^2} \frac{\partial^2 F}{\partial t^2} + \frac{4\pi \mu \sigma^*}{c_0^2} \frac{\partial F}{\partial t}.$$

Bei frequenzabhängigen Materialkonstanten ist diese Gleichung nur sinnvoll für die einzelnen zeitlichen Fourier-Komponenten von F.

Daraus Wellengeschwindigkeit im Vakuum $c_0 = 1/\sqrt{\varepsilon_0 \mu_0}$,

Wellengeschwindigkeit in Isolatoren $c = c_0/n = 1/\sqrt{\varepsilon \varepsilon_0 \mu \mu_0}$,

mit Brechungsindex $n = \sqrt{\varepsilon \mu}$.

Die Feldberechnung im Vakuum wird erleichtert durch Übergang zu den Potentialen vermittels

$$\boldsymbol{B} = \operatorname{rot} \boldsymbol{A}, \qquad \boldsymbol{E} = -\frac{\partial \boldsymbol{A}}{\partial t} - \operatorname{grad} \varphi,$$

$$\boldsymbol{B} = \operatorname{rot} \boldsymbol{A}^*, \qquad \boldsymbol{E}^* = -\frac{1}{c_0}\frac{\partial \boldsymbol{A}^*}{\partial t} - \operatorname{grad} \varphi^*.$$

Potentialgleichungen:

$$\Delta \boldsymbol{A} - \varepsilon_0 \mu_0 \frac{\partial^2 \boldsymbol{A}}{\partial t^2} = -\mu_0 \boldsymbol{g}, \qquad \Delta \boldsymbol{A}^* - \frac{1}{c_0^2}\frac{\partial^2 \boldsymbol{A}^*}{\partial t^2} = -\frac{4\pi \boldsymbol{g}^*}{c_0}.$$

$$\Delta \varphi - \varepsilon_0 \mu_0 \frac{\partial^2 \varphi}{\partial t^2} = -\frac{\varrho}{\varepsilon_0}, \qquad \Delta \varphi^* - \frac{1}{c_0^2}\frac{\partial^2 \varphi^*}{\partial t^2} = -4\pi \varrho^*.$$

Lorentz-Konvention:

$$\operatorname{div} \boldsymbol{A} + \varepsilon_0 \mu_0 \frac{\partial \varphi}{\partial t} = 0, \qquad \operatorname{div} \boldsymbol{A}^* + \frac{1}{c_0}\frac{\partial \varphi^*}{\partial t} = 0.$$

Lösung der φ-Gleichung:

$$\varphi(\boldsymbol{r}, t) = \frac{1}{4\pi\varepsilon_0} \int \frac{\varrho\left(\boldsymbol{r}', t - \frac{|\boldsymbol{r} - \boldsymbol{r}'|}{c_0}\right)}{|\boldsymbol{r} - \boldsymbol{r}'|} \mathrm{d}V, \qquad \varphi^*(\boldsymbol{r}, t) = \int \frac{\varrho^*\left(\boldsymbol{r}', t - \frac{|\boldsymbol{r} - \boldsymbol{r}'|}{c_0}\right)}{|\boldsymbol{r} - \boldsymbol{r}'|} \mathrm{d}V.$$

5. Elektrotechnische Begriffe

Kapazität:	$C = Q/V,$	$C^* = Q^*/V^*.$
Speziell Plattenkondensator:	$C = \frac{\varepsilon \varepsilon_0 F}{d},$	$C^* = \frac{\varepsilon F}{4\pi d}.$
Speziell Zylinderkondensator:	$C = \frac{2\pi \varepsilon \varepsilon_0 l}{\ln (r_2/r_1)},$	$C^* = \frac{\varepsilon l}{2 \ln (r_2/r_1)}.$
Speziell Kugel:	$C = 4\pi \varepsilon \varepsilon_0 r,$	$C^* = \varepsilon r.$
Selbstinduktivität der Spule:	$L = \frac{\mu \mu_0 N^2 q}{l},$	$L^* = \frac{4\pi \mu N^2 q}{l c_0^2}.$
Wechselinduktivität:	$L = \frac{\mu \mu_0}{4\pi} \oint \oint \frac{d\boldsymbol{r}_1 \, d\boldsymbol{r}_2}{r_{12}},$	$L^* = \frac{\mu}{c_0^2} \oint \oint \frac{d\boldsymbol{r}_1 \, d\boldsymbol{r}_2}{r_{12}}.$
Widerstand:	$R = V/I,$	$R^* = V^*/I^*.$
Feldenergie eines Kondensators:	$U_{el} = \frac{1}{2} Q V = \frac{1}{2} C V^2,$	$U_{el}^* = \frac{1}{2} Q^* V^* = \frac{1}{2} C^* V^{*2}.$
Feldenergie eines Stromsystems:	$U_m = \frac{1}{2} \sum \sum L_{jk} I_j I_k,$	$U_m^* = \frac{1}{2} \sum \sum L_{jk}^* I_j^* I_k^*.$
Schwingkreis-Gleichung:	$L \frac{d^2 I}{dt^2} + R \frac{dI}{dt} + \frac{I}{C} = 0,$	$L^* \frac{d^2 I^*}{dt^2} + R^* \frac{dI^*}{dt} + \frac{I^*}{C^*} = 0.$
Eigenfrequenz des Schwingkreises:	$\omega_0 = 1/\sqrt{L C},$	$\omega_0 = 1/\sqrt{L^* C^*}.$
Logarithmisches Dekrement:	$D = \pi R \sqrt{C/L},$	$D = \pi R^* \sqrt{C^*/L^*}.$

6. Umrechungstabelle von SI-Einheiten in Gaußsche Einheiten

In dieser Tabelle werden die im Text abgeleiteten Beziehungen zwischen den physikalischen Größen im SI-System und im Gaußschen cgs-System zusammengestellt. Sie ermöglichen bzw. erleichtern die Umrechnung der elektromagnetischen Formeln aus dem einen System in das andere.

Ferner ist angegeben, welchen Größen im Gaußschen System die verschiedenen Einheiten der gleichbezeichneten Größen im SI-System entsprechen. Dieses Entsprechen ist durch einen Doppelpfeil (↔) angedeutet.

In der Tabelle sind, genau genommen, die Zahlenfaktoren 3 jeweils durch 2,99793, den Zahlenwert der in 10^8 m/s gemessenen Lichtgeschwindigkeit, zu ersetzen.

Ladung	$Q^* = \sqrt{1/4\pi\,\varepsilon_0}\,Q$	1 Coulomb (C ≡ As) $\leftrightarrow 3\cdot 10^9\sqrt{\text{erg cm}}$
Stromstärke	$I^* = \sqrt{1/4\pi\,\varepsilon_0}\,I$	1 Ampere (A) $\leftrightarrow 3\cdot 10^9\sqrt{\text{erg cm}}/\text{s}$
Spannung	$V^* = \sqrt{4\pi\,\varepsilon_0}\,V$	1 Volt (V) $\leftrightarrow 1/300\sqrt{\text{erg/cm}}$
El. Feldstärke	$E^* = \sqrt{4\pi\,\varepsilon_0}\,E$	1 V/m $\leftrightarrow 1/30000\sqrt{\text{erg/cm}^3}$
El. Verschiebung	$D^* = \sqrt{4\pi/\varepsilon_0}\,D$	1 As/m² $\leftrightarrow 12\pi\cdot 10^5\sqrt{\text{erg/cm}^3}$
El. Fluß	$\Phi_{el}^* = \sqrt{4\pi/\varepsilon_0}\,\Phi_{el}$	1 As $\leftrightarrow 12\pi\cdot 10^9\sqrt{\text{erg cm}}$
El. Polarisation	$P^* = \sqrt{1/4\pi\,\varepsilon_0}\,P$	1 As/m² $\leftrightarrow 3\cdot 10^5\sqrt{\text{erg/cm}^3}$
Magn. Feldstärke	$H^* = \sqrt{4\pi\,\mu_0}\,H$	1 A/m $\leftrightarrow 4\pi\cdot 10^{-3}\sqrt{\text{erg/cm}^3}$ (= Oe)
Magn. Induktion	$B^* = \sqrt{4\pi/\mu_0}\,B$	1 Vs/m² $\leftrightarrow 1\cdot 10^4\sqrt{\text{erg/cm}^3}$ (= G)
Magn. Fluß	$\Phi^* = \sqrt{4\pi/\mu_0}\,\Phi$	1 Weber (Wb ≡ Vs) $\leftrightarrow 1\cdot 10^8\sqrt{\text{erg cm}}$ (= Mx)
Magnetisierung	$M^* = \sqrt{\mu_0/4\pi}\,M$	1 A/m $\leftrightarrow 1\cdot 10^{-3}\sqrt{\text{erg/cm}^3}$
Kapazität	$C^* = (1/4\pi\,\varepsilon_0)\,C$	1 Farad (F ≡ As/V) $\leftrightarrow 9\cdot 10^{11}$ cm
Induktivität	$L^* = 4\pi\,\varepsilon_0\,L$	1 Henry (H ≡ Vs/A) $\leftrightarrow 1/9\cdot 10^{11}\ \text{s}^2/\text{cm}$
El. Widerstand	$R^* = 4\pi\,\varepsilon_0\,R$	1 Ohm (Ω ≡ V/A) $\leftrightarrow 1/9\cdot 10^{11}$ s/cm
Leistung	$I^*\,V^* = I\,V$	1 Watt (W = VA) $= 1\cdot 10^7$ erg/s
Energie	$U^* = U$	1 Joule (J = VAs) $= 1\cdot 10^7$ erg

Elektr. Feldkonstante (Influenzkonstante) $\varepsilon_0 = 8{,}8543\cdot 10^{-12}$ As/Vm $\approx 1/36\pi\cdot 10^9$ As/Vm

Magnet. Feldkonstante (Induktionskonstante) $\mu_0 = 4\pi\cdot 10^{-7}$ Vs/Am $= 1/\varepsilon_0\,c_0^2$

15. Lösungen der Aufgaben

Zum 1. Kapitel

1. $K = 8{,}2\cdot 10^{-8}$ Ws/m $= 8{,}2\cdot 10^{-8}$ N (Newton) $= 8{,}2\cdot 10^{-3}$ dyn.

2. Allgemein gilt

$$E(r) = \frac{1}{\varepsilon_0 r^2}\int_0^r r'^2\,\varrho(r')\,\mathrm{d}r', \quad \varphi(r) = \frac{1}{\varepsilon_0}\left\{\frac{1}{r}\int_0^r r'^2\,\varrho(r')\,\mathrm{d}r' + \int_r^\infty r'\,\varrho(r')\,\mathrm{d}r'\right\}.$$

In den Fällen b) und c) besteht außerhalb der Kugel, d.h. für $r > a$, das Feld

$$E(r) = \frac{e}{4\pi\,\varepsilon_0\,r^2}, \quad \varphi(r) = \frac{e}{4\pi\,\varepsilon_0\,r}.$$

Innerhalb der Kugel, d.h. für $r < a$, gilt

im Fall b) $E(r) = \dfrac{e r}{4\pi\varepsilon_0 a^3}$, $\varphi(r) = \dfrac{e}{8\pi\varepsilon_0 a^3}\{3a^2 - r^2\}$,

im Fall c) $E(r) = 0$, $\varphi(r) = \dfrac{e}{4\pi\varepsilon_0 a}$.

3. $K(s) = \dfrac{1}{4\pi\varepsilon_0}\left\{\dfrac{eQ}{s^2} - \dfrac{e^2 R^3}{s^3}\dfrac{2s^2 - R^2}{(s^2 - R^2)^2}\right\}$.

Haben e und Q das gleiche Vorzeichen, so kommt es zu einer Anziehung, sofern $Q < e R^3 (2s^2 - R^2)/s(s^2 - R^2)^2$ ist.

4. $5{,}56 \cdot 10^{-7}$ C. 5. $r = 5$ mm. 6. $\sigma = 2{,}2 \cdot 10^{-9}$ C/m^2.

7. $6{,}67 \cdot 10^5$ V/m. 8. $3{,}15 \cdot 10^{-5}$ C; $V_1 = 63$ V, $V_2 = 157$ V.

9. Die Laplace-Gleichung lautet hier $\Delta\varphi = \dfrac{(\cosh u - \cos v)^2}{c^2}\left(\dfrac{\partial^2\varphi}{\partial u^2} + \dfrac{\partial^2\varphi}{\partial v^2}\right) = 0$. Die nur von u abhängige Lösung dieser Gleichung lautet allgemein $\varphi(u) = \alpha + \beta u$, hier speziell $\varphi(u) = Vu/2u_0$, wobei V die Spannung zwischen den beiden Drähten ist und u_0 aus der Geometrie der Anordnung mit $c = a \sinh u_0$ und $d = 2a \cosh u_0$ folgt; also auch $u_0 = \ln\left(\left(d + \sqrt{d^2 - 4a^2}\right)/2a\right)$. Ferner folgt aus dem Linienelement in Bipolarkoordinaten, nämlich $ds^2 = \dfrac{c^2(du^2 + dv^2)}{(\cosh u - \cos v)^2}$, für die Feldstärke an der Drahtoberfläche $E = -(\partial\varphi/\partial s)_v = V(\cosh u_0 - \cos v)/2u_0 c$, daraus mit dem Kraftflußsatz für die Ladung des einen Drahtes $e = \varepsilon_0 L \oint E\,(ds)_{u_0} = \pi\varepsilon_0 LV/u_0$ und damit für die Kapazität der Anordnung $C = e/V = \pi\varepsilon_0 L/\ln\left(\left(d + \sqrt{d^2 - 4a^2}\right)/2a\right)$.

10. Es muß $p = \sqrt{r_1 r_2}$ und $R = \sqrt{a(r_2 - r_1)}$ gewählt werden. Dann wird $\sqrt{r_2/r_1} = \left(d + \sqrt{d^2 - 4a^2}\right)/2a$, so daß man aus (1.6.21) genau das Resultat der vorigen Aufgabe erhält.

Zum 2. Kapitel

1. $C_\delta/C_{\delta=0} = d/[d - \delta(1 - 1/\varepsilon)]$.

2. Wegen $D(z) = \text{const}$ nimmt der Betrag der elektrischen Feldstärke nach oben zu; die Atmosphäre erscheint dabei infolge der Polarisationsladungen negativ aufgeladen. (Praktisch fallen diese Polarisationsladungen wegen der Kleinheit von $\varepsilon - 1$ neben den wahren Ladungen in der Luft nicht ins Gewicht.)

3. Die Lösung folgt aus der Spezialisierung der Formeln des Abschnitts 2.4b. Im Hohlraum gilt

$$\boldsymbol{E}_i = \frac{3\varepsilon}{2\varepsilon + 1}\boldsymbol{E}_0 .$$

4. Es muß $\boldsymbol{p}_0 = 4\pi a^3 \boldsymbol{P}/3$ mit $\boldsymbol{P} = (\varepsilon - 1)\varepsilon_0 \boldsymbol{E}_0$ sein; das Moment des Dipols muß also genauso groß sein wie die Summe aller Momente im $\boldsymbol{E}_0$-Feld aus einem kugelförmigen Bereich vom Radius a im homogenen Isolator. Der homogene Feldanteil im Hohlraum ist dann $\boldsymbol{E}_i = \boldsymbol{E}_0 + \boldsymbol{P}_0/3\varepsilon_0$, also gleich der wirksamen Feldstärke $\boldsymbol{F}$ nach (2.2.11).

Zum 3. Kapitel

1. a) $ep/2\pi\varepsilon_0 r^3$; b) $3eQ/4\pi\varepsilon_0 r^4$; beidesmal Anziehung, wenn e das entgegengesetzte Ladungsvorzeichen hat wie die zu e nächstgelegene Ladung im Dipol bzw. Quadrupol.

2. Die Dipole stehen parallel zueinander und haben die Richtung ihrer Verbindungslinie. Sie ziehen sich dann mit der Kraft $3p^2/2\pi\varepsilon_0 a^4$ an.

3. Für die Metallkugel wird $U = e^2/8\pi\,\varepsilon_0\,a$; für die dielektrische Kugel kommt zu diesem allein vom Außenraum herrührenden Energiebetrag ein weiterer der Größe $e^2/40\pi\,\varepsilon_0\,\varepsilon\,a$ vom Kugelinnern hinzu.

4. Durchmesser = 11 mm.

5. a) 0,0443 J/m = 0,0443 N (Newton); b) 0,0198 J/m; c) 0,0992 J/m.

6. Steighöhe $h = (\varepsilon - 1)\,\varepsilon_0\,E^2/2\,\sigma\,g$, also gleich 0,64 mm.

7. Aus allen drei Methoden folgt $K = e\,E/2 = f\,D^2/2\varepsilon\,\varepsilon_0$.

Zum 4. Kapitel

1. $V = V^{(e)}\,R_v/(R_v + R_i)$.

2. Gesamtwiderstand $R = 1/\sum(1/R_\nu)$, Gesamtstrom $I = V/R$, Leistung $= V^2/R$. Speziell wird $R = 27{,}1\,\Omega$, $I = 8{,}1$ A Leistung = 1783 W; Vorschaltwiderstand = 35,3 Ω.

3. $k = \sqrt{n\,R/R_i}$, maximale Leistung $= n\,V^{(e)2}/4\,R_i$.

4. Drahtlänge ≈ 1 m; $I_0/I = 8{,}6$ bei $I_0 = 1{,}95$ A. **5.** 79%.

6. $R = \varepsilon_0\,\varrho/C$; speziell $R = \varrho\,\ln(b/a)/2\pi\,h$. **7.** $\varepsilon\,\varepsilon_0/\sigma$.

8. $R = -\int \boldsymbol{g}\,\mathrm{grad}\,\varphi\,\mathrm{d}v/I^2 = -\int g_n\,\varphi\,\mathrm{d}f/I^2 = -(\varphi_2 - \varphi_1)/I = \int_1^2 \boldsymbol{E}\,\mathrm{d}\boldsymbol{r}/I$.

Zum 5. Kapitel

1. $H = \dfrac{I\,N}{2l}\left(\dfrac{z + l/2}{\sqrt{a^2 + (z + l/2)^2}} - \dfrac{z - l/2}{\sqrt{a^2 + (z - l/2)^2}}\right)$; dabei bedeutet z den Abstand von der Symmetrieebene der Spule. Im Fall $l \gg a$ wird der Ausdruck in der Klammer für $|z| \ll l/2$ praktisch gleich 2, also H gleich dem Feld in einer unendlich langen Spule mit gleichem N/l. Für $|z| \gg l$ fällt das Feld wie ein Dipolfeld nach außen wie z^{-3} ab.

2. $h = a$; $H(z) = H(0)\,\{1 - 144\,z^4/125\,a^4 + \cdots\}$ mit $H(0) = I\,a^2/(a^2 + (h/2)^2)^{3/2}$.

3. a) $m = 8{,}39 \cdot 10^{22}$ Am²; b) tan i = 2 tan β.

4. $m = 911$ Am², $B = 1{,}46$ Vs/m², $H = -5{,}8 \cdot 10^5$ A/m. Die Flächendivergenz von $\boldsymbol{M}$ („Flächendichte des Magnetismus") ist $-M\cos\vartheta$; die entsprechende Flächenstromdichte nach (5.5.8) läuft zirkular um die $\boldsymbol{M}$-Richtung mit dem Betrag $M\sin\vartheta$.

5. $H = I\,N/\pi\,d = 955$ A/m, $B = \mu\,\mu_0\,I\,N/\pi\,d = 0{,}60$ Vs/m², $\Phi = 6{,}00 \cdot 10^{-4}$ Vs.

6. $H = I\,N/\pi\,d$, $B = \mu_0\,(I\,N/\pi\,d + M_s) \approx \mu_0\,M_s = 2{,}19$ Vs/m², $\Phi = 2{,}19 \cdot 10^{-3}$ Vs.

7. $$E_{pot} = \frac{\mu_0}{4\pi}\left\{\frac{\boldsymbol{m}_1\,\boldsymbol{m}_2}{r^3} - \frac{3\,(\boldsymbol{m}_1\,\boldsymbol{r})\,(\boldsymbol{m}_2\,\boldsymbol{r})}{r^5}\right\};$$

$$\boldsymbol{K} = \frac{3\,\mu_0}{4\pi}\left\{\frac{(\boldsymbol{m}_1\,\boldsymbol{m}_2)\,\boldsymbol{r} + (\boldsymbol{m}_1\,\boldsymbol{r})\,\boldsymbol{m}_2 + (\boldsymbol{m}_2\,\boldsymbol{r})\,\boldsymbol{m}_1}{r^5} - \frac{5\,(\boldsymbol{m}_1\,\boldsymbol{r})\,(\boldsymbol{m}_2\,\boldsymbol{r})\,\boldsymbol{r}}{r^7}\right\}.$$

Stabiles Gleichgewicht für $\boldsymbol{m}_1 \| \boldsymbol{m}_2 \| \boldsymbol{r}$; dann $\boldsymbol{K} = -\dfrac{3\,\mu_0}{2\pi}\dfrac{(\boldsymbol{m}_1\,\boldsymbol{m}_2)\boldsymbol{r}}{r^5}$.

8. Strom beim Erdinduktor $I = I_0 \sin\omega t$ mit $I_0 = \mu_0\,H_h\,a^2\,\pi\,\omega/R = 2{,}28$ mA; Joulesche Wärme $= I_0^2\,R/2 = 0{,}260 \cdot 10^{-7}$ W; Drehmoment $= (I_0^2\,R/2\,\omega)\,(1 - \cos 2\omega t)$; erzeugte Feldstärke im Ringmittelpunkt $= (I_0/2a) \sin \omega t = (11{,}4 \text{ mA}) \sin \omega t$, mit der zum Erdfeld senkrecht stehenden Komponente $(I_0/2a) \sin^2 \omega t$; Ablenkung der Magnetnadel $\tan \alpha = \mu_0 a \pi \omega/4R$, also $\alpha \approx 3{,}10 \cdot 10^{-4} = 1{,}07$ Bogenminuten.

9. 1,75 mV.

Zum 6. Kapitel

1. 1490 cal/min = 104 W.

2. $I_{eff} = 0{,}0354$ A; $\varphi = 89°54{,}5'$ (voreilend); Wirkleistung = 0,0125 W, Blindleistung = 7,79 W.

3. $I = I_0 \{\sin \omega t + \sin(\omega t + 2\pi/3) + \sin(\omega t + 4\pi/3)\} = 0$.

4. Magnetisches Drehfeld vom konstanten Betrag $H = 3H_0/2$, wenn H_0 das Feld einer einzelnen Spule bedeutet.

5. $I = (V/R)(1 - e^{-Rt/L})$. Die gesuchte Zeit beträgt 6,9 s.

6. Eigenfrequenz $\omega = \sqrt{\frac{1}{C}\left(\frac{1}{L_1} + \frac{1}{L_2}\right)}$; Stromverhältnis $I_1 : I_2 = L_2 : L_1$.

7. Mit den Eigenfrequenzen ω_1 und ω_2 der völlig entkoppelten Schwingkreise und mit der Kopplungskonstante $\varkappa = L_{12}^2/L_{11} L_{22}$ folgt für die Eigenfrequenz ω die in ω^2 quadratische Gleichung $(\omega^2 - \omega_1^2)(\omega^2 - \omega_2^2) - \varkappa\omega^4 = 0$. Bei schwacher Kopplung ($\varkappa \ll 1$) ergeben sich die beiden Lösungen $\omega^{(1)} = \omega_1 (1 + \varkappa\omega_1^2/2(\omega_1^2 - \omega_2^2) + \cdots)$ und $\omega^{(2)} = \omega_2 (1 + \varkappa\omega_2^2/2(\omega_2^2 - \omega_1^2) + \cdots)$, sofern $|\omega_1^2 - \omega_2^2| \gg \varkappa\omega_1^2$ oder $\gg \varkappa\omega_2^2$ ist. Bei starker Kopplung ($\varkappa \approx 1$, $L_{12}^2 \approx L_{11} L_{22}$, vgl. (6.2.10)) geht die eine Eigenfrequenz gegen unendlich, die andere gegen $1/\sqrt{L_1 C_1 + L_2 C_2}$, d.h. $1/\omega^2 = 1/\omega_1^2 + 1/\omega_2^2$. Im Fall $\omega_1 = \omega_2$ werden die beiden Lösungen $\omega^{(1,2)} = \omega_1 \Big/ \sqrt{1 \pm \sqrt{\varkappa}}$.

Zum 7. Kapitel

1. Mit dem Achsenabstand r gilt a) $S = VB_0/\mu_0 r \ln(b/a)$, b) $j_s = \varepsilon_0 VB_0/r \ln(b/a)$, c) $J = \pi \varepsilon_0 VB_0 l(b^2 - a^2)/\ln(b/a)$.

2. a) $\boldsymbol{S} = e(\boldsymbol{m} \times \boldsymbol{r})/16\pi^2 \varepsilon_0 r^6$, b) $\boldsymbol{j}_s = \mu_0 e(\boldsymbol{m} \times \boldsymbol{r})/16\pi^2 r^6$, c) $\boldsymbol{J} = \mu_0 e \boldsymbol{m}/6\pi a$.

3. Man vergleiche die gefundene Lösung mit der Lösung der Aufgabe 7 zum 5. Kapitel!

4. Der Energiesatz lautet

$$-\sum E_j \frac{\partial D^j}{\partial t} - \frac{1}{2}\sum\sum H^{jk} \frac{\partial B_{jk}}{\partial t} = -\frac{1}{v}\sum\sum \frac{\partial v E_j H^{jk}}{\partial x^k} + E_j g^j.$$

Da das erste Glied auf der rechten Seite die Divergenz des Poynting-Vektors darstellen muß wegen $\operatorname{div} \boldsymbol{S} = \frac{1}{v}\sum \frac{\partial v S^k}{\partial x^k}$, gilt $S^k = \sum E_j H^{kj}$; dies bedeutet bei Verwendung des axialen Vektors $\boldsymbol{H}$ beispielsweise $S^1 = (E_2 H_3 - E_3 H_2)/v$.

Zum 8. Kapitel

1. Solarkonstante = 1,5 kW/m²; $E_{eff} = 7{,}6 \cdot 10^2$ V/m, $H_{eff} = 2{,}0$ A/m; Wattleistung der Glühbirne 19 kW.

2. $\sin \alpha_g = 1/n$. Für $\alpha > \alpha_g$ klingt die Welle in den Luftraum hinein exponentiell ab mit einer Eindringtiefe $d = c_0/\left(\omega \sqrt{n^2 \sin^2\alpha - 1}\right)$ und mit einem Poynting-Vektor parallel zur Grenzfläche.

3. Reflexionsvermögen $R = \dfrac{(\varepsilon - \mu)^2 \sin^2 \varphi}{4\varepsilon\,\mu + (\varepsilon - \mu)^2 \sin^2 \varphi}$, Durchlässigkeit $D = \dfrac{4\,\varepsilon\,\mu}{4\varepsilon\,\mu + (\varepsilon - \mu)^2 \sin^2 \varphi}$, mit $\varphi = \omega\, d \sqrt{\varepsilon\,\mu}/c_0 = \omega\, d/c = 2\pi\, d/\lambda$, wobei λ die Wellenlänge in der Platte bedeutet. Daher verschwindet R, abgesehen von der schon in (8.4.5) ersichtlichen Möglichkeit $\varepsilon = \mu$, immer dann, wenn $d = \lambda/2$ oder gleich einem ganzzahligen Vielfachen hiervon ist.

4. Es gilt $J_{eindr}/J_{prim} = \dfrac{2\,\mu\, n}{(n + \mu)^2 + \varkappa^2}\, \mathrm{e}^{-2\varkappa\omega x} = D\, \mathrm{e}^{-2\varkappa\omega x}$ mit $D = 1 - R$.

5. Aus den Bewegungsgleichungen

$$m \frac{\mathrm{d}^2 x}{\mathrm{d}t^2} = e \frac{\mathrm{d}y}{\mathrm{d}t} \frac{\partial A}{\partial x}, \quad m \frac{\mathrm{d}^2 y}{\mathrm{d}t^2} = -\, e \frac{\partial A}{\partial t} - e \frac{\mathrm{d}x}{\mathrm{d}t} \frac{\partial A}{\partial x}, \quad m \frac{\mathrm{d}^2 z}{\mathrm{d}t^2} = 0$$

folgt wegen

$$\frac{\mathrm{d}A}{\mathrm{d}t} = \frac{\partial A}{\partial t} + \frac{\mathrm{d}x}{\mathrm{d}t} \frac{\partial A}{\partial x} = \left(1 - \frac{1}{c_0} \frac{\mathrm{d}x}{\mathrm{d}t}\right) \frac{\partial A}{\partial t}$$

für die Geschwindigkeitskomponenten des Elektrons zu einer beliebigen Zeit

$$\frac{\mathrm{d}x}{\mathrm{d}t}\left(1 - \frac{1}{2c_0} \frac{\mathrm{d}x}{\mathrm{d}t}\right) = \frac{e^2}{2m^2 c_0} A^2 (t - x/c_0) > 0, \quad \frac{\mathrm{d}y}{\mathrm{d}t} = -\frac{e}{m} A\,(t - x/c_0), \quad \frac{\mathrm{d}z}{\mathrm{d}t} = 0.$$

6. Das Medium wird linear doppelbrechend (Kerr-Effekt). Eine in x-Richtung laufende ebene Welle wird in zwei linear polarisierte Wellen parallel zur y- und z-Richtung zerlegt, welche im Medium verschiedene Laufgeschwindigkeiten besitzen. Daher ist eine ursprünglich schräg zu $\boldsymbol{E}_0$ linear polarisierte Lichtwelle nach Durchgang durch das Medium im allgemeinen elliptisch polarisiert.

7. Aus $m\,(\ddot{\boldsymbol{r}} + \omega_0^2\, \boldsymbol{r}) = -\, e_0\,(\boldsymbol{E} + \dot{\boldsymbol{r}} \times \boldsymbol{B}_0)$ folgt mit $\boldsymbol{E} = \boldsymbol{E}_0\, \mathrm{e}^{\mathrm{i}\omega t}$ für das atomare Dipolmoment

$$\boldsymbol{p} = \frac{e_0^2}{m\,(\omega_0^2 - \omega^2)} \frac{\boldsymbol{E} - (\boldsymbol{E}\boldsymbol{G})\,\boldsymbol{G} - \mathrm{i}\, \boldsymbol{E} \times \boldsymbol{G}}{1 - \boldsymbol{G}^2},$$

wobei zur Abkürzung $\omega e_0\, \boldsymbol{B}_0 = m\,(\omega_0^2 - \omega^2)\, \boldsymbol{G}$ gesetzt wurde. Speziell für $\boldsymbol{B}_0 \,||\, \boldsymbol{z}$ folgt hieraus ein ε-Tensor mit $\varepsilon_{xx} = \varepsilon_{yy} \neq \varepsilon_{zz}, \varepsilon_{xz} = \varepsilon_{yz} = 0, \varepsilon_{xy} = -\, \varepsilon_{yx}$ rein imaginär.

8. Das Medium wird zirkular doppelbrechend (Faraday-Effekt). Speziell für $\boldsymbol{k} \,||\, \boldsymbol{B}_0 \,||\, \boldsymbol{z}$ ergeben sich zwei zirkular polarisierte Wellen ($E_y = \pm\, \mathrm{i}\, E_x, B_x = \mp\, \mathrm{i}\, B_y$) mit verschiedenen Laufgeschwindigkeiten.

Zum 9. Kapitel

1. Rotiert der Dipol in der x-y-Ebene, und betrachtet man die Strahlung in der x-z-Ebene unter dem Winkel η gegen die z-Achse, so folgt aus der Überlagerung der Schwingungskomponenten des Dipolmoments in der x- und in der y-Richtung als Strahlungsintensität $\overline{S} = \omega^4\, p_0^2\, (\cos^2 \eta + 1)/32\, \pi^2\, \varepsilon_0\, c_0^3\, r^2$ und als Gesamtausstrahlung $\overline{\mathscr{S}} = \omega^4\, p_0^2/6\pi\, \varepsilon_0\, c_0^3$. Man beachte, daß die beiden Strahlungskomponenten senkrecht zueinander polarisiert sind.

2. Ist $\boldsymbol{E}_0$ das Feld eines einzelnen Dipols, so gilt $\boldsymbol{E} = F\,\boldsymbol{E}_0$ mit $F = \sum\limits_{j=0}^{N-1} \mathrm{e}^{\mathrm{i}\,\omega (\boldsymbol{r}_j \boldsymbol{r})/r c_0}$ und $\boldsymbol{r}_j = j\, \boldsymbol{a}$. Also wird $|F|^2 = [\sin\,(N\,\omega\, \boldsymbol{a}\, \boldsymbol{n}/2\, c_0)/\sin\,(\omega\, \boldsymbol{a}\, \boldsymbol{n}/2\, c_0)]^2$, mit $\boldsymbol{n} = \boldsymbol{r}/r$ gleich Ausstrahlungsrichtung. Für $\boldsymbol{a}\, \boldsymbol{n} = 0$ wird $|\,F\,|^2 = N^2$; aber bereits bei $\boldsymbol{a}\, \boldsymbol{n} = 2\pi\, c_0/N\,\omega = \lambda/N$ liegt die erste Nullstelle.

3. Es gilt $E = -\frac{\omega^2\,\alpha\,\boldsymbol{n}\times(\boldsymbol{n}\times\boldsymbol{E}_0)\,F}{4\pi\,\varepsilon_0\,c_0^2\,r}\,\mathrm{e}^{-\mathrm{i}(\omega t - kr/c_0)}$ mit $F = \sum_j \mathrm{e}^{\mathrm{i}(\boldsymbol{k}_0-\boldsymbol{k})\boldsymbol{r}_j}$ und

$$|F|^2 = \left[\frac{\sin(N(\boldsymbol{k}_0-\boldsymbol{k})_x\,a/2)\sin(M(\boldsymbol{k}_0-\boldsymbol{k})_y\,a/2)\sin(L(\boldsymbol{k}_0-\boldsymbol{k})_z\,a/2)}{\sin((\boldsymbol{k}_0-\boldsymbol{k})_x\,a/2)\sin((\boldsymbol{k}_0-\boldsymbol{k})_y\,a/2)\sin((\boldsymbol{k}_0-\boldsymbol{k})_z\,a/2)}\right]^2.$$

Interferenzen mit $|F|^2 = N^2\,M^2\,L^2$ treten auf in den $\boldsymbol{k}$-Richtungen, für die hier Zähler und Nenner gleich Null werden, also z. B. für $(\boldsymbol{k}_0 - \boldsymbol{k})_x = 2\pi/a$ oder ein ganzes Vielfache hiervon, und analog für k_y und k_z. Wegen $\boldsymbol{k}^2 = \boldsymbol{k}_0^2 = \omega^2/c_0^2$ gibt dies eine Überbestimmung für die Richtungen von $\boldsymbol{k}$, so daß hier Interferenzen nur für bestimmte ω- bzw. λ-Werte auftreten können.

Zum 10. Kapitel

1. $$\boldsymbol{r}' = \boldsymbol{r} - \frac{(\boldsymbol{r}\,\boldsymbol{v})\,\boldsymbol{v}}{v^2} + \left(\frac{\boldsymbol{r}\,\boldsymbol{v}}{v^2} - t\right)\frac{\boldsymbol{v}}{\sqrt{1-\beta^2}}, \quad t' = \frac{t - \boldsymbol{r}\,\boldsymbol{v}/c_0^2}{\sqrt{1-\beta^2}}.$$

2. Drehvektor $\boldsymbol{o} = -\frac{\boldsymbol{v}\times\delta\boldsymbol{v}}{v^2}\left(\frac{1}{\sqrt{1-\beta^2}} - 1\right) \approx -\frac{\boldsymbol{v}\times\delta\boldsymbol{v}}{2c_0^2}$ für $v \ll c_0$.

3. Es gilt $$\frac{u_x'}{\sqrt{1-\gamma'^2}} = \frac{u_x - v}{\sqrt{1-\gamma^2}\sqrt{1-\beta^2}}, \quad \frac{u_y'}{\sqrt{1-\gamma'^2}} = \frac{u_y}{\sqrt{1-\gamma^2}}, \quad \frac{u_z'}{\sqrt{1-\gamma'^2}} = \frac{u_z}{\sqrt{1-\gamma^2}},$$

$$\frac{c_0}{\sqrt{1-\gamma'^2}} = \frac{c_0 - u_x\,v/c_0}{\sqrt{1-\gamma^2}\sqrt{1-\beta^2}},$$

woraus sich wieder die Formeln (10.4.6) bis (10.4.8) gewinnen lassen. In normaler Vektorschreibweise wird

$$\boldsymbol{u}' = \frac{1}{1 - \boldsymbol{u}\,\boldsymbol{v}/c_0^2}\left\{\boldsymbol{u} - \boldsymbol{v} + ((\boldsymbol{u}\times\boldsymbol{v})\times\boldsymbol{v})\frac{1-\sqrt{1-\beta^2}}{v^2}\right\}.$$

4. Hier gilt $$\boldsymbol{b}' = \frac{1-\beta^2}{(1 - \boldsymbol{u}\,\boldsymbol{v}/c_0^2)^3}\left\{\boldsymbol{b} + \frac{\boldsymbol{v}\times(\boldsymbol{u}\times\boldsymbol{b})}{c_0^2} - (\boldsymbol{b}\,\boldsymbol{v})\,\boldsymbol{v}\frac{1-\sqrt{1-\beta^2}}{v^2}\right\}.$$

Zum 11. Kapitel

1. Bei einem schiefsymmetrischen Tensor zweiter Stufe $(T_{\nu\mu})$ gibt es nur die beiden Invarianten $\Sigma\Sigma\, T_{\nu\mu}\,T^{\nu\mu}$ und $\mathrm{Det}\,(T_{\nu\mu})$; im Fall des Feldtensors (11.1.12) sind dies $2\,(\boldsymbol{E}^2/c_0^2 - \boldsymbol{B}^2)$ und $-(\boldsymbol{E}\,\boldsymbol{B})^2/c_0^2$. Bei einem symmetrischen Tensor zweiter Stufe gibt es vier Invarianten, die sich aus einer Hauptachsen-Transformation ablesen lassen, darunter die Spur des Tensors $\Sigma\, T_\nu{}^\nu$ und seine Determinante.

2. Es gilt $$\boldsymbol{P} = (\varepsilon - 1)\,\varepsilon_0\,\boldsymbol{E} + \frac{(\varepsilon - 1/\mu)\,\varepsilon_0}{1-\beta^2}\,\boldsymbol{v}\times\left(\boldsymbol{B} - \frac{\boldsymbol{v}\times\boldsymbol{E}}{c_0^2}\right),$$

$$\boldsymbol{M} = \frac{(\mu-1)\,\boldsymbol{B}}{\mu\,\mu_0} - \frac{(\varepsilon - 1/\mu)\,\varepsilon_0}{1-\beta^2}\,\boldsymbol{v}\times(\boldsymbol{E} + \boldsymbol{v}\times\boldsymbol{B}),$$

woraus sich die angegebenen Beziehungen einmal für den Fall $\mu = 1$, das andere Mal für den Fall $\varepsilon = 1$ gewinnen lassen.

Zum 12. Kapitel

1. $z = \frac{m_0 c_0^2}{K}\left\{\sqrt{1+\left(\frac{Kt}{m_0 c_0}\right)^2} - 1\right\}$; dies ist im z-t-Diagramm eine Hyperbel mit der asymptotischen Endgeschwindigkeit c_0.

2. $x = \frac{l v_0}{c_0} \ln\left\{\frac{c_0 t}{l} + \sqrt{1+\left(\frac{c_0 t}{l}\right)^2}\right\}$, $z = l\left\{\sqrt{1+\left(\frac{c_0 t}{l}\right)^2} - 1\right\}$ mit $l = \frac{m c_0^2 K}{\sqrt{1 - v_0^2/c_0^2}}$.
Bahnkurve $z = 2 l \sinh^2 (x c_0/2 l v_0)$.

3. Die Bahnkurve ist eine Spirale bzw. speziell eine Kreisbahn, die mit der Frequenz $\omega = (e B/m)\sqrt{1 - v^2/c_0^2}$ durchlaufen wird.

4. $T_{max} = \frac{2 M m^2 v_0^2}{\left(m + M\sqrt{1 - v_0^2/c_0^2}\right)^2 - m^2 v_0^2/c_0^2}$. Für $v_0 \ll c_0$ wird daraus $T_{max} = \frac{4 M m}{(m+M)^2}\frac{m v_0^2}{2}$.

5. Sind p_0 und E_0 Impuls und Energie des Teilchens der Masse m vor dem Stoß, so hat dieses Teilchen nach dem Stoß den Impuls $p = \sqrt{(E_0 - T)^2/c_0^2 - m^2 c_0^2}$ und das andere Teilchen den Impuls $P = \sqrt{2 M T + T^2/c_0^2}$. Für die gesuchten Winkel gilt

$$\cos\vartheta = \frac{p_0^2 - T(M + E_0/c_0^2)}{p_0 p}, \quad \cos\eta = \frac{T(M + E_0/c^2)}{p_0 P}.$$

6. Der Zusammenhang zwischen den Geschwindigkeiten v_1 und v_2 im Schwerpunktsystem und der Anfangsgeschwindigkeit v_0 im Laborsystem lautet

$$v_1 = m_2 v_0/\left(m_1\sqrt{1-\beta_0^2} + m_2\right), \quad v_2 = m_1 v_0/\left(m_1 + m_2\sqrt{1-\beta_0^2}\right).$$

Führt man die Lorentz-Transformation am Vierervektor des Impulses aus, so folgt aus der vierten Komponente $m_2 T = p^2 (1 - \cos\Theta)$, wobei $p = p_1 = p_2$ die Impulsbeträge im Schwerpunktsystem sind.

Sachverzeichnis